普通高等教育"十一五"国家级规划教材

高等院校通信与信息专业规划教材

数字信号处理

第 2 版

张小虹　主　编

黄忠虎　邱正伦　等编著

机械工业出版社

本书是通信、电子信息专业"数字信号处理"课程的基本教材。全书以数字信号处理基础知识和基本理论为主线，同时将具有强大计算功能的MATLAB软件引入本书。通过经典理论与现代技术的结合，将数字信号处理的知识点叙述得更加通俗易懂。

　　另外，本书紧密联系实际，精选了丰富的练习题。通过课后习题和大量的模拟实验，帮助学生理解、领会教学内容。

　　本书可作为通信、电子信息、自动化控制、计算机科学等专业的教材。同时，本书给出的一些例题程序，稍作修改就可以在工程设计中加以应用，因此可以作为相关专业工程技术人员的参考书。

图书在版编目（CIP）数据

数字信号处理/张小虹主编 . —2 版 . —北京：机械工业出版社，2008.8（2022.1 重印）
普通高等教育"十一五"国家级规划教材 . 高等院校通信与信息专业规划教材
ISBN 978-7-111-15260-6

Ⅰ. 数… Ⅱ. 张… Ⅲ. 数字信号—信号处理—高等学校—教材 Ⅳ. TN911.72

中国版本图书馆 CIP 数据核字（2008）第 086181 号

机械工业出版社（北京市百万庄大街 22 号　邮政编码 100037）
责任编辑：李馨馨　责任校对：申春香　封面设计：鞠　杨
责任印制：常天培
固安县铭成印刷有限公司印刷
2022 年 1 月第 2 版·第 6 次印刷
184mm×260mm·28.25 印张·696 千字
标准书号：ISBN 978-7-111-15260-6
定价：49.80 元

电话服务　　　　　　　　网络服务
客服电话：010-88361066　机 工 官 网：www.cmpbook.com
　　　　　010-88379833　机 工 官 博：weibo.com/cmp1952
　　　　　010-68326294　金 书 网：www.golden-book.com
封底无防伪标均为盗版　机工教育服务网：www.cmpedu.com

高等院校通信与信息专业教材
编委会名单
（按姓氏笔画排序）

出 版 说 明

为了培养21世纪国家和社会急需的通信与信息领域的高级科技人才，为了配合高等院校通信与信息专业的教学改革和教材建设，机械工业出版社会同全国在通信与信息领域具有雄厚师资和技术力量的高等院校，组成阵容强大的编委会，组织长期从事教学的骨干教师编写了这套面向普通高等院校的通信与信息专业规划教材，并且将陆续出版。

这套教材将力求做到：专业基础课教材概念清晰、理论准确、深度合理，并注意与专业课教学的衔接；专业课教材覆盖面广、深度适中，不仅体现相关领域的最新进展，而且注重理论联系实际。

这套教材的选题是开放式的。随着现代通信与信息技术日新月异的发展，我们将不断更新和补充选题，使这套教材及时反映通信与信息领域的新发展和新技术。我们也欢迎在教学第一线有丰富教学经验的教师及通信与信息领域的科技人员积极参与这项工作。

由于通信与信息技术发展迅速而且涉及领域非常宽，这套教材的选题和编审如有缺点和不足之处，诚恳希望各位老师和同学提出宝贵意见，以利于今后不断改进。

机械工业出版社
高等院校通信与信息专业规划教材编委会

前　言

近年来随着信息技术的发展，数字信号处理理论与技术日益成熟，已成为一门重要的学科。数字信号处理的应用领域日益扩大，已渗透到了许多重要学科和技术领域。在 21 世纪的教学改革中，加强素质教育，淡化专业界限，拓宽基础，促进不同专业领域知识的交叉渗透，已成为教育界的共识。数字信号处理基础知识已成为通信、电子信息、计算机科学等专业学生必须掌握的专业基础知识和必修内容。

本书集作者多年课程建设的探索和教学改革的实践经验，深入浅出地介绍了数字信号处理的基础知识、基本理论从事数字信号处理，并在书中引入了 MATLAB 这一优秀软件，突出了理论与实践的结合。

本书第 1 版发行以来，其独到的内容编排和结构特点，得到了同行专家的肯定，受到了读者的认可。第 2 版继续保持了第 1 版以基础知识、基本理论为主线，MATLAB 软件为工具的特点，增加了 DSP 常用芯片知识和实际应用的介绍，使教材内容更加充实，理论与实际结合得更加紧密。为了方便教学，在内容编排上作了部分调整。在第 1~7 章中，将与本章相关的 MATLAB 知识及应用程序集中在最后一节进行介绍，这样既可帮助读者结合实际应用，提高掌握 MATLAB 工具的兴趣和积极性，又可使基本理论与 MATLAB 软件部分相对独立。

本书每章都精选了丰富的习题和大量的模拟实验，可帮助学生理解、领会教学内容，增强分析问题和解决问题的能力，与本书配套发行的《数字信号处理学习指导与习题解答》，为读者掌握本课程知识提供了更多的参考信息。

本书概念清楚、系统性强、特色鲜明。尤其是现代教学思想与工具的引入，使本书的使用范围更宽。本书可作为通信、电子信息、自动控制、计算机科学等专业的教材。具体实施可根据专业要求对内容进行取舍，并安排一定的上机时间，建议该课教学时数为 40~72 小时。本书也可作为相关专业的工程技术人员的参考书。

本书第 1~8 章主要由张小虹编写，第 9 章主要由黄忠虎、邱正伦共同编写。参加本书编写的还有沈越泓、高媛媛、张璐。在本书编写过程中，得到了解放军理工大学通信工程学院、理学院领导的关心与支持。山东省科学院计算中心张蔚伟、总参第六十三研究所张为民等为本书的编写做了大量的工作。西安电子科技大学的陈怀琛教授对本书的编写给予了热心帮助，在此对他们表示深深的谢意。

由于编者水平有限，书中不足与错误在所难免，恳请广大读者批评指正。

与本书配套的电子教案，读者可在 www.cmpedu.com 上免费下载。

编　者

目　　录

第1章 时域离散信号与系统

1.1 概述

现代社会，人们每时每刻都会与各种载有信息的信号密切接触，例如电话铃声，交通红绿灯，收音机、电视机、手机收到的电磁波等，以上信号可分别称为声信号、光信号、电信号。信号是各类消息的运载工具，是某种变化的物理量。本书中所说的信号指传载信息的函数。

各种信号可以从不同角度进行分类，常用的有以下几种。

1）模拟信号。是在规定的连续时间内，信号的幅值可以取连续范围内的任意值，如正弦、指数信号等，即时间连续、幅值连续的信号。

2）时域连续信号。是在连续时间范围内定义的信号，信号的幅值可以是连续的任意值，也可以是离散（量化）的。模拟信号是连续信号的特例，本书中这两种信号通用。

3）时域离散信号。是在离散的时间上定义的信号，其独立（自）变量仅取离散值，其幅值可以是连续的，也可以是离散（量化）的，例如理想抽样信号就是幅值连续的信号。

除了独立（自）变量取离散的值外，其幅度被量化且被编码的信号称为数字信号。

各类信号只有经过一定的处理，才能具有使用价值。信号处理就是对信号进行分析、变换、综合、识别等加工，以达到提取有用信息和便于利用的目的。如果处理的设备用模拟部件，则称为模拟处理，模拟信号处理的英文缩写为ASP。若系统中的处理部件用数字电路，信号也是数字信号，则这样的处理方法为数字处理，数字信号处理的英文缩写为DSP。图1.1-1是电话系统采用不同形式处理的示意图。

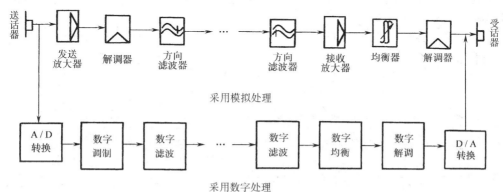

图 1.1-1 电话系统采用不同形式处理的示意图

数字处理系统的常用功能有滤波、谱估计、数据压缩。

经典的滤波是频率选择滤波。例如滤波器的输入信号为 $x(t) = s(t) + n(t)$，其中 $s(t)$ 为有用信号，$n(t)$ 是不需要的信号（通常称为噪声），其对应的频谱为

$$X(j\omega) = S(j\omega) + N(j\omega)$$

假设信号与噪声的频谱不重叠，如图 1.1-2 所示，即 $\omega_1 \leqslant \omega_S \leqslant \omega_2$，$\omega_N > \omega_2$，则信号 $x(t)$ 经过频响函数为

$$H(j\omega) = \begin{cases} 1 & \omega_1 \leqslant \omega \leqslant \omega_2 \\ 0 & \omega_1 < \omega, \omega > \omega_2 \end{cases}$$

的系统，其输出信号的频谱及信号为 $Y(j\omega) = X(j\omega)H(j\omega) = S(j\omega) \leftrightarrow s(t)$，于是经系统滤波后顺利地提取出了有用信号 $s(t)$。

谱估计是对各种信号进行频谱分析，特别是对随机信号进行谱估计。目前常用的有傅里叶分析法、相关分析法等。如果噪声与有用信号的频谱互相交叠在一起（如随机信号上叠加的噪声），则很难用经典的频率选择滤波器把有用信号提取出来。为此，必须建立在随机过程理论基础上，从统计观点出发，对有用信号和噪声作统计特性的分析，用更复杂的方法提取特定信息。这种过滤随机信号的过程，实质上也是一种估计，可以认为估计器也是一种滤波器。所以现在有广义（现代）滤波的概念，即只要是通过某个系统（网络）提取出所需要的信息，都可称为滤波。本书中滤波器、系统、网络这三个名词通用。

数据压缩是在一定条件下把原始信号所含信息进行压缩。例如，通常一幅黑白图像由 30 万个像素组成，每个像素灰度等级若以 8bit 计算，则一幅图像就会有 2.4Mbit 的数据信息。这样大的数据量显然要求处理系统具有很高的运算速度和庞大的存储单元。为了解决这一问题，在处理技术上要求在保证正确接收的前提下，对原数据进行压缩。

数字处理系统与模拟处理系统在功能上有许多相似的地方，但在处理技术和方法上却有很大区别。数字处理主要是利用数字技术对信号进行处理，一般有硬件处理、软件处理两种方法。硬件处理通过通用或专门的计算器件、芯片完成；软件处理是利用通用计算机编写的处理程序对信号进行处理。例如常见的一阶 RC 低通滤波器，其模拟电路如图 1.1-3 所示。由 KVL 列出电路方程为

$$Ri_c(t) + v_c(t) = x(t)$$

式中 $v_c(t) = y(t)$。

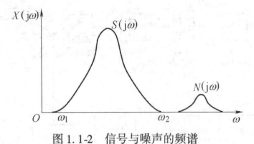

图 1.1-2　信号与噪声的频谱　　　　　图 1.1-3　RC 一阶低通滤波器

将 $i_c(t) = C\dfrac{dv_c(t)}{dt} = C\dfrac{dy(t)}{dt}$ 代入上式，得

$$RC\frac{dy(t)}{dt} + y(t) = x(t)$$

这个一阶 RC 低通滤波器的数学模型是一阶微分方程。对这样的一阶低通滤波器要用数字技术处理，可由取样电路对时间量化，即作如下改变：$t \rightarrow n\Delta t$，其中，Δt 为取样间隔（与时钟有关），输入信号 $x(t) \rightarrow x(n\Delta t) = x(n)$，输出信号 $y(t) \rightarrow y(n\Delta t) = y(n)$。此时

2

一阶线性微分方程改变为

$$RC \frac{\Delta y(n)}{\Delta t} + y(n) = x(n)$$

将 $\Delta y(n) = y(n) - y(n-1)$ 代入上式，得

$$RC \frac{y(n) - y(n-1)}{\Delta t} + y(n) = x(n)$$

整理，得

$$y(n) = \frac{1}{1 + RC/\Delta t} x(n) + \frac{RC/\Delta t}{1 + RC/\Delta t} y(n-1) = Ax(n) + By(n-1)$$

式中，$A = \frac{1}{1 + RC/\Delta t}$；$B = \frac{RC/\Delta t}{1 + RC/\Delta t}$。

当 R、C、Δt 给定时，A、B 为常数，上式是一阶线性差分方程。这个差分方程可用硬件实现，如图 1.1-4 所示。

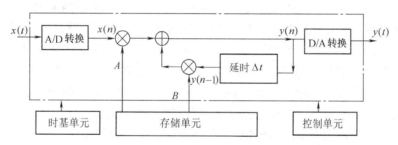

图 1.1-4　硬件实现一阶低通滤波器

其中各部件可用不同的集成电路芯片完成，例如常用的加法器有 74LS283，它是 4bit 超前进位加法器，用两片 74LS283 可以组成一个 8bit 加法器。而减法器可以用一个倒相器和加法器完成。乘法运算一般是通过移位相加来实现的。当字长较短时（如 8bit），用查表法实现乘法功能是一种简便快速的方法。其原理是将所有可能出现的结果事先计算好，然后存储到数据存储器中（如 EPROM 等）。延时器 z^{-n} 可用 D 触发器实现，它具有数据存储功能，并且由时钟控制。当 $x(n)$ 加到 D 触发器输入端，一个 CLK 时钟过后，$x(n)$ 便移到输出端，从而实现延时一个时钟周期。同理，若实现 z^{-n}，则将 n 个 D 触发器级联即可。

上述实现加、减、乘和延时等运算的方法，其特点是硬件简单、速度快，在小规模的简单数字信号处理中，可以用它们构成系统的运算单元。但对较复杂的信号处理，若用这种实现方法，会使系统的体积增大，调试复杂，可靠性下降。因此在现代的数字信号处理技术中，一般采用 DSP 芯片来实现复杂的信号处理。这样的数字处理系统其功能就是一台小型计算机，如美国德州仪器公司推出的 TMS320 系列芯片。

上面的一阶差分方程也可以用软件来实现。假设 $y(-1) = 0$，由给定 $x(n)$ 计算 1024 点的 $y(n)$。用一个简单的程序可以完成一阶低通滤波器的计算，其程序流图如图 1.1-5 所示。

数字处理与模拟处理相比有以下优点及要注意的问题：

1）灵活。数字处理系统的性能主要由乘法器的各系数决定。如上例，B 取正值为低通滤波器，B 取负值为高通滤波器。只要改变系统的参数 A、B，就可改变系统的性能指标，比模拟系统改变 R、L、C 参数方便得多，因此对一些自适应系统尤为合适。

2）精度高。更确切地说是精度可控制。因为精度取决于 A、B 系数的字长（位数），字长越长，精度越高。根据需要适当改变字长，可以获得所要求的精度。而模拟处理中元件 R、L、C 参数的误差很大，且其精度很难提高和控制。

3）稳定性或可靠性高。由于 DSP 的基本运算是加、乘法，采用的是二进制（非 1 即 0），所以工作稳定，受环境影响小，抗干扰能力强，且数据可以存储。而模拟元件 R、L、C 的参数会随温度、湿度、应用频率等环境因素的变化而变化。

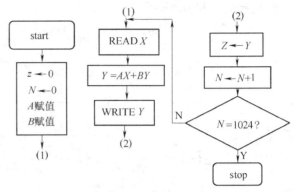

图 1.1-5　软件实现一阶低通滤波器的程序流图

4）时分复用。当硬件设备的运算速度足够高时，可以实现多通道复用或多节复用。例如一个二阶节滤波器，能在 1/3 输入数据的时间间隔内运算一次，若连续运算三次，完成三个二阶节的运算功能，则等效于一个六阶滤波器；而采用分时输出就可对三路信号进行滤波。

5）功能强。通过复杂的算法，可以实现高难度的复杂处理，完成由模拟系统无法实现的系统功能。例如求信号的相关函数，要用到与其将来情况有关的参数，这用模拟系统是无法实现的，而用数字系统则可以用存储单元将有关数据存储起来。

6）集成化程度高，体积小、功耗低、功能强、价格越来越便宜。

7）在处理模拟信号时，由于精度（字长）有限，必定存在量化或运算误差。

8）处理宽带信号时，由于运算速度高，若要实时处理，则对芯片的要求很高。例如，由 $x(0) \sim x(1023)$ 求 $y(0) \sim y(1023)$，设每步要 $1\mu s$，则系数的加、乘、延时等一系列的运算要在 $1\mu s$ 内完成，否则就要很大的外存设备，使成本、体积增加。

目前带有一定内存的专用 DSP 处理器芯片具有高的时钟速度和极快的运算能力，例如美国德州仪器公司推出的 TMS320C64 系列芯片的时钟速度已达 600MHz，运算能力可达 4800MI/s（每秒百万条指令）。

1.2　时域离散信号——序列

1.2.1　序列的描述

离散信号可以从模拟信号采样得到，样值用 $x(n)$ 表示（表示在离散时间点 nT 上的样值）。$x(n)$ 为 x 的第 n 个样值（不一定是连续函数的取样，仅是一个样本空间的第 n 个值）。n 不是整数时，x 未必是零，只是没有定义（是可以插值的）。$x(n)$ 也可以本身是离散信号或由系统内部产生，在处理过程中只要知道样值的先后顺序即可，所以可以用序列来表示时域离散信号，它们的一般项为 $x(n)$。

$$x = \{x(n)\} \quad -\infty < n < \infty$$
$$= \{\cdots, x(-2), x(-1), x(0), x(1), x(2), \cdots\} \tag{1.2-1}$$

为简便起见，常用一般项 $x(n)$ 表示序列，称为序列 $x(n)$。

例 1.2-1 $x_1(n) = \begin{bmatrix} 1 & \frac{1}{2} & \frac{1}{4} & \frac{1}{8} & \cdots \end{bmatrix} = \left(\frac{1}{2}\right)^n \quad n \geqslant 0$

$$x_2(n) = \begin{cases} 3 & n = -1 \\ 5 & n = 0 \\ 2 & n = 1 \\ 2 & n = 2 \end{cases} \quad \text{或 } x_2(n) = \begin{bmatrix} 3 & 5 & 2 & 2 \end{bmatrix}$$

式中，小箭头表示 $n = 0$ 时所对应的样值，若无小箭头就默认序列是从 $n = 0$ 开始。

还可以用谱线状图形表示离散时间信号。例 1.2-1 的 $x_1(n)$ 波形如图 1.2-1 所示。有时为了描述序列的一般规律（变化趋势），可将端点用虚线（包络线）连起来，以方便观察序列值之间的关系，图 1.2-2 是一个包络线为指数衰减函数的序列示意图。

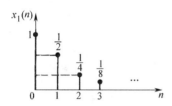
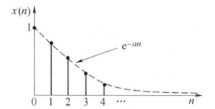

图 1.2-1　例 1.2-1 的波形　　　　　图 1.2-2　包络线为指数衰减函数的序列

1.2.2　常用典型序列

1. 单位脉冲序列

单位脉冲序列也称为单位样值序列，用 $\delta(n)$ 表示，定义为

$$\delta(n) = \begin{cases} 1 & n = 0 \\ 0 & n \neq 0 \end{cases} \tag{1.2-2}$$

单位脉冲序列 $\delta(n)$ 如图 1.2-3 所示。

2. 单位阶跃序列

单位阶跃序列用 $u(n)$ 表示，定义为

$$u(n) = \begin{cases} 1 & n \geqslant 0 \\ 0 & n < 0 \end{cases} \tag{1.2-3}$$

单位阶跃序列 $u(n)$ 如图 1.2-4 所示。

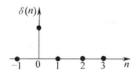
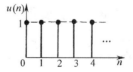

图 1.2-3　单位脉冲序列　　　　　　图 1.2-4　单位阶跃序列

还可用 $\delta(n)$ 表示 $u(n)$

$$u(n) = \sum_{m=0}^{\infty} \delta(n - m) = \delta(n) + \delta(n-1) + \delta(n-2) + \cdots \tag{1.2-4}$$

也可用 $u(n)$ 表示 $\delta(n)$

$$\delta(n) = u(n) - u(n-1) \tag{1.2-5}$$

3. 单位矩形序列 $R_N(n)$

单位矩形序列用 $R_N(n)$ 表示，定义为

$$R_N(n) = \begin{cases} 1 & 0 \leq n \leq N-1 \\ 0 & n < 0, \ n \leq N \end{cases}$$

$R_4(n)$ 如图 1.2-5 所示。

还可用 $\delta(n)$、$u(n)$ 表示 $R_N(n)$

$$R_N(n) = u(n) - u(n-N) = \sum_{m=0}^{N-1} \delta(n-m)$$

4. 斜变序列

斜变序列是包络为线性变化的序列，表示式为

$$x(n) = nu(n)$$

斜变序列 $x(n)$ 如图 1.2-6 所示。

图 1.2-5 单位矩形序列

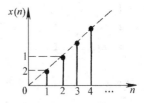

图 1.2-6 斜变序列

5. 实指数序列

实指数序列 a^n 是包络为指数函数的序列。$|a| > 1$，序列发散；$|a| < 1$，序列收敛；$a < 0$，序列正、负摆动。实指数序列的 4 种波形如图 1.2-7 所示。

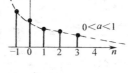

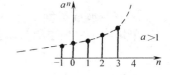

6. 正弦型序列

正弦型序列是包络为正、余弦变化的序列。

例如，$\sin n\omega_0$，$\cos n\omega_0$。若 $\omega_0 = \pi/5$，$N = 2\pi/(\pi/5) = 10$，即每 10 点重复一次正、余弦变化，如图 1.2-8 所示。

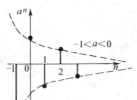

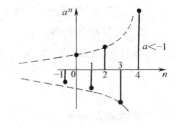

图 1.2-7 实指数序列的 4 种波形

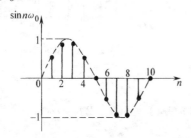

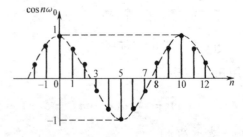

图 1.2-8 正弦型序列

正弦型序列的一般表示为

$$x(n) = A\cos(n\omega_0 + \varphi_n)$$

对模拟正弦型信号采样可以得到正弦型序列。

例如，$x_a(t) = \sin\Omega_0 t$

$$x(n) = x_a(nT) = \sin n\Omega_0 T = \sin n\omega_0$$

$$\omega_0 = \Omega_0 T$$

式中，ω_0 是数字域频率；T 是采样周期。

数字域频率相当于模拟域频率对采样频率取归一化值，即

$$\omega = \Omega T = \Omega/f_s$$

7. 复指数序列

$$x(n) = e^{(\sigma + j\omega_0)n} = e^{\sigma n}e^{j\omega_0 n} = e^{\sigma n}(\cos n\omega_0 + j\sin n\omega_0) = |x(n)|\arg[x(n)]$$

式中，$|x(n)| = e^{\sigma n}$；$\arg[x(n)] = n\omega_0$。

8. 周期序列

如果

$$\tilde{x}(n) = x(n + N), \quad -\infty < n < \infty$$

则 $\tilde{x}(n)$ 为周期序列，周期为 N 点。

对模拟周期信号采样得到的序列，未必是周期序列。例如模拟正弦型采样信号一般表示为

$$x(n) = A\cos(n\omega_0 + \varphi_n) = A\cos\left(2\pi\frac{n\omega_0}{2\pi} + \varphi_n\right)$$

$$\frac{2\pi}{\omega_0} = \frac{2\pi}{\Omega_0 T} = \frac{2\pi f_s}{\Omega_0} = \frac{f_s}{f_0}$$

式中，f_s 是取样频率；f_0 是模拟周期信号频率。

可由以下条件判断 $x(n)$ 是否为周期序列：

1) $\dfrac{2\pi}{\omega_0} = N$，$N$ 为整数，则 $x(n)$ 是周期序列，周期为 N。

2) $\dfrac{2\pi}{\omega_0} = S = \dfrac{N}{L}$，$L$、$N$ 为整数，则 $x(n)$ 是周期序列，周期为 $N = SL$。

3) $2\pi/\omega_0$ 为无理数，则 $x(n) = A\cos(n\omega_0 + \varphi_n)$ 不是周期序列。

1.2.3 序列的运算

1. 相加

$$y(n) = x_1(n) + x_2(n) \tag{1.2-6}$$

$y(n)$ 是两个序列 $x_1(n)$、$x_2(n)$ 对应项相加形成的序列。

2. 相乘

$$y(n) = x_1(n) \cdot x_2(n) \tag{1.2-7}$$

$y(n)$ 是两个序列 $x_1(n)$、$x_2(n)$ 对应项相乘形成的序列。

标量相乘：
$$y(n) = ax(n) \tag{1.2-8}$$

$y(n)$ 是 $x(n)$ 每项乘以常数 a 形成的序列。

3. 时延或移序 $(m>0)$

$$y(n) = x(n-m) \tag{1.2-9}$$

$y(n)$ 是原序列 $x(n)$ 每项右移 m 位形成的序列。

$$y(n) = x(n+m) \tag{1.2-10}$$

$y(n)$ 是原序列 $x(n)$ 每项左移 m 位形成的序列。序列的时延如图 1.2-9 所示。

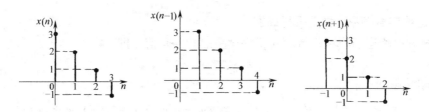

图 1.2-9　序列的时延

例 1.2-2　已知 $x(n) = \begin{bmatrix} 0.5 & 1.5 & 1 & -0.5 \end{bmatrix}$，求 $y(n) = x(n) + 2x(n)x(n-2)$。

解：
$$x(n-2) = \begin{bmatrix} 0 & 0.5 & 1.5 & 1 & -0.5 \end{bmatrix}$$

$$2x(n)x(n-2) = \begin{cases} 0.5 \times 1 \times 2 = 1 & n=1 \\ 1.5 \times 2 \times (-0.5) = -1.5 & n=2 \end{cases}$$

$$y(n) = x(n) + 2x(n)x(n-2) = \begin{bmatrix} 0.5 & 1.5 & 2 & -2 \end{bmatrix}$$

4. 折叠及其位移

$$y(n) = x(-n) \tag{1.2-11}$$

$y(n)$ 是将 $x(n)$ 以纵轴为对称轴翻转 $180°$ 形成的序列。

折叠位移序列：

$$y(n) = x(-n \pm m) \tag{1.2-12}$$

$y(n)$ 是由 $x(-n)$ 向右或向左移 m 位形成的序列。

折叠序列与折叠位移序列如图 1.2-10 所示。

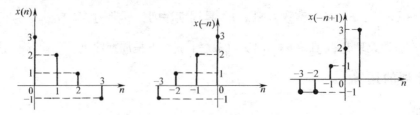

图 1.2-10　序列的折叠位移

5. 尺度变换

$$y(n) = x(mn)$$

$y(n)$ 是只取 $x(n)$ 序列中 m 整数倍点（每隔 m 点取一点）序列值形成的新序列，即时间轴 n 压缩了 m 倍。图 1.2-11 是 $m=2$ 时的 $x(n)$ 及 $y(n) = x(2n)$。

$$y(n) = x(n/m)$$

$y(n)$ 是 $x(n)$ 序列每一点加 $m-1$ 个零值点形成的新序列，即时间轴 n 扩展了 m 倍。

图 1.2-12 是 $m=2$ 时的 $x(n)$ 及 $y(n) = x(n/2)$。

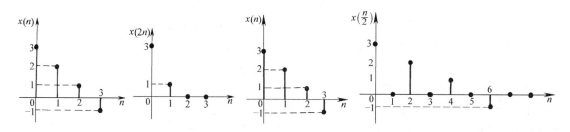

图 1.2-11　序列的压缩　　　　　　图 1.2-12　序列的扩展

6. 任意序列的单位取样脉冲表示

由 $x(m)\delta(n-m) = \begin{cases} x(n) & m = n \\ 0 & m \neq n \end{cases}$

任意序列可以用单位取样脉冲序列的加权和表示为

$$x(n) = \sum_{m=-\infty}^{\infty} x(m)\delta(n-m) \tag{1.2-13}$$

式中，$\cdots x(-1)、x(0)、x(1)\cdots$ 为加权系数。

7. 离散序列的能量

$$E = \sum_{n=-\infty}^{\infty} |x(n)|^2 \tag{1.2-14}$$

1.3　时域离散系统

时域离散系统的作用是将输入序列转变为输出序列，系统的功能是将输入 $x(n)$ 转变为所需输出 $y(n)$ 的运算，记为

$$y(n) = T[x(n)] \tag{1.3-1}$$

时域离散系统的作用如图 1.3-1 所示。

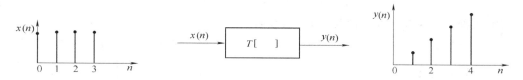

图 1.3-1　时域离散系统的作用示意图

时域离散系统与连续时间系统有相同的分类，如线性、非线性；时变、非时变等。运算关系 $T[\ ]$ 满足不同条件，具有不同的性质，对应着不同的系统。

下面具体讨论几种常用系统的性质及其响应（零状态）。

1.3.1　线性离散系统及其响应

线性离散系统应满足叠加、均匀（齐次、比例）性，即若

$$x_1(n) \rightarrow y_1(n) = T[x_1(n)]$$

$$x_2(n) \rightarrow y_2(n) = T[x_2(n)]$$

则
$$T[ax_1(n) + bx_2(n)] = T[ax_1(n)] + T[bx_2(n)]$$
$$= aT[x_1(n)] + bT[x_2(n)] = ay_1(n) + by_2(n)$$

满足线性的离散系统示意如图
1.3-2 所示。

利用任意序列的单位取样脉冲序
列加权和表示可以导出线性离散系统
的响应，即将式（1.2-13）代入式
（1.3-1），得

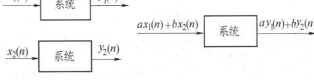

图 1.3-2　系统的线性

$$y(n) = T[x(n)] = T\left[\sum_{m=-\infty}^{\infty} x(m)\delta(n-m)\right]$$

$$= \sum_{m=-\infty}^{\infty} T[x(m)\delta(n-m)] = \sum_{m=-\infty}^{\infty} x(m)T[\delta(n-m)]$$

令 $T[\delta(n)] = h_0(n)$ ，$T[\delta(n-1)] = h_1(n)$ ，$\cdots$，$T[\delta(n-m)] = h_m(n)$ ，
得到线性离散系统的响应为

$$y(n) = \sum_{m=-\infty}^{\infty} x(m)h_m(n) \qquad (1.3\text{-}2)$$

1.3.2　非时变离散系统及其响应

离散系统的非时变性也称非移变性。

具有非时变性的离散系统，在初始条件相同的情况下，其系统的输出与输入激励加入时
刻无关，即若
$$T[x(n)] = y(n)$$

则
$$T[x(n-n_0)] = y(n-n_0) \qquad (1.3\text{-}3)$$

令非时变系统的单位脉冲 $\delta(n)$ 的响应为 $h(n)$ ，可记为 $\delta(n) \rightarrow h(n)$ ，则由非时变性
可得

$$\delta(n-m) \rightarrow h(n-m) = h_m(n) \qquad (1.3\text{-}4)$$

离散系统的非时变性的示意图如图 1.3-3 所示。

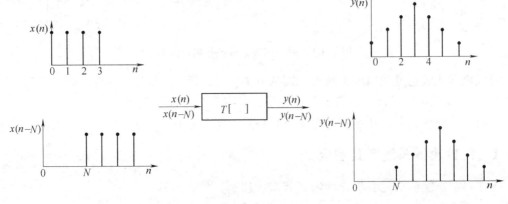

图 1.3-3　系统的非时变性

1.3.3 线性非时变离散系统及其响应

若离散系统同时满足线性（叠加、比例）以及非时变特性，就是线性非时变离散系统，简写为 LTI 离散系统。LTI 离散系统是信号处理中一类重要的系统，本书涉及的主要是 LTI 离散系统。

将式（1.3-4）代入式（1.3-2），可得 LTI 离散系统的响应为

$$y(n) = \sum_{m=-\infty}^{\infty} x(m)h_m(n) = \sum_{m=-\infty}^{\infty} x(m)h(n-m) \tag{1.3-5}$$

通常称式（1.3-5）为序列的卷积，也有称卷积和、卷和的。

对式（1.3-5）左边做变量代换，令其中的 $n-m=m'$，则式（1.3-5）变为

$$y(n) = \sum_{m'=-\infty}^{\infty} x(n-m')h(m') \tag{1.3-6}$$

式（1.3-6）是序列卷积公式的第二种形式。式（1.3-5）、式（1.3-6）可用下述符号表示：

$$y(n) = x(n) * h(n) = h(n) * x(n) \tag{1.3-7}$$

特别地，当 $x(n) = \delta(n)$ 时，响应为

$$y(n) = \delta(n) * h(n) = h(n) \tag{1.3-8}$$

式中，$h(n)$ 是线性非移变系统的单位脉冲响应。

下面举例说明离散系统的线性非时变特性。

例 1.3-1 判断下列系统是否为线性非时变系统。

（1）$y(n) = T[x(n)] = e^{x(n)}$

（2）$y(n) = T[x(n)] = nx(n)$

解：（1）$T[ax(n)] = e^{ax(n)} = [e^{x(n)}]^a = [y(n)]^a \neq ay(n)$，是非线性系统；
$T[x(n-n_0)] = e^{x(n-n_0)} = y(n-n_0)$，是非时变系统。

（2）令 $y_1(n) = T[x_1(n)] = nx_1(n)$；$y_2(n) = T[x_2(n)] = nx_2(n)$
则 $T[ax_1(n) + bx_2(n)] = n[ax_1(n) + bx_2(n)] = nax_1(n) + nbx_2(n) = ay_1(n) + by_2(n)$，是线性系统；
$T[x(n-n_0)] = nx(n-n_0) \neq y(n-n_0) = (n-n_0)x(n-n_0)$，是时变系统。

1.3.4 系统的稳定性

系统的稳定性（Bounded-input，Bounded-output）定义：对任意有界输入激励产生有界输出响应的系统，线性非时变系统稳定的充要条件是单位脉冲响应绝对可和，即

$$S = \sum_{m=-\infty}^{\infty} |h(m)| < \infty \tag{1.3-9}$$

证明：（1）必要性。用反证法。若系统不满足条件，可以找到一个有界的输入，使得输出为无界，从而证明必要性。

即设系统有 $S = \sum_{m=-\infty}^{\infty} |h(m)| = \infty$，不满足绝对可和条件，其输入

$$x(n) = \begin{cases} \dfrac{h*(-n)}{|h(-n)|} & h(n) \neq 0 \\ 0 & h(n) = 0 \end{cases}$$

这是幅度为1，仅有相位变化的有界输入，其输出为

$$y(n) = \sum_{m=-\infty}^{\infty} x(m)h(n-m) = \sum_{m=-\infty}^{\infty} \frac{h*(-m)}{|h(-m)|}h(n-m)$$

而 $y(0) = \sum_{m=-\infty}^{\infty} x(m)h(-m) = \sum_{m=-\infty}^{\infty} \frac{h*(-m)}{|h(-m)|}h(-m) = \sum_{m=-\infty}^{\infty} \frac{|h(-m)|^2}{|h(-m)|}$

$$= \sum_{m=-\infty}^{\infty} |h(-m)| = S \to \infty$$

即输入 $x(n)$ 为有界，而输出 $y(0)$ 是无界的，所以 $h(n)$ 绝对可和为稳定性必要性条件。

（2）充分性。若 $S = \sum_{m=-\infty}^{\infty} |h(m)| < \infty$ 满足绝对可和条件，且输入 $x(n)$ 为有界，即对所有的 n，$|x(n)| \leqslant M$，则有

$$|y(n)| = \left| \sum_{m=-\infty}^{\infty} h(m)x(n-m) \right| \leqslant \sum_{m=-\infty}^{\infty} |h(m)||x(n-m)| \leqslant M \sum_{m=-\infty}^{\infty} |h(m)| < \infty$$

1.3.5 系统的因果性

定义：系统输出响应的变化不会发生在输入激励变化之前。线性非时变系统为因果的充要条件是 $h(n) = 0$，$n < 0$。

在数字处理系统作非实时处理时，可以用很大时延的因果系统去逼近非因果系统，即可将 $x(n+1)$、$x(n+2)$、$x(n+3)$…存储起来待用，这是数字系统优于模拟系统的优点之一。

例 1.3-2 已知系统的运算关系为 $y(n) = T[x(n)] = \sum_{m=n-n_0}^{n+n_0} x(m)$，讨论它的因果性。

解：将 $y(n)$ 展开，即

$$y(n) = x(n-n_0) + x(n-n_0+1) + \cdots + x(n+n_0-1) + x(n+n_0)$$

不论 $n_0 < 0$ 或 $n_0 > 0$，均使 $y(n)$ 与将来的输入有关，故为非因果系统。

1.3.6 因果稳定系统

具有稳定性、因果性的系统是一类实用系统，具有因果稳定性是一般系统的设计目标，线性非时变系统为因果稳定的条件是

$$h(n) = \begin{cases} h(n) & n \geqslant 0 \\ 0 & n < 0 \end{cases}$$

且

$$\sum_{n=0}^{\infty} |h(n)| < \infty \tag{1.3-10}$$

1.4 卷积

由1.3节的讨论可知，利用卷积可以计算线性非时变离散系统的零状态响应，下面通过实例讨论卷积的常用计算方法。

1.4.1 图解法

例 1.4-1 已知 $x(n) = R_N(n) = u(n) - u(n - N)$

$$h(n) = \begin{cases} a^n & n \geqslant 0 \\ 0 & n < 0 \end{cases}, \text{其中} \quad 0 < a < 1$$

求：$y(n) = x(n) * h(n)$。

解： $y(n) = x(n) * h(n) = \sum_{m=-\infty}^{\infty} x(m)h(n-m) = \sum_{m=-\infty}^{\infty} a^{n-m}x(m)$

或

$$y(n) = x(n) * h(n) = \sum_{m=-\infty}^{\infty} x(n-m)h(m) = \sum_{m=-\infty}^{\infty} a^m x(n-m)$$

$n < 0$ 时

$$y(n) = 0$$

$0 \leqslant n \leqslant N - 1$ 时

$$y(n) = \sum_{m=0}^{n} a^{n-m} = a^n \sum_{m=0}^{n} a^{-m} = a^n \frac{1 - a^{-(n+1)}}{1 - a^{-1}}$$

$$= \frac{a^n - a^{-1}}{1 - a^{-1}} = \frac{a^{n+1} - 1}{a - 1} = \frac{1 - a^{n+1}}{1 - a}$$

$n > N - 1$ 时

$$y(n) = \sum_{m=0}^{N-1} a^{n-m} = a^n \sum_{m=0}^{N-1} a^{-m} = a^n \frac{1 - a^{-N}}{1 - a^{-1}}$$

$$= \frac{a^n - a^{n-N}}{1 - a^{-1}}$$

或

$0 \leqslant n \leqslant N - 1$ 时

$$y(n) = \sum_{m=0}^{n} a^m = 1 + a + \cdots + a^n = \frac{1 - a^{(n+1)}}{1 - a^1}$$

$n > N - 1$ 时

$$y(n) = \sum_{m=n-N+1}^{n} a^m = a^{n-N+1} + a^{n-N+2} + \cdots + a^n$$

$$= a^n [a^{-N+1} + a^{-N+2} + \cdots + a^{-1} + 1]$$

$$= a^n \frac{1 - a^{-N}}{1 - a^{-1}} = \frac{a^n - a^{n-N}}{1 - a^{-1}}$$

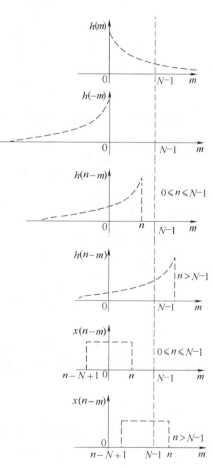

利用图解法求解卷积的过程如图 1.4-1 所示。

图解卷积求解的重点是确定求和条件及上、下限。

可以证明（留作习题），若 $x_1(n)$ 是在 $N_1 \sim N_2$ 区间为非零值的序列，$x_2(n)$ 是在 $N_3 \sim N_4$ 区间为非零值的序列，则卷积 $y(n) = x_1(n) * x_2(n)$ 是在 $N_1 + N_3 \sim N_2 + N_4$ 区间为非零值的序列。这一结论在后续讨论中将直接应用。

图 1.4-1　例 1.4-1 图解法示意

1.4.2 相乘对位相加法

相乘对位相加法适用于两个有限时宽序列。

例 1.4-2 已知 $x(n) = \{4, 2, 7\}$，$h(n) = \{3, 2, 5\}$，求 $y(n) = x(n) * h(n)$。

解：将两个序列的样值分如下两行排列，逐位竖式相乘得到三行；按序从左到右逐项将竖式相乘的乘积对位相加，结果就是 $y(n)$。

```
    4      2      7
    3      2      5
------------------------
   12      6     21
           8      4     14
                 20     10     35
------------------------------------
   12     14     45     24     35
  (-2)   (-1)   (0)    (1)    (2)
                  ↑
```

$$y(n) = \begin{bmatrix} 12 & 14 & 45 & 24 & 35 \end{bmatrix}$$

用 MATLAB 计算例 1.4-2 卷积的程序如下：

```
x = [4, 2, 7];
h = [3, 2, 5];
conv (x, h)    % 卷积计算
```

1.4.3 卷积的性质

（1）当 $x_1(n)$、$x_2(n)$、$x_3(n)$ 分别满足可和条件，则卷积具有以下代数性质：

1）交换律：

$$x_1(n) * x_2(n) = \sum_{m=-\infty}^{\infty} x_1(m) x_2(n-m) = \sum_{m=-\infty}^{\infty} x_2(m) x_1(n-m) = x_2(n) * x_1(n)$$

(1.4-1)

式（1.4-1）如图 1.4-2 所示，可应用于线性系统的激励与系统的互换。

图 1.4-2　卷积交换律的应用

2）分配律：

$$x_1(n) * [x_2(n) + x_3(n)] = x_1(n) * x_2(n) + x_1(n) * x_3(n) \tag{1.4-2}$$

式（1.4-2）如图 1.4-3 所示，可应用于线性系统的混联组合。

3）结合律：

$$x_1(n) * x_2(n) * x_3(n) = x_1(n) * [x_2(n) * x_3(n)] = [x_1(n) * x_2(n)] * x_3(n)$$
$$= x_2(n) * [x_3(n) * x_1(n)] \tag{1.4-3}$$

式（1.4-3）如图 1.4-4 所示，可应用于线性系统的级联组合。

（2）任意序列与 $\delta(n)$ 卷积：

$$\delta(n) * x(n) = x(n) \tag{1.4-4}$$

$$\delta(n - m) * x(n) = x(n - m) \tag{1.4-5}$$

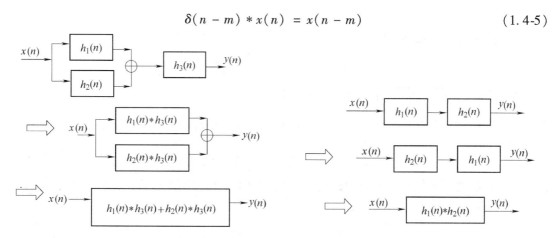

图 1.4-3 卷积分配律的应用   图 1.4-4 卷积结合律的应用

（3）任意序列与 $u(n)$ 卷积：

$$u(n) * x(n) = \sum_{m=-\infty}^{n} x(m) \tag{1.4-6a}$$

任意因果序列与 $u(n)$ 卷积：

$$u(n) * x(n) = \sum_{m=0}^{\infty} x(m) \tag{1.4-6b}$$

（4）卷积的移序：

$$y(n + m) = x_1(n + m) * x_2(n) = x_1(n) * x_2(n + m)$$
$$y(n + m_1 + m_2) = x_1(n + m_1) * x_2(n + m_2) \tag{1.4-7}$$
$$y(n - m) = x_1(n - m) * x_2(n) = x_1(n) * x_2(n - m)$$
$$y(n - m_1 - m_2) = x_1(n - m_1) * x_2(n - m_2) \tag{1.4-8}$$

为了计算方便，将卷积和的结果（常用序列卷积）列于表 1.4-1。

表 1.4-1 卷积和

序号	$x_1(n)$	$x_2(n)$	$x_1(n) * x_2(n) = x_2(n) * x_1(n)$
1	$\delta(n)$	$x(n)$	$x(n)$
2	$u(n)$	$x(n)u(n)$	$\sum_{m=0}^{n} x(m)$
	$u(n)$	$x(n)$	$\sum_{m=-\infty}^{n} x(m)$
3	$a^n u(n)$	$u(n)$	$\dfrac{1 - a^{n+1}}{1 - a} u(n)$
4	$u(n)$	$u(n)$	$(n + 1)u(n)$
5	$a^n u(n)$	$a^n u(n)$	$(n + 1)a^n u(n)$
6	$a^n u(n)$	$nu(n)$	$\left[\dfrac{n}{1 - a} + \dfrac{a(a^n - 1)}{(1 - a)^2}\right]u(n)$
7	$a_1^n u(n)$	$a_2^n u(n)$	$\left[\dfrac{a_1^{n+1} - a_2^{n+1}}{a_1 - a_2}\right]u(n)$

1.5 常系数线性差分方程

1.5.1 线性非时变离散系统的数学模型

常系数线性差分方程是线性非时变离散系统的数学模型。N 阶差分方程一般表示为

$$\sum_{m=0}^{N} a_m y(n-m) = \sum_{r=0}^{M} b_r x(n-r) \tag{1.5-1a}$$

式中，a_m、b_r 为任意常数。为方便起见，一般式（1.5-1）中取 $a_0 = 1$（下面相同，不再说明）。这样式（1.5-1a）还可表示为

$$y(n) = \sum_{r=0}^{M} b_r x(n-r) - \sum_{m=1}^{N} a_m y(n-m) \tag{1.5-1b}$$

未知（待求）序列变量序号最高与最低值之差是差分方程阶数；各未知序列序号以递减方式给出 $y(n)$、$y(n-1)$、$y(n-2)$、$\cdots$、$y(n-N)$，称为后向形式差分方程。一般因果系统用后向形式比较方便。各未知序列序号以递增方式给出 $y(n)$、$y(n+1)$、$y(n+2)$、$\cdots$、$y(n+N)$，称为前向形式差分方程。当给定初始条件，利用递推或经典法，可解出常系数线性差分方程的完全解。

1.5.2 递推法

递推法通常适用于系统阶数不高且激励简单的情况。

下面举例说明递推法的应用。

例 1.5-1　已知描述某离散系统的差分方程为 $y(n) = 1.5x(n) + 0.5y(n-1)$，且 $x(n) = \delta(n)$，$y(n) = 0$，$n < 0$，求 $y(n)$。

解：$y(0) = 1.5x(0) + 0.5y(-1) = 1.5$

$\quad y(1) = 1.5x(1) + 0.5y(0) = 0.5y(0) = 1.5(0.5)$

$\quad y(2) = 1.5x(2) + 0.5y(1) = 0.5y(1) = 1.5(0.5)^2$

$\qquad \vdots$

$\quad y(n) = 0.5y(n-1) = 1.5(0.5)^n \quad n \geqslant 0$

例 1.5-2　方程、激励 $x(n) = \delta(n)$ 同例 1.5-1，仅初始条件改为 $y(n) = 0$，$n > 0$，求 $y(n)$。

解：递推方向由 $n > 0$ 改为 $n < 0$，将方程改写为

$y(n-1) = 2y(n) - 3x(n)$

$n = 1 \quad y(0) = 2y(1) - 3x(1) = 0$

$n = 0 \quad y(-1) = 2y(0) - 3x(0) = -3 = -1.5(0.5)^{-1}$

$n = -1 \quad y(-2) = 2y(-1) - 3x(-1) = 2y(-1) = -1.5(0.5)^{-2}$

$n = -2 \quad y(-3) = 2y(-2) - 3x(-2) = 2y(-2) = -1.5(0.5)^{-3}$

$\quad \vdots$

$y(n) = 2y(n+1) = -1.5(0.5)^n = -1.5(0.5)^n u(-n-1) \quad n < 0$

由以上两例可见，相同的差分方程及激励，仅初始条件不同，所对应的响应就不同，表

示的系统亦不同。即线性常系数差分方程描述的系统既可以是因果系统也可以是非因果系统，只有选择相应的初始条件才是因果系统。本书不特别指明的均为因果系统。

由以上两例可看到递推法简单、直观。但当系统阶数较高或激励较复杂时，用递推法很难得到 $y(n)$ 的一般项，这时可应用经典法解差分方程。

1.5.3 经典法

与微分方程求解很类似，由齐次解与特解组成差分方程的完全解。

1. 齐次解

将齐次解记为 $y_h(n)$，它是 $x(n) = 0$ 时差分方程的解。式（1.5-1a）的 N 阶齐次方程为

$$\sum_{m=0}^{N} a_m y(n-m) = 0 \tag{1.5-2}$$

由式（1.5-2）可得到 N 阶特征方程，并解出特征根，得到解的一般形式。N 阶差分方程的特征方程为

$$\alpha^N + a_1 \alpha^{N-1} + a_2 \alpha^{N-2} + \cdots + a_{N-1} \alpha + a_N = 0 \tag{1.5-3}$$

分解特征方程因式，得

$$(\alpha - \alpha_1)(\alpha - \alpha_2) \cdots (\alpha - \alpha_N) = 0 \tag{1.5-4}$$

设 α_1、α_2、$\cdots$、α_N 为 N 阶齐次方程的 N 个不相同的单根，则由 $\alpha - \alpha_m = 0$，可得特征根为 $\alpha = \alpha_m$，其对应的齐次解为

$$y_{hm}(n) = C_m(\alpha_m)^n \tag{1.5-5}$$

以此类推，由这 N 个线性无关的奇次解线性组合为 N 阶差分方程的奇次解，为

$$y_h(n) = \sum_{m=1}^{N} C_m(\alpha_m)^n \tag{1.5-6}$$

若特征方程中有一项 $(\alpha - \alpha_1)^m$，解出 α_1 为 m 重根，其对应的齐次解为

$$(C_1 n^{m-1} + C_2 n^{m-2} + \cdots + C_{m-1} n + C_m) \alpha_1^n \tag{1.5-7}$$

N 阶差分方程的通解仍为线性无关解的线性组合，可表示为

$$y_h(n) = \sum_{i=1}^{m} C_i n^{m-i}(\alpha_1)^n + \sum_{i=m+1}^{N} C_i(\alpha_i)^n \tag{1.5-8}$$

2. 特解

将特解记为 $y_p(n)$，它是与激励 $x(n)$ 相关的差分方程解，所以特解 $y_p(n)$ 的形式与激励 $x(n)$ 的形式相同。当 $x(n)$ 为指数序列时，$y_p(n)$ 为指数序列；而当 $x(n)$ 为多项式序列时，$y_p(n)$ 为多项式序列。将特解代入原方程，可以解出特解的具体系数。

3. 完全解 $y(n)$

由齐次解与特解可得到完全解的一般表示式

$$y(n) = y_h(n) + y_p(n) \tag{1.5-9}$$

将初始条件代入，得出齐次解中的任意常系数，最后得出完全解。

例 1.5-3 $y(n) = x(n) - 3y(n-1)$，其中 $x(n) = n^2 + n$，$y(n) = 0$，$n < 0$，求 $y(n)$。

解： 这是一阶差分方程，齐次方程为 $y(n) + 3y(n-1) = 0$，因此特征方程为

$$\alpha + 3 = 0$$

由特征方程得到特征根为

$$\alpha = -3$$

对应的齐次解为

$$y_h(n) = A(-3)^n$$

激励 $x(n)$ 的形式是二次多项式，所以特解为

$$y_p(n) = Bn^2 + Cn + D$$

将 $y_p(n)$ 代入原方程 $y_p(n) + 3y_p(n-1) = x(n)$，得

$$Bn^2 + Cn + D + 3B(n-1)^2 + 3C(n-1) + 3D = n^2 + n$$

比较上式两边同次项系数，可得 $B = 1/4$，$C = 5/8$，$D = 9/32$，代入特解，得

$$y_p(n) = \frac{1}{4}n^2 + \frac{5}{8}n + \frac{9}{32}$$

完全解

$$y(n) = \frac{1}{4}n^2 + \frac{5}{8}n + \frac{9}{32} + A(-3)^n$$

由初始条件

$$y(0) = x(0) - 3y(-1) = 0$$

$$\frac{9}{32} + A = 0$$

解出常数 $A = -9/32$，代入完全解，得

$$y(n) = \frac{1}{4}n^2 + \frac{5}{8}n + \frac{9}{32}[1 - (-3)^n] \quad n \geq 0$$

1.6 数字化处理方法

在实际应用中待处理信号往往是模拟信号，例如声音、图像、电压、水流、气温、压力、心电图等。要利用数字处理技术的优势，可以借助 A/D 转换器将模拟信号转换为数字信号，经数字技术处理后，如有必要再由 D/A 转换器将数字信号转换为可听、可视的模拟信号，这就是信号的数字化处理方法。

1.6.1 时域采样

时域采样是用数字技术处理连续信号的重要环节。采样就是利用"采样器"，从连续信号中"抽取"信号的离散样值，如图 1.6-1 所示。

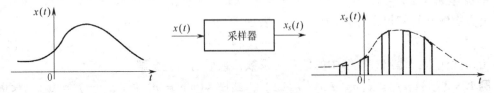

图 1.6-1 信号的采样

这种离散的样值函数通常称为"采样"信号。"采样"也称"取样"、"抽样"。采样信号

是离散信号，一般用 $x_s(t)$ 表示。采样信号在时间上离散化了，但它还不是数字信号，还须经量化编码转变为数字信号。所以数字信号是时间离散化、样值量化并被编码的信号。本书中离散信号与数字信号通用。

本节先讨论对连续信号的采样以及采样信号的频谱，然后讨论在什么条件下，采样信号能保留原信号的全部信息，以及如何从采样信号中恢复原信号。从若干样本值恢复信号，与做实验曲线有些相似。实验中一般只能测出若干点上的实验值，将这些实验值用光滑曲线连起来就是实验曲线，但取多少点合适？点少了会把一些重要变化漏掉，点多了会使实验工作量太大，只有合适的点数才能保证实验结果正确。与此相似，适当的采样率是信号恢复的重要条件，也是采样定理所解决的问题。

最简单的采样器如图 1.6-2a 所示，是一个电子开关。开关接通，信号通过，开关断开，信号被短路。这个电子开关的作用，可以用图 1.6-2b 所示的乘法器等效，图中的 $p(t)$ 是周期性开关函数。当 $p(t)$ 为零时，乘法器输出为零，等效为开关断开，信号通不过去；$p(t) \neq 0$ 时信号通过。这样采样信号 $x_s(t)$ 可以表示为

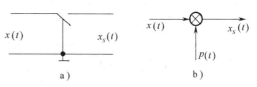

图 1.6-2 采样器及其等效模型

$$x_s(t) = x(t)p(t) \tag{1.6-1}$$

式中，$p(t)$ 是周期为 T 的周期函数，相应的采样频率 $f_s = 1/T$，$\Omega_s = 2\pi f_s = 2\pi/T$。

经过采样，连续信号 $x(t)$ 变成离散信号 $x_s(t)$，下面讨论采样信号 $x_s(t)$ 的频谱函数 $X_s(\Omega)$，以及它与原信号频谱 $X(\Omega)$ 的关系。

周期开关函数 $p(t)$ 的傅氏级数为

$$p(t) = \sum_{n=-\infty}^{\infty} P_n e^{jn\Omega_s t}$$

对上式取傅氏变换，得到周期开关函数 $p(t)$ 的频谱

$$P(\Omega) = \mathscr{F}[p(t)] = \mathscr{F}\Big[\sum_{n=-\infty}^{\infty} P_n e^{jn\Omega_s t}\Big] = \sum_{n=-\infty}^{\infty} P_n \mathscr{F}[e^{jn\Omega_s t}] = 2\pi \sum_{n=-\infty}^{\infty} P_n \delta(\Omega - n\Omega_s) \tag{1.6-2}$$

由式（1.6-2）的 $p(t)$ 频谱，可求采样信号 $x_s(t)$ 的频谱。因为 $x_s(t)$ 是 $x(t)$ 与 $p(t)$ 的乘积，由频域卷积定理可知，此时频谱应为二者的卷积，即

$$x_s(t) \leftrightarrow X_s(\Omega) = \frac{1}{2\pi} X(\Omega) * P(\Omega)$$

将式（1.6-2）代入上式，得

$$X_s(\Omega) = \frac{1}{2\pi} X(\Omega) * 2\pi \sum_{n=-\infty}^{\infty} P_n \delta(\Omega - n\Omega_s) = \sum_{n=-\infty}^{\infty} P_n X(\Omega - n\Omega_s) \tag{1.6-3}$$

式（1.6-3）表明，时域采样信号频谱 $X_s(\Omega)$ 是原信号频谱 $X(\Omega)$ 以采样角频率 Ω_s 为间隔的周期重复，其中 P_n 为加权系数。

当开关函数 $p(t)$ 是周期冲激序列时也称理想采样，此时

$$p(t) = \delta_T(t) = \sum_{n=-\infty}^{\infty} \delta(t - nT) \tag{1.6-4}$$

$$P_n = \frac{1}{T}\int_{-T/2}^{T/2}\delta(t)\,e^{-jn\Omega_s t}\mathrm{d}t = \frac{1}{T} \qquad (1.6\text{-}5)$$

将式（1.6-5）代入式（1.6-3），可得

$$X_s(\Omega) = \sum_{n=-\infty}^{\infty} P_n X(\Omega - n\Omega_s) = \frac{1}{T}\sum_{n=-\infty}^{\infty} X(\Omega - n\Omega_s)$$

$$= \frac{1}{T}\Big[\cdots + \underset{\substack{\downarrow\\ n=-1}}{X(\Omega+\Omega_s)} + \underset{\substack{\downarrow\\ n=0}}{X(\Omega)} + \underset{\substack{\downarrow\\ n=1}}{X(\Omega-\Omega_s)} + \cdots\Big] \qquad (1.6\text{-}6)$$

式（1.6-6）表示，理想采样的频谱 $X_s(\Omega)$ 是原信号频谱 $X(\Omega)$ 的加权周期重复，其中周期为 Ω_s，加权系数是常数 $1/T$。理想采样信号与频谱如图 1.6-3 所示。如果从调制的角度分析式（1.6-6），可以认为式中的 $X(\Omega)$ 是基带频谱，而 $X(\Omega \pm \Omega_s)$ 是一次谐波调制频谱，$X(\Omega \pm 2\Omega_s)$ 是二次谐波调制频谱，以此类推。这样，理想采样的频谱 $X_s(\Omega)$ 是由基带频谱与各次谐波调制频谱组成的。

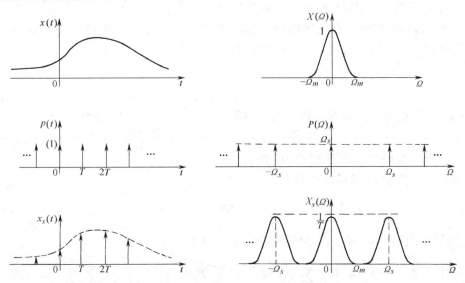

图 1.6-3　理想采样信号与频谱

因为周期冲激采样序列是周期矩形采样 $\tau \to 0$ 的极限情况，采样后信号频谱是原频谱的周期重复且幅度一样，所以也称理想采样。而实际的采样信号都有一定的脉冲宽度，但当 τ 相对采样周期 T 足够小时，可以近似认为是理想采样。

由以上对理想采样信号频谱 $X_s(\Omega)$ 的分析，知道 $X_s(\Omega)$ 是原信号频谱 $X(\Omega)$ 的周期重复，重复周期的间隔为 Ω_s。由图 1.6-4 可见 Ω_s 对 $X_s(\Omega)$ 的影响。当 $\Omega_s \geqslant 2\Omega_m$ 时，基带频谱与各次谐波频谱彼此是不重叠的，$X_s(\Omega)$ 是 $X(\Omega)$ 无混叠的周期延拓，基带频谱保留了原信号的全部信息，可用一个理想低通（虚线框）提取出基带频谱，从而恢复 $x(t)$；而当 $\Omega_s < 2\Omega_m$ 时，$X_s(\Omega)$ 的基带频谱与谐波频谱有混叠，无法提取出基带频谱，也就不可能恢复原信号 $x(t)$。

通过以上的图解过程，可以说明采样定理：一个频谱受限信号 $x(t)$ 的最高频率为 f_m，则 $x(t)$ 可以用不大于 $T = 1/(2f_m)$ 的时间间隔进行采样的采样值惟一地确定。

采样定理表明在什么条件下，采样信号能够保留原信号的全部信息。这就是

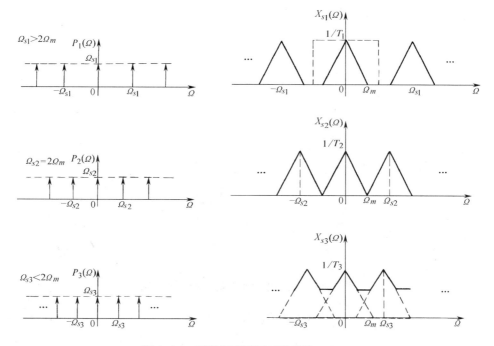

图 1.6-4 采样频率不同时的频谱 $X_s(\Omega)$

$$T = \frac{1}{f_s} \leqslant \frac{1}{2f_m} \tag{1.6-7}$$

或

$$\left.\begin{array}{l} \Omega_s \geqslant 2\Omega_m \\ \Omega_m \leqslant \Omega_s/2 \end{array}\right\} \tag{1.6-8}$$

通常把允许的最低采样频率 $f_s = 2f_m$ 定义为奈奎斯特频率；允许最大的采样间隔 $T = \pi/\omega_m = 1/(2f_m)$ 定义为奈奎斯特间隔。

采样频率的一半 $\Omega_s/2$ 也称为折叠频率，因为它像一面反光镜，信号的最高频率一旦超过它，就会反射回来，造成频谱的混叠。

例 1.6-1 确定信号 $x(t) = \mathrm{Sa}(50\pi t)$ 的奈奎斯特频率。

解：$x(t) = \mathrm{Sa}(50\pi t)$，利用傅里叶变换的对称性，可得

$$X(\mathrm{j}\Omega) = \begin{cases} 1/50 & |\Omega| \leqslant 50\pi \\ 0 & |\Omega| > 50\pi \end{cases}$$

$$= \frac{1}{50} g_{100\pi}(\Omega)$$

式中，$g_{100\pi}(\Omega)$ 是中心在原点，宽度为 100π，幅度为 1 的门函数。即 $X(\mathrm{j}\Omega)$ 是最高角频率为 $\Omega_m = 50\pi \mathrm{rad/s}$ 的矩形频谱函数，信号的最高频率 $f_m = 25\mathrm{Hz}$，所以 $x(t)$ 的奈奎斯特频率 $f_s = 50\mathrm{Hz}$。

采样定理解决了在什么条件下，采样信号能够保留原信号全部信息的问题。现在的问题是如何从采样信号中恢复原来的连续信号。从工程实现的角度，可以利用理想低通滤波器提取原信号的频谱，而从数学的角度就是函数的插值。

1.6.2 原信号的恢复（插值）

由图 1.6-4 无混叠的 $X_s(\Omega)$ 中提取原信号 $x(t)$ 的频谱 $X(\Omega)$，可以用一矩形频谱函数

（理想低通）与 $X_s(\Omega)$ 相乘，如图 1.6-5 所示。

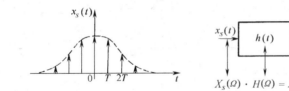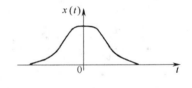

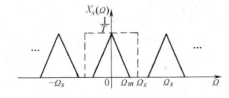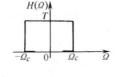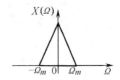

图 1.6-5　由理想低通恢复原信号的过程

$$X_s(\Omega)H(\Omega) = X(\Omega) \qquad (1.6\text{-}9)$$

式中，
$$H(\Omega) = \begin{cases} T & |\Omega| < \Omega_c \\ 0 & |\Omega| > \Omega_c \end{cases} \qquad (1.6\text{-}10)$$

$H(\Omega)$ 是理想低通滤波器，可以从满足采样定理的 $x_s(t)$ 中恢复原信号，其中低通的截止频率应满足

$$\Omega_m \leqslant \Omega_c \leqslant \Omega_s - \Omega_m \qquad (1.6\text{-}11)$$

在理想采样情况下

$$x_s(t) = \sum_{n=-\infty}^{\infty} x(nT)\delta(t-nT)$$

恢复信号可由卷积定理推得，即

$$x(t) = x_s(t) * h(t) \qquad (1.6\text{-}12)$$

若 $\Omega_s = 2\Omega_m$，$\Omega_c = \Omega_m$，由 $H(\Omega)$ 的反变换得到其单位冲激响应为

$$h(t) = \mathscr{F}^{-1}\left[H(\Omega)\right] = \mathrm{Sa}(\Omega_c t) \qquad (1.6\text{-}13)$$

将式（1.6-13）代入式（1.6-12），得

$$x(t) = x_s(t) * h(t) = \left[\sum_{n=-\infty}^{\infty} x(nT)\delta(t-nT)\right] * \mathrm{Sa}(\Omega_c t)$$

$$= \sum_{n=-\infty}^{\infty} x(nT)\mathrm{Sa}\left[\Omega_c(t-nT)\right] \qquad (1.6\text{-}14)$$

式中，$\mathrm{Sa}\left[\Omega_c(t-nT)\right]$ 是抽样函数，也称内插函数。式（1.6-14）还可表示为

$$x(t) = \sum_{n=-\infty}^{\infty} x(nT)\mathrm{Sa}(\Omega_m t - n\pi) \qquad (1.6\text{-}15)$$

上式说明：$x(t)$ 可由无穷多个加权系数为 $x(nT)$ 的采样（内插）函数之和恢复。在采样点 nT 上，只有峰值为 $x(nT)$ 的采样函数不为零，使得采样点上 $x(t)\big|_{t=nT} = x(nT)$；而采样点之间的 $x(t)$ 由各加权内插函数延伸叠加形成。信号的恢复如图 1.6-6 所示。

22

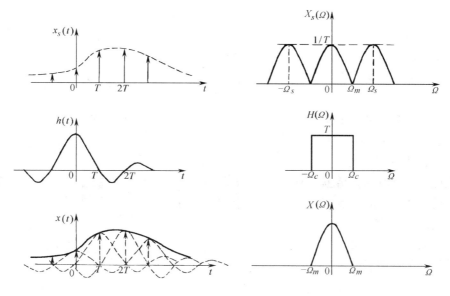

图 1.6-6　信号的恢复

1.6.3　窄带信号采样率

窄带信号是指信号的频谱集中在信号中心频率 Ω_0 附近的一个窄的频率范围内的信号，示意图如图 1.6-7 所示。若令其上限为 Ω_h，下限为 Ω_l，则带宽 $B_\Omega = \Omega_h - \Omega_l$。

对窄带信号的采样，其采样频率 $\Omega_s > 2\Omega_h$，肯定不会产生频谱混叠，但采样

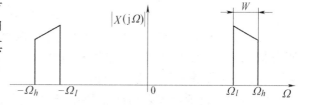

图 1.6-7　窄带信号示意图

谱会有很多的空档。即有这样的问题：仅为了不混叠，对窄带信号的采样频率是否可以不取得这么高？因为采样频率 f_s 越高，计算量越大，存储量越大，要求速度越高，成本增加。先看几个实例，设 $\Omega_h = 4W$，$\Omega_l = 3W$，用 $|X_s(\mathrm{j}\Omega)|$ 表示采样信号频谱。

1）$\Omega_s = 2W$，频谱重复周期为 $\pm 2W$、$\pm 4W$、$\pm 6W$ …… 时的 $|X(\mathrm{j}\Omega)|$、$|X_s(\mathrm{j}\Omega)|$ 如图 1.6-8 所示。

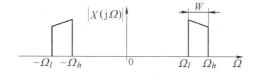

由图 1.6-8 可见，当 $\Omega_s = 2W$ 时，对带宽为 W 的窄带信号采样不会引起混叠失真。

2）$\Omega_s = 3W$，频谱重复周期 $\pm 3W$、$\pm 6W$ …… 时的 $|X_s(\mathrm{j}\Omega)|$ 如图 1.6-9 所示。

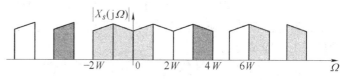

图 1.6-8　$\Omega_s = 2W$ 时的 $|X(\mathrm{j}\Omega)|$、$|X_s(\mathrm{j}\Omega)|$

由图 1.6-9 可见，这时采样信号的频谱仍无混叠。

3）$\Omega_s = 1.5W < 2W$，频谱重复周期 $\pm 1.5W$、$\pm 3W$ …… 时的 $|X_s(\mathrm{j}\Omega)|$ 如图 1.6-10

所示。

由图 1.6-10 可见，在这种情况下，频谱有混叠。那么，是否只要 $\Omega_s>2W$ 频谱就不会混叠？再令 $\Omega_s=3.5W$。

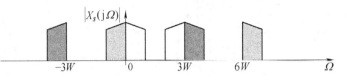

图 1.6-9　$\Omega_s=3W$ 时的 $|X_s(\mathrm{j}\Omega)|$

4）$\Omega_s=3.5W$，频谱重复周期 $\pm 3.5W$、$\pm 7W$ …… 时的 $|X_s(\mathrm{j}\Omega)|$ 如图 1.6-11 所示。

由此可见，此时的频谱也是有混叠的。所以 $\Omega_s>2W$ 不能保证采样信号的频谱不混叠。

那么，如何确定窄带信号的采样频率才能避免频谱混叠发生呢？

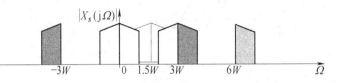

图 1.6-10　$\Omega_s=1.5W$ 时的 $|X_s(\mathrm{j}\Omega)|$

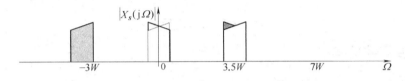

图 1.6-11　$\Omega_s=3.5W$ 时的 $|X_s(\mathrm{j}\Omega)|$

因为 $X_s(\Omega)$ 的频谱是以 Ω_s 为周期的连续函数，所以把 $-\Omega_h\sim-\Omega_l$ 的频谱做周期延拓，原来在 $-\Omega_h$、$-\Omega_l$ 处的谱线就会左移或右移 Ω_s 的整数倍。若向右移要不与 $\Omega_l\sim\Omega_h$ 之间的频谱混叠，必须满足以下两个条件：

1）$-\Omega_l$ 向右移 $(N-1)\Omega_s$ 后要小于 Ω_l（最多等于 Ω_l），其中 N 为正整数。即 $-\Omega_l+(N-1)\Omega_s\leqslant\Omega_l$，或

$$\Omega_s\leqslant\frac{2\Omega_l}{N-1} \qquad (1.6\text{-}16)$$

2）$-\Omega_h$ 向右移 $N\Omega_s$ 后要大于 Ω_h（至少等于 Ω_h），其中 N 为正整数。即 $-\Omega_h+N\Omega_s\geqslant\Omega_h$，或

$$\Omega_s\geqslant\frac{2\Omega_h}{N} \qquad (1.6\text{-}17)$$

两个条件要同时满足，则有

$$\frac{2\Omega_h}{N}\leqslant\Omega_s\leqslant\frac{2\Omega_l}{N-1} \qquad (1.6\text{-}18)$$

式中，N 是正整数。满足两个条件的 $|X_s(\mathrm{j}\Omega)|$ 示意图如图 1.6-12 所示。

由式（1.6-18）可计算出带宽为 W，信号上限频率 $\Omega_h=kW$（k 为正整数）情况下所允许的采样频率范围，表 1.6-1 为 N 不同时的窄带信号所允许的采样频率范围。

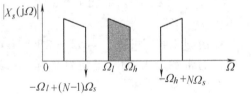

图 1.6-12　满足两个条件的 $|X_s(\mathrm{j}\Omega)|$ 示意图

在式（1.6-18）中，若 $\Omega_h=kW\mathrm{rad/s}$，取 $N=k$ 时，可得采样频率范围为 $2W\leqslant\Omega_s\leqslant$

$2W$，即这时的采样频率只能是 $\Omega_s = 2W$，否则就会产生混叠。这个要求在实际工作中显然是很难满足的（不能有一点频率偏离）。所以表中对角线上的采样频率只是一个理想值，是 N 能取的最大值（采样频率的最小值），实际选择一般不可能使用。从上表还可见，上限频率 kW 中的 k 越大，则可选择的频率段越多。

表 1.6-1　窄带信号所允许的采样频率范围

信号上限频率 Ω_h	窄带信号所允许的采样频率范围							
	$N=1$	$N=2$	$N=3$	$N=4$	$N=5$	$N=6$	$N=7$	$N=8$
W	$2W \sim \infty$							
$2W$	$4W \sim \infty$	$2W$						
$3W$	$6W \sim \infty$	$3W \sim 4W$	$2W$					
$4W$	$8W \sim \infty$	$4W \sim 6W$	$\dfrac{8}{3}W \sim 3W$	$2W$				
$5W$	$10W \sim \infty$	$5W \sim 8W$	$\dfrac{10}{3}W \sim 4W$	$\dfrac{5}{2}W \sim \dfrac{8}{3}W$	$2W$			
$6W$	$12W \sim \infty$	$6W \sim 10W$	$4W \sim 5W$	$3W \sim \dfrac{10}{3}W$	$\dfrac{12}{5}W \sim \dfrac{5}{2}W$	$2W$		
$7W$	$14W \sim \infty$	$7W \sim 12W$	$\dfrac{14}{3}W \sim 6W$	$\dfrac{14}{4}W \sim 4W$	$\dfrac{14}{5}W \sim 3W$	$\dfrac{14}{6}W \sim \dfrac{12}{5}W$	$2W$	
$8W$	$16W \sim \infty$	$8W \sim 14W$	$\dfrac{16}{3}W \sim 7W$	$4W \sim \dfrac{14}{4}W$	$\dfrac{16}{5}W \sim \dfrac{14}{4}W$	$\dfrac{16}{6}W \sim \dfrac{14}{5}W$	$\dfrac{16}{7}W \sim \dfrac{14}{6}W$	$2W$
⋮	⋮	⋮	⋮	⋮	⋮	⋮	⋮	⋮

例如，$\Omega_h = 6W$ 时，Ω_s 可以在 $\dfrac{12}{5}W \sim \dfrac{5}{2}W$ 之间、$3W \sim \dfrac{10}{3}W$ 之间、$4W \sim 5W$ 之间、$6W \sim 10W$ 之间以及 $12W = 2\Omega_h$ 以上取值，而使用其他采样频率将产生频谱混叠。

设 $\Omega_h = 6W$，$W = 200 \times 2\pi$（$F = 200\text{Hz}$），则信号的中心频率为 1100Hz（即 $5.5W = 2\pi \times 1100$）。

若选 $N = 5$，$\dfrac{12W}{5} \leqslant \Omega_s \leqslant \dfrac{5W}{2}$，即采样频率范围为 $480\text{Hz} \leqslant f_s(\Omega_s/2\pi) \leqslant 500\text{Hz}$。因为 f_s 可选在 $480 \sim 500\text{Hz}$ 之间，取中间值 490Hz。这时，采样频率允许误差为 $\pm 10\text{Hz}$。

若选 $N = 3$，$12W/3 \leqslant \Omega_s \leqslant 10W/2$，采样频率范围为 $800\text{Hz} \leqslant f_s(\Omega_s/2\pi) \leqslant 1000\text{Hz}$，如取 $f_s = 900\text{Hz}$，则采样频率允许误差为 $\pm 100\text{Hz}$。这对采样系统的要求就低多了，比较容易满足。实际应用时采样频率具体选多少合适，要结合具体情况而定。

1.6.4　数字化处理方法

模拟信号数字化处理方法，实际原理框图如图 1.6-13 所示。

图 1.6-13　信号数字化处理方法基本框图

因为实际信号的频谱往往不是严格的带限信号，只是随着频率升高，振幅衰减很快而已。在具体应用时可根据需要确定信号的最高频率 f_m，但该频率以上还会有不为零的高频分量部分。为减少这部分高频分量在采样后产生的混叠效应，一是采样频率通常可取 $f_s \geqslant (3 \sim 5)f_m$；二是在采样前可加抗混叠滤波（也称预滤波），先将高于折叠频率 $f_s/2$ 以上的频率分量滤除。

A/D 转换基本框图如图 1.6-14 所示。

A/D 转换器中的采样是将连续的时间信号转变为等间隔的离散信号，再经量化编码器将离散信号转变为由二进制数表示的数字信号。

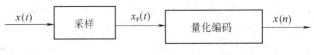

图 1.6-14　A/D 转换器原理图

例如，连续正弦信号 $x(t) = \cos(\Omega t + \pi/4)$，若模拟频率 $f = 200\text{Hz}$，采样频率 $f_s = 800\text{Hz}$，将 $t = nT = n/f_s$ 代入 $x(t)$，则

$$x_s(t) = \cos(2\pi f nT + \pi/4) = \cos(2\pi 50n/200 + \pi/4) = \cos(\pi n/2 + \pi/4)$$

当 $n = \cdots, 0, 1, 2, 3, \cdots$ 时，得

$$x_s(t) = x_a(nT) = \{\cdots, 0.70710678, -0.70710678, -0.70710678, 0.70710678, \cdots\}$$

若 A/D 转换的字长为 8bit（包括符号位），即采样值用 8bit 二进制数表示，小数点前一位为符号位。则量化编码输出 $x(n)$ 为

$$x(n) = \{\cdots, [0.1011010]_2, [1.1011010]_2, [1.1011010]_2, [0.1011010]_2, \cdots\}$$

$x(n)$ 对应的十进制表示为

$$x(n) = \{\cdots, 0.703125, -0.703125, -0.703125, 0.703125, \cdots\}$$

量化编码输出 $x(n)$ 与 $x_s(t)$ 之差即为量化误差，模拟信号数字化处理中一定存在量化误差，其影响将在第 8 章讨论。

将时域离散信号 $x_a(nT)$ 恢复为时域连续信号 $x(t)$ 的转换由理想低通滤波器可以实现。但理想低通滤波器是非因果系统，实际是物理不可实现的，实际可实现的 D/A 转换的基本框图如图 1.6-15 所示。

图 1.6-15　D/A 转换的基本框图

实际 D/A 转换器包括三部分：解码器、零阶保持器和平滑滤波器。解码器是将数字信号 $x(n)$ 转换为时域离散信号 $x_a(nT)$；零阶保持器和平滑滤波器将时域离散信号 $x_a(nT)$ 转换为时域连续信号 $x(t)$。

零阶保持器的原理图、单位冲激响应、振幅频响函数如图 1.6-16 所示，它实际是一个可实现的低通滤波器，即用零阶保持器的单位冲激响应 $h(t)$ 作内插函数，实现 D/A 转换。

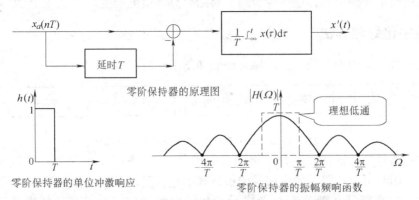

图 1.6-16　零阶保持器的原理图、单位冲激响应、振幅频响函数

因为零阶保持器与理想低通（图 1.6-16 中虚线所示）相比，在 $|\Omega| > \pi/T$ 区域有较多

的高频分量，所以零阶保持器输出的波形与理想低通所恢复的波形有很大差别。从时域上看，因为零阶保持器要将一个采样值保持到下一个采样值到来之前，所以离散信号 $x_a(nT)$ 及经过零阶保持器的输出波形如图 1.6-17 所示。表现在时域上是所恢复出的模拟信号是

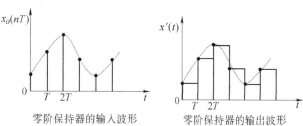

图 1.6-17　零阶保持器的输入、输出波形

台阶形的，表现在频域上是有镜像频率分量，总之失真较大。虽然由零阶保持器所恢复出的模拟信号是有失真的，但其简单、容易实现，因此是常用的方法。为了减少恢复出的模拟信号的失真，在其后要再加平滑低通滤波器，可使最后的输出波形逼近理想低通的输出波形。

1.7　基于 MATLAB 的离散时域分析

1.7.1　序列的 MATLAB 程序

1. 单位脉冲序列的产生（见图 1.7-1）

```
clear;ns = -2;nf = 7;np = 0;
[x,n] = impseq(np,ns,nf);
stem(n,x,'filled');
title ('单位脉冲序列');
xlabel('n'); ylabel('x(n)');
```

2. 单位阶跃序列的产生（见图 1.7-2）

```
clear;ns = -2;nf = 7;np = 0;
[x,n] = stepseq(np,ns,nf);
stem(n,x,'filled');
title ('单位阶跃序列');
xlabel('n'); ylabel('x(n)');
```

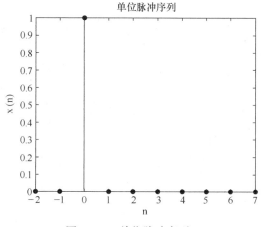

图 1.7-1　单位脉冲序列

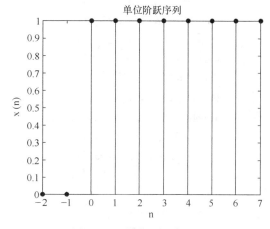

图 1.7-2　单位阶跃序列

3. 矩形序列的产生 （见图 1.7-3）

```
clear;ns = -2;nf = 8;np = 0;np1 = 4; n = ns:nf;
x = stepseq(np,ns,nf) - stepseq(np1,ns,nf);stem(n,x);title('矩形序列 R4(n)');
xlabel('n'); ylabel('R4(n)');
```

4. 斜变序列的产生 （见图 1.7-4）

```
clear;n = 0:10;a = 1
x = n. * a;
stem(n,x);
title('单位斜变序列 x(n)');
xlabel('n'); ylabel('x(n)');
```

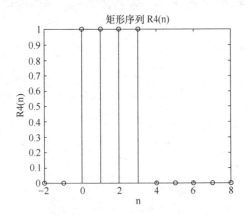

图 1.7-3　单位矩形序列

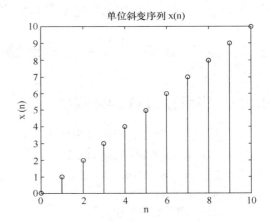

图 1.7-4　单位斜变序列

5. 实指数序列的产生 （见图 1.7-5）

```
n = 0:10;
a1 = 0.5;a2 = -0.5;a3 = 1.2;a4 = -1.2;
x1 = a1.^n; x2 = a2.^n;
x3 = a3.^n; x4 = a4.^n;
subplot(2,2,1),stem(n,x1);
title('实指数序列(0 < a1 < 1)');
xlabel('n'); ylabel('x1(n)');
subplot(2,2,2),stem(n,x2);
title('实指数序列( -1 < a2 < 0)');
line([0, 10],[0,0]);
xlabel('n'); ylabel('x1(n)');
subplot(2,2,3),stem(n,x3);
title('实指数序列(1 < a3)');
xlabel('n'); ylabel('x1(n)');
subplot(2,2,4),stem(n,x4);
line([0, 10],[0,0]);
title('实指数序列(a4 < -1)');
xlabel('n'); ylabel('x1(n)');
```

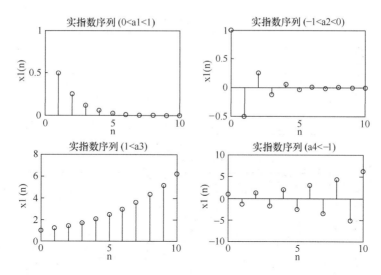

图 1.7-5 实指数序列

6. 正弦型序列的产生（见图 1.7-6）

```
clear;n = 0:10;
w0 = pi/5;w1 = pi/4;
x = sin(n * w0 + w1);
stem(n,x);
title('正弦型序列');
line([0, 10],[0,0]);
xlabel('n');ylabel('x(n)');
```

7. 复指数序列的产生（见图 1.7-7）

```
clear;n = 0:10;
delta = - 0.2;w1 = 0.7;
x = exp((delta + j * w1) * n);
subplot(2,1,1),stem(n,real(x));
line([0, 10],[0,0]);
title('复指数序列');
ylabel('复指数序列的实部');
subplot(2,1,2),stem(n,imag(x));
line([0, 10],[0,0]);
ylabel('复指数序列的虚部');
xlabel('n');
```

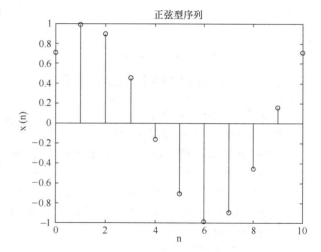

图 1.7-6 正弦型序列

8. 任意脉冲序列扩展函数

```
function[x,n] = impseq(np,ns,nf);
if ns > np|ns > nf|np > nf;
error('输入位置参数不满足 ns < = np < = nf');
else n = [ns:nf];x = [(n - np) = = 0];
end
```

9. 任意阶跃序列扩展函数

```
function[x,n] = stepseq(np,ns,nf);
```

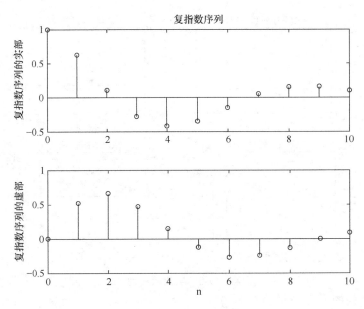

图 1.7-7　复指数序列

$$n = [\ ns:nf\ ]; x = [\ (n - np) > = 0\ ];$$

1.7.2　序列运算的 MATLAB 扩展程序

1. 序列加法扩展函数

function $[\ y,n\ ]$ = seqadd(x1,n1,x2,n2);

n = min(min(n1), min(n2)): max(max(n1), max(n2));

y1 = zeros(1,length(n)); y2 = y1;

y1(find((n > = min(n1))&(n < = max(n1)) = = 1)) = x1;

y2(find((n > = min(n2))&(n < = max(n2)) = = 1)) = x2;

y = y1 + y2;

2. 序列乘法扩展函数

function $[\ y,n\ ]$ = seqmult(x1,n1,x2,n2);

n = min(min(n1), min(n2)): max(max(n1), max(n2));

y1 = zeros(1,length(n)); y2 = y1;

y1(find((n > = min(n1))&(n < = max(n1)) = = 1)) = x1;

y2(find((n > = min(n2))&(n < = max(n2)) = = 1)) = x2;

y = y1. * y2;

3. 序列移序扩展函数

function$[\ y,ny\ ]$ = seqshift(x,nx,k);

y = x; ny = nx + k;

4. 序列折叠扩展函数

function$[\ y,ny\ ]$ = seqfold(x,nx);

y = fliplr(x); ny = - fliplr(nx);

5. 序列卷积扩展函数

function$[\ y,ny\ ]$ = convwthn(x,nx,h,nh);

$$nys = nx(1) + nh(1); nyf = nx(end) + nh(end);$$
$$y = conv(x,h); ny = [nys:nyf];$$

1.7.3 序列运算的 MATLAB 程序

例 1.7-1 计算例 1.2-2 的 MATLAB 程序。

解： 本例的 MATLAB 程序如下（见图 1.7-8）：

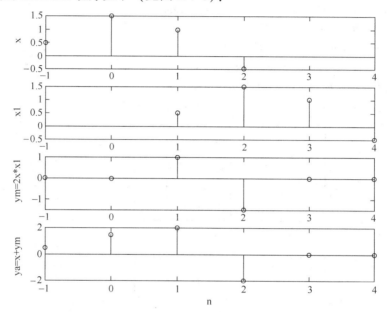

图 1.7-8 例 1.7-1 输入序列、输出序列

```
clear;
x = [0.5,1.5 ,1, - 0.5];n0 = - 1:2;a = 2;
[x1,n1] = seqshift(x,n0,2);% 移位
[ym1,n] = seqmult(x1,n1,x, n0);% 序列相乘
ym = a * ym1;% 序列倍乘
[ya,n] = seqadd(ym,n,x, n0);% 序列相加
subplot(4,1,1);stem(n0,x); ylabel('x');
axis([min(n), max(n),min(x), max(x)]);
line([min(n), max(n)],[0,0]);
subplot(4,1,2);stem(n1,x1); ylabel('x1');
line([min(n), max(n)],[0,0]);
axis([min(n), max(n),min(x1), max(x1)]);
subplot(4,1,3);stem(n,ym);
axis([min(n), max(n),min(ym), max(ym)]);ylabel('ym = 2x * x1');
line([min(n), max(n)],[0,0]);
subplot(4,1,4);stem(n,ya); xlabel('n');ylabel('ya = x + ym');
axis([min(n), max(n),min(ya), max(ya)]);
line([min(n), max(n)],[0,0]);
```

例 1.7-2 计算序列 $x = [0,1,3,3,4,3,2,1]$ 向右移序 2 位的 MATLAB 程序。
↑

解：本例的 MATLAB 程序如下（见图 1.7-9）：

```
clear;
x = [0,1,3,3,4,3,2,1];nx = -2;k = 2;
[y,ny] = seqshift(x,nx,k)
nf1 = nx + length(x) - 1;
nf2 = ny + length(y) - 1;
n = min(min(nx), min(ny)):max(max(nf1), max(nf2));
x1 = zeros(1,length(n));y1 = x1;
x1(find((n > = nx)&(n < = nf1) = =1)) = x;
y1(find((n >=ny)&(n < = nf2) = =1)) = y;
subplot(2,1,1);stem(n,x1); xlabel('n');ylabel('x');
subplot(2,1,2);stem(n,y1); xlabel('n');ylabel('y = x(n-k)');
```

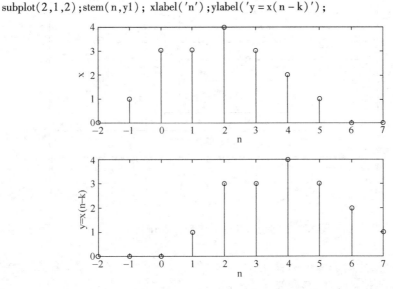

图 1.7-9　例 1.7-2 序列移序

例 1.7-3　计算序列 $x = [0,1,3,3,4,3,2,1]$ 折叠的 MATLAB 程序。

解：本例的 MATLAB 程序如下（见图 1.7-10）：

```
clear;
x = [0,1,3,3,4,3,2,1];nx = -2;
[y,ny] = seqfold(x,nx)
nx1 = nx + length(x) - 1;      % x 的终点
ny1 = ny - length(y) + 1;      % y 的起点
n = min(min(nx), min(ny1)):max(max(nx1), max(ny)); % y 的位置向量
y1 = zeros(1,length(n));y2 = y1;
y1(find((n > = nx)&(n < = nx1) = =1)) = x;
y2(find((n > =ny1)&(n < = ny) = =1)) = y;
subplot(2,1,1);stem(n,y1); xlabel('n');ylabel('x(n)');
subplot(2,1,2);stem(n,y2); xlabel('n');ylabel('y(n) = x(-n)');
```

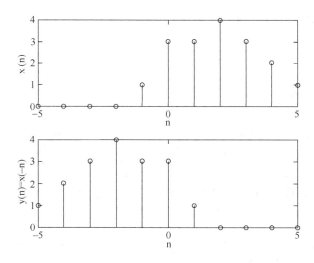

图 1.7-10　例 1.7-3 序列折叠

1.7.4　序列能量的 MATLAB 程序

计算序列能量的 MATLAB 程序

已知 $x(n) = n[u(n) - u(n-8)] - 10\mathrm{e}^{-0.3(n-10)}[u(n-10) - u(n-16)]$，$0 \leqslant n \leqslant 20$，计算序列能量的 MATLAB 程序。

```
clear;
n = [0:20];x1 = n. * (stepseq(0,0,20) - stepseq(8,0,20));
x2 = 10 * exp( - 0.3 * (n - 10)). * (stepseq(10,0,20) - stepseq(16,0,20))
x = x1 - x2;E = sum(abs(x).^2)
```

答案：

E = 355.5810

1.7.5　系统响应的 MATLAB 程序

1. 单位脉冲响应 $h(n)$ 的 MATLAB

例 1.7-4　已知某系统的差分方程

$$y(n) - 5y(n-1) + 6y(n-2) = x(n) - 3x(n-2)$$

计算、并绘出单位脉冲响应 $h(n)$ 的波形（前 6 项）。

解： 本例的 MATLAB 程序如下（见图 1.7-11）：

```
clear;
a = [1, - 5,6];b = [1,0, - 3];
h = impz(b,a,0:5)
stem(h);xlabel('n');ylabel('x(n)');
axis([ - 1,6, min(h), max(h)]);
```

2. 零状态响应的 MATLAB 程序

例 1.7-5　已知系统的差分方程 $y(n) - 0.9y(n-1) = x(n)$，$x(n) = 0.05u(n)$ 边界条件 $y(-1) = 0$，求系统的零状态响应。

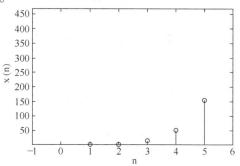

图 1.7-11　例 1.7-4 单位脉冲响应

解： 本例的 MATLAB 程序如下（见图 1.7-12）：

```
clear;
nf = 30;np = 0;ns = 0;
n = [0;30];b = [1];a = [1, -0.9];x = 0.05. * stepseq(np,ns,nf);
Y = [0]; % 初始条件
y = filter(b,a,x,Y)
subplot(2,1,1); stem(n,x); axis([-2 30 -0.01 0.06]); ylabel('x(n)');
line([-2,30],[0,0]);line([0,0], [-0.01,0.06]); title('输入序列');
subplot(2,1,2);stem(n,y); axis([-2 30 -0.01 0.6]);
ylabel('y(n)'); xlabel('n'); title('输出序列');
line([-2,30],[0,0]);line([0,0], [-0.01,1.1]);
```

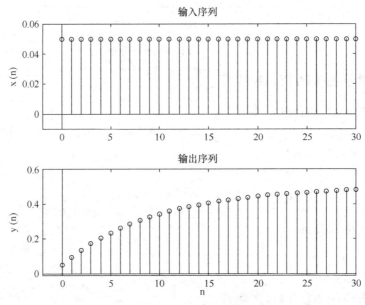

图 1.7-12　例 1.7-5 零状态响应

3. 全响应

例 1.7-6　已知系统的差分方程 $y(n) - 0.9y(n-1) = x(n), x(n) = 0.05u(n)$ 边界条件 $y(-1) = 1$，求系统的全响应。

解： 本例的 MATLAB 程序如下（见图 1.7-13）：

```
clear;
nf = 30;np = 0;ns = -1;
n = -1:30;b = [1];
a = [1, -0.9];
x = 0.05. * stepseq(np,ns,nf);
Y = [1];% 初始条件
y = filter(b,a,x,Y)
subplot(2,1,1);
stem(n,x); ylabel('x(n)');
  axis([-2 30 -0.01 0.06]);
```

```
line([-2,30],[0,0]);
line([0,0],[-0.01,0.06]);
title('输入序列');
subplot(2,1,2);stem(n,y);
 axis([-2 30 -0.1 1.1]);
ylabel('y(n)');xlabel('n');
line([-2,30],[0,0]);
line([0,0],[-0.1,1.1]);
 title('输出序列');
```

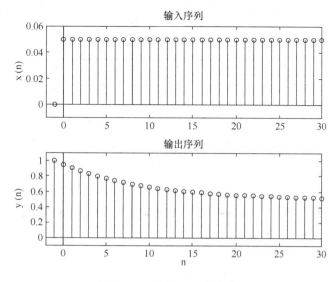

图 1.7-13　例 1.7-6 全响应

1.7.6　时域采样与恢复的 MATLAB 程序

例 1.7-7　求正弦信号的采样（采样频率小于奈奎斯特频率）MATLAB 程序。

解：本例的 MATLAB 程序如下（见图 1.7-14）：

```
clear;
clf;
t=0:0.0005:1;
 f=13;
 xa=cos(2*pi*f*t);
 subplot(2,1,1);
 plot(t,xa);grid;
 xlabel('t/ms');ylabel('幅值');
 title('连续信号 x(t)');
 axis([0 1 -1.2 1.2])
 subplot(2,1,2);
 T=0.1;n=0:T:1;
 xs=cos(2*pi*f*n);
 k=0:length(n)-1;
```

```
stem(k,xs);grid;
xlabel('n/ms');ylabel('幅值');
title('离散信号 x[n]');
axis([0,10,-1.2 1.2]);
```

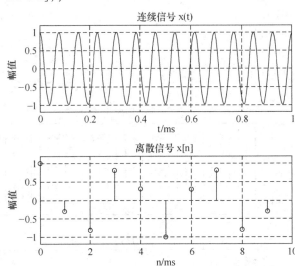

图 1.7-14　例 1.7-7 正弦信号的采样（采样频率小于奈奎斯特频率）

例 1.7-8　求重构信号（采样频率小于奈奎斯特频率）的 MATLAB 程序。

解： 本例的 MATLAB 程序如下（见图 1.7-15）：

```
clear;
clf;
T=0.1;f=13;
n=(0:T:1)';
xs=cos(2*pi*f*n);
t=linspace(-0.5,1.5,500)';
ya=sinc((1/T)*t(:,ones(size(n)))-(1/T)*n(:,ones(size(t)))')*xs;
plot(n,xs,'o',t,ya);grid;
xlabel('时间,msec');ylabel('幅值');
title('重构连续信号 y_{a}(t)');
axis([0 1 -1.2 1.2]);
```

例 1.7-9　求正弦信号的采样（采样频率接近奈奎斯特频率）的 MATLAB 程序。

解： 本例的 MATLAB 程序如下（见图 1.7-16）：

```
clear;
clf;
t=0:0.0005:1;
f=13;
xa=cos(2*pi*f*t);
subplot(2,1,1);
plot(t,xa);grid;
    xlabel('t,msec');
```

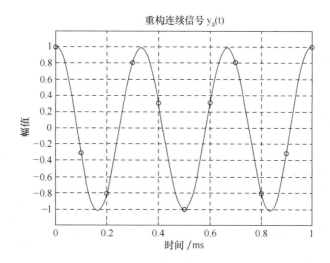

图 1.7-15　例 1.7-8 重构信号（采样频率小于奈奎斯特频率）

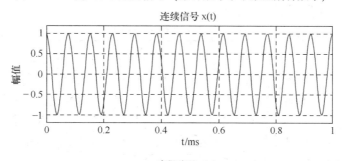

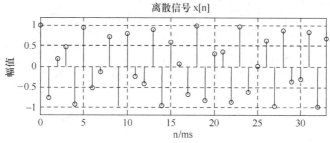

图 1.7-16　例 1.7-9 正弦信号的采样（采样频率接近奈奎斯特频率）

```
    ylabel('幅值');
title('连续信号 x(t)');
axis([0 1 -1.2 1.2])
subplot(2,1,2);
T = 0.03;
n = 0:T:1;
xs = cos(2 * pi * f * n);
k = 0:length(n) - 1;
stem(k,xs);grid;
    xlabel('n,msec');
    ylabel('幅值');
```

```
    title('离散信号 x[n]');
    axis([0,33,-1.2 1.2]);
```

例 1.7-10 求重构信号的 MATLAB 程序（采样频率接近奈奎斯特频率）。

解：本例的 MATLAB 程序如下（见图 1.7-17）：

```
clear;clf;
    T = 0.03;f = 13;
    n = (0:T:1)';
    xs = cos(2 * pi * f * n);
    t = linspace(-0.5,1.5,500)';
    ya = sinc((1/T) * t(:,ones(size(n))) - (1/T) * n(:,ones(size(t)))') * xs;
    plot(n,xs,'o',t,ya);grid;
        xlabel('时间/ms');
        ylabel('幅值');
    title('重构连续信号 y_{a}(t)');
    axis([0 1 -1.2 1.2]);
```

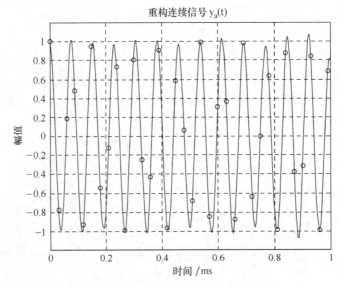

图 1.7-17　例 1.7-10 重构信号（采样频率接近奈奎斯特频率）

1.8　习题

1. 用单位脉冲序列及其加权和写出图 1.8-1 所示图形的表示式。

2. 分别绘出下列各序列的图形。

（1）$x_1(n) = \left(\dfrac{1}{2}\right)^n u(n)$

（2）$x_2(n) = (2)^n u(n)$

（3）$x_3(n) = \left(-\dfrac{1}{2}\right)^n u(n)$

(4) $x_4(n) = (-2)^n u(n)$

3. 分别绘出下列各序列的图形。

(1) $x_1(n) = \sin\dfrac{n\pi}{5}$

(2) $x_2(n) = \cos\left(\dfrac{n\pi}{10} - \dfrac{\pi}{5}\right)$

4. 已知 $x(n)$ 的波形如图 1.8-2 所示，试画出下列信号的波形。

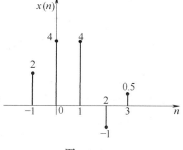

(1) $y(n) = x(n+2) + x(n-2)$

图 1.8-1

(2) $y(n) = x(-n+2)$

(3) $y(n) = x(n)g_5(n)$

(4) $y(n) = x(2n)$

注：$g_5(n)$ 是中心点在原点，宽度为 5 的矩形序列，以下类同。

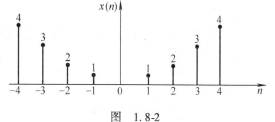

图 1.8-2

5. 已知 $x_1(n) = (-1)^n u(n-1)$，$x_2(n) = g_5(n)$，试画出下列信号的波形。

(1) $y_1(n) = x_1(-n) + x_2(-n)$

(2) $y_2(n) = x_1(n) + x_2(n)$

(3) $y_3(n) = x_1(n) \cdot x_2(n)$

(4) $y_4(n) = x_1(n) \cdot x_2(2n)$

6. 试画出下列离散信号的波形。

(1) $x_1(n) = u(-n) - u(-n+1)$

(2) $x_2(n) = u(-n-1) - u(-n)$

(3) $x_3(n) = \displaystyle\sum_{m=0}^{\infty} \delta(n-m)$

(4) $x_4(n) = \{0.5, 1.5, \underset{\uparrow}{2}, -2, 0, 1\}$

(5) $x_5(n) = \sin\dfrac{\pi}{2}n - \sin\dfrac{\pi}{2}(n-1)$

(6) $x_6(n) = 1^n - g_7(n)$

7. 判断下面的序列是否为周期序列，若是周期序列，确定其周期。

(1) $x(n) = \cos\left(\dfrac{2}{7}\pi n - \dfrac{\pi}{4}\right)$

(2) $x(n) = \cos\left(\dfrac{3}{7}\pi n - \dfrac{\pi}{4}\right)$

(3) $x(n) = e^{j\left(\frac{1}{8}n - \pi\right)}$

8. 试判断下列信号是否是周期序列，若是周期序列，试写出其周期。

(1) $x(n) = \cos\dfrac{2\pi}{3}n + \sin\dfrac{3\pi}{5}n$

(2) $x(n) = \cos\left(\dfrac{8\pi}{7}n + 2\right)$

(3) $x(n) = \sin^2\left(\dfrac{\pi}{8}n\right)$

$(4)\ x(n) = \cos\dfrac{n}{4} \cdot \sin\left(\dfrac{\pi}{4}n\right)$

$(5)\ x(n) = 2\cos\left(\dfrac{\pi}{4}n\right) + \sin\left(\dfrac{\pi}{8}n\right) - 2\cos\left(\dfrac{\pi}{6}n\right)$

$(6)\ x(n) = e^{j\left(\frac{n}{3} + \pi\right)}$

9. 下列 4 个离散信号，只有（ ）是周期序列，其周期 $N = $（ ）。

A. $\sin 100n$

B. e^{j2n}

C. $\cos \pi n + \sin 30n$

D. $e^{j\frac{2\pi}{3}n} - e^{j\frac{4\pi}{5}n}$

10. 下列 4 个等式中，只有（ ）是正确的。

A. $\delta(n) = u(-n) - u(-n+1)$

B. $\delta(n) = u(-n) - u(-n-1)$

C. $u(n) = n\displaystyle\sum_{m=-\infty}^{\infty}\delta(n-m)$

D. $u(-n) = \displaystyle\sum_{m=-\infty}^{0}\delta(n+m)$

11. 试判断下列 4 个信号中，哪些是相同的信号？

A. $x(n) = \displaystyle\sum_{m=-2}^{2}\delta(n-m)$

B. $x(n) = u(n+2) - u(n-3)$

C. $x(n) = u(2-n) - u(-3-n)$

D. $x(n) = g_5(n)$

12. 以下各序列是系统的单位脉冲响应，分别讨论系统的因果稳定性。

$(1)\ h(n) = \delta(n)$

$(2)\ h(n) = \delta(n+4)$

$(3)\ h(n) = u(3-n)$

$(4)\ h(n) = 3^n u(-n)$

$(5)\ h(n) = 0.5^n u(n)$

13. 以下序列是系统的单位脉冲响应 $h(n)$，试指出系统的因果稳定性。

$(1)\ \delta(n-n_0)$

$(2)\ u(n)$

$(3)\ 2^n u(n)$

$(4)\ 2^n u(-n)$

$(5)\ 2^n R_N(n)$

$(6)\ 0.5^n u(-n)$

$(7)\ \dfrac{1}{n}u(n)$

$(8)\ \dfrac{1}{n^2}u(n)$

(9) $\dfrac{1}{n!}u(n)$

14. 对于下列每一个系统，试指出它是否为：（1）稳定；（2）因果；（3）线性；（4）非时变系统。

（1）$T[x(n)] = g(n)x(n)$

（2）$T[x(n)] = \sum\limits_{k=n_0}^{n} x(k)$

（3）$T[x(n)] = \sum\limits_{k=n-n_0}^{n+n_0} x(k)$

（4）$T[x(n)] = x(n - n_0)$

（5）$T[x(n)] = e^{x(n)}$

（6）$T[x(n)] = ax(n) + b$

（7）$T[x(n)] = x^2(n)$

（8）$T[x(n)] = x(n^2)$

15. 下列 4 个方程中，只有（　）所描述的才是因果、线性时不变系统。其中 $x(n)$ 是系统激励，$y(n)$ 是系统响应。

A. $y(n) = \sum\limits_{m=0}^{2} nx(n - m)$

B. $y(n) = x(n) \cdot x(n - 1)$

C. $y(n) = x(n) \cdot nx(n - 1)$

D. $y(n + 1) + 3y(n) + 2y(n - 1) = x(n) - 4x(n - 1)$

16. 已知 $x(n)$、$h(n)$，用卷积法求 $y(n)$。

（1）$x(n) = \begin{cases} 1 & n = 0 \\ 0 & n \neq 0 \end{cases}, h(n) = \begin{cases} 2 & n = 0 \\ 1 & n = 1 \\ 0 & n \text{ 为其他} \end{cases}$

（2）$x(n) = \begin{cases} 1 & n = 1 \\ 0 & n \neq 1 \end{cases}, h(n) = \begin{cases} 2 & n = 0 \\ 1 & n = 1 \\ 0 & n \text{ 为其他} \end{cases}$

（3）$x(n) = \begin{cases} 2 & n = 0 \\ -1 & n = 1 \\ 0 & n \text{ 为其他} \end{cases}, h(n) = \begin{cases} -1 & n = 0 \\ 2 & n = 1 \\ 1 & n = 2 \\ 0 & n \text{ 为其他} \end{cases}$

17. 已知试点序列 $x_1(n)$ 是 M 点序列，$x_2(n)$ 是 N 点序列（设 $M > N$），则卷积和 $y_1(n) = x_1(n) * x_2(n)$ 是（　）点序列；差序列 $y_2(n) = x_1(n) - x_2(n)$ 是（　）点序列；乘序列 $y_3(n) = x_1(n) \cdot x_2(n)$ 是（　）点序列。

A. M　　B. N　　C. $M + N$　　D. $M + N - 1$

18. 试计算下列卷积和。

（1）$y(n) = A * 0.5^n u(n)$

（2）$y(n) = 3^n u(n - 1) * 2^n u(n + 1)$

(3) $y(n) = 2^n u(-n-1) * u(n+1)$

(4) $y(n) = u(n-1) * 3^n u(-n)$

19. 已知 $x(n)$、$h(n)$，用卷积法求 $y(n)$。

其中：$h(n) = \begin{cases} \alpha^n & 0 \leq 0 < N \\ 0 & 其他 \end{cases}$　$x(n) = \begin{cases} \beta^{n-n_0} & n_0 \leq n \\ 0 & n < n_0 \end{cases}$

20. 已知一个线性非时变系统的单位取样响应 $h(n)$，用卷积法求阶跃响应。

其中：$h(n) = a^{-n} u(-n)$　$0 < a < 1$

21. 已知下列线性时不变系统的单位脉冲响应 $h(n)$ 及输入 $x(n)$，求输出序列 $y(n)$，并将 $y(n)$ 作图示之。

(1) $h(n) = R_4(n) = x(n)$

(2) $h(n) = 2^n R_4(n)$，$x(n) = \delta(n) - \delta(n-2)$

(3) $h(n) = \dfrac{1}{2} u(n)$，$x(n) = R_5(n)$

22. 一个线性非时变系统的单位取样响应除区间 $N_0 \leq n \leq N_1$ 之外皆为零，又已知输入 $x(n)$ 除区间 $N_2 \leq n \leq N_3$ 之外皆为零。其结果输出 $y(n)$ 除了某一区间 $N_4 \leq n \leq N_5$ 之外皆为零。试以 N_0、N_1、N_2、N_3 表示 N_4、N_5。

23. 已知某系统的差分方程以及初始条件如下，求系统的完全响应。
$$y(n) = -y(n-1) + n, y(-1) = 0$$

24. 已知某系统的差分方程以及初始条件如下，求系统的完全响应。
$$y(n) + 2y(n-1) = n-2, y(0) = 1$$

25. 已知某系统的差分方程以及初始条件如下，求系统的完全响应。
$$y(n) + 2y(n-1) + y(n-2) = 3^n, y(0) = 0, y(-1) = 0$$

26. 差分方程 $y(n) = \sum\limits_{m=0}^{\infty} x(n-m)$ 所描述系统的单位脉冲响应是（　　）。

A. $u(n)$　　　B. $\delta(n)$　　　C. 不存在　　　D. $a^n u(n)$

27. 列出图 1.8-3 所示系统的差分方程，初始条件为 $y(0) = 1$、$y(n) = 0$，$n < 0$，求以下输入序列的输出 $y(n)$ 并图示之。

(1) $x(n) = \delta(n)$

(2) $x(n) = u(n)$

(3) $x(n) = R_5(n) = u(n) - u(n-5)$

28. 列出图 1.8-4 所示系统的差分方程，并在初始条件 $y(n) = 0$，$n < 0$ 下，求输入序列 $x(n) = u(n)$ 的输出 $y(n)$，并图示之。

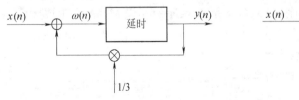

图　1.8-3　　　　　　　　　　　　　　　图　1.8-4

29. 列出图 1.8-5 所示系统的差分方程，并在初始条件 $y(n) = 0$，$n \geq 0$ 下，求输入序

列 $x(n) = \delta(n)$ 时的输出 $y(n)$ ，并图示之（提示：输出 $y(n)$ 是左边序列）。

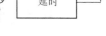

图 1.8-5

30. 已知某离散系统的单位阶跃响应为 $g(n)$ ，当输入为 $x(n)$ 时，其零状态响应为 $y(n) = \sum_{m=0}^{n} g(m)$ 求输入序列 $x(n)$ 。

31. 已知某离散线性非时变系统的差分方程 $2y(n) - 3y(n-1) + y(n-2) = x(n-1)$ ，且 $x(n) = 2^n u(n)$ ，$y(0) = 1$ ，$y(1) = 1$ ，求输出 $y(n)$ 。

32. 试确定下列信号不失真均匀抽样的奈奎斯特频率与奈奎斯特间隔。

（1）$\mathrm{Sa}(100t)$

（2）$\mathrm{Sa}^2(100t)$

（3）$\mathrm{Sa}(100t) + \mathrm{Sa}(50t)$

（4）$\mathrm{Sa}(100t) + \mathrm{Sa}^2(60t)$

33. 一个采样周期为 T 的采样器，开关间隙为 τ ，若采样器输入信号为 $x_a(t)$ ，求采样器输出信号 $x_s(t) = x(t)p(t)$ 的频谱结构，并证明若原来的 $x_s(t)$ 满足奈奎斯特准则，则 τ 值在 $0 < \tau < T/2$ 之间变化，频谱周期重复及奈奎斯特定理都成立。

其中，$p(t) = \sum_{n=-\infty}^{\infty} r(t - nT)$ $r(t) = \begin{cases} 1 & 0 \le t \le \tau \\ 0 & \text{其他} \end{cases}$

34. 对 3 个正弦信号 $x_1(t) = \cos 2\pi t$ ，$x_2(t) = -\cos 6\pi t$ ，$x_3(t) = \cos 10\pi t$ 进行理想采样，采样频率为 $\Omega_s = 8\pi$ ，求 3 个采样输出序列，比较这个结果，画出波形及采样点位置并解释频谱混叠现象。

35. 连续信号 $x(t) = \cos(2\pi f_0 t + \varphi)$ ，式中 $f_0 = 20\mathrm{Hz}$ ，$\varphi = \pi/2$ ，求：

（1）$x(t)$ 的周期。

（2）用采样间隔 $T = 0.02\mathrm{s}$ 对 $x(t)$ 进行采样，写出采样信号 $x_s(t)$ 的表示式。

（3）画出 $x_s(t)$ 对应的序列 $x(n)$ ，并求出 $x(n)$ 的周期。

36. 一个理想采样及恢复系统如图 1.8-6 所示，采样频率为 $\Omega_s = 8\pi$ ，采样后经理想低通 $G(j\Omega)$ 还原。今有两输入，$x_1(t) = \cos 2\pi t$ ，$x_2(t) = \cos 5\pi t$ ，问输出信号 $y_1(t)$ ，$y_2(t)$ 有没有失真？是什么失真？

$$G(\mathrm{j}\Omega) = \begin{cases} 1/4 & |\Omega| < 4\pi \\ 0 & |\Omega| \ge 4\pi \end{cases}$$

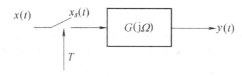

图 1.8-6

43

第 2 章　Z 变换与离散系统的频域分析

2.1　Z 变换

Z 变换的数学理论很早就形成了，但真正得到实际应用是在 20 世纪五六十年代。作为一种重要的数学工具，它把描述离散系统的差分方程变换成代数方程，使其求解过程得到简化。这一作用类似于连续时间系统的拉氏变换。Z 变换的定义可由抽样信号的拉氏变换引出。连续信号的理想抽样信号为

$$x_s(t) = x(t) \cdot \delta_T(t) = \sum_{n=-\infty}^{\infty} x(nT)\delta(t-nT)$$

式中，T 是抽样间隔。对上式取双边拉氏变换，得

$$X_s(s) = \mathscr{L}\{x_s(t)\} = \int_{-\infty}^{\infty} x_s(t)\mathrm{e}^{-st}\mathrm{d}t = \int_{-\infty}^{\infty}\Big[\sum_{n=-\infty}^{\infty} x(nT)\delta(t-nT)\Big]\mathrm{e}^{-st}\mathrm{d}t$$

交换运算次序，并利用冲激函数的抽样性，得到抽样信号的拉氏变换为

$$X_s(s) = \sum_{n=-\infty}^{\infty}\int_{-\infty}^{\infty}\big[x(nT)\delta(t-nT)\big]\mathrm{e}^{-st}\mathrm{d}t = \sum_{n=-\infty}^{\infty} x(nT)\mathrm{e}^{-snT} \tag{2.1-1}$$

令 $z = \mathrm{e}^{sT}$ 引入新的复变量，并将式 (2.1-1) 写为

$$X_s(s) = \sum_{n=-\infty}^{\infty} x(nT)z^{-n} \tag{2.1-2}$$

式 (2.1-2) 是复变量 z 的函数（T 是常数），记为

$$\begin{aligned}X(z) &= \sum_{n=-\infty}^{\infty} x(n)z^{-n}\\ &= \cdots + x(-2)z^2 + x(-1)z + x(0) + x(1)z^{-1} + x(2)z^{-2} + \cdots\end{aligned} \tag{2.1-3}$$

式 (2.1-3) 正是双边 Z 变换的定义。式中 $z = \mathrm{e}^{sT} = \mathrm{e}^{(\sigma+\mathrm{j}\Omega)T} = r\mathrm{e}^{\mathrm{j}\omega}$　$r = \mathrm{e}^{\sigma T}$，$\omega = \Omega T$。

如果 $x(n)$ 是因果序列，则式 (2.1-3) 的 Z 变换为

$$X(z) = \sum_{n=0}^{\infty} x(n)z^{-n} = x(0) + x(1)z^{-1} + x(2)z^{-2} + \cdots \tag{2.1-4}$$

式 (2.1-4) 也称单边 Z 变换。可见因果序列的双边 Z 变换是单边 Z 变换，所以单边 Z 变换是双边 Z 变换的特例。

Z 变换是复变量 z 的幂级数（也称罗朗级数），其系数是序列 $x(n)$ 的样值。连续时间系统中，信号一般是因果的，所以主要讨论单边拉氏变换。在离散系统分析中，可以用因果序列逼近非因果序列，因此单边与双边 Z 变换都要涉及。

Z 变换也可用英文缩写 ZT 表示。

2.2　Z 变换收敛区及典型序列 Z 变换

式 (2.1-4) 是 Z 变换的定义，由其是否收敛以及收敛条件，确定 Z 变换的收敛区。收

敛区讨论的是序列的 Z 变换是否存在以及存在条件。

2.2.1 Z 变换的收敛区

对于任意给定的有界序列，使式（2.1-4）级数收敛的所有 Z 值，称为 $X(z)$ 的收敛区。下面举例说明式（2.1-4）收敛与否，及在什么范围收敛。

例 2.2-1 已知序列 $x_1(n) = \begin{cases} a^n & n \geq 0 \\ 0 & n < 0 \end{cases}$

$$x_2(n) = \begin{cases} 0 & n \geq 0 \\ -a^n & n < 0 \end{cases}$$

分别求它们的 Z 变换及收敛区。

解：$X_1(z) = \sum_{n=0}^{\infty} a^n z^{-n} = \sum_{n=0}^{\infty} (az^{-1})^n = \lim_{n \to \infty} \frac{1-(az^{-1})^n}{1-az^{-1}} = \frac{1}{1-az^{-1}} \qquad |az^{-1}| < 1$

$\qquad\qquad = \frac{z}{z-a} \quad |a| < |z|$

$X_2(z) = \sum_{n=-\infty}^{-1} (-a^n)z^{-n} = \sum_{n=1}^{\infty} -(a^{-1}z)^n = 1 - \sum_{n=0}^{\infty} (a^{-1}z)^n = 1 - \lim_{n \to \infty} \frac{1-(a^{-1}z)^n}{1-a^{-1}z}$

$\qquad\quad = 1 - \frac{1}{1-a^{-1}z} \qquad |a^{-1}z| < 1$

$\qquad\quad = \frac{z}{z-a} \qquad |a| > |z|$

$X_1(z)$ 与 $X_2(z)$ 相同，但 $X_1(z)$ 的收敛区是以 $|a|$ 为半径的圆外，$X_2(z)$ 的收敛区是以 $|a|$ 为半径的圆内。

此例说明，收敛区与 $x(n)$ 有关，并且对于双边 Z 变换，不同序列的 Z 变换表示式有可能相同，但各自的收敛区一定不同。所以为了惟一确定 Z 变换所对应的序列，双边 Z 变换除了要给出 $X(z)$ 的表示式外，还必须标明 $X(z)$ 的收敛区。

任意序列 Z 变换存在的充分条件是级数满足绝对可和，即

$$\sum_{n=-\infty}^{\infty} |x(n)z^{-n}| < \infty \qquad\qquad (2.2\text{-}1)$$

下面利用式（2.2-1）讨论几类序列的收敛区。

1. 有限长序列

$x(n) = \begin{cases} x(n) & n_1 \leq n \leq n_2 \\ 0 & \text{其他} \end{cases}$，如图 2.2-1 所示。

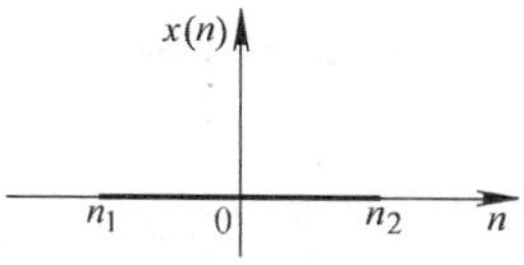

有限长序列的 Z 变换为

$$X(z) = \sum_{n=n_1}^{n_2} x(n)z^{-n}$$

图 2.2-1 有限长序列示意图

由上式有限长序列的 Z 变换可见，此时 $X(z)$ 是有限项级数，因此只要级数每项有界，则有限项之和亦有界。当 $x(n)$ 有界时，z 变换的收敛区取决于 $|z|^{-n}$。当 $n_1 \leq n \leq n_2$ 时，显然，$|z|$ 在整个开区间（0，∞）可满足这一条件。所以有限长序列的收敛区至少为 $0 < |z| < \infty$。如果 $0 \leq n_1$，$X(z)$ 只有 z 的负幂项，收敛区为 $0 < |z| \leq \infty$；若 $n_2 \leq 0$，$X(z)$ 只有 z 的正幂项，收敛区为 $0 \leq |z| < \infty$，均为半开区间。特别地，$x(n) = \delta(n) \leftrightarrow X(z) =$

1，$0 \leqslant |z| \leqslant \infty$，收敛区为全 z 平面。

例 2.2-2 已知序列 $x(n) = R_N(n)$，求 $X(z)$。

解：$X(z) = \sum_{n=0}^{N-1} z^{-n} = 1 + z^{-1} + z^{-2} + \cdots + z^{-(N-1)} = \dfrac{1 - z^{-N}}{1 - z^{-1}}$　收敛区为　$0 < |Z| \leqslant \infty$

2. 右边序列

右边序列是有始无终的序列，即 $n_2 \to \infty$，如图 2.2-2 所示。

右边序列的 Z 变换为

$$X(z) = \sum_{n=n_1}^{\infty} x(n) z^{-n}$$

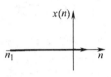

图 2.2-2　右边序列示意图

当 $n_1 < 0$ 时，将右边序列的 $X(z)$ 分为两部分

$$\sum_{n=n_1}^{\infty} |x(n) z^{-n}| = \underbrace{\sum_{n=n_1}^{-1} |x(n) z^{-n}|}_{①} + \underbrace{\sum_{n=0}^{\infty} |x(n) z^{-n}|}_{②}$$

式中，第①项是有限长序列的收敛区 $0 \leqslant |z| < \infty$；第②项只有 z 的负幂项，其收敛区 $R_{X_-} < |z| \leqslant \infty$，是以 R_{X_-} 为半径的圆外，且 R_{X_-} 一定大于 0；综合①、②两项的收敛区情况，一般右边序列的收敛区为

$$R_{X_-} < |z| < \infty \tag{2.2-2}$$

式（2.2-2）表明右边序列 Z 变换的收敛区是以 R_{X_-} 为收敛半径的圆外。

当 $n_1 \geqslant 0$ 时，$X(z)$ 的和式中没有 z 的正幂项，收敛域为 $R_{X_-} \leqslant |z| < \infty$。

例 2.2-3 已知序列 $x(n) = \left(\dfrac{1}{3}\right)^n u(n)$，求 $X(z)$。

解：$X(z) = \sum_{n=0}^{\infty} \left(\dfrac{1}{3}\right)^n z^{-n} = \lim_{n \to \infty} \dfrac{1 - \left(\dfrac{1}{3} z^{-1}\right)^n}{1 - \dfrac{1}{3} z^{-1}}$　当 $\left|\dfrac{1}{3} z^{-1}\right| < 1$ 或 $|z| > 1/3$

$$= \dfrac{1}{1 - (1/3) z^{-1}} \qquad 1/3 < |z|$$

此例收敛区是以 $X(z)$ 的极点 1/3 为半径的圆外。一般在 $X(z)$ 的封闭表示式中，若有多个极点，则右边序列的收敛区是以绝对值最大的极点为收敛半径的圆外。

3. 左边序列

左边序列是无始有终的序列，即 $n_1 \to -\infty$，如图 2.2-3 所示。

左边序列的 Z 变换为

$$X(z) = \sum_{n=-\infty}^{n_2} x(n) z^{-n}$$

图 2.2-3　左边序列示意图

当 $n_2 > 0$ 时，将左边序列的 $X(z)$ 分为两部分

$$\sum_{n=-\infty}^{n_2} |x(n) z^{-n}| = \underbrace{\sum_{n=-\infty}^{-1} |x(n) z^{-n}|}_{①} + \underbrace{\sum_{n=0}^{n_2} |x(n) z^{-n}|}_{②}$$

式中，第①项只有 z 的正幂项，收敛区 $0 \leqslant |z| < R_{X_+}$；第②项是有限长序列，收敛区为 $0 < |z| \leqslant \infty$。综合①、②两项的收敛区情况，一般左边序列的收敛区为

$$0 < |z| < R_{X+} \qquad\qquad (2.2\text{-}3)$$

式（2.2-3）表明左边序列的收敛区是以 R_{X+} 为收敛半径的圆内。

当 $n_2 < 0$，$X(z)$ 的和式中没有 z 的负幂项时，其收敛区为 $0 \leqslant |z| < R_{X+}$。

例 2.2-4 已知序列 $x(n) = -b^n u(-n-1)$，求 $X(z)$。

解：$X(z) = \sum\limits_{n=-\infty}^{-1} -b^n z^{-n} = \sum\limits_{n=1}^{\infty} -b^{-n} z^n = 1 - \sum\limits_{n=0}^{\infty} b^{-n} z^n = 1 - \lim\limits_{n\to\infty} \dfrac{1-(b^{-1}z)^n}{1-b^{-1}z}$

$\qquad = \dfrac{1}{1-bz^{-1}} = \dfrac{z}{z-b} \qquad\qquad 0 \leqslant |z| < |b|$

注意到此例收敛区是以 $X(z)$ 的极点 b 为半径的圆内，一般在 $X(z)$ 的封闭表示式中，若有多个极点，则左边序列 Z 变换的收敛区是以绝对值最小的极点为收敛半径的圆内。

4. 双边序列

双边序列是无始无终的序列，即 $n_1 \to -\infty$，$n_2 \to \infty$。其 Z 变换为

$$X(z) = \sum_{n=-\infty}^{\infty} x(n)z^{-n}$$

将双边序列的 $X(z)$ 分为两部分

$$X(z) = \underset{①}{\sum_{n=-\infty}^{-1} x(n)z^{-n}} + \underset{②}{\sum_{n=0}^{\infty} x(n)z^{-n}}$$

式中，第①项是左序列，其收敛区为 $0 \leqslant |z| < R_{X+}$；第②项是右序列，其收敛区为 $R_{X-} < |z| \leqslant \infty$；综合第①、②项的收敛区情况可知，只有当 $R_{X+} > R_{X-}$ 时，$X(z)$ 的双边 z 变换存在，收敛区为

$$R_{X-} < |z| < R_{X+} \qquad\qquad (2.2\text{-}4)$$

式（2.2-4）表明双边序列的收敛区是以 R_{X-} 为内径，以 R_{X+} 为外径的一环形区；而当 $R_{X+} < R_{X-}$ 时，$X(z)$ 的双边 z 变换不存在。

例 2.2-5 已知双边序列 $x(n) = c^{|n|}$，c 为实数，求 $X(z)$。

解：$x(n) = c^{|n|} = \begin{cases} c^{-n} & n < 0 \\ c^n & n \geqslant 0 \end{cases}$

$$X(z) = \sum_{n=-\infty}^{\infty} c^{|n|} z^{-n} = \sum_{n=-\infty}^{-1} c^{-n} z^{-n} + \sum_{n=0}^{\infty} c^n z^{-n} = X_1(z) + X_2(z)$$

$n < 0 : X_1(z) = \sum\limits_{n=-\infty}^{-1} c^{-n} z^{-n} = \sum\limits_{n=1}^{\infty} c^n z^n = cz + (cz)^2 + \cdots = \lim\limits_{n\to\infty} cz \dfrac{1-(cz)^n}{1-cz}$

$\qquad = \dfrac{cz}{1-cz} \quad |cz| < 1 \text{ 或 } |z| < \dfrac{1}{|c|}$

$n \geqslant 0 : X_2(z) = \sum\limits_{n=0}^{\infty} c^n z^{-n} = \dfrac{1}{1-cz^{-1}} = \dfrac{z}{z-c} \quad |cz^{-1}| < 1 \text{ 或 } |c| < |z|$

讨论：

① $|c| < 1$，$c^{|n|}$ 波形如图 2.2-4 所示。

$$X(z) = X_1(z) + X_2(z) = \dfrac{cz}{1-cz} + \dfrac{z}{z-c} = \dfrac{z(1-c^2)}{(1-cz)(z-c)} \quad |c| < |z| < \dfrac{1}{|c|}$$

② $|c| > 1$，$c^{|n|}$ 波形如图 2.2-5 所示。

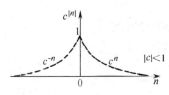
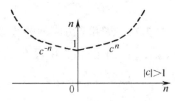

图 2.2-4　双边序列示意图　　　　　　　　图 2.2-5　双边序列示意图

因为 $R_{X_-} = |c| > \dfrac{1}{|c|} = R_{X_+}$ 无公共收敛区，所以 $X(z)$ 的双边 Z 变换不存在。

2.2.2　典型序列的 Z 变换

连续时间系统中非因果信号较少，但在离散系统中非因果序列有一定的应用，所以本小节重点讨论单边序列，也适当讨论双边序列的 Z 变换。

1. $\delta(n)$

$$\mathscr{Z}[\delta(n)] = \sum_{n=0}^{\infty} \delta(n) z^{-n} = 1$$

$$\delta(n) \leftrightarrow 1$$

2. $u(n)$

$$\mathscr{Z}[u(n)] = \sum_{n=0}^{\infty} z^{-n} = \frac{1}{1-z^{-1}} = \frac{z}{z-1} \qquad |z| > 1$$

3. 斜变序列 $nu(n)$

$$\mathscr{Z}[nu(n)] = \sum_{n=0}^{\infty} nz^{-n} = z^{-1} + 2z^{-2} + \cdots + nz^{-n} + \cdots$$

可利用 $u(n)$ 的 Z 变换

$$\sum_{n=0}^{\infty} z^{-n} = \frac{1}{1-z^{-1}} \qquad |z| > 1$$

等式两边分别对 z^{-1} 求导，得

$$\sum_{n=0}^{\infty} n(z^{-1})^{n-1} = \frac{1}{(1-z^{-1})^2} = \frac{z^2}{(z-1)^2}$$

两边各乘以 z^{-1}，得

$$\sum_{n=0}^{\infty} n(z^{-1})^n = \frac{z}{(z-1)^2} \qquad |z| > 1$$

4. 指数序列

（1）$a^n u(n)$

$$\mathscr{Z}[a^n u(n)] = \sum_{n=0}^{\infty} a^n z^{-n} = \frac{z}{z-a} \qquad |z| > |a|$$

（2）$-a^n u(-n-1)$

$$\mathscr{Z}[-a^n u(-n-1)] = \frac{z}{z-a} \qquad |z| < |a|$$

若 $a = \mathrm{e}^b$，则

$$\mathscr{Z}[\mathrm{e}^{bn} u(n)] = \sum_{n=0}^{\infty} \mathrm{e}^{bn} z^{-n} = \frac{z}{z-\mathrm{e}^b} \qquad |z| > |\mathrm{e}^b|$$

5. 正、余弦序列

由指数序列

$$e^{bn}u(n) \leftrightarrow \frac{z}{z - e^b} \qquad |z| > |e^b|$$

可推得

$$e^{\pm j\omega_0 n}u(n) \leftrightarrow \frac{z}{z - e^{\pm j\omega_0}} \qquad |z| > 1$$

将正、余弦序列分解为两个指数序列

$$\cos(\omega_0 n)u(n) = \frac{1}{2}(e^{j\omega_0 n} + e^{-j\omega_0 n})u(n) \leftrightarrow \frac{1}{2}\left(\frac{z}{z - e^{j\omega_0}} + \frac{z}{z - e^{-j\omega_0}}\right)$$

$$= \frac{z(z - \cos\omega_0)}{z^2 - 2z\cos\omega_0 + 1} \qquad |z| > 1$$

同理

$$\sin(\omega_0 n)u(n) = \frac{1}{j2}(e^{j\omega_0 n} - e^{-j\omega_0 n})u(n) \leftrightarrow \frac{1}{j2}\left(\frac{z}{z - e^{j\omega_0}} - \frac{z}{z - e^{-j\omega_0}}\right)$$

$$= \frac{z\sin\omega_0}{z^2 - 2z\cos\omega_0 + 1} \qquad |z| > 1$$

6. 双边指数序列

$$x(n) = a^{|n|} \qquad |a| < 1$$

$$X(z) = \frac{z(1 - a^2)}{(1 - az)(z - a)} \qquad |a| < |z| < \frac{1}{|a|}$$

2.3　Z 反变换

Z 反变换是由 $X(z)$ 求得 $x(n)$ 的运算。

若 $X(z) = \sum\limits_{n=-\infty}^{\infty} x(n)z^{-n} \qquad R_{X_-} < |z| < R_{X_+}$

则由柯西积分定理，可以推得逆变换表示式为

$$x(n) = \frac{1}{2\pi j}\oint_c X(z)z^{n-1}dz \qquad c \in (R_{X_-}, R_{X_+}) \tag{2.3-1}$$

式（2.3-1）是对 $X(z)z^{n-1}$ 作围线积分，其中 c 是在 $X(z)$ 的收敛区内一条逆时针绕原点的围线。

证明：$\dfrac{1}{2\pi j}\oint_c X(z)z^{n-1}dz = \dfrac{1}{2\pi j}\oint_c [\sum\limits_{m=-\infty}^{\infty} x(m)z^{-m}]z^{n-1}dz$　　交换积分、求和次序

$$= \sum_{m=-\infty}^{\infty} x(m)\frac{1}{2\pi j}\oint_c z^{n-m-1}dz \tag{2.3-2}$$

由柯西积分定理 $\dfrac{1}{2\pi j}\oint_c z^{k-1}dz = \begin{cases} 1 & k = 0 \\ 0 & k \neq 0 \end{cases}$ \tag{2.3-3}

比较上两式，式（2.3-3）中 $k = 0$，相当于式（2.3-2）中 $n - m = 0$。此时，积分为 1，其他为 0。因为式（2.3-2）中只剩 $n = m$ 一项，所以

$$\sum_{m=-\infty}^{\infty} x(m)\frac{1}{2\pi j}\oint_c z^{n-m-1}dz = \begin{cases} x(n) & n = m \\ 0 & n \neq m \end{cases} \tag{2.3-4}$$

因为式（2.3-1）没有 $n > 0$ 或 $n < 0$ 的限制条件，所以对 $n > 0$ 或 $n < 0$ 时均成立。

一般来说，计算积分比计算函数要困难，所以当 $X(z)$ 为有理函数时，一般不直接计算式（2.3-1）的复变函数积分，而是用下述的其他方法计算 Z 反变换。

2.3.1 留数法

当 $X(z)$ 为有理函数时，$x(n)$ 可由下式计算：

$$x(n) = \frac{1}{2\pi j}\oint_c X(z)z^{n-1}\mathrm{d}z = \sum \mathrm{Res}\left[X(z)z^{n-1}, z_k\right] \tag{2.3-5}$$

式中，z_k 是 $X(z)z^{n-1}$ 的极点，其对应的留数计算方法如下。

（1）z_k 为 $X(z)z^{n-1}$ 的单极点

$$\mathrm{Res}\left[X(z)z^{n-1}, z_k\right] = (z - z_k)X(z)z^{n-1}\big|_{z=z_k} \tag{2.3-6}$$

（2）z_k 为 $X(z)z^{n-1}$ 的 s 阶重极点

$$\mathrm{Res}\left[X(z)z^{n-1}, z_k\right] = \frac{1}{(s-1)!} \cdot \frac{\mathrm{d}^{s-1}}{\mathrm{d}z^{s-1}}\left[(z-z_k)^s X(z)z^{n-1}\right]\big|_{z=z_k} \tag{2.3-7}$$

例 2.3-1　$X(z) = \dfrac{1}{1 - az^{-1}}$　$|z| > |a|$，求 $x(n)$。

解：$x(n) = \dfrac{1}{2\pi j}\oint_c \dfrac{z}{z-a}z^{n-1}\mathrm{d}z = \dfrac{1}{2\pi j}\oint_c \dfrac{z^n}{z-a}\mathrm{d}z$

$X(z)$ 的收敛区与极点分布如图 2.3-1 所示。

当 $n \geq 0$ 时，c 围线包围 $z_1 = a$ 的一阶极点。

$x(n) = \sum \mathrm{Res}\left[\dfrac{z^n}{z-a}, z_1 = a\right] = (z-a)\dfrac{z^n}{z-a}\big|_{z=a}$

$\quad = a^n$

当 $n < 0$ 时，c 围线包围 $z_1 = a$ 的一阶极点，以及 $z_2 = 0$（$-n = s$ 阶）极点。

于是，$x(n)$ 为两个留数之和。

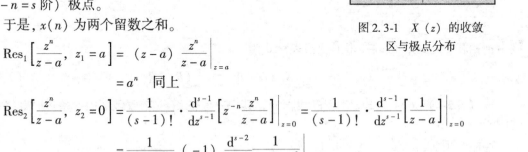

图 2.3-1　$X(z)$ 的收敛区与极点分布

$\mathrm{Res}_1\left[\dfrac{z^n}{z-a},\ z_1 = a\right] = (z-a)\dfrac{z^n}{z-a}\big|_{z=a}$

$\qquad\qquad\qquad\qquad = a^n$　同上

$\mathrm{Res}_2\left[\dfrac{z^n}{z-a},\ z_2 = 0\right] = \dfrac{1}{(s-1)!} \cdot \dfrac{\mathrm{d}^{s-1}}{\mathrm{d}z^{s-1}}\left[z^{-n}\dfrac{z^n}{z-a}\right]\Big|_{z=0} = \dfrac{1}{(s-1)!} \cdot \dfrac{\mathrm{d}^{s-1}}{\mathrm{d}z^{s-1}}\left[\dfrac{1}{z-a}\right]\Big|_{z=0}$

$\qquad\qquad\qquad\qquad = \dfrac{1}{(s-1)!}\ (-1)\ \dfrac{\mathrm{d}^{s-2}}{\mathrm{d}z^{s-2}}\dfrac{1}{(z-a)^2}\Big|_{z=0}$

$\qquad\qquad\qquad\qquad = \dfrac{1}{(s-1)!}\ (-1)\ (-2)\ \dfrac{\mathrm{d}^{s-3}}{\mathrm{d}z^{s-3}}\ (z-a)^{-3}\Big|_{z=0} = \cdots$

$\qquad\qquad\qquad\qquad = \dfrac{1 \cdot 2 \cdot 3 \cdots (s-1)\ (-1)^{s-1}}{(s-1)!}\ (z-a)^{-s}\Big|_{z=0} = (-1)^{-n-1}\ (-a)^n$

$\qquad\qquad\qquad\qquad = (-1)^{-n-1+n}a^n = -a^n$

所以

$$x(n) = \begin{cases} a^n & n \geq 0 \\ a^n - a^n = 0 & n < 0 \end{cases} = a^n u(n)$$

从 $n<0$ 求导的过程，可见计算较繁，一般从 $X(z)$ 以及它的收敛区可以判断序列的基本情况，如左、右或双边序列等。如前例，由收敛区我们知道序列为因果序列，即有 $x(n)=0$，$n<0$。所以一般 $n<0$ 时不再计算，因为最后正确的结果必为零。

例 2.3-2 $X(z)=\dfrac{1}{1-az^{-1}}$ $|z|<|a|$，求 $x(n)$。

解： $x(n)=\dfrac{1}{2\pi j}\oint_c\dfrac{z}{z-a}z^{n-1}\mathrm{d}z=\dfrac{1}{2\pi j}\oint_c\dfrac{z^n}{z-a}\mathrm{d}z$

式中，c 是半径小于 $|a|$ 的围线。

例 2.3-2 中 $X(z)$ 的收敛区与极点分布如图 2.3-2 所示。

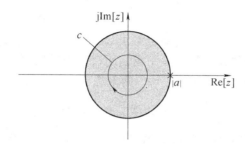

图 2.3-2 例 2.3-2 $X(z)$ 的收敛区与极点分布

当 $n\geqslant0$ 时，c 内无极点，所以 $x(n)=0$。

当 $n<0$ 时，c 围线包围 $z_2=0$（原点处）（$-n=s$ 阶）极点。

$$x(n)=\sum\mathrm{Res}_2\left[\frac{z^n}{z-a},z_2=0\right]=\frac{1}{(s-1)!}\cdot\frac{\mathrm{d}^{s-1}}{\mathrm{d}z^{s-1}}\left[z^{-n}\frac{z^n}{z-a}\right]\Bigg|_{z=0}=-a^n$$

最后 $x(n)=\begin{cases}0 & n\geqslant0\\-a^n & n<0\end{cases}=-a^nu(-n-1)$ 是左序列。

留数法求逆变换是基本逆变换方法，尤其是当 $X(z)$ 有重极点且阶数较高，无法直接用公式计算时。

例 2.3-3 $X(z)=\dfrac{z^3}{(z-a)^3}$ $|z|>|a|$，求 $x(n)$。

解： 由 $|z|>|a|$ 可知为右边序列，即有 $x(n)=0$，$n<0$。

$$x(n)=\frac{1}{2\pi j}\oint_c\frac{z^3}{(z-a)^3}z^{n-1}\mathrm{d}z=\frac{1}{2}\cdot\frac{\mathrm{d}^2}{\mathrm{d}z^2}\left[(z-a)^3\frac{z^{n+2}}{(z-a)^3}\right]\Bigg|_{z=a}$$

$$=\frac{1}{2}\cdot\frac{\mathrm{d}^2}{\mathrm{d}z^2}(z^{n+2})\Bigg|_{z=a}=\frac{1}{2}\cdot\frac{\mathrm{d}}{\mathrm{d}z}\left[(n+2)z^{n+1}\right]\Bigg|_{z=a}$$

$$=\frac{1}{2}\cdot(n+1)(n+2)z^n\Bigg|_{z=a}=\frac{1}{2}\cdot(n+1)(n+2)a^nu(n)$$

同理，可计算 $\mathscr{Z}^{-1}\left[\dfrac{z^2}{(z-a)^3}\right]$、$\mathscr{Z}^{-1}\left[\dfrac{z}{(z-a)^3}\right]$ 等具有重极点 $X(z)$ 的逆变换 $x(n)$。还有其他求逆变换的方法，如幂级数法与部分分式法。

2.3.2 幂级数法

将 $X(z)$ 展开，$X(z)=\cdots+x(-1)z+x(0)+x(1)z^{-1}+\cdots$，其系数就是 $x(n)$。

例 2.3-4 已知 $X(z) = \lg(1 + az^{-1})$ $|a| < |z|$，求 $x(n)$。

解： $\lg(1+x) = x - \dfrac{x^2}{2} + \dfrac{x^3}{3} - \dfrac{x^4}{4} + \cdots + (-1)^{n+1}\dfrac{x^n}{n}$ $|x| < 1$

比较可得

$$az^{-1} = x \qquad |az^{-1}| < 1$$

$X(z)$ 可表示为

$$X(z) = \sum_{n=1}^{\infty} \frac{(-1)^{n+1}a^n z^{-n}}{n}$$

所以

$$x(n) = \begin{cases} \dfrac{(-1)^{n+1}a^n}{n} & n \geqslant 1 \\[2mm] 0 & n \leqslant 0 \end{cases}$$

由此例可见，有时将函数展开成幂级数并不容易。但对单边的左序列或右序列，当 $X(z)$ 为有理函数时幂级数展开可用长除完成，所以幂级数法也称长除法。下面举例说明用长除法将 $X(z)$ 展开成级数求单边序列 $x(n)$ 的方法。

例 2.3-5 已知 $X(z) = \dfrac{a}{a - z^{-1}}$ $|z| > 1/|a|$，求 $x(n)$。

解： 因为收敛区在 $1/|a|$ 外，序列为右序列，应展开为 z 的降幂级数。

$$
\begin{array}{r}
1 + \dfrac{1}{a}z^{-1} + \dfrac{1}{a^2}z^{-2} + \dfrac{1}{a^3}z^{-3} + \cdots \\
a - z^{-1} \overline{)\, a } \\
\underline{a - z^{-1}} \\
z^{-1} \\
\underline{z^{-1} - \dfrac{1}{a}z^{-2}} \\
\dfrac{1}{a}z^{-2} \\
\underline{\dfrac{1}{a}z^{-2} - \dfrac{1}{a^2}z^{-3}} \\
\vdots
\end{array}
$$

$$X(z) = 1 + \frac{1}{a}z^{-1} + \frac{1}{a^2}z^{-2} + \frac{1}{a^3}z^{-3} + \cdots = \sum_{n=0}^{\infty} a^{-n}z^{-n}$$

由此可得

$$x(n) = a^{-n}u(n)$$

例 2.3-6 已知 $X(z) = \dfrac{a}{a - z^{-1}}$ $|z| < \dfrac{1}{|a|}$，求 $x(n)$。

解： 因为收敛区在 $1/|a|$ 圆内，序列为左序列，应展开为 z 的升幂级数。

$$
\begin{array}{r}
-az - a^2z^2 - a^3z^3 - a^4z^4 - \cdots \\
-z^{-1} + a \overline{)\, a } \\
\underline{a - a^2z} \\
a^2z \\
\underline{a^2z - a^3z^2} \\
a^3z^2
\end{array}
$$

$$\frac{a^3 z^2 - a^4 z^3}{a^4 z^3}$$

$$\vdots$$

$$X(z) = -az - a^2 z^2 - a^3 z^3 - a^4 z^4 - \cdots = -\sum_{n=-\infty}^{-1} a^{-n} z^{-n}$$

由此可得

$$x(n) = -a^{-n} u(-n-1)$$

用长除法可将 $X(z)$ 展开为 z 的升幂或降幂级数，它取决于 $X(z)$ 的收敛区。所以在用长除法之前，首先要确定 $x(n)$ 是左序列还是右序列，由此决定分母多项式是按升幂还是按降幂排列。由长除法可以直接得到 $x(n)$ 的具体数值，但当 $X(z)$ 有两个或两个以上极点时，用长除法得到的序列值，要归纳为 $x(n)$ 闭合式还是比较困难的，且对双边序列不适合，这时可以用部分分式法求解 $x(n)$。

2.3.3 部分分式法

$X(z)$ 一般是 z 的有理函数，可表示为有理分式形式。最基本的分式及所对应的序列为

$$\frac{1}{1 - az^{-1}} = \frac{z}{z - a} \leftrightarrow \begin{cases} a^n u(n) & |z| > |a| \\ -a^n u(-n-1) & |z| < |a| \end{cases} \tag{2.3-8}$$

式（2.3-8）是简单的 Z 变换对，如果将一般有理多项式展开为这样简单的有理式，再利用这个变换对，那么既不必用留数也不必用长除法就可以得到 $x(n)$。部分分式法就是基于此基础上的一种方法，这与傅氏变换、拉氏变换的部分分式法相似。一般有理多项式可以表示为

$$F(x) = \frac{P(x)}{Q(x)} = \frac{b_0 + b_1 x + \cdots + b_{M-1} x^{M-1} + b_M x^M}{a_0 + a_1 x + \cdots + a_{N-1} x^{N-1} + a_N x^N} \tag{2.3-9}$$

式中，分子的最高次为 M，分母的最高次为 N。

1）$M < N$，且 $F(x)$ 均为单极点，$F(x)$ 可展开为

$$F(x) = \frac{P(x)}{\prod_{k=1}^{N}(x - x_k)} = \sum_{k=1}^{N} \frac{A_k}{x - x_k} \tag{2.3-10}$$

式中，

$$A_k = (x - x_k)F(x)\big|_{x=x_k} \tag{2.3-11}$$

2）若 x_i 是 $F(x)$ 的 s 阶重极点，其余为单极点，$F(x)$ 可展开为

$$F(x) = \frac{P(x)}{Q(x)} = \sum_{\substack{k=1 \\ k \neq i}}^{N-s} \frac{A_k}{x - x_k} + \sum_{k=1}^{s} \frac{C_k}{(x - x_i)^k} \tag{2.3-12}$$

式中，A_k 的计算同式（2.3-11），C_k 的计算为

$$C_k = \frac{1}{(s-k)!} \left\{ \frac{d^{s-k}}{dx^{s-k}} \left[(x - x_i)^s F(x) \right] \right\}\Big|_{x=x_i} \tag{2.3-13}$$

若 $F(x)$ 有多个重根，重根项系数计算公式与式（2.3-13）相同，将式（2.3-12）作相应修改即可。

3) $M \geqslant N$：

$$F(x) = B_{M-N}x^{M-N} + B_{M-N-1}x^{M-N-1} + \cdots + B_1 x + B_0 + \frac{P_1(x)}{Q(x)} = F_0(x) + F_1(x)$$

式中，$F_1(x)$ 满足分子的最高次低于分母的最高次，则

$$F(x) = \begin{cases} F_0(x) + \sum_{k=1}^{N} \dfrac{A_k}{x - x_k} & \text{均为单根} \\ F_0(x) + \sum_{k=1}^{N-s} \dfrac{A_k}{x - x_k} + \sum_{k=1}^{s} \dfrac{C_k}{(x - x_i)^k} & \text{有一 } s \text{ 阶重根} \end{cases} \tag{2.3-14}$$

式中，A_k 的计算同式（2.3-11），C_k 的计算同式（2.3-13）。即当 $M \geqslant N$ 时，仅对 $F_1(x)$ 作部分分式展开。若 $F(x)$ 有多个重根，将式（2.3-14）作相应修改即可。

具体在做 Z 反变换时，既可以令 $z^{-1} = x$，也可以令 $z = x$。不同的是，在按 z 将 $X(z)$ 展开时，简单有理多项式的分子应有 z 才能直接套用式（2.3-8），所以展开前要做前处理，即展开的是 $X(z)/z$；而按 z^{-1} 展开时就不必作前处理。

例 2.3-7 已知 $X(z) = \dfrac{1}{(1 - z^{-1})(1 - 0.5z^{-1})}$　$1 < |z|$，求 $x(n)$。

解：$X(z) = \dfrac{z^2}{(z - 1)(z - 0.5)}$，且 $1 < |z|$，是右边（因果）序列。

$$\frac{X(z)}{z} = \frac{z}{(z - 1)(z - 0.5)} = \frac{A_1}{z - 0.5} + \frac{A_2}{z - 1}$$

$$A_1 = (z - 0.5)\frac{X(z)}{z}\bigg|_{z = 0.5} = \frac{z}{z - 1}\bigg|_{z = 0.5} = -1$$

$$A_2 = (z - 1)\frac{X(z)}{z}\bigg|_{z = 1} = \frac{z}{z - 0.5}\bigg|_{z = 1} = 2$$

$$X(z) = \frac{2z}{z - 1} - \frac{z}{z - 0.5}\quad 1 < |z|$$

$$x(n) = (2 - 0.5^n)u(n)$$

例 2.3-8 已知 $X(z) = \dfrac{5z^{-1}}{1 + z^{-1} - 6z^{-2}}$，$2 < |z| < 3$，求 $x(n)$。

解：
$$X(z) = \frac{5z^{-1}}{(1 - 2z^{-1})(1 + 3z^{-1})} = \frac{A_1}{1 - 2z^{-1}} + \frac{A_2}{1 + 3z^{-1}}$$

$$A_1 = (1 - 2z^{-1})\frac{5z^{-1}}{(1 + 3z^{-1})(1 - 2z^{-1})}\bigg|_{z^{-1} = 1/2} = \frac{5/2}{(1 + 3/2)} = 1$$

$$A_2 = (1 + 3z^{-1})\frac{5z^{-1}}{(1 + 3z^{-1})(1 - 2z^{-1})}\bigg|_{z^{-1} = -1/3} = \frac{-5/3}{(1 + 2/3)} = -1$$

$$X(z) = \frac{1}{1 - 2z^{-1}} - \frac{1}{1 + 3z^{-1}} = \frac{z}{z - 2} - \frac{z}{z + 3}$$

因为收敛区为 $2 < |z| < 3$，是双边序列，由此可得

$$x(n) = 2^n u(n) + (-3)^n u(-n - 1)$$

表 2.3-1 给出了常用序列的 Z 变换。利用这个表再结合 Z 变换的性质，可求一般序列的正、反 Z 变换。

表 2.3-1　常用序列 Z 变换表

序号	序　　列	Z 变换
1	$\delta(n)$	1
2	$u(n)$	$\dfrac{z}{z-1}$　　$\lvert z \rvert > 1$
3	$R_N(n)$	$\dfrac{1-z^{-N}}{1-z^{-1}}\ \lvert z \rvert > 0$
4	$a^n u(n)$	$\dfrac{z}{z-a}\ \lvert z \rvert > \lvert a \rvert$
5	$-a^n u(-n-1)$	$\dfrac{z}{z-a}\ \lvert z \rvert < \lvert a \rvert$
6	$n u(n)$	$\dfrac{z}{(z-1)^2}\ \lvert z \rvert > 1$
7	$n a^n u(n)$	$\dfrac{az}{(z-a)^2}\ \lvert z \rvert > \lvert a \rvert$
8	$\dfrac{n(n-1)}{2!} u(n)$	$\dfrac{z}{(z-1)^3}\ \lvert z \rvert > 1$
9	$\dfrac{n(n-1)(n-2)\cdots(n-m+1)}{m!} u(n)$	$\dfrac{z}{(z-1)^{m+1}}\ \lvert z \rvert > 1$
10	$(n+1) a^n u(n)$	$\dfrac{z^2}{(z-a)^2}\ \lvert z \rvert > \lvert a \rvert$
11	$\dfrac{(n+1)(n+2)}{2!} a^n u(n)$	$\dfrac{z^3}{(z-a)^3}\ \lvert z \rvert > \lvert a \rvert$
12	$\dfrac{(n+1)(n+2)(n+3)\cdots(n+m)}{m!} a^n u(n)$	$\dfrac{z^{m+1}}{(z-a)^{m+1}}\ \lvert z \rvert > \lvert a \rvert$
13	$-(n+1) a^n u(-n-1)$	$\dfrac{z^2}{(z-a)^2}\ \lvert z \rvert < \lvert a \rvert$
14	$-\dfrac{(n+1)(n+2)}{2!} a^n u(-n-1)$	$\dfrac{z^3}{(z-a)^3}\ \lvert z \rvert < \lvert a \rvert$

2.4　Z 变换的性质与定理

1. 线性

若　　$x(n) \leftrightarrow X(z)$　　　　$R_{X_-} < \lvert z \rvert < R_{X_+}$

　　　　$y(n) \leftrightarrow Y(z)$　　$R_{Y_-} < \lvert z \rvert < R_{Y_+}$

则　　　　　　　　$ax(n) + by(n) \leftrightarrow aX(z) + bY(z)$　　　$R_- < \lvert z \rvert < R_+$　　　　　　(2.4-1)

式中，$R_- = \max\left[R_{X_-},\ R_{Y_-}\right] < \lvert z \rvert < R_+ = \min\left[R_{X_+},\ R_{Y_+}\right]$。

　　例 2.4-1　利用线性求双曲余、正弦序列。

　　$x_1(n) = \cosh(n\omega_0) u(n), x_2(n) = \sinh(n\omega_0) u(n)$ 的 Z 变换。

　　解：已知指数序列及变换

$$e^{\omega_0 n} u(n) \leftrightarrow \frac{z}{z - e^{\omega_0}}\quad \lvert z \rvert > \lvert e^{\omega_0} \rvert$$

$$e^{-\omega_0 n} u(n) \leftrightarrow \frac{z}{z - e^{-\omega_0}}\quad \lvert z \rvert > \lvert e^{-\omega_0} \rvert$$

双曲余弦序列可分解为

$$\cosh(\omega_0 n) u(n) = \frac{1}{2}\left(e^{\omega_0 n} + e^{-\omega_0 n}\right) u(n)$$

利用线性及指数序列的变换，双曲余弦序列的变换为

$$\frac{1}{2}\left(\frac{z}{z-\mathrm{e}^{\omega_0}}+\frac{z}{z-\mathrm{e}^{-\omega_0}}\right)=\frac{z\ (z-\cosh\omega_0)}{z^2-2z\cosh\omega_0+1}\quad |z|>\max\ [\ |\mathrm{e}^{-\omega_0}|,\ |\mathrm{e}^{\omega_0}|\ ]$$

同理，$\sinh(\omega_0 n)u(n)=\dfrac{1}{2}\ (\mathrm{e}^{\omega_0 n}-\mathrm{e}^{-\omega_0 n})u(n)$

$$\leftrightarrow\frac{1}{2}\left(\frac{z}{z-\mathrm{e}^{\omega_0}}-\frac{z}{z-\mathrm{e}^{-\omega_0}}\right)=\frac{z\sinh\omega_0}{z^2-2z\cosh\omega_0+1}\quad |z|>\max[\ |\mathrm{e}^{-\omega_0}|,\ |\mathrm{e}^{\omega_0}|\ ]$$

2. 双边 Z 变换的位移（移序）性（$m>0$）

若序列 $x(n)$ 的双边 Z 变换为

$$x(n)\leftrightarrow X(z)\quad R_{X_-}<|z|<R_{X_+}$$

$$x(n+m)\leftrightarrow z^m X(z)\quad R_{X_-}<|z|<R_{X_+}\tag{2.4-2}$$

证明：

$$\mathscr{Z}[x(n+m)]=\sum_{n=-\infty}^{\infty}x(n+m)z^{-n}=\sum_{n=-\infty}^{\infty}x(n+m)z^{-(n+m)}z^m$$

令 $n+m=k$，代入上式

$$\mathscr{Z}[x(n+m)]=z^m\sum_{k=-\infty}^{\infty}x(k)z^{-k}=z^m X(z)$$

同理 $\qquad\qquad x(n-m)\leftrightarrow z^{-m}x(z)\qquad R_{x_-}<|Z|<R_{x_+}$

移序序列 Z 变换的收敛区一般不变，也有特例（因为 z^{n_0} 项在 $z=0$，$z=\infty$ 处的影响）。

例如 $\quad x(n)=\delta(n)\leftrightarrow X(z)=1,0\leqslant|z|\leqslant\infty$，全 z 平面。

$$x(n+1)=\delta(n+1)\leftrightarrow X_1(z)=z,0\leqslant|z|<\infty$$

$$x(n-1)=\delta(n-1)\leftrightarrow X_2(z)=z^{-1},0<|z|\leqslant\infty$$

3. 单边 Z 变换的位移性（$m>0$）

1）若序列 $x(n)$ 的单边 Z 变换为

$$x(n)u(n)\leftrightarrow X(z)$$

则序列左移后单边 z 变换为

$$x(n+m)u(n)\leftrightarrow z^m\Big[X(z)-\sum_{k=0}^{m-1}x(k)z^{-k}\Big]\tag{2.4-3}$$

证明： $\mathscr{Z}[x(n+m)u(n)]=\displaystyle\sum_{n=0}^{\infty}x(n+m)z^{-n}$

$$=\sum_{n=0}^{\infty}x(n+m)z^{-(n+m)}z^m\quad\text{令}\ n+m=k$$

$$=z^m\sum_{k=m}^{\infty}x(k)z^{-k}$$

$$=z^m\Big[\sum_{k=0}^{\infty}x(k)z^{-k}-\sum_{k=0}^{m-1}x(k)z^{-k}\Big]$$

$$=z^m\Big[X(z)-\sum_{k=0}^{m-1}x(k)z^{-k}\Big]$$

序列左移后单边 Z 变换的示意图如图 2.4-1 所示。

特别地， $\qquad\qquad\mathscr{Z}[x(n+1)u(n)]=zX(z)-zx(0)$

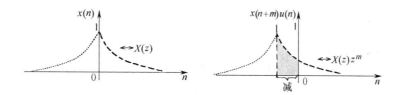

图 2.4-1　序列左移后单边 Z 变换的示意图

$$\mathscr{Z}[x(n+2)u(n)] = z^2 X(z) - z^2 x(0) - zx(1)$$

2）若

$$x(n)u(n) \leftrightarrow X(z)$$

则

$$x(n-m)u(n) \leftrightarrow z^{-m}\left[X(z) + \sum_{k=-m}^{-1} x(k)z^{-k}\right] \qquad (2.4\text{-}4)$$

证明：

$$\mathscr{Z}[x(n-m)u(n)] = \sum_{n=0}^{\infty} x(n-m)z^{-n} = \sum_{n=0}^{\infty} x(n-m)z^{-(n-m)}z^{-m} \qquad 令\ n-m=k$$

$$= z^{-m}\sum_{k=-m}^{\infty} x(k)z^{-k} = z^{-m}\left[\sum_{k=0}^{\infty} x(k)z^{-k} + \sum_{k=-m}^{-1} x(k)z^{-k}\right]$$

$$= z^{-m}\left[X(z) + \sum_{k=-m}^{-1} x(k)z^{-k}\right]$$

序列右移后单边 Z 变换的示意图如图 2.4-2 所示。

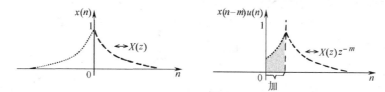

图 2.4-2　序列右移后的单边 Z 变换

特别地，

$$\mathscr{Z}[x(n-1)u(n)] = z^{-1}X(z) + x(-1)$$

$$\mathscr{Z}[x(n-2)u(n)] = z^{-2}X(z) + z^{-1}x(-1) + x(-2)$$

3）若 $x(n)$ 为因果序列

$$x(n)u(n) \leftrightarrow X(z)$$

则

$$x(n-m)u(n) \leftrightarrow z^{-m}X(z) \qquad (2.4\text{-}5)$$

$$x(n+m)u(n) \leftrightarrow z^{m}\left[X(z) - \sum_{k=0}^{m-1} x(k)z^{-k}\right] \qquad (2.4\text{-}6)$$

例 2.4-2　求周期序列的单边 Z 变换。

解：周期序列 $x(n) = x(n+rN)$，令 $n = 0 \sim N-1$ 的主值区序列为 $x_1(n)$，单边周期序列为

$$x(n)u(n) = x_1(n) + x_1(n-N) + x_1(n-2N) + \cdots$$

令 $x_1(n)$ 的 z 变换为 $X_1(z)$，则 $x(n)$ 的单边 z 变换为

$$X(z) = X_1(z) + z^{-N}X_1(z) + z^{-2N}X_1(z) + \cdots = X_1(z)(1 + z^{-N} + z^{-2N} + \cdots)$$

$$= X_1(z)\sum_{m=0}^{\infty} z^{-mN} = X_1(z)\lim_{m\to\infty}\frac{1-z^{-mN}}{1-z^{-N}} = X_1(z)\frac{1}{1-z^{-N}} \qquad |z| > 1$$

$$= X_1(z) \frac{z^N}{z^N - 1}$$

4. 指数序列加权

若 $\qquad x(n) \leftrightarrow X(z) \qquad R_{X_-} < |z| < R_{X_+}$

则 $\qquad a^n x(n) \leftrightarrow X(a^{-1}z) \qquad R_{X_-} < |a^{-1}z| < R_{X_+}$ $\qquad$ (2.4-7)

证明： $\qquad \mathscr{Z}[a^n x(n)] = \sum_{n=-\infty}^{\infty} a^n x(n) z^{-n} = \sum_{n=-\infty}^{\infty} x(n) (a^{-1}z)^{-n} = X(z/a)$

$$R_{X_-} < |a^{-1}z| < R_{X_+} \Rightarrow |a| R_{X_-} < |z| < |a| R_{X_+}$$

利用指数序列加权性及 $x(n) = u(n) \leftrightarrow X(z) = \dfrac{z}{z-1}$ $\quad |z| > 1$ ，可推得

$$a^n x(n) \leftrightarrow X(a^{-1}z) = \frac{a^{-1}z}{a^{-1}z - 1} = \frac{z}{z - a} \qquad |a^{-1}z| > 1, |z| > |a| \,;$$

$$e^{j\omega_0 n} x(n) \leftrightarrow X(e^{-j\omega_0}z) = \frac{e^{-j\omega_0}z}{e^{-j\omega_0}z - 1} = \frac{z}{z - e^{j\omega_0}} \qquad |e^{-j\omega_0}z| > 1, |z| > 1\,;$$

$$\cos(\omega_0 n) x(n) \leftrightarrow \frac{1}{2}\left[\frac{1}{1 - e^{j\omega_0}z^{-1}} + \frac{1}{1 - e^{-j\omega_0}z^{-1}} \right] = \frac{1 - z^{-1}\cos\omega_0}{1 - 2z^{-1}\cos\omega_0 + z^{-2}} \,, |z| > 1\,;$$

$$\sin(\omega_0 n) x(n) \leftrightarrow \frac{1}{2}\left[\frac{1}{1 - e^{j\omega_0}z^{-1}} - \frac{1}{1 - e^{-j\omega_0}z^{-1}} \right] = \frac{z^{-1}\sin\omega_0}{1 - 2z^{-1}\cos\omega_0 + z^{-2}} \,, |z| > 1$$

5. $x(n)$ 线性加权或 z 域微分性

若 $\qquad x(n) \leftrightarrow X(z) \qquad R_{X_-} < |z| < R_{X_+}$

则 $\qquad nx(n) \leftrightarrow -z \dfrac{\mathrm{d}X(z)}{\mathrm{d}z} \qquad R_{X_-} < |z| < R_{X_+}$ $\qquad$ (2.4-8)

证明： $\dfrac{\mathrm{d}X(z)}{\mathrm{d}z} = \dfrac{\mathrm{d}}{\mathrm{d}z}\left[\sum_{n=-\infty}^{\infty} x(n) z^{-n} \right]$ $\quad$ 交换运算次序

$$= \sum_{n=-\infty}^{\infty} x(n) \frac{\mathrm{d}}{\mathrm{d}z} z^{-n} = -\sum_{n=-\infty}^{\infty} nx(n) z^{-n-1} = -z^{-1} \sum_{n=-\infty}^{\infty} nx(n) z^{-n}$$

$$= -z^{-1} \mathscr{Z}[nx(n)]$$

利用 z 域微分性及 $x(n) = u(n) \leftrightarrow X(z) = \dfrac{z}{z-1}$ $\quad |z| > 1$ ，可推得

$$nu(n) \leftrightarrow -z \frac{\mathrm{d}}{\mathrm{d}z}\left(\frac{z}{z-1} \right) = -z \frac{(z-1) - z}{(z-1)^2} = \frac{z}{(z-1)^2} \qquad |z| > 1$$

$$n^2 u(n) \leftrightarrow -z \frac{\mathrm{d}}{\mathrm{d}z}\left[\frac{z}{(z-1)^2} \right] = \frac{z(z+1)}{(z-1)^3} \qquad |z| > 1$$

6. 复序列的共轭

若 $\qquad x(n) \leftrightarrow X(z) \qquad R_{X_-} < |z| < R_{X_+}$

则 $\qquad x^*(n) \leftrightarrow X^*(z^*) \qquad R_{X_-} < |z| < R_{X_+}$ $\qquad$ (2.4-9)

证明： $\mathscr{Z}[x^*(n)] = \sum_{n=-\infty}^{\infty} x^*(n) z^{-n} = \sum_{n=-\infty}^{\infty} [x(n) (z^*)^{-n}]^*$

$$= \left[\sum_{n=-\infty}^{\infty} x(n) (z^*)^{-n} \right]^* = X^*(z^*)$$

利用复序列的共轭，可以得到

$$\mathscr{Z}\left[\operatorname{Re}x(n)\right] = \mathscr{Z}\left[\frac{1}{2}x(n) + \frac{1}{2}x^*(n)\right] = \frac{1}{2}\left[X(z) + X^*(z^*)\right]$$

$$\mathscr{Z}\left[\mathrm{jIm}x(n)\right] = \mathscr{Z}\left[\frac{1}{2}x(n) - \frac{1}{2}x^*(n)\right] = \frac{1}{2}\left[X(z) - X^*(z^*)\right]$$

7. 初值定理

对因果序列 $x(n)$，有

$$x(0) = \lim_{z \to \infty} X(z) \tag{2.4-10}$$

证明：$\quad X(z) = \sum_{n=0}^{\infty} x(n)z^{-n} = x(0) + x(1)z^{-1} + x(2)z^{-2} + \cdots$

对等式两边取极限，得

$$\lim_{z \to \infty} X(z) = \lim_{z \to \infty}\left[x(0) + x(1)z^{-1} + x(2)z^{-2} + \cdots\right] = x(0)$$

8. 终值定理

若 $x(n)$ 是因果序列、除单位圆上可有一个 $z = 1$ 的一阶极点外，其余极点均在单位圆内。则

$$\lim_{n \to \infty} x(n) = \lim_{z \to 1}(z - 1)X(z) \tag{2.4-11}$$

9. 时域卷积定理

若 $\qquad\qquad\qquad w(n) = x(n) * y(n)$

则 $\qquad\qquad\qquad W(z) = X(z)Y(z) \quad R_- < |z| < R_+ \tag{2.4-12}$

式中，$R_- = \max\left[R_{X_-}, R_{Y_-}\right]$；$R_+ = \min\left[R_{X_+}, R_{Y_+}\right]$。

证明：$\mathscr{Z}\left[x(n) * y(n)\right] = \sum_{n=-\infty}^{\infty}\left[\sum_{m=-\infty}^{\infty} x(m)y(n-m)\right]z^{-n}$ 交换求和次序

$$= \sum_{m=-\infty}^{\infty} x(m)\left[\sum_{n=-\infty}^{\infty} y(n-m)z^{-n}\right]$$

利用移序性 $= \sum_{m=-\infty}^{\infty} x(m)z^{-m}Y(z) = X(z)Y(z)$

例 2.4-3 已知 $x(n) = u(n)$，$y(n) = a^n u(n)(|a| < 1)$，求 $w(n) = x(n) * y(n)$。

解：
$$x(n) = u(n) \leftrightarrow X(z) = \frac{1}{1 - z^{-1}} \qquad |z| > 1$$

$$y(n) = a^n u(n) \leftrightarrow Y(z) = \frac{1}{1 - az^{-1}} \qquad |z| > |a|$$

$$W(z) = X(z)Y(z) = \frac{1}{1 - z^{-1}} \cdot \frac{1}{1 - az^{-1}} = \frac{A_1}{1 - z^{-1}} + \frac{A_2}{1 - az^{-1}}$$

$$A_1 = \frac{1}{1 - az^{-1}}\bigg|_{z^{-1}=1} = \frac{1}{1 - a}; A_2 = \frac{1}{1 - z^{-1}}\bigg|_{z^{-1}=1/a} = \frac{-a}{1 - a}$$

$$W(z) = \frac{1}{1 - a}\left(\frac{1}{1 - z^{-1}} - \frac{a}{1 - az^{-1}}\right) \qquad |z| > 1$$

$$w(n) = \frac{1}{1 - a}(1 - a^{n+1})u(n)$$

利用卷积定理，可以求解离散系统的零状态响应，如图 2.4-3 所示。

10. 复频域卷积定理

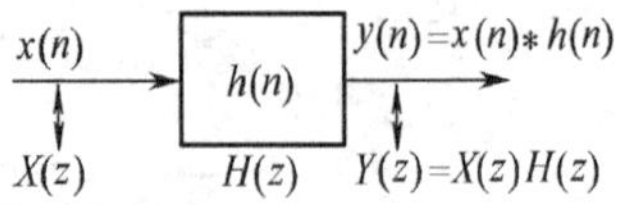

图 2. 4-3 离散系统的零状态响应求解

若
$$w(n)=x(n)y(n)$$

则
$$W(z)=\frac{1}{2\pi \mathrm{j}}\oint_c X(v)Y\left(\frac{z}{v}\right)v^{-1}\mathrm{d}v \qquad R_- < |v| < R_+ \tag{2.4-13}$$

式中，v 平面的收敛区为 $\max\left[R_{X_-},\ |z|/R_{Y_+}\right] < |v| < \min\left[R_{X_+},\ |z|/R_{Y_-}\right]$，围线 c 是 $X(v)$ 与 $Y\left(\frac{z}{v}\right)$公共收敛区内一条逆时针封闭曲线。

证明：$W(z)=\mathscr{Z}[x(n)y(n)]=\sum_{n=-\infty}^{\infty}x(n)y(n)z^{-n}$

将 $x(n)=\frac{1}{2\pi \mathrm{j}}\oint_c X(v)v^{n-1}\mathrm{d}v \quad R_{X_-} < |v| < R_{X_+}$ 代入上式，得

$$\begin{aligned}
W(z) &= \sum_{n=-\infty}^{\infty}\left[\frac{1}{2\pi \mathrm{j}}\oint_c X(v)v^{n-1}\mathrm{d}v\right]y(n)z^{-n} \\
&= \frac{1}{2\pi \mathrm{j}}\oint_c X(v)v^{-1}\left[\sum_{n=-\infty}^{\infty}y(n)(z/v)^{-n}\right]\mathrm{d}v \qquad R_{Y_-} < |z/v| < R_{Y_+} \\
&= \frac{1}{2\pi \mathrm{j}}\oint_c X(v)Y(z/v)v^{-1}\mathrm{d}v \qquad R_- < |v| < R_+
\end{aligned}$$

式（2.4-13）的计算一般用留数法而不是作复变函数积分，即

$$W(z)=\sum \mathrm{Res}\left[X(v)Y\left(\frac{z}{v}\right)v^{-1},v_k\right]$$

式中，v_k 是 v 平面上 $X(v)Y\left(\frac{z}{v}\right)v^{-1}$ 在围线 c 内的全部极点。即由 $R_{X_-} < |v| < R_{X_+}$，$R_{Y_-} < |z/v| < R_{Y_+}$ 两式相乘得到 z 平面的收敛区为：$R_{X_-}R_{Y_-} < |z| < R_{X_+}R_{Y_+}$；$v$ 平面的收敛区为 $R_- = \max\left[R_{X_-},\ |z|/R_{Y_+}\right] < |v| < \min\left[R_{X_+},\ |z|/R_{Y_-}\right] = R_+$。应用时必须正确确定哪些极点位于积分围线内，即一是要正确确定 c 所在的收敛区范围，或确定 v 平面上的收敛区；其次要正确确定 c 内的极点个数。

表 2.4-1 列出 Z 变换性质与定理的有关信息。

表 2.4-1 Z 变换性质与定理

序号	名 称	时 域	复 频 域
1	线性	$ax(n)+by(n)$	$aX(z)+bY(z)$
2	双边移序	$x(n+m)$	$z^m X(z)$
3	单边移序	$x(n+m)u(n)$ $x(n-m)u(n)$	$z^m\left[X(z)-\sum_{k=0}^{m-1}x(k)z^{-k}\right]$ $z^{-m}\left[X(z)+\sum_{k=-m}^{-1}x(k)z^{-k}\right]$
4	指数序列加权	$a^n x(n)$	$X(a^{-1}z)$
5	z 域微分	$nx(n)$	$-z\frac{\mathrm{d}X(z)}{\mathrm{d}z}$
6	共轭序列	$x^*(n)$	$X^*(z^*)$

序号	名　称	时　域	复　频　域
7	初值定理	$x(0) = \lim\limits_{z \to \infty} X(z)$	
8	终值定理	$\lim\limits_{n \to \infty} x(n) = \lim\limits_{z \to 1}(z-1) X(z)$	
9	时域卷积定理	$x(n) * y(n)$	$X(z) Y(z)$
10	频域卷积定理	$x(n) y(n)$	$\dfrac{1}{2\pi \mathrm{j}} \oint_c X(v) Y\left(\dfrac{z}{v}\right) v^{-1} \mathrm{d}v$

2.5　Z 变换与拉普拉斯变换、傅里叶变换的关系

傅里叶变换、拉普拉斯变换以及 Z 变换是前面学习过的 3 种变换。下面讨论这 3 种变换之间的内在联系与关系。

要讨论 Z 变换与拉普拉斯变换的关系，先要研究 z 平面与 s 平面的映射（变换）关系。2.1 节通过理想采样，将连续信号的拉普拉斯变换与采样序列的 Z 变换联系起来，引进了复变量 z，它与复变量 s 有下面的映射关系：

$$z = \mathrm{e}^{sT} \tag{2.5-1}$$

或

$$s = \frac{1}{T} \ln z$$

式中，T 是采样间隔，对应的采样频率 $\Omega_s = 2\pi/T$。

为了更清楚地说明式（2.5-1）的映射关系，将 $s = \sigma + \mathrm{j}\Omega$ 代入式（2.5-1），得

$$z = \mathrm{e}^{sT} = \mathrm{e}^{(\sigma + \mathrm{j}\Omega)T} = \mathrm{e}^{\sigma T} \mathrm{e}^{\mathrm{j}\Omega T} = r \mathrm{e}^{\mathrm{j}\omega}$$

因此得到

$$\left. \begin{array}{l} r = \mathrm{e}^{\sigma T} \\ \omega = \Omega T \end{array} \right\} \tag{2.5-2}$$

式中，ω 是数字域频率。

下面由式（2.5-2）讨论 s 平面与 z 平面的映射关系。

1）s 平面的虚轴（$\sigma = 0$）映射到 z 平面的单位圆 $\mathrm{e}^{\mathrm{j}\omega}$，$s$ 平面左半平面（$\sigma < 0$）映射到 z 平面单位圆内（$r = \mathrm{e}^{\sigma T} < 1$）；$s$ 平面右半平面（$\sigma > 0$）映射到 z 平面单位圆外（$r = \mathrm{e}^{\sigma T} > 1$）。

2）$\Omega = 0$ 时，$\omega = 0$，s 平面的实轴映射到 z 平面上的正实轴。s 平面的原点 $s = 0$ 映射到 z 平面单位圆 $z = 1$ 的点。

3）由于 $z = r\mathrm{e}^{\mathrm{j}\omega}$ 是 ω 的周期函数，当 Ω 由 $-\pi/T \sim \pi/T$ 时，ω 由 $-\pi \sim \pi$，幅角旋转了一周，映射了整个 z 平面，且 Ω 每增加一个采样频率 $\Omega_s = 2\pi/T$，ω 就重复旋转一周，z 平面重叠一次。

所以，由 s 平面到 z 平面的映射关系不是单值的。s 平面上宽度为 $2\pi/T$ 的带状区就映射为整个 z 平面，如图 2.5-1 所示。z 平面对应为无穷多 s 平面上宽度为 $2\pi/T$ 的带状区。这样 s 平面被截成了一条条宽度为 Ω_s 的"横带"。这些横带被重叠地映射到整个 z 平面。也

可以想像 z 平面是以原点为中心的无穷层重复在一起的螺旋面，即无穷阶黎曼面。当 s 平面沿 $\mathrm{j}\Omega$ 轴变化，映射到 z 平面的黎曼面则随着幅角 ω 的增加由一个螺旋面旋转到另一个螺旋面。

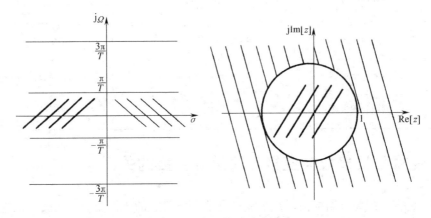

图 2.5-1　s 平面与 z 平面的映射关系

由以上的 s 平面到 z 平面的映射关系，再利用理想采样的拉普拉斯变换 $X_s(s)$ 作为桥梁，可以得到连续信号 $x(t)$ 的拉普拉斯变换 $X(s)$ 与采样序列 Z 变换的关系为

$$X(z)\big|_{z=e^{sT}} = X_s(s) = \frac{1}{T}\sum_{m=-\infty}^{\infty}X(s-\mathrm{j}\Omega_s m) = \frac{1}{T}\sum_{m=-\infty}^{\infty}X\left(s-\mathrm{j}\frac{2\pi}{T}m\right) \qquad (2.5\text{-}3)$$

傅里叶变换是双边拉普拉斯变换在虚轴（$\sigma=0$，$s=\mathrm{j}\Omega$）上的特例，$\sigma=0$ 映射到 z 平面 $z=e^{\mathrm{j}\omega}$ 是单位圆。将此关系带入式（2.5-3），可以得到 Z 变换与傅里叶变换的关系

$$X(z)\big|_{z=e^{\mathrm{j}\Omega T}} = \frac{1}{T}\sum X(\mathrm{j}\Omega-\mathrm{j}\Omega_s m) \qquad (2.5\text{-}4)$$

式（2.5-4）说明，采样序列 $x(n)$ 的频谱是连续信号 $x(t)$ 的频谱 $X(\mathrm{j}\Omega)$ 以 Ω_s 为周期重复的周期频谱，如图 2.5-2 所示。除此之外，由式（2.5-4）还可以引出新的变换，在单位圆上的 Z 变换。单位圆上的 Z 变换定义为序列的傅里叶变换，是序列的频谱函数。有关序列的傅里叶变换在下节详细讨论。

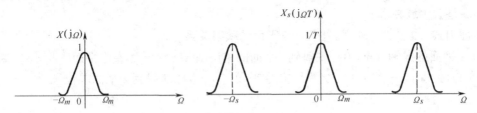

图 2.5-2　理想采样序列的傅里叶变换

2.6　序列的傅里叶变换及其性质

2.5 节中讨论了 s 平面与 z 平面的映射关系为 $z=e^{sT}=e^{(\sigma+\mathrm{j}\Omega)T}=re^{\mathrm{j}\omega}$。当 $\sigma=0$ 时，不难得到此时 $r=1$，$z=e^{\mathrm{j}\omega}$，对应的是单位圆上的 Z 变换。单位圆上的 Z 变换被定义为离散序列的傅里叶变换，它表示序列的频谱。一般英文缩写为 DTFT。

2.6.1 序列的傅里叶变换

1. DTFT 的定义

如上所述，将单位圆 $e^{j\omega}$ 代入 Z 变换的定义，得到序列的傅里叶变换定义为

$$X(e^{j\omega}) = X(z)\big|_{z=e^{j\omega}} = \sum_{n=-\infty}^{\infty} x(n)z^{-n}\big|_{z=e^{j\omega}} = \sum_{n=-\infty}^{\infty} x(n)e^{-jn\omega} \qquad (2.6\text{-}1)$$

式 (2.6-1) 表明 $X(e^{j\omega})$ 可以展开为傅里叶级数，系数是 $x(n)$。

序列的傅里叶反变换也可将 $z=e^{j\omega}$ 代入 Z 反变换的公式，得到

$$x(n) = \left[\frac{1}{2\pi j}\oint_{|z|=1} X(z)z^{n-1}dz\right]\bigg|_{z=e^{j\omega}} = \frac{1}{j2\pi}\int_{-\pi}^{\pi} X(e^{j\omega})e^{j(n-1)\omega}de^{j\omega}$$

$$= \frac{1}{2\pi j}\int_{-\pi}^{\pi} X(e^{j\omega})e^{j(n-1)\omega}je^{j\omega}d\omega = \frac{1}{2\pi}\int_{-\pi}^{\pi} X(e^{j\omega})e^{jn\omega}d\omega \qquad (2.6\text{-}2)$$

式 (2.6-1) 与式 (2.6-2) 给出序列的傅里叶正反变换对，可记为

$$x(n) \leftrightarrow X(e^{j\omega})$$

或

$$\text{DTFT}[x(n)] = X(e^{j\omega}) = \sum_{n=-\infty}^{\infty} x(n)e^{-jn\omega}$$

$$\text{IDTFT}[X(e^{j\omega})] = x(n) = \frac{1}{2\pi}\int_{-\pi}^{\pi} X(e^{j\omega})e^{jn\omega}d\omega$$

不难证明序列的傅里叶变换 $X(e^{j\omega})$ 是周期函数，因为

$$X(e^{j(\omega+2\pi M)}) = \sum_{n=-\infty}^{\infty} x(n)e^{-jn(\omega+2\pi M)} = \sum_{n=-\infty}^{\infty} x(n)e^{-j\omega n}e^{-j2\pi Mn} = X(e^{j\omega}) \qquad (2.6\text{-}3)$$

式 (2.6-3) 说明 $X(e^{j\omega})$ 是频率 ω 的周期连续函数，周期为 2π。既然 $X(e^{j\omega})$ 是以 2π 为周期的周期函数，所以只需要在 $0 \le \omega \le 2\pi$ 或 $-\pi \le \omega \le \pi$ 内标明 $X(e^{j\omega})$ 即可。为了与前面的分析一致，定义周期频谱的 $-\pi \le \omega \le \pi$ 区间为基带频带，其余的为各次谐波频带。与连续时间信号的分析相似，一般只需给出 $X(e^{j\omega})$ 基带区间 $-\pi \le \omega \le \pi$ 之内的特性。在这一频带内，靠近零处的频率是"低频"，而靠近 $\pm\pi$ 处的频率是"高频"。因为基带频带与相差 2π 整数倍的各次谐波频带的频率无法区分，所以可以认为"低频"是靠近 $\omega = \pm 2\pi M$ 的频率，"高频"是靠近 $\omega = \pm\pi(2M+1)$ 点的频率。特别地，$\omega = \pm 2\pi M$ 处频谱对应的是直流分量，而最高频率在 $\omega = \pm\pi(2M+1)(M=0,1,\cdots)$ 处。

例 2.6-1 已知序列 $x(n) = R_N(n)$，求其傅里叶变换 $X(e^{j\omega})$。

解：$X(e^{j\omega}) = \sum_{n=-\infty}^{\infty} x(n)e^{-jn\omega} = \sum_{n=0}^{N-1} e^{-jn\omega}$

$$= \frac{1-e^{-j\omega N}}{1-e^{-j\omega}}$$

$$= e^{-j(N-1)\omega/2}\frac{\sin(\omega N/2)}{\sin(\omega/2)}$$

若取 $N=4$，则

$$X(e^{j\omega}) = e^{-j3\omega/2}\frac{\sin(2\omega)}{\sin(\omega/2)}$$

$N=4$ 时的序列与其振幅频谱如图 2.6-1 所示。

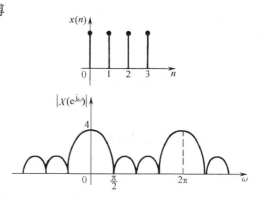

图 2.6-1　例 2.6-1 的序列与振幅频谱

由 DTFT 与 IDTFT 的定义及上例可知，非周期离散序列的傅里叶变换是连续的周期函数。对连续的周期信号利用傅里叶级数展开，其傅里叶系数 F_n 是非周期离散的。在这里又一次看到傅里叶变换的时频对称性。因此，若已知周期信号 $f(t)$ 和对应的 $F(n\Omega)$，当 $x(n)$ 的形式与 $F(n\Omega)$ 相同时，可以预见 $x(n)$ 的傅里叶变换 $X(\mathrm{e}^{\mathrm{j}\omega})$ 与 $f(t)$ 的变化规律相同。

例 2.6-2 已知某序列的周期频谱函数如图 2.6-2 所示，求序列 $x(n)$。

解：
$$X(\mathrm{e}^{\mathrm{j}\omega}) = \begin{cases} N & |\omega| < \pi/N \\ 0 & \text{其他} \end{cases}$$

$$x(n) = \frac{1}{2\pi}\int_{-\pi}^{\pi} X(\mathrm{e}^{\mathrm{j}\omega})\mathrm{e}^{\mathrm{j}n\omega}\mathrm{d}\omega = \frac{1}{2\pi}\int_{-\pi/N}^{\pi/N} N\mathrm{e}^{\mathrm{j}n\omega}\mathrm{d}\omega = \frac{N}{\mathrm{j}2\pi n}(\mathrm{e}^{\mathrm{j}\frac{n\pi}{N}} - \mathrm{e}^{-\mathrm{j}\frac{n\pi}{N}})$$

$$= \frac{N}{\pi n}\sin\left(\frac{n\pi}{N}\right) = \mathrm{Sa}\left(\frac{n\pi}{N}\right) = \mathrm{Sa}(\omega_0 n)$$

例 2.6-2 的频谱与序列如图 2.6-3 所示。

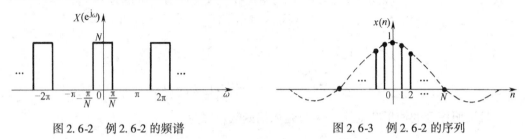

图 2.6-2 例 2.6-2 的频谱　　　　　　图 2.6-3 例 2.6-2 的序列

将例 2.6-2 的频谱及序列与图 2.6-4 所示的周期矩形信号及 $F_n = \dfrac{\tau}{T}\mathrm{Sa}\left(\dfrac{n\Omega\tau}{2}\right)$ 相比，显见傅里叶变换的时频对称关系。

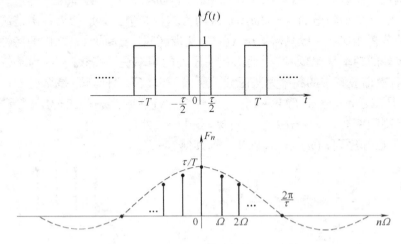

图 2.6-4 周期矩形信号及傅里叶系数

2. DTFT 存在的条件

式（2.6-1）的 DTFT 定义是无限级数求和，一定存在收敛问题。若 $X(\mathrm{e}^{\mathrm{j}\omega})$ 存在，则式（2.6-1）应以某种方式收敛。

有两类序列满足序列傅里叶变换存在的充分条件，一类是绝对可和的序列，满足

$\sum_{n=-\infty}^{\infty}|x(n)| < \infty$；第二类是能量有限的序列，满足平方可和，即 $\sum_{n=-\infty}^{\infty}|x(n)|^2 < \infty$。绝对可和的序列一定是能量有限的序列，但能量有限的序列未必满足绝对可和。绝对可和的序列使 DTFT 定义的无限级数均匀收敛，能量有限的序列，使 DTFT 定义的无限级数以均方误差为零的方式收敛，所以这两类序列的傅里叶变换一定存在。如例 2.6-2 的序列 $x(n) = \mathrm{Sa}\left(\dfrac{n\pi}{N}\right) = \mathrm{Sa}(\omega_0 n)$，并不满足绝对可和，但它的能量为 ω_0/π，所以其傅里叶变换存在。

3. 常用序列的 DTFT

（1）$x_1(n) = \delta(n)$

$$X_1(\mathrm{e}^{\mathrm{j}\omega}) = \sum_{n=-\infty}^{\infty}\delta(n)\mathrm{e}^{-\mathrm{j}n\omega} = 1$$

（2）$x_2(n) = \delta(n-m)$

$$X_2(\mathrm{e}^{\mathrm{j}\omega}) = \sum_{n=-\infty}^{\infty}\delta(n-m)\mathrm{e}^{-\mathrm{j}n\omega} = \mathrm{e}^{-\mathrm{j}\omega m} = |X_2(\mathrm{e}^{\mathrm{j}\omega})|\mathrm{e}^{-\mathrm{j}\varphi(\omega)}$$

$$|X_2(\mathrm{e}^{\mathrm{j}\omega})| = 1, \varphi(\omega) = -m\omega$$

（3）$x_3(n) = a^n u(n)\,(|a|<1)$

$$X_3(\mathrm{e}^{\mathrm{j}\omega}) = \sum_{n=0}^{\infty}a^n\mathrm{e}^{-\mathrm{j}n\omega} = \sum_{n=0}^{\infty}(a\mathrm{e}^{-\mathrm{j}\omega})^n = \frac{1}{1-a\mathrm{e}^{-\mathrm{j}\omega}}$$

与连续信号的傅里叶变换相同，在引入了 δ 函数后，使 DTFT 的条件放宽，一些既不是绝对可和的，也不是平方可和的序列，也存在 DTFT，具体可见 2.6.2 一节。

2.6.2 $X(\mathrm{e}^{\mathrm{j}\omega})$ 与 $X(\mathrm{j}\Omega)$ 的关系

在讨论 $X(\mathrm{e}^{\mathrm{j}\omega})$ 与 $X(\mathrm{j}\Omega)$ 的关系之前，先讨论数字频率 ω 与模拟频率 $\Omega(f)$、相对频率 f' 的关系。

定义 ω 为数字频率，单位是弧度（rad），与模拟频率的关系为 $\omega = \Omega T = 2\pi f/f_s$。当模拟频率 f 从 $-\infty$ 到 ∞ 变化时，每间隔 f_s，相应地 ω 从 0 变化 2π，使得序列的傅里叶变换具有周期性。若再令 $f' = f/f_s$，则

$$\omega = \Omega T = 2\pi f' \tag{2.6-4}$$

定义 $f' = f/f_s = \omega/2\pi$ 为相对频率，它是模拟频率的归一化频率，特别指出本书由 MATLAB 程序作图的频率一般都用相对频率 f'。当 f 从 0 变到 $\pm f_s$ 时，相对频率 f' 由 0 变到 ± 1。各频率轴定标如图 2.6-5 所示。

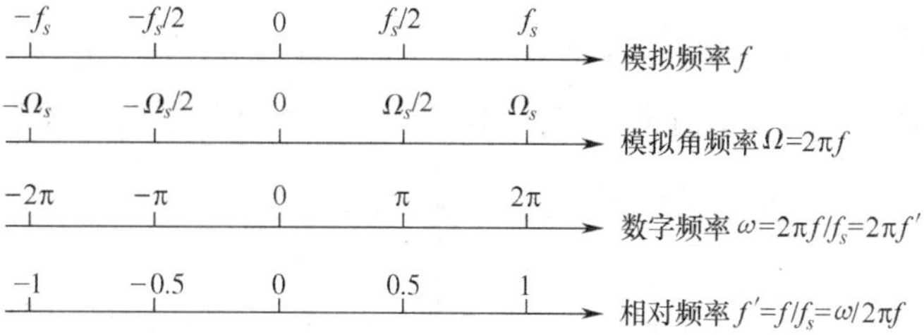

图 2.6-5　频率轴定标

现在进一步明确序列的数字域频谱 $X(\mathrm{e}^{\mathrm{j}\omega})$ 与模拟域频谱 $X(\mathrm{j}\Omega)$、$X_s(\mathrm{j}\Omega)$ 的关系，建立

数字域频谱的概念。由式（2.5-4）

$$X(z)\,|_{z=\mathrm{e}^{\mathrm{j}\Omega T}} = \frac{1}{T}\sum_{m=-\infty}^{\infty} X(\mathrm{j}\Omega - \mathrm{j}\Omega_s m)$$

将数字频率 $\omega\,(\Omega = \omega/T)$ 代入上式，得到数字域频谱 $X(\mathrm{e}^{\mathrm{j}\omega})$ 为

$$X(\mathrm{e}^{\mathrm{j}\omega}) = X(\mathrm{e}^{\mathrm{j}\Omega T}) = \frac{1}{T}\sum_{m=-\infty}^{\infty} X\left(\mathrm{j}\frac{\omega}{T} - \mathrm{j}\frac{2\pi}{T}m\right) = \frac{1}{T}\sum_{m=-\infty}^{\infty} X[(\omega - 2\pi m)/T] \quad (2.6\text{-}5)$$

$X(\mathrm{e}^{\mathrm{j}\omega})$ 实际是相对 $f_s = 1/T$ 的频谱，一旦相对关系确定，与其具体取值无关（见6.3节）。考虑到定义 $X(\mathrm{j}\Omega)$ 时曾乘了放大因子 T，现在若通过 $X(\mathrm{j}\Omega)$ 求 $X(\mathrm{e}^{\mathrm{j}\omega})$，再乘缩小因子 $1/T$，不会改变 $X(\mathrm{e}^{\mathrm{j}\omega})$ 的相对频谱关系。因此为了讨论方便，可令 $f_s = 1/T = 1$，则式（2.6-5）可表示为

$$X(\mathrm{e}^{\mathrm{j}\omega}) = \sum_{m=-\infty}^{\infty} X(\omega - 2\pi m) \quad (2.6\text{-}6)$$

由式（2.6-6）可知，由模拟域频率轴 Ω 乘以 $T = 1/f_s$ 就可以从采样信号的频谱 $X_s(\mathrm{j}\Omega)$ 得到数字域频谱 $X(\mathrm{e}^{\mathrm{j}\omega})$。如图2.6-6所示，$X(\mathrm{e}^{\mathrm{j}\omega})$ 与 $X_s(\mathrm{j}\Omega)$ 相比，仅模拟频率被归一化处理。数字域频谱的重复周期为 2π，折叠角频率 π 与模拟域折叠角频率 $\Omega_s/2$ 对应。

例 2.6-3 已知模拟域频谱 $x(t) = \cos\Omega_0 t = \cos 2\pi f_0 t$，如果 $f_0 = 100\mathrm{Hz}$，以采样频率 $f_s = 400\mathrm{Hz}$ 对其采样，求连续信号的频谱 $X(\mathrm{j}\Omega)$、采样信号的频谱 $X_s(\mathrm{j}\Omega)$、数字域频谱 $X(\mathrm{e}^{\mathrm{j}\omega})$。

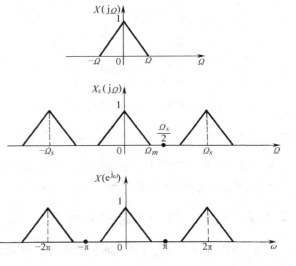

图 2.6-6 $X(\mathrm{e}^{\mathrm{j}\omega})$ 与 $X(\mathrm{j}\Omega)$、$X_s(\mathrm{j}\Omega)$ 关系示意图

解： $x_s(t) = x(n) = \cos(\Omega_0 nT) = \cos(2\pi n \times 100/400) = \cos(\pi n/2) = \cos(\omega_0 n)$，$\omega_0 = \pi/2$

$\cos\omega_0 n$ 既不是绝对可和的，也不是平方可和的序列，利用 $X(\mathrm{e}^{\mathrm{j}\omega})$ 与 $X_s(\mathrm{j}\Omega)$ 的关系，可以由 $x_a(t)$ 的傅里叶变换

$$X(\mathrm{j}\Omega) = \pi\big[\delta(\Omega + \Omega_0) + \delta(\Omega - \Omega_0)\big]$$

代入式（2.6-4），进一步得到

$$X(\mathrm{e}^{\mathrm{j}\omega}) = X(\mathrm{e}^{\mathrm{j}\Omega T}) = \pi\sum_{r=-\infty}^{\infty}\big[\delta(\omega + \omega_0 + 2\pi r) + \delta(\omega - \omega_0 + 2\pi r)\big]$$

$X(\mathrm{j}\Omega)$、$X_s(\mathrm{j}\Omega)$、$X(\mathrm{e}^{\mathrm{j}\omega})$ 如图2.6-7所示。

用同样的方法还可以得到以下既不是绝对可和，也不满足平方可和序列的DTFT：

$$\mathrm{e}^{\mathrm{j}\omega_0 n} \leftrightarrow X(\mathrm{e}^{\mathrm{j}\omega}) = 2\pi\sum_{r=-\infty}^{\infty}\delta(\omega - \omega_0 + 2\pi r)$$

$$\sin(\omega_0 n) = \frac{1}{\mathrm{j}2}(\mathrm{e}^{\mathrm{j}\omega_0 n} - \mathrm{e}^{-\mathrm{j}\omega_0 n}) \leftrightarrow X(\mathrm{e}^{\mathrm{j}\omega}) = \mathrm{j}\pi\sum_{r=-\infty}^{\infty}\big[\delta(\omega + \omega_0 + 2\pi r) - \delta(\omega - \omega_0 + 2\pi r)\big]$$

最后给出单位阶跃序列的DTFT为（不加证明）

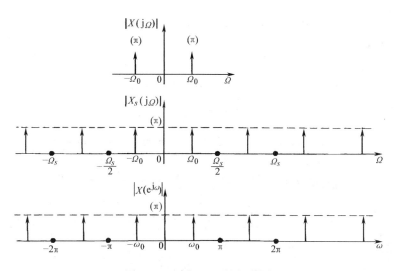

图 2.6-7 例 2.6-3 的频谱图

$$u(n) \leftrightarrow X(\mathrm{e}^{\mathrm{j}\omega}) = \frac{1}{1 - \mathrm{e}^{-\mathrm{j}\omega}} + \pi \sum_{r=-\infty}^{\infty} \delta(\omega + 2\pi r)$$

常用序列的 DTFT 列于表 2.6-1。

表 2.6-1 常用序列的 DTFT

序号	时域序列 $x(n)$	DTFT 变换函数
1	$\delta(n)$	1
2	$\delta(n - m)$	$\mathrm{e}^{-\mathrm{j}\omega m}$
3	$a^n u(n) \quad \mid a \mid < 1$	$\dfrac{1}{1 - a\mathrm{e}^{-\mathrm{j}\omega}}$
4	$x(n) = R_N(n)$	$\dfrac{\sin(N\omega)}{\sin(\omega/2)} \mathrm{e}^{-\mathrm{j}(N-1)\omega/2}$
5	$\mathrm{Sa}(\omega_0 n)$	$\begin{cases} N & \mid \omega \mid < \pi/N \\ 0 & \text{其他} \end{cases}$
6	$\mathrm{e}^{\mathrm{j}\omega_0 n}$	$2\sum\limits_{r=-\infty}^{\infty} \pi\delta(\omega - \omega_0 + 2\pi r)$
7	$\sin(\omega_0 n)$	$\mathrm{j}\pi \sum\limits_{r=-\infty}^{\infty} [\delta(\omega + \omega_0 + 2\pi r) - \delta(\omega - \omega_0 + 2\pi r)]$
8	$\cos(\omega_0 n)$	$\pi \sum\limits_{r=-\infty}^{\infty} [\delta(\omega + \omega_0 + 2\pi r) + \delta(\omega - \omega_0 + 2\pi r)]$
9	$u(n)$	$\dfrac{1}{1 - \mathrm{e}^{-\mathrm{j}\omega}} + \pi \sum\limits_{r=-\infty}^{\infty} \delta(\omega + 2\pi r)$

2.6.3 序列傅里叶变换的性质

1. 线性

若
$$x_1(n) \leftrightarrow X_1(\mathrm{e}^{\mathrm{j}\omega}), x_2(n) \leftrightarrow X_2(\mathrm{e}^{\mathrm{j}\omega})$$

则 $$ax_1(n) + bx_2(n) \leftrightarrow aX_1(e^{j\omega}) + bX_2(e^{j\omega}) \tag{2.6-7}$$

2. 时移与频移

若 $x(n) \leftrightarrow X(e^{j\omega})$ ，则

(1) 时移 $$x(n - n_0) \leftrightarrow e^{-jn_0\omega} X(e^{j\omega}) \tag{2.6-8}$$

(2) 频移 $$e^{jn\omega_0} x(n) \leftrightarrow X(e^{j(\omega - \omega_0)}) \tag{2.6-9}$$

证明（1） $\displaystyle\sum_{n=-\infty}^{\infty} x(n - n_0) e^{-jn\omega}$ 令 $n - n_0 = m$ $n = m + n_0$

$$= \sum_{m=-\infty}^{\infty} x(m) e^{-j(m+n_0)\omega} = e^{-jn_0\omega} \sum_{m=-\infty}^{\infty} x(m) e^{-jm\omega} = e^{-jn_0\omega} X(e^{j\omega})$$

证明（2） $\displaystyle\sum_{n=-\infty}^{\infty} x(n) e^{j\omega_0 n} e^{-jn\omega} = \sum_{n=-\infty}^{\infty} x(n) e^{-j(\omega - \omega_0)n} = X(e^{j(\omega - \omega_0)})$

3. 频域微分

若 $$x(n) \leftrightarrow X(e^{j\omega})$$

则 $$nx(n) \leftrightarrow j\frac{d}{d\omega} X(e^{j\omega}) \tag{2.6-10}$$

证明： $$j\frac{d}{d\omega} X(e^{j\omega}) = j\frac{d}{d\omega} \Big[\sum_{n=-\infty}^{\infty} x(n) e^{-jn\omega} \Big] = j\sum_{n=-\infty}^{\infty} x(n) \frac{d}{d\omega} e^{-jn\omega}$$

$$= j\sum_{n=-\infty}^{\infty} x(n)(-jn) e^{-jn\omega} = \sum_{n=-\infty}^{\infty} nx(n) e^{-jn\omega}$$

4. 时域卷积定理

若 $x(n) \leftrightarrow X(e^{j\omega}), y(n) \leftrightarrow Y(e^{j\omega})$

则 $$x(n) * y(n) \leftrightarrow X(e^{j\omega}) Y(e^{j\omega}) \tag{2.6-11}$$

证明： $$\sum_{n=-\infty}^{\infty} \big[x(n) * y(n) \big] e^{-jn\omega} = \sum_{n=-\infty}^{\infty} \Big[\sum_{m=-\infty}^{\infty} y(m) x(n - m) \Big] e^{-jn\omega}$$

$$= \sum_{m=-\infty}^{\infty} y(m) \Big[\sum_{n=-\infty}^{\infty} x(n - m) e^{-j(n-m)\omega} \Big] e^{-jm\omega}$$

$$= X(e^{j\omega}) \sum_{m=-\infty}^{\infty} y(m) e^{-jm\omega} = X(e^{j\omega}) Y(e^{j\omega})$$

与连续信号的傅里叶变换相同，利用时域卷积定理，序列的傅里叶变换可以表示离散系统的频率响应及输入输出关系。

如图 2.6-8 所示，LTI 离散系统的输入输出关系为

$$y(n) = x(n) * h(n) \leftrightarrow Y(e^{j\omega}) = X(e^{j\omega}) H(e^{j\omega})$$

式中，$H(e^{j\omega})$ 是系统的频率响应。

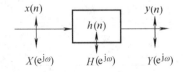

5. 频域卷积定理

若 $$x(n) \leftrightarrow X(e^{j\omega}), y(n) \leftrightarrow Y(e^{j\omega})$$

图 2.6-8　LTI 离散系统

则 $$x(n)y(n) \leftrightarrow \frac{1}{2\pi} X(e^{j\omega}) * Y(e^{j\omega}) = \frac{1}{2\pi} \int_{-\pi}^{\pi} X(e^{j\theta}) Y(e^{j(\omega-\theta)}) d\theta \tag{2.6-12}$$

用与式（2.6-10）相似的方法可证。

6. 帕斯瓦尔定理

若绝对可和序列 $x(n)$、$y(n)$ 的 Z 变换分别为 $X(z)$、$Y(z)$，则

$$\sum_{n=-\infty}^{\infty} x(n)y^*(n) = \frac{1}{2\pi j}\oint_c X(v)Y^*\left(\frac{1}{v^*}\right)v^{-1}dv \qquad (2.6\text{-}13)$$

$$\max\left[R_{X-}, \ 1/R_{Y+}\right] < |v| < \min\left[R_{X+}, \ 1/R_{Y-}\right]$$

证明：令 $w(n) = x(n)y^*(n)$，$y^*(n) \leftrightarrow Y^*(z^*)$，由式（2.4-13）得

$$W(z) = \frac{1}{2\pi j}\oint_c X(v)Y^*\left(\frac{z^*}{v^*}\right)v^{-1}dv \qquad R_{X-}R_{Y-} < |v| < R_{X+}R_{Y+}$$

因为 $x(n)$、$y(n)$ 均为绝对可和序列，因此 $R_{X-}R_{Y-} < 1 < R_{X+}R_{Y+}$，所以 $|z| = 1$ 在收敛区内，$W(z)$ 在 1 处收敛，故有

$$W(z)\big|_{z=1} = W(1) = \frac{1}{2\pi j}\oint_c X(v)Y^*\left(\frac{1}{v^*}\right)v^{-1}dv \qquad (2.6\text{-}14)$$

又因为

$$W(z)\big|_{z=1} = W(1) = \sum_{n=-\infty}^{\infty} x(n)y^*(n)z^{-n}\bigg|_{z=1} = \sum_{n=-\infty}^{\infty} x(n)y^*(n) \qquad (2.6\text{-}15)$$

显然式（2.6-14）、式（2.6-15）相等，由此可证

$$\sum_{n=-\infty}^{\infty} x(n)y^*(n) = \frac{1}{2\pi j}\oint_c X(v)Y^*\left(\frac{1}{v^*}\right)v^{-1}dv$$

因为 $x(n)$、$y(n)$ 均为绝对可和的，即 $X(v)$、$Y(v)$ 在单位圆上收敛，收敛区必包含单位圆，其 $X(e^{j\omega})$、$Y(e^{j\omega})$ 存在，取单位圆作 c 围线，即 $v = e^{j\omega}$，$dv = je^{j\omega}d\omega$，代入式(2.6-13)，得

$$\sum_{n=-\infty}^{\infty} x(n)y^*(n) = \frac{1}{2\pi j}\int_{-\pi}^{\pi} X(e^{j\omega})Y^*(e^{j\omega})e^{-j\omega}\cdot je^{j\omega}d\omega = \frac{1}{2\pi}\int_{-\pi}^{\pi} X(e^{j\omega})Y^*(e^{j\omega})d\omega$$

$$(2.6\text{-}16)$$

特别地，$y(n) = x(n)$，式（2.6-16）称为能量公式

$$\sum_{n=-\infty}^{\infty} |x(n)|^2 = \frac{1}{2\pi}\int_{-\pi}^{\pi} |X(e^{j\omega})|^2 d\omega \qquad (2.6\text{-}17)$$

式中，$|X(e^{j\omega})|^2$ 是数字域的能量谱密度函数。若 $x(n)$ 还满足实序列条件，则有

$$\sum_{n=-\infty}^{\infty} x^2(n) = \frac{1}{2\pi}\int_{-\pi}^{\pi} |X(e^{j\omega})|^2 d\omega = \frac{1}{2\pi j}\oint_c X(z)X(z^{-1})z^{-1}dz \qquad (2.6\text{-}18)$$

式中，c 为单位圆。

当计算 $\sum_{n=-\infty}^{\infty} x^2(n)$ 困难时，式（2.6-18）可用留数法求积分，会方便许多。

2.6.4 序列傅里叶变换的对称性

序列傅里叶变换的对称性是傅里叶变换性质中的一大类，所以将其单独列出。利用序列傅里叶变换的对称性可以简化序列傅里叶变换的运算，是非常有用的。这里先介绍一些对称的定义，再讨论有关性质。

1. $x(n)$ 的共轭对称与共轭反对称序列

共轭对称序列满足 $\qquad\qquad x_e(n) = x_e^*(-n) \qquad\qquad\qquad (2.6\text{-}19)$

共轭反对称序列满足 $\qquad\qquad x_o(n) = -x_o^*(-n) \qquad\qquad\qquad (2.6\text{-}20)$

任意一个复序列总可以分解成共轭对称与共轭反对称序列之和

$$\begin{cases} x(n) = x_e(n) + x_o(n) \\ x^*(-n) = x_e^*(-n) + x_o^*(-n) = x_e(n) - x_o(n) \end{cases} \tag{2.6-21}$$

解以上方程组可得

$$x_e(n) = \frac{1}{2}\lfloor x(n) + x^*(-n) \rfloor \tag{2.6-22}$$

$$x_o(n) = \frac{1}{2}[x(n) - x^*(-n)] \tag{2.6-23}$$

式中，$x_e(n)$ 是实部为偶对称，虚部为奇对称的序列；$x_o(n)$ 是实部为奇对称，虚部为偶对称的序列。

证明： $x_e(n) = \frac{1}{2}[x(n) + x^*(-n)] = \frac{1}{2}[x_r(n) + jx_i(n) + x_r(-n) - jx_i(-n)]$

$$= \frac{1}{2}[x_r(n) + x_r(-n)] + \frac{1}{2}j[x_i(n) - x_i(-n)]$$

$$= \mathrm{Re}[x_e(n)] + j\mathrm{Im}[x_e(n)]$$

不难得到

$$\mathrm{Re}[x_e(n)] = \mathrm{Re}[x_e(-n)], \mathrm{Im}[x_e(n)] = -\mathrm{Im}[x_e(-n)]$$

同理可得

$$x_o(n) = \frac{1}{2}[x(n) - x^*(-n)] = \frac{1}{2}[x_r(n) + jx_i(n) - x_r(-n) + jx_i(-n)]$$

$$= \frac{1}{2}[x_r(n) - x_r(-n)] + \frac{1}{2}j[x_i(n) + x_i(-n)] = \mathrm{Re}[x_o(n)] + j\mathrm{Im}[x_o(n)]$$

$$\mathrm{Re}[x_o(n)] = -\mathrm{Re}[x_o(-n)], \mathrm{Im}[x_o(n)] = \mathrm{Im}[x_o(-n)]$$

例 2.6-4 分析 $x(n) = \mathrm{e}^{jn\omega}$ 的对称性。

解： 因为 $x^*(-n) = \mathrm{e}^{jn\omega} = x(n)$，满足共轭对称序列的条件，所以是共轭对称序列。将这个共轭对称序列分解为实部与虚部，可得

$$\boldsymbol{x(n) = \mathrm{e}^{jn\omega} = \cos n\omega + j\sin n\omega}$$

它表明，共轭对称序列的实部的确是偶序列，而虚部确实是奇序列。

若 $x(n)$ 是实序列，其共轭对称序列为

$$\boldsymbol{x_e(n) = \frac{1}{2}[x(n) + x(-n)] = x_e(-n)} \tag{2.6-24}$$

式 (2.6-24) 表明，此时 $x_e(n)$ 是偶序列，所以也有人称共轭对称序列为共轭偶序列。

若 $x(n)$ 是实序列，其共轭反对称序列为

$$\boldsymbol{x_o(n) = \frac{1}{2}[x(n) - x(-n)] = -x_o(-n)} \tag{2.6-25}$$

式 (2.6-25) 表明，此时 $x_o(n)$ 是奇序列，所以也有人称共轭反对称序列为共轭奇序列。

如果 $x(n)$ 是实因果序列，这时的 $x_e(n)$、$x_o(n)$ 可进一步表示为

$$\boldsymbol{x_e(n) = \begin{cases} x(0) & n = 0 \\ (1/2)x(n) & n > 0 \\ (1/2)x(-n) & n < 0 \end{cases}}$$

$$\boldsymbol{x_o(n) = \begin{cases} 0 & n = 0 \\ (1/2)x(n) & n > 0 \\ -(1/2)x(-n) & n < 0 \end{cases}}$$

例 2.6-5 已知 $x(n) = a^n u(n)$，$0 < a < 1$，求 $x_e(n)$、$x_o(n)$。

解：

$$x_e(n) = \begin{cases} x(0) & n=0 \\ (1/2)x(n) & n>0 \\ (1/2)x(-n) & n<0 \end{cases} = \begin{cases} 1 & n=0 \\ (1/2)a^n & n>0 \\ (1/2)a^{-n} & n<0 \end{cases}$$

$$x_o(n) = \begin{cases} 0 & n=0 \\ (1/2)x(n) & n>0 \\ -(1/2)x(-n) & n<0 \end{cases} = \begin{cases} 0 & n=0 \\ (1/2)a^n & n>0 \\ -(1/2)a^{-n} & n<0 \end{cases}$$

$x_e(n)$、$x_o(n)$ 如图 2.6-9 所示。

同理可定义 $X(\mathrm{e}^{\mathrm{j}\omega})$ 的共轭对称与共轭反对称函数：

共轭对称函数：$\quad X_e(\mathrm{e}^{\mathrm{j}\omega}) = X_e^*(\mathrm{e}^{-\mathrm{j}\omega})$ $\qquad$ (2.6-26)

共轭反对称函数：$X_o(\mathrm{e}^{\mathrm{j}\omega}) = -X_o^*(\mathrm{e}^{-\mathrm{j}\omega})$ $\qquad$ (2.6-27)

并且 $X(\mathrm{e}^{\mathrm{j}\omega})$ 可表示为

$$X(\mathrm{e}^{\mathrm{j}\omega}) = X_e(\mathrm{e}^{\mathrm{j}\omega}) + X_o(\mathrm{e}^{\mathrm{j}\omega}) \qquad (2.6\text{-}28)$$

式中，$\qquad X_e(\mathrm{e}^{\mathrm{j}\omega}) = \dfrac{1}{2}\left[X(\mathrm{e}^{\mathrm{j}\omega}) + X^*(\mathrm{e}^{-\mathrm{j}\omega})\right]$ $\qquad$ (2.6-29)

$$X_o(\mathrm{e}^{\mathrm{j}\omega}) = \frac{1}{2}\left[X(\mathrm{e}^{\mathrm{j}\omega}) - X^*(\mathrm{e}^{-\mathrm{j}\omega})\right] \qquad (2.6\text{-}30)$$

同样，$X_e(\mathrm{e}^{\mathrm{j}\omega})$ 的实部为偶函数，虚部为奇函数；$X_o(\mathrm{e}^{\mathrm{j}\omega})$ 的实部为奇函数，虚部为偶函数。

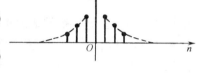
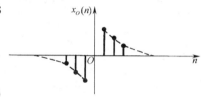

图 2.6-9 例 2.6-5 的 $x_e(n)$、$x_o(n)$

2. 对称性

(1) $x(n) \leftrightarrow X(\mathrm{e}^{\mathrm{j}\omega})$

(2) $x^*(n) \leftrightarrow X^*(\mathrm{e}^{-\mathrm{j}\omega})$ $\qquad$ (2.6-31)

证明： $\displaystyle\sum_{n=-\infty}^{\infty} x^*(n)\mathrm{e}^{-\mathrm{j}n\omega} = \left[\sum_{n=-\infty}^{\infty} x(n)\mathrm{e}^{\mathrm{j}n\omega}\right]^*$
$$= X^*(\mathrm{e}^{-\mathrm{j}\omega})$$

(3) $x^*(-n) \leftrightarrow X^*(\mathrm{e}^{\mathrm{j}\omega})$ $\qquad\qquad$ (2.6-32)

证明： $\displaystyle\sum_{n=-\infty}^{\infty} x^*(-n)\mathrm{e}^{-\mathrm{j}n\omega} = \sum_{m=-\infty}^{\infty} x^*(m)\mathrm{e}^{\mathrm{j}m\omega}$
$$= \left[\sum_{n=-\infty}^{\infty} x(n)\mathrm{e}^{-\mathrm{j}n\omega}\right]^* = X^*(\mathrm{e}^{\mathrm{j}\omega})$$

(4) $x(-n) \leftrightarrow X(\mathrm{e}^{-\mathrm{j}\omega})$ $\qquad\qquad$ (2.6-33)

证明： $\displaystyle\sum_{n=-\infty}^{\infty} x(-n)\mathrm{e}^{-\mathrm{j}n\omega} = \sum_{m=-\infty}^{\infty} x(m)\mathrm{e}^{\mathrm{j}m\omega} = X(\mathrm{e}^{-\mathrm{j}\omega})$

利用上面的结论，不难得到以下序列的对称变换关系。

(5) $\qquad\qquad\qquad \mathrm{Re}[x(n)] \leftrightarrow X_e(\mathrm{e}^{\mathrm{j}\omega})$ $\qquad\qquad$ (2.6-34)

证明： $\mathrm{Re}[x(n)] = \dfrac{1}{2}[x(n) + x^*(n)] \leftrightarrow \dfrac{1}{2}[X(\mathrm{e}^{\mathrm{j}\omega}) + X^*(\mathrm{e}^{-\mathrm{j}\omega})] = X_e(\mathrm{e}^{\mathrm{j}\omega})$

(6) $\qquad\qquad\qquad \mathrm{jIm}[x(n)] \leftrightarrow X_o(\mathrm{e}^{\mathrm{j}\omega})$ $\qquad\qquad$ (2.6-35)

证明： $\mathrm{jIm}[x(n)] = \dfrac{1}{2}[x(n) - x^*(n)] \leftrightarrow \dfrac{1}{2}[X(\mathrm{e}^{\mathrm{j}\omega}) - X^*(\mathrm{e}^{-\mathrm{j}\omega})] = X_o(\mathrm{e}^{\mathrm{j}\omega})$

（7） $$x_e(n) \leftrightarrow \mathrm{Re}[X(\mathrm{e}^{\mathrm{j}\omega})]$$ （2.6-36）

证明： $x_e(n) = \dfrac{1}{2}[x(n) + x^*(-n)] \leftrightarrow \dfrac{1}{2}[X(\mathrm{e}^{\mathrm{j}\omega}) + X^*(\mathrm{e}^{\mathrm{j}\omega})] = \mathrm{Re}[X(\mathrm{e}^{\mathrm{j}\omega})]$

（8） $$x_o(n) \leftrightarrow \mathrm{jIm}[X(\mathrm{e}^{\mathrm{j}\omega})]$$ （2.6-37）

证明： $x_o(n) = \dfrac{1}{2}[x(n) - x^*(-n)] \leftrightarrow \dfrac{1}{2}[X(\mathrm{e}^{\mathrm{j}\omega}) - X^*(\mathrm{e}^{\mathrm{j}\omega})] = \mathrm{jIm}[X(\mathrm{e}^{\mathrm{j}\omega})]$

特别地，若有 $x(n)$ 为实因果序列，其傅里叶变换只有共轭对称部分，共轭反对称部分为零。所以实序列傅里叶变换的实部是偶函数，虚部为奇函数，即

$$X_R(\mathrm{e}^{\mathrm{j}\omega}) = X_R(\mathrm{e}^{-\mathrm{j}\omega})$$

$$X_I(\mathrm{e}^{\mathrm{j}\omega}) = -X_I(\mathrm{e}^{-\mathrm{j}\omega})$$

显然，实序列傅里叶变换的模为偶函数，相位为奇函数。

$$|X(\mathrm{e}^{\mathrm{j}\omega})| = \sqrt{X_R^2(\mathrm{e}^{\mathrm{j}\omega}) + X_I^2(\mathrm{e}^{-\mathrm{j}\omega})}$$

$$\arg[X(\mathrm{e}^{\mathrm{j}\omega})] = \arctan\frac{X_I(\mathrm{e}^{\mathrm{j}\omega})}{X_R(\mathrm{e}^{\mathrm{j}\omega})}$$

与连续实信号傅里叶变换的结论相同。

表 2.6-2 列出了傅里叶变换的基本性质、定理；表 2.6-3 列出了傅里叶变换的对称性。

表 2.6-2　傅里叶变换性质

序号	名称	序列 $x(n)$、$y(n)$	频谱 $X(\mathrm{e}^{\mathrm{j}\omega})$、$Y(\mathrm{e}^{\mathrm{j}\omega})$
1	线性	$ax_1(n) + bx_2(n)$	$aX_1(\mathrm{e}^{\mathrm{j}\omega}) + bX_1(\mathrm{e}^{\mathrm{j}\omega})$
2	时移	$x(n - n_0)$	$\mathrm{e}^{-\mathrm{j}\omega n_0}X(\mathrm{e}^{\mathrm{j}\omega})$
3	频移	$\mathrm{e}^{\mathrm{j}n\omega_0}x(n)$	$X(\mathrm{e}^{\mathrm{j}(\omega - \omega_0)})$
4	频域微分	$nx(n)$	$\mathrm{j}\dfrac{\mathrm{d}}{\mathrm{d}\omega}X(\mathrm{e}^{\mathrm{j}\omega})$
5	卷积定理	$x(n) * y(n)$	$X(\mathrm{e}^{\mathrm{j}\omega})Y(\mathrm{e}^{\mathrm{j}\omega})$
6	复卷积定理	$x(n)y(n)$	$\dfrac{1}{2\pi}\displaystyle\int_{-\pi}^{\pi}X(\mathrm{e}^{\mathrm{j}\theta})Y(\mathrm{e}^{\mathrm{j}(\omega - \theta)})\mathrm{d}\theta$
7	帕斯维尔定理	$\displaystyle\sum_{n=-\infty}^{\infty}x(n)y^*(n) = \dfrac{1}{2\pi\mathrm{j}}\oint_c X(v)Y^*\left(\dfrac{1}{v^*}\right)v^{-1}\mathrm{d}v$ 能量 $\displaystyle\sum_{n=-\infty}^{\infty}|x(n)|^2 = \dfrac{1}{2\pi}\int_{-\pi}^{\pi}|X(\mathrm{e}^{\mathrm{j}\omega})|^2\mathrm{d}\omega$	

表 2.6-3　傅里叶变换的对称性

序号	序列 $x(n)$	傅里叶变换 $X(\mathrm{e}^{\mathrm{j}\omega})$
1	$x^*(n)$	$X^*(\mathrm{e}^{-\mathrm{j}\omega})$
2	$x^*(-n)$	$X^*(\mathrm{e}^{\mathrm{j}\omega})$
3	$\mathrm{Re}[x(n)]$	$X_e(\mathrm{e}^{\mathrm{j}\omega})$
4	$\mathrm{jIm}[x(n)]$	$X_o(\mathrm{e}^{\mathrm{j}\omega})$
5	$x_e(n)$	$\mathrm{Re}[X(\mathrm{e}^{\mathrm{j}\omega})]$
6	$x_o(n)$	$\mathrm{jIm}[X(\mathrm{e}^{\mathrm{j}\omega})]$

2.7 系统函数与系统特性

2.7.1 系统函数

可以用单位脉冲响应 $h(n)$ 表示 LTI 离散系统的输入输出关系

$$y(n) = T[x(n)] = x(n) * h(n)$$

对应的 Z 变换为

$$Y(z) = H(z)X(z)$$

定义 LTI 离散系统输出 Z 变换与输入 Z 变换之比为系统函数

$$H(z) = \frac{Y(z)}{X(z)} \tag{2.7-1}$$

当 $x(n) = \delta(n)$ 时，$H(z) = Y(z)$，所以系统函数是系统单位脉冲响应 $h(n)$ 的 Z 变换

$$H(z) = \mathscr{Z}[h(n)]$$
$$h(n) = \mathscr{Z}^{-1}[H(z)] \tag{2.7-2}$$

2.7.2 系统函数与差分方程

N 阶 LTI 离散系统的差分方程为

$$y(n) + \sum_{k=1}^{N} a_k y(n-k) = \sum_{k=0}^{M} b_k x(n-k) \tag{2.7-3}$$

系统为零状态时，对式 (2.7-3) 两边取 Z 变换，可得

$$Y(z) + \sum_{k=1}^{N} a_k z^{-k} Y(z) = \sum_{k=0}^{M} b_k z^{-k} X(z)$$

$$\left(1 + \sum_{k=1}^{N} a_k z^{-k}\right) Y(z) = \sum_{k=0}^{M} b_k z^{-k} X(z)$$

解出

$$Y(z) = \frac{\sum_{k=0}^{M} b_k z^{-k}}{1 + \sum_{k=1}^{N} a_k z^{-k}} X(z)$$

得到系统函数

$$H(z) = \frac{Y(z)}{X(z)} = \frac{\sum_{k=0}^{M} b_k z^{-k}}{1 + \sum_{k=1}^{N} a_k z^{-k}} \tag{2.7-4}$$

式 (2.7-4) 是 z^{-1} 的有理分式，其系数正是差分方程的系数，它的分子分母多项式可以分解为

$$H(z) = \frac{A \prod_{k=1}^{M} (1 - c_k z^{-1})}{\prod_{k=1}^{N} (1 - d_k z^{-1})} \tag{2.7-5}$$

式中，c_k 是 $H(z)$ 的零点；d_k 是 $H(z)$ 的极点。

由式（2.7-5）可见，除了系数 A 外，$H(z)$ 可由其零、极点确定。将零点 c_k 与极点 d_k 标在 z 平面上，可得到离散系统的零、极点图。

与连续系统相似，系统函数由有理分式形式分解为零、极点形式，有时并不容易，但用 MATLAB 可以很方便地确定零、极点并作零、极点图，详见 2.8.3 节。

2.7.3 系统的因果稳定性

系统函数的收敛区直接关系到系统的因果稳定性。

1. 因果系统

由因果系统的时域条件 $n<0$ 时 $h(n)=0$ 以及 $H(z)$ 的定义，可知因果系统的 $H(z)$ 只有 z 的负幂项，其收敛区为 $R_{H_-}<|z|\leqslant\infty$，所以收敛区包含无穷时，必为因果系统。

2. 稳定系统

满足系统稳定时域条件 $\sum\limits_{n=-\infty}^{\infty}|h(n)|<\infty$ 的系统，一定存在系统的傅里叶变换，其 $H(z)$ 收敛区必定包含单位圆，即收敛区满足 $R_{H_-}<1<R_{H_+}$。所以当且仅当系统函数收敛区包含单位圆时，为稳定系统。反之，为不稳定系统。

3. 因果稳定系统

综合上述两种情况，当 $R_{H_-}<|z|\leqslant\infty$，且 $R_{H_-}<1$ 时，系统是因果稳定系统。这意味着因果稳定的系统 $H(z)$ 的所有极点只能分布在单位圆内，若 $H(z)$ 有单位圆上或单位圆外的极点，系统就是非稳定系统。

例 2.7-1 已知某离散系统的系统函数为

$$H(z)=\frac{0.2+0.1z^{-1}+0.3z^{-2}+0.1z^{-3}+0.2z^{-4}}{1-1.1z^{-1}+1.5z^{-2}-0.7z^{-3}+0.3z^{-4}}$$

判断该系统的稳定性。

解：根据系统稳定的条件，将系统函数写成零极点形式

$$
\begin{aligned}
H(z)&=\frac{0.2(1+z^{-1}+z^{-2})(1-0.5z^{-1}+z^{-2})}{(1-0.4734z^{-1}+0.8507z^{-2})(1-0.6266z^{-1}+0.3526z^{-2})}\\
&=\frac{0.2(1+z^{-1}+z^{-2})(1-0.5z^{-1}+z^{-2})}{[1+(0.2367+j0.8915)z^{-1}][1+(0.2367-j0.8915)z^{-1}]}\\
&\quad\cdot\frac{1}{[1+(0.3133+j0.5045)z^{-1}][1+(0.3133+j0.5045)z^{-1}]}
\end{aligned}
$$

式中，极点的模 $|z_1|=|z_2|=\sqrt{0.2367^2+0.8915^2}=0.9225<1$

$$|z_3|=|z_4|=\sqrt{0.3133^2+0.5045^2}=0.5939<1。$$

所有极点均在单位圆内，所以是稳定系统。

此例是通过求解系统极点，由其是否均在单位圆内，判断系统的稳定性。对一个复杂系统来说，求极点并不容易，有时是相当复杂的（如本例）。所以判断连续系统是否稳定往往是利用罗斯（Routh）准则，判断离散系统是否稳定往往是利用朱利（Jury）准则等。基本思路是不直接求极点，而是判断是否有极点在 s 的右半平面（包括虚轴），或是否有极点在 z 平面的单位圆外（上）。利用 MATLAB 程序得到系统极点（详见 2.8.3 节），可以直接判断系统的稳定性。所有极点在单位圆内是稳定系统。利用 MATLAB 程序得到系统极点，可

以直接判断系统的稳定性，所有极点在单位圆内，所以是稳定系统。

例 2.7-2　$H(z) = \dfrac{1-a^2}{(1-az^{-1})(1-az)}$，$0 < |a| < 1$，分析其因果稳定及可实现性。

解：$H(z)$ 的极点为 $z_1 = a$，$z_2 = 1/a$。

1）收敛区 $1/a < |z| \leqslant \infty$，收敛区包含无穷但不包含单位圆，所以是因果不稳定系统。其单位脉冲响应为 $h(n) = (a^n - a^{-n})u(n)$，这是一个因果不收敛的序列。

2）收敛区 $0 \leqslant |z| \leqslant a$，收敛区不包含单位圆（无穷），所以是非因果不稳定系统。其单位脉冲响应为 $h(n) = (a^{-n} - a^n)u(-n-1)$，这是一个非因果不收敛的序列。

3）收敛区 $a < |z| < 1/a$，收敛区不包含无穷但包含单位圆，所以是非因果稳定系统。其单位脉冲响应为 $h(n) = a^{|n|}$，如图 2.7-1a 所示，这是一个非因果收敛的序列。

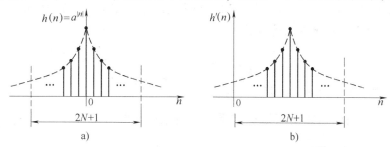

图 2.7-1　例 2.7-2 系统可实现示意图

下面分析系统的可实现性。

$H(z)$ 的 3 种收敛区中，前两种系统不稳定，不能用。第 3 种非因果稳定系统，从理论上说是不可实现的系统。但可以利用计算机的存储特性近似逼近。方法是截取 $h(n)$ 的 $-N \sim N$，再右移，形成 $h'(n)$，如图 2.7-1b 所示。N 越大，$h'(n)$ 的逼近特性越好。$h'(n)$ 作为可实现的系统单位脉冲响应，可以预先将其存储起来待用。这种非因果稳定系统的近似逼近，是数字信号处理技术优于模拟信号处理技术的特点之一。

2.7.4　$H(z)$ 的零、极点与系统频率响应特性

类似于连续系统，可以利用系统函数 $H(z)$ 的零、极点，通过几何方法简便直观地绘出离散系统的频率响应图。若已知稳定系统的系统函数为

$$H(z) = \frac{A \prod\limits_{k=1}^{M}(1 - c_k z^{-1})}{\prod\limits_{k=1}^{N}(1 - d_k z^{-1})} = A \frac{\prod\limits_{k=1}^{M}(z - c_k)}{\prod\limits_{k=1}^{N}(z - d_k)} \cdot z^{N-M}$$

则系统的频率响应函数为

$$H(e^{j\omega}) = H(z)\big|_{z=e^{j\omega}} e^{j\omega(N-M)} = A \frac{\prod\limits_{k=1}^{M}(e^{j\omega} - c_k)}{\prod\limits_{k=1}^{N}(e^{j\omega} - d_k)} e^{j\omega(N-M)} = A \frac{\prod\limits_{k=1}^{M} C_k}{\prod\limits_{k=1}^{N} D_k} e^{j\omega(N-M)}$$

$$= A \frac{\prod\limits_{k=1}^{M} C_k e^{j\alpha_k}}{\prod\limits_{k=1}^{N} D_k e^{j\beta_k}} e^{j\omega(N-M)} = |H(e^{j\omega})| e^{j\varphi(\omega)} \tag{2.7-6}$$

式中，$e^{j\omega} - c_k = \boldsymbol{C}_k = C_k e^{j\alpha_k}$，是零点 c_k 指向单位圆用极坐标表示的矢量；$e^{j\omega} - d_k = \boldsymbol{D}_k = D_k e^{j\beta_k}$，是极点 d_k 指向单位圆用极坐标表示的矢量；C_k、D_k 是零、极点矢量的模；α_k、β_k 是零、极点矢量与正实轴的夹角，如图 2.7-2 所示。

$$|H(e^{j\omega})| = A\frac{\prod\limits_{k=1}^{M} C_k}{\prod\limits_{k=1}^{N} D_k} \qquad (2.7\text{-}7)$$

$$\varphi(\omega) = \sum_{k=1}^{M} \alpha_k - \sum_{k=1}^{N} \beta_k + \omega(N - M) \qquad (2.7\text{-}8)$$

当 ω 从 $0\sim2\pi$ 变化一周时，各矢量逆时针方向旋转一周。其矢量长度乘积的变化，反映频响振幅 $|H(e^{j\omega})|$ 的变化，其夹角之和的变化反映频响相位 $\varphi(\omega)$ 的变化。

例 2.7-3 已知某系统的系统函数

$$H(z) = \frac{1}{1 - az^{-1}} \qquad |a| < 1 \qquad |z| > |a|$$

求该系统频率响应 $H(e^{j\omega})$，并作 $|H(e^{j\omega})|$、$\varphi(\omega)$ 图。

解：已知条件表明系统是因果稳定系统，由系统函数 $H(z) = \dfrac{z}{z - a}$，得到极点 $z_\infty = a$，零点 $z_0 = 0$，如图 2.7-3 所示。

$$H(e^{j\omega}) = \frac{e^{j\omega}}{e^{j\omega} - a}$$

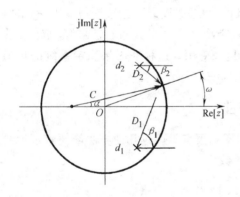

图 2.7-2　频响 $H(e^{j\omega})$ 的几何确定法示意图　　图 2.7-3　例 2.7-3 系统频响的几何作图法

因为当 ω 从 $0\sim\pi$ 变化时，$C = |\boldsymbol{C}| = 1$，

$$D = |\boldsymbol{D}| = \begin{cases} \text{最小} & \omega = 0 \\ \text{最大} & \omega = \pi \end{cases}$$

所以 $|H(e^{j\omega})| = \dfrac{C}{D} = \begin{cases} \text{最大} & \omega = 0 \\ \text{最小} & \omega = \pi \end{cases}$

当 ω 从 $0\sim\pi$ 变化时，α 从 $0\to\pi$ 均匀直线变化；β 从 $0\to\pi/2$ 快速变化，从 $\pi/2\to\pi$ 缓慢变化。$\varphi(\omega)$ 如图 2.7-4 所示。

例 2.7-3 当 $a = 0.9$ 时系统频响如图 2.7-5 所示。

由式（2.7-7）、式（2.7-8）以及上例可以归纳几何法确定频率响应 $H(e^{j\omega})$ 的一般规律。

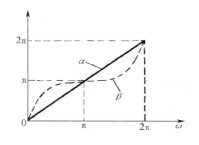 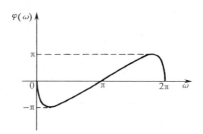

图 2.7-4 例 2.7-3 系统频率响应 $\varphi(\omega)$ 的确定

1）在某个极点 d_k 附近，振幅特性 $|H(e^{j\omega})|$ 有可能形成峰值，d_k 越靠近单位圆峰值越明显，d_k 在单位圆上 $|H(e^{j\omega})| \to \infty$ 出现谐振。

2）在某个零点 c_k 附近，振幅特性 $|H(e^{j\omega})|$ 有可能形成谷点，c_k 越靠近单位圆谷点越明显，c_k 在单位圆上 $|H(e^{j\omega})| = 0$。

3）原点处的零、极点对振幅特性 $|H(e^{j\omega})|$ 无影响，只有一线性相位分量。

4）在零、极点附近相位变化较快（与实轴夹角有 $\pm\pi$ 的变化）。

当零、极点个数较多时，用几何方法简便作图并非易事，利用 MATLAB 可以方便准确地画出系统的频响特性，详见 2.8.4 节。

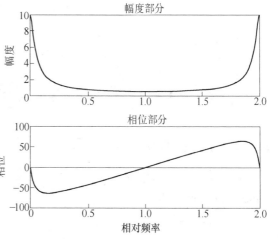

图 2.7-5 例 2.7-3 $a = 0.9$ 时系统频率响应

例 2.7-4 求横向结构网络 $h(n) = a^n[u(n) - u(n-M)]$ 的零、极点，频率响应并作图。

解：$h(n) = \begin{cases} a^n & 0 \leqslant n \leqslant M-1 \\ 0 & \text{其他} \end{cases}$

$$H(z) = \sum_{n=0}^{M-1} a^n z^{-n} = \frac{1 - a^M z^{-M}}{1 - az^{-1}}$$

$$= \frac{z^M - a^M}{z^{M-1}(z-a)}$$

零点：$z_{0k} = ae^{j\frac{2\pi}{M}k}$，$k = 0, 1, 2, \cdots, M-1$

极点：$z_{\infty 1} = a$，$z_{\infty 2} = 0$（$M-1$）阶。

若令 $M = 8$，$a = 0.9$ 时零、极点分布如图 2.7-6 所示。零点以 $\pi/4$ 等间隔分布，$|H(e^{j\omega})|$ 在 $\pi/4k$（$k = 1, 2, \cdots, 7$）处出现谷值，并且在 $\pi/4k$ 附近相位变化快。当 $a = 0.9$ 时，系统频率响应 $H(e^{j\omega}) = \dfrac{1 - 0.9^8 e^{-j8\omega}}{1 - 0.9 e^{-j\omega}}$，$|H(e^{j\omega})|$、$\varphi(\omega)$ 如图 2.7-7 所示。

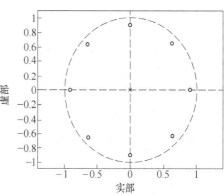

图 2.7-6 例 2.7-4 $a = 0.9$ 系统零极点图

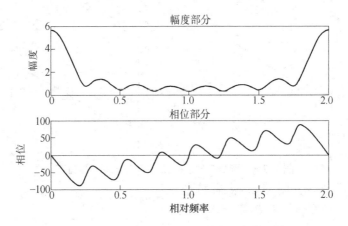

图 2.7-7　例 2.7-4 $a = 0.9$ 时的系统频率响应

2.8　基于 MATLAB 的离散 z（频）域分析

2.8.1　z 变换的 MATLAB 程序

例 2.8-1　单边序列 $f_1(t) = a^n u(n) = 3^n u(n)$；$f_1(t) = \cos(\theta_0 n) u(n)$（其中 $\theta_0 = \pi/2$）z 变换的 MATLAB 程序：

```
syms n z; %声明符号变量
f1 = 3. ^n;
F1 _ z = ztrans(f1)
f2 = cos((pi/2) . * n);
F2 _ z = ztrans(f2)
```

答案：F1 _ z = 1/3 * z/(1/3 * z - 1)；
　　　　F2 _ z = z^2/(z^2 + 1)

2.8.2　z 反变换的 MATLAB 程序

例 2.8-2　$X(z) = \dfrac{z^2}{(z-1)(z-0.5)}$，$|z| > 5$ 的 z 反变换的 MATLAB 程序：

```
clear;
syms z n;
X = z^2/((z-1) * (z-0.5))
x _ n = iztrans(X)
```

答案：x _ n = 2 - (1/2)^n
结果：$x(n) = (2 - 0.5^n) u(n)$

例 2.8-3　$X(z) = \dfrac{z^2}{(z-1)(z-0.5)} = \dfrac{1}{(1 - z^{-1})(1 - 0.5z^{-1})}$，$|z| > 5$，由部分分式计算反变换的 MATLAB 程序：

```
clear;
num = [1 0];
```

$$\text{den} = \text{poly}([1, 0.5]);$$

$$[r, p, k] = \text{residuez}(\text{num}, \text{den})$$

答案:

r = 2

    −1

p = 1.0000

    0.5000

结果: $x(n) = (2 - 0.5^n)u(n)$

2.8.3　求系统零极点的 MATLAB 程序

例 2.8-4　某系统的系统函数为 $H(z) = \dfrac{0.3 + 0.4z^{-1} + 0.2z^{-2} + 0.3z^{-3} + 0.4z^{-4}}{1 - 1.2z^{-1} + 1.2z^{-2} - 0.6z^{-3} + 0.4z^{-4}}$，求其

零、极点并绘出零、极点图的 MATLAB 程序（见图 2.8-1）:

```
b = [0.3 0.4 0.2 0.3 0.4];      %分子多项式系数
a = [2 -1.2 1.2 -0.6 0.4];      %分母多项式系数
r1 = roots(a)                   %求极点
r2 = roots(b)                   %求零点
zplane(b,a)
```

答案:

r1 =

  −0.1606 + 0.6688i

  −0.1606 − 0.6688i

  0.4606 + 0.4589i

  0.4606 − 0.4589i

r2 =

  −1.0612 + 0.4870i

  −1.0612 − 0.4870i

  0.3945 + 0.9068i

  0.3945 − 0.9068i

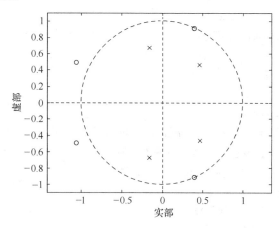

图 2.8-1　例 2.8-4 零、极点图

2.8.4 系统频率响应及作图的 MATLAB 程序

例 2.8-5 某系统的系统函数为 $H(z) = \dfrac{0.3 + 0.4z^{-1} + 0.2z^{-2} + 0.3z^{-3} + 0.4z^{-4}}{1 - 1.2z^{-1} + 1.2z^{-2} - 0.6z^{-3} + 0.4z^{-4}}$，求其频率响应并绘图的 MATLAB 程序：

```
b = [0.3 0.4 0.2 0.3 0.4];    % 分子多项式系数
a = [2 -1.2 1.2 -0.6 0.4];    % 分母多项式系数
[H,w] = freqz(b,a,1000,'whole');
    subplot(211); plot(w/pi,abs(H)); ylabel('|H|'); title('幅频特性');
    subplot(212); plot(w/pi,angle(H)); ylabel('ang[H]'); title('相频特性');
    xlabel('相对频率');
```

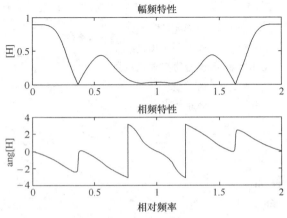

图 2.8-2 例 2.8-5 频率响应图

例 2.8-6 例 2.7-4 $a = 0.9$，$H(e^{j\omega}) = \dfrac{1}{1 - 0.9e^{-j\omega}}$，作 $|H(e^{j\omega})|$、$\varphi(\omega)$ 图的 MATLAB 程序：

```
w = [0:1:500] * 2 * pi/500;  % [0,2pi]区域分为501点
X1 = 1; X2 = 1 - 0.9. * exp(-1 * j * w);
X = X1./X2; magX = abs(X); angX = angle(X). * 180./pi;
subplot(2,1,1); plot(w/pi,magX);
title('幅度部分'); ylabel('幅度');
subplot(2,1,2); plot(w/pi,angX);
line([0,2],[0 0]);
xlabel('相对频率');
title('相位部分'); ylabel('相位');
```

例 2.8-7 例 2.7-5 作 $|H(e^{j\omega})|$、$\varphi(\omega)$ 图的 MATLAB 程序：

```
w = [0:1:500] * 2 * pi/500;  % [0,2pi]区域分为501点
X1 = 1 - 0.9^8. * exp(-8 * j * w);  % 分子多项式
X2 = 1 - 0.9. * exp(-1 * j * w);  % 分母多项式
X = X1./X2;  % 系统频率响应函数
magX = abs(X);  % 系统模频函数
angX = angle(X). * 180./pi;  % 系统相频函数
```

```
subplot(2,1,1);plot(w/pi,magX); % 系统模频图
title('幅度部分');ylabel('幅度');
subplot(2,1,2);plot(w/pi,angX); % 系统相频图
line([0,2],[0 0]);
xlabel('相对频率');title('相位部分');ylabel('相位');
```

2.9 习题

1. 求下列序列的 Z 变换、收敛域及零极点分布图。

(1) $\delta(n)$

(2) $\delta(n-1)$

(3) $\delta(n+1)$

(4) $\delta(n-n_0)$

(5) $(0.5)^n u(n)$

(6) $-(0.5)^n u(-n-1)$

(7) $\left(\dfrac{1}{2}\right)^n u(-n)$

(8) $(0.5)^n [u(n)-u(n-10)]$

2. 求下列序列的 Z 变换、收敛域及零极点分布图。

(1) $e^{j\omega_0 n} u(n)$

(2) $\cos\omega_0 n u(n)$

(3) $\sin\omega_0 n u(n)$

(4) $\cosh(an)u(n)$

(5) $\sinh(an)u(n)$

3. 求以下序列的 Z 变换，并作极、零点图。

(1) $x(n)=a^{|n|},0<|a|<1$

(2) $x(n)=Ar^n\cos(\omega_0 n+\phi)u(n),0<r<1$

(3) $x(n)=\begin{cases}1 & 0\leqslant n\leqslant N-1 \\ 0 & 其他\end{cases}$

(4) $x(n)=\begin{cases}n & 0\leqslant n\leqslant N \\ 2N-n & N+1\leqslant n\leqslant 2N \\ 0 & 其他\end{cases}$

4. 已知 $X(z)$,求 $x(n)$。

(1) $X(z)=\dfrac{1}{1+\dfrac{1}{2}z^{-1}},|z|>\dfrac{1}{2}$

(2) $X(z)=\dfrac{1}{1+\dfrac{1}{2}z^{-1}},|z|<\dfrac{1}{2}$

(3) $X(z)=\dfrac{1-\dfrac{1}{2}z^{-1}}{1+\dfrac{3}{4}z^{-1}+\dfrac{1}{8}z^{-2}},|z|>\dfrac{1}{2}$

(4) $X(z) = \dfrac{1 - \dfrac{1}{2}z^{-1}}{1 - \dfrac{1}{4}z^{-2}}, |z| > \dfrac{1}{2}$

(5) $X(z) = \dfrac{1}{(1 - az^{-1})(1 - bz^{-1})} \quad |z| > |a|, |b|$

5. 证明若 $x(n) \leftrightarrow X(z)$，则

(1) $x(n + n_0) \leftrightarrow z^{n_0} X(z)$

(2) $a^n x(n) \leftrightarrow X(a^{-1}z)$

(3) $nx(n) \leftrightarrow -zX'(z)$

6. 证明若 $x(n) \leftrightarrow X(z)$，则

(1) $x^*(n) \leftrightarrow X^*(z^*)$

(2) $x(-n) \leftrightarrow X(1/z) \quad 1/R_{x_+} < |z| < 1/R_{x_-}$

(3) $\operatorname{Re}[x(n)] \leftrightarrow \dfrac{1}{2}[X(z) + X^*(z^*)]$

(4) $\operatorname{Im}[x(n)] \leftrightarrow \dfrac{1}{2j}[X(z) - X^*(z^*)]$

7. 求 $n^2 x(n)$ 的 Z 变换。

8. $x(n)$ 的自相关序列 $c(n)$ 定义为 $c(n) = \displaystyle\sum_{k=-\infty}^{\infty} x(k)x(n+k)$，求 $c(n)$ 的 Z 变换。

9. 系统差分方程为 $y(n) + \dfrac{1}{2}y(n-1) = x(n)$，从下列诸项中选两个满足上述系统的单位取样响应。

(1) $\left(-\dfrac{1}{2}\right)^n u(n)$

(2) $\left(\dfrac{1}{2}\right)^n u(n-1)$

(3) $\left(-\dfrac{1}{2}\right)^n u(-n-1)$

(4) $(2)^n u(n)$

(5) $(-2)^n u(-n-1)$

(6) $\dfrac{1}{2}\left(-\dfrac{1}{2}\right)^{n-1} u(-n-1)$

(7) $(n)^{1/2} u(n)$

(8) $\left(\dfrac{1}{2}\right)^n u(n)$

(9) $2(-2)^{n-1} u(-n-1)$

(10) $\left(\dfrac{1}{2}\right)^{-n} u(n)$

10. 线性非时变因果系统差分方程为 $y(n) = y(n-1) + y(n-2) + x(n-1)$，求：

(1) $H(z)$，并画零、极点图及收敛区。

(2) 系统的单位取样响应 $h(n)$（非稳定的）。

(3) 满足上述差分方程的一个稳定的（但非因果）系统的单位取样响应 $h(n)$。

11. 线性非时变系统差分方程为 $y(n-1) - \dfrac{5}{2}y(n) + y(n+1) = x(n)$，该系统是否稳定？是否因果没有限制？求系统单位取样响应 $h(n)$ 的 3 种可能选择方案。

12. 求下列序列的 Z 变换、收敛区及零、极点分布图。

（1） $e^{(a+j\omega_0)n}u(n)$

（2） $Ar^n\cos(\omega_0 n + \varphi)u(n)$

（3） $Ar^n\sin(\omega_0 n + \varphi)u(n)$

（4） $a^n u(n) + b^n u(-n-1)$

（5） $x(n) = a^{|n|}\cos\omega_0 n$

（6） $\dfrac{1}{n!}u(n)$

13. 用三种方法求下列序列的 Z 反变换。

（1） $X(z) = \dfrac{1}{1-0.5z^{-1}}$ $\qquad |z| > 0.5$

（2） $X(z) = \dfrac{1}{1-0.5z^{-1}}$ $\qquad |z| < 0.5$

（3） $X(z) = \dfrac{1-az^{-1}}{z^{-1}-a}$ $\qquad |z| > |1/a|$

14. 画出 $X(z) = \dfrac{-3z^{-1}}{2-5z^{-1}+2z^{-2}}$ 的零、极点图，并分别求

（1） $|z| > 2$ 所对应的序列。

（2） $|z| < 0.5$ 所对应的序列。

（3） $0.5 < |z| < 2$ 对应的序列。

15. 求以下函数的反变换。

（1） $X(z) = \dfrac{1}{(1-z^{-1})(1-2z^{-1})}$ $\qquad 1 < |z| < 2$

（2） $X(z) = \dfrac{z-5}{(1-0.5z^{-1})(1-0.5z)}$ $\qquad 0.5 < |z| < 2$

（3） $X(z) = \dfrac{1}{(1-z^{-1})(1+z^{-1})}$ $\qquad |z| < 1$

（4） $X(z) = \dfrac{1+z^{-1}}{1-2z^{-1}\cos\omega_0 + z^{-2}}$ $\qquad |z| > 1$

（5） $X(z) = \dfrac{z^{-1}}{(1-6z^{-1})^2}$ $\qquad |z| > 6$

（6） $X(z) = \dfrac{z^{-2}}{1+z^{-2}}$ $\qquad |z| > 1$

（7） $X(z) = z^{-1} + 6z^{-4} + 5z^{-7}$

16. 求 $X(z) = e^z + e^{1/z}$，$0 < |z| < \infty$ 的反变换。

17. 求以下序列的 Z 变换。

（1） $na^n u(n)$

（2） $n^2 a^n u(n)$

18. 已知 $x(n) \leftrightarrow X(z) = \dfrac{1+j}{1-(1+j)z^{-1}}$，$|z| > \sqrt{2}$，求 $x^*(n)$。

19. 以下为因果序列的 Z 变换，求序列的 $x(0)$、$x(\infty)$。

(1) $X(z) = \dfrac{1 + 2z^{-1}}{1 - 0.7z^{-1} - 0.3z^{-2}}$

(2) $X(z) = \dfrac{z^{-1}}{1 - 1.5z^{-1} + 0.5z^{-2}}$

(3) $X(z) = \dfrac{1 + z^{-1} + z^{-2}}{(1 - z^{-1})(1 - 2z^{-1})}$

(4) $X(z) = \dfrac{1}{(1 - 0.5z^{-1})(1 + 0.5z^{-1})}$

20. 已知 $x(n) = a^n u(n)$, $y(n) = b^n u(n)$, $0 < [\,|a|,|b|\,] < 1$, 求 $f(n) = x(n) * y(n)$。

21. 已知下列各 $x(n)$, $y(n)$, 用直接卷积、Z 变换，求 $f(n) = x(n) * y(n)$。

(1) $x(n) = a^n u(n)$, $y(n) = b^n u(-n)$

(2) $x(n) = a^n u(n)$, $y(n) = \delta(n-2)$

(3) $x(n) = a^n u(n)$, $y(n) = u(n-1)$

22. 已知下列各 $x(n)$, $y(n)$, 用直接相乘和复卷积求 $\mathscr{Z}[x(n)y(n)]$。

(1) $x(n) = a^n u(n)$ $0 < |a| < 1$, $y(n) = \sin\omega_0 n$

(2) $x(n) = a^{|n|} u(n)$ $0 < |a| < 1$, $y(n) = b^n u(n)$

23. 已知下列各 $x(n)$, $y(n)$ 的 Z 变换，用直接法和复卷积求 $\mathscr{Z}[x(n)y(n)]$。

(1) $X(z) = \dfrac{0.99}{(1 - 0.1z^{-1})(1 - 0.1z)}$ $0.1 < |z| < 10$

$Y(z) = \dfrac{1}{1 - 10z} = \dfrac{-0.1}{z - 0.1}$ $|z| > 0.1$

(2) $X(z) = \dfrac{0.99}{(1 - 0.1z^{-1})(1 - 0.1z)}$ $0.1 < |z| < 10$

$Y(z) = \dfrac{1}{1 - 10z} = \dfrac{-0.1}{z - 0.1}$ $|z| < 0.1$

(3) $X(z) = \dfrac{z}{z - 0.5}$ $|z| > 0.5$

$Y(z) = \dfrac{1}{1 - 2z}$ $|z| < 0.5$

24. 用直接法及帕氏定理求下列各已知序列的 $\displaystyle\sum_{n=-\infty}^{\infty} x(n)y(n)$。

(1) $x(n) = a^n u(n)$, $y(n) = b^n u(n)$

(2) $x(n) = a^n u(n)$, $y(n) = b^n u(-n)$

(3) $x(n) = na^n u(n)$, $y(n) = \delta(n - n_0)$

25. 若 $x(n)$、$y(n)$ 为稳定因果实序列，求证

$$\frac{1}{2\pi}\int_{-\pi}^{\pi} X(e^{j\omega})Y(e^{j\omega})\,d\omega = \left[\frac{1}{2\pi}\int_{-\pi}^{\pi} X(e^{j\omega})\,d\omega\right]\left[\frac{1}{2\pi}\int_{-\pi}^{\pi} Y(e^{j\omega})\,d\omega\right]$$

26. 证明：$y(n) = x(n) * h(n) \leftrightarrow Y(e^{j\omega}) = X(e^{j\omega})H(e^{j\omega})$

27. 一因果线性非时变系统由下列差分方程描述：

$$y(n) - ay(n-1) = x(n) - bx(n-1)$$

式中，$b \neq a$。试确定能使该系统为全通系统的 b 值。

28. 已知下列序列的 $X(z)$，求 $X(e^{j\omega})$，并作振幅相位图。

（1） $X(z) = \dfrac{1}{1 - az^{-1}}$ $0 < a < 1$

（2） $X(z) = \dfrac{1}{1 - 2az^{-1}\cos\omega_0 + a^2 z^{-2}}$ $0 < a < 1$

（3） $X(z) = \dfrac{1 - z^{-6}}{1 - z^{-1}}$

（4） $X(z) = \dfrac{1 - az^{-1}}{z^{-1} - a}$ $a > 1$

29. 求下列 $x(n)$ 的频谱 $X(e^{j\omega})$。

（1） $\delta(n)$

（2） $\delta(n - n_0)$

（3） $e^{-an}u(n)$

（4） $e^{(-a + j\omega_0)n}u(n)$

（5） $e^{-an}\cos(\omega_0 n) \cdot u(n)$

（6） $e^{-an}\sin(\omega_0 n) \cdot u(n)$

（7） $R_N(n)$

（8） $[1 + \cos(\pi n/N)]R_{2N}(n - N)$

30. 已知 $X(e^{j\omega}) = \begin{cases} 1 & |\omega| < \omega_0 \\ 0 & \omega_0 \leqslant |\omega| \leqslant \pi \end{cases}$，求 $x(n)$。

31. 已知 $x(n)$ 如图 2.9-1 所示，其傅里叶变换为 $X(e^{j\omega})$。不直接求 $X(e^{j\omega})$，完成下列运算。

（1） $X(e^{j0})$

（2） $\displaystyle\int_{-\pi}^{\pi} X(e^{j\omega})\,d\omega$

（3） $X(e^{j\pi})$

（4） 求并画出 $x_e(n)$

（5） $\displaystyle\int_{-\pi}^{\pi} |X(e^{j\omega})|^2\,d\omega$

（6） $\displaystyle\int_{-\pi}^{\pi} |dX(e^{j\omega})/d\omega|^2\,d\omega$

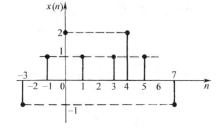

图　2.9-1

32. 若序列 $h(n)$ 为实因果序列，其傅里叶变换的实部为 $H_R(e^{j\omega}) = 1 + \cos\omega$，求序列 $h(n)$ 及其傅里叶变换 $H(e^{j\omega})$。

33. 若序列 $x(n)$ 为实因果序列，$h(0) = 1$，其傅里叶变换的虚部为：$H_I(e^{j\omega}) = -\sin\omega$，求序列 $h(n)$ 及其傅里叶变换 $H(e^{j\omega})$。

34. 假设 $x(n)$ 为实函数和 $n < 0$ 时 $x(n)$ 为零。利用 $X(e^{j\omega})$ 求下面各序列的变换。

（1） $kx(n)$

（2） $x(n - n_0)$

（3） $x^*(n)$

（4） $x(-n)$

（5）$g(n) = x(2n)$

（6）$g(n) = \begin{cases} x(n/2) & n \text{ 为偶数} \\ 0 & n \text{ 为奇数} \end{cases}$

（7）$x^2(n)$

（8）$x(n) * x(n)$

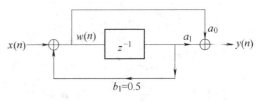

35. 试证当 $x(n)$ 为实序列且具有偶或奇对称时，即 $x(n) = x(-n)$ 或 $x(n) = -x(-n)$ 时，频谱具有线性相位。

图 2.9-2

36. 如图 2.9-2 所示系统，求差分方程、系统函数及在以下参数下的零、极点图、单位脉冲响应和频响曲线。

（1）$b_1 = 0.5$, $a_0 = 0$, $a_1 = 1$

（2）$b_1 = 0.5$, $a_0 = 1$, $a_1 = 0$

（3）$b_1 = 0.5$, $a_0 = 0.5$, $a_1 = 1$

（4）$b_1 = 0.5$, $a_0 = -0.5$, $a_1 = 1$

37. 求如图 2.9-3 所示梳状滤波器的差分方程、系统函数；零、极点图；单位脉冲响应；系统频响。是 IIR 还是 FIR 系统？是递归还是非递归结构？

38. 求如图 2.9-4 所示滤波器的差分方程、系统函数；零、极点图；单位脉冲响应；系统频响。是 IIR 还是 FIR 系统？是递归还是非递归结构？

其中：$a = -\cos(2\pi/N)$

$b = 2\cos(2\pi/N)$

39. 将上两题的梳状滤波器与谐振滤波器串接起来，如题图 2.9-5 所示。求系统函数；零极点图；单位脉冲响应（并作图）；系统频响（并作图）。是 IIR 还是 FIR 系统？是递归还是非递归结构？

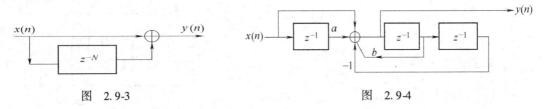

图 2.9-3

图 2.9-4

40. 图 2.9-6 所示为一个 $N-1$ 节延时抽头的横向滤波器，其第 n 个抽头的相乘系数为 $\cos\left(\dfrac{2\pi}{N}n\right)$，试求该系统的系统函数、零极点分布，并与上题比较，功能结构上有何异同。

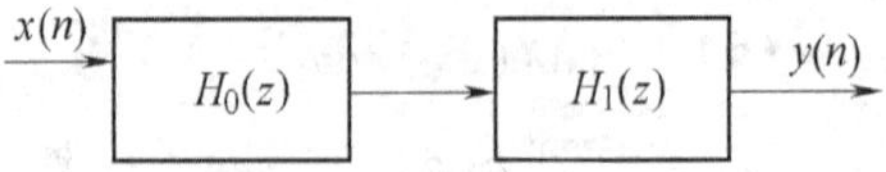

图 2.9-5

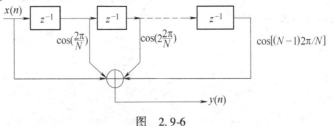

图 2.9-6

41. 设系统是因果稳定系统，是实序列。可以用以下两种方法通过该系统来实现对输入序列的零相移为非因果的过滤。

（1）按以下 3 步过滤：

①$x(n) \longrightarrow \boxed{h(n)} \longrightarrow g(n)$

②$g(-n) \longrightarrow \boxed{h(n)} \longrightarrow r(n)$

③$y(n) = r(-n)$

（2）按以下 3 步过滤：

①$x(n) \longrightarrow \boxed{h(n)} \longrightarrow g(n)$

②$x(-n) \longrightarrow \boxed{h(n)} \longrightarrow r(n)$

③$y(n) = g(n) + r(-n)$

试分别求从输入 $x(n)$ 到输出 $y(n)$ 的整个系统的系统函数、单位脉冲，并证明该系统具有零相移特性。

42. 令 $h(n)$ 为具有任意相位特性的一个因果滤波器的单位取样响应。设 $h(n)$ 为实函数，以 $H(e^{j\omega})$ 表示其傅里叶变换。输入为 $x(n)$，滤波运算按以下方式进行：

（1）方法 A：

①$x(n) \longrightarrow \boxed{h(n)} \longrightarrow g(n)$

②$g(-n) \longrightarrow \boxed{h(n)} \longrightarrow r(n)$

③$s(n) = r(-n)$

则：

1）求从 $x(n)$ 到 $s(n)$ 的总单位取样响应 $h_1(n)$，并证明它具有零相位特性。

2）确定 $|H_1(e^{j\omega})|$，并利用 $|H(e^{j\omega})|$ 和 $\arg[H(e^{j\omega})]$ 来表示。

（2）方法 B：

①$x(n) \longrightarrow \boxed{h(n)} \longrightarrow g(n)$

②$x(-n) \longrightarrow \boxed{h(n)} \longrightarrow r(n)$

③$y(n) = g(n) + r(-n)$

则：

1）求从 $x(n)$ 到 $y(n)$ 的总单位取样响应 $h_2(n)$，并证明它具有零相位特性。

2）确定 $|H_2(e^{j\omega})|$，并利用 $|H(e^{j\omega})|$ 和 $\arg[H(e^{j\omega})]$ 来表示。

（3）假设给定一个有限时宽序列，希望对它做带通的零相位运算。已知带通滤波器 $h(n)$ 的频率响应如图 2.9-7 所示。为了获得零相位特性，可用方法 A 或方法 B。试求 $|H_1(e^{j\omega})|$ 和 $|H_2(e^{j\omega})|$，并画出示意图。根据结果说明哪种方法更适合于获得零相位特性。

43. 序列 $x(n)$ 是一个线性非时变系统在输入为 $s(n)$ 时的输出，其差分方程为 $x(n) = s(n) - e^{-8\alpha}s(n-8)$，其中 $0 < a$。

（1）求 $H_1(z) = \dfrac{X(z)}{S(z)}$，并画零、极点图及收敛区。

（2）求能从 $x(n)$ 恢复 $s(n)$，使 $y(n) = s(n)$ 的线性非时变系统的系统函数 $H_2(z) = \dfrac{Y(z)}{X(z)}$ 及 $H_2(z)$ 的所有收敛区并说明是否因果、稳定。

（3）求出所有能使 $y(n) = x(n) * h_2(n) = s(n)$ 的单位取样响应 $h_2(n)$。

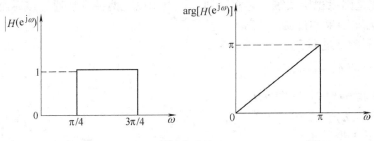

图 2.9-7

44. 如图 2.9-8 所示系统，并在初始条件 $y(n) = 0$，$n < 0$ 下，求输入序列 $x(n) = u(n)$ 的输出 $y(n)$，并图示之。

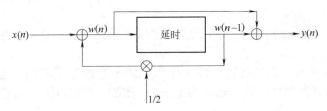

图 2.9-8

45. 已知离散线性非时变系统的差分方程 $2y(n) - 3y(n-1) + y(n-2) = x(n-1)$ 且 $x(n) = 2^n u(n)$，$y(0) = 1, y(1) = 1$。求输出 $y(n)$。

第3章　离散傅里叶变换

在数字信号处理中，有限长序列占有很重要的地位，它既有 Z 变换也有序列的傅里叶变换。但是 $X(z)$ 与 $X(e^{j\omega})$ 都是连续函数，不适于计算机计算或数字处理。本章要导出适于数字处理的离散傅里叶变换，通常可用英文缩写 DFT 表示。为了更好地理解有限长序列 DFT 的概念，先讨论周期序列的傅里叶级数。

3.1　周期序列的傅里叶级数

周期序列表示为 $\tilde{x}(n) = \tilde{x}(n+kN)$，这是周期为 N 的周期离散序列。周期序列显然不满足 Z 变换的存在条件，因为找不到一个衰减因子 $|z|$ 能使 $\sum\limits_{n=-\infty}^{\infty} |\tilde{x}(n)z^{-n}| < \infty$。但与连续周期信号相同，周期序列也可用傅里叶级数表示。周期离散序列傅里叶级数可用英文缩写 DFS 表示。

3.1.1　离散傅里叶级数

为容易理解，先从对模拟信号的傅里叶级数采样开始。

周期为 T 的连续周期信号 $x_T(t)$，可以分解为复指数信号之和，其傅里叶级数表示为

$$x_T(t) = \sum_{k=-\infty}^{\infty} X_k e^{jk\Omega t}$$

上式表明周期信号 $x_T(t)$ 是直流分量（$k=0$），基频分量 $e^{j\Omega t}$（$k=1$），$\cdots$，k 次谐波分量 $e^{jk\Omega t}$，$\cdots$，等无穷多频率分量的组合。

若周期序列是周期函数的采样序列，采样间隔为 ΔT，一周内有 N 点，$T = N\Delta T$，采样后连续时间变为离散时间，即 $t = n\Delta T$，将 $\Omega t = \dfrac{2\pi}{T}t = \dfrac{2\pi}{N\Delta T}n\Delta T = \dfrac{2\pi}{N}n$ 分别代入傅里叶级数各频率分量中，可以得到：基波分量 $e^{j\Omega t} \to e^{j\frac{2\pi}{N}n}$；二次谐波 $e^{j2\Omega t} \to e^{j\frac{2\pi}{N}2n}$；$\cdots$；$k$ 次谐波分量 $e^{jk\Omega t} \to e^{j\frac{2\pi}{N}kn}$，$\cdots$。与连续信号傅里叶级数不同的是，周期序列的傅里叶级数所有谐波成分只有 N 项是独立的（k 只需取 $0 \sim N-1$）。这是因为

$$e^{j\frac{2\pi}{N}(k+N)n} = e^{j\frac{2\pi}{N}kn} e^{j\frac{2\pi}{N}Nn} = e^{j\frac{2\pi}{N}kn}$$

它表明 $e^{j\frac{2\pi}{N}kn}$ 是 k 的周期函数，且周期为 N。因此周期序列可以用周期为 N 的 N 项复指数序列之和表示，即周期序列 $\tilde{x}(n)$ 可表示为

$$\tilde{x}(n) = \frac{1}{N}\sum_{k=0}^{N-1} \tilde{X}(k) e^{j\frac{2\pi}{N}kn} \tag{3.1-1}$$

式中，$\dfrac{1}{N}$ 是变换所需要引入的系数；$\tilde{X}(k)$ 是第 k 次谐波分量的系数。可以利用复指数序列的周期特性确定系数 $\tilde{X}(k)$。

复指数序列的周期特性为

$$\frac{1}{N}\sum_{n=0}^{N-1}e^{j\frac{2\pi}{N}sn} = \frac{1}{N}[1 + e^{j\frac{2\pi}{N}s} + e^{j\frac{2\pi}{N}2s} + \cdots + e^{j\frac{2\pi}{N}s(N-1)}]$$

$$= \frac{1}{N}\left[\frac{1 - e^{j\frac{2\pi}{N}Ns}}{1 - e^{j\frac{2\pi}{N}s}}\right] = \frac{1}{N}\cdot\frac{1 - e^{j2\pi s}}{1 - e^{j\frac{2\pi}{N}s}}$$

$$= \begin{cases} 1 & s = 0, \pm N, \pm 2N, \cdots \\ 0 & s \text{ 为其他} \end{cases} \tag{3.1-2}$$

将式（3.1-1）两边乘以 $e^{-j\frac{2\pi}{N}rn}$（$0 \le r \le N-1$），并对一个周期求和

$$\sum_{n=0}^{N-1}\tilde{x}(n)e^{-j\frac{2\pi}{N}rn} = \sum_{n=0}^{N-1}\left[\frac{1}{N}\sum_{k=0}^{N-1}\tilde{X}(k)e^{j\frac{2\pi}{N}kn}\right]e^{-j\frac{2\pi}{N}rn}$$

$$= \sum_{k=0}^{N-1}\tilde{X}(k)\left[\frac{1}{N}\sum_{n=0}^{N-1}e^{j\frac{2\pi}{N}(k-r)n}\right] = \begin{cases} \tilde{X}(k) & k = r \\ 0 & k \ne r \end{cases}$$

因为 $e^{j\frac{2\pi}{N}kn}$ 只有 N 项独立谐波分量（k 只需取 $0 \sim N-1$），所以上式中括号和式中除了 $s = k-r = 0$ 时等于 1，其余为零，使得第一项和式也只剩一项 $\tilde{X}(k)(k = r)$。由此得到

$$\tilde{X}(k) = \sum_{n=0}^{N-1}\tilde{x}(n)e^{-j\frac{2\pi}{N}kn} \tag{3.1-3}$$

又因为

$$\tilde{X}(k + lN) = \sum_{n=0}^{N-1}\tilde{x}(n)e^{-j\frac{2\pi}{N}n(k+lN)} = \sum_{n=0}^{N-1}\tilde{x}(n)e^{-j\frac{2\pi}{N}nk}e^{-j\frac{2\pi}{N}nlN}$$

$$= \sum_{n=0}^{N-1}\tilde{x}(n)e^{-j\frac{2\pi}{N}nk} = \tilde{X}(k)$$

所以 $\tilde{X}(k)$ 也是周期为 N 的周期序列。由此可知，时域离散的周期序列，其频域也是周期离散的序列。$\tilde{x}(n)$ 与 $\tilde{X}(k)$ 是时域与频域相互表示的一对傅里叶级数关系，记为

$$\tilde{X}(k) = \sum_{n=0}^{N-1}\tilde{x}(n)e^{-j\frac{2\pi}{N}nk} = \text{DFS}[\tilde{x}(n)] \tag{3.1-4a}$$

$$\tilde{x}(n) = \frac{1}{N}\sum_{k=0}^{N-1}\tilde{X}(k)e^{j\frac{2\pi}{N}kn} = \text{IDFS}[\tilde{X}(k)] \tag{3.1-4b}$$

式中，$\text{DFS}[\tilde{x}(n)]$ 表示傅里叶级数变换；$\text{IDFS}[\tilde{X}(k)]$ 表示傅里叶级数反变换。且

$$\tilde{x}(n) = \tilde{x}(n + mN), \tilde{X}(k) = \tilde{X}(k + lN)$$

令 $W_N = e^{-j\frac{2\pi}{N}}$，上式又可表示为

$$\tilde{X}(k) = \text{DFS}[\tilde{x}(n)] = \sum_{n=0}^{N-1}\tilde{x}(n)W_N^{kn} \tag{3.1-5a}$$

$$\tilde{x}(n) = \text{IDFS}[\tilde{X}(k)] = \frac{1}{N}\sum_{k=0}^{N-1}\tilde{X}(k)W_N^{-kn} \tag{3.1-5b}$$

从上面的讨论可知，周期序列虽然是无限长序列，但只有一个周期的信息是独立的，因此周期序列与有限长序列有本质的联系。一般将 $0 \sim N-1$ 的区间称为周期序列的主值区。

例 3.1-1 $x(n) = R_2(n), \tilde{x}(n) = \sum_{r=-\infty}^{\infty}x(n + 4r)$，求 $\tilde{X}(k)$，并作 $|\tilde{X}(k)|$、$\arg[\tilde{X}(k)]$ 图。

解：$x(n)$、$\tilde{x}(n)$ 如图 3.1-1 所示。

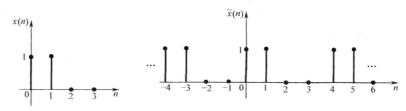

图 3.1-1　例 3.1-1 的序列

$$\tilde{X}(k) = \sum_{n=0}^{N-1} \tilde{x}(n) W_N^{kn} = \sum_{n=0}^{1} \mathrm{e}^{-\mathrm{j}\frac{2\pi}{4}nk} = 1 + \mathrm{e}^{-\mathrm{j}\frac{\pi}{2}k}$$

$\tilde{X}(0) = 1 + 1 = 2$

$\tilde{X}(1) = 1 + \mathrm{e}^{-\mathrm{j}\frac{\pi}{2}} = 1 - \mathrm{j} = \sqrt{2}\mathrm{e}^{-\mathrm{j}\frac{\pi}{4}}$

$\tilde{X}(2) = 1 + \mathrm{e}^{-\mathrm{j}\frac{\pi}{2}2} = 1 - 1 = 0$

$\tilde{X}(3) = 1 + \mathrm{e}^{-\mathrm{j}\frac{\pi}{2}3} = 1 + \mathrm{j} = \sqrt{2}\mathrm{e}^{-\mathrm{j}\frac{\pi}{4}}$

$|\tilde{X}(k)|$、$\arg[\tilde{X}(k)]$ 如图 3.1-2 所示。

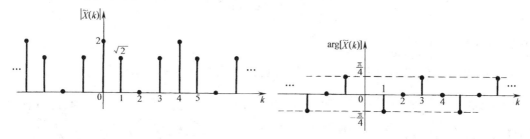

图 3.1-2　例 3.1-1 的 $|\tilde{X}(k)|$、$\arg[\tilde{X}(k)]$

通过例 3.1-1 的计算，不难想像当 $x(n)$ 的周期 N 较长时，$\tilde{X}(k)$ 的计算量相当大。利用 MATLAB 程序可以方便地得到计算结果。例 3.1-1 的 MATLAB 程序与计算结果如下：

```
xn = [1 1 0 0]; N = 4;
XK = fft (xn, N);              % 计算 X̃ (k)
magXK = abs (XK);             % 计算 | X̃ (k) |
angXK = angle (XK) . *180./pi      % 计算 arg [ X̃ (k)]
```

答案：

```
magXK =
    2.0000    1.4142    0.0000    1.4142
angXK =
    0    -45.0000    -90.0000    45.0000
```

有限时宽序列 $x(n)$ 既有对应的 $X(z)$，也有 $X(\mathrm{e}^{\mathrm{j}\omega})$。若该 $x(n)$ 是取 $\tilde{x}(n)$ 的主值序列（取其一周得到），则 $\tilde{X}(k)$ 就会与 $X(\mathrm{e}^{\mathrm{j}\omega})$、$X(z)$ 有一定的联系。即

$$X(z) = \sum_{n=0}^{N-1} x(n) z^{-n} = \sum_{n=0}^{N-1} \tilde{x}(n) z^{-n} \tag{3.1-6}$$

$$X(\mathrm{e}^{\mathrm{j}\omega}) = X(z) \Big|_{z=\mathrm{e}^{\mathrm{j}\omega}} \tag{3.1-7}$$

$$\tilde{X}(k) = \sum_{n=0}^{N-1} \tilde{x}(n) W_N^{kn} = \sum_{n=0}^{N-1} \tilde{x}(n) e^{-j\frac{2\pi}{N}nk} \tag{3.1-8}$$

比较式 (3.1-6)、式 (3.1-7)、式 (3.1-8)，不难得到

$$\tilde{X}(k) = X(z)\Big|_{z = e^{j\frac{2\pi}{N}k} = W_N^{-k}} \tag{3.1-9}$$

$$\tilde{X}(k) = X(e^{j\omega})\Big|_{\omega = \frac{2\pi}{N}k} \tag{3.1-10}$$

式 (3.1-9)、式 (3.1-10) 说明 $\tilde{X}(k)$ 是在单位圆的 N 个等角度间隔上对 $X(z)$ 取样，且第一个取样点在 $z=1$ 处。

例 3.1-2 已知 $x(n) = R_5(n)$，求 $X(z)$、$X(e^{j\omega})$，并作 $|X(e^{j\omega})| \sim \omega$ 图。

解： $X(z) = \sum_{n=0}^{4} z^{-n} = \dfrac{1 - z^{-5}}{1 - z^{-1}}$

$$X(e^{j\omega}) = X(z)\Big|_{z=e^{j\omega}} = \frac{1 - e^{-j5\omega}}{1 - e^{-j\omega}} = \frac{e^{-j5\omega/2}(e^{j5\omega/2} - e^{-j5\omega/2})}{e^{-j\omega/2}(e^{j\omega/2} - e^{-j\omega/2})}$$

$$= e^{-j2\omega}\frac{\sin(5\omega/2)}{\sin(\omega/2)} = |X(e^{j\omega})| e^{j\varphi(\omega)}$$

式中，$|X(e^{j\omega})| = \left|\dfrac{\sin(5\omega/2)}{\sin(\omega/2)}\right|$。

$\sin(5\omega/2)$、$\sin(\omega/2)$ 如图 3.1-3a 所示，$|X(e^{j\omega})|$ 如图 3.1-3b 所示。

例 3.1-3 （1）$\tilde{x}_1(n) = \sum_{r=-\infty}^{\infty} R_5(n + 10r)$，求 $\tilde{X}_1(k)$，并作 $\tilde{x}_1(n)$、$|\tilde{X}_1(k)|$ 图。

（2）$\tilde{x}_2(n) = \sum_{r=-\infty}^{\infty} R_5(n + 5r)$，求 $\tilde{X}_2(k)$，并作 $\tilde{x}_2(n)$、$|\tilde{X}_2(k)|$ 图。其中 $x(n)$ 同例 3.1-1。

解： （1）$N=10$，$\tilde{x}_1(n)$ 如图 3.1-4 所示。

$$\tilde{X}_1(k) = \sum_{n=0}^{N-1} \tilde{x}(n) W_N^{kn} = \sum_{n=0}^{4} e^{-j\frac{2\pi}{10}nk} = \frac{1 - e^{-j\frac{2\pi}{10}5k}}{1 - e^{-j\frac{2\pi}{10}k}}$$

$$= e^{-j\frac{4\pi}{10}k}\frac{\sin\frac{\pi}{2}k}{\sin\frac{\pi}{10}k} = e^{-j\frac{2\pi}{5}k}\frac{\sin\left(\frac{\pi k}{2}\right)}{\sin\left(\frac{\pi k}{10}\right)}$$

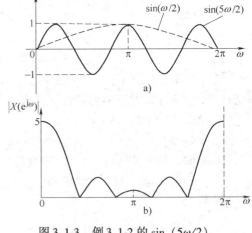

图 3.1-3 例 3.1-2 的 $\sin(5\omega/2)$、$\sin(\omega/2)$、$|X(e^{j\omega})|$

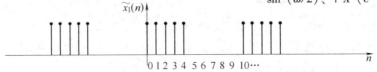

图 3.1-4 例 3.1-3 $\tilde{x}_1(n)$

或

$$\tilde{X}_1(k) = X(z)\bigg|_{z=e^{j\frac{2\pi}{N}k}=W_N^{-k}} = \frac{1-z^{-5}}{1-z^{-1}}\bigg|_{z=e^{j\frac{2\pi}{N}k}}$$

将 $N=10$，$\omega = \dfrac{2\pi}{10}k$ 代入上式

$$\tilde{X}_1(k) = \frac{1-e^{-j\frac{2\pi}{N}5k}}{1-e^{-j\frac{2\pi}{10}k}} = e^{-j\frac{2\pi}{5}k}\frac{\sin\left(\dfrac{\pi k}{2}\right)}{\sin\left(\dfrac{\pi k}{10}\right)}$$

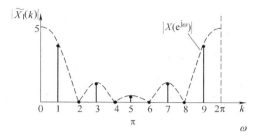

图 3.1-5　例 3.1-3 的 $|\tilde{X}_1(k)|$

结果同上，$|\tilde{X}_1(k)|$ 如图 3.1-5 所示。

$|\tilde{X}_1(k)| =$
[5.0000，3.2360，0.0000，1.2361，
0.0000，1.0000，0.0000，1.2361，
0.0000，3.2361，……]

（2）$\tilde{x}_2(n)$ 如图 3.1-6 所示。

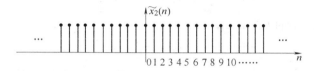

图 3.1-6　例 3.1-3 的 $\tilde{x}_2(n)$

$$\tilde{X}_2(k) = X(z)\bigg|_{z=e^{j\frac{2\pi}{N}k}=W_N^{-k}} = \frac{1-z^{-5}}{1-z^{-1}}\bigg|_{z=e^{j\frac{2\pi}{N}k}}$$

将 $N=5$，$\omega = \dfrac{2\pi}{5}k$ 代入上式

$$\tilde{X}_2(k) = \frac{1-e^{-j\frac{2\pi}{5}5k}}{1-e^{-j\frac{2\pi}{5}k}}$$

$$= e^{-j\frac{4\pi}{5}k}\frac{\sin(\pi k)}{\sin(\pi k/5)} = \begin{cases} 5 & k=0 \\ 0 & k=1,2,3,4 \end{cases}$$

$|\tilde{X}_2(k)|$ 如图 3.1-7 所示。

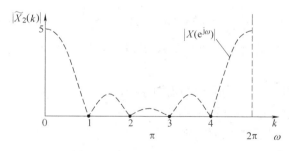

图 3.1-7　例 3.1-3 的 $|\tilde{X}_2(k)|$

3.1.2　离散傅里叶级数的性质

离散傅里叶级数与连续信号的傅里叶变换有类似的性质，离散傅里叶级数性质的应用对信号处理是非常重要的。但由于 $\tilde{x}(n)$、$\tilde{X}(k)$ 都具有周期性，所以与以往的相关性质相比有

一些重要的区别。

1. 线性

若 $\tilde{x}_1(n) \overset{N_1}{\leftrightarrow} \tilde{X}_1(k)$，$\tilde{x}_2(n) \overset{N_2}{\leftrightarrow} \tilde{X}_2(k)$

则
$$\tilde{x}_3(n) = a\tilde{x}_1(n) + b\tilde{x}_2(n) \overset{N}{\leftrightarrow} \tilde{X}_3(k) = a\tilde{X}_1(k) + b\tilde{X}_2(k) \tag{3.1-11}$$

式中，$N_1 = N_2 = N$。

2. 周期移序

（1）序列移序

若 $\tilde{x}(n) \leftrightarrow \tilde{X}(k)$

则
$$\tilde{x}(n+m) \leftrightarrow W_N^{-km} \tilde{X}(k) \tag{3.1-12}$$

证明：
$$\sum_{n=0}^{N-1} \tilde{x}(n+m) W_N^{kn} = \sum_{n'=m}^{N-1+m} \tilde{x}(n') W_N^{k(n'-m)}$$
$$= W_N^{-km} \sum_{n=0}^{N-1} \tilde{x}(n) W_N^{kn} = W_N^{-km} \tilde{X}(k)$$

因为是周期序列，所以若 $m \geqslant N$，则
$$\tilde{x}(n+m) = \tilde{x}(n+m') \leftrightarrow W_N^{-km'} \tilde{X}(k)$$

式中，$m' = m[\bmod N] = ((m))_N$；$((m))_N$ 为模运算，或取余数运算；$\dfrac{m}{N}$ 是余数，$\dfrac{m}{N} = l \cdots m'$，$0 < m' \leqslant N-1$。

（2）反变换移序

若 $\tilde{x}(n) \leftrightarrow \tilde{X}(k)$

则
$$\tilde{X}(k+l) \leftrightarrow W_N^{nl} \tilde{x}(n) \tag{3.1-13}$$

与前相同，若 $l \geqslant N$，则
$$\tilde{X}(k+l) = \tilde{X}(k+l') \leftrightarrow W_N^{nl'} \tilde{x}(n)$$

式中，$l' = l[\bmod N] = ((l))_N$。

3. 周期卷积

若有周期为 N 的序列 $\tilde{x}_1(n)$、$\tilde{x}_2(n)$，周期卷积定义为
$$\tilde{x}_3(n) = \sum_{m=0}^{N-1} \tilde{x}_1(m) \tilde{x}_2(n-m) = \sum_{m=0}^{N-1} \tilde{x}_2(m) \tilde{x}_1(n-m) \tag{3.1-14}$$

为了区别，将在此之前所讨论的卷积称为线性卷积。周期卷积与线性卷积的区别有以下 3 点：

1）$\tilde{x}_1(n)$、$\tilde{x}_2(n)$ 均是以 N 为周期的周期序列。

2）仅在主值区区间 $(0 \sim N-1)$ 求和。

3）$\tilde{x}_3(n)$ 仍是以 N 为周期的周期序列。

例 3.1-4 已知两个 $N = 3$ 的周期序列，其主值区序列分别为
$$\tilde{x}_1(n) = \begin{cases} 2 & n = 0 \\ 3 & n = 1, \\ 1 & n = 2 \end{cases} \qquad \tilde{x}_2(n) = \begin{cases} 1 & n = 0 \\ 0 & n = 1 \\ 2 & n = 2 \end{cases}$$

求周期卷积 $\tilde{x}_3(n)$。

解：$\tilde{x}_3(n) = \sum\limits_{m=0}^{N-1} \tilde{x}_1(m)\tilde{x}_2(n-m)$

其中　　$\tilde{x}_3(0) = \sum\limits_{m=0}^{N-1} \tilde{x}_1(m)\tilde{x}_2(0-m)$

$= 2 \times 1 + 3 \times 2 + 1 \times 0 = 8$

$\tilde{x}_3(1) = \sum\limits_{m=0}^{N-1} \tilde{x}_1(m)\tilde{x}_2(1-m)$

$= 2 \times 0 + 3 \times 1 + 1 \times 2 = 5$

$\tilde{x}_3(2) = \sum\limits_{m=0}^{N-1} \tilde{x}_1(m)\tilde{x}_2(2-m)$

$= 2 \times 2 + 3 \times 0 + 1 \times 1 = 5$

周期卷积过程如图3.1-8所示。

作 $\tilde{x}_1(n)$、$\tilde{x}_2(n)$ 主值区截短序列的线性卷积，与周期卷积比较

$$x_3(n) = \tilde{x}_1(n)R_N(n) * \tilde{x}_2(n)R_N(n)$$

```
 2  3  1
 1  0  2
 2  3  1
       4  6  2
 2  3  5  6  2
```

$$x_3(n) = \begin{bmatrix} 2 & 3 & 5 & 6 & 2 \end{bmatrix}$$
$$\uparrow$$

由此看出线性卷积与周期卷积的区别。

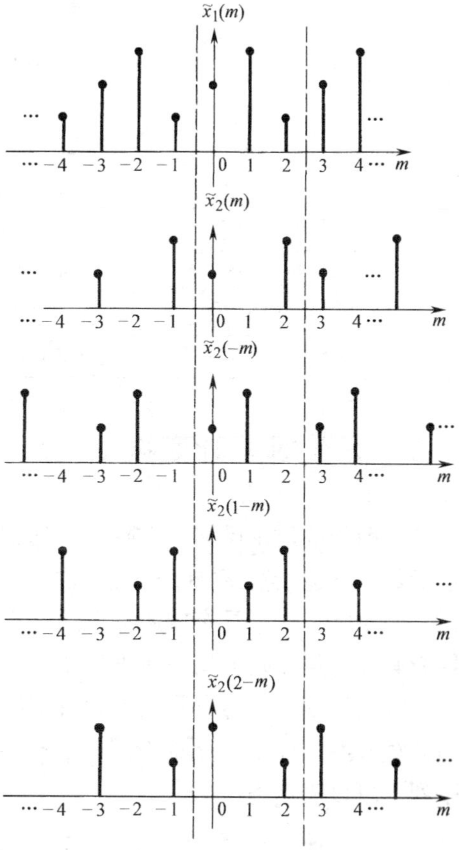

4. 周期卷积定理

若 $\tilde{x}_1(n) \overset{N}{\leftrightarrow} \tilde{X}_1(k), \tilde{x}_2(n) \overset{N}{\leftrightarrow} \tilde{X}_2(k)$

则　　　　$\tilde{x}_3(n) = \sum\limits_{m=0}^{N-1} \tilde{x}_1(m)\tilde{x}_2(n-m) \overset{N}{\leftrightarrow} \tilde{X}_3(k) = \tilde{X}_1(k)\tilde{X}_2(k)$　　　　(3.1-15)

证明：$\tilde{X}_3(k) = \sum\limits_{n=0}^{N-1} \tilde{x}_3(n) W_N^{kn} = \sum\limits_{n=0}^{N-1} \Big[\sum\limits_{m=0}^{N-1} \tilde{x}_1(m)\tilde{x}_2(n-m) \Big] W_N^{kn}$

$= \sum\limits_{m=0}^{N-1} \tilde{x}_1(m) \Big[\sum\limits_{n=0}^{N-1} \tilde{x}_2(n-m) W_N^{kn} \Big]$

$= \sum\limits_{m=0}^{N-1} \tilde{x}_1(m) W_N^{km} \tilde{X}_2(k) = \tilde{X}_1(k)\tilde{X}_2(k)$

5. 复周期卷积

若 $\tilde{x}_1(n) \leftrightarrow \tilde{X}_1(k), \tilde{x}_2(n) \leftrightarrow \tilde{X}_2(k)$，均为 N 点，则

$$\tilde{x}_3(n) = \tilde{x}_1(n)\tilde{x}_2(n) \leftrightarrow \tilde{X}_3(k) = \frac{1}{N}\tilde{X}_1(k) * \tilde{X}_2(k)$$

$$= \frac{1}{N}\sum\limits_{l=0}^{N-1} \tilde{X}_1(l)\tilde{X}_2(k-l) = \frac{1}{N}\sum\limits_{l=0}^{N-1} \tilde{X}_2(l)\tilde{X}_1(k-l) \qquad (3.1-16)$$

6. 对称性

由式（3.1-10）DFS与DTFT的关系，还可得到DFS的对称性，如表3.1-1所列。

图 3.1-8　例 3.1-4 周期卷积计算

表 3.1-1　DTFT 与 DFS 对称性

序号	序列	DTFT	周期序列	DFS
1	$x(n)$	$X(\mathrm{e}^{\mathrm{j}\omega})$	$\tilde{x}(n)$	$\tilde{X}(k)$
2	$x^*(n)$	$X^*(\mathrm{e}^{-\mathrm{j}\omega})$	$\tilde{x}^*(n)$	$\tilde{X}^*(-k)$
3	$x^*(-n)$	$X^*(\mathrm{e}^{\mathrm{j}\omega})$	$\tilde{x}^*(-n)$	$\tilde{X}^*(k)$
4	$\mathrm{Re}[x(n)]$	$X_e(\mathrm{e}^{\mathrm{j}\omega})$	$\mathrm{Re}[\tilde{x}(n)]$	$\tilde{X}_e(k)$
5	$\mathrm{jIm}[x(n)]$	$X_o(\mathrm{e}^{\mathrm{j}\omega})$	$\mathrm{jIm}[\tilde{x}(n)]$	$\tilde{X}_o(k)$
6	$x_e(n)$	$\mathrm{Re}[X(\mathrm{e}^{\mathrm{j}\omega})]$	$\tilde{x}_e(n)$	$\mathrm{Re}[\tilde{X}(k)]$
7	$x_o(n)$	$\mathrm{jIm}[X(\mathrm{e}^{\mathrm{j}\omega})]$	$\tilde{x}_o(n)$	$\mathrm{jIm}[\tilde{X}(k)]$

3.2　离散傅里叶变换

由前面的讨论已知，有限长序列 $x(n)$ 的 $X(\mathrm{e}^{\mathrm{j}\omega})$ 与 $X(z)$ 存在，但 $X(\mathrm{e}^{\mathrm{j}\omega})$ 与 $X(z)$ 均为连续函数，不适于数字技术处理。而 3.1 节讨论的周期序列 $\tilde{x}(n)$ 及其 $\tilde{X}(k)$ 虽然都是离散序列，但实际工作中具有应用意义的是有限时宽序列。所以下面要讨论的无论是时域或频域，均为有限时宽序列的离散傅里叶变换，通常离散傅里叶变换用英文缩写 DFT 表示。

因为周期序列与有限长序列有本质的联系，所以先从有限长序列的周期展开与周期序列的截短开始。设 $x(n)$ 是时宽为 N_1 的有限长序列，以 N 为周期将 $x(n)$ 展开为无重叠的周期序列，可以表示为

$$\tilde{x}(n) = \sum_{r=-\infty}^{\infty} x(n+rN) \tag{3.2-1}$$

式中，$N \geqslant N_1$。

有限长序列 $x(n)$ 也可以由对周期序列的主值区截短得到，可以表示为

$$x(n) = \begin{cases} \tilde{x}(n) & 0 \leqslant n \leqslant N-1 \\ 0 & \text{其他} \end{cases} \tag{3.2-2}$$

式 (3.2-1)、式 (3.2-2) 表示 $x(n)$ 与 $\tilde{x}(n)$ 的关系为：$\tilde{x}(n)$ 是 $x(n)$ 的周期延拓；$x(n)$ 是 $\tilde{x}(n)$ 的"主值序列"。

式 (3.2-1)、式 (3.2-2) 两个表示式使用不方便，可改写为

$$\tilde{x}(n) = x(n[\bmod N]) = x((n))_N \tag{3.2-3}$$

$$x(n) = \tilde{x}(n)R_N(n) \tag{3.2-4}$$

式中，$((\quad))_N$ 是模 N 运算，求 n 对 N 的余数，即若 $\dfrac{n}{N} = m \cdots n_1$，$(0 \leqslant |n_1| \leqslant N-1)$

则

$$((n))_N = \begin{cases} n_1 & n_1 \geqslant 0 \\ n_1 + N & n_1 < 0 \end{cases} \quad (0 \leqslant ((n))_N \leqslant n-1)$$

同样，$X(k)$ 与 $\tilde{X}(k)$ 之间也可以互相表示为

$$\tilde{X}(k) = X((k))_N \tag{3.2-5}$$

式 (3.2-5) 说明 $\tilde{X}(k)$ 是 $X(k)$ 的周期展开。

$$X(k) = \tilde{X}(k)R_N(k) \tag{3.2-6}$$

式（3.2-6）表示 $X(k)$ 是 $\tilde{X}(k)$ 的主值序列。

3.2.1 离散傅里叶变换定义

如图 3.2-1 所示，DFT 可按以下思路确定：

图中第①步将 $x(n)$ 以 N 点为周期时域延拓；第②步求周期序列的傅里叶级数；第③步取 $\tilde{X}(k)$ 主值序列；第④步得到序列的 DFT。

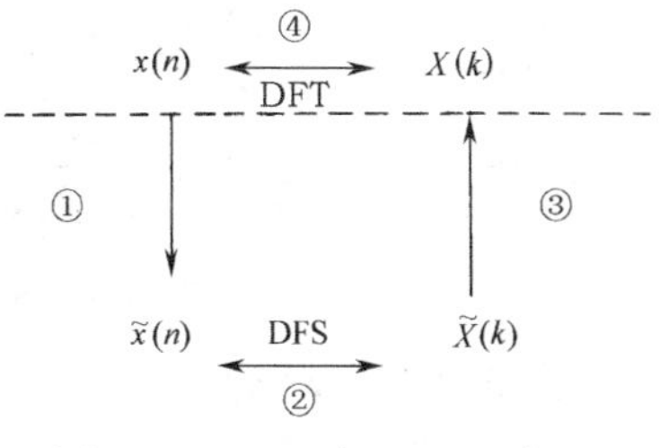

正如图 3.2-1 所示，有限长序列的 DFT 与周期序列的 DFS 关系密切，可以利用 DFS 变换对

$$\tilde{X}(k) = \sum_{n=0}^{N-1} \tilde{x}(n) W_N^{nk}$$

$$\tilde{x}(n) = \frac{1}{N}\sum_{k=0}^{N-1} \tilde{X}(k) W_N^{-nk}$$

图 3.2-1 DFT 与 DFS 的关系

可见以上两式求和都只限于主值区，因而完全适用主值序列 $x(n)$、$X(k)$。由此定义有限长序列 $x(n)$ 的 DFT，得到新的变换对——DFT 对：

$$X(k) = \begin{cases} \sum_{n=0}^{N-1} x(n) W_N^{nk} & 0 \leqslant k \leqslant N-1 \\ 0 & \text{其他} \end{cases} \tag{3.2-7}$$

$$x(n) = \begin{cases} \dfrac{1}{N}\sum_{k=0}^{N-1} X(k) W_N^{-nk} & 0 \leqslant n \leqslant N-1 \\ 0 & \text{其他} \end{cases} \tag{3.2-8}$$

式（3.2-7）、式（3.2-8）表明长度为 N 点的有限时宽序列 $x(n)$，其 DFT 仍为 N 点的频域有限长序列 $X(k)$。$x(n)$ 与 $X(k)$ 构成有限长序列的 DFT 对。由 $x(n)$ 能惟一确定 $X(k)$，反之亦然。由 DFT 思路可知 DFT 与 DFS 的关系，虽然 DFT 正反变换都是有限长序列，却隐含着周期性。实际求解序列的 DFT 时，可直接利用式（3.2-7）、式（3.2-8），并不用图 3.2-1 所示的 4 个步骤。

3.2.2 DFT 与 ZT、DTFT 的关系

N 点有限长序列 $x(n)$ 的 DFT 与 Z 变换分别为

$$X(k) = \sum_{n=0}^{N-1} x(n) W_N^{nk}$$

$$X(z) = \sum_{n=0}^{N-1} x(n) z^{-n}$$

比较上两式，有

$$X(k) = X(z)\Big|_{z=W_N^{-k}=e^{j\frac{2\pi}{N}k}} \tag{3.2-9}$$

由式（3.2-9）可知 $X(k)$ 是 Z 变换在单位圆上的等间隔取样。又因为单位圆上的 Z 变换是序列的傅里叶变换，所以 $X(k)$ 也是 DTFT 的等间隔取样，取样间隔为 $2\pi/N$，即

$$X(k) = X(e^{j\omega})\Big|_{\omega=\frac{2\pi}{N}k} \tag{3.2-10}$$

式（3.2-10）表示 $X(k)$ 是频域取样序列。1.6 节中的时域取样定理说明，一个频带有限的序列可以对它进行时域取样，在满足一定条件下可不丢失任何信息。现在 DFT 又明确：一个时宽有限的信号 $x(n)$，其频率特性也可由其 N 个取样值确定。DFT 实现了频域取样，使频域信号离散化，适合数字技术处理。频域取样的有关内容在后面还要详细讨论。

例 3.2-1　已知序列 $x(n)=R_2(n)$，求 $X(\mathrm{e}^{\mathrm{j}\omega})$，$N=2$ 点的 $X_1(k)$。

解：
$$X(\mathrm{e}^{\mathrm{j}\omega}) = \sum_{n=0}^{1} \mathrm{e}^{-\mathrm{j}n\omega} = 1 + \mathrm{e}^{-\mathrm{j}\omega} = 2\mathrm{e}^{-\mathrm{j}\omega/2}\cos(\omega/2)$$

$$X_1(k) = \sum_{n=0}^{N-1} x(n) W_N^{nk} = \sum_{n=0}^{1} \mathrm{e}^{-\mathrm{j}\frac{2\pi}{2}k} = 1 + \mathrm{e}^{-\mathrm{j}\pi k} \qquad k = 0,1$$

$$X_1(0) = 1+1 = 2, \quad X_1(1) = 1 + \mathrm{e}^{-\mathrm{j}\pi} = 1-1 = 0$$

例 3.2-1 的 $x(n)$、$|X(\mathrm{e}^{\mathrm{j}\omega})|$、$X_1(k)$ 如图 3.2-2 所示。

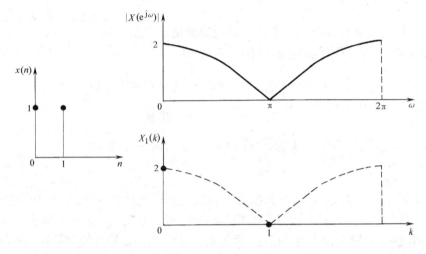

图 3.2-2　例 3.2-1 的 $x(n)$、$|X(\mathrm{e}^{\mathrm{j}\omega})|$、$X_1(k)$

例 3.2-2　$x(n)=R_2(n)$，求 $X(\mathrm{e}^{\mathrm{j}\omega})$，$N=3$ 点的 $X_2(k)$。

解： $x(n)$ 原有两点非零值，要求 $N=3$ 点的 $X_2(k)$，要在 $x(n)$ 的非零值点后面补一个等于零的点，如图 3.2-3 所示。

$$X(\mathrm{e}^{\mathrm{j}\omega}) = \sum_{n=0}^{1} \mathrm{e}^{-\mathrm{j}n\omega} = 1 + \mathrm{e}^{-\mathrm{j}\omega} = 2\mathrm{e}^{-\mathrm{j}\omega/2}\cos(\omega/2) \quad （同例 3.2-1）$$

$$X_2(k) = \sum_{n=0}^{N-1} x(n) W_N^{nk} = \sum_{n=0}^{2} x(n)\mathrm{e}^{-\mathrm{j}\frac{2\pi}{3}k} = 1 + \mathrm{e}^{-\mathrm{j}\frac{2\pi}{3}k} \qquad k = 0,1,2$$

$$X_2(0) = 1+1 = 2$$

$$X_2(1) = 1 + \mathrm{e}^{-\mathrm{j}\frac{2\pi}{3}} = \mathrm{e}^{-\mathrm{j}\frac{\pi}{3}}\left(\mathrm{e}^{\mathrm{j}\frac{\pi}{3}} + \mathrm{e}^{-\mathrm{j}\frac{\pi}{3}}\right) = 2\mathrm{e}^{-\mathrm{j}\frac{\pi}{3}}\cos\frac{\pi}{3} = \mathrm{e}^{-\mathrm{j}\frac{\pi}{3}}$$

$$X_2(2) = 1 + \mathrm{e}^{-\mathrm{j}\frac{4\pi}{3}} = \mathrm{e}^{\mathrm{j}\frac{\pi}{3}}\left(\mathrm{e}^{-\mathrm{j}\frac{\pi}{3}} + \mathrm{e}^{\mathrm{j}\frac{\pi}{3}}\right) = 2\mathrm{e}^{\mathrm{j}\frac{\pi}{3}}\cos\frac{\pi}{3} = \mathrm{e}^{\mathrm{j}\frac{\pi}{3}}$$

例 3.2-2 的 $x(n)$ 及 $|X_2(k)|$ 如图 3.2-3 所示。

由上两例可知：

1）N 越大，计算量越大，一般计算量正比于 N^2。

2）用对 $x(n)$ 补零（增加了频域取样点）的方法，$X(k)$ 可以提供较密的频谱和较好的

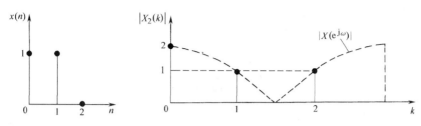

图 3.2-3 例 3.2-2 的 $x(n)$、$|X_2(k)|$

图示形式。这是因为 $X(k)=X(kF)$，式中，$F=f_s/N$ 是取样的频率间隔，当 N（点数）增加，而 f_s 不变时，取样的频率间隔 F 就会减小。

如例 3.2-1 中，$X_1(k)=X(kF_1)$，式中，$F_1=f_s/N_1=f_s/2$；例 3.2-2 中，$X_2(k)=X(kF_2)$，式中，$F_2=f_s/N_2=f_s/3$。

利用 MATLAB 程序可以验证以上 DFT 计算。例 3.2-1 及例 3.2-2 的 MATLAB 计算程序及答案详见 3.7.2 节。

3.3 离散傅里叶变换的性质

1. 线性

$x_1(n)$ 是有限时宽为 N_1 的序列，$x_2(n)$ 的有限时宽为 N_2，若
$$y(n)=ax_1(n)+bx_2(n)$$
则
$$\text{DFT}[y(n)]=\text{DFT}[ax_1(n)+bx_2(n)]=aX_1(k)+bX_2(k)=X_3(k) \qquad (3.3\text{-}1)$$
式中，$X_1(k)$、$X_2(k)$ 均为 N 点 DFT，$N\geqslant\max[N_1,N_2]$。

2. 循环位移（圆周移序）**性**

设 $x(n)$ 是长度为 N 的序列，对应的 DFT 为 $X(k)$。

（1）循环位移序列
$$y(n)=x((n+m))_N R_N(n) \qquad (3.3\text{-}2)$$

式（3.3-2）中 $y(n)$ 的构成是先将 $x(n)$ 以 N 为周期延拓为 $x((n))_N$，再作 $x((n))_N$ 的位移序列 $x((n+m))_N$，最后对周期位移序列 $x((n+m))_N$ 取主值区序列形成 $y(n)$，即 $x((n+m))_N R_N(n)$。也可以想像将 $x(n)$ 均匀排列在一个圆周上，当 $m>0$ 或 $m<0$ 时，$y(n)$ 是 $x(n)$ 在这个圆周上逆时针移或顺时针移 m 位的序列。因此，循环位移也称圆周移序。这样构成的 $y(n)$ 与以往 $x(n)$ 的平行位移不同，不同之处在于当 $x(n)$ 从区间的 0 或 $N-1$ 端移出时，它又会从另一端 $N-1$ 或 0 循环移入。所以 $y(n)$ 仍然是长度为 N 的主值序列，$y(n)=x((n-2))_N R_N(n)$ 的构成过程如图 3.3-1 所示。

（2）循环移序性

若
$$y(n)=x((n+m))_N R_N(n)$$
则
$$Y(k)=W_N^{-mk}X(k) \qquad (3.3\text{-}3)$$
证明：利用周期序列的移位特性
$$\text{DFS}[\tilde{x}(n+m)]=W_N^{-mk}\tilde{X}(k)$$
$$\text{DFT}[y(n)]=\text{DFT}[\tilde{x}(n+m)R_N(n)]=W_N^{-mk}\tilde{X}(k)R_N(k)=W_N^{-mk}X(k)$$
同理可得反变换的循环移序序列与循环移序性，即若有频域循环移序序列

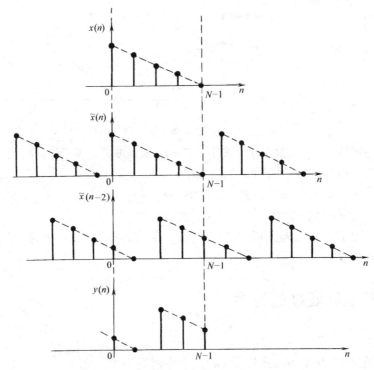

图 3.3-1　位移序列 $y(n)$ 构成过程示意图

$$Y(k) = X((k+l))_N R_N(k)$$

则
$$y(n) = W_N^{nl} x(n) \tag{3.3-4}$$

3. 循环（圆周）卷积定理

（1）圆周（循环）卷积定义

有限长序列 $x_1(n)$、$x_2(n)$，分别为 N_1 点、N_2 点，若

$$y(n) = \Big[\sum_{m=0}^{N-1} x_1(m) x_2((n-m))_N \Big] R_N(n) = \Big[\sum_{m=0}^{N} x_2(m) x_1((n-m))_N \Big] R_N(n) \tag{3.3-5}$$

则 $y(n)$ 是 $x_1(n)$、$x_2(n)$ 的 N 点循环卷积，还可记为

$$y(n) = x_1(n) \circledast x_2(n) = x_1(n) \,\text{Ⓝ}\, x_2(n) \tag{3.3-6}$$

或
$$y(n) = x_2(n) \circledast x_1(n) = x_2(n) \,\text{Ⓝ}\, x_1(n)$$

式中，$N \geqslant \max [N_1, N_2]$。

式（3.3-5）的循环卷积是先以 N 点为周期展开 $x_1(n)$、$x_2(n)$（N 是可变的，与 N_1、N_2 可不同）；再作 $\tilde{x}_1(n)$、$\tilde{x}_2(n)$ N 点周期卷积得到 $\tilde{y}(n)$，最后取周期卷积 $\tilde{y}(n)$ 的主值区（$0 \leqslant n$ $\leqslant N-1$）形成的序列，即 $y(n) = \tilde{y}(n) R_N(n)$。

循环卷积与周期卷积不同之处除了结果 $y(n)$ 是主值序列外，就是 $x_1(n)$、$x_2(n)$ 周期延拓时 N 是可变的。

例 3.3-1　已知 $x_1(n) = [2\ \ 3\ \ 1]$，$x_2(n) = [1\ \ 0\ \ 2]$，求 $y(n) = x_1(n) \circledast x_2(n)$，
$N=3$。

解法（1）：按照定义做的公式法。

先求 $N=3$ 点的周期卷积，然后取主值区序列。

$$y(n) = \sum_{m=0}^{N-1} x_1(m) x_2((n-m))_N R_N(n)$$

$$y(0) = \sum_{m=0}^{N-1} x_1(m) x_2((0-m))_N R_N(n) = 2 \times 1 + 3 \times 2 + 1 \times 0 = 8$$

$$y(1) = \sum_{m=0}^{N-1} x_1(m) x_2((1-m))_N R_N(n) = 2 \times 0 + 3 \times 1 + 1 \times 2 = 5$$

$$y(2) = \sum_{m=0}^{N-1} x_1(m) x_2((1-m))_N R_N(n) = 2 \times 2 + 3 \times 0 + 1 \times 1 = 5$$

$$y(n) = \begin{bmatrix} 8 & 5 & 5 \end{bmatrix}$$
$$\uparrow$$

解法（2）：循环卷积的圆周法。

第一步将 N 点 $x_1(m)$ 顺时针等间隔排列在内圆周上，将 $x_2(-m)$ 逆时针对应地排在外圆周上，这时对应的 $x_1(m)$ 与 $x_2(-m)$ 相乘后再相加得到 $y(0)$；第二步将 $x_2(-m)$ 顺时针转 1 位形成 $x_2(1-m)$，这时对应的 $x_1(m)$ 与 $x_2(1-m)$ 相乘后再相加得到 $y(1)$，……，以此类推解得全部结果。圆周求法的计算过程如图 3.3-2 所示。

本方法适用于 N 不大时，如 N 较大则很困难。

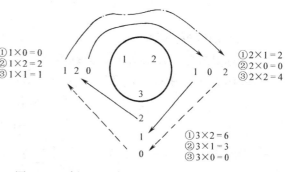

图 3.3-2 例 3.3-1 求圆周卷积 $y(n)$ 的圆周法

$$y(n) = \begin{cases} 2+6+0 = 8 & n=0 \\ 0+3+2 = 5 & n=1 \\ 4+0+1 = 5 & n=2 \\ 0 & \text{其他} \end{cases}$$

解法（3）：利用线性卷积作循环卷积的方法。

先计算 $x_1(n) * x_2(n)$，然后，从 $N=3$ 位（有效位）开始截断，将截断的后部移至下一行，与被截短的前部对齐后，再对位相加。

$$
\begin{array}{ccccc}
2 & 3 & 1 & & \\
\underline{1} & 0 & 2 & & \\
2 & 3 & 1 & & \\
& & 4 & 6 & 2 \\
\hline
2 & 3 & 5 & \vdots\ 6 & 2 \\
& & & & \\
& & \underline{6} & 2 & \\
\hline
8 & & 5 & 5 &
\end{array}
$$

$$y(n) = \begin{bmatrix} 8 & 5 & 5 \end{bmatrix}$$
$$\uparrow$$

比较可见，利用线性卷积计算循环卷积比前两种方法都简便。

例 3.3-2 已知 $x_1(n)$、$x_2(n)$ 同上例，求 $y(n) = x_1(n) \circledast x_2(n)$，$N=4$。

解：直接用线性卷积计算循环卷积，先计算 $x_1(n) * x_2(n)$，然后从 $N=4$ 位（有效位）开始截断，将截断的后部移至下一行，与被截短的前部对齐后，再对位相加。

$$
\begin{array}{cccccc}
2 & 3 & 1 & & & \\
1 & \underline{} & 0 & 2 & & \\
2 & 3 & 1 & & & \\
& & & 4 & 6 & 2 \\
\hline
2 & 3 & 5 & 6 & \vdots & 2 \\
2 & & & & & \\
\hline
4 & 3 & 5 & 6 & &
\end{array}
$$

$$y(n) = \begin{bmatrix} 4 & 3 & 5 & 6 \end{bmatrix}$$
$$\uparrow$$

（2）循环卷积定理

有限长序列 $x_1(n)$、$x_2(n)$，分别为 N_1 点、N_2 点。取 $N \geqslant \max\ [N_1,\ N_2]$，$x_1(n)$、$x_2(n)$ 的 N 点 DFT 分别为 $X_1(k) = \mathrm{DFT}[x_1(n)]$，$X_2(k) = \mathrm{DFT}[x_2(n)]$

若
$$y(n) = x_1(n) \circledast x_2(n)$$

则
$$Y(k) = X_1(k) X_2(k) \tag{3.3-7}$$

证明：
$$
Y(k) = \mathrm{DFT}[y(n)] = \sum_{n=0}^{N-1} \Big[\sum_{m=0}^{N-1} x_1(m) x_2((n-m))_N R_N(n) \Big] W_N^{kn}
$$
$$
= \sum_{m=0}^{N-1} x_1(m) \sum_{n=0}^{N-1} x_2((n-m))_N W_N^{kn}
$$

式中，$\displaystyle\sum_{n=0}^{N-1} x_2((n-m))_N W_N^{kn}$ 是主值区求和，利用移位性

$$
\sum_{n=0}^{N-1} x_2((n-m))_N W_N^{kn} = W_N^{km} X_2(k)
$$

则
$$
Y(k) = \sum_{m=0}^{N-1} x_1(m) W_N^{km} X_2(k) = X_1(k) X_2(k)
$$

同理可证复卷积定理。若
$$y(n) = x_1(n) x_2(n)$$

则
$$
Y(k) = \frac{1}{N} X_1(k) \circledast X_2(k) = \frac{1}{N} \sum_{l=0}^{N-1} X_1(l) X_2((k-l))_N R_N(k)
$$
$$
= \frac{1}{N} \sum_{l=0}^{N-1} X_2(l) X_1((k-l))_N R_N(k) \tag{3.3-8}
$$

4. 共轭序列的 DFT

若 $x^*(n)$ 是有限长序列 $x(n)$ 的共轭复序列，且 $x(n) \overset{\mathrm{DFT}}{\leftrightarrow} X(k)$

则
$$x^*(n) \overset{\mathrm{DFT}}{\leftrightarrow} X^*((N-k))_N \tag{3.3-9}$$

一般为方便起见，式（3.3-9）习惯写为

$$x^*(n) \overset{\mathrm{DFT}}{\leftrightarrow} X^*(N-k) \tag{3.3-10}$$

证明：$\displaystyle\mathrm{DFT}[x^*(n)] = \sum_{n=0}^{N-1} x^*(n) W_N^{nk} \qquad 0 \leqslant k \leqslant N-1 = \sum_{n=0}^{N-1} [x(n) W_N^{-nk}]^*$

因为
$$W_N^{nN} = \mathrm{e}^{-j\frac{2\pi}{N}nN} = 1$$

所以　$\mathrm{DFT}[x^*(n)] = \sum_{n=0}^{N-1} [x(n)W_N^{(N-k)n}]^* = X^*((N-k))_N R_N(k) = X^*(N-k)$

式（3.3-9）与式（3.3-10）只相差一点，即当 $k = 0$ 时，式（3.3-9）中 $X((N))_N R_N(k) = X(0)$，而式（3.3-10）的 $X^*(N-k) = X^*(N)$ 超出主值区。不过，一般习惯上认为 $X(k)$ 是等间隔地分布在单位圆上的，它们的终点就是起点，即 $X(N) = X(0)$，所以式（3.3-10）用得也很多，要强调的是，在讨论中如遇到 $X(N)$ 应理解为 $X((N))_N = X(0)$。

当 $x(n)$ 是实序列，$x(n) = x^*(n)$，利用共轭序列的 DFT，有
$$k = 0, X(0) = X^*(0)$$
$$k = 1, X(1) = X^*(N-1)$$
$$k = 2, X(2) = X^*(N-2)$$
$$\vdots$$

除 $X(0)$ 外，其余两两相等。根据这个性质，求实序列的 DFT 时，可减少近一半的工作量。

同理可推出 $X(k)$ 的共轭复序列 $X^*(k)$ 对应的时域序列为

或
$$x^*((-n))_N R_N(n) \leftrightarrow X^*(k) \tag{3.3-11}$$
$$x^*(N-n) \leftrightarrow X^*(k) \tag{3.3-12}$$

5. 圆周共轭对称性

前面讨论过序列的共轭对称、反对称分量。若 $x(n)$ 是 N 点有限长主值序列，其共轭对称、反对称分量分别为
$$x_e(n) = \frac{1}{2}[x(n) + x^*(-n)]$$
$$x_o(n) = \frac{1}{2}[x(n) - x^*(-n)]$$

式中，$x_e(n)$、$x_o(n)$ 是对称于坐标原点或纵轴的，长度均为 $2N-1$ 点，超出主值区。因为可以认为 $X(k)$ 是等分地分布在单位圆上的，所以引入新的长度均为 N 点、对称 $N/2$ 的圆周共轭对称分量 $x_{ep}(n)$ 及圆周共轭反对称分量 $x_{op}(n)$。

（1）序列的圆周共轭对称 x_{ep} 和圆周共轭反对称分量 x_{op}

圆周共轭对称、圆周共轭反对称分量满足下面关系：
$$\begin{array}{l} x_{ep}(n) = x_{ep}^*(N-n) \\ x_{op}(n) = -x_{op}^*(N-n) \end{array} \qquad 0 \leqslant n \leqslant N-1 \tag{3.3-13}$$

任意有限长序列 $x(n)$ 都可以分解为圆周共轭对称分量 x_{ep} 及圆周共轭反对称分量 x_{op} 之和，即
$$x(n) = x_{ep}(n) + x_{op}(n) \tag{3.3-14}$$

对上式两边取复共轭，且用 $N-n$ 替换式中的 n，再将式（3.3-13）代入，得
$$x^*(N-n) = x_{ep}^*(N-n) + x_{op}^*(N-n) = x_{ep}(n) - x_{op}(n) \tag{3.3-15}$$

将式（3.3-14）与式（3.3-15）相加或相减，得

$$x_{ep}(n) = \frac{1}{2}[x(n) + x^*(N-n)]R_N(n)$$

$$x_{op}(n) = \frac{1}{2}[x(n) - x^*(N-n)]R_N(n) \tag{3.3-16}$$

(2) 圆周共轭对称与圆周共轭反对称分量的 DFT

利用 DFT 的线性以及式（3.3-12），分别求式（3.3-16）的 $x_{ep}(n)$、$x_{op}(n)$ 的 DFT，可得

$$x_{ep}(n) = \frac{1}{2}[x(n) + x^*(N-n)]R_N(n) \leftrightarrow \frac{1}{2}[X(k) + X^*(k)] = \text{Re}[X(k)] \tag{3.3-17}$$

$$x_{op}(n) = \frac{1}{2}[x(n) - x^*(N-n)]R_N(n) \leftrightarrow \frac{1}{2}[X(k) - X^*(k)] = \text{jIm}[X(k)] \tag{3.3-18}$$

上两式从 DFT 时频对应关系说明，序列 $x(n)$ 的圆周共轭对称分量对应频域 $X(k)$ 的实部，序列 $x(n)$ 的圆周共轭反对称分量对应频域 $X(k)$ 的虚部。

同样，利用时频对称性，可以得到频域圆周共轭对称分量 $X_{ep}(k)$ 与圆周共轭反对称分量 $X_{op}(k)$ 及时频对称关系。

频域圆周共轭对称、圆周共轭反对称分量满足下面关系：

$$\begin{aligned} X_{ep}(k) &= X_{ep}^*(N-k) \\ X_{op}(k) &= -X_{op}^*(N-k) \end{aligned} \qquad 0 \leq k \leq N-1 \tag{3.3-19}$$

并且

$$X_{ep}(k) = \frac{1}{2}[X(k) + X^*(N-k)]$$

$$X_{op}(k) = \frac{1}{2}[X(k) - X^*(N-k)]$$

频域圆周共轭对称与圆周共轭反对称分量的 IDFT 为

$$X_{ep}(k) = \frac{1}{2}[X(k) + X^*(N-k)] \leftrightarrow \frac{1}{2}[x(n) + x^*(n)] = \text{Re}[x(n)] \tag{3.3-20}$$

$$X_{op}(k) = \frac{1}{2}[X(k) - X^*(N-k)] \leftrightarrow \frac{1}{2}[x(n) - x^*(n)] = \text{jIm}[x(n)] \tag{3.3-21}$$

上两式从 DFT 时频对应关系上说明，频域 $X(k)$ 的圆周共轭对称分量对应时域序列 $x(n)$ 的实部，频域 $X(k)$ 的圆周共轭反对称分量对应时域序列 $x(n)$ 的虚部。

(3) 性质

1) 频域圆周共轭对称分量 $X_{ep}(k) = X_{ep}^*(N-k)$，对 $N/2$ 共轭对称是指模相等、幅角相反，即

$$\begin{cases} |X_{ep}(k)| = |X_{ep}(N-k)| \\ \arg[X_{ep}(k)] = -\arg[X_{ep}(N-k)] \end{cases} \tag{3.3-22}$$

2) 频域圆周共轭反对称分量 $X_{op}(k) = -X_{op}^*(N-k)$，对 $N/2$ 共轭反对称是指实部相反、虚部相等，即

$$\begin{cases} \text{Re}[X_{op}(k)] = -\text{Re}[X_{op}(N-k)] \\ \text{Im}[X_{op}(k)] = \text{Im}[X_{op}(N-k)] \end{cases} \tag{3.3-23}$$

特别地，对实序列 $x(n) = \text{Re}[x(n)]$，其 $X(k)$ 只有圆周共轭对称分量 $X_{ep}(k)$，即实序列的 DFT 是圆周共轭对称的

$$x(n) = \text{Re}[x(n)] \leftrightarrow X(k) = X_{ep}(k)$$

而纯虚序列 $x(n) = \mathrm{jIm}[x(n)]$ 其 $X(k)$ 只有圆周共轭反对称分量 $X_{op}(k)$，即虚序列的 DFT 是圆周共轭反对称的

$$x(n) = \mathrm{jIm}[x(n)] \leftrightarrow X(k) = X_{op}(k)$$

在以上两种情况下，都只要知道一半数目的 $X(k)$，利用对称性就可以得到它的另一半。

（4）应用

实际工作中遇到的大都是实序列，所以利用圆周共轭对称性，可以用一个 N 点的 DFT 计算两个 N 点实序列的 DFT；或用一个 $N/2$ 点的 FFT 计算一个 N 点实序列的 FFT。

例 3.3-3 设计一个用 N 点的 DFT 计算两个 N 点实序列 DFT 的算法。

解： 设 $x_1(n)$、$x_2(n)$ 均为 N 点实序列，如果分别求 $X_1(k)$、$X_2(k)$，要用两次 N 点的 DFT 计算；若将其组合为新序列

$$y(n) = x_1(n) + \mathrm{j}x_2(n)$$

求 $y(n)$ 的 DFT，得

$$Y(k) = \mathrm{DFT}[y(n)] = Y_{ep}(k) + Y_{op}(k)$$

由式（3.3-20）、式（3.3-21）

$$Y_{ep}(k) = \mathrm{DFT}\{\mathrm{Re}[y(n)]\} = \mathrm{DFT}[x_1(n)] = \frac{1}{2}[Y(k) + Y^*(N-k)]$$

$$Y_{op}(k) = \mathrm{DFT}\{\mathrm{jIm}[y(n)]\} = \mathrm{DFT}[\mathrm{j}x_2(n)] = \frac{1}{2}[Y(k) - Y^*(N-k)]$$

所以

$$X_1(k) = \mathrm{DFT}[x_1(n)] = Y_{ep}(k) = \frac{1}{2}[Y(k) + Y^*(N-k)]$$

$$X_2(k) = \mathrm{DFT}[x_2(n)] = \frac{1}{\mathrm{j}}Y_{op}(k) = \frac{1}{\mathrm{j}2}[Y(k) - Y^*(N-k)]$$

即只用一次 N 点的 DFT 求出 $Y(k)$，再分别提取 $Y(k)$ 中的圆周共轭对称及圆周共轭反对称分量得到对应的 $X_1(k)$、$X_2(k)$。

相对一般的 DFT 算法，这种算法的运算效率提高近一倍。

用一个 $N/2$ 点的 DFT 计算一个 N 点实序列的 DFT 算法作为习题留给读者。

6. 离散傅里叶变换的帕斯维尔定理

$$\sum_{n=0}^{N-1} |x(n)|^2 = \frac{1}{N} \sum_{k=0}^{N-1} |X(k)|^2 \tag{3.3-24}$$

证明：$\displaystyle\sum_{n=0}^{N-1} |x(n)|^2 = \sum_{n=0}^{N-1} x(n)x^*(n) = \sum_{n=0}^{N-1} x(n)\left[\frac{1}{N}\sum_{k=0}^{N-1} X(k)W_N^{-kn}\right]^*$

$$= \frac{1}{N}\sum_{k=0}^{N-1} X^*(k)\sum_{n=0}^{N-1} x(n)W_N^{kn} = \frac{1}{N}\sum_{n=0}^{N-1} X^*(k)X(k) = \frac{1}{N}\sum_{n=0}^{N-1} |X(k)|^2$$

离散傅里叶变换的帕斯维尔定理表明：序列的时域能量与频域能量相等。

3.4 频域采样与恢复

在讨论频域采样之前，可以先简单回顾连续信号时域采样及采样定理。对时域采样信号所关注的是时域采样后频谱的变化。通过推导得到：采样序列的频谱是原信号频谱的周期延拓；当采样频率大于等于原信号最高频率的两倍时，采样信号频谱包含原信号频谱的全部信

息。相应地，对频域采样信号所关注的是频域采样后时域序列的变化。

3.4.1 频域采样

已知任意序列 $x(n)$ 的 Z 变换为

$$X(z) = \sum_{n=-\infty}^{\infty} x(n) z^{-n}$$

在单位圆上对上式的 $X(z)$ 作等间隔采样，得到

$$X(k) = X(z)\Big|_{z=W_N^{-k}} = \sum_{n=-\infty}^{\infty} x(n) W_N^{nk} \tag{3.4-1}$$

用 $x_N(n)$ 表示频域采样 $X(k)$ 所对应的有限长序列，即

$$x_N(n) = \text{IDFT}[X(k)]$$

现在的问题是，$x_N(n)$ 与 $x(n)$ 的关系是否有相同之处？由于可以认为 $X(k)$ 是 $\tilde{X}(k)$ 的主值序列，而 $\tilde{X}(k)$ 对应的是周期序列 $\tilde{x}_N(n)$，所以先讨论 $\tilde{x}_N(n)$

$$\tilde{x}_N(n) = \text{IDFS}[\tilde{X}(k)] = \frac{1}{N} \sum_{k=0}^{N-1} \tilde{X}(k) W_N^{-nk} = \frac{1}{N} \sum_{k=0}^{N-1} X(k) W_N^{-nk}$$

将式（3.4-1）代入上式

$$\tilde{x}_N(n) = \frac{1}{N} \sum_{k=0}^{N-1} \Big[\sum_{m=-\infty}^{\infty} x(m) W_N^{mk} \Big] W_N^{-nk} = \sum_{m=-\infty}^{\infty} x(m) \Big[\frac{1}{N} \sum_{k=0}^{N-1} W_N^{k(m-n)} \Big] \tag{3.4-2}$$

由于式（3.4-2）中的和式

$$\frac{1}{N} \sum_{k=0}^{N-1} W_N^{k(m-n)} = \begin{cases} 1 & m = n + rN, r = \pm1, \pm2, \cdots \\ 0 & \text{其他} \end{cases}$$

表明只有当 $m = n + rN$ 时为 1，其余为零。所以将 $m = n + rN$ 代入式（3.4-2），由此得到

$$\tilde{x}_N(n) = \sum_{r=-\infty}^{\infty} x(n+rN) \tag{3.4-3}$$

$$= \cdots + x(n+N) + x(n) + x(n-N) + \cdots$$

$$\qquad\qquad\quad \downarrow \qquad\qquad \downarrow \qquad\qquad \downarrow$$

$$\qquad\qquad\quad r=1 \qquad\quad r=0 \qquad\quad r=-1$$

式（3.4-3）又一次显示了时频的对称特性。因为它表明 $\tilde{x}_N(n)$ 是 $x(n)$ 以 N 点为周期重复的序列，即频域采样使时域序列周期延拓。不难得出，如果 $x(n)$ 是时宽为 N_1 的有限长序列，并且时宽 $N_1 \leqslant N$，则 $\tilde{x}_N(n)$ 是 $x(n)$ 没有混叠的（不失真）周期重复。如果 $x(n)$ 的时宽 $N_1 > N$，则 $\tilde{x}_N(n)$ 是有混叠的周期重复，就不可能从 $\tilde{x}_N(n)$ 中不失真地恢复 $x(n)$。所以对时宽为 N_1 的有限长序列 $x(n)$，频域采样不失真地条件是 $N_1 \leqslant N$，即

$$x_N(n) = \tilde{x}_N(n) R_N(n) = \sum_{r=-\infty}^{\infty} x(n+rN) R_N(n) = x(n) \quad N \geqslant N_1 \tag{3.4-4}$$

式（3.4-4）表示若 $x(n)$ 的时宽 N_1 小于频率取样点 N，在 $\tilde{x}_N(n)$ 的一个周期就可以恢复 $x(n)$。说明长度小于等于 N 的有限时宽序列，可以利用其 Z 变换在单位圆上的 N 个取样值 $X(k)$ 表示。可以想像，如果 $x(n)$ 是无限长序列，$x_N(n)$ 一定有误差，只是随着采样点 N 的增加逼近 $x(n)$。

3.4.2　频域恢复——频域插值

频域恢复或插值是在 $x(n) = \tilde{x}(n)R_N(n)$ 的条件下讨论 $X(z)$、$X(\mathrm{e}^{\mathrm{j}\omega})$ 与 $X(k)$ 的关系。在上面的频域采样中我们知道，长度小于等于 N 的有限时宽序列可以利用其 Z 变换在单位圆上的 N 个取样值表示。那么，利用这 N 个频域采样值 $X(k)$ 也可以恢复（表示）$X(z)$ 及其频响函数 $X(\mathrm{e}^{\mathrm{j}\omega})$。

有限长序列的 Z 变换为

$$X(z) = \sum_{n=0}^{N-1} x(n)z^{-n}$$

将 $x(n) = \dfrac{1}{N}\sum_{k=0}^{N-1} X(k)W_N^{-nk}$ 代入上式

$$X(z) = \sum_{n=0}^{N-1}\left[\frac{1}{N}\sum_{k=0}^{N-1} X(k)W_N^{-nk}\right]z^{-n} = \frac{1}{N}\sum_{k=0}^{N-1} X(k)\sum_{n=0}^{N-1}\left[W_N^{-k}z^{-1}\right]^n$$

$$= \frac{1}{N}\sum_{k=0}^{N-1} X(k)\frac{1-\left(W_N^{-k}z^{-1}\right)^N}{1-W_N^{-k}z^{-1}} = \frac{1-z^{-N}}{N}\sum_{k=0}^{N-1}\frac{X(k)}{1-W_N^{-k}z^{-1}} = \sum_{k=0}^{N-1} X(k)\varPhi_k(z) \quad (3.4\text{-}5)$$

式中，$\varPhi_k(z) = \dfrac{1}{N}\cdot\dfrac{1-z^{-N}}{1-W_N^{-k}z^{-1}}$。

由式（3.4-5）可见，有限长序列的 Z 变换可以用单位圆上 N 个频率取样表示。若将 $X(z)$ 看作是系统函数，那么这个表示式也给出了一种实现系统的根据。

因为频率响应函数 $X(\mathrm{e}^{\mathrm{j}\omega})$ 是单位圆上的 Z 变换，所以

$$X(\mathrm{e}^{\mathrm{j}\omega}) = X(z)\Big|_{z=\mathrm{e}^{\mathrm{j}\omega}} = \frac{1-z^{-N}}{N}\sum_{k=0}^{N-1}\frac{X(k)}{1-W_N^{-k}z^{-1}}\Big|_{z=\mathrm{e}^{\mathrm{j}\omega}} = \sum_{k=0}^{N-1} X(k)\frac{1}{N}\cdot\frac{1-\mathrm{e}^{-\mathrm{j}\omega N}}{1-\mathrm{e}^{-\mathrm{j}\omega}\mathrm{e}^{\mathrm{j}\frac{2\pi}{N}k}}$$

$$= \sum_{k=0}^{N-1} X(k)\frac{1}{N}\cdot\frac{\sin\dfrac{\omega N}{2}}{\sin\left(\left(\omega-\dfrac{2\pi}{N}k\right)/2\right)}\mathrm{e}^{-\mathrm{j}\left(\frac{N\omega}{2}-\frac{\omega}{2}+\frac{\pi}{N}k\right)} = \sum_{k=0}^{N-1} X(k)\varPhi\left(\omega-\frac{2\pi}{N}k\right) \quad (3.4\text{-}6)$$

式中，$\varPhi(\omega)$ 是内插函数，$\varPhi(\omega) = \dfrac{1}{N}\cdot\dfrac{\sin\dfrac{\omega N}{2}}{\sin\left(\omega/2\right)}\mathrm{e}^{-\mathrm{j}\omega\frac{N-1}{2}}$。

$\left|\varPhi\left(\omega-\dfrac{2\pi}{N}k\right)\right|$ 与 $|\varPhi(\omega)|$ 相比有 $\dfrac{2\pi}{N}k$ 的移序。

$N=6$ 时 $|\varPhi(\omega)|$ 的波形图如图 3.4-1 所示。

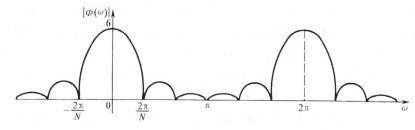

图 3.4-1　$N=6$ 时 $|\varPhi(\omega)|$ 波形图

由图 3.4-1 可见，内插函数在 $\omega=0$（自采样点）时为 1，其他采样点为 0。即

$$\Phi(\omega)\Big|_{\omega=\frac{2\pi}{N}k} = \Phi\left(\frac{2\pi}{N}k\right) = \begin{cases} 0 & k=1,2,\cdots,N-1 \\ 1 & k=0 \end{cases}$$

式（3.4-6）表明，$X(\mathrm{e}^{\mathrm{j}\omega})$是由 N 个加权系数为 $X(k)$ 的 $\Phi\left(\omega-\dfrac{2\pi}{N}k\right)$ 函数组成。在每个采样点上 $X(\mathrm{e}^{\mathrm{j}\omega})\Big|_{\omega=\frac{2\pi}{N}k} = X(k)$，$k=0,1,2,\cdots,N-1$；而采样点之间的 $X(\mathrm{e}^{\mathrm{j}\omega})$ 由各加权内插函数延伸叠加形成。

至此，得到的时域与频域两种表达 $X(z)$ 和 $X(\mathrm{e}^{\mathrm{j}\omega})$ 的形式，分别为

$$X(z) = \sum_{n=0}^{N-1} x(n)z^{-n} = \frac{1-z^{-N}}{N}\sum_{k=0}^{N-1}\frac{X(k)}{1-W_N^{-k}z^{-1}} = \sum_{k=0}^{N-1}X(k)\Phi_k(z) \tag{3.4-7}$$

$$X(\mathrm{e}^{\mathrm{j}\omega}) = \sum_{n=0}^{N-1} x(n)\mathrm{e}^{-\mathrm{j}n\omega} = \sum_{k=0}^{N-1}X(k)\Phi\left(\omega-\frac{2\pi}{N}k\right) \tag{3.4-8}$$

由式（3.4-7）可见，对时域序列，$X(z)$ 是按 z 的负幂级数展开，$x(n)$ 是级数的系数；而在频域，$X(z)$ 是按函数 $\Phi_k(z)$ 展开，$X(k)$ 是其展开系数。由式（3.4-8）可见，对时域序列，频响 $X(\mathrm{e}^{\mathrm{j}\omega})$ 是按三角级数展开（即傅里叶级数），$x(n)$ 是傅里叶级数的谐波系数；而在频域，$X(\mathrm{e}^{\mathrm{j}\omega})$ 被展开为内插函数 $\Phi\left(\omega-\dfrac{2\pi}{N}k\right)$ 的级数，$X(k)$ 是其系数。这说明一个函数可以用不同正交完备群展开，从而获得不同的意义和结果。

3.5　用离散傅里叶变换计算线性卷积

DFT 有快速算法（第 4 章介绍），用 DFT 计算循环卷积，在运算速度上有很大的优越性。但在实际工作中大量碰到的是线性卷积问题，如图 3.5-1 所示。

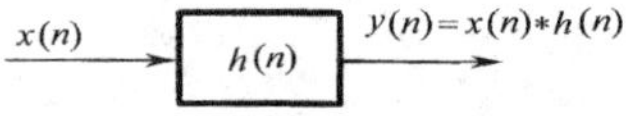

图 3.5-1　线性非时变系统

如果 $x(n)$ 与 $h(n)$ 均为有限长序列，希望能用循环卷积计算线性卷积。本节先讨论用循环卷积计算线性卷积的条件及实现方法，再讨论两种实际计算的算法。

3.5.1　用循环卷积计算线性卷积的条件

设 $x_1(n)$ 是 N_1 点的有限长序列，$x_2(n)$ 是 N_2 点的有限长序列，$x_3(n)$ 是 $x_1(n)$ 与 $x_2(n)$ 的线性卷积序列

$$x_3(n) = x_1(n) * x_2(n) = \sum_{m=-\infty}^{\infty} x_1(m)x_2(n-m)$$

从上式可以看出 $x_1(m)$ 的非零值区为 $0 \leqslant m \leqslant N_1 - 1$，$x_2(n-m)$ 的非零值区为 $0 \leqslant n - m \leqslant N_2 - 1$。两个非零值区相加是 $x_3(n)$ 的非零值区，为 $0 \leqslant n \leqslant N_1 + N_2 - 2$。在这个区间外，不是 $x_1(m) = 0$，就是 $x_2(n-m) = 0$。所以，$x_3(n)$ 是长度为 $N_1 + N_2 - 1$ 的有限时宽序列。

因为循环卷积的结果是周期卷积的主值序列，所以先对 $x_1(n)$、$x_2(n)$ 做长度为 $N \geqslant \max[N_1, N_2]$ 的周期卷积 $\tilde{x}_{3N}(n)$，取 $\tilde{x}_{3N}(n)$ 的主值序列，然后再讨论 $x_3(n)$ 与 $\tilde{x}_{3N}(n)$ 的关系。

具体步骤是通过补零使 $x_1(n)$、$x_2(n)$ 成为相同时宽（N 点）的序列；再求 $\tilde{x}_{1N}(n)$ 与

$\tilde{x}_{2N}(n)$ 的周期卷积 $\tilde{x}_{3N}(n)$。

$$\tilde{x}_{3N}(n) = \sum_{m=0}^{N-1} \tilde{x}_{1N}(m)\tilde{x}_{2N}(n-m) = \sum_{m=0}^{N-1} \tilde{x}_{1N}(m)\Big[\sum_{r=-\infty}^{\infty} x_2(n-m+rN)\Big]$$

$$= \sum_{r=-\infty}^{\infty}\sum_{m=0}^{N-1} \tilde{x}_{1N}(m)x_2(n-m+rN) = \sum_{r=-\infty}^{\infty} x_3(n+rN) \tag{3.5-1}$$

式（3.5-1）表明 $\tilde{x}_{3N}(n)$ 是 $x_3(n)$ 以 N 点展开的周期序列。由前面线性卷积的分析可知，线性卷积 $x_3(n)$ 的时宽为 N_1+N_2-1（有 N_1+N_2-1 个非零值）。所以，如果 $N < N_1+N_2-1$，那么 $\tilde{x}_{3N}(n)$ 以 N 为周期展开的周期序列中必有一部分重叠。这时 $\tilde{x}_{3N}(n)$ 的主值序列不等于 $x_3(n)$，即 $\tilde{x}_{3N}(n)R_N(n) \neq x_3(n)$。而当 $N \geq N_1+N_2-1$ 时，$\tilde{x}_{3N}(n)$ 以 N 为周期展开的周期序列中没有重叠，此时 $\tilde{x}_{3N}(n)$ 的主值序列等于 $x_3(n)$，即 $\tilde{x}_{3N}(n)R_N(n) = x_3(n)$，循环卷积等于线性卷积。因此，两个有限长序列 $x_1(n)$、$x_2(n)$ 为

$$x_1(n) = \begin{cases} x_1(n) & 0 \leq n \leq N_1-1 \\ 0 & \text{其他} \end{cases}$$

$$x_2(n) = \begin{cases} x_2(n) & 0 \leq n \leq N_2-1 \\ 0 & \text{其他} \end{cases}$$

用循环卷积计算线性卷积不失真的条件是 $N \geq N_1+N_2-1$，此时

$$x_3(n) = x_1(n) \circledast x_2(n) = \tilde{x}_{3N}(n)R_N(n) = \Big[\sum_{r=-\infty}^{\infty} x_3(n+rN)\Big]R_N(n) \tag{3.5-2}$$

利用 3.3 节线性卷积计算周期卷积的方法，也不难得到相同的结论。

3.5.2　用循环卷积计算线性卷积的方法

用循环卷积计算线性卷积的流程图如图 3.5-2 所示。

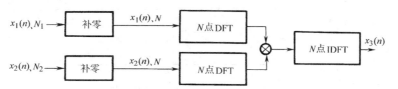

图 3.5-2　用循环卷积计算线性卷积的流程图

图中，$N \geq N_1+N_2-1$，并且 DFT 与 IDFT 子程可以共用。

如果 $x_1(n) = x(n)$ 是系统的激励，$x_2(n) = h(n)$ 是有限冲激响应系统的单位脉冲响应，那么序列通过离散线性系统的响应可以由此方法得到，即

$$y(n) = x(n) * h(n) = x(n) \circledast h(n) \qquad N \geq N_1+N_2-1$$

一般地，输入序列 $x(n)$ 在实际工作中很难预测其长度，理论上用很大的存储设备可以解决这一问题，但是需要实时处理时又不合适。此外，即便不实时处理，由于 $h(n)$ 要大量补零，也使用循环卷积作线性卷积的运算效率太低。为解决这一问题，提出了两种计算长序列卷积的方法。这两种方法是重叠相加法与重叠保留法，下面分别讨论。

3.5.3　重叠相加法

设系统脉冲响应 $h(n)$ 是 M 点的有限长序列，而 $x(n)$ 是长度不确定的序列，采用重叠相加法求系统的响应的具体步骤为：

1）将 $x(n)$ 分段：$0 \sim L-1$；$L \sim 2L-1$；$2L \sim 3L-1$；$\cdots$

$$x_k(n) = \begin{cases} x(n) & kL \leqslant n \leqslant (k+1)L-1 \\ 0 & \text{其他} \end{cases} \tag{3.5-3}$$

2）$y(n) = x(n) * h(n) = \left[\sum_{k=0}^{\infty} x_k(n) \right] * h(n) = \sum_{k=0}^{\infty} y_k(n) \tag{3.5-4}$

式（3.5-4）中的 $y_k(n) \neq x_k(n) * h(n)$！$x_k(n) * h(n)$ 是线性卷积，长度为 $N = L + M - 1$，做 $x_k(n)$ 与 $h(n)$ 的 N 点循环卷积 $x_k(n) \oslash h(n)$，得到起点为 kL 的 $y'_k(n)$。

3）每次输出 L 点，剩下的 $M-1$ 点与下次输出的前 $M-1$ 相加后形成 $y_k(n)$ 输出。故名"重叠相加法"。

$$y(n) = \sum_{k=0}^{\infty} y_k(n) \tag{3.5-5}$$

式中，$y_k(n) = \left[y'_{k-1}(n) + y'_k(n) \right] \left[u(n-kL) - u(n-(k+1)L) \right]$

$\qquad\qquad = \left[y'_{k-1}(n) + y'_k(n) \right] R_L(n-kL) \tag{3.5-6}$

图 3.5-3 示意了重叠相加法的计算过程。

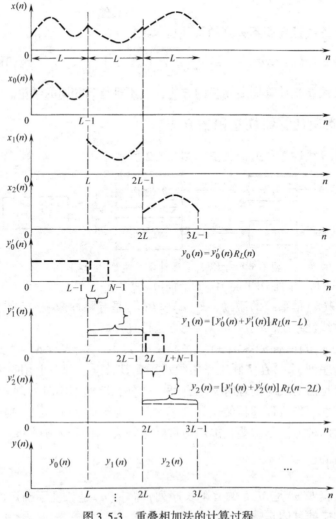

图 3.5-3　重叠相加法的计算过程

3.5.4 重叠保留法

与重叠相加法相同，设系统脉冲响应 $h(n)$ 是 M 点的有限长序列，而 $x(n)$ 是长度不确定的序列，也可以采用重叠保留法求系统的响应。

重叠保留法的处理方法是先将 $x(n)$ 分段，$x(n)$ 的每段时宽为 N 点，由保留前一段的后 $M-1$ 点输入及新的 L 点输入组成。如图 3.5-4 所示，故名为重叠保留法。

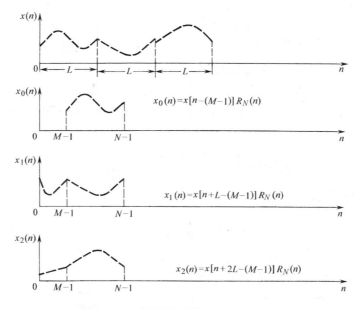

图 3.5-4　重叠保留法输入分段示意图

因为 $h(n)$ 的非零值有 $0\sim M-1$ 点，令 $L=N-M+1$，所以 $N=L+M-1$，即

$$x_k(n)=\begin{cases}x[n+kL-(M-1)] & 0\leqslant n\leqslant N-1\\ 0 & \text{其他}\end{cases}\tag{3.5-7}$$

由图 3.5-4 可见，$x_k(n)$ 的生成是先将 $x(n)$ 左移 kL，再右移 $M-1$ 点后取 N 点。即 N 点的 $x_k(n)$ 中前 $M-1$ 点是 $x_{k-1}(n)$ 的后 $M-1$ 点（除 $x_0(n)$ 的前 $M-1$ 点是补零外）。

再做 $x_k(n)$ 与 $h(n)$ 的 N 点循环卷积。

当 $x_k(n)$ 为 N 点，$h(n)$ 为 M 点时，$x_k(n)$ 与 $h(n)$ 的 N 点循环卷积与二者的线性卷积有区别。因为线性卷积 $x_k(n)*h(n)$ 的时宽为 $N'=N+M-1>N$，所以 $x_k(n)\circledast h(n)$ 的 N 点循环卷积必有一部分是重叠的，找出不重叠的部分，就是与线性卷积相同的部分作为输出 $y_k(n)$，示意如下：

线性卷积: 0　　1　　2　$\cdots$ $M-2$　　　$M-1\cdots N-1$　$\Big|$　$N\cdots N+M-2$

　　　　　N　$N+1$　$\cdots$　$N+M-2$

循环卷积 (0)　　(1)　(2) $\cdots (M-2)$　　$(M-1)\cdots(N-1)$

　　　　　　　　前 $M-1$ 点重叠　　　　　　后 L 点不重叠

即循环卷积的前 $M-1$ 点与线性卷积不同，而从 $M-1\sim N-1$ 与线性卷积相同。

若 $y'_k(n)=x_k(n)\circledast h(n)\qquad N$ 点

则 $$y_k(n)=\begin{cases}y'_k(n)=x_k(n)*h(n) & M-1\leqslant n\leqslant N-1\\0 & \text{其他}\end{cases}\qquad(3.5\text{-}8)$$

最后总的输出是每段后 L 点无重叠的输出之和。

小结重叠保留法步骤：

1）$x(n)$ 分段：

$$x_k(n)=\begin{cases}x[n+kL-(M-1)] & 0\leqslant n\leqslant N-1\\0 & \text{其他}\end{cases}$$

2）做 $x_k(n)$ 与 $h(n)$ 的 N 点循环卷积

$$y'_k(n)=x_k(n)\circledast h(n)\qquad N\text{点}$$

3）每段的输出 $y_k(n)$ 实际是将 $y'_k(n)$ 左移 $M-1$ 点，再取出 $0\leqslant n\leqslant L-1$ 点作为 $y_k(n)$，即

$$y_k(n)=\begin{cases}y'_k(n+M-1) & 0\leqslant n\leqslant L-1\\0 & \text{其他}\end{cases}\qquad(3.5\text{-}9)$$

4）最后将每段的输出拼接组合起来，得

$$y(n)=\sum_{k=0}^{\infty}y_k(n-kL)\qquad(3.5\text{-}10)$$

即 $$y(n)=y_0(n)+y_1(n)+y_2(n)+\cdots$$

图 3.5-5 示意了重叠保留法的计算过程。

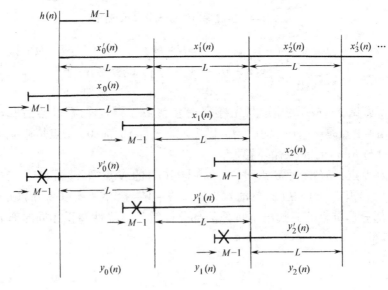

图 3.5-5　重叠保留法的计算过程示意图

重叠保留法与重叠相加法的工作量差不多，可省去重叠相加法每个 $y_k(n)$ 的加法运算。

一般 $h(n)$ 的时宽取 $M>2^5$，N 取 M 的 $5\sim6$ 倍。因为对 FFT（将在第 4 章介绍）来讲，N 越大，效率越高。

3.6 用离散傅里叶变换作频谱分析

3.6.1 对连续信号进行频谱分析

用 DFT 作频谱分析，只能处理有限时宽的信号。有限时宽信号的时宽也称数据长度，记为 T_p。实际待处理的连续信号 $x(t)$ 如声音、图像、电压、电流等，其频谱 $X(\mathrm{j}\Omega)$ 也是连续函数。对模拟信号进行数字处理，必须对模拟信号 $x(t)$ 作时域采样，得到 $x(n)=x(nT)$，其中时域采样频率为 $f_s=1/T$。而要利用 DFT 对 $x(n)$ 进行频谱分析时，又必须对 $x(n)$ 作 DFT，得到 $X(k)$。$X(k)$ 是 $x(n)$ 的傅里叶变换 $X(\mathrm{e}^{\mathrm{j}\omega})$ 在频率区间 $[0,2\pi]$ 上的 N 点等间隔采样，其中数字域频域采样间隔为 $2\pi/N$，对应的模拟频域采样间隔为 $F=f_s/N$。

上面的分析表明，对连续信号频谱进行数字处理时，既会遇到时域采样，也要处理频域采样，如图 3.6-1 所示。

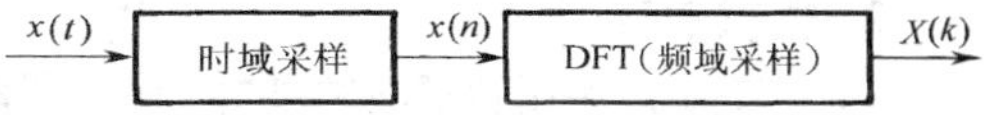

图 3.6-1 用 DFT 作频谱分析

与时域采样和频域采样有关的几个参数为：
数据长度 T_p、时域采样频率 f_s、时域采样间隔 T、频域采样点数 N、频域采样间隔 F。它们的关系为

$$F=f_s/N=1/NT=1/T_p \tag{3.6-1}$$

假设 $x(t)$ 是数据长度为 T_p，最高频率为 f_m 的信号，图 3.6-2 示意了用 DFT 分析 $x(t)$ 频谱的情况。

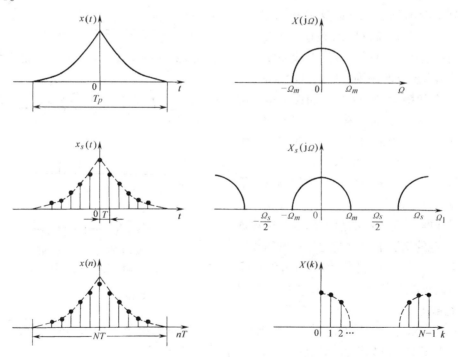

图 3.6-2 用 DFT 分析 $x(t)$ 频谱的情况

3.6.2　频谱分析中的几个问题

1. 混叠效应

从上面的讨论可知，连续信号频谱进行数字处理时，$x(n)$、$X(k)$均为有限长序列。而傅里叶变换理论指出，一般时宽有限的信号，其频宽是无限的，例如单个矩形脉冲信号的频谱；反之亦然。即从理论上说，没有有限时宽的限带信号。而由处理技术的可实现性，实际上只能处理有限时宽信号。因此对频宽无限的信号采样后，在频域中会出现混叠，形成频谱失真，不能反映原信号的全部信息，这就是混叠效应。所以用 DFT 作频谱分析是近似分析，当然，对不同的场合，可以要求有不同的逼近程度，从工程角度讲这是允许的。为了减小频谱混叠效应，可以采用预滤波方法滤除一定的高频成分，使待处理信号的有效带宽 f_m 小于折叠频率。为了进一步减小混叠效应，除了采用预滤波法外，通常采样频率 $f_s = 3f_m \sim 6f_m$。

2. 栅栏效应

DFT 可以看作由许多窄带带通滤波器组成的滤波器，如图 3.6-3 所示。

用 DFT 作频谱分析，如图 3.6-1 所示，如果 $x(t)$ 是周期信号，它只具有离散频谱，$X(k)$ 就是它的离散谱。若 $x(t)$ 是非周期信号，其频谱是连续的，$X(k)$ 是频谱 $X(e^{j\omega})$ 上的若干点，就像是在栅栏的一边，通过缝隙观看另一边的景像。所以称为"栅栏效应"。被"栅栏"挡住的部分是看不见的，所以这使得频谱较稀疏。为了得到高密度的频谱，最简单的方法就是在 $x(n)$ 后补零。例如 $x(n)$ 是时宽为 $N=8$ 点的序列，作 $N=8$ 点的 DFT 其频率间隔为 $F=f_s/8$，如图3.6-4a 所示。如果在 $x(n)$ 后面再补 4 个零值，使 $N' = 12$。作 $N'=12$ 点的 DFT，这时频率间隔为 $F' = f_s/12$，如图 3.6-4b 所示。

显然 $F = f_s/8 > F' = f_s/12$，F' 的频谱间隔减小，频谱密度加大。

在采样样本函数 $x(n)$ 后面加零，在数据长度 T_p 一定的情况下，改变的是频谱的频率取样密度。因为 $x(n)$ 并没有增加新的信息量，改善的仅是栅栏效应，所以由此法可以得到高密度频谱。

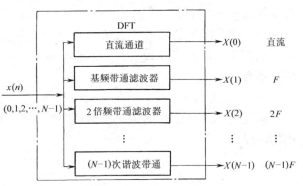

图 3.6-3　DFT 等效为 N 个窄带带通滤波器

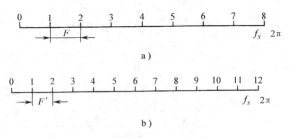

图 3.6-4　DFT 频谱间隔

a）$N=8$ 点的 DFT 频谱间隔

b）$N=12$ 点的 DFT 频谱间隔

若不是在采样样本后面加零，在数据长度 T_p 一定的情况下，仅增加采样率是不能改变频谱取样密度的。例如设数据长度 $T_p = 1s$，则由式（3.6-1）

$$F = \frac{f_s}{N} = \frac{N}{T_p N} = 1$$

$$F' = \frac{f'_s}{N'} = \frac{N'}{T_p N'} = 1$$

可见，当采样频率由 f_s 变为 f'_s 时，在数据长度 T_p 相同情况下，采样点数由 N 变为 N'，而频率间隔并没有变。

如例 3.2-1 与 3.2-2 中，$x(n) = R_2(n)$，当 $N = 2$、$N = 3$ 时比较 $X_1(k)$、$X_2(k)$ 情况，$X_2(k)$ 就是频率间隔较密的频谱。

3. 截短效应

DFT 处理的是有限时宽序列，所以在实际应用中，往往要对 $x(n)$ 作截短处理。截短是将 $x(n)$ 分为若干 N 点的序列，相当于不断地用矩形函数乘以 $x(n)$ 序列。矩形函数的作用像一扇"窗"，透过此窗只能"看"到 $x(n)$ 的一部分，所以截短函数也称窗函数。下面讨论截短的影响。

设 $\qquad\qquad\qquad\qquad x(n) \leftrightarrow X(e^{j\omega})$

截短窗口（矩形函数）$w(t)$ 及其频谱 $W(j\Omega)$ 如图 3.6-5 所示。

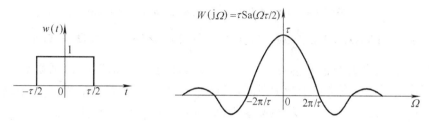

图 3.6-5 截短函数与频谱

截短后的 $x(n)$ 及其频谱为

$$x(n)w(t) \leftrightarrow \frac{1}{2\pi} X(e^{j\omega}) * W(j\Omega) \qquad\qquad (3.6\text{-}2)$$

频谱函数的卷积，使得加"窗"序列的频谱与原频谱不同。不同的原因是有频谱"泄漏"。下面举例说明泄漏的影响。

例 3.6-1 已知 $x(t) = \cos\Omega_0 t$，绘出其采样以及被截短后的频谱。

解： $\qquad\qquad x(t) = \cos\Omega_0 t \leftrightarrow X(j\Omega) = \pi[\delta(\Omega + \Omega_0) + \delta(\Omega - \Omega_0)]$

$$x(n) = \cos n\Omega_0 T \leftrightarrow X(e^{j\omega}) = X(e^{j\Omega T}) = \frac{1}{T}\sum_{r=-\infty}^{\infty} X\left(j\Omega + j\frac{2\pi}{T}r\right)$$

$$x(n)w(t) \leftrightarrow \frac{1}{2\pi} X(e^{j\omega}) * \tau \mathrm{Sa}(\Omega\tau/2)$$

$x(t)$、$x(n)$、$x(n) \cdot w(t)$ 的频谱如图 3.6-6 所示。

由图 3.6-6 可见：原来在 Ω_0 处的一根谱线，变成了以 Ω_0 为中心，形状为 $\mathrm{Sa}(\Omega\tau/2)$ 的连续频谱。可以说 $X(e^{j\omega}) = X(e^{j\Omega T})$ 的频率分量从 Ω_0 处"泄漏"到其他频率处了。原来在一个周期内（$0 \sim \Omega_s$）只有两个非零值频率，现在几乎所有的频率上都为非零值。

"泄漏"是由矩形窗函数带来的，若对截短函数的频谱求极限（令 $\tau \to \infty$）

$$\lim_{\tau \to \infty} \frac{\tau}{2\pi} \mathrm{Sa}(\Omega\tau/2) = \delta(\Omega)$$

代入式（3.6-2）

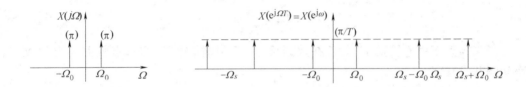

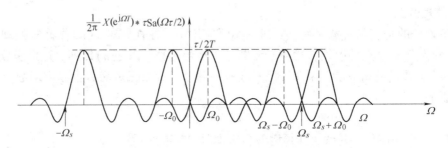

图 3.6-6 例 3.6-1 中 $x(t)$、$x(n)$、$x(n)w(t)$ 的频谱

$$\lim_{\tau \to \infty} \frac{1}{2\pi} X(e^{j\omega}) * W(j\Omega) = \lim_{\tau \to \infty} \frac{1}{2\pi} X(e^{j\omega}) * \tau Sa(\Omega\tau/2) = X(e^{j\omega}) * \delta(\Omega) = X(e^{j\omega}) \quad (3.6\text{-}3)$$

式（3.6-3）说明此时泄漏为零。而 $\tau \to \infty$，意味着无限加宽的窗函数对 $x(n)$ 没有截短，所以不能用无限加宽窗口来减少泄漏。泄漏的产生是由于窗函数频谱 $W(j\Omega)$ 具有旁瓣，并且主瓣也占有一定宽度。为了尽量减少泄漏，需要寻找频谱 $W(j\Omega)$ 具有旁瓣小、主瓣窄的窗函数。具体窗函数的选择（设计）在第 7 章介绍。

由图 3.6-6 可见，频谱泄漏在主谱线两边形成的旁瓣，引起不同频率分量间的干扰，也称谱间干扰。谱间干扰会影响频率分辨率，尤其是强信号的旁瓣有可能淹没主信号的主谱线，或被误判为另一信号的谱线，这是在实际应用中要注意的问题。

3.6.3 离散傅里叶变换参数选择

用 DFT 对连续信号进行频谱分析时，要考虑两方面：一是频谱分析范围；二是频率分辨率。

频谱分析范围由采样频率 f_s 决定，为了减少混叠失真，通常要求 $f_s > 2f_m$。但采样频率 f_s 越高，频谱分析范围越宽，在单位时间内采样点数增多，要存储的数据量加大，计算量就大。应根据实际需要，确定频谱分析范围。

要分析信号频谱，频率分辨率是十分重要的概念，它反映了将两个相邻谱峰分开的能力，是谱分析中分辨两个不同频率分量的最小间隔。因此通常将频域采样间隔 $F = f_s/N$ 定义为频率分辨率。不过由于对连续信号频谱进行数字处理时的截短，如图 3.6-7 所示，所以频率分辨率实际还与截短窗函数以及其时宽相关。因此也有文献将 $F = f_s/N$ 称为"计算分辨率"。

当连续信号 $x(t)$ 经时宽为 T_p 的截短函数截短后，$x_p(t)$ 的频率分辨率 $F_p = 1/T_p$，T_p 越小频率分辨率能力越差，有文献将 $1/T_p$ 称为"物理分辨率"。

图 3.6-7 连续信号的截短

下面以矩形函数（其频谱为 $T_p\mathrm{Sa}(\Omega T_p/2)$，主瓣宽度为 $4\pi/T_p$ 作截短函数为例，讨论 x (t) 经其截短后的频谱。

例3.6-2 $x(t)$ 由两个频率分别为 Ω_1、Ω_2 的周期正弦信号组成，经时宽为 T_p 的矩形函数截短后，分别对下列情况画出对应的 $|X(\mathrm{j}\Omega)|$、$|X_{T_p}(\mathrm{j}\Omega)|$ 示意图，并讨论其结果。

1）$|\Omega_2-\Omega_1|=2\pi/T_p$。

2）$|\Omega_2-\Omega_1|=3\pi/T_p$。

3）$|\Omega_2-\Omega_1|=4\pi/T_p$。

解： 矩形函数的振幅频响 $|X_{T_p}(\mathrm{j}\Omega)|=$ $T_p\mathrm{Sa}(\Omega T_p/2)$，其主瓣宽度为 $4\pi/T_p$。

1）$|\Omega_2-\Omega_1|=2\pi/T_p$，对应的 $|X(\mathrm{j}\Omega)|$、$|X_{T_p}(\mathrm{j}\Omega)|$ 示意图如图 3.6-8 所示。

由图 3.6-8 可见，由于 $|\Omega_2-\Omega_1|=2\pi/T_p$，原本两个谱峰的 $|X(\mathrm{j}\Omega)|$ 混为一个，已无法从中分辨这两个频率分量。正如前面讨论所指出的，在数据长度 T_p 一定的情况下，尽管可在 $x(n)$ 后面加零，改变频谱的频率取样间隔，但改变的仅是频谱的频率取样密度，而无法改变频率分辨率。此时要改变频率分辨率必须加宽截短函数的时宽 T_p。

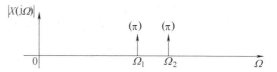

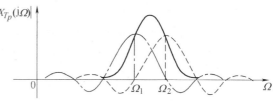

图 3.6-8　频谱例 3.6-2 1）对应的
$|X(\mathrm{j}\Omega)|$、$|X_{T_p}(\mathrm{j}\Omega)|$ 示意图

2）$|\Omega_2-\Omega_1|=3\pi/T_p$，对应的 $|X(\mathrm{j}\Omega)|$、$|X_{T_p}(\mathrm{j}\Omega)|$ 示意图如图 3.6-9 所示。

由图 3.6-9 可见，当 $|\Omega_2-\Omega_1|=3\pi/T_p$ 时，也有混叠，使原本两个谱峰的 $|X_{T_p}(\mathrm{j}\Omega)|$ 的谱峰较为平缓，要从中分辨这两个频率分量有一定难度。

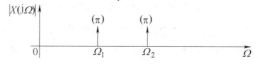

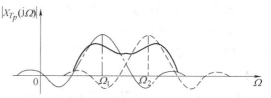

图 3.6-9　频谱例 3.6-2 2）对应的
$|X(\mathrm{j}\Omega)|$、$|X_{T_p}(\mathrm{j}\Omega)|$ 示意图

3）$|\Omega_2-\Omega_1|=4\pi/T_p$，对应的 $|X(\mathrm{j}\Omega)|$、$|X_{T_p}(\mathrm{j}\Omega)|$ 示意图如图 3.6-10 所示。

由图 3.6-10 可见，当 $|\Omega_2-\Omega_1|=4\pi/T_p$ 时，很容易从 $|X_{T_p}(\mathrm{j}\Omega)|$ 中分辨这两个频率分量。特别地，当 $T_p=1$，$\Omega_1=2\pi$，而 Ω_2 分别为 4π、5π、6π 时，例 3.6-2 1）、2）、3）的 $|X_{T_p}(\mathrm{j}\Omega)|$ 波形如图 3.6-11 所示。

从上述情况看，物理分辨率低与频谱的混叠有关，而频谱的混叠正是由截短造成的。若由两个不同频率（Ω_1、Ω_2）的周期正弦信号组合

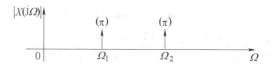

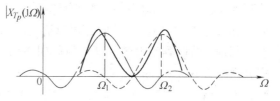

图 3.6-10　频谱例 3.6-2 3）对应的
$|X(\mathrm{j}\Omega)|$、$|X_{T_p}(\mathrm{j}\Omega)|$ 示意图

的 $x(t)$，仍是一个周期正弦信号的话（两个以上频率分量的情况类推），其新周期为 $T_0=$ $2\pi/\Delta\Omega$，且 $\Delta\Omega=|\Omega_2-\Omega_1|$ 越小，T_0 越大。当 $T_0>T_p$ 时，必有信息损失，导致频谱混叠，严重时就无法分辨原有谱峰。

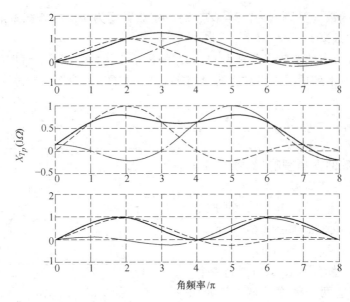

图 3.6-11　例 3.6-2$T_p = 1$，$\Omega_1 = 2\pi$，Ω_2 分别为 4π、5π、6π 时的 $|X_{T_p}(j\Omega)|$

所以当根据 Ω_1、Ω_2 确定了取样频率 f_s 后，还要根据 $\Delta\Omega = |\Omega_2 - \Omega_1|$ 考虑数据长度 T_p，一般应满足 $T_p \geqslant 2T_0$。特别是当 $T_p = MT_0$（$M = 1$，2，$\cdots$）时，通过 DFT 可以恢复原信号的频谱；$T_p \geqslant 2T_0$ 但 $T_p \neq mT_0$ 时，也可以看到频谱泄漏。

数字频率是模拟频率对采样频率的归一化频率，即 $\omega = \Omega T = \Omega/f_s$，同理可讨论数字频谱对截短时宽的选取。

以 $x(n)$ 是 $x(t)$（两个频率分别由 Ω_1、Ω_2 的周期正弦信号组成）的采样序列为例，由采样频率 f_s（$f_s = 1/T$）确定数字频率 ω_1、ω_2 后，若 $x(n)$ 是新频率为 $\Delta\omega = |\omega_2 - \omega_1|$、新周期为 $N_0 = 2\pi/\Delta\omega$ 的周期正弦序列，则 $\Delta\omega$ 正是实际需要的频率分辨率。特别是若 N_p 取 N_0，ω_1、ω_2 是 $\omega_0 = 2\pi/N_0$ 的整数倍，这时 ω_1、ω_2 是取样点，虽然正好看到 $|X(k)|$ 中这两根谱线（因此定义 $N_0 = N_{pmin}$），但这并不能说明只要满足 $N_0 = N_{pmin}$，由截短引起的混叠就对频率分辨率无影响。应当根据 N_0（$N_0 = T_{pmin}/T$）考虑截短的数据长度 N_p（$N_p = T_p/T$）。N_p 越长，物理分辨率对计算分辨率影响越小，但计算量越大。一般当 $N_p = 2N_0$ 时，物理分辨率与计算分辨率相同，通过 DFT 可以恢复原信号的频谱。当 DFT 的点数是通过 $x(n)$ 后面补零达到 $N \geqslant 2N_0$ 时，物理分辨率低于计算分辨率，其实际分辨率并没有被改善。当 $N_p > 2N_0$ 但 $N_p \neq MN_0$（$M = 2$，3，$\cdots$）时，可以清楚看到频谱泄漏。

同理，若序列是由两个以上的周期序列组合，其频谱分量有 ω_1、ω_2、ω_3、$\cdots$ 时，新频率分辨率为 $\Delta\omega_0 = \min|\omega_i - \omega_j|_{i \neq j}$（$i$，$j = 1$，$2$，$\cdots$）。截短数据长度 N_p 可由新的周期长度 N_0（$2\pi/\Delta\omega_0$）确定，$N_{pmin} = N_0$，一般 $N_p \geqslant 2N_0$。

在实际应用中，因为 $x(n)$ 未必是周期序列，或事前往往并不知道最小相对频差 $\Delta\omega$（实际频率分辨率），可以先任取一个 N 作为 N_{p1}，再用 $2N$ 作为 N_{p2}，比较两次所得 $|X(e^{j\omega})|$、$|X(k)|$，若误差不大，可令 $N_p = N_{p1}$，若误差较大，再用 $3N$ 作为 N_{p3}，比较后两次所得 $|X(e^{j\omega})|$、$|X(k)|$，若误差不大，令 $N_p = N_{p2}$，若误差还是较大，重复第二步，$\cdots\cdots$，直至误差在允许范围之内。若比较过程最后用过的为 N_{pm}，则 $N_p = N_{pm-1}$。

通过本章习题 38 可对上述问题作进一步探讨。

最后，根据上面讨论，可以给出用 DFT 作频谱分析时，参数选择的一般原则：已知信号的最高频率 f_m，确定采样频率 $f_s \geq 3f_m \sim 6f_m$；根据频率分辨率的需要，确定频率采样间隔 F，再由 F 确定频域采样点数 $N = f_s/F$，为了使用基 2FFT（第 4 章介绍），一般可取 $N = 2^m$，一般可先取数据长度 $T_p = NT = 1/F$，如果不满足实际频率分辨的需要，可调整为 $2T_p$。

例 3.6-3 对已知最高频率 $f_m = 2.5\text{kHz}$ 的模拟信号进行频谱分析，要求频率采样间隔 $F \leq 10\text{Hz}$。

试求：（1）最大采样间隔 $T_{\max}$，最少采样点数 $N_{\min}$，最小数据长度 $T_{p\min}$。

（2）最高频率 $f_m = 2.5\text{kHz}$ 不变，要求频率分辨率增加一倍，再求最小数据长度 $T_{p\min}$，最少采样点数 N。

解：（1）$T_{\max} = 1/2f_m = \dfrac{1}{2 \times 2500}\text{s} = 0.2 \times 10^{-3}\text{s}$

$$N_{\min} = 2f_m/F = \frac{2 \times 2500}{10} = 500$$

$$T_{p\min} \geq 1/F = 0.1\text{s}$$

（2）频率分辨率增加一倍，$F \leq 5\text{Hz}$

$$N_{\min} = 2f_m/F = \frac{2 \times 2500}{5} = 1000$$

$$T_{p\min} \geq 1/F = 0.2\text{s}$$

3.7 基于 MATLAB 的离散傅里叶变换分析

3.7.1 计算周期序列 DFS 计算的 MATLAB 程序

1. 有限长序列周期延拓

例 3.7-1 作 $x(n) = [6,5,4,3,2,1]$ 延拓 4 个周期的 MATLAB 程序并作图：

解：本例的 MATLAB 程序如下（见图 3.7-1）：

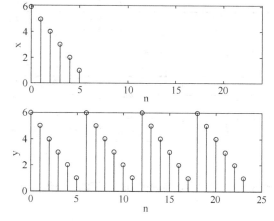

图 3.7-1 例 3.7-1 序列周期延拓

$x = [6,5,4,3,2,1]; N = \text{length}(x); k = 4; nx = 0: \text{length}(x) - 1$

$ny = 0: k * N - 1;$

$y = x(\text{mod}(ny, N) + 1);$

$\text{subplot}(2,1,1); \text{stem}(nx,x); \text{axis}([0,24,0,6.1]); \text{xlabel}('n'); \text{ylabel}('x');$

$\text{subplot}(2,1,2); \text{stem}(ny,y); \text{xlabel}('n'); \text{ylabel}('y');$

2. 周期序列的 DFS 计算

例 3.7-2 用 MATLAB 计算例 3.1-3 的 DFS 并作图。

解：本例的 MATLAB 程序如下（见图 3.7-2、图 3.7-3）：

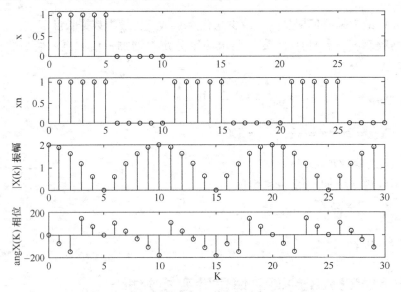

图 3.7-2 例 3.7-2 序列的 DFS（振幅、相位）N = 10

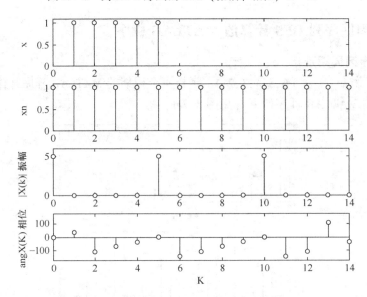

图 3.7-3 例 3.7-2 序列的 DFS（振幅、相位）N = 5

（1）clear;

$x = [\text{ones}(1,5), \text{zeros}(1,5)]; \%$ 或 $x = [1\ 1\ 1\ 1\ 1\ 0\ 0\ 0\ 0\ 0];$

$N1 = 10; N = \text{length}(x); k = 3;$

$nx = 0: k * N - 1;$

$xn = x(\text{mod}(nx, N) + 1);$

$K = [0:29] + \text{eps};$

$XK = \exp(-j * 2 * \text{pi} * K/5).* \sin(\text{pi} * K/5)./\sin(\text{pi} * K/10);$

$magXK = abs(XK)$

$angXK = \text{angle}(XK).* 180./\text{pi}$

$\text{subplot}(4,1,1); \text{stem}(x); \text{axis}([0,29, 0,1.1]);$

$\text{xlabel}('n'); \text{ylabel}('x');$

$\text{subplot}(4,1,2); \text{stem}(xn); \text{ylabel}('xn'); \text{axis}([0,29, 0,1.1]);$

$\text{subplot}(4,1,3); \text{stem}(K, magXK);$

$\text{ylabel}('|X(k)|振幅');$

$\text{subplot}(4,1,4); \text{stem}(K, angXK); \text{line}([0,29],[0,0]);$

$\text{xlabel}('K'); \text{ylabel}('angX(K)相位');$

$(2)\text{clear};$

$x = [1\ 1\ 1\ 1\ 1]; N1 = 5; N = \text{length}(x); k = 3;$

$nx = 0: k * N - 1;$

$xn = x(\text{mod}(nx, N) + 1);$

$K = [0:14] + \text{eps};$

$XK = \exp(-j * 4 * \text{pi} * K/5).* \sin(\text{pi} * K)./\sin(\text{pi} * K/5);$

$magXK = abs(XK)$

$angXK = \text{angle}(XK).* 180./\text{pi}$

$\text{subplot}(4,1,1); \text{stem}(x); \text{axis}([0,14, 0,1.1]);$

$\text{xlabel}('n'); \text{ylabel}('x');$

$\text{subplot}(4,1,2); \text{stem}(nx, xn); \text{ylabel}('xn'); \text{axis}([0,14, 0,1.1]);$

$\text{subplot}(4,1,3); \text{stem}(K, magXK); \text{axis}([0,14,0,6]);$

$\text{ylabel}('|X(k)|振幅');$

$\text{subplot}(4,1,4); \text{stem}(K, angXK); \text{line}([0,29],[0,0]);$

$\text{xlabel}('K'); \text{ylabel}('angX(K)相位'); \text{axis}([0,14, -180,180]);$

3.7.2 计算有限长序列 DFT 的 MATLAB 程序

例 3.7-3　计算例 3.2-1 的 MATLAB 程序并作图。

解：本例的 MATLAB 程序如下：

```
xn = [1 1];                    % 时域序列
Xk = fft(xn,2)                 % 对时域序列作两点 DFT
```

答案

```
Xk =  2      0
```

例 3.7-4　计算例 3.2-2 的 MATLAB 程序并作图。

解：本例的 MATLAB 程序如下（见图 3.7-4）：

```
xn = [1 1 0];                  % 时域序列
Xk = fft(xn,3)                 % 对时域序列作三点 DFT
magXk = abs(Xk)               % 求 |X₂(k)|
```

magXk = abs(Xk)

angXk = angle(Xk). * 180. ∕pi

subplot(3,1,1);stem(xn); axis([0,3,0,1.1]);

xlabel('n');ylabel('x');

subplot(3,1,2);stem(magXk);axis([0,3,0,2.1]);

ylabel('|X(k)|振幅');

subplot(3,1,3);stem(angXk); line([0,3],[0,0]);

xlabel('K'); ylabel('angX(K)相位'); axis([0,3,-70,70]);

答案:

Xk = 2.0000 0.5000 − 0.8660i 0.5000 + 0.8660i

magXk = 2.0000 1.0000 1.0000

angXk = 0 −60.0000 60.0000

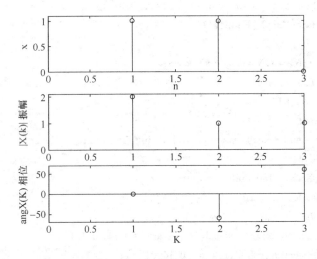

图 3.7-4 例 3.7-4 序列的 DFS(振幅、相位)

3.7.3 计算循环移序的 MATLAB 程序

循环移序 cirshftt 函数:

```
function y = cirshftt(x, m, N)
x = [x zeros(1,N − length(x))];n = [0:1:N];
y = x(mod(n − m,N) + 1)
```

例 3.7-5 $x(n) = [6,5,4,3,2,1]$,计算 $x(n)$、$y(n) = x((n − 2))_N$ 的 MATLAB 程序:

解:本例的 MATLAB 程序如下(见图 3.7-5):

```
clear
x = [6,5,4,3,2,1]; nx = 0:length(x) − 1;
y = cirshftt(x,2,6); ny = 0:length(y) − 1;
subplot(2,1,1);stem(nx,x); axis([0,5,0,6.1]);xlabel('n');ylabel('x');
subplot(2,1,2);stem(ny,y); axis([0,5,0,6.1]); xlabel('n');ylabel('y');
```

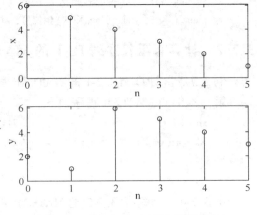

图 3.7-5 例 3.7-5 序列的循环移序

3.7.4 用循环卷积实现线性卷积

循环卷积 circonvt 函数：

```
function y = circonvt(x1, x2, N)
x1 = [x1, zeros(1, N - length(x1))];
x2 = [x2, zeros(1, N - length(x2))];
m = [0:N - 1];
x2m = x2(mod(-m, N) + 1);
H = toeplitz(x2m, [0, x2(2:N)]);
y = x1 * H;
```

两个有限长序列 $x_1(n)$（N_1 点）、$x_2(n)$（N_2 点）的线性卷积可调用 conv 函数，也可调用循环卷积 circonvt 函数。调用循环卷积 circonvt 函数计算 $y(n) = x_1(n) * x_2(n)$ 的关键是循环卷积的长度（点数）必须满足 $N = N_1 + N_2 - 1$。

例 3.7-6　设两个序列 $x_1(n) = [1,2,3,4,5,6,7,8,9]$，$x_2(n) = [9,8,7,6,5,4,3,2,1]$，现在分别调用线性卷积 conv 函数计算 $y(n) = x_1(n) * x_2(n)$、循环卷积 circonvt 函数计算 $y_1(n) = x_1(n)⑨x_2(n)$、$y_2(n) = x_1(n)⑭x_2(n)$、$y_3(n) = x_1(n)⑰x_2(n)$，比较 $y(n)$、$y_1(n)$、$y_2(n)$、$y_3(n)$ 并画图。

解：本例的 MATLAB 程序如下（见图 3.7-6）：

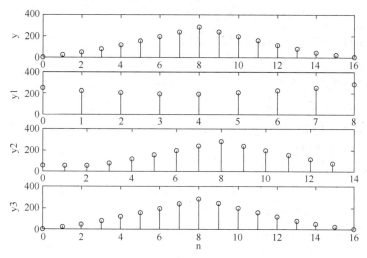

图 3.7-6　例 3.7-6 两个序列的线性卷积、不同点的循环卷积

```
clear
x1 = [1,2,3,4,5,6,7,8,9];
x2 = [9,8,7,6,5,4,3,2,1];
y = conv(x1, x2); ny = 0:length(y) - 1;
y1 = circonvt(x1, x2, 9); ny1 = 0:length(y1) - 1;
y2 = circonvt(x1, x2, 14); ny2 = 0:length(y2) - 1;
y3 = circonvt(x1, x2, 17); ny3 = 0:length(y3) - 1;
subplot(4,1,1); stem(ny, y); ; xlabel('n'); ylabel('y');
subplot(4,1,2); stem(ny1, y1); ylabel('y1');
```

subplot(4,1,3);stem(ny2,y2); ylabel('y2');

subplot(4,1,4);stem(ny3,y3); ylabel('y3'); xlabel('n');

3.7.5 分段卷积的 fftfilt 函数

当输入序列 $x(n)$ 很长,单位脉冲响应序列 $h(n)$ 较短时,可以利用重叠相加的分段卷积 fftfilt 函数。分段卷积的 fftfilt 函数两种调用格式为

1) y = fftfilt (h, x);

2) y = fftfilt (h, x, r);

在第一种调用格式中,程序自动把输入分为 512 点。按 512 (如果 $h(n)$ > 512 点,则按 $h(n)$ 的长度)点 FFT 进行各段的卷积。在第二种调用格式中,r 是指定的 FFT 的长度,它必须大于 $h(n)$ 的长度,输入序列 $x(n)$ 就按该长度分段。

3.8 习题

1. 设 $x(n) = R_3(n)$,$\tilde{x}(n) = \sum\limits_{r=-\infty}^{\infty} x(n+7r)$,求 $\tilde{X}(k)$,并作图表示 $\tilde{x}(n)$、$\tilde{X}(k)$。

2. 设 $x(n) = R_4(n)$,$y(n) = R_3(n-4)$

$\tilde{x}(n) = \sum\limits_{r=-\infty}^{\infty} x(n+7r)$,$\tilde{y}(n) = \sum\limits_{r=-\infty}^{\infty} y(n+7r)$

求 $\tilde{x}(n)$、$\tilde{y}(n)$ 的周期卷积 $\tilde{f}(n)$、以及 $\tilde{F}(k)$。

3. (1) 证明:

1) $\tilde{x}(n+m) \leftrightarrow W_N^{-km} \tilde{X}(k)$

2) $\tilde{x}^*(n) \leftrightarrow \tilde{X}^*(-k)$

3) $\tilde{x}^*(-n) \leftrightarrow \tilde{X}^*(k)$

4) $\mathrm{Re}[\tilde{x}(n)] \leftrightarrow \tilde{X}_e(k)$

5) $\mathrm{jIm}[\tilde{x}(n)] \leftrightarrow \tilde{X}_o(k)$

(2) 根据 (1) 中证明的性质,证明对实周期序列 $\tilde{x}(n)$,有

1) $\mathrm{Re}[\tilde{X}(k)] = \mathrm{Re}[\tilde{X}(-k)]$

2) $\mathrm{Im}[\tilde{X}(k)] = -\mathrm{Im}[\tilde{X}(-k)]$

3) $|\tilde{X}(k)| = |\tilde{X}(-k)|$

4) $\arg\tilde{X}(k) = -\arg\tilde{X}(-k)$

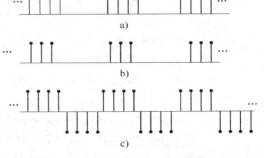

4. 图 3.8-1 画出了几个周期序列 $\tilde{x}(n)$,这些序列可以表示成傅里叶级数

$$\tilde{x}(n) = \sum_{n=0}^{N-1} \tilde{X}(k) \mathrm{e}^{\mathrm{j}\frac{2\pi}{N}kn}$$

(1) 哪些序列能够通过选择时间原点使所有 $\tilde{X}(k)$ 成为实数?

(2) 哪些序列能够通过选择时间原点使所有 $\tilde{X}(k)$(除 $X(0)$ 外)成为虚数?

图 3.8-1

（3）哪些序列能够做到 $\tilde{X}(k)=0$，$k=\pm2$，±4，$\pm6\cdots$？

5. 如果 $\tilde{x}(n)$ 是一个周期为 N 的周期序列，那么它也是周期为 $2N$ 的周期序列。把 $\tilde{x}(n)$ 看作周期为 N 的周期序列，有 $\tilde{x}(n)\leftrightarrow\tilde{X}_1(k)$（周期为 N），把 $\tilde{x}(n)$ 看作周期为 $2N$ 的周期序列，有 $\tilde{x}(n)\leftrightarrow\tilde{X}_2(k)$（周期为 $2N$）。试用 $\tilde{X}_1(k)$ 表示 $\tilde{X}_2(k)$。

6. 用封闭形式表达以下有限序列的 $\text{DFT}[x(n)]$。

（1）$x(n)=\mathrm{e}^{\mathrm{j}\omega_0 n}R_N(n)$

（2）$x(n)=\cos\omega_0 n\cdot R_N(n)$

（3）$x(n)=\sin\omega_0 n R_N(n)$

（4）$x(n)=nR_N(n)$

7. 已知以下 $X(k)$，求 $\text{IDFT}[X(k)]$。

（1）$X(k)=\begin{cases}\dfrac{N}{2}\mathrm{e}^{\mathrm{j}\theta} & k=m \\[2mm] \dfrac{N}{2}\mathrm{e}^{-\mathrm{j}\theta} & k=N-m \quad m\text{ 为某一正整数且 }0<m<N/2 \\[2mm] 0 & \text{其他}\end{cases}$

（2）$X(k)=\begin{cases}-\dfrac{N}{2}\mathrm{j}\mathrm{e}^{\mathrm{j}\theta} & k=m \\[2mm] \dfrac{N}{2}\mathrm{j}\mathrm{e}^{-\mathrm{j}\theta} & k=N-m \quad m\text{ 为某一正整数且 }0<m<N/2 \\[2mm] 0 & \text{其他}\end{cases}$

8. 有限长为 $N=100$ 的两序列

$$x(n)=\begin{cases}1 & 0\leqslant n\leqslant10 \\ 0 & 11\leqslant n\leqslant99\end{cases} \qquad y(n)=\begin{cases}1 & n=0 \\ 0 & 1\leqslant n\leqslant89 \\ 1 & 90\leqslant n\leqslant99\end{cases}$$

作出 $x(n)$、$y(n)$ 示意图，并求圆周卷积 $f(n)=x(n)\circledast y(n)$ 及作图。

9. 有限长为 $N=10$ 的两序列

$$x(n)=\begin{cases}1 & 0\leqslant n\leqslant4 \\ 0 & 5\leqslant n\leqslant9\end{cases} \qquad y(n)=\begin{cases}1 & 0\leqslant n\leqslant4 \\ -1 & 5\leqslant n\leqslant9\end{cases}$$

作图表示 $x(n)$、$y(n)$ 及 $f(n)=x(n)\circledast y(n)$。

10. 已知两有限长序列

$$x(n)=\cos\left(\frac{2\pi}{N}n\right)R_N(n) \qquad y(n)=\sin\left(\frac{2\pi}{N}n\right)R_N(n)$$

用直接卷积和 DFT 变换两种方法分别求解 $f(n)$。

（1）$f_1(n)=x(n)\circledast x(n)$

（2）$f_2(n)=y(n)\circledast y(n)$

（3）$f_3(n)=x(n)\circledast y(n)$

11. $x(n)$ 长为 N 的有限长序列，$x_e(n)$、$x_o(n)$ 分别为 $x(n)$ 的圆周共轭偶部及奇部，也即

$$x_e(n)=x_e^*(N-n)=\frac{1}{2}[x(n)+x^*(N-n)]$$

$$x_o(n) = -x_o^*(N-n) = \frac{1}{2}\left[x(n) - x^*(N-n)\right]$$

证明：
$$\mathrm{DFT}\left[x_e(n)\right] = \mathrm{Re}\left[X(K)\right]$$
$$\mathrm{DFT}\left[x_0(n)\right] = j\mathrm{Im}\left[X(K)\right]$$

12. 证明：$x(n)$实偶对称，即$x(n) = x(N-n)$，则$X(k)$也实偶对称；$x(n)$实奇对称，即$x(n) = -x(N-n)$，则$X(k)$为纯虚数并奇对称。

13. 若已知$\mathrm{DFT}\left[x(n)\right] = X(k)$，求

$$\mathrm{DFT}\left[x(n)\cos\left(\frac{2\pi m}{N}\right)\right], \mathrm{DFT}\left[x(n)\sin\left(\frac{2\pi m}{N}\right)\right], 0 < m < N$$

14. 若时宽为N的有限长序列$x(n)$是矩形序列$x(n) = R_N(n)$，求：

(1) $\mathscr{Z}\left[x(n)\right]$并画出其零、极点分布。

(2) 频谱$X(e^{j\omega})$并作出幅度曲线图。

(3) $\mathrm{DFT}\left[x(n)\right]$用封闭形式表达，并对照$X(e^{j\omega})$。

15. 已知$x(n)$是长度为N的有限长序列，$X(k) = \mathrm{DFT}\left[x(n)\right]$，现将长度扩大$r$倍，得长度为$rN$的有限长序列$y(n)$

$$y(n) = \begin{cases} x(n) & 0 \leqslant n \leqslant N-1 \\ 0 & N \leqslant n \leqslant rN-1 \end{cases}$$

求$\mathrm{DFT}\left[y(n)\right]$与$X(k)$的关系。

16. 已知$x(n)$是长度为N的有限长序列，$X(k) = \mathrm{DFT}\left[x(n)\right]$，现将$x(n)$的每两点之间补进$r-1$个零值，得到一个长为$rN$的有限长序列$y(n)$

$$y(n) = \begin{cases} x(n/r) & n = ir, i = 0,1,\cdots,N-1 \\ 0 & n \neq ir, i = 0,1,\cdots,N-1 \end{cases}$$

求：$\mathrm{DFT}\left[y(n)\right]$与$X(k)$的关系。

17. 求下列$x(n)$的DFT（设长度均为N）。

(1) $x(n) = \delta(n)$

(2) $x(n) = \delta(n-n_0)$　$0 < n_0 < N$

(3) $x(n) = a^n$　$0 \leqslant n \leqslant N-1$

18. 已知$x(n)$如图3.8-2所示，试画出$x((-n))_4$的略图。

19. $x(n)$表示长度为N的有限长度序列，试证明$x((-n))_N = x((N-n))_N$。

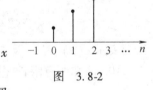

图 3.8-2

20. 有限时宽序列的离散傅里叶变换相当于其Z变换在单位圆上的取样。例如10点序列$x(n)$的离散傅里叶变换相当于$X(z)$在单位圆10个均分点上的取样，如图3.8-3a所示，希望求出图3.8-3b所示圆周上$X(z)$的等间隔取样，即$X(z)\Big|_{z=0.5e^{j\left[(2k\pi/10)+(\pi/10)\right]}}$，如何修改$x(n)$，才能得到序列$x_1(n)$，使其离散傅里叶变换相当于上述的$X$

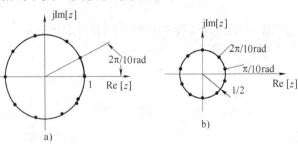

图 3.8-3

126

(z) 取样。

21. （1）模拟数据以 10.24kHz 速率取样，且计算了 1024 个取样的离散傅里叶变换，求频谱取样之间的频率间隔。

（2）以上数字数据经处理以后又进行了离散傅里叶反变换，求离散傅里叶反变换后抽样点的间隔为多少？整个 1024 点的时宽为多少？

22. 证明离散傅里叶变换的若干对称性：

（1）$x((n+m))_N R_N(n) \leftrightarrow W_N^{-km} X(k)$

（2）$x^*(n) \leftrightarrow X^*((-k))_N R_N(k)$

（3）$x^*((-n))_N R_N(n) \leftrightarrow X^*(k)$

（4）$\mathrm{Re}[x(n)] \leftrightarrow X_{ep}(k)$

（5）$\mathrm{jIm}[x(n)] \leftrightarrow X_{op}(k)$

23. 证明实序列的离散傅里叶变换的若干对称性：

（1）$\mathrm{Re}[X(k)] = \mathrm{Re}[X((-k))_N] R_N(k)$

（2）$\mathrm{Im}[X(k)] = -\mathrm{Im}[X((-k))_N] R_N(k)$

（3）$|X(k)| = |X((-k))_N| R_N(k)$

（4）$\arg[X(k)] = -\arg[X((-k))_N] R_N(k)$

24. 若 $\mathrm{DFT}[x(n)] = X(k)$，求证：$\mathrm{DFT}[X(n)] = Nx((-k))_N$。

25. 已知 $x(n)$、$y(n)$ 为实有限长序列，$f(n) = x(n) + jy(n)$，且已知 $\mathrm{DFT}[f(n)] = F(k)$，求下列与 $F(k)$ 相关的 $X(k)$、$Y(k)$、$x(n)$、$y(n)$。

（1）$F(k) = \dfrac{1-a^N}{1-aW_N^k} + j\dfrac{1-b^N}{1-bW_N^k}$

（2）$F(k) = 1 + jN$

26. 设计用一个 $N/2$ 的 DFT 计算一个 N 点实序列的 DFT 算法。

27. 已知 $x(n) = a^n u(n)$，$0 < a < 1$，今对其 Z 变换 $X(z)$ 在单位圆上等分采样，采样值为 $X(k) = X(z)\Big|_{z=W_N^k}$，求有限长序列 $\mathrm{IDFT}[X(k)]$。

28. 设 $\tilde{x}(n)$ 是周期为 N 的周期序列，通过系统 $H(z)$ 以后，求证输出序列为

$$\tilde{y}(n) = \frac{1}{N}\sum_{K=0}^{N-1} H(W_N^k)\tilde{X}(k) W_N^{-nk}$$

29. 系统 $H(z)$ 的输入为周期单位脉冲响应序列

$$\tilde{x}(n) = \tilde{\delta}(n) = \begin{cases} 1 & n = mN \\ 0 & n \neq mN \end{cases} \quad m\ \text{为任意正整数}$$

并测得系统的输出序列 $\tilde{y}(n)$ 及 $\mathrm{DFS}[\tilde{y}(n)] = \tilde{Y}(k)$

问：系统 $H(z)$ 在单位圆上的采样值 $H(W_N^{-k})$ 等于多少？

30. 证明

$$\sum_{n=0}^{N-1} |x(n)|^2 = \frac{1}{N}\sum_{n=0}^{N-1} |X(k)|^2$$

离散傅里叶变换的帕斯维尔关系式

31. 定义 $x(n)$ 的共轭对称和共轭反对称分量为

$$x_e(n) = \frac{1}{2}[x(n) + x^*(-n)], x_o(n) = \frac{1}{2}[x(n) - x^*(-n)]$$

定义长度为 N 的 $x(n)$ 的圆周共轭对称和圆周共轭反对称分量为

$$x_{ep}(n) = \frac{1}{2}[x((n))_N + x^*((-n))_N]R_N(n)$$

$$x_{op}(n) = \frac{1}{2}[x((n))_N - x^*((-n))_N]R_N(n)$$

（1）证明：

$$x_{ep}(n) = \frac{1}{2}[x_e(n) + x_e(n-N)]R_N(n)$$

$$x_{op}(n) = \frac{1}{2}[x_o(n) + x_o(n-N)]R_N(n)$$

（2）长度为 N 的 $x(n)$ 一般不能从 $x_{ep}(n)$ 恢复 $x_e(n)$，也不能从 $x_{op}(n)$ 恢复 $x_o(n)$。试证当 $n > N/2$ 时，$x(n) = 0$，则从 $x_{ep}(n)$ 可以恢复 $x_e(n)$，从 $x_{op}(n)$ 可以恢复 $x_o(n)$。

32. 长度为 8 的 $x(n)$ 具有 8 点离散傅里叶变换 $X(k)$，如图 3.8-4 所示。长度为 16 的一个新序列 $y(n)$ 定义为

$$y(n) = \begin{cases} x(n/2) & n \text{ 为偶} \\ 0 & n \text{ 为奇} \end{cases}$$

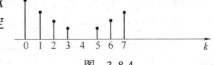

图 3.8-4

试从图 3.8-5 的几个图中选出相当于 $y(n)$ 的 16 点离散傅里叶变换 $Y(k)$ 的略图。

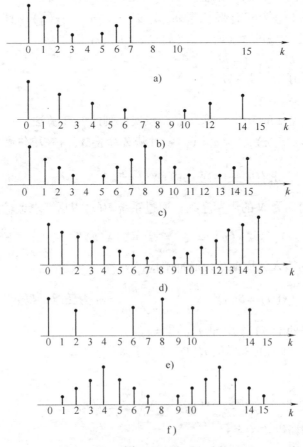

图 3.8-5

33. $x(n)$ 表示长度为 N 的有限长度序列，其中 N 为偶数。设 $x(n) \leftrightarrow X(k)$，试找到表 3.8-1 中 $g_i(n) = f\{x(n)\}$ 与表 3.8-2 中所对应的 $H_i(k) = f\{X(k)\}$。

表　3.8-1

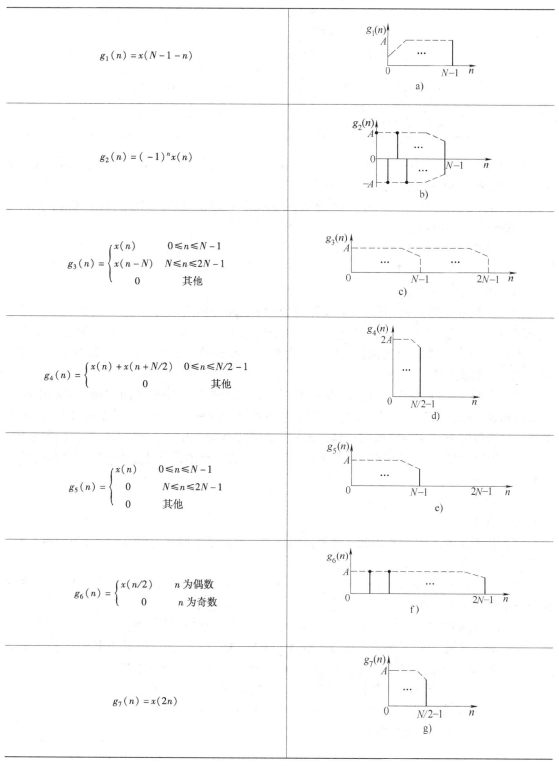

$g_1(n) = x(N-1-n)$

a)

$g_2(n) = (-1)^n x(n)$

b)

$g_3(n) = \begin{cases} x(n) & 0 \leq n \leq N-1 \\ x(n-N) & N \leq n \leq 2N-1 \\ 0 & \text{其他} \end{cases}$

c)

$g_4(n) = \begin{cases} x(n) + x(n+N/2) & 0 \leq n \leq N/2 - 1 \\ 0 & \text{其他} \end{cases}$

d)

$g_5(n) = \begin{cases} x(n) & 0 \leq n \leq N-1 \\ 0 & N \leq n \leq 2N-1 \\ 0 & \text{其他} \end{cases}$

e)

$g_6(n) = \begin{cases} x(n/2) & n\text{ 为偶数} \\ 0 & n\text{ 为奇数} \end{cases}$

f)

$g_7(n) = x(2n)$

g)

表　3.8-2

$H_1(k) = X(e^{j2\pi k/N})$	$H_2(k) = X(e^{j2\pi k/2N})$
$H_3(k) = \begin{cases} 2X(e^{j2\pi k/2N}) & k \text{ 为偶数} \\ 0 & k \text{ 为奇数} \end{cases}$	$H_4(k) = X(e^{j2\pi k/(2N-1)})$
$H_5(k) = 0.5[X(e^{j2\pi k/N}) + X(e^{j2\pi(k+N/2)/N})]$	$H_6(k) = X(e^{j4\pi k/N})$
$H_7(k) = e^{j2\pi k/N}X(e^{-j2\pi k/N})$	$H_8(k) = X(e^{j(2\pi/N)(k+N/2)})$
$H_9(k) = X(e^{-j2\pi k/N})$	

34. 已知 $x_1(n) = (0.5)^n R_4(n)$，$x_2(n) = R_4(n)$，求它们的线性卷积 $f_1(n)$ 以及 4 点、6 点、8 点的循环卷积 $f_2(n)$、$f_3(n)$、$f_4(n)$。

35. 用微处理机对实序列作频谱分析，要求谱分辨率 $\Delta F \leqslant 50\text{Hz}$，信号最高频率为 1kHz，确定以下各参数：

（1）最小纪录时间 $T_{P\min}$。

（2）最大取样间隔 $\Delta T_{\max}$。

（3）最少采样点数 $N_{\min}$。

（4）在频带宽度不变的情况下，将频率分辨率提高一倍的 N 值。

36. $x(n)$ 表示长度为 $N = 8$ 点的有限长度序列，$y(n)$ 表示长度为 $N = 20$ 点的有限长度序列，$R(k)$ 为两个序列 20 点的离散傅里叶变换相乘，求 $r(n)$，并指出 $r(n)$ 的哪些点与 $x(n)$、$y(n)$ 的线性卷积相等。

37. 利用一个单位取样响应长度为 50 的数字滤波器处理一串很长的数据，试利用重叠保留法通过 DFT 来实现。要求：输入各段必须重叠 V 个取样；从每段产生的输出取出 M 个取样，将每段的 M 个取样连接在一起，就是所要求的滤波输出，假设输入的各段长度为 100 个取样，而离散傅里叶变换 DFT 的长度为 128 （2^7） 点，还假设循环卷积的输出序列的标号是从 0 ~ 127 点。

（1）求 V。

（2）求 M。

（3）求取出来的 M 个点的起点和终点的标号，即确定出循环卷积的点中要取出哪些点，去和前一段的点衔接起来。

38. $x(n) = \cos(0.48\pi n) + \cos(0.52\pi n)$，利用 MATLAB 程序求如下 $X(e^{j\omega})$、$X(k)$，并讨论以下各种情况的区别。

（1）取 $x(n)$ 的前 10 点数据，求 $N = 10$ 点的 $X(e^{j\omega})$、$X(k)$ 并作图。

（2）将 a 中的 $x(n)$ 补零至 100 点，求 $N = 100$ 点的 $X(e^{j\omega})$、$X(k)$ 并作图。

（3）取 $x(n)$ 的前 100 点数据，求 $N = 100$ 点的 $X(e^{j\omega})$、$X(k)$ 并作图。

（4）取 $x(n)$ 的前 128 点数据，求 $N = 128$ 点的 $X(e^{j\omega})$、$X(k)$ 并作图。

（5）取 $x(n)$ 的前 50 点数据，求 $N = 50$ 点的 $X(e^{j\omega})$、$X(k)$ 并作图。

（6）讨论以上 5 种情况的区别。

第 4 章　离散傅里叶变换的算法

DFT 在数字信号处理中有很重要的作用，如频谱分析、FIR 数字滤波器的实现、线性卷积等。一个重要的原因是 DFT 有高效（快速）算法，DFT 的高效算法一般用英文缩写 FFT 表示。

为了了解高效算法的重要性以及实现高效算法的思路，先介绍 DFT 的运算特点，再讨论常用的几种高效算法。

4.1　DFT 运算特点

有限长序列 $x(n)$ 的 DFT 为

$$X(k) = \sum_{n=0}^{N-1} x(n) W_N^{kn} \qquad k = 0,1,\cdots,N-1$$

一般 $x(n)$、W_N^{kn} 均为复数，每计算一个 $X(k)$ 值，需要作 N 次复数乘法，$N-1$ 次复数加法。总共有 N 个 $X(k)$ 值，所以总的计算量有 N^2 次复数乘法，有 $N(N-1)$ 次复数加法。若 $N \gg 1$，则复加数也近似为 N^2。

有限长序列的 IDFT 为

$$x(n) = \frac{1}{N} \sum_{K=0}^{N-1} X(k) W_N^{-kn} \qquad n = 0,1,\cdots,N-1$$

IDFT 与 DFT 相比除了多乘系数 $1/N$ 外，具有相同的运算形式，所以与 DFT 有相同的运算量。

总之，离散傅里叶的正、反变换，其复乘数与复加数都与 N^2 成正比。当 N 较大时，所需的运算量是很大的。例如，当 $N=1024$，则 $N^2 = 1048576$（1 百多万）。这么大量的复乘运算对运算速度的要求就很高。如果要求实时处理，对运算速度的要求将十分苛刻。所以改进运算方法，减少运算量，提高运算效率，是非常重要的。

为说明问题，以 $N=4$ 点的 DFT 为例，讨论 DFT 的运算特点及减少运算量，提高运算效率的方法。

$N=4$ 点的 DFT 可以用矩阵表示，$X(k)$ 的全部计算为

$$\begin{bmatrix} X(0) \\ X(1) \\ X(2) \\ X(3) \end{bmatrix} = \begin{bmatrix} W_N^0 & W_N^0 & W_N^0 & W_N^0 \\ W_N^0 & W_N^1 & W_N^2 & W_N^3 \\ W_N^0 & W_N^2 & W_N^4 & W_N^6 \\ W_N^0 & W_N^3 & W_N^6 & W_N^9 \end{bmatrix} \begin{bmatrix} x(0) \\ x(1) \\ x(2) \\ x(3) \end{bmatrix} \tag{4.1-1}$$

显然，对每一个 $X(k)$ 有 $N=4$ 次复乘，有 $(N-1)=3$ 次复加。例如 $X(3) = \sum_{n=0}^{3} x(n) W_N^{3n} = x(0) W_N^0 + x(1) W_N^3 + x(2) W_N^6 + x(3) W_N^9$。所以，$N=4$ 点的 DFT，共有 $N^2 = 16$ 次复乘，$N(N-1) = 12$ 次复加。

当然这种计算方法比实际的运算量要大，因为系数 $W_N^0 = 1$、$W_N^{N/2} = -1$ 是不需乘法运算的，但是为了比较各类算法，仍然认为是复数运算。

要改进运算方法，减少运算量，只能应用 DFT 自身的特性。在定义 $X(k)$ 时要强调其隐含周期性，实质是系数 W_N^{nk} 具有周期性，即满足

$$\left. \begin{matrix} W_N^{nk} = W_N^{((nk))_N} \\ W_N^{n(N-k)} = W_N^{-nk} \\ W_N^{k(N-n)} = W_N^{-nk} \end{matrix} \right\} \qquad (4.1\text{-}2)$$

例如 $N = 4$ 时，$W_4^6 = W_4^2$，$W_4^9 = W_4^1$。

此外，W_N^{nk} 除了具有周期性外，还具有对称性。

因为 $W_N^{N/2} = \mathrm{e}^{-\mathrm{j}\frac{2\pi}{N} \cdot \frac{N}{2}} = \mathrm{e}^{-\mathrm{j}\pi} = -1$，所以

$$W_N^{nk+N/2} = -W_N^{nk} \qquad (4.1\text{-}3)$$

利用 W_N^{nk} 的周期、对称性，可以使 DFT 运算中的一些项合并、简化。仍以 $N = 4$ 为例，先利用周期性，再利用对称性，对 W 阵简化。

$$\begin{bmatrix} W_N^0 & W_N^0 & W_N^0 & W_N^0 \\ W_N^0 & W_N^1 & W_N^2 & W_N^3 \\ W_N^0 & W_N^2 & W_N^4 & W_N^6 \\ W_N^0 & W_N^3 & W_N^6 & W_N^9 \end{bmatrix} \xlongequal{\text{周期性}} \begin{bmatrix} W_N^0 & W_N^0 & W_N^0 & W_N^0 \\ W_N^0 & W_N^1 & W_N^2 & W_N^3 \\ W_N^0 & W_N^2 & W_N^0 & W_N^2 \\ W_N^0 & W_N^3 & W_N^2 & W_N^1 \end{bmatrix}$$

$$\xlongequal{\text{对称性}} \begin{bmatrix} W_N^0 & W_N^0 & W_N^0 & W_N^0 \\ W_N^0 & W_N^1 & -W_N^0 & -W_N^1 \\ W_N^0 & -W_N^0 & W_N^0 & -W_N^0 \\ W_N^0 & -W_N^1 & -W_N^0 & W_N^1 \end{bmatrix} \qquad (4.1\text{-}4)$$

由式（4.1-4）看到，利用周期性使原有 $W_N^0 \sim W_N^9$ 这 7 个系数，变为 $W_N^0 \sim W_N^4$ 4 个系数，再利用对称性，只剩下 W_N^0、W_N^1 两个系数，不难想象 4 点的 DFT 可以利用 2 点 DFT 实现。可见，在 W 阵中有许多元素相同，W 与 $x(n)$ 相乘过程中存在许多不必要的重复计算，如果能减少这种重复，就可以减少运算量，运算量的减少就意味着运算速度、效率的提高。

由以上分析，可联想到利用 W_N^{nk} 的周期性、对称性，把长度为 N 的 DFT 逐次分解为较短序列 DFT，可以提高运算效率。事实正是如此，1965 年，库利－图基首次提出了这类统称为 FFT 的高效算法，下面分别讨论几种常用的 FFT 算法。

4.2 时间抽取基 2 FFT 算法

利用 W_N^{nk} 的周期性、对称性，把长度为 N 点的 DFT 运算逐次分解为较短序列的 DFT 运算。因为这种算法是由逐次分解时间序列得到的，所以叫时间抽取法，简称时选法。

4.2.1 基 2 时选 FFT 运算

设 $N = 2^M$，M 为正整数，因为 N 是 2 的 M 次方，所以称"基 2"。

按 n 为偶数和奇数将 $x(n)$ 分解为两个序列，将 N 点的 DFT 运算分解为两个 $N/2$ 点的 DFT 运算，即

$$x(n) = \begin{cases} x(2r) = x_1(r) \\ x(2r+1) = x_2(r) \end{cases} \qquad r = 0, 1, \cdots, \frac{N}{2} - 1 \qquad (4.2\text{-}1)$$

DFT 运算也分为对应的两组

$$X(k) = \sum_{n=0}^{N-1} x(n) W_N^{kn} = \sum_{r=0}^{\frac{N}{2}-1} x(2r) W_N^{2rk} + \sum_{r=0}^{\frac{N}{2}-1} x(2r+1) W_N^{(2r+1)k} \qquad (4.2\text{-}2)$$

因为

$$W_N^{2rk} = \mathrm{e}^{-\mathrm{j}\frac{2\pi}{N}2rk} = \mathrm{e}^{-\mathrm{j}\frac{2\pi}{N/2}rk} = W_{N/2}^{rk} \qquad (4.2\text{-}3)$$

所以式（4.2-2）写作

$$X(k) = \sum_{r=0}^{\frac{N}{2}-1} x_1(r) W_{N/2}^{rk} + \sum_{r=0}^{\frac{N}{2}-1} W_N^k x_2(r) W_{N/2}^{rk} = X_1(k) + W_N^k X_2(k) \qquad (4.2\text{-}4)$$

式中，$X_1(k) = \sum_{r=0}^{\frac{N}{2}-1} x_1(r) W_{N/2}^{rk} \qquad k = 0, 1, \cdots, \frac{N}{2} - 1 \qquad (4.2\text{-}5)$

$$X_2(k) = \sum_{r=0}^{\frac{N}{2}-1} x_2(r) W_{N/2}^{rk} \qquad k = 0, 1, \cdots, \frac{N}{2} - 1 \qquad (4.2\text{-}6)$$

式（4.2-5）与式（4.2-6）表明 $X_1(k)$、$X_2(k)$ 均为 $N/2$ 点的 DFT。要将它们合为 N 点的 $X(k)$ 时，要用到 $X_1(k)$、$X_2(k)$ 的周期性和式（4.2-4）中 W_N^k 的对称性。

由周期性

$$X_1(k) = X_1\left(\frac{N}{2} + k\right) \qquad (4.2\text{-}7)$$

$$X_2(k) = X_2\left(\frac{N}{2} + k\right) \qquad (4.2\text{-}8)$$

由对称性

$$W_N^{k+N/2} = -W_N^k \qquad (4.2\text{-}9)$$

$X_1(k)$、$X_2(k)$ 合成 N 点的 $X(k)$ 时，将 $X(k)$ 分为前后两部分，$X(k)$ 的前 $N/2$ 点就是式（4.2-4）

$$X(k) = X_1(k) + W_N^k X_2(k) \qquad (4.2\text{-}10)$$

$$k = 0, 1, \cdots, \frac{N}{2} - 1$$

$X(k)$ 的后 $N/2$ 点代入式（4.2-10）

$$X\left(\frac{N}{2} + k\right) = X_1\left(\frac{N}{2} + k\right) + W_N^{\left(\frac{N}{2}+k\right)} X_2\left(\frac{N}{2} + k\right) \qquad (4.2\text{-}11)$$

将式（4.2-7）、式（4.2-8）、式（4.2-9）代入式（4.2-11），得

$$X\left(\frac{N}{2} + k\right) = X_1(k) - W_N^k X_2(k) \qquad k = 0, 1, \cdots, \frac{N}{2} - 1 \qquad (4.2\text{-}12)$$

式（4.2-10）与式（4.2-12）的运算可由图 4.2-1 所示的时选法的基本蝶形流图表示。

图 4.2-1b 规定右上支路是左上与左下支路的相加输出，右下支路是左上与左下支路的相减输出，与图 4.2-1a 的蝶形流图相比不用标出 -1。后面的蝶形采用图 4.2-1b 的形式。由图 4.2-1 的流图可见，每个蝶形有一次复数乘法运算，两次复数加法运算（加、或减各一次）。

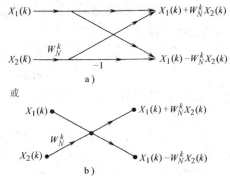

图 4.2-1　时选法的基本蝶形流图

以 $N=8$ 为例，上面的分解组合过程，即一个 8 点 DFT 分解为两个 4 点 DFT，如图 4.2-2 所示。

通过这样一次分解后，可以计算此时复数乘法的运算量。每个 $N/2$ 点 DFT 有 $(N/2)^2 = N^2/4$ 次复乘，

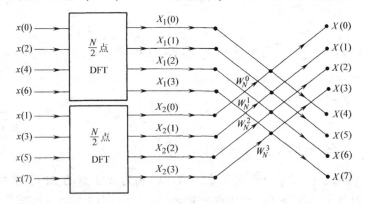

图 4.2-2　用时选法将一个 N 点 DFT 分解为两个 $N/2$ 点 DFT

两个 $N/2$ 点 DFT 需 $2 \times (N^2/4) = N^2/2$ 次复数乘法，$N/2$ 个蝶形合成 $X(k)$ 时要 $N/2$ 次复乘。这样，总共需要 $(N^2/2) + N/2$ 次复数乘法。若 $N \gg 1$，复数乘法数近似为 $N^2/2$ 次，比直接计算的复数乘法运算量 N^2 几乎减少了一半，说明这样分解确实十分有效。

既然分解是提高运算效率的有效方法，不妨继续分别对两个 $N/2$ 点 DFT 再分解，即再将一个 $N/2$ 点 DFT 分解为两个 $N/4$ 点 DFT。例如将 $x_1(r)$ 分解为两个 $N/4$ 点的 DFT，令

$$x_1(r) = \begin{cases} x_1(2l) = x_3(l) \\ x_1(2l+1) = x_4(l) \end{cases} \qquad l = 0,1,\cdots,\frac{N}{4}-1 \qquad (4.2\text{-}13)$$

则

$$\begin{aligned}
X_1(k) &= \sum_{r=0}^{\frac{N}{2}-1} x_1(r) W_{N/2}^{rk} \\
&= \sum_{l=0}^{\frac{N}{4}-1} x_1(2l) W_{N/2}^{2lk} + \sum_{l=0}^{\frac{N}{4}-1} x_1(2l+1) W_{N/2}^{(2l+1)k} \\
&= \sum_{l=0}^{\frac{N}{4}-1} x_3(l) W_{N/4}^{lk} + W_{N/2}^{k} \sum_{l=0}^{\frac{N}{4}-1} x_4(l) W_{N/4}^{lk} \\
&= X_3(k) + W_{N/2}^{k} X_4(k) \\
&= X_3(k) + W_{N}^{2k} X_4(k) \qquad k = 0,1,\cdots,\frac{N}{4}-1 \qquad (4.2\text{-}14)
\end{aligned}$$

同样，由 $N/4$ 的 DFT $X_3(k)$、$X_4(k)$ 合成并为 $N/2$ 点的 $X_1(k)$ 时，要用到 $X_3(k)$、$X_4(k)$ 的周期性及 $W_{N/2}^{k} = W_{N}^{2k}$ 的对称性。

由周期性

$$X_3(k) = X_3\left(\frac{N}{4} + k\right)$$

$$X_4(k) = X_4\left(\frac{N}{4} + k\right)$$

由对称性

$$W_{N/2}^{k+N/4} = -W_{N/2}^k$$

将 $X_1(k)$ 分为前后两部分 $X_1(k)$ 及 $X_1\left(\frac{N}{4} + k\right)$，$k = 0,1,\cdots,\frac{N}{4} - 1$，那么 $X_1(k)$ 的前 $N/4$ 点为

$$X_1(k) = X_3(k) + W_{N/2}^k X_4(k) \qquad k = 0,1,\cdots,\frac{N}{4} - 1 \qquad (4.2\text{-}15)$$

$X_1(k)$ 的后 $N/4$ 点为

$$X_1\left(k + \frac{N}{4}\right) = X_3(k) - W_{N/2}^k X_4(k) \qquad k = 0,1,\cdots,\frac{N}{4} - 1 \qquad (4.2\text{-}16)$$

$N = 8$ 时 $X_1(k)$ 的流图如图 4.2-3 所示。

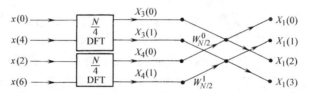

图 4.2-3　一个 $N/2$ 点 DFT 分解为两个 $N/4$ 点 DFT

同理，$X_2(k)$ 再分解为两个 $N/4$ 点的 DFT $X_5(k)$、$X_6(k)$。

$N = 8$ 时，一个 N 点 DFT 分解为 4 个 $N/4$ 点 DFT 的流图如图 4.2-4 所示。

用同样方法，一直分解到最后的 2 点 DFT，它仍可用一个蝶形表示。例如 $N = 8$ 分解为 4 个 2 点的 DFT，由 $x(0)$、$x(4)$ 组成的 2 点 DFT 的表达式为

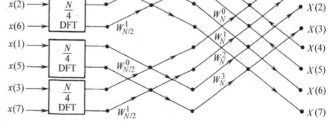

图 4.2-4　一个 N 点 DFT 分解为 4 个 $N/4$ 点 DFT

$$X_3(0) = x(0) + W_2^0 x(4)$$
$$= x(0) + W_N^0 x(4)$$
$$X_3(1) = x(0) + W_2^1 x(4)$$
$$= x(0) - W_N^0 x(4)$$

由 $x(0)$、$x(4)$ 组成的 2 点 DFT 的蝶形如图 4.2-5 所示。$N = 8$ 时的时选 FFT 流图如图 4.2-6 所示。

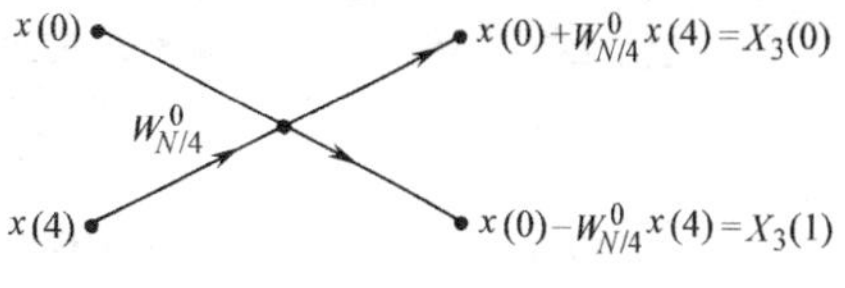

图 4.2-5　2 点 DFT 的蝶形

用这种方法，任何一个 $N = 2^M$ 点的 DFT，都可以经过 $M - 1$ 次的分解，最终成为 2 点的 DFT 运算。从图 4.2-6 的流图可以看到，从 $x(n) \to X(k)$ 可以分为 M 级，每级有 $N/2$

个蝶形。每个蝶形有一次复数乘法运算，两次复数加法运算（加、减各一次）。那么，时选 FFT 总的计算量为：

复数乘法次数：$m_F = M (N/2) \times 1 = (N/2) \log_2 N$

复数加法次数：$a_F = M (N/2) \times 2 = MN = N\log_2 N$

显然，复乘次数和复加次数都与 N 成正比。当 N 很大时，运算量的减少及运算速度的提高是很明显的。

例如 $N = 2^{11} = 2048$，$N^2 = 4194304$（4 百多万），而 $N\log_2 N = 22528$，两者之比为

$$\frac{N^2}{N\log_2 N} = \frac{N}{M} = \frac{2048}{11} = 186.2$$

若 $N = 2^{12} = 4096$，$N^2 = 16777216$，两者之比为

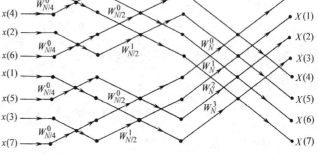

图 4.2-6　$N = 8$ 时的时选 FFT 流图

$$\frac{N^2}{N\log_2 N} = \frac{N}{M} = \frac{4096}{12} = 341.3$$

上面的计算说明，无论复数乘法还是复数加法，FFT 算法的运算量与 N 成正比，而直接计算的运算量与 N^2 成正比。因此 FFT 算法可以大大减少运算次数，并且 N 越大，效率越高。不同 N 值 DFT 与 FFT 的计算量的比较如表 4.2-1 所示，由表可见，当 N 较大时，FFT 比 DFT 计算要快得多。例如 $N = 2^{12} = 4096$ 时，若直接计算要近 6 个小时，而利用 FFT 只用 1 分钟就完成了，FFT 算法的重大突破意义十分明显。

表 4.2-1　时选 FFT 与直接 DFT 计算量比较

N	N^2	$N\log_2 N$	$N^2/N\log_2 N$
2	4	2	2
4	16	8	3
8	64	24	2.7
16	256	64	4
32	1024	160	6.4
64	4096	384	10.7
128	16386	896	18.3
256	65536	2048	32
512	262114	4608	56.9
1024	1048576	10240	102.4
2048	4194304	22528	186.2
4096	16777216	49152	341.3

实际的运算量比上面的计算量要小。因为当系数为 $W_N^0 = 1$，$W_N^{N/2} = -1$，$W_N^{\pm N/2} = \mp j$ 时，是不需乘法计算的。这些系数在直接计算时也是如此，所以为了比较方便，在此不考虑

以上的特例，有关这部分运算的计算量统计在稍后还要涉及。

4.2.2 基2时选FFT运算规律

1. 同址计算（原位）

由图4.2-6可见，$N=2^M$的计算中分为M级，每级有$N/2$个蝶形，L级基本运算蝶形如图4.2-7所示。

基本蝶形的运算关系为

$$X_L(p) = X_{L-1}(p) + W_N^r X_{L-1}(q)$$
$$X_L(q) = X_{L-1}(p) - W_N^r X_{L-1}(q)$$
$$(4.2\text{-}17)$$

从图4.2-7可见，为了计算第L列的p，q位置上的复数节点值，只需要$L-1$列的p，q位置上的复数节点值。如果计算得到的$X_L(p)$、$X_L(q)$又分别存在原来$X_{L-1}(p)$、$X_{L-1}(q)$同一存储器内，则为完成整个计算，实际只需要一列（N个）复数存储单元。这种计算通常称为"同址"（in-place）计算。因为只要一组（N个）复数存储器，因此可以减少内存，降低成本。从蝶形图看，只有当节点排列成使每个蝶形计算的输入、输出节点水平相邻时，该流图对应的是同址计算，否则就需要两列复数存储器。

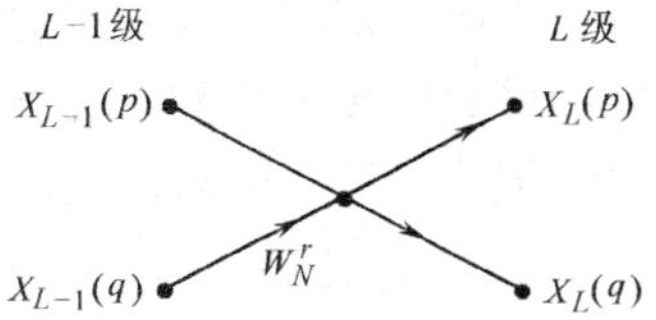

图4.2-7 时选L级基本运算蝶形流图

2. 时选FFT系数的运算规律

FFT运算流图中每个蝶形都要乘以系数W_N^r，通常称W_N^r为旋转因子，r为旋转因子的指数。从图4.2-6可见，运算级数不同，旋转因子和循环方式就不同。要确定各级的旋转因子和循环方式，就要找出旋转因子W_N^r与运算级数的关系。用L表示从左到右的运算级数（$L=1$，2，$\cdots$，M）。从图4.2-6可见，第L级共有2^{L-1}个不同的旋转因子。

例如，$N=8=2^3$，$M=3$各级旋转因子表示如下：

$L=1$ $W_N^r = W_{N/4}^p$，$p=0$，一个旋转因子；

$L=2$ $W_N^r = W_{N/2}^p$，$p=0$，1，两个旋转因子；

$L=3$ $W_N^r = W_N^p$，$p=0$，1，2，3，四个旋转因子。

推广到$N=2^M$时的一般情况，因为$2^L = 2^M \times 2^{L-M} = N \cdot 2^{L-M}$，所以第$L$级的旋转因子为

$$W_N^r = W_{N \cdot 2^{L-M}}^p = W_{2^L}^p = W_N^{p \cdot 2^{M-L}} = W_{2^L}^p$$
$$p=0，1，2，\cdots，2^{L-1}-1 \qquad (4.2\text{-}18)$$

式中，

$$r = p \cdot 2^{M-L} \qquad (4.2\text{-}19)$$

由式（4.2-18）、式（4.2-19）可以确定第L级的旋转因子。在此基础上可以得到第L级蝶形的一般运算规律。设序列$x(n)$经时间抽取后，存入数组X中。如果蝶形运算的两个输入数据相距B点，则如图4.2-7所示时，选FFT基本蝶形流图中$q=p+B$。应用同址计算，第L级蝶形运算输出表示为

$$X_L(p) = X_{L-1}(p) + X_{L-1}(p+B) W_N^r$$
$$X_L(q) = X_L(p+B) = X_{L-1}(p) - X_{L-1}(p+B) W_N^r$$
$$(4.2\text{-}20)$$

式中，$r = p \cdot 2^{M-L}$；$p=0$，1，2，$\cdots$，$2^{L-1}-1$；$L=1$，2，$\cdots$，M；$B=2^{L-1}$。

从图 4.2-6 以及上面的分析，可以归纳出时选 FFT 的运算规律：第 L 级每个蝶形的两个输入数据相距 $B=2^{L-1}$ 个点；同一旋转因子对应着间隔为 2^L 点的 2^{M-L} 个蝶形。根据上述规律，从输入端（第一级）开始，逐级进行，共作 M 级运算。在作第 L 级运算时，依次求出个不同的旋转因子。每求出一个旋转因子，就计算完它对应的所有 2^{M-L} 个蝶形。这样可以用三重循环实现 FFT 运算。程序流图如图 4.2-8 所示。

3. 变址——倒序算法

由时间抽取 FFT 可见，当全部 FFT 完成后，存储单元中正好顺序放着 $X(0)$、$X(1)$、$\cdots$、$X(N-1)$，因此可以直接按顺序输出。但应注意，输入的 $x(n)$ 不是按这种自然顺序排列的，而是 $x(0),x(4),x(2),\cdots x(N-1)$。这是由时选法不断按输入序列在时序上是偶数还是奇数，将长点的 DFT 分解为短点 DFT 引起的，可以用式（4.2-21）表示

$$x(n)=$$

$$\begin{cases} x(2r)=\begin{cases} x(2\cdot 2l)=x(4l) & x(0),x(4),x(8),\cdots \\ x(2(2l+1))=x(4l+2) & x(2),x(6),x(10),\cdots \end{cases} \\ x(2r+1)=\begin{cases} x(2\cdot 2l+1)=x(4l+1) & x(1),x(5),x(9),\cdots \\ x(2(2l+1)+1)=x(4l+3) & x(3),x(7),x(11),\cdots \end{cases} \end{cases}$$

$$(4.2-21)$$

这种从十进制看很乱的输入顺序，实际是按二进制"倒序位"排列的。仍以 8 点的 DFT 流图说明二进制倒序位。$N=8=2^3$，要用 3 位二进制码标明数列的次序。用下标区别二进制码与十进制表数，其相应关系如下：

$$x(0)_{10}=x(000)_2,x(1)_{10}=x(001)_2,$$
$$x(2)_{10}=x(010)_2,x(3)_{10}=x(011)_2$$
$$x(4)_{10}=x(100)_2,x(5)_{10}=x(101)_2,$$
$$x(6)_{10}=x(110)_2,x(7)_{10}=x(111)_2$$

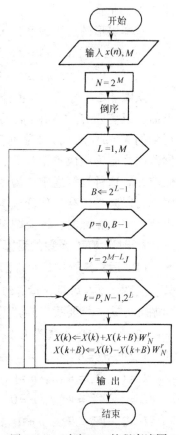

图 4.2-8 时选 FFT 的程序流图

即 $N=8=2^3$ 的顺序数可以表示成 $x(n)_{10}=x(n_2n_1n_0)_2$，则 M 位二进制顺序数可以表示为 $x(n_{M-1}n_{M-2}\cdots n_1n_0)_2$。时选 FFT 对顺序输入的 $x(n_{M-1}n_{M-2}\cdots n_1n_0)_2$，第一次按 n_0 位的 0 或 1 将 $x(n)$ 分解为偶、奇两组子序列；第二次按 n_1 位的 0 或 1 分别对第一次得到的偶、奇两组分解，得到 4 组子序列；以此类推，最后第 M 次按 n_{M-1} 位的 0 或 1 再分别对前面 $N/2$ 组分解，得到全部倒序的 $x(n_0n_1\cdots n_{M-2}n_{M-1})_2$。例如 $N=8=2^3$ 时，在原来自然顺序 $x(3)$ 的地方，现在是 $x(6)$。用二进制数表示这个规律时，是在 $x(3)_{10}=x(011)_2$ 的地方放着 $x(6)_{10}=x(110)_2$。$M=3$ 次偶奇时选过程如图 4.2-9 所示。

表 4.2-2 示出了 $N=8=2^3$ 时二进制表示的顺序数与倒序数，由表可见，将顺序数 $x(n_2n_1n_0)$ 的

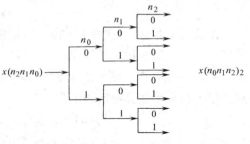

图 4.2-9 $N=8=2^3$ 倒序的树状图

二进制位倒置得到对应的倒序数 $x(n_0 n_1 n_2)_2$。

表 4.2-2 $N = 8 = 2^3$ 二进制顺序数与倒序数对照表

二进制顺序 $x(n_2 n_1 n_0)$		二进制倒序 $x(n_0 n_1 n_2)_2$	
十进制顺序排列	二进制数顺序排列	二进制数倒序排列	对应十进制数排列
$x(0)_{10}$	$x(000)_2$	$x(000)_2$	$x(0)_{10}$
$x(1)_{10}$	$x(001)_2$	$x(100)_2$	$x(4)_{10}$
$x(2)_{10}$	$x(010)_2$	$x(010)_2$	$x(2)_{10}$
$x(3)_{10}$	$x(011)_2$	$x(110)_2$	$x(6)_{10}$
$x(4)_{10}$	$x(100)_2$	$x(001)_2$	$x(1)_{10}$
$x(5)_{10}$	$x(101)_2$	$x(101)_2$	$x(5)_{10}$
$x(6)_{10}$	$x(110)_2$	$x(011)_2$	$x(3)_{10}$
$x(7)_{10}$	$x(111)_2$	$x(111)_2$	$x(7)_{10}$

实施运算时，直接将输入数据按码位倒置的顺序排好后再输入是很不实际的，所以总是先按自然顺序输入，经过变址运算，将自然顺序存储转换成码位倒置次序存储，然后再运算。例如 $N = 8$ 时，图 4.2-10 是倒序的处理规律。

设 $A(I)$ 是自然顺序存放 $x(0) \sim x(7)$，$A(J)$ 是经过变址后的排序。由图 4.2-10 可见，$x(0)$ 与 $x(N-1)$ 不用重排，所以参加交换的顺序数 I 是从 $1 \sim N-2$，倒序数 J 的起始值为 $N/2$。为了防止前面已经交换过的数据被再交换，所以只有 $I < J$ 时 $A(I)$ 与 $A(J)$ 的数据交换。实现变址的程序流图如图 4.2-11 所示，图中虚框部分是实现倒序的流程图。

4. 其他形式的时间抽取 FFT

图 4.2-6 是时间抽取 FFT 的典型流图。由流图的结构可知，节点无论如何排列，只要支路传输比不变，最后的结果相同。所以还有其他形式的按时间抽取 FFT。例如，将图 4.2-6 中的与 $x(4)$ 水平相邻的所有节点与 $x(1)$ 水平相邻的所有节点交换，与 $x(6)$ 水平相邻的所有节点与 $x(3)$ 水平相邻的所有节点交换，其余不变。可以得到图 4.2-12 的流图。这是输入顺序输出倒序的算法流图。在保证传输函数不变的前提下，还有其他不同流图的结构，限

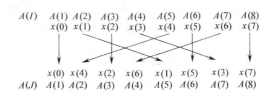

图 4.2-10 倒序的变址处理

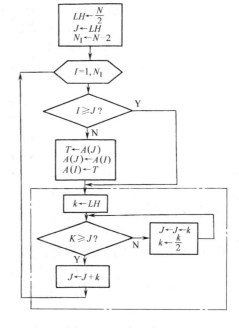

图 4.2-11 变址流图

于篇幅不再讨论。

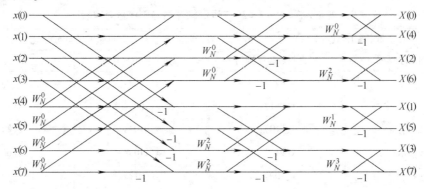

图 4.2-12 时间抽取 FFT 的另一种流图

4.3 基 2 频率抽取 FFT 算法

除了基 2 时选 FFT 算法外，常用的快速算法还有基 2 频率抽取 FFT 算法。与时选 FFT 将 $x(n)$ 按时序的奇、偶分解不同，频选法 FFT 是将 $X(k)$ 按频序的奇、偶分解。

4.3.1 基 2 频选 FFT 运算

具体算法是先将 N 点 DFT 分成前后两段，即

$$X(k) = \text{DFT}[x(n)] = \sum_{n=0}^{N-1} x(n) W_N^{nk}$$

$$= \sum_{n=0}^{\frac{N}{2}-1} x(n) W_N^{nk} + \sum_{n=N/2}^{N-1} x(n) W_N^{nk}$$

$$= \sum_{n=0}^{\frac{N}{2}-1} x(n) W_N^{nk} + \sum_{n=0}^{\frac{N}{2}-1} x\left(n + \frac{N}{2}\right) W_N^{(n+N/2)k}$$

$$= \sum_{n=0}^{\frac{N}{2}-1} \left[x(n) + W_N^{kN/2} x\left(n + \frac{N}{2}\right) \right] W_N^{nk}$$

$$= \sum_{n=0}^{\frac{N}{2}-1} \left[x(n) + (-1)^k x\left(n + \frac{N}{2}\right) \right] W_N^{nk}$$

式中，

$$W_N^{kN/2} = (-1)^k = \begin{cases} 1 & k \text{ 为偶数} \\ -1 & k \text{ 为奇数} \end{cases}$$

可将 $X(k)$ 分解为偶数组和奇数组，即

$$X(k) = \begin{cases} X(2r) = X_1(r) \\ X(2r+1) = X_2(r) \end{cases} \qquad r = 0,1,2,\cdots,\frac{N}{2}-1$$

则

$$X(2r) = \sum_{n=0}^{\frac{N}{2}-1} \left[x(n) + x\left(n + \frac{N}{2}\right) \right] W_N^{2rn} = \sum_{n=0}^{\frac{N}{2}-1} \left[x(n) + x\left(n + \frac{N}{2}\right) \right] W_{N/2}^{rn}$$

$$(4.3\text{-}1)$$

$$X(2r+1) = \sum_{n=0}^{\frac{N}{2}-1}\left[x(n)-x\left(n+\frac{N}{2}\right)\right]W_N^{(2r+1)n}$$

$$= \sum_{n=0}^{\frac{N}{2}-1}\left[x(n)-x\left(n+\frac{N}{2}\right)\right]W_N^n \cdot W_N^{2rn} = \sum_{n=0}^{\frac{N}{2}-1}\left[x(n)-x\left(n+\frac{N}{2}\right)\right]W_N^n \cdot W_{N/2}^{rn} \quad (4.3\text{-}2)$$

若令

$$\begin{cases} x_1(n) = x(n)+x\left(n+\frac{N}{2}\right) \\ x_2(n) = \left[x(n)-x\left(n+\frac{N}{2}\right)\right]W_N^n \end{cases} \quad n=0,1,2,\cdots,\frac{N}{2}-1 \quad (4.3\text{-}3)$$

式（4.3-3）表明 $x_1(n)$、$x_2(n)$ 是两个 $N/2$ 点的序列，分别代入式（4.3-1）、式（4.3-2），得到两个 $N/2$ 点 DFT

$$\begin{cases} X(2r) = \sum_{n=0}^{\frac{N}{2}-1}x_1(n)W_{N/2}^{rn} = X_1(r) \\ X(2r+1) = \sum_{n=0}^{\frac{N}{2}-1}x_2(n)W_{N/2}^{rn} = X_2(r) \end{cases} \quad (4.3\text{-}4)$$

式（4.3-4）同样表明，一个 N 点的 DFT 被分解为两个 $N/2$ 点的 DFT。式（4.3-3）所表示的 $x_1(n)$、$x_2(n)$ 与 $x(n)$ 运算关系也可以由图 4.3-1 所示的蝶形流图表示。

与时选法蝶形流图相同，图 4.3-1 规定右上支路是左上与左下支路的相加输出，右下支路是左上与左下支路的相减输出。由图 4.3-1 的流图可见，每个蝶形有一次复数乘法运算，两次复数加法运算（加、减各一次）。

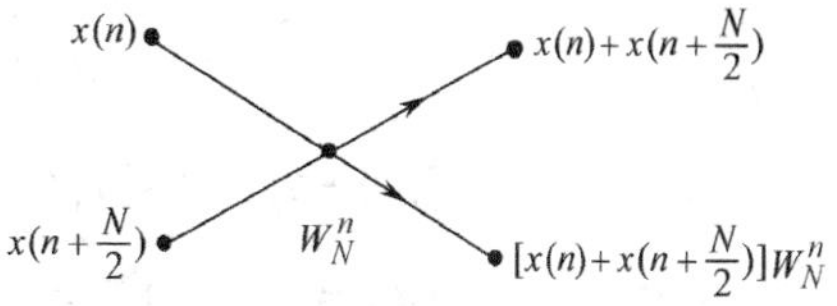

图 4.3-2 是 $N=8$ 时的频选法一次分解的运算流图。

图 4.3-1　频选法的基本蝶形流图

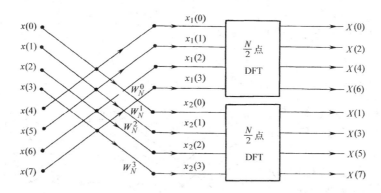

图 4.3-2　$N=8$ 时的频选法一次分解的运算流图

继续将 $N/2$ 点 DFT 按偶、奇分解为两个 $N/4$ 点 DFT，例如，对 $X_1(r)$，有

$$X_1(r) = \sum_{n=0}^{\frac{N}{2}-1}x_1(n)W_{N/2}^{nr} = \sum_{n=0}^{\frac{N}{4}-1}x_1(n)W_{N/2}^{nr} + \sum_{n=\frac{N}{4}}^{\frac{N}{2}-1}x_1(n)W_{N/2}^{nr}$$

$$= \sum_{n=0}^{\frac{N}{4}-1} x_1(n) W_{N/2}^{nr} + \sum_{n=0}^{\frac{N}{4}-1} x_1\left(n + \frac{N}{4}\right) W_{N/2}^{\left(n+\frac{N}{4}\right)}$$

$$= \sum_{n=0}^{\frac{N}{4}-1} \left[x_1(n) + W_{N/2}^{rN/4} x_1\left(n + \frac{N}{4}\right) \right] W_{N/2}^{nr}$$

$$= \sum_{n=0}^{\frac{N}{4}-1} \left[x_1(n) + (-1)^r x_1\left(n + \frac{N}{4}\right) \right] W_{N/2}^{nr}$$

式中，$W_{N/2}^{\frac{N}{4}r} = W_N^{\frac{N}{2}r} = (-1)^r$。

对 r 再取偶数或奇数，有

$$X_1(2l) = X_3(l) = \sum_{n=0}^{\frac{N}{4}-1} \left[x_1(n) + x_1\left(n + \frac{N}{4}\right) \right] W_{N/2}^{2nl}$$

$$= \sum_{n=0}^{\frac{N}{4}-1} \left[x_1(n) + x_1\left(n + \frac{N}{4}\right) \right] W_{N/4}^{nl} \tag{4.3-5}$$

$$X_1(2l+1) = \sum_{n=0}^{\frac{N}{4}-1} \left[x_1(n) - x_1\left(n + \frac{N}{4}\right) \right] W_{N/2}^{(2l+1)n}$$

$$= \sum_{n=0}^{\frac{N}{4}-1} \left[x_1(n) - x_1\left(n + \frac{N}{4}\right) \right] W_{N/2}^{n} W_{N/4}^{nl} \tag{4.3-6}$$

令

$$x_3(n) = x_1(n) + x_1(n + N/4)$$

$$x_4(n) = \left[x_1(n) - x_1(n + N/4) \right] W_{N/2}^{n} \qquad n = 0,1,2,\cdots,(N/4)-1 \tag{4.3-7}$$

将 $x_3(n)$、$x_4(n)$ 代入式 (4.3-5)、式 (4.3-6)，得

$$X_1(2l) = \sum_{n=0}^{\frac{N}{2}-1} x_3(n) W_{N/4}^{nl} = X_3(l)$$

$$\qquad l = 0,1,2,\cdots,(N/4)-1 \tag{4.3-8}$$

$$X_1(2l+1) = \sum_{n=0}^{\frac{N}{4}-1} x_4(n) W_{N/4}^{nl} = X_4(l)$$

同理，$X_2(r)$ 与 $X_1(r)$ 一样，可再分解为两个 $N/4$ 点 DFT，即有 $X_5(l)$、$X_6(l)$。

图 4.3-3 是 $N=8$ 频选两次分解的运算流图。按此方法，不断地进行分解。经过 $M-1$ 次分解，最后分解为两点 DFT。两点 DFT 实际只有加减运算，但为了统一运算结构，也为了比较，仍用有一个系数为 W_N^0 的蝶形表示。图 4.3-4 是 $N=8$ 完整频选

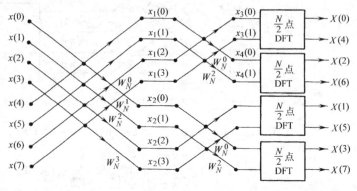

图 4.3-3 $N=8$ 频选两次分解的运算流图

FFT 运算流图。

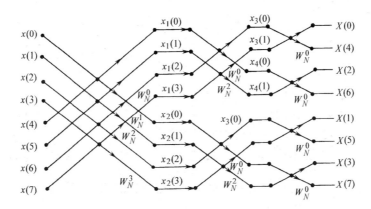

图 4.3-4　$N = 8$ 频选 FFT 的运算流图

4.3.2　基 2 频选 FFT 运算规律

频选 FFT 第 L 级蝶形运算如图 4.3-5 所示。

图 4.3-5　频选第 L 级蝶形运算流图

由图 4.3-5 可以看到频选 FFT 运算规律有以下几点：

1. 同址计算

因为每个节点与前列的节点平行对应，所以是同址计算。

2. 变址输出

输入是自然顺序，输出是码位倒序的，所以输出要经过变址运算以保证顺序正确。

3. 与时选蝶形互为转置形式

对单输入-输出的流图，所有有向支路变向，输入输出位置互换，所得到的新的流图是原流图的转置形式。转置后按习惯还应该是输入 $x(n)$ 在图的左侧，输出 $y(n)$ 在右侧。

比较图 4.3-6 所示的 L 级频选基本蝶形与 L 级时选蝶形，不难看出二者互为转置形式，所以可以推论总的时选法 FFT 与频选法 FFT 互为转置形式。例如图 4.2-6 与图 4.3-4 就互为转置形式。同理由图 4.2-12 的转置形式得到图 4.3-7 所示的另一种形式的频选流图。

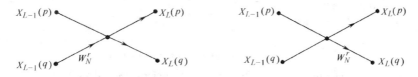

图 4.3-6　时选与频选 L 级运算蝶形流图互为转置形式

由于时选法 FFT 与频选法 FFT 互为转置形式，所以频选 FFT 与时选 FFT 两者计算量相同，即

复数乘法：
$$m_F = M(N/2) = (N/2)\log_2 N$$

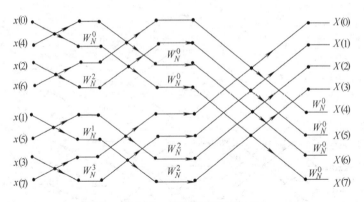

图 4.3-7　另一种形式的频选流图

复数加法：$a_F = MN = N\log_2 N$

4.4　IDFT 的快速计算方法及进一步减少运算量的方法

4.4.1　IDFT 的快速计算方法

IDFT 的快速计算方法即快速傅里叶反变换，一般可用英文缩写 IFFT。上面所讨论的无论时选还是频选 FFT 算法均可用于 IDFT 运算，因为 DFT 与 IDFT 运算公式分别为

$$X(k) = \mathrm{DFT}[x(n)] = \sum_{n=0}^{N-1} x(n) W_N^{nk}$$

$$x(n) = \mathrm{IDFT}[X(k)] = \frac{1}{N} \sum_{k=0}^{N-1} X(k) W_N^{-nk}$$

比较两式可见，只要将 DFT 运算中的 W_N^{nk} 改为 W_N^{-nk}，再将结果乘以 $1/N$，就可以用 FFT 程序计算 IDFT。不过现在输入的是频域序列 $X(k)$，输出为时域序列 $x(n)$，所以改动过的时选 FFT 对应频选的 IFFT；改动过的频选 FFT 对应时选的 IFFT。另外，为避免运算过程中出现溢出，一般将系数 $1/N$ 分解为 $(1/2)^M$，分别放置在每一级，即 M 级的每一级运算中都要乘 $1/2$ 因子。IFFT L 级蝶形运算流图如图 4.4-1 所示。

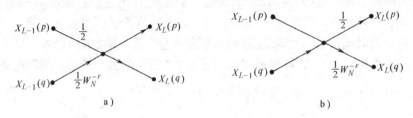

图 4.4-1　IFFT L 级蝶形运算流图

a）频选 IFFT L 级蝶形运算流图　b）时选的 IFFT L 级蝶形运算流图

由图 4.4-1 可以看到，IFFT 基本蝶形无论是频选还是时选运算关系，每个蝶形运算量有两次复数乘法，两次复数加法。

常用 FFT 算法的流图如图 4.2-6、图 4.3-4 所示，其对应反变换 $N=8$ 时选的 IFFT 蝶形运算流图如图 4.4-2 所示，$N=8$ 频选的 IFFT 蝶形运算流图如图 4.4-3 所示。同理可绘出

图 4.2-12、图 4.3-7 对应的 IFFT 蝶形运算流图。

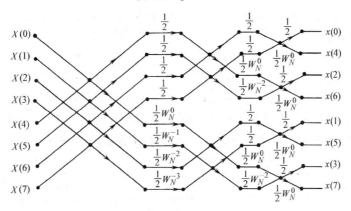

图 4.4-2　$N = 8$ 时选的 IFFT 运算流图

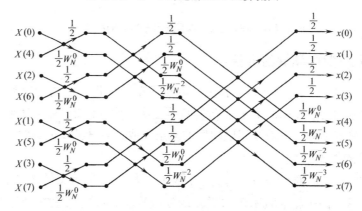

图 4.4-3　$N = 8$ 频选的 IFFT 运算流图

同样，$N = 2^M$ 点 IFFT 共有 M 级，每级 $N/2$ 个蝶形。所以总的计算量：

复数乘法：$m_F = M(N/2) \cdot 2 = NM = N\log_2 N$

复数加法：$a_F = M(N/2) \cdot 2 = NM = N\log_2 N$

这几个流图的 FFT、IFFT 计算均为同址的。如果希望 FFT 与 IFFT 子程序共用，还可以选择下面的方法。

序列的 DFT 为

$$x(n) = \frac{1}{N} \sum_{k=0}^{N-1} X(k) W_N^{-nk}$$

而共轭序列的 DFT 为

$$x^*(n) = \frac{1}{N} \Big[\sum_{k=0}^{N-1} X(k) W_N^{-nk} \Big]^* = \frac{1}{N} \sum_{k=0}^{N-1} X^*(k) W_N^{nk} = \frac{1}{N} \{ \mathrm{DFT}[X^*(k)] \} \qquad (4.4\text{-}1)$$

再对式（4.4-1）取共轭，得

$$x(n) = [x^*(n)]^* = \frac{1}{N} \Big[\sum_{k=0}^{N-1} X^*(k) W_N^{nk} \Big]^* \qquad (4.4\text{-}2)$$

利用式（4.4-2），可以得到 IFFT 与 FFT 子程序共用的方法：第 1 步对 $X(k)$ 取共轭得 $X^*(k)$，第 2 步访问 FFT 子程序，第 3 步对结果再取共轭，第 4 步乘以 $1/N$ 得到 $x(n)$。这种方法多用了前后两次取共轭的运算，但可以 FFT 与 IFFT 子程序共用，有其方便之处。

如果只对数据作一次变换，显然在同址计算情况下，要在输入或输出作变址运算，否则结果不正确。但在许多实际应用中，输入序列的 DFT 经系统处理后还要再作 IDFT 处理。例如，用 DFT 实现 FIR DF 时，对输入 $x(n)$ 的一段数据作 DFT 得到 $X(k)$，先将其与系统的 DFT($H(k)$) 相乘，然后再作 $X(k)H(k)$ 乘积的 IDFT，得到处理过的数据。这时 DFT 与 IDFT 相当于两个变换的级联。适当选择 FFT 与 IFFT 算法，有可能避免倒序位的变址运算。

例如，对 DFT 用图 4.2-12 的输入为自然顺序的输出为倒序位的时选法，将系统的 $H(k)$ 也按倒序位存储，对 IDFT 选图 4.4-3 的 IFFT 输入为倒序位的，输出为自然顺序的频选法。这样，正、反两次变换都不需作倒序运算，运算框图如图 4.4-4 所示。

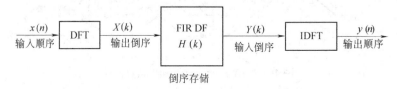

图 4.4-4　FFT 与 IFFT 不需倒序运算的级联框图

4.4.2　进一步减少运算量的方法

前面讨论的时选 FFT 与频选 FFT 算法，算法简单，编程效率高，得到广泛应用。由前面讨论的 FFT 算法可知，$N = 2^M$ 点 FFT 的复数乘法次数为 $NM/2$。那么实际运算量是否还能再减少呢？回答是肯定的。下面介绍以程序的复杂换取运算量减少的方法。

1. 无需运算的因子

在 DFT 运算中，若 $W_N^p = \pm 1$、$\pm j$，则称其为无关紧要的旋转因子，如 W_N^0、$W_N^{\pm N/2}$、$W_N^{N/4}$ 等。因为与这些因子相乘时不用作实际的复数乘法。以时选 FFT 流图为例，从左到右依次为第一级蝶形、第二级蝶形、……。由图 4.2-6 可以看到，在第一级蝶形中，只有一种旋转因子 $W_N^0 = 1$，因此不需要复数乘法运算；第二级蝶形有两个无关紧要的旋转因子 $W_N^0 = 1$ 与 $W_N^{N/4} = -j$，所以也不需要复数乘法运算。去除一、二两级不需要复数乘法的运算外，所需实际复数乘法数为

$$m_F = \frac{N}{2}(M - 2) \tag{4.4-3}$$

在第三级蝶形有两个无关紧要的旋转因子 W_N^0 与 $W_N^{N/4}$。因为同一旋转因子对应着 $2^{M-L} = N/2^L$ 个蝶形运算，所以第三级共有 $2N/2^3 = N/4$ 个蝶形，也不需要复数乘法运算。以此类推，$L \geq 3$ 时，第 L 级的两个无关紧要的旋转因子 $W_N^0 = 1$ 与 $W_N^{N/4}$ 减少复数乘法的次数为 $2N/2^L = N/2^{L-1}$。从 $L = 3$ 到 $L = M$ 共减少复数乘法的次数为

$$\sum_{L=3}^{M} \frac{N}{2^{L-1}} = 2N \sum_{L=3}^{M} \left(\frac{1}{2}\right)^L = 2N\left[\left(\frac{1}{2}\right)^3 + \left(\frac{1}{2}\right)^4 + \cdots + \left(\frac{1}{2}\right)^M\right]$$

$$= 2N\left(\frac{1}{2}\right)^3\left[1 + \left(\frac{1}{2}\right) + \cdots + \left(\frac{1}{2}\right)^{M-3}\right] = 2N\left(\frac{1}{2}\right)^3 \frac{1 - (1/2)^{M-2}}{1 - 1/2}$$

$$= 2N\left(\frac{1}{2}\right)^3 2[1 - (1/2)^{M-2}] = \frac{N}{2}[1 - (1/2)^{M-2}] = \frac{N}{2} - 2 \tag{4.4-4}$$

考虑以上这些减少的复数乘法后，这时的复数乘法运算次数为

$$C_M(2) = \frac{N}{2}(M-2) - \left(\frac{N}{2} - 2\right) = \frac{N}{2}(M-3) + 2 \tag{4.4-5}$$

2. 减少运算的因子

实现一次复数乘法，一般需要 4 次实数乘法，两次实数加法。但当任意复数 $a + jb$ 与 $W_N^{N/8} = (1-j)\sqrt{2}/2$ 相乘时，有

$$\frac{(1-j)\sqrt{2}}{2}(a+jb) = \frac{\sqrt{2}}{2}(a+jb-ja+b)$$

$$= \frac{\sqrt{2}}{2}\left[(a+b) - j(a-b)\right] = A + jB \tag{4.4-6}$$

式中，$A = \frac{\sqrt{2}}{2}(a+b)$；$B = -\frac{\sqrt{2}}{2}(a-b) = \frac{\sqrt{2}}{2}(b-a)$。

由式（4.4-6）可见，任意复数与 $W_N^{N/8}$ 相乘只需要两次实数加法和两次实数乘法。这样，所有含有 $W_N^{N/8}$ 的蝶形减少两次实数乘法。从 $L = 3$ 到 $L = M$ 级，每级都包含 $W_N^{N/8}$，第 L 级中，$W_N^{N/8}$ 对应 $2^{M-L} = N/2^L$ 个蝶形运算，所以从第三级到最后一级，$W_N^{N/8}$ 减少的实数乘法次数与式（4.4-4）相同，为 $\frac{N}{2} - 2$ 次。

3. 改进后的实数乘法计算量

考虑所有相关的旋转因子，从实数运算考虑，计算 $N = 2^M$ 点 FFT 的实数乘法次数为

$$R_M(2) = 4\left[\frac{N}{2}(M-3) + 2\right] - \left(\frac{N}{2} - 2\right) = N\left(2M - \frac{13}{2}\right) + 10 \tag{4.4-7}$$

在基 2 FFT 程序中，含有全部旋转因子的算法为一类蝶形单元运算；去掉了 $W_N = \pm 1$ 旋转因子的为二类蝶形单元运算；去掉了 $W_N = \pm 1$ 与 $W_N = \pm j$ 旋转因子的为三类蝶形单元运算；去掉了 $W_N = \pm 1$、$W_N = \pm j$ 的旋转因子，又对 $W_N^{N/8}$ 作了处理的为四类蝶形单元运算。后 3 种运算也称为多类蝶形单元运算。显然，蝶形单元类型越多，编程越复杂。当 N 较大时，乘法运算的减少量是相当可观的。例如，$N = 4096$ 时，3 类蝶形单元运算的乘法次数是一类蝶形单元运算的 75%。

实际应用中，旋转因子 $W_N^m = \cos(2\pi m/N) - j\sin(2\pi m/N)$ 的生成方法影响 FFT 运算速度。产生旋转因子的方法有两种，一种方法是每级运算时直接计算产生，优点是实时运算占用内存少，缺点是运算速度受限。另一种方法是事先计算出所有的 W_N^m，$0 \le m \le N/2 - 1$，存放在数组中。在程序执行过程中查表得到所需系数，优点是运算速度快，缺点是要占较多内存。

4.5 N 是组合数的 FFT 算法

基 2 FFT 运算程序简单，效率高，使用方便，实际应用很多。在实际使用时，有限长序列的长度 N 往往是人为确定的。所以许多应用场合可以将 N 选定为 2^M，直接利用以 2 为基数的 FFT 运算程序。

如果 N 不是 2 的整数幂，在这种情况下，一种处理方法是通过对 $x(n)$ 补零，使 $x(n)$ 的点数成为 2 的整数幂。例如 $x(n)$ 原为 1000 点，可以在 1000 点之后补 24 个零值点，使 $N = 1024 = 2^{10}$。如果一定要获得准确的 N 点 DFT，可以用任意基 FFT 算法。其基本思路还

是将长点 DFT 尽可能分解为短点的 DFT，充分利用短点 DFT 的周期性。

4.5.1　N 是任意组合数的 FFT 算法

下面以时间抽取法为例，讨论 N 是任意组合数的 FFT 算法。

设 $N = p_1 p_2 \cdots p_m$，p_i 均为质数，共有 m 个。

令：$q_1 = p_2 p_3 \cdots p_m$，$N = p_1 q_1$

先将 N 点 DFT 分解为 p_1 个 q_1 点的 DFT，即 $x(n)$ 分为 p_1 组，每组为 q_1 点

$$x(n) = \begin{cases} x(p_1 r) \\ x(p_1 r + 1) \\ \quad\vdots \\ x(p_1 r + p_1 - 1) \end{cases} \quad r = 0, 1, \cdots, q_1 - 1 \qquad (4.5\text{-}1)$$

将分组后的式（4.5-1）写成一般形式

$$x(p_1 r + l) \qquad (4.5\text{-}2)$$

式中，$r = 0, 1, \cdots; q_1 - 1; l = 0, 1, \cdots; p_1 - 1$。

$x(n)$ 一次分解后的 DFT 为

$$X(k) = \sum_{n=0}^{N-1} x(n) W_N^{nk}$$

$$= \sum_{r=0}^{q_1-1} x(p_1 r) W_N^{p_1 rk} + \sum_{r=0}^{q_1-1} x(p_1 r + 1) W_N^{(p_1 r+1)k} + \cdots + \sum_{r=0}^{q_1-1} x(p_1 r + p_1 - 1) W_N^{(p_1 r + p_1 - 1)k}$$

将上面 p_1 项之和表示为

$$X(k) = \sum_{l=0}^{p_1-1} W_N^{lk} \sum_{r=0}^{q_1-1} x(p_1 r + l) W_N^{p_1 rk}$$

$$= \sum_{l=0}^{p_1-1} W_N^{lk} \sum_{r=0}^{q_1-1} x(p_1 r + l) W_{N/p_1}^{rk} = \sum_{l=0}^{p_1-1} W_N^{lk} \sum_{r=0}^{q_1-1} x(p_1 r + l) W_{q_1}^{rk}$$

$$= \sum_{l=0}^{p_1-1} W_N^{lk} G_l(k) \qquad (4.5\text{-}3)$$

式中，$G_l(k)$ 是 q_1 点的 DFT

$$G_l(k) = \sum_{r=0}^{q_1-1} x(p_1 r + l) W_{q_1}^{rk}$$

式（4.5-3）表明正是利用 $G_l(k)$ 的周期性，将 p_1 个 q_1 点的 $G_l(k)$ 合成 N 点的 $X(k)$。

现在讨论 N 为组合数，经过一次分解后的复数乘法计算量。因为 p_1 个 q_1 点的 DFT 复数乘法有 $p_1 (q_1)^2$ 次，又由式（4.5-3）可知，每计算一个 $X(k)$ 值还需要 $(p_1 - 1)$ 次复数乘法，则 N 个 $X(k)$ 值有 $N(p_1 - 1)$ 次复乘，最后全部的 $X(k)$ 的复数乘法数为

$$m_F = N(p_1 - 1) + p_1 (q_1)^2 = N(p_1 + q_1 - 1) < N^2 \qquad (4.5\text{-}4)$$

因为 q_1 仍是组合数，所以继续对 q_1 分解，令：$q_2 = p_3 p_4 \cdots p_m$，$q_1 = p_2 q_2$。每个 q_1 点 DFT 又可以分解为 p_2 个 q_2 点的 DFT。直接利用上面的推导结果，讨论二次分解后的计算量。因为合成 q_1 点的 DFT 且有 p_2 个 q_2 点的 DFT，所以 $(q_1)^2$ 次的复数乘法应为 $q_1 (p_2 -$

$1)+p_2(q_2)^2$ 次，将此代入式（4.5-4），得

$$
\begin{aligned}
m_F &= N(p_1-1)+p_1\big[q_1(p_2-1)+p_2(q_2)^2\big]\\
&= N(p_1-1)+p_1q_1p_2-p_1q_1+p_1p_2(q_2)^2\\
&= N(p_1-1)+N(p_2-1)+p_1p_2(q_2)^2\\
&= N(p_1+p_2-2)+p_1p_2(q_2)^2
\end{aligned}
$$

经过 m 次分解，一直分解到最后一个因数 p_m，以此类推，最后总复数乘法的计算量为

$$
\begin{aligned}
m_F &= N(p_1+p_2+\cdots+p_m-m)+p_1p_2\cdots p_m(q_m)^2\\
&= N(p_1+p_2+\cdots+p_m-m)+N\\
&= N(p_1+p_2+\cdots+p_m-m+1)\\
&\approx N(p_1+p_2+\cdots+p_m-m)
\end{aligned}
\tag{4.5-5}
$$

比较直接 DFT 计算与用 N 是组合数的 FFT 算法的计算效率，得

$$
\frac{N^2}{N(p_1+p_2+\cdots+p_m-m)}=\frac{p_1p_2\cdots p_m}{p_1+p_2+\cdots+p_m-m}
\tag{4.5-6}
$$

式（4.5-6）中的分子是各因数的乘积，而分母是各因数之和（近似）。由此可见，N 是组合数，利用 FFT 算法可以提高运算效率。

例 4.5-1 求 $N=15$ 点的任意基 FFT 流图。

解： $N=15=3\times5$，$p=3$，$q=5$，则 $x(n)$ 可分为 3 组，每组 5 点，即

$$
x(n)=\begin{cases}x(0),x(3),x(6),x(9),x(12) & x(3r)\\ x(1),x(4),x(7),x(10),x(13) & x(3r+1)\\ x(2),x(5),x(8),x(11),x(14) & x(3r+2)\end{cases}\qquad r=0,1,\cdots,4
$$

一般项为 $x(3r+l)$。

$$
\begin{aligned}
X(k) &= \sum_{n=0}^{14}x(n)W_N^{nk}=\sum_{l=0}^{2}W_N^{lk}\sum_{r=0}^{4}x(3r+l)W_5^{rk}\\
&= \sum_{l=0}^{2}W_{15}^{lk}G_l(k)=G_0(k)+W_{15}^{k}G_1(k)+W_{15}^{2k}G_2(k)
\end{aligned}
$$

将 $x(n)$ 分解为 $p=3$ 组、$q=5$ 点的 DFT，再利用 $G_l(k)$ 的周期性将 3 个 5 点的 DFT 合成一个 15 点的 DFT，其示意图如图 4.5-1 所示。

其中：

$$
G_0(k)=\sum_{r=0}^{4}x(3r)W_5^{rk}=x(0)+x(3)W_5^{k}+x(6)W_5^{2k}+x(9)W_5^{3k}+x(12)W_5^{4k}
$$

$$
G_1(k)=\sum_{r=0}^{4}x(3r+1)W_5^{rk}=x(1)+x(4)W_5^{k}+x(7)W_5^{2k}+x(10)W_5^{3k}+x(13)W_5^{4k}
$$

$$
G_2(k)=\sum_{r=0}^{4}x(3r+2)W_5^{rk}=x(2)+x(5)W_5^{k}+x(8)W_5^{2k}+x(11)W_5^{3k}+x(14)W_5^{4k}
$$

合成时，$G_l(k)$ 为 5 点，$X(k)$ 为 15 点，所以 $k\geqslant5$ 对 $G_l(k)$ 有 $G_l((k))_5$。

$$
k=0\quad X(0)=G_0(0)+G_1(0)+G_2(0)
$$

$$
\vdots
$$

$$
k=9\quad X(9)=G_0(9)+G_1(9)W_N^{9}+G_2(9)W_N^{18}
$$

$$
\vdots
$$

$$k=14 \quad X(14) = G_0(4) + G_1(4)W_N^{14} + G_2(4)W_N^{28}$$

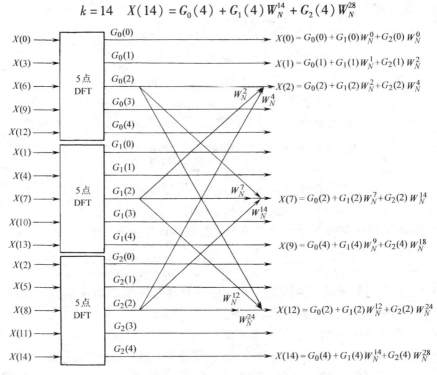

图 4.5-1 3 个 5 点的 DFT 合成一个 15 点的 DFT 运算示意图

4.5.2 组合数为 $N = p^M$ 的 FFT 算法

$N = p^M$ 是一类特别的组合数，按照 N 是组合数 FFT 的一般方法，可以将 $N = p^M$ 点 DFT 一次分解为 p 个 p^{M-1} 点的 DFT；p^{M-1} 点 DFT 二次分解为 p 个 p^{M-2} 点的 DFT；……，最后 M 次分解为 p 点的 DFT。

仍以时间抽取法为例，一次分解 $X(k)$ 为 p 个 p^{M-1} 点的 DFT

$$X(k) = \sum_{n=0}^{N-1} x(n)W_N^{nk} = \sum_{l=0}^{p-1} W_N^{lk} X_{l p_{M-1}}(k)$$

式中，$X_{l p_{M-1}}$ 是第 l 个 p^{M-1} 点 DFT。

继续分解 $X_{l p_{M-1}}$ 为 p 个 p^{M-2} 点的 DFT，得

$$X(k) = \sum_{l=0}^{p-1} W_N^{lk} \sum_{l=0}^{p-1} W_N^{lpk} X_{l p_{M-2}}(k)$$

式中，$X_{l p_{M-2}}$ 是第 l 个 p^{M-2} 点 DFT。

按此方法，最终分解为最短为 p 点的 DFT，即

$$X(k) = \sum_{l=0}^{p-1} W_N^{lk} \sum_{l=0}^{p-1} W_N^{lpk} \cdots \sum_{l=0}^{p-1} W_N^{lp^{M-1}k} X_{lp}(k)$$

式中，X_{lp} 是第 l 个 p 点 DFT。

经 M 次分解后以 p 为基的 FFT 复数乘法的计算量，利用式（4.5-5），得

$$m_F = N(\underbrace{p + p + p + \cdots P}_{M \text{个}} - M) = N(P-1)M$$

$$= N(p-1)\log_p N \tag{4.5-7}$$

特别地，当 $p=2$ 时，$m_F = N(P-1)M = NM = N\log_2 N$。

以 p 为基的计算量与基 2 相比，有

$$\frac{C_N(p)}{C_N(2)} = \frac{(p-1)N\log_p N}{N\log_2 N} = \frac{(p-1)\log_2 N/\log_2 p}{\log_2 N} = \frac{(p-1)}{\log_2 p}$$

表 4.5-1 列出不同 p 与基 2 FFT 计算量之比。

表 4.5-1 p 与基 2 FFT 计算量之比

p	$\dfrac{(p-1)}{\log_2 p}$
2	1
3	1.2681
4	1.5
5	1.7226
6	1.9342
7	2.1372

可见，随着 p 的增加，计算效率要下降。不过，当 $N=4^M$，即以 4 为基（类推基 8、基 16）时，实际的计算量比上述计算量要小得多。下面讨论基 4 FFT 算法。

将 $N=4^M$ 点 DFT 分解为 4 个 $N/4$ 点的 DFT

$$X(k) = \sum_{l=0}^{3} W_N^{lk} X_l(k) = X_0(k) + W_N^k X_1(k) + W_N^{2k} X_2(k) + W_N^{3k} X_3(k)$$

式中，$X_0(k), X_1(k), X_2(k), X_3(k)$ 均为 $N/4$ 点的 DFT。

由 4 个 $N/4$ 点的 DFT 合成 N 点 DFT，要利用 $N/4$ 点 DFT 的周期性，即

$$\begin{cases} X_0(k) = X_0(k+N/4) = X_0(k+N/2) = X_0(k+3N/4) \\ X_1(k) = X_1(k+N/4) = X_1(k+N/2) = X_1(k+3N/4) \\ X_2(k) = X_2(k+N/4) = X_2(k+N/2) = X_2(k+3N/4) \\ X_3(k) = X_3(k+N/4) = X_3(k+N/2) = X_3(k+3N/4) \end{cases}$$

这样，N 点 DFT 为

$$\begin{cases} X(k) = X_0(k) + W_N^k X_1(k) + W_N^{2k} X_2(k) + W_N^{3k} X_3(k) \\ X(k+N/4) = X_0(k) + W_N^{\left(k+\frac{N}{4}\right)} X_1(k) + W_N^{2\left(k+\frac{N}{4}\right)} X_2(k) + W_N^{3\left(k+\frac{N}{4}\right)} X_3(k) \\ X(k+N/2) = X_0(k) + W_N^{\left(k+\frac{N}{2}\right)} X_1(k) + W_N^{2\left(k+\frac{N}{2}\right)} X_2(k) + W_N^{3\left(k+\frac{N}{2}\right)} X_3(k) \\ X(k+3N/4) = X_0(k) + W_N^{\left(k+\frac{3N}{4}\right)} X_1(k) + W_N^{2\left(k+\frac{3N}{4}\right)} X_2(k) + W_N^{3\left(k+\frac{3N}{4}\right)} X_3(k) \end{cases}$$

$$\tag{4.5-8}$$

基 4 的基本蝶形如图 4.5-2 所示。

式（4.5-8）中的乘法系数与 $W_N^{N/4}$ 有关，注意到 $W_N^{N/4}$ 具有的对称性，即

$$W_N^{N/4} = -\mathrm{j}, \quad \text{且} \quad \left(W_N^{N/4}\right)^n = \begin{cases} \pm\mathrm{j} \\ \pm 1 \end{cases}$$

而 $\pm\mathrm{j}$，± 1 都不必作乘法运算，所以利用 $W_N^{N/4}$ 的对称性，式（4.5-8）可简化为

$$\begin{cases} X(k) = X_0(k) + W_N^k X_1(k) + W_N^{2k} X_2(k) + W_N^{3k} X_3(k) \\ X(k+N/4) = X_0(k) - jW_N^k X_1(k) - W_N^{2k} X_2(k) + jW_N^{3k} X_3(k) \\ X(k+N/2) = X_0(k) - W_N^k X_1(k) + W_N^{2k} X_2(k) - W_N^{3k} X_3(k) \\ X(k+3N/4) = X_0(k) + jW_N^k X_1(k) - W_N^{2k} X_2(k) - jW_N^{3k} X_3(k) \end{cases} \tag{4.5-9}$$

简化后基 4 的蝶形如图 4.5-3 所示。

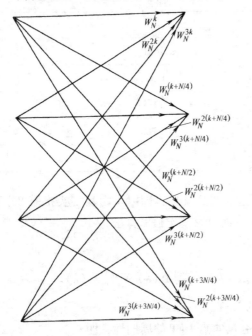

图 4.5-2　基 4 的基本蝶形

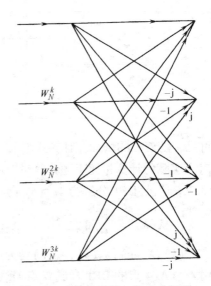

图 4.5-3　简化后基 4 的基本蝶形

式（4.5-9）是 $N = 4^M$ 一级分解的结果。以此类推，后面的各级分解能使相应的运算量减少。与基 2 一样，N 越大，效率越高。比较后，可知基 4 计算量比基 2 还少。同理，基 8、基 16 有类似的结果。例如 $N = 4096 = 2^{12}$ 时，比较基 2、4、8、16 实数乘法运算量如表 4.5-2 所示。

表 4.5-2　基 2、4、8、16 实数乘法运算量

基	实 乘 数
2	89924
4	57348
8	49156
16	48132

由表 4.5-2 可见，随着基数上升，运算效率提高并不多。而基数的增加会使算法结构复杂。并且基越大，蝶形结构越复杂。运算量的减少是以程序（或硬件）复杂为代价的，所以基太大往往是得不偿失的。

4.6 分裂基 FFT 算法

自从基 2 快速算法出现后，人们仍在寻找更快的算法。从上述分析可知，基 4 比基 2 FFT 算法更快。从理论上讲，用较大的基数可以进一步减少运算次数，但要以程序或硬件的复杂程度为代价，所以取大于 8 的基数没有多大实际意义。1984 年，法国的杜梅尔和霍尔曼将基 4 分解和基 2 分解结合在一起，提出了一种分裂（混合）基算法。其运算量比基 2 少，运算流图与基 2 FFT 接近，运算程序也不长，也是一种实用的高效算法。

用分裂基算法计算 $N = 2^M$ 点的 DFT，基本方法与频选法 FFT 相似，是建立在把 $X(k)$ 分解成越来越短的子序列基础上，但每次分解不是对半分或均匀分解的。

1. 第一次分解

将 N 点 DFT 分解为一个 $N/2$ 和两个 $N/4$ 点 DFT。

做法：先将 $x(n)$ 分成 4 段：

$$X(k) = \sum_{n=0}^{N-1} x(n) W_N^{nk} = \sum_{n=0}^{\frac{N}{4}-1} x(n) W_N^{nk}$$
$$+ \sum_{n=N/4}^{\frac{N}{2}-1} x(n) W_N^{nk} + \sum_{n=N/2}^{\frac{3N}{4}-1} x(n) W_N^{nk} + \sum_{n=3N/4}^{N-1} x(n) W_N^{nk}$$

对第 2 项，令 $n = n' + \dfrac{N}{4}$，$n' = n - \dfrac{N}{4}$；n：$\dfrac{N}{4} \sim \dfrac{N}{2} - 1$，$n'$：$0 \sim \dfrac{N}{4} - 1$

对第 3 项，令 $n = n' + \dfrac{N}{2}$，$n' = n - \dfrac{N}{2}$；n：$\dfrac{N}{2} \sim \dfrac{3N}{4} - 1$，$n'$：$0 \sim \dfrac{N}{4} - 1$

对第 4 项，令 $n = n' + \dfrac{3N}{4}$，$n' = n - \dfrac{3N}{4}$；n：$\dfrac{3N}{4} \sim N - 1$，n'：$0 \sim \dfrac{N}{4} - 1$

再将 n' 用 n 替换，上式为

$$X(k) = \sum_{n=0}^{\frac{N}{4}-1} x(n) W_N^{nk} + \sum_{n=0}^{\frac{N}{4}-1} x\left(n + \frac{N}{4}\right) W_N^{\left(n+\frac{N}{4}\right)k}$$
$$+ \sum_{n=0}^{\frac{N}{4}-1} x\left(n + \frac{N}{2}\right) W_N^{\left(n+\frac{N}{2}\right)k} + \sum_{n=0}^{\frac{N}{4}-1} x\left(n + \frac{3N}{4}\right) W_N^{\left(n+\frac{3N}{4}\right)k}$$
$$= \sum_{n=0}^{\frac{N}{4}-1} \sum_{l=0}^{3} x\left(n + \frac{N}{4}l\right) W_N^{\left(n+\frac{N}{4}l\right)k}$$
$$= \sum_{n=0}^{\frac{N}{4}-1} W_N^{nk} \sum_{l=0}^{3} x\left(n + \frac{N}{4}l\right) W_N^{\frac{N}{4}lk} \qquad W_N^{\frac{N}{4}lk} = W_{N/(N/4)}^{lk} = W_4^{lk}$$
$$= \sum_{n=0}^{\frac{N}{4}-1} W_N^{nk} \sum_{l=0}^{3} x\left(n + \frac{N}{4}l\right) W_4^{lk}$$
$$= \sum_{n=0}^{\frac{N}{4}-1} W_N^{nk} \left[x(n) W_4^0 + x\left(n + \frac{N}{4}\right) W_4^k + x\left(n + \frac{N}{2}\right) W_4^{2k} + x\left(n + \frac{3N}{4}\right) W_4^{3k} \right]$$

频域分解是将 $X(k)$ 分为奇、偶项，而分裂基是先将上式中的 k 表示为 4 抽 1 的序列。即令

$$k = 4k_1 + k_0 \quad 0 \leqslant k_1 \leqslant \frac{N}{4} - 1, 0 \leqslant k_0 \leqslant 3$$

$$X(k) = X(4k_1 + k_0) = \sum_{n=0}^{\frac{N}{4}-1} W_N^{n(4k_1+k_0)}$$

$$\left[x(n) + x\left(n + \frac{N}{4}\right)W_4^{(4k_1+k_0)} + x\left(n + \frac{N}{2}\right)W_4^{2(4k_1+k_0)} + x\left(n + \frac{3N}{4}\right)W_4^{3(4k_1+k_0)} \right]$$

$$= \sum_{n=0}^{\frac{N}{4}-1} W_N^{n(4k_1+k_0)} \left[x(n) + x\left(n + \frac{N}{4}\right)W_4^{k_0} + x\left(n + \frac{N}{2}\right)W_4^{2k_0} + x\left(n + \frac{3N}{4}\right)W_4^{3k_0} \right]$$

用 k 表示 k_1，$k_0 = 0$，1，2，3，代入

并注意到：$(W_4^{nk_0}) == \begin{cases} \pm j \\ \pm 1 \end{cases}$，则

$$\begin{cases} X(4k) = \sum_{n=0}^{\frac{N}{4}-1} W_N^{4kn} \left[x(n) + x\left(n + \frac{N}{4}\right) + x\left(n + \frac{N}{2}\right) + x\left(n + \frac{3N}{4}\right) \right] \\[4mm] X(4k+1) = \sum_{n=0}^{\frac{N}{4}-1} W_N^{4kn+n} \left[x(n) - jx\left(n + \frac{N}{4}\right) - x\left(n + \frac{N}{2}\right) + jx\left(n + \frac{3N}{4}\right) \right] \\[4mm] X(4k+2) = \sum_{n=0}^{\frac{N}{4}-1} W_N^{4kn+2n} \left[x(n) - x\left(n + \frac{N}{4}\right) + x\left(n + \frac{N}{2}\right) - x\left(n + \frac{3N}{4}\right) \right] \\[4mm] X(4k+3) = \sum_{n=0}^{\frac{N}{4}-1} W_N^{4kn+3n} \left[x(n) + jx\left(n + \frac{N}{4}\right) - x\left(n + \frac{N}{2}\right) - jx\left(n + \frac{3N}{4}\right) \right] \end{cases}$$

$$0 \leqslant k \leqslant \frac{N}{4} - 1 \qquad (4.6\text{-}1)$$

当 k 从 0 增加到 $N/4 - 1$ 时，式 4.6-1 中的任一式均为频域隔 3 点取一点（4 点取 1 点）的 $N/4$ 抽选。

因为 $X(4k)$ 与 $X(4k+2)$ 是 $X(k)$ 所有偶数序号的 $X(k)$ 值，可以合在一起，组成隔一点取一点（2 点取 1 点）的 $N/2$ 抽选。

所以式 (4.6-1) 可以改写成

$$\begin{cases} X(2k) = \sum_{n=0}^{\frac{N}{2}-1} \left[x(n) + x\left(n + \frac{N}{2}\right) \right] W_N^{2kn} \qquad 0 \leqslant k \leqslant \frac{N}{2} - 1 \\[4mm] X(4k+1) = \sum_{n=0}^{\frac{N}{4}-1} \left\{ \left[x(n) - jx\left(n + \frac{N}{4}\right) - x\left(n + \frac{N}{2}\right) + jx\left(n + \frac{3N}{4}\right) \right] W_N^n \right\} W_N^{4kn} \\[2mm] \qquad\qquad 0 \leqslant k \leqslant \frac{N}{4} - 1 \\[4mm] X(4k+3) = \sum_{n=0}^{\frac{N}{4}-1} \left\{ \left[x(n) + jx\left(n + \frac{N}{4}\right) - x\left(n + \frac{N}{2}\right) - jx\left(n + \frac{3N}{4}\right) \right] W_N^{3n} \right\} W_N^{4kn} \\[2mm] \qquad\qquad 0 \leqslant k \leqslant \frac{N}{4} - 1 \end{cases}$$

$$(4.6\text{-}2)$$

令

$$\begin{cases} x_2(n) = x(n) + x\left(n + \dfrac{N}{2}\right) & 0 \leqslant n \leqslant \dfrac{N}{2} - 1 \\[3mm] x_4^1(n) = \left[x(n) - \mathrm{j}x\left(n + \dfrac{N}{4}\right) - x\left(n + \dfrac{N}{2}\right) + \mathrm{j}x\left(n + \dfrac{3N}{4}\right)\right]W_N^n & 0 \leqslant n \leqslant \dfrac{N}{4} - 1 \\[3mm] x_4^2(n) = \left[x(n) + \mathrm{j}x\left(n + \dfrac{N}{4}\right) - x\left(n + \dfrac{N}{2}\right) - \mathrm{j}x\left(n + \dfrac{3N}{4}\right)\right]W_N^{3n} & 0 \leqslant n \leqslant \dfrac{N}{4} - 1 \end{cases} \quad (4.6\text{-}3)$$

式 (4.6-2) 可以进一步表示为

$$\begin{cases} X(2k) = \displaystyle\sum_{n=0}^{\frac{N}{2}-1} x_2(n)W_N^{2kn} = \mathrm{DFT}[x_2(n)] & 0 \leqslant k \leqslant \dfrac{N}{2} - 1 \\[3mm] X(4k+1) = \displaystyle\sum_{n=0}^{\frac{N}{4}-1} x_4^1(n)W_N^{4kn} = \mathrm{DFT}[x_4^1(n)] & 0 \leqslant k \leqslant \dfrac{N}{4} - 1 \\[3mm] X(4k+3) = \displaystyle\sum_{n=0}^{\frac{N}{4}-1} x_4^2(n)W_N^{4kn} = \mathrm{DFT}[x_4^2(n)] & 0 \leqslant k \leqslant \dfrac{N}{4} - 1 \end{cases} \quad (4.6\text{-}4)$$

由式 (4.6-4) 可见，分裂基算法是将一个 N 点 DFT 分解为一个 $N/2$ 和两个 $N/4$ 点 DFT。这种分解既有基 2（按二进制抽选）部分，又有基 4（按四进制抽选）部分。基 2 部分 $X(2k)$ 的奇数点部分，又进一步分解为基 4 抽选分解；基 4 部分的偶数点部分，又进一步分解为基 2 抽选分解。对应的 N 点 DFT 一次分解的流图如图 4.6-1 所示。由图可见，由 $x(n)$、$x(n+N/4)$、$x(n+N/2)$、$x(n+3N/4)$ 这 4 个点求出用于计算一个 $N/2$ 点 DFT 和两个 $N/4$ 点 DFT 的 4 个输入值的运算流图的形状像字母 L，所以称为 L 形蝶形图，简称 L 形。一个 L 形中只有两次复乘，其余为复数加法。因为 $N/4$ 点 DFT 共有 $N/4$ 个输入数据，所以这种 L 形共有 $N/4$ 个。图中只画出其中一个 L 形（$n=1$）。

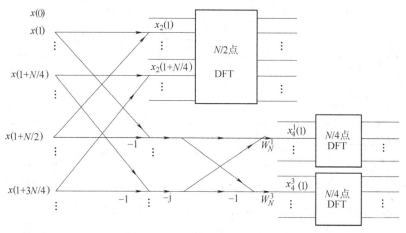

图 4.6-1　分裂基第一次 L 形流图

显然，$N/2$ 点 DFT 又可以用 $N/8$ 个 L 形运算分解成一个 $N/4$ 点 DFT 和两个 $N/8$ 点 DFT。两个 $N/4$ 点 DFT 也可以分别用 $N/16$ 个 L 形运算分解成一个 $N/8$ 点 DFT 和两个 $N/16$ 点 DFT。这样一直进行下去，直至分解为 4 点或 2 点 DFT。最后的流图不像基 4 或基 2 的流图整齐。其排列示意图如图 4.6-2 所示，图中阴影部分，（L 形的垂直部分）全为两个点的同址加减运算；空白部分（L形的其余部分）也是两个点的同址计算，具体为一点乘 j 与另一点进行加减运算后，再分别乘以 W_N^n、W_N^{3n}。

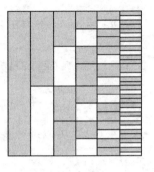

图 4.6-2 分裂基结构示意图

以 $N=16$ 点为例，画出分裂基 FFT 运算流图。

第一次抽选分解时，令

$$\begin{cases} x_2(n) = x(n) + x(n+8) \quad 0 \leqslant n \leqslant 7 \\ x_4^1(n) = \{[x(n) - x(n+8)] - j[x(n+4) - x(n+12)]\} W_{16}^n \\ \qquad\qquad\qquad 0 \leqslant n \leqslant 3 \\ x_4^2(n) = \{[x(n) - x(n+8)] + j[x(n+4) - x(n+12)]\} W_{16}^{3n} \\ \qquad\qquad\qquad 0 \leqslant n \leqslant 3 \end{cases}$$

$$\begin{cases} X(2k) = \displaystyle\sum_{n=0}^{\frac{N}{2}-1} x_2(n) W_N^{2kn} = \mathrm{DFT}[x_2(n)] \quad 0 \leqslant k \leqslant 7 \\ X(4k+1) = \displaystyle\sum_{n=0}^{\frac{N}{4}-1} x_4^1(n) W_N^{4kn} = \mathrm{DFT}[x_4^1(n)] \quad 0 \leqslant k \leqslant 3 \\ X(4k+3) = \displaystyle\sum_{n=0}^{\frac{N}{4}-1} x_4^2(n) W_N^{4kn} = \mathrm{DFT}[x_4^2(n)] \quad 0 \leqslant k \leqslant 3 \end{cases}$$

第一次抽选分解 L 形运算流图如图 4.6-3 所示。

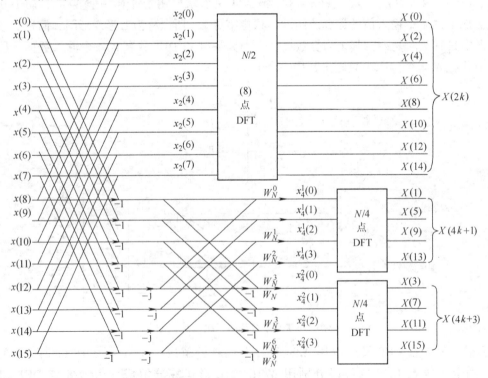

图 4.6-3　16 点分裂基第一次分解 L 形流图

2. 第二次分解

（1）$N/2 = 8$ 点 DFT 分解

令
$$X_1(l) = X(2l)$$
$$\begin{cases} X_1(2l) = \mathrm{DFT}[y_2(n)] & 0 \leqslant l \leqslant 3 \\ X_1(4l+1) = \mathrm{DFT}[y_4^1(n)] & 0 \leqslant l \leqslant 1 \\ X_1(4l+3) = \mathrm{DFT}[y_4^2(n)] & 0 \leqslant l \leqslant 1 \end{cases}$$

其中
$$\begin{cases} y_2(n) = x_2(n) + x_2(n+4) & 0 \leqslant n \leqslant 3 \\ y_4^1(n) = \{[x_2(n) - x_2(n+4)] - \mathrm{j}[x_2(n+2) - x_2(n+6)]\}W_8^n & 0 \leqslant n \leqslant 1 \\ y_4^2(n) = \{[x_2(n) - x_2(n+4)] + \mathrm{j}[x_2(n+2) - x_2(n+6)]\}W_8^{3n} & 0 \leqslant n \leqslant 1 \end{cases}$$

$N = 16$ 点中的 $N/2 = 8$ 点 DFT 分解流图如图 4.6-4 所示。

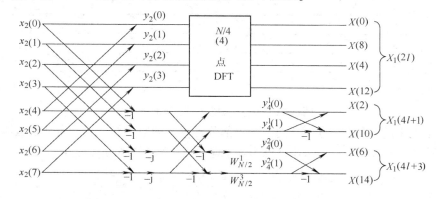

图 4.6-4　$N/2 = 8$ 点 DFT 分解流图

（2）$N/4 = 4$ 点 DFT 分解

$N/4 = 4$ 点 DFT 分解的一般运算流图如图 4.6-5 所示，对输出序列区分奇、偶。

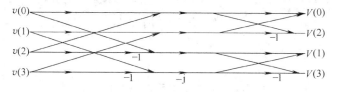

图 4.6-5　4 点 DFT 分解

例如 $v(l) = y_2(l)$，$V(k) = X_1(2k) = X(4k)$，则 $V(0) = X(0)$，$V(2) = X(8)$，$V(1) = X(4)$，$V(3) = X(12)$。最后，16 点分裂基 FFT 运算流图如图 4.6-6 所示。

由图 4.6-6 可见，分裂基 FFT 算法结构同基 2 FFT 算法结构相似，适用于 $N = 2^M$ 的场合，并由 M 级运算实现。运算流图输入为顺序，输出为码位倒序。不过由于是 L 形结构，实现的程序要比基 2 或基 4 算法复杂一些。

3. 分裂基 FFT 算法的运算量

由图 4.6-1 或图 4.6-6 可见，N 点分裂基 4 的全部复乘数是运算流图 L 形个数的 2 倍，复加数与基 2 FFT 相同。因此，只要求出各级运算中 L 形的个数，就可知复数乘法的次数。

设第 j 级有 l_j 个 L 形，$j = 1$，2，$\cdots$，$M-1$，$M = \log_2 N$，且 $l_1 = N/4$。由图 4.6-2 可

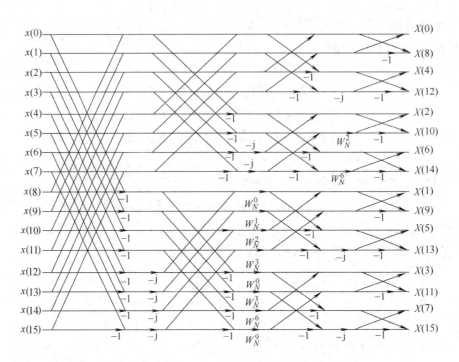

图 4.6-6 16 点分裂基 FFT 运算流图

见，第 $j-1$ 列中的 L 形包含了第 j 列中的一部分计算，即空白部分，所占节点数刚好等于第 $j-1$ 列中所有 L 形对应节点的一半，所以第 j 列 L 形个数就减少 $l_{j-1}/2$ 个，即

$$l_j = \frac{N}{4} - \frac{l_{j-1}}{2}$$

$$l_1 = N/4$$

$$l_2 = \frac{N}{4} - \frac{l_1}{2} = \frac{N}{4}\left(1 - \frac{1}{2}\right)$$

$$l_2 = \frac{N}{4} - \frac{l_2}{2} = \frac{N}{4}\left(1 - \frac{1}{2} + \frac{1}{4}\right)$$

$$\vdots$$

$$l_j = \frac{N}{4}\sum_{i=0}^{j-1}\left(-\frac{1}{2}\right)^i = \frac{N}{6}\left[1 - \left(-\frac{1}{2}\right)^j\right]$$

由于每个 L 形有两次复数乘法，所以全部复乘次数为

$$m_F = 2\sum_{j=1}^{M-1} l_j = \frac{N}{3}\left[M - \frac{2}{3} + \frac{2}{3}\left(-\frac{1}{2}\right)^M\right]$$

$$= \frac{N}{3}\log_2 N - \frac{2}{9}N + (-1)^M\frac{2}{9} \cong \frac{N}{3}\log_2 N - \frac{2}{9}N$$

基 2 FFT 复数乘法次数为 $N\log_2 N = NM$，分裂基的复乘数就以 $\frac{N}{3}\log_2 N = \frac{N}{3}M$ 计，二者相比分裂基的复乘数也减少了 2/3。即使与基 4 FFT 的复数乘法次数 $(3/8)N\log_2 N = \frac{3}{8}NM$ 相比，复乘数亦有减少。再考虑几个特殊因子的影响，实际复数乘法次数会更少。研究统计表明，分裂基算法最接近理论上所需乘法次数的最小值。

4.7 线性调频 Z 变换算法

在利用 DFT 作频率分析时，会遇到以下几种希望频率分辨率得到改善的情况：

1）求短序列 DFT 时，把较短序列的 N 点均匀分布在单位圆上，得到的频率分辨率 $2\pi/N$ 是很低的。采用补零的方法增加点数，可以提高频谱密度，但 N 的增加意味着计算量的增加，是低效的算法。

2）实际问题中往往会遇到包括两个或两个以上分段的频谱，由于对各段的兴趣不同，所以对各段的采样率要求并不一样。例如需要对 $\omega = -\pi/8 \sim \omega = \pi/8$ 之间 128 点窄带信号频谱进行分析，按常规方法是计算 1024 点的离散傅里叶变换，然后取出可需要的 128 点频谱采样值。

3）由第 2 章频率响应函数的几何作图可知，极点离单位圆越近，谐振峰越明显。当极点离单位圆较远时，如图 4.7-1a 所示，往往很难确定极点所对应的频率。如果不是在单位圆上采样，而是沿着如图 4.7-1b 所示靠近这些极点的弧线进行，那么在极点对应的频率上会出现明显的尖峰，有利于谐振峰频率的识别。

总之，为了在不增加计算量的情况下，解决频率分辨率的问题，人们提出了线性调频 Z 变换算法。因为线性调频信号在雷达的专用词汇中称为 Chirp 信号，所以这种 Z 变换称为 ChirpZ 变换或简称 CZT。

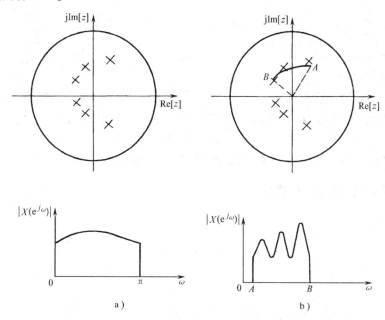

图 4.7-1　单位圆采样与非单位圆采样

a）延单位圆采样　b）延 AB 弧线采样

4.7.1　CZT 定义

设 $x(n)$ 为已知时宽为 N 的有限长序列，其 Z 变换为

$$\mathscr{Z}[x(n)] = X(z) = \sum_{n=0}^{N-1} x(n) z^{-n} \qquad\qquad (4.7\text{-}1)$$

式中，$z = e^{sT} = e^{\sigma T} e^{j\Omega T} = A e^{j\omega}$；$A = e^{\sigma T}$ 是实数；$\omega = \Omega T$ 是数字频率。

按式（4.7-1）计算必然是从 z 平面的实轴开始，以 $A = 1$ 为半径的圆上。但如果希望得到任意起始点和以螺线规律变化的 z 值，那么设

$$\left.\begin{array}{l} A = A_0 e^{j\theta_0} \\[4pt] W = W_0 e^{-j\varphi_0} \\[4pt] z_k = AW^{-k} = A_0 e^{j\theta_0} W_0^{-k} e^{-jk\varphi_0} \qquad k = 0, 1, \cdots, M-1 \end{array}\right\} \qquad (4.7\text{-}2)$$

式中，A_0、W_0 是实数。将 $k = 0, 1, \cdots, M-1$ 代入式（4.7-2），得

$$z_0 = A_0 e^{j\theta_0} ;\quad z_1 = A_0 W_0^{-1} e^{j(\theta_0 + \varphi_0)} ;\quad z_2 = A_0 W_0^{-2} e^{j(\theta_0 + 2\varphi_0)} , \cdots\cdots ,$$

$$z_{M-1} = A_0 W_0^{-(M-1)} e^{j[\theta_0 + (M-1)\varphi_0]}$$

由此可见，式（4.7-2）中 θ_0 是 A 的起始角，由 A 可以确定频谱采样的起点。W_0 是螺线的伸展率，$W_0 > 1$，随着 k 增加，螺线内旋；$W_0 < 1$，随着 k 增加，螺线外旋。φ_0 是 z 平面上相邻 z_k 之间的夹角。螺线采样如图 4.7-2 所示。

将 z_k 代入 Z 变换公式，得到 CZT 的定义：

$$CZT[x(n)] = X(z_k)$$

$$= \sum_{n=0}^{N-1} x(n) z_k^{-n} = \sum_{n=0}^{N-1} x(n) A^{-n} W^{nk}$$

$$k = 0, 1, \cdots, M-1 \qquad (4.7\text{-}3)$$

（M 不需要等于 N）

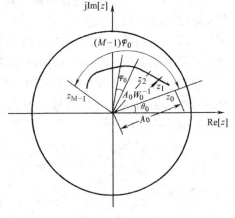

图 4.7-2　螺线采样

由式（4.7-3）可以看到每计算一个 $X(z_k)$ 值需要有 N 次复数乘法，一共有 M 个 $X(z_k)$，所以得到直接计算 CZT 的计算量为：

复数乘法 $\qquad\qquad m_Z = N \cdot M$

当 N 与 M 较大时，可以利用 FFT 减少运算量，提高运算速度。

4.7.2　利用 FFT 的 CZT 算法

利用恒等式

$$nk = \frac{1}{2}\left[k^2 + n^2 - (k-n)^2 \right]$$

式（4.7-3）可以改写为

$$X(z_k) = \sum_{n=0}^{N-1} x(n) A^{-n} W^{nk} = \sum_{n=0}^{N-1} x(n) A^{-n} W^{\frac{1}{2}[k^2 + n^2 - (k-n)^2]}$$

$$= W^{\frac{1}{2}k^2} \sum_{n=0}^{N-1} x(n) A^{-n} W^{\frac{1}{2}n^2} W^{-\frac{1}{2}(k-n)^2} \qquad (4.7\text{-}4)$$

令

$$g(n) = x(n) A^{-n} W^{\frac{1}{2}n^2}$$

$$h(n) = W^{-\frac{1}{2}n^2}$$

则
$$g(k)*h(k) = \sum_{n=0}^{N-1} g(n)h(k-n)$$

$$= \sum_{n=0}^{N-1} x(n)A^{-n}W^{\frac{1}{2}n^2}W^{-\frac{1}{2}(k-n)^2} \qquad (4.7\text{-}5)$$

式 (4.7-5) 是式 (4.7-4) 的一部分，将其代入式 (4.7-4)，得

$$X(z_k) = W^{\frac{1}{2}k^2} \sum_{n=0}^{N-1} g(n)W^{-\frac{1}{2}(k-n)^2}$$

$$= W^{\frac{1}{2}k^2}[g(k)*h(k)] = W^{\frac{1}{2}k^2}y(k) \qquad k=0,1,\cdots,M-1 \qquad (4.7\text{-}6)$$

式 (4.7-6) 的计算可以用图 4.7-3 所示的流程图表示，是用一个线性系统实现的。因为系统的单位脉冲响应 $h(n)=W^{-\frac{1}{2}n^2}$ 与雷达脉冲压缩系统中的线性调频信号很相似，故此得名。

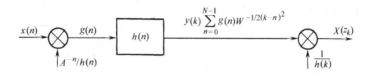

图 4.7-3　CZT 的线性系统实现

用这种方法能减少运算量的关键是用 L 点 FFT（循环卷积）完成 $g(n)$ 与 $h(n)$ 的 M 点的线性卷积。L 一般取 $L \geqslant M+N-1$，为了利用 FFT 可以取 2^i。

例如 $N=60$，$M=50$，$L \geqslant 50+60-1=109$，L 可以取 $128=2^7$。

为了用 L 点循环卷积来计算 $g(n)*h(n)$ 的线性卷积，并得到 M 点的正确结果，要对 $g(n)$、$h(n)$ 作处理，现将其分别变为 $g'(n)$、$h'(n)$，其中

$$g'(n) = \begin{cases} g(n) & 0 \leqslant n \leqslant N-1 \\ 0 & N \leqslant n \leqslant L-1 \end{cases} \qquad (4.7\text{-}7)$$

即 $g(n)$ 补零后变为 L 点的 $g'(n)$。因为 $h(n)=W^{-\frac{1}{2}n^2}$ 为一无限长序列，为了用循环卷积得到线性卷积 $g(n)*h(n)$ 前 M 点的正确值，只要用到 $h(n)$ 中的 $-(N-1) \sim (M-1)$ 点。又因为 FFT 作循环卷积，所以还要将 $h(n)$ 中的 $-(N-1) \leqslant n \leqslant -1$ 各点平移至 $0 \leqslant n \leqslant L-1$ 各点中。这样，$h(n)$ 的非零值区为 $-(N-1) \leqslant n \leqslant M-1$，而 $h'(n)$ 的非零值区为 $0 \leqslant n \leqslant L-1$，即

$$h'(n) = \begin{cases} W^{-\frac{1}{2}n^2} & 0 \leqslant n \leqslant M-1 \\ W^{-\frac{1}{2}(L-n)^2} & L-(N-1) \leqslant n \leqslant L-1 \end{cases} \qquad (4.7\text{-}8)$$

用 L 点循环卷积完成 M 点的线性卷积的示意图如图 4.7-4 所示。

归纳用线性系统实现 CZT 的具体步骤如下：

1）加权：

$$g(n) = x(n)A^{-n}W^{\frac{1}{2}n^2}$$

式中，$x(n)$ 是 N 点序列（$0 \leqslant n \leqslant N-1$）。

按对应的 n 计算出 $W^{\frac{1}{2}n^2}$ 并与 $x(n)$ 相乘得到

$$g(n) = x(n) A^{-n} W^{\frac{1}{2}n^2}$$

2）补零、位移：

$$g'(n) = \begin{cases} g(n) & 0 \leq n \leq N-1 \\ 0 & N \leq n \leq L-1 \end{cases}$$

$$h'(n) = \begin{cases} W^{-\frac{1}{2}n^2} & 0 \leq n \leq M-1 \\ W^{-\frac{1}{2}(L-n)^2} & L-(N-1) \leq n \leq L-1 \end{cases}$$

3）FFT 计算：分别作 $g'(n)$、$h'(n)$ 的 L 点 FFT 得 $G'(k)$、$H'(k)$（L 点）。

4）相乘：

$$Y'(k) = G'(k) H'(k) \qquad L \text{ 点}$$

5）IFFT：

$$y(k) = \text{IFFT}[Y'(k)] \qquad L \text{ 点}$$

只取 $k = 0, 1, \cdots, M-1$。

6）加权：

$$X(z_k) = W^{\frac{1}{2}k^2} y(k) \quad k = 0, 1, \cdots, M-1$$

一般，$h'(n)$ 和 $H'(k)$ 是事先计算好做表存储的，不必实时计算。

为了便于理解，再将 CZT 的线性系统实现的具体步骤用图 4.7-5 所示的 CZT 计算流程图表示。

由 CZT 的计算流程图可以计算用线性系统实现 CZT 的计算量：

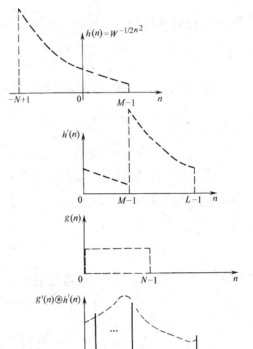

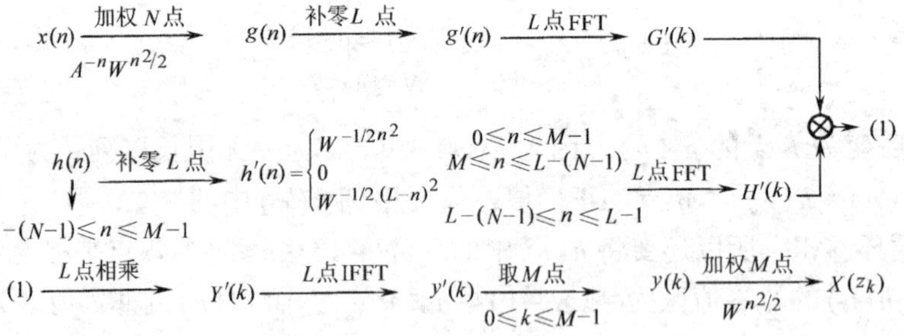

图 4.7-4　用 L 点循环卷积完成 M 点的线性卷积的示意图

图 4.7-5　CZT 的计算流程图

两次加权有 $N+M$ 次复数乘法；$Y'(k) = G'(k)H'(k)$ 有 L 次复乘；FFT、IFFT 各一次有 $2 \times L\log_2 L = 2L\log_2 L$ 次复数乘法，总共复数乘法次数为（单位：次）

$$m_F = N + M + L + 2L\log_2 L \tag{4.7-9}$$

若 $L = N + M - 1$，则

$$m_F = 2(N+M) - 1 + 2(N+M-1)\log_2(N+M-1) \tag{4.7-10}$$

计算量比较：直接计算 M 点的 $X(z_k)$，$m_Z = NM$。

例 4.7-1　$N = 9$，$M = 8$，比较 CZT 的两种方法计算量。

解：直接计算：$m_Z = NM = 72$。

用线性系统实现 CZT 的计算量：

取 $L = 16 = 2^4$，由式 (4.7-10)，得

$$m_F = 2(N+M) - 1 + 2(N+M-1)\log_2(N+M-1)$$
$$= 2(9+8) - 1 + 2 \times 16\log_2 16 = 34 - 1 + 2 \times 16 \times 4 = 161$$

比直接计算量大。

例 4.7-2 $N = 1024$，$M = 128$，比较 CZT 的两种方法计算量。

解：直接计算：$m_Z = NM = 131072$。

用线性系统实现 CZT 的计算量：

取 $L = 2048 = 2^{11}$，由式 (4.7-9)，得

$$m_F = 1024 + 128 + 2048 + 4096 \times 11 = 48256$$

由上两例可见，当 N、M 不大时，最有效的方法是直接算法。只有当 N、M 较大时，用线性系统实现 CZT 的 FFT 算法在速度上才有较大的改进。

CZT 的优点如下：

1）序列的长度可以随意，原来时序为 N 点的序列经 CZT 后可得到 M 点的 $X(z_k)$，不要求 N 与 M 具有某种关系。

2）$X(z_k)$ 的频率分辨率可以随意选定，因为 z_k 与 z_{k+1} 之间的等角间隔 φ_0 是可以任意选定的，起始频率（z 平面的 θ_0）也是可以任意选定的，这样可以使窄带信号在频域中的 M 个点集中在 θ_0 到 $\theta_0 + (M-1)\varphi_0$ 这一范围内，从而增加频率分辨率。例如 $(M-1)\varphi_0 = \pi/4$，如果用一般的 DFT 要得到同样的分辨率，则需要计算 $\dfrac{2\pi}{\pi/4}(M-1) = 8(M-1)$ 点。

3）CZT 不仅适用计算围线在单位圆（$A_0 = 1$，$W_0 = 1$）上的 Z 变换，也适用位于螺线上（$W_0 \neq 1$）的 Z 变换的情况，可使原本平缓的谐振峰突出。

4.8 离散余弦变换

在一般有限长变换中，其正反变换式可写为

$$A(k) = \sum_{n=0}^{N-1} x(n)\phi_k^*(n) \tag{4.8-1}$$

$$x(n) = \frac{1}{N}\sum_{k=0}^{N-1} A(k)\phi_k(n) \tag{4.8-2}$$

式中，$\phi_k(n)$ 是基序列或变换核，它们相互正交，即

$$\frac{1}{N}\sum_{n=0}^{N-1}\phi_k(n)\phi_m^*(n) = \begin{cases} C & m = k \\ 0 & m \neq k \end{cases} \tag{4.8-3}$$

如果 $C = 1$，则是归一化正交变换，DFT 就是这类变换之一。在 DFT 中，基序列是复周期序列 $e^{j\frac{2\pi}{N}kn}$。这种变换即使 $x(n)$ 是实序列，其变换 $A(k) = X(k)$ 往往也是复序列。实际上有若干种实数基序列（变换核）的变换，使得 $x(n)$ 是实序列时，其变换 $A(k) = X(k)$ 也是实序列。离散余弦变换（英文缩写为 DCT）就是一种实序列的正交变换，且 DCT 与 DFT 关系密切。由于 DCT 具有能量集中（压缩）的特点，在数字信号处理的应用中，尤其是在语音、图像压缩方面特别有用，十分重要。

4.8.1　离散余弦变换的定义

DCT 的变换形式如式（4.8-1）及式（4.8-2）所示，其中变换核（基序列）是余弦函数。因为余弦函数既是周期的又是对称的，使式（4.8-2）中的 $x(n)$ 在区间 $0 \leqslant n \leqslant N-1$ 外的延伸也是周期对称的，即与 DFT 隐含的周期性相似，DCT 同时隐含周期对称性。因 $x(n)$ 的展开不同，有数种 DCT 的定义，下面只介绍最常用的一种，即 DCT-2。

对于给定的实序列 $x(n)$，$0 \leqslant n \leqslant N-1$，DCT 定义为

$$X^{c2}(k) = X(k) = \text{DCT}[x(n)] = \sqrt{\frac{2}{N}}c(k)\sum_{n=0}^{N-1}x(n)\cos\left[\frac{(2n+1)k\pi}{2N}\right] \quad (4.8\text{-}4)$$

式中

$$c(k) = \begin{cases} \dfrac{1}{\sqrt{2}} & k=0 \\ 1 & 1 \leqslant k \leqslant N-1 \end{cases} \quad (4.8\text{-}5)$$

在本节中为简便起见，将 $X^{c2}(k)$ 或 $X^c(k)$ 仍记为 $X(k)$。

其反变换为

$$x(n) = \text{IDCT}[X^c(k)] = \sqrt{\frac{2}{N}}\sum_{k=0}^{N-1}c(k)X(k)\cos\left[\frac{(2n+1)k\pi}{2N}\right] \quad 0 \leqslant n \leqslant N-1$$

$$(4.8\text{-}6)$$

式中，系数是归一化正交变换所需要的。可以由 DCT 的定义计算 $X^c(k)$，因为

$$X^c(0) = \frac{1}{\sqrt{N}}\left[x(0)+x(1)+\cdots+x(N-1)\right]$$

$$X^c(1) = \sqrt{\frac{2}{N}}\left[x(0)\cos\frac{\pi}{2N}+x(1)\cos\frac{3\pi}{2N}+\cdots+x(N-1)\cos\frac{(2N-1)\pi}{2N}\right]$$

$$\vdots$$

$$X^c(N-1) = \sqrt{\frac{2}{N}}$$

$$\left[x(0)\cos\frac{(N-1)\pi}{2N}+x(1)\cos\frac{3(N-1)\pi}{2N}+\cdots+x(N-1)\cos\frac{(N-1)(2N-1)\pi}{2N}\right]$$

上述变换可以用矩阵表示为

$$X^c = C_N x$$

式中，C_N 是 $N \times N$ 的变换矩阵，例如 $N=8$ 时，

$$C_8 = \frac{1}{\sqrt{8}}\begin{bmatrix} 1 & 1 & 1 & \cdots & 1 \\ \sqrt{2}\cos\dfrac{\pi}{16} & \sqrt{2}\cos\dfrac{3\pi}{16} & \sqrt{2}\cos\dfrac{5\pi}{16} & \cdots & \sqrt{2}\cos\dfrac{15\pi}{16} \\ \vdots & \vdots & \vdots & & \vdots \\ \sqrt{2}\cos\dfrac{7\pi}{16} & \sqrt{2}\cos\dfrac{21\pi}{16} & \sqrt{2}\cos\dfrac{35\pi}{16} & \cdots & \sqrt{2}\cos\dfrac{105\pi}{16} \end{bmatrix} = \begin{bmatrix} c_0 \\ c_1 \\ \vdots \\ c_7 \end{bmatrix}$$

C_N 的行、列向量均有如下正交关系

$$\langle c_i, c_k \rangle = \sum_{n}^{N-1} c_i c_k = \begin{cases} 1 & i=k \\ 0 & i \neq k \end{cases}$$

所以 C_N 是归一化的正交阵，DCT 是正交变换。DCT 的反变换的矩阵表示为

$$x = C_N^{-1} X^c$$

4.8.2 用 DFT 处理 DCT

将 N 点 $x(n)$ 实序列扩展为 $2N$ 点的序列 $y(n)$

$$y(n) = \begin{cases} x(n) & 0 \leqslant n \leqslant N-1 \\ x(2N-n-1) & N \leqslant n \leqslant 2N-1 \end{cases} \tag{4.8-7}$$

例如图 4.8-1 所示的 $x(n)$ 及 $y(n)$，由图可见 $y(n)$ 对 $N-1/2$ 偶对称。

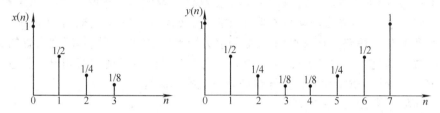

图 4.8-1　$x(n)$ 及扩展为 $2N$ 点的 $y(n)$

$y(n)$ 的 DFT 为

$$Y(k) = \sum_{n=0}^{2N-1} y(n) W_{2N}^{nk} = \sum_{n=0}^{N-1} x(n) W_{2N}^{nk} + \sum_{n=N}^{2N-1} x(2N-n-1) W_{2N}^{nk} = Y_1(k) + Y_2(k)$$

对后一项 $\sum\limits_{n=N}^{2N-1} x(2N-n-1) W_{2N}^{nk}$，令 $2N-n-1 = n'$，当 n 从 $N \sim 2N-1$ 时，n' 从 $0 \sim N-1$，则

$$Y_2(k) = \sum_{n'=0}^{N-1} x(n') W_{2N}^{(2N-n'-1)k} = \sum_{n=0}^{N-1} x(n) W_{2N}^{-nk} W_{2N}^{-k}$$

$$Y(k) = W_{2N}^{-k/2} \sum_{n=0}^{N-1} x(n) \left(W_{2N}^{nk} W_{2N}^{k/2} + W_{2N}^{-nk} W_{2N}^{-k/2} \right)$$

$$= 2 W_{2N}^{-k/2} \sum_{n=0}^{N-1} x(n) \cos\left[\frac{(2n+1)k\pi}{2N} \right] \tag{4.8-8}$$

$$k = 0, 1, \cdots, 2N-1$$

与 DCT 定义比较

$$Y(k) = \begin{cases} 2\sqrt{N} X^c(k) & k = 0 \\ \sqrt{2N} W_{2N}^{-k/2} X^c(k) & 1 \leqslant k \leqslant N-1 \end{cases} \tag{4.8-9}$$

或

$$X^c(k) = \begin{cases} \dfrac{1}{2\sqrt{N}} Y(k) & k = 0 \\ \dfrac{1}{\sqrt{2N}} W_{2N}^{k/2} Y(k) & 1 \leqslant k \leqslant N-1 \end{cases} \tag{4.8-10}$$

$$X^c(k) = \begin{cases} \dfrac{1}{\sqrt{N}} \sum\limits_{n=0}^{N-1} x(n) & k = 0 \\ \sqrt{\dfrac{2}{N}} \mathrm{Re}\left[W_{2N}^{k/2} \sum\limits_{n=0}^{N-1} x(n) W_{2N}^{nk} \right] & 1 \leqslant k \leqslant N-1 \end{cases} \tag{4.8-11}$$

式 (4.8-10) 不仅给出了 DFT 与 DCT 的关系，也给出了一种 DCT 的算法：将 $x(n)$ 扩展为

$2N$ 点序列，并求 $2N$ 点的 DFT（$\sum_{n=0}^{N-1} x(n) W_{2N}^{nk}$），将其结果乘以 $W_{2N}^{k/2}$ 后取实部，再乘以适当常数因子。

对 IDCT 也可以由 $Y(k)$ 求 $2N$ 点的 IDFT 得到 $y(n)$，再由式（4.8-7）的 $y(n)$ 中截取前 N 点得到 $x(n)$。

4.8.3 快速余弦变换

利用 DFT 求 DCT 的算法，可以通过 FFT 提高计算效率，但它没有利用 DCT 本身的实系数的优点。实际上 DCT 余弦变换也有类似 DFT 的快速算法（英文缩写为 FCT），其思路、原理与 FFT 很相似。思路是将长点的 DCT 分解为短点的 DCT，利用基序列余弦的递推关系，减少乘法次数，其流图结构与 FFT 也很相似。由 DCT 与 IDCT 的定义可知，其基序列（变换核）相同。下面以 IDCT 为例，推导快速余弦变换的原理。

以下为简便，记 $X^c(k) = X(k)$。

1. 一个 N 点的 IDCT 分解为两个 $N/2$ 点的 IDCT

式（4.8-6）中，$x(n) = \sqrt{\dfrac{2}{N}} \sum_{k=0}^{N-1} c(k) X(k) \cos\left[\dfrac{(2n+1)k\pi}{2N}\right], 0 \leqslant n \leqslant N-1$

为推导方便将式（4.8-6）改写为

$$x(n) = \sum_{k=0}^{N-1} \hat{X}(k) C_{2N}^{(2n+1)k} \tag{4.8-12}$$

式中，

$$\hat{X}(k) = \sqrt{\frac{2}{N}} c(k) X(k) \tag{4.8-13}$$

$$C_{2N}^{(2n+1)k} = \cos\left[\frac{(2n+1)\ k\pi}{2N}\right] \tag{4.8-14}$$

这样，将式（4.8-12）中的 $\hat{X}(k)$ 按 k 的奇、偶分为两部分

$$
\begin{aligned}
x(n) &= \sum_{k=0}^{N-1} \hat{X}(k) C_{2N}^{(2n+1)k} = \sum_{k=0}^{\frac{N}{2}-1} \hat{X}(2k) C_{2N}^{(2n+1)2k} + \sum_{k=0}^{\frac{N}{2}-1} \hat{X}(2k+1) C_{2N}^{(2n+1)(2k+1)} \\
&= \sum_{k=0}^{\frac{N}{2}-1} \hat{X}(2k) C_{N}^{(2n+1)k} + \sum_{k=0}^{\frac{N}{2}-1} \hat{X}(2k+1) C_{2N}^{(2n+1)(2k+1)} \\
&= g(n) + h'(n)
\end{aligned}
\tag{4.8-15}
$$

利用

$$C_{2N}^{(2n+1)2k} = \cos\left[\frac{(2n+1)\ 2k\pi}{2N}\right] = \cos\left[\frac{(2n+1)\ k\pi}{N}\right] = C_{N}^{(2n+1)k}$$

得到 $g(n) = \sum_{k=0}^{\frac{N}{2}-1} \hat{X}(2k) C_{N}^{(2n+1)k}$，是 $N/2$ 点的 IDCT。 $\tag{4.8-16}$

$$h'(n) = \sum_{k=0}^{\frac{N}{2}-1} \hat{X}(2k+1) C_{2N}^{(2n+1)(2k+1)} \tag{4.8-17}$$

$h'(n)$ 还不是标准的 $N/2$ 点的 IDCT，利用三角的和差与积的公式作恒等变换可以推得

$$(2\cos\alpha\cos\beta = \cos\ (\alpha+\beta)\ + \cos\ (\alpha-\beta))$$

$$2C_{2N}^{(2n+1)} C_{2N}^{(2n+1)(2k+1)} = C_{2N}^{(2n+1)2k} + C_{2N}^{(2n+1)2(k+1)} \tag{4.8-18}$$

令

$$h(n) = 2C_{2N}^{(2n+1)} h'(n) \tag{4.8-19}$$

式（4.8-17）两边乘以 $2C_N^{(2n+1)}$，得

$$2C_{2N}^{(2n+1)}h'(n) = \sum_{k=0}^{\frac{N}{2}-1}\hat{X}(2k+1)C_{2N}^{(2n+1)2k} + \sum_{k=0}^{\frac{N}{2}-1}\hat{X}(2k+1)C_{2N}^{(2n+1)2(k+1)} \tag{4.8-20}$$

定义
$$\hat{X}(2k-1)\Big|_{k=0} = \hat{X}(-1) = 0$$

并且
$$C_{2N}^{(2n+1)2(N/2)} = \cos\left[\frac{(2n+1)\ N\pi}{2N}\right] = \cos\left[\frac{(2n+1)\ \pi}{2}\right] = C_2^{(2n+1)} = 0$$

即式（4.8-20）式的第 2 项可写为

$$\sum_{k=0}^{\frac{N}{2}-1}\hat{X}(2k+1)C_{2N}^{(2n+1)2(k+1)} = \sum_{k=0}^{\frac{N}{2}-1}\hat{X}(2k-1)C_{2N}^{(2n+1)2k} \tag{4.8-21}$$

将式（4.8-21）代入式（4.8-20），得

$$h(n) = \sum_{k=0}^{\frac{N}{2}-1}\left[\hat{X}(2k+1) + \hat{X}(2k-1)\right]C_{2N}^{(2n+1)2k}$$

$$= \sum_{k=0}^{\frac{N}{2}-1}\left[\hat{X}(2k+1) + \hat{X}(2k-1)\right]C_N^{(2n+1)k} \tag{4.8-22}$$

$h(n)$ 是 $N/2$ 点的 IDCT，与 $h'(n)$ 的关系为

$$h'(n) = \left[2C_{2N}^{(2n+1)}\right]^{-1}h(n) \tag{4.8-23}$$

现在 $g(n)$ 与 $h'(n)$ 都可表示为 $N/2$ 点的 IDCT，由式（4.8-15）可得到前 $N/2$ 点的 $x(n)$ 为

$$x(n) = g(n) + h'(n) = g(n) + \left[2C_{2N}^{(2n+1)}\right]^{-1}h(n) \quad 0 \leqslant n \leqslant N/2-1 \tag{4.8-24}$$

而后 $N/2$ 点的 $x(n)$，利用余弦的周期对称性，可得

$$x(N-n-1) = g(N-n-1) + h'(N-n-1)$$

$$= \sum_{k=0}^{\frac{N}{2}-1}\hat{X}(2k)C_N^{[2(N-n-1)+1]k} + \sum_{k=0}^{\frac{N}{2}-1}\hat{X}(2k+1)C_{2N}^{[2(N-n-1)+1](2k+1)}$$

$$= \sum_{k=0}^{\frac{N}{2}-1}\hat{X}(2k)C_N^{(2n+1)k} - \sum_{k=0}^{\frac{N}{2}-1}\hat{X}(2k+1)C_{2N}^{(2n+1)(2k+1)}$$

$$= g(n) - h'(n) = g(n) - \left[2C_{2N}^{(2n+1)}\right]^{-1}h(n) \tag{4.8-25}$$

2. 一个 $N/2$ 点的 IDCT 分解为两个 $N/4$ 点的 IDCT

分解方法同上，由式（4.8-16），则

$$g(n) = \sum_{k=0}^{\frac{N}{2}-1}\hat{X}(2k)C_N^{(2n+1)k} = \sum_{k=0}^{\frac{N}{2}-1}\hat{G}(k)C_N^{(2n+1)k} \tag{4.8-26}$$

式中，$\hat{X}(2k) = \hat{G}(k)$，$\hat{G}(k)$ 中的 k 分别取奇、偶，则

$$g(n) = \sum_{k=0}^{\frac{N}{2}-1}\hat{G}(k)C_N^{(2n+1)k} = \sum_{k=0}^{\frac{N}{4}-1}\hat{G}(2k)C_N^{(2n+1)2k} + \sum_{k=0}^{\frac{N}{4}-1}\hat{G}(2k+1)C_N^{(2n+1)(2k+1)}$$

$$= g_1(n) + g'_2(n) \tag{4.8-27}$$

$$g_1(n) = \sum_{k=0}^{\frac{N}{4}-1}\hat{G}(2k)C_N^{(2n+1)2k} = \sum_{k=0}^{\frac{N}{4}-1}\hat{G}(2k)C_{N/2}^{(2n+1)k} \tag{4.8-28}$$

$$g'_2(n) = \sum_{k=0}^{\frac{N}{4}-1} \hat{G}(2k+1) C_N^{(2n+1)(2k+1)} \tag{4.8-29}$$

利用
$$2C_N^{(2n+1)} C_N^{(2n+1)(2k+1)} = C_N^{(2n+1)2k} + C_N^{(2n+1)2(k+1)} \tag{4.8-30}$$

得到
$$g_2(n) = 2C_N^{(2n+1)} g'_2(n) = 2C_N^{(2n+1)} \sum_{k=0}^{\frac{N}{4}-1} \hat{G}(2k+1) C_N^{(2n+1)(2k+1)}$$

$$= \sum_{k=0}^{\frac{N}{4}-1} \hat{G}(2k+1) C_N^{(2n+1)2k} + \sum_{k=0}^{\frac{N}{4}-1} \hat{G}(2k+1) C_N^{(2n+1)2(k+1)} \tag{4.8-31}$$

同上，利用定义
$$\hat{G}(2k-1)|_{k=0} = \hat{G}(-1) = 0 \tag{4.8-32}$$

以及

$$C_N^{(2n+1)2(N/4)} = \cos\left[\frac{(2n+1)(N/2)\pi}{N}\right] = \cos\left[\frac{(2n+1)\pi}{2}\right] = C_2^{(2n+1)} = 0 \tag{4.8-33}$$

式 (4.8-31) 的后一项

$$\sum_{k=0}^{\frac{N}{4}-1} \hat{G}(2k+1) C_N^{(2n+1)2(k+1)} = \sum_{k=0}^{\frac{N}{4}-1} \hat{G}(2k-1) C_N^{(2n+1)2k} \tag{4.8-34}$$

得到

$$g_2(n) = \sum_{k=0}^{\frac{N}{4}-1} \left[\hat{G}(2k+1) + \hat{G}(2k-1)\right] C_{N/2}^{(2n+1)k} \tag{4.8-35}$$

由此，前 $N/4$ 点的 $g(n)$ 为
$$g(n) = g_1(n) + \left[2C_N^{(2n+1)}\right]^{-1} g_2(n) \tag{4.8-36}$$

后 $N/4$ 点的 $g(n)$ 为
$$g(N-n-1) = g_1(n) - \left[2C_N^{(2n+1)}\right]^{-1} g_2(n) \tag{4.8-37}$$

同理，由式 (4.8-22) 得

$$h(n) = \sum_{k=0}^{\frac{N}{2}-1} \left[\hat{X}(2k+1) + \hat{X}(2k-1)\right] C_N^{(2n+1)k}$$

$$= \sum_{k=0}^{\frac{N}{2}-1} \hat{H}(k) C_N^{(2n+1)k} \tag{4.8-38}$$

式中，$\hat{H}(k) = \left[\hat{X}(2k+1) + \hat{X}(2k-1)\right]$，$\hat{H}(k)$ 中的 k 分别取奇、偶，则

$$h(n) = \sum_{k=0}^{\frac{N}{2}-1} \hat{H}(k) C_N^{(2n+1)k} = \sum_{k=0}^{\frac{N}{4}-1} \hat{H}(2k) C_N^{(2n+1)2k} + \sum_{k=0}^{\frac{N}{4}-1} \hat{H}(2k+1) C_N^{(2n+1)(2k+1)}$$

$$= h_1(n) + h'_2(n) \tag{4.8-39}$$

$$h_1(n) = \sum_{k=0}^{\frac{N}{4}-1} \hat{H}(2k) C_N^{(2n+1)2k} = \sum_{k=0}^{\frac{N}{4}-1} \hat{H}(2k) C_{N/2}^{(2n+1)k} \tag{4.8-40}$$

$$h'_2(n) = \sum_{k=0}^{\frac{N}{4}-1} \hat{H}(2k+1) C_N^{(2n+1)(2k+1)} \tag{4.8-41}$$

利用式 (4.8-30) $2C_N^{(2n+1)} C_N^{(2n+1)(2k+1)} = C_N^{(2n+1)2k} + C_N^{(2n+1)2(k+1)}$

得到 $h_2(n) = 2C_N^{(2n+1)}h'_2(n) = 2C_N^{(2n+1)}\sum_{k=0}^{\frac{N}{4}-1}\hat{H}(2k+1)C_N^{(2n+1)(2k+1)}$

$$= \sum_{k=0}^{\frac{N}{4}-1}\hat{H}(2k+1)C_N^{(2n+1)2k} + \sum_{k=0}^{\frac{N}{4}-1}\hat{H}(2k+1)C_N^{(2n+1)2(k+1)} \qquad (4.8\text{-}42)$$

同上，利用定义 $\hat{H}(2k-1)\mid_{k=0} = \hat{H}(-1) = 0$，以及式（4.8-33），则式（4.8-42）的后一项

$$\sum_{k=0}^{\frac{N}{4}-1}\hat{H}(2k+1)C_N^{(2n+1)2(k+1)} = \sum_{k=0}^{\frac{N}{4}-1}\hat{H}(2k-1)C_N^{(2n+1)2k} \qquad (4.8\text{-}43)$$

于是得到

$$h_2(n) = \sum_{k=0}^{\frac{N}{4}-1}\left[\hat{H}(2k+1) + \hat{H}(2k-1)\right]C_{N/2}^{(2n+1)k} \qquad (4.8\text{-}44)$$

由此，前 $N/4$ 点的 $h(n)$ 为

$$h(n) = h_1(n) + \left[2C_N^{(2n+1)}\right]^{-1}h_2(n) \qquad (4.8\text{-}45)$$

后 $N/4$ 点的 $h(n)$ 为

$$h(N-n-1) = h_1(n) - \left[2C_N^{(2n+1)}\right]^{-1}h_2(n) \qquad (4.8\text{-}46)$$

3. 不断分解，直到两点 IDCT

下面以 8 点 IDCT 为例画出其对应的流图。

第 1 步：一个 8 点的 IDCT 分解为两个 4 点的 IDCT

$$x(n) = g(n) + \left[2C_{2N}^{(2n+1)}\right]^{-1}h(n) = g(n) + \left[2C_{16}^{(2n+1)}\right]^{-1}h(n) \qquad 0 \leq n \leq 3$$

$$x(7-n) = g(n) - \left[2C_{2N}^{(2n+1)}\right]^{-1}h(n) = g(n) - \left[2C_{16}^{(2n+1)}\right]^{-1}h(n) \qquad 0 \leq n \leq 3$$

一次分解后的流图如图 4.8-2 所示。

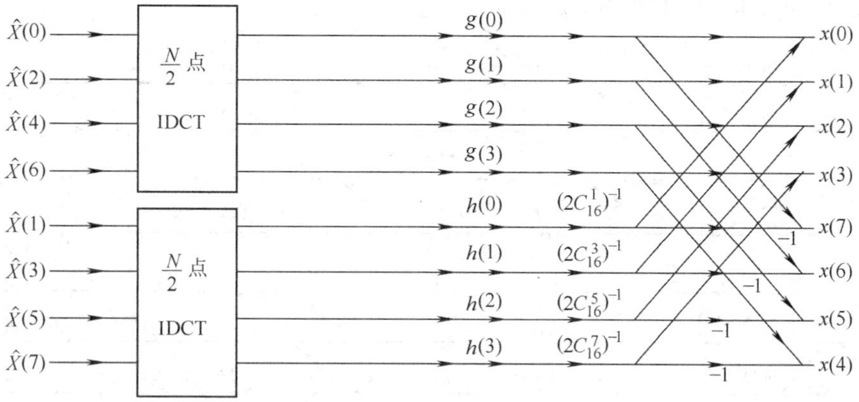

图 4.8-2　8 点的 IDCT 分解为两个 4 点的 IDCT

第 2 步：一个 4 点的 IDCT 分解为两个 2 点的 IDCT

$$g_1(n) = \sum_{k=0}^{1}\hat{G}(2k)C_4^{(2n+1)k}$$

$$g_1(0) = \hat{G}(0)C_4^0 + \hat{G}(2)C_4^1 = \hat{X}(0)C_4^0 + \hat{X}(4)C_4^1$$

$$g_1(1) = \hat{G}(0)C_4^0 + \hat{G}(2)C_4^3 = \hat{X}(0)C_4^0 - \hat{X}(4)C_4^1$$

$$g_2(n) = \sum_{k=0}^{1} \left[\hat{G}(2k+1) + \hat{G}(2k-1) \right] C_4^{(2n+1)k}$$

$$g_2(0) = \left[\hat{G}(1) + \hat{G}(-1) \right] C_4^0 + \left[\hat{G}(3) + \hat{G}(1) \right] C_4^1 = \hat{G}(1)C_4^0 + \left[\hat{G}(3) + \hat{G}(1) \right] C_4^1$$

$$= \hat{X}(2)C_4^0 + \left[\hat{X}(6) + \hat{X}(2) \right] C_4^1$$

$$g_2(1) = \left[\hat{G}(1) + \hat{G}(-1) \right] C_4^0 + \left[\hat{G}(3) + \hat{G}(1) \right] C_4^3 = \hat{G}(1)C_4^0 + \left[\hat{G}(3) + \hat{G}(1) \right] C_4^3$$

$$= \hat{X}(2)C_4^0 - \left[\hat{X}(6) + \hat{X}(2) \right] C_4^1$$

$$h_1(n) = \sum_{k=0}^{\frac{N}{4}-1} \hat{H}(2k) C_{N/2}^{(2n+1)k} = \sum_{k=0}^{\frac{N}{4}-1} \left[\hat{X}(4k+1) + \hat{X}(4k-1) \right] C_{N/2}^{(2n+1)k}$$

$$h_1(0) = \hat{H}(0)C_4^0 + \hat{H}(2)C_4^1 = \hat{X}(1)C_4^0 + \left[\hat{X}(5) + \hat{X}(3) \right] C_4^1$$

$$h_1(1) = \hat{H}(0)C_4^0 + \hat{H}(2)C_4^3 = \hat{X}(1)C_4^0 - \left[\hat{X}(5) + \hat{X}(3) \right] C_4^1$$

$$h_2(n) = \sum_{k=0}^{1} \left[\hat{H}(2k+1) + \hat{H}(2k-1) \right] C_{N/2}^{(2n+1)k}$$

$$h_2(0) = \hat{H}(1)C_4^0 + \left[\hat{H}(3) + \hat{H}(1) \right] C_4^1 \quad (\text{利用}\hat{H}(k) = \left[\hat{X}(2k+1) + \hat{X}(2k-1) \right])$$

$$= \left[\hat{X}(3) + \hat{X}(1) \right] C_4^0 + \left[\hat{X}(7) + \hat{X}(5) + \hat{X}(3) + \hat{X}(1) \right] C_4^1$$

$$h_2(1) = \hat{H}(1)C_4^0 - \left[\hat{H}(3) + \hat{H}(1) \right] C_4^1$$

$$= \left[\hat{X}(3) + \hat{X}(1) \right] C_4^0 - \left[\hat{X}(7) + \hat{X}(5) + \hat{X}(3) + \hat{X}(1) \right] C_4^1$$

最后，$N=8$ 点的 IFCT 流图如图 4.8-3 所示。

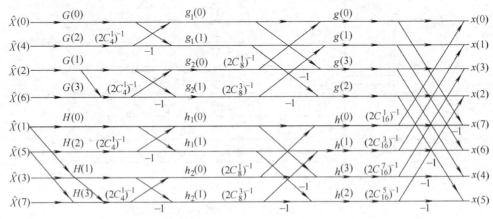

图 4.8-3　$N=8$ 点的 IFCT

因为 FCT 的算法是 IFCT 的逆过程，所以翻转 IFCT 流图的方向就可得到 FCT 的运算流图。

由图 4.8-2 可归纳 FCT 的一般运算规律如下：

1）乘法次数 $(N/2)\log_2 N$，若 $x(n)$ 是实序列，运算就是实数运算。

2）输入是倒序位的。

3）输出序号的生成由一对二进制数（0，1）开始，在每个数前加一个"0"，得到一对二进制数（00，01）；对这对二进制数（00，01）取反，得到 4 个二进制数（00，01，11，10），依此方法再对 4 个二进制数（00，01，11，10）前加"0"后取反，得到 8 个二进制数（000，001，011，010，111，110，100，101）…。当 $N=8$ 时，就是 $x(0)$，$x(1)$，$x(3)$，$x(2)$，$x(7)$，$x(6)$，$x(4)$，$x(5)$。

4.9　用 FFT 计算频谱的 MATLAB 函数

4.9.1　用 FFT 计算有限长离散序列的频谱

利用 FFT 计算序列的频谱应该是离散频谱，可用 plot 将离散频谱生成为连续频谱。

例 4.9-1　用 FFT 计算采样周期为 0.5s，$x(n)=[1,2,3,4,5]$，长度 $N=5$ 点序列的频谱。

解：本例的 MATLAB 程序如下（见图 4.9-1）：

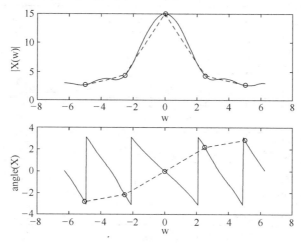

图 4.9-1　例 4.9-1 序列的振幅、相位频谱

注：虚线——没有补零（5 点）。

实线——补 1019 个零（1024 点）。

```
clear
x1 = [1,2,3,4,5];T = 0.5;
N1 = length(x1);D = 2 * pi/(N1 * T);
k1 = floor((-(N1-1)/2):((N1-1)/2));
X1 = fftshift(fft(x1,N1));
subplot(2,1,1);plot(k1 * D,abs(X1),'o:');hold on;ylabel('|X(w)|');
subplot(2,1,2);plot(k1 * D,angle(X1),'o:'); hold on; xlabel('w');ylabel('angle(X)');
x2 = [1,2,3,4,5, zeros(1,1019)];T = 0.5;
```

```
N2 = length(x2);D2 = 2 * pi/(N2 * T);
k2 = floor(( - (N2 - 1)/2):((N2 - 1)/2));
X2 = fftshift(fft(x2,N2));
subplot(2,1,1);plot(k2 * D2,abs(X2)); hold on;
subplot(2,1,2);plot(k2 * D2,angle(X2)); hold on;
```

由图 4.9-1 可见，当序列点数较少时（虚线），频谱计算分辨率低，一些变化细节会被忽略，且曲线不平滑。为此可以在序列后补足够的零，使序列点数增加。此举虽改变不了频谱实际分辨率，但可使变化细节显现，且曲线平滑（为实线）。

4.9.2 用 FFT 计算无限长离散序列的频谱

无限长离散序列虽不用通过加零的方式提高频谱计算分辨率，但必须截短才能计算。截短导致频谱泄漏，影响频谱实际分辨率。所以关键是要选取适当的截短长度 N。为此可以不断改变 N，并比较前后两次的计算误差小于某一精度（例如计算振幅的相对误差不大于 1%）。为保证比较的是同一频点，设第一次截短长度为 N_1，第二次截短长度为 $N_2 = 2N_1$，第三次截短长度为 $N_3 = 2N_2$，……，截短长度依次加倍。

例 4.9-2 用 FFT 计算采样周期为 0.5s，序列 $x(n) = 0.9^n u(n)$ 的频谱。

解：本例的 MATLAB 程序如下（见图 4.9-2）：

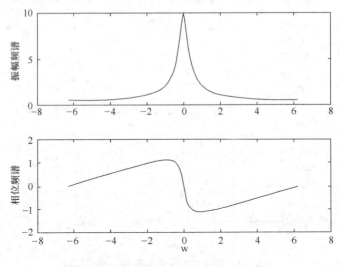

图 4.9-2 例 4.9-2 序列的振幅、相位频谱

```
clear
T = 0.5;a = 1; b = 100;bete = 1; %
while b > bete
N1 = 2^a;n1 = 0:N1 - 1;
x1 = 0.9.^n1;X1 = fft(x1);
N2 = 2 * N1;n2 = 0:N2 - 1;
x2 = 0.9.^n2;X2 = fft(x2);
k1p = 0:N1/2 - 1;k2p = 2 * k1p;
d = max(abs(X1(k1p + 1) - X2(k2p + 1)));
mm = max(abs(X1(k1p + 1)));
```

```
b = d/mm * 100;
a = a + 1;
end
N2,b
C = max(abs(X2(k2p + 1)))
k = floor( - N2/2 + 0.5 : N2/2 - 0.5); D = 2 * pi/(N2 * T);
subplot(2,1,1); plot(k * D, abs(fftshift(X2))); title('例4.9-2序列的频谱'); ylabel('振幅频谱');
axis([ - 7 7 0 11]);
set(gca,'ytickmode','manual','ytick',[0,2,4,6,8,max(abs(X2(k2p + 1)))]); grid;
subplot(2,1,2); plot(k * D, angle(fftshift(X2))); xlabel('w'); ylabel('相位频谱'); axis([ - 7 7 -
1.2 1.2]);
     grid;
```

答案：

N2 = 128

b = 0.1179

C = 10.0000

为了选取合适的截短长度，程序中有循环语句。X2 的截短长度是 X1 的 2 倍，两者峰值的差与 X1 峰值之比为 b。只有当 b 小于 0.01 时（误差 <1%）循环停止。答案给出的 b 是上次循环的结果。如此例当 N2 = 128 时，C = 10 已是振幅特性的最大值了。此时显示 b = 0.1179 应是 $N = 64$ 时的误差。

4.10　习题

1. 如果一台通用计算机的速度为平均每次复乘需 $100\mu s$，每次复加需 $20\mu s$，现用来计算 $N = 1024$ 点的 $DFT[x(n)]$，问用直接运算需要多少时间，用 FFT 运算需要多少时间。

2. 如果通用计算机的速度为平均每次复乘需 $5\mu s$，每次复加需 $1\mu s$，用来计算 $N = 1024$ 点的 $DFT[x(n)]$，问用直接运算需要多少时间，用 FFT 运算需要多少时间。按这样计算，用 FFT 进行快速卷积对信号处理时，估算可实现实时处理的信号最高频率。

3. 如果将通用计算机换成专用单片机 TMS320 系列，计算复乘需 400ns，计算复加需 100ns，重复上题运算。

4. 如图 4.10-1 所示流图，其输入是自然顺序的，而输出是码位倒序的 $N = 8$ 的 FFT 流图，问这个流图是时间抽取还是频率抽取的 FFT 流图？

5. 设计一个频率抽取的 8 点 FFT 流图，输入是码位倒置，而输出是自然顺序的。

6. 试用图 4.10-2 基本蝶形设计一个频率抽取的 8 点 IFFT 流图。

7. 试作一个 $N - 12$ 点的流图，请按 $N = 2$、2、3 分解，问可能有几种形式？

8. 设 $x(n)$ 是一个 M 点 $0 \leqslant n \leqslant M - 1$ 的有限长序列，其 Z 变换为

$$X(z) = \sum_{n=0}^{M-1} x(n) z^{-n}$$

求 $X(z)$ 在单位圆上 N 个等距离点上的采样值 $X(z_k)$

$$z_k = e^{j\frac{2\pi}{N}k}, \quad k = 0, 1, \cdots, N-1$$

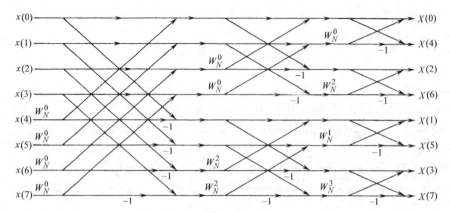

图 4.10-1

问在 $N \leqslant M$ 和 $N > M$ 两种情况下，应如何用一个 N 点 FFT 算出全部 $X(z_k)$ 值。

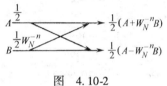

图 4.10-2

9. 若 $h(n)$ 是按窗口法设计的 FIR 滤波器的 M 点单位脉冲响应，现希望检验设计效果，要观察滤波器的频响 $H(e^{j\omega})$。一般可以采用观察 $H(e^{j\omega})$ 的 N 个采样点值来代替观察的 $H(e^{j\omega})$ 连续曲线。如果 N 足够大，$H(e^{j\omega})$ 的细节就可以清楚地表现出来。设 N 是整数次方，且 $N > M$，试用 FFT 运算来完成这个工作。

10. 若 $H(k)$ 是按频率采样法设计的 FIR 滤波器的 M 点采样值。为了检验设计效果，需要观察更密的 N 点频率响应值。若 N、M 都是 2 的整数次方，且 $N > M$，试用 FFT 运算来完成这个工作。

11. 已知 $X(k)$、$Y(k)$ 是两个 N 点实序列 $x(n)$、$y(n)$ 的 DFT 值，现需要从 $X(k)$、$Y(k)$ 求 $x(n)$、$y(n)$ 值。为了提高运算效率，设计一个 N 点 IFFT 运算一次完成。

12. 已知 $X(k)$，$k = 0, 1, 2, \cdots, 2N-1$，是一个 $2N$ 点实序列 $x(n)$ 的 DFT 值，现需要从 $X(k)$ 求 $x(n)$ 值。为了提高运算效率，设计一个 N 点 IFFT 运算一次完成。

提示：先组成 $G(k) = \dfrac{1}{2}[X(k) + X(N-k)]$；$H(k) = \dfrac{1}{2}W_{2N}^{-k}[X(k) - X(N-k)]$。

13. 时间抽选快速傅里叶变换算法，基本的蝶形计算如图 4.10-3 所示的流图。利用定点算术运算实现时，通常假设所有数字都已按一定比例因子化为小于 1。因此在蝶形计算的过程中还必须关心溢出问题。

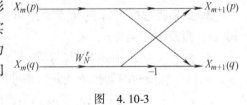

图 4.10-3

$$X_{m+1}(p) = X_m(p) + W_N^r X_m(q)$$
$$X_{m+1}(q) = X_m(p) - W_N^r X_m(q)$$

（1）证明如果要求 $|X_m(p)| < 1/2$ 和 $|X_m(q)| < 1/2$，则在蝶形计算中不可能出现溢出，即

$$\mathrm{Re}[X_{m+1}(p)] < 1, \mathrm{Im}[X_{m+1}(p)] < 1$$
$$\mathrm{Re}[X_{m+1}(q)] < 1, \mathrm{Im}[X_{m+1}(q)] < 1$$

（2）证明如果要求 $|\mathrm{Re}[X_m(p)]| < 1/2, |\mathrm{Im}[X_m(p)]| < 1/2$

$$|\mathrm{Re}[X_m(q)]| < 1/2, |\mathrm{Im}[X_m(q)]| < 1/2$$

是否足以保证在蝶形计算中不会出现溢出？

14. 画出 9 点时选 FFT 算法流图。

15. 设计一计算如下离散傅里叶变换的程序：

$$X(k) = \sum_{n=0}^{N-1} x(n) \mathrm{e}^{-\mathrm{j}(2\pi/N)kn}, k = 0,1,\cdots,N-1$$

试指出如何用此程序来计算如下反变换：

$$x(n) = \frac{1}{N} \sum_{k=0}^{N-1} X(k) \mathrm{e}^{\mathrm{j}(2\pi/N)kn}, n = 0,1,\cdots,N-1$$

16. $X(\mathrm{e}^{\mathrm{j}\omega})$ 表示长度为 10 的有限时宽序列 $x(n)$ 的傅里叶变换。我们希望计算 $X(\mathrm{e}^{\mathrm{j}\omega})$ 在频率 $\omega_k = (2\pi k^2/100)(k=0,1,\cdots,9)$ 时的 10 个取样。计算时不能采取先算出比要求数多的取样，然后再丢掉一些的办法。讨论采用下列方法的可能性：

（1）直接利用 10 点傅里叶变换算法。

（2）利用线性调频 Z 变换算法。

17. 对 $N_1 = 64$ 和 $N_2 = 48$ 的两个复序列做线性卷积，求：

（1）直接计算时的乘法次数。

（2）用 FFT 计算时的乘法次数。

18. 已知系统的单位脉冲响应 $h(n)$ 是一个 N 点的实数序列 $(n=0,1,2,3,\cdots N-1)$。系统输入序列 $x(n)$ 也是一个 N 点的实序列 $(n=0,1,2,3\cdots N-1)$。现对输出进行频谱分析，希望用一次 N 点的 FFT 来计算输出 $y(n)$ 的 N 点 DFT 的值 $Y(k)(k=0,1,2,\cdots N-1)$。请给出两种仅使用一次 N 点 FFT 计算 $Y(k)$ 值的方法，并比较这两种方法的实数乘法运算量。

第5章 数字滤波器的结构

数字滤波器既可以是利用计算机软件实现的离散系统，也可以是专用硬件芯片等组成的离散系统，一般可用英文缩写 DF 表示。数字滤波器的功能是将输入的数字信号通过一定的运算关系变为所需要的输出数字信号。

实现数字滤波器时，必须把输入-输出关系转变成可实现的算法。实际算法由一组基本运算单元组成，它们是加法器、乘法器、延时器。用框图或信号流图的方法表示基本运算单元，表示数字滤波器的运算结构，可以一目了然地看到系统运算的步骤，加法、乘法的次数，存储单元的多少。

有不同的描述输入 $x(n)$ 与输出 $y(n)$ 关系的方法：

1）差分方程：

$$y(n) = T[x(n)] = -\sum_{k=1}^{N} a_k y(n-k) + \sum_{k=0}^{M} b_k x(n-k)$$

2）时域卷积：

$$y(n) = x(n) * h(n)$$

式中，$h(n)$ 是系统的单位脉冲响应。

3）复频域的 Z 变换

$$y(n) = \mathscr{Z}^{-1}[Y(z)] = \mathscr{Z}^{-1}[X(z)H(z)]$$

式中，$H(z)$ 是系统的系统函数，$H(z) = \dfrac{Y(z)}{X(z)} = \dfrac{\sum_{k=0}^{M} b_k z^{-k}}{1 + \sum_{k=1}^{N} a_k z^{-k}}$。

4）频域的离散傅里叶变换：

$$y(n) = \text{IDFT}[Y(k)] = \text{IDFT}[X(k)H(k)]$$

式中，$H(k)$ 是系统的频域采样函数。

最常用的描述离散系统的数学形式是给定系统函数 $H(z)$，例如以下系统函数：

$$H_1(z) = \frac{1}{1 - 0.8z^{-1} + 0.15z^{-2}}$$

$$H_2(z) = \frac{-1.5}{1 - 0.3z^{-1}} + \frac{2.5}{(1 - 0.5z^{-1})}$$

$$H_3(z) = \frac{1}{1 - 0.3z^{-1}} \cdot \frac{1}{(1 - 0.5z^{-1})}$$

上面的 $H_1(z)$、$H_2(z)$、$H_3(z)$ 是同一系统不同的传输函数表示，相应地其运算结构也不同。不同的算法直接影响系统运算误差、运算速度以及系统的复杂程度与成本等。因此，有必要研究实现信号处理的算法。本章用系统结构表示具体的算法，因为不同的运算结构，对应着不同的算法，反之亦然。所以讨论系统结构实际讨论的是运算算法。

5.1 离散系统的流图表示与系统分类

5.1.1 用信号流图表示系统结构

信号流图是用节点与有向支路描述连续或离散系统的。本书只讨论离散系统的系统结构与信号流图。首先介绍与流图有关的术语。

- 节点：节点是支路的汇合点，节点上的物理量称为节点变量。对流图中所有节点编号为 1，2，…，节点变量等于该节点所有输入支路之和，节点变量表示为 $w_1(n)$，$w_2(n)$，…。
- 支路：起始于节点 j 而终止于节点 k 的一条有向通路，称为支路 jk。
- 基本支路：支路的增益是常数或 z^{-1} 的是基本支路。
- 输入节点（源节点）：输入 $x(n)$ 的节点，是只有输出无输入的节点。
- 输出节点（阱节点）：输出 $y(n)$ 的节点，是只有输入无输出的节点，也称为吸收节点。

1. 基本运算单元

由流图可以表示系统的结构，可直观地看到系统的运算。所以本节介绍用信号流图表示系统结构的方法。离散时间系统的基本运算单元是延时器、加法器、标量乘法器。离散系统的基本运算单元框图与流图表示如图5.1-1 所示。

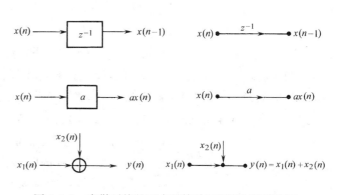

图 5.1-1 离散系统的基本运算单元框图与流图表示

各种系统流图虽然算法各异，但都要用到基本运算单元。首先从基本运算单元流图出发，给出基本信号流图定义。

2. 基本信号流图

满足以下条件的是基本信号流图：

1）信号流图中所有支路的增益是常数或 z^{-1}。

2）流图的环路中必须存在延迟支路。

3）节点与支路的数目有限。

由基本信号流图，经过一定的运算可以得到系统函数。

如图 5.1-2 所示的信号流图，图 5.1-2a 满足上述条件，是基本流图；而图 5.1-2b 支路增益不是常数或 z^{-1}，不能得出一种具体的算法，所以它不是基本流图。

例 5.1-1 求图5.1.2a所示信号流图的系统函数 $H(z)$。

解： 由图 5.1.2a 可列出其节点方程

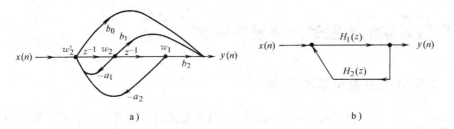

图 5.1-2 信号流图

a) 基本流图　b) 非基本流图

$$\begin{cases} w_1(n) = w_2(n-1) \\ w_2(n) = w'_2(n-1) \\ w'_2(n) = x(n) - a_1 w_2(n) - a_2 w_1(n) \\ y(n) = b_2 w_1(n) + b_1 w_2(n) + b_0 w'_2(n) \end{cases} \tag{5.1-1}$$

因为对所有节点方程两边取 Z 变换，可以得到节点的 Z 变换方程，由此可以较方便地求出系统传递函数。对式（5.1-1）取 Z 变换，得

$$\begin{cases} W_1(z) = W_2(z) z^{-1} \\ W_2(z) = W'_2(z) z^{-1} \\ W'_2(z) = X(z) - a_1 W_2(z) - a_2 W_1(z) \\ Y(z) = b_2 W_1(z) + b_1 W_2(z) + b_0 W'_2(z) \end{cases}$$

由 $W_2(z) = W'_2(z) z^{-1} \to z(W)_2(z) = W'_2(z)$ 以及 $W_1(z) = W_2(z) z^{-1}$，得

$$zW_2(z) = X(z) - a_1 W_2(z) - a_2 W_2(z) z^{-1} \to X(z) = zW_2(z) + a_1 W_2(z) + a_2 W_2(z) z^{-1}$$

$$Y(z) = b_2 W_1(z) + b_1 W_2(z) + b_0 W'_2(z) \to Y(z) = b_2 W_2(z) z^{-1} + b_1 W_2(z) + b_0 zW_2(z)$$

$$H(z) = \frac{Y(z)}{X(z)} = \frac{b_2 W_2(z) z^{-1} + b_1 W_2(z) + b_0 zW_2(z)}{zW_2(z) + a_1 W_2(z) + a_2 z^{-1} W_2(z)}$$

$$= \frac{zW_2(z)(b_2 z^{-2} + b_1 z^{-1} + b_0)}{zW_2(z)(1 + a_1 z^{-1} + a_2 z^{-2})} = \frac{b_0 + b_1 z^{-1} + b_2 z^{-2}}{1 + a_1 z^{-1} + a_2 z^{-2}}$$

当流图结构复杂时，可以用梅森公式（参考有关教材）求系统函数 $H(z)$。

5.1.2　系统分类

数字系统可以分为无限冲激响应系统与有限冲激响应系统，分别用英文缩写 IIR 与 FIR 表示。一般可以从以下几个方面区分这两类系统。

1）IIR 系统函数为 $H(z) = \dfrac{B(z)}{A(z)} = \dfrac{\sum\limits_{k=0}^{M} b_k z^{-k}}{1 + \sum\limits_{k=1}^{N} a_k z^{-k}}$，系统有极点；而 FIR 系统函数为

$H(z) = \sum\limits_{k=0}^{M} b_k z^{-k}$，系统只有零点。

2）IIR 系统的差分方程为 $y(n) = -\sum\limits_{k=1}^{N} a_k y(n-k) + \sum\limits_{k=0}^{M} b_k x(n-k)$，除了与当前及以

往的激励有关，还与以前的输出有关；而 FIR 系统差分方程为 $y(n) = \sum_{k=0}^{M} b_k x(n-k)$，只与当前及以往的激励有关，与过去的输出无关。

3）IIR 系统的单位脉冲响应 $h(n)$ 有无穷多项；而 FIR 系统对应的单位脉冲响应 $h(n)$ 只有有限项。

4）IIR 系统因为与过去的输出有关，所以网络结构有反馈支路，也称为递归结构；而 FIR 系统只与激励有关，因此没有反馈支路，也称为非递归结构。

例 5.1-2 已知某离散系统的差分方程式 $y(n) = ay(n-1) + x(n)$，判断是 IIR 系统还是 FIR 系统。

解：系统响应 $y(n)$ 除了与当前激励 $x(n)$ 有关，还与以前的输出 $y(n-1)$ 有关，其单位脉冲响应 $h(n) = a^n u(n)$ 有无穷多项，系统函数为 $H(z) = \dfrac{1}{1 - az^{-1}}$，有一个 $z = a$ 的极点，是 IIR 系统。

下面分别讨论两类系统的网络结构。

5.2 IIR 系统的基本结构

一个线性非时变系统可以有多种网络结构。不同的网络结构使系统实现的成本、运算速度、稳定性等各不相同。本节讨论系统 IIR 滤波器的结构，下节讨论 FIR 系统的结构。

5.2.1 IIR 系统的直接形式

系统函数 $H(z)$ 的分子、分母表示为多项式形式，对应实现 IIR 系统的直接形式，即

$$H(z) = \frac{\sum_{k=0}^{M} b_k z^{-k}}{1 + \sum_{k=1}^{N} a_k z^{-k}} = \left[\sum_{k=0}^{M} b_k z^{-k} \right] \left[\frac{1}{1 + \sum_{k=1}^{N} a_k z^{-k}} \right] \tag{5.2-1}$$

$$= H_1(z) H_2(z)$$

式中，$H_1(z) = \sum_{k=0}^{M} b_k z^{-k}$；$H_2(z) = \dfrac{1}{1 + \sum_{k=1}^{N} a_k z^{-k}}$。

式（5.2-1）的框图与运算结构如图 5.2-1 所示，是先实现零点再实现极点。

IIR 系统函数也可以写为

$$H(z) = H_2(z) H_1(z) = \left[\frac{1}{1 + \sum_{k=1}^{N} a_k z^{-k}} \right] \left[\sum_{k=0}^{M} b_k z^{-k} \right] \tag{5.2-2}$$

式（5.2-2）的框图与运算结构如图 5.2-2 所示，是先实现极点，再实现零点。图 5.2-1 与图 5.2-2 都称为 IIR 系统的直接 I 型。

从图 5.2-2 可以看到两行延时支路的输入相同，均为 $y_2(n)$，将其合并为一行，得到新的系统结构，如图 5.2-3 所示。

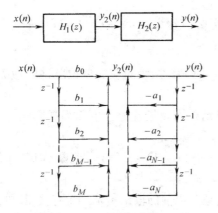

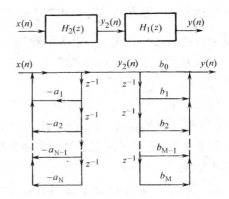

图 5.2-1　IIR 系统的直接 I 型　　　　　图 5.2-2　IIR 系统的另一种直接 I 型

由图 5.2-3 可见，若 $M = N$，可省 N 个延迟器。图 5.2-3 的结构称为直接 II 型，也称最少延迟网络、典范形式、正准型。通常 IIR 的直接形式是指直接 II 型。

直接 II 型结构的特点如下：

1）所需要的延迟单元最少。

2）受有限字长影响大。

3）系统调整不方便。

有关有限字长效应的具体问题将在第 8 章讨论。

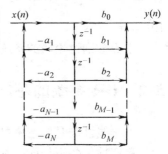

图 5.2-3　IIR 系统的直接 II 型

例 5.2-1　已知数字滤波器的系统函数 $H(z)$ 为

$$H(z) = \frac{8 - 4z^{-1} + 11z^{-2} - 2z^{-3}}{1 - (5/4)z^{-1} + (3/4)z^{-2} - (1/8)z^{-3}}$$

画出该滤波器的直接型结构。

解：直接型结构如图 5.2-4 所示。

5.2.2　IIR 系统的级联形式

IIR 系统的级联形式实现方法，是将 $H(z)$ 分解为零、极点形式，即

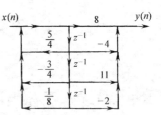

图 5.2-4　例 5.2-1 的直接型结构

$$H(z) = \frac{\sum_{k=0}^{N} b_k z^{-k}}{1 + \sum_{k=1}^{N} a_k z^{-k}} = b_0 \frac{\prod_{k=1}^{M} (1 - c_k z^{-1})}{\prod_{k=1}^{N} (1 - d_k z^{-1})}$$

式中，c_k 是零点；d_k 是极点。

系统的零、极点有可能是复数，由于 a_k、b_k 均是实数，所以如果 $H(z)$ 有复数的零、极点，一定是共轭成对的。把每对共轭因子合并，可构成一个实系数的二阶节。实系数单极点也可以看成是复数的特例，可两两合并为基本二阶节。这样

$$H(z) = b_0 \prod_{k=1}^{\left[\left(\frac{N+1}{2}\right)\right]} \frac{1 + \beta_{1k}z^{-1} + \beta_{2k}z^{-2}}{1 - \alpha_{1k}z^{-1} - \alpha_{2k}z^{-2}} = b_0 \prod_{k=1}^{\left[\left(\frac{N+1}{2}\right)\right]} H_k(z) \tag{5.2-3}$$

式中，$\left[\left(\frac{N+1}{2}\right)\right]$ 表示对 $\frac{N+1}{2}$ 取整。例如 $N = 9$，$\left[\left(\frac{N+1}{2}\right)\right] = 5$；$N = 10$，$\left[\left(\frac{N+1}{2}\right)\right] = 5$。

将式（5.2-3）中每个二阶节都用前面的最少延迟结构实现，就可以得到具有最少延迟的级联结构，如图 5.2-5 所示。

图 5.2-5　离散系统级联形式

例 5.2-2　已知系统传递函数

$$H(z) = \frac{3(1 - 0.8z^{-1})(1 - 1.4z^{-1} + z^{-2})}{(1 - 0.5z^{-1} + 0.9z^{-2})(1 - 1.2z^{-1} + 0.8z^{-2})}$$

画出系统的级联结构。

解：　　　$$H(z) = \frac{3(1 - 0.8z^{-1})}{(1 - 0.5z^{-1} + 0.9z^{-2})} \frac{(1 - 1.4z^{-1} + z^{-2})}{(1 - 1.2z^{-1} + 0.8z^{-2})}$$

系统的级联结构如图 5.2-6 所示。

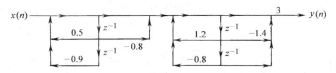

图 5.2-6　例 5.2-2 离散系统的级联结构

或　　　$$H(z) = \frac{(1 - 1.4z^{-1} + z^{-2})}{(1 - 1.2z^{-1} + 0.8z^{-2})} \frac{3(1 - 0.8z^{-1})}{(1 - 0.5z^{-1} + 0.9z^{-2})}$$

系统的另一种级联结构如图 5.2-7 所示。

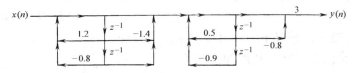

图 5.2-7　例 5.2-2 离散系统的另一种级联结构

例 5.2-3　已知系统传递函数

$$H(z) = \frac{8 - 4z^{-1} + 11z^{-2} - 2z^{-3}}{1 - 1.25z^{-1} + 0.75z^{-2} - 0.125z^{-3}}$$

画出系统的级联结构。

解：　　　$$H(z) = \frac{8(1 - 0.19z^{-1})}{1 - 0.25z^{-1}} \cdot \frac{1 - 0.31z^{-1} + 1.3161z^{-2}}{1 - z^{-1} + 0.5z^{-2}}$$

级联结构如图 5.2-8 所示。

IIR 系统的级联形式特点如下：

1）可用不同的搭配关系，改变基本节顺序，优选出有限字长影响小的结构。

2）改变第 k 节系数可以调整第 k 对的零、极点，系统调整方便。

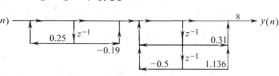

图 5.2-8　例 5.2-3 的级联结构

在不知极点位置的情况下，将系统函数直接形式变换为级联形式有时并不容易。利用 MATLAB 程序（见5.6节），可以很方便地实现直接与级联形式的互换。

5.2.3　IIR 系统的并联形式

IIR 系统的并联形式实现对应的是 $H(z)$ 部分分式形式，即

$$H(z) = \sum_{k=1}^{N} \frac{A_k}{1 - p_k z^{-1}} + \sum_{k=0}^{M-N} C_k z^{-k}$$

与级联情况相同，把每对共轭因子合并，可构成一个实系数的二阶节。实系数单根是复数的特例，也两两合并为基本二阶节。这样

$$H(z) = \sum_{k=1}^{\left[\left(\frac{N+1}{2}\right)\right]} \frac{\gamma_{0k} + \gamma_{1k} z^{-1}}{1 - \alpha_{1k} z^{-1} - \alpha_{2k} z^{-2}} + \sum_{k=0}^{M-N} C_k z^{-k} \qquad (5.2-4)$$

当 $M < N$ 时没有式（5.2-4）中的第二项和式。$M = N$ 时的并联结构如图 5.2-9 所示。

例 5.2-4　已知系统传递函数

$H(z) = \dfrac{8 - 4z^{-1} + 11z^{-2} - 2z^{-3}}{1 - 1.25z^{-1} + 0.75z^{-2} - 0.125z^{-3}}$ 画出系统的并联结构。

解：$H(z) = 16 + \dfrac{8}{1 - 0.25z^{-1}} + \dfrac{-16 + 20z^{-1}}{1 - z^{-1} + 0.5z^{-2}}$ 系统的并联结构如图 5.2-10 所示。

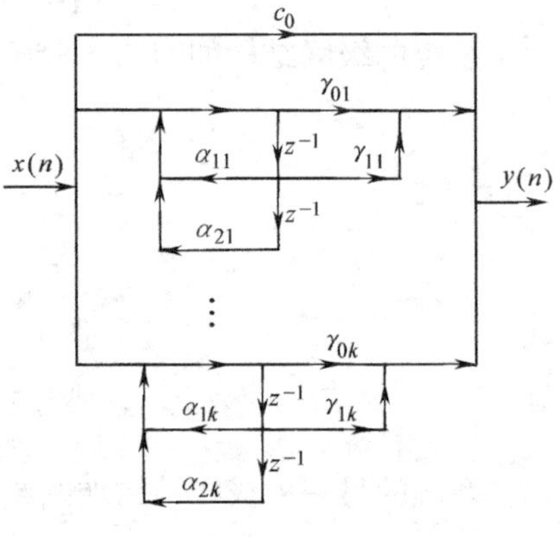

IIR 系统的并联形式特点如下：

（1）调整比较方便，可以单独调整第 k 节的极点。

（2）每节的有限字长效应不会互相影响，有限字长影响小。

在极点位置不确定的情况下，将直接型系统函数变换为并联形式有时也非易事。利用 MATLAB 程序（见 5.6 节），可方便地将直接形式与并联形式互换，详见 5.6.2 节。

在实际应用中，往往对系统提出一些特殊要求，例如不改变信号振幅谱只要求相位校正或系统延时最小等，下面介绍两种具有不同特性的 IIR 系统。

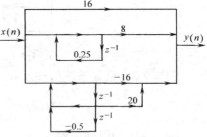

图 5.2-9　$M = N$ 时系统的并联结构

图 5.2-10　例 5.2-4 系统的并联结构

5.2.4　全通系统

定义幅频特性为常数 k 的系统为全通系统，即全通系统的频率响应函数为

$$H(\mathrm{e}^{\mathrm{j}\omega}) = k\mathrm{e}^{\mathrm{j}\varphi(\omega)} \qquad (5.2-5)$$

式（5.2-5）中 k 通常取 1，表明通过全通系统后，不会改变信号幅度谱相对关系，改变的仅是信号的相位谱。

全通系统系统函数的一般形式为

$$H(z) = \frac{\displaystyle\sum_{k=0}^{N} a_k z^{-N+k}}{\displaystyle\sum_{k=0}^{N} a_k z^{-k}} = \frac{z^{-N} + a_1 z^{-N+1} + a_2 z^{-N+2} + \cdots + a_N}{1 + a_1 z^{-1} + a_2 z^{-2} + \cdots + a_N z^{-N}} \qquad (5.2\text{-}6)$$

式中，$a_0 = 1$，a_1，a_2，$\cdots$，a_N 为实数。还可以表示为二阶节级联形式

$$H(z) = \prod_{k=1}^{\left[\left(\frac{N+1}{2}\right)\right]} \frac{z^{-2} + a_{1k} z^{-1} + a_{2k}}{a_{2k} z^{-2} + a_{1k} z^{-1} + 1} \qquad (5.2\text{-}7)$$

由式 (5.2-6) 可见，全通系统的系统函数的分子、分母多项式系数相同，排列次序相反。这样的系统函数其幅频特性必为 1，因为

$$H(z) = \frac{\displaystyle\sum_{k=0}^{N} a_k z^{-N+k}}{\displaystyle\sum_{k=0}^{N} a_k z^{-k}} = z^{-N} \frac{\displaystyle\sum_{k=0}^{N} a_k z^{k}}{\displaystyle\sum_{k=0}^{N} a_k z^{-k}} = z^{-N} \frac{Q(z^{-1})}{Q(z)}$$

式中，$Q(z) = \displaystyle\sum_{k=0}^{N} a_k z^{-k}$。因为 a_k 均为实数，所以

$$Q(z^{-1}) \mid_{z=e^{j\omega}} = Q(e^{-j\omega}) = Q^*(e^{j\omega})$$

$$|H(e^{j\omega})| = \left| \frac{Q^*(e^{j\omega})}{Q(e^{j\omega})} \right| = 1$$

全通系统的零、极点互为倒易关系，即若 z_k 是 $H(z)$ 的实零点，则 $1/z_k$ 必为 $H(z)$ 的实极点 p_k，满足如下关系

$$z_k p_k = 1 \qquad (5.2\text{-}8)$$

当 $H(z)$ 分子、分母多项式系数均为实数时，$H(z)$ 若有复数零、极点一定是共轭成对的，使得复数零、极点必为 4 个一组出现。即若 z_k 是 $H(z)$ 的复零点，则 z_k^* 亦为 $H(z)$ 的零点，对应的极点为 $1/z_k = p_k$、$1/z_k^* = p_k^*$。4 个一组的零、极点分布示意图如图 5.2-11 所示。由图可见零点 z_k 与极点 p_k^*、零点 z_k^* 与极点 p_k 互为共轭倒易关系，即若 $1/z_k$ 是 $H(z)$ 的零点，则 z_k^* 一定是 $H(z)$ 的极点。因此，全通系统的系统函数另一种常用表示形式为

$$H(z) = \prod_{k=1}^{N} \frac{z^{-1} - z_k}{1 - z_k^* z^{-1}} \qquad (5.2\text{-}9)$$

式中，N 是全通系统的阶。当 N 为奇数时，至少有一对实数零、极点。

N 阶全通系统的相位函数为

$$\varphi(\omega) = -N\omega \qquad (5.2\text{-}10)$$

利用相位函数的变化，全通系统可作相位校正或相位均衡。例如一个衰减特性良好，相位特性较差的 IIR 滤波器可以与全通系统级联，使得所实现的系统幅度与相位均满足设计要求。

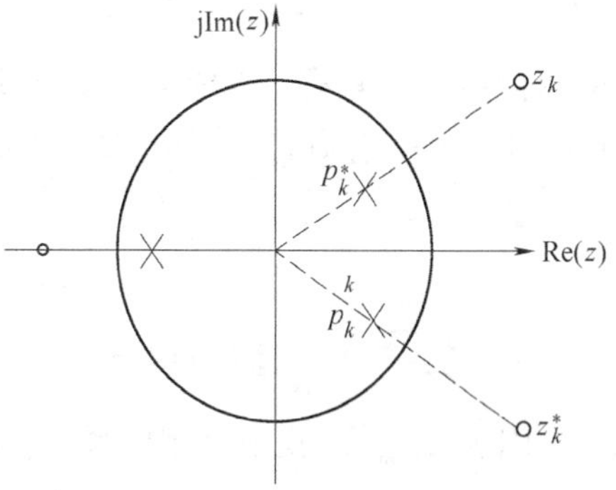

图 5.2-11 全通系统一组零、极点分布示意图

全通系统可与其他系统组合实现不同功能的系统，例如带阻系统就可由全通系统与带通系统组合。在 IIR 系统设计的原型变换中，也要用到全通系统。

5.2.5　最小相位系统

所有极点在单位圆内的因果稳定系统，若所有零点也在单位圆内，则称之为最小相位系统，记为 $H_{\min}(z)$；而所有零点在单位圆外的，则为最大相位系统，记为 $H_{\max}(z)$；零点在单位圆内、外的则为"混合相位"系统。

一个非最小相位系统可由一个最小相位系统与一个全通系统级联组合，即

$$H(z) = H_{\min}(z)H_{ap}(z) \tag{5.2-11}$$

式中，$H_{ap}(z)$ 是全通系统函数。

最小相位系统与全通系统组成的非最小相位系统的零、极点分布示意图如图 5.2-12 所示。图 5.2-12a 是非最小相位系统的零、极点图，图 5.2-12b 是最小相位系统，图 5.2-12c 是全通系统的零、极点分布。

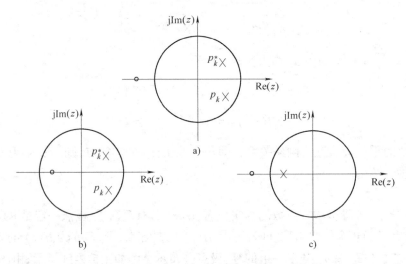

图 5.2-12　非最小相位系数、最小相位系数，全通系统的零、极点分布
a) 非最小相位系统的零、极点图　b) 最小相位系统的零、极点图
c) 全通系统的零、极点图

证明：$H(z)$ 为只有一个零点（多个零点类推）在单位圆外的非最小相位系统，设该零点为 $1/z_0$，$|z_0|<1$，$H(z)$ 可表示为一个最小相位系统 $H_{1\min}(z)$ 与该零点因子相乘，即

$$H(z) = H_{1\min}(z)(z^{-1} - z_0) = H_{1\min}(z)(z^{-1} - z_0)\frac{1 - z_0^* z^{-1}}{1 - z_0^* z^{-1}}$$

$$= H_{1\min}(z)(1 - z_0^* z^{-1})\frac{z^{-1} - z_0}{1 - z_0^* z^{-1}} \tag{5.2-12}$$

因为 $H_{1\min}(z)$ 是最小相位系统，故 $H_{1\min}(z)(1 - z_0^* z^{-1})$ 亦为最小相位系统，由式(5.2-9)可知，$\dfrac{z^{-1} - z_0}{1 - z_0^* z^{-1}}$ 是全通系统，所以 $H(z) = H_{\min}(z)H_{ap}(z)$。不难得到非最小相位系统的模频特性与最小相位系统的模频特性相等，即

$$|H(e^{j\omega})| = |H_{\min}(e^{j\omega})| \tag{5.2-13}$$

式 (5.2-13) 的结论在实际应用中非常有用。在后续的滤波器最优化设计中，如果将非最小相位系统所有单位圆外的零点 z_k 用 $1/z_k^*$ 代替时，可以得到幅频特性相同的最小相

系统。类似地，若将系统所有单位圆外的极点 z_k 用 $1/z_k^*$ 代替时，可以确保系统稳定，而又不会改变系统幅频特性的相对关系。

利用相关关系及 Z 变换的初值定理可以证明，幅频特性相同的所有因果稳定系统，最小相位系统的响应延迟与能量延迟最小。

因为 $H(z) = H_{\min}(z)H_{ap}(z)$，由初值定理

$$\lim_{Z \to \infty} H(z) = h(0) = h_{\min}(0)h_{ap}(0)$$

$$\lim_{Z \to \infty} H_{\min}(z) = h_{\min}(0)$$

由于 $\lim_{Z \to \infty} |H_{ap}(z)| = \prod_{k=1}^{N} \lim_{Z \to \infty} \left| \frac{z^{-1} - z_k}{1 - z_k^* z^{-1}} \right| = \prod_{k=1}^{N} |z_k| = h_{ap}(0)$

因果稳定系统的 $|z_k| < 1$，所以

$$|h(0)| < |h_{\min}(0)| \tag{5.2-14}$$

式（5.2-14）表明，幅频特性相同的所有因果稳定系统，最小相位系统对单位脉冲 $\delta(n)$ 的响应延迟最小。

若定义 n 从 $0 \sim m$ 范围内单位脉冲响应 $h(n)$ 的能量 $E(m)$ 为

$$E(m) = \sum_{n=0}^{m} h^2(n) \qquad 0 \leqslant m < \infty$$

则

$$\sum_{n=0}^{m} h_{\min}^2(n) \geqslant \sum_{n=0}^{m} h^2(n) \tag{5.2-15}$$

又已知 $|H(e^{j\omega})| = |H_{\min(e^{j\omega})}|$，即

$$\int_{-\pi}^{\pi} |H(e^{j\omega})|^2 d\omega = \int_{-\pi}^{\pi} |H_{\min}(e^{j\omega})|^2 d\omega$$

由帕斯维尔定理，有

$$\sum_{n=0}^{\infty} h_{\min}^2(n) = \sum_{n=0}^{\infty} h^2(n)$$

式（5.2-15）说明 $h_{\min}(n)$ 的能量集中在 n 较小的时间段内，即能量延迟最小。式 (5.2-15) 的证明留作习题。

在信号检测、解卷积等实际应用中逆系统（或逆滤波）都有重要作用，如信号检测中的信道均衡器的实质是设计信道的逆滤波器。而最小相位系统的逆系统一定存在。

因果稳定系统 $H(z) = B(z)/A(z)$，其逆系统为

$$H_N(z) = \frac{1}{H(z)} = \frac{A(z)}{B(z)} \tag{5.2-16}$$

当且仅当 $H(z)$ 为最小相位系统时，其逆系统 $H_N(z)$ 才是因果稳定的。

5.3 FIR 系统的基本结构

FIR 系统的单位脉冲响应 $h(n)$ 是时宽为 N 的有限长序列，相应的 FIR 系统函数为

$$H(z) = \sum_{n=0}^{N-1} h(n)z^{-n} \tag{5.3-1}$$

其特点是系统函数 $H(z)$ 无极点，因此它的网络结构一般没有反馈支路。下面介绍几种

FIR 系统的基本结构形式。

5.3.1 FIR 系统的直接形式（横截型、卷积型）

由式（5.3-1）得 FIR 系统的差分方程为

$$y(n) = \sum_{m=0}^{N-1} x(m)h(n-m) = \sum_{m=0}^{N-1} h(m)x(n-m)$$
$$= h(0)x(n) + h(1)x(n-1) + \cdots + h(N-1)x(n-N+1) \qquad (5.3-2)$$

由式（5.3-2）可以直接画出 FIR 系统的直接结构如图 5.3-1 所示。

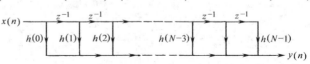

图 5.3-1　FIR 系统的直接结构图

由图 5.3-1 的转置网络，可得到另一种 FIR 系统的直接结构形式，如图 5.3-2 所示。FIR 系统的直接形式也称横截型、卷积型。

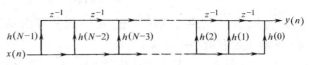

图 5.3-2　另一种 FIR 系统的直接结构

5.3.2 FIR 系统的级联形式

FIR 级联形式的实现方法是将 $H(z)$ 的共轭零点或两个单零点组成基本二阶节，$H(z)$ 为基本二阶节的子系统函数之积，即

$$H(z) = A \prod_{k=1}^{[N/2]} (\beta_{0k} + \beta_{1k}z^{-1} + \beta_{2k}z^{-2}) \qquad (5.3-3)$$

由式（5.3-3）可以得到如图 5.3-3 所示的 FIR 系统级联结构。

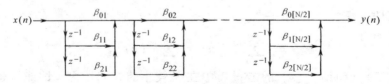

图 5.3-3　FIR 系统的级联结构形式

例 5.3-1　已知某 FIR 网络系统函数 $H(z) = 0.96 + 2z^{-1} + 2.8z^{-2} + 1.5z^{-3}$，画出其直接型与级联型结构。

解：$H(z) = 0.96 + 2z^{-1} + 2.8z^{-2} + 1.5z^{-3} = (0.6 + 0.5z^{-1})(1.6 + 2z^{-1} + 3z^{-2})$

或　　　　　　$= 0.96(1 + 0.833z^{-1})(1 + 1.25z^{-1} + 1.875z^{-2})$

直接型与级联型结构如图 5.3-4 所示，此例的 MATLAB 程序见例 5.6-2。

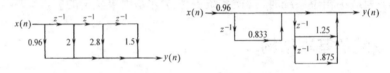

图 5.3-4　例 5.3-1 系统直接型与级联型结构

FIR 级联型结构的特点是每一个基本二阶节可以控制一对零点，在需要控制零点时可以采用。但它所需要的系数 β_{ik}（乘法器）要比直接形式的多。

5.3.3 线性相位 FIR 系统的结构形式

线性相位 FIR 系统是非常有用的一类数字滤波器，本节只涉及它们的系统结构，其他特性将在第 7 章中讨论。

线性相位 FIR 系统条件是单位脉冲响应 $h(n)$ 为实序列，并且对 $(N-1)/2$ 有对称条件，即

$$h(n) = h(N-1-n) \tag{5.3-4a}$$

或

$$h(n) = -h(N-1-n) \tag{5.3-4b}$$

考虑到 N 可以是偶数点或奇数点，与式（5.3-4）的条件组合后，可以分为 4 类滤波器，即第 1 类 $h(n) = h(N-1-n)$，N 为奇数；第 2 类 $h(n) = h(N-1-n)$，N 为偶数；第 3 类 $h(n) = -h(N-1-n)$，N 为奇数；第 4 类 $h(n) = -h(N-1-n)$，N 为偶数。

下面分别讨论这 4 类线性相位 FIR 系统的结构。

（1）$h(n) = h(N-1-n)$，N 为奇数

$N = 7$ 时 $h(n)$ 的示意图如图 5.3-5 所示，由图可见第 1 类 $h(n)$ 对 $(N-1)/2$ 偶对称。

可以 $(N-1)/2$ 为中点，将 $h(n)$ 分为前后两部分，则系统函数

$$
\begin{aligned}
H(z) &= \sum_{n=0}^{N-1} h(n) z^{-n} \\
&= \sum_{n=0}^{\frac{N-3}{2}} h(n) z^{-n} + \sum_{n=\frac{N+1}{2}}^{N-1} h(n) z^{-n} + h\left(\frac{N-1}{2}\right) z^{-\frac{N-1}{2}} \\
&= \sum_{n=0}^{\frac{N-3}{2}} h(n) z^{-n} + \sum_{n=0}^{\frac{N-3}{2}} h(N-1-n) z^{-(N-1-n)} + h\left(\frac{N-1}{2}\right) z^{-\frac{N-1}{2}}
\end{aligned}
$$

将式（5.3-4a）的条件代入上式的第 2 项中，得

$$
\begin{aligned}
H(z) &= \sum_{n=0}^{\frac{N-3}{2}} h(n) z^{-n} + \sum_{n=0}^{\frac{N-3}{2}} h(n) z^{-(N-1-n)} + h\left(\frac{N-1}{2}\right) z^{-\frac{N-1}{2}} \\
&= \sum_{n=0}^{\frac{N-3}{2}} h(n) [z^{-n} + z^{-(N-1-n)}] + h\left(\frac{N-1}{2}\right) z^{-\frac{N-1}{2}} \\
&= h(0) [1 + z^{-(N-1)}] + h(1) [z^{-1} + z^{-(N-2)}] + \cdots + h\left(\frac{N-1}{2}\right) z^{-\frac{N-1}{2}}
\end{aligned}
$$

$$\tag{5.3-5}$$

由式（5.3-5）得到第 1 类线性相位 FIR 系统的结构如图 5.3-6 所示。

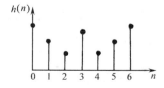

图 5.3-5 第 1 类线性相位 FIR
系统 $h(n)$ 示意图 $(N = 7)$

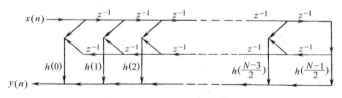

图 5.3-6 第 1 类线性相位 FIR 系统的结构

（2）$h(n) = h(N-1-n)$，N 为偶数

$N = 6$ 时 $h(n)$ 的示意图如图 5.3-7 所示，由图可见 $h(n)$ 对 $(N-1)/2$ 偶对称。同样，

以 $(N-1)/2$ 为中点，将 $h(n)$ 分为前后两部分，系统函数为

$$H(z) = \sum_{n=0}^{N-1} h(n)z^{-n} = \sum_{n=0}^{N/2-1} h(n)z^{-n} + \sum_{n=N/2}^{N-1} h(n)z^{-n}$$

$$= \sum_{n=0}^{(N/2)-1} h(n)z^{-n} + \sum_{n=0}^{(N/2)-1} h(N-1-n)z^{-(N-1-n)}$$

将式 (5.3-4a) 的条件代入上式的第 2 项中，得

$$H(z) = \sum_{n=0}^{(N/2)-1} h(n)z^{-n} + \sum_{n=0}^{(N/2)-1} h(n)z^{-(N-1-n)}$$

$$= \sum_{n=0}^{(N/2)-1} h(n)[z^{-n} + z^{-(N-1-n)}]$$

$$= h(0)[1 + z^{-(N-1)}] + h(1)[z^{-1} + z^{-(N-2)}] + \cdots \qquad (5.3\text{-}6)$$

由式 (5.3-6) 得到第 2 类线性相位 FIR 系统的结构如图 5.3-8 所示。

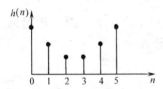

图 5.3-7　第 2 类线性相位 FIR

系统 $h(n)$ 示意图 ($N=6$)

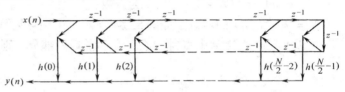

图 5.3-8　第 2 类线性相位 FIR 系统的结构

(3) $h(n) = -h(N-1-n)$, N 为奇数

$N=7$ 时 $h(n)$ 的示意图如图 5.3-9 所示，由图可见 $h(n)$ 对 $(N-1)/2$ 奇对称。

由图不难得出 $h\left(\dfrac{N-1}{2}\right) = -h\left(\dfrac{N-1}{2}\right) = 0$

仍然以 $(N-1)/2$ 为中点，将 $h(n)$ 分为前后两部分，系统函数为

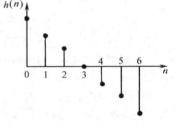

图 5.3-9　第 3 类线性相位 FIR 系统 $h(n)$ 示意图 ($N=7$)

$$H(z) = \sum_{n=0}^{\frac{N-3}{2}} h(n)z^{-n} + \sum_{n=\frac{N+1}{2}}^{N-1} h(n)z^{-n}$$

$$= \sum_{n=0}^{\frac{N-3}{2}} h(n)z^{-n} + \sum_{n=0}^{\frac{N-3}{2}} h(N-1-n)z^{-(N-1-n)}$$

将式 (5.3-4b) 的条件代入上式的第 2 项中，得到

$$H(z) = \sum_{n=0}^{\frac{N-3}{2}} h(n)z^{-n} - \sum_{n=0}^{\frac{N-3}{2}} h(n)z^{-(N-1-n)}$$

$$= \sum_{n=0}^{\frac{N-3}{2}} h(n)[z^{-n} - z^{-(N-1-n)}]$$

$$= h(0)[1 - z^{-(N-1)}] + h(1)[z^{-1} - z^{-(N-2)}] + \cdots \qquad (5.3\text{-}7)$$

由式 (5.3-7) 得到第 3 类线性相位 FIR 系统的结构如图 5.3-10 所示。

(4) $h(n) = -h(N-1-n)$, N 为偶数

$N=6$ 时 $h(n)$ 的示意图如图 5.3-11 所示，由图可见 $h(n)$ 对 $(N-1)/2$ 奇对称。

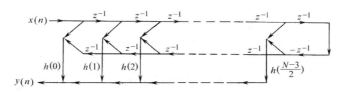

图 5.3-10　第 3 类线性相位 FIR 系统的结构

再次以 $(N-1)/2$ 为中点，将 $h(n)$ 分为前后两部分，系统函数为

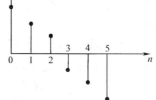

$$H(z) = \sum_{n=0}^{N-1} h(n) z^{-n} = \sum_{n=0}^{\frac{N}{2}-1} h(n) z^{-n} + \sum_{n=N/2}^{N-1} h(n) z^{-n}$$
$$= \sum_{n=0}^{(N/2)-1} h(n) z^{-n} + \sum_{n=0}^{(N/2)-1} h(N-1-n) z^{-(N-1-n)}$$

将式 (5.3-4b) 的条件代入上式的第 2 项中，得到

$$H(z) = \sum_{n=0}^{(N/2)-1} h(n) z^{-n} - \sum_{n=0}^{(N/2)-1} h(n) z^{-(N-1-n)}$$
$$= \sum_{n=0}^{(N/2)-1} h(n) [z^{-n} - z^{-(N-1-n)}]$$
$$= h(0)[1 - z^{-(N-1)}] + h(1)[z^{-1} - z^{-(N-2)}] + \cdots \tag{5.3-8}$$

图 5.3-11　第 4 类线性相位 FIR 系统 $h(n)$ 示意图 $(N=6)$

由式 (5.3-8) 得到第 4 类线性相位 FIR 系统的结构如图 5.3-12 所示。

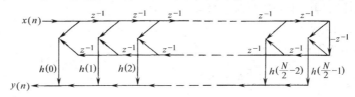

图 5.3-12　第 4 类线性相位 FIR 系统的结构

由以上 4 类线性相位 FIR 系统的结构图可见，利用 $h(n)$ 的对称条件能比直接卷积形式少用一半的乘法器。

5.3.4　FIR 系统的频率取样结构

由频域插值理论，一个有限时宽的序列，其 Z 变换可以用单位圆上的 N 个等间隔取样表示。由此得到了一条实现系统的途径，即对一个有限冲激响应 FIR 滤波器来说，其传递函数 $H(z)$ 可表示为

$$H(z) = (1 - z^{-N}) \frac{1}{N} \sum_{k=0}^{N-1} \frac{H(k)}{1 - W_N^{-k} z^{-1}} \tag{5.3-9}$$

式中，$W_N^{-k} = \mathrm{e}^{\mathrm{j}\frac{2\pi}{N}k}$；$H(k) = H(z)\,|_{z=W_N^{-k}} = |H(k)|\mathrm{e}^{\mathrm{j}\theta(k)}$，是单位圆上的频率取样值。

式 (5.3-9) 是频率取样结构的系统函数，它由两个子系统级联组成。一个是 FIR 系统，另一个是 IIR 系统。FIR 系统部分是由 N 个延时单元组成的梳状滤波器，系统函数为

$$H_1(z) = 1 - z^{-N} \tag{5.3-10}$$

系统在单位圆上有 N 个等分的零点

$$1 - z^{-N} = 0$$

$$z_i = \sqrt[i]{1} = e^{j\frac{2\pi}{N}i} \qquad i = 0,1,2,\cdots,N-1$$

它的频响函数为

$$H_1(e^{j\omega}) = 1 - e^{jN\omega}$$

其幅度特性 $|H_1(e^{j\omega})| = |1 - e^{jN\omega}| = 2\left|\sin\frac{N}{2}\omega\right|$ 是梳状的，故此得名。

特别地，当 $N=6$ 时，$|H_1(e^{j\omega})| = |1 - e^{-j6\omega}| = 2|\sin3\omega|$，其幅度特性如图 5.3-13 所示。

IIR 系统部分是由 N 个一阶 IIR 系统并联组成的，系统函数为

$$\sum_{k=0}^{N-1} \frac{H(k)}{1 - W_N^{-k}z^{-1}} \qquad (5.3\text{-}11)$$

这 N 个一阶 IIR 系统在单位圆上有 N 个极点

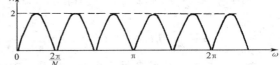

图 5.3-13　$N=6$ 时的梳状滤波器幅度特性

$$z_k = e^{j\frac{2\pi}{N}k} \qquad k = 0,1,2,\cdots,N-1$$

IIR 系统与 FIR 系统级联之后，N 个 IIR 系统在单位圆上的极点正好与梳状滤波器在单位圆上的 N 个零点相互抵消，整个系统无极点，所以频率取样结构属于 FIR 系统。频率取样结构如图 5.3-14 所示。

频率取样结构的优点：

1）系统在频率采样点 $\omega = \dfrac{2\pi}{N}k$ 上的响应等于 $H(k)$，而改变 $H(k)$ 就改变了系统的频响，所以调整很方便。

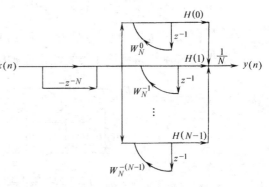

图 5.3-14　频率取样结构

2）只要 $h(n)$ 的长度 N 相同，不论频响如何，梳状滤波器（FIR 部分）以及 N 个一阶网络（IIR 部分）的结构相同，便于标准化、模块化。

频率取样结构也存在一定的问题：

1）稳定性差。从理论上说滤波器单位圆上的零、极点会全部抵消，但不论用软件还是硬件进行数字处理时，因为字长有限，会有参数量化效应及运算误差。而这些由有限字长引起的误差会使零、极点不能全部抵消，导致系统不稳定。

2）相乘系数 W_N^{-k}、$H(k)$ 为复数，因此均是复数乘法，运算量大。尤其硬件实现不容易，所以希望系数为实数。

第一个问题的解决方法是采用修正取样，如图 5.3-15 所示。即在半径为 r（略小于 1）的圆上对 $H(z)$ 取样，例如 r 取 0.99。

采用修正取样后，系统的零、极点为 $re^{j\frac{2\pi}{N}k}, k = 0,1,2,\cdots,N-1$，均在单位圆内，保证了即使有极点不能被抵消，也不会影响系统的稳定性。此时系统函数 $H(z)$ 为

$$H(z) = \frac{(1 - r^N z^{-N})}{N} \sum_{k=0}^{N-1} \frac{H_r(k)}{1 - rW_N^{-k}z^{-1}}$$

式中，$H_r(k)$ 是在半径为 r 的圆上对 $H(z)$ 的 N 点等间隔采样值。因为 $r \approx 1$，实际应用时就用单位圆上的取样值，即 $H_r(k) \approx H(k)$，所以修正的频率取样系统函数 $H(z)$ 一般为

$$H(z) = \frac{(1 - r^N z^{-N})}{N} \sum_{k=0}^{N-1} \frac{H(k)}{1 - rW_N^{-k}z^{-1}} \qquad (5.3\text{-}12)$$

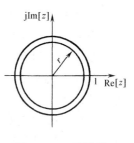

图 5.3-15 采样圆的修正

对第二个问题的解决方法是利用 $H(k)$ 的对称性。因为当 $h(n)$ 是实序列时，它的 $H(k) = \mathrm{DFT}[h(n)]$ 满足圆周共轭对称性，有 $H(k) = H^*(N-k)$，且 $W_N^{-(N-k)} = (W_N^{-k})^*$ 也满足圆周共轭对称性。所以可将第 k 项与第 $N-k$ 项两两合并为一个基本二阶节网络 $H_k(z)$，即

$$\begin{aligned}
H_k(z) &= \frac{H(k)}{1 - rW_N^{-k}z^{-1}} + \frac{H(N-k)}{1 - rW_N^{-(N-k)}z^{-1}} \\
&= \frac{H(k)}{1 - rW_N^{-k}z^{-1}} + \frac{H^*(k)}{1 - rW_N^{k}z^{-1}} \\
&= \frac{\alpha_{0k} + \alpha_{1k}z^{-1}}{1 - 2r\cos(2\pi k/N)z^{-1} + r^2 z^{-2}} \qquad (5.3\text{-}13)
\end{aligned}$$

式中，$\alpha_{0k} = H(k) + H^*(k) = 2\mathrm{Re}[H(k)]$；$\alpha_{1k} = -r[H(k)W_N^k + H^*(k)W_N^{-k}] = -2r\mathrm{Re}[H(k)W_N^k]$。

由式 (5.3-13) 可见，$H_k(z)$ 的系数均为实数，$H_k(z)$ 的结构如图 5.3-16 所示。

除了成对的共轭极点外，$H(z)$ 还有单极点。当 N 为偶数时，$H(z)$ 有两个单极点，$H_0(z) = \dfrac{H(0)}{1 - rz^{-1}}$，$H_{N/2}(z) = \dfrac{H(N/2)}{1 + rz^{-1}}$，对应的一阶 $H_k(z)$ 如图 5.3-17 所示。这时

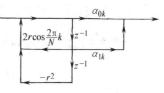

图 5.3-16 $H_k(z)$ 的结构图

$$H(z) = \frac{(1 - r^N z^{-N})}{N}\left[\frac{H(0)}{1 - rz^{-1}} + \frac{H(N/2)}{1 + rz^{-1}} + \sum_{k=1}^{N/2-1} H_k(z)\right] \qquad (5.3\text{-}14)$$

当 N 为偶数时，修正的频率取样结构由两个一阶网络，$(N/2)-1$ 个二阶网络并联组成，如图 5.3-18 所示。

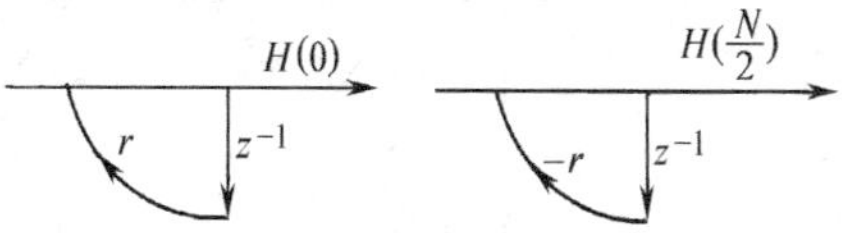

当 N 为奇数时，$H(z)$ 只有一个单极点，对应 $H_0(z) = \dfrac{H(0)}{1 - rz^{-1}}$，这时

图 5.3-17 两个一阶的 $H_k(z)$

$$H(z) = \frac{(1 - r^N z^{-N})}{N}\left[\frac{H(0)}{1 - rz^{-1}} + \sum_{k=1}^{\frac{N-1}{2}} H_k(z)\right] \qquad (5.3\text{-}15)$$

式 (5.3-15) 的频率取样结构由一个一阶网络，$(N-1)/2$ 个二阶网络并联组成，基本与 N 为偶数时相同。

由图 5.3-18 可见，频率取样结构复杂，当取样点 N 很大时，所需存储器、乘法器很多。但是若大多数采样值为零时（如窄带滤波器），所需存储器、乘法器就会大大减少，而且这种结构每部分规范化，改变系数即可构成不同的滤波器，有利于时分复用。

可以证明，频率取样结构（将 $H(z)$ 的取样点定在单位圆的等间隔点上），实际是系统函数多项式内插结构的特例，有兴趣的读者可参考相关教材。

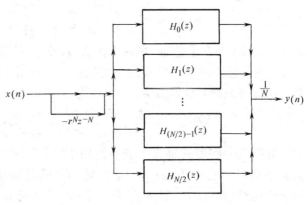

图 5.3-18　N 为偶数时修正的频率取样结构

5.4　格型滤波器结构

广泛应用在功率谱估计、语音处理、自适应滤波、线性预测、逆滤波等方面的格型滤波器，除了其模块化结构便于高速并行处理外，还具有对有限字长效应不敏感，以及一个 M 阶的格型滤波器可以产生从 1 阶到 M 阶的 M 个横向滤波器的输出性能。本节分别讨论全零点、全极点以及一般 IIR 系统的格型滤波器结构。

5.4.1　全零点（FIR）的格型滤波器

一个 M 阶直接形式 FIR 滤波器的系统函数为

$$H(z) = B(z) = \sum_{i=0}^{M} b_i z^{-i} = 1 + \sum_{i=1}^{M} b_M^{(i)} z^{-i} \tag{5.4-1}$$

式中，$b_M^{(i)}$ 表示 M 阶 FIR 滤波器的第 i 个系数。

式（5.4-1）表明系数 $b_0 = 1$，即有 M 个 $b_M^{(i)}$ 系数。如用 FIR 直接结构实现，需要 M 次乘法，M 次延迟。而其对应的格型网络结构如图 5.4-1 所示。

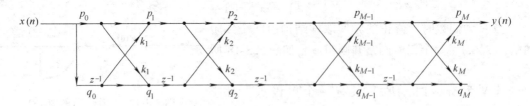

图 5.4-1　全零点格型滤波器

由图可见全零点格型结构是由 M 个如图 5.4-2 所示的格型基本单元级联组成。每个基本单元分别有上、下两个输入、输出端。输入 $x(n)$ 同时到达第一级的上、下两个输入端，输出 $y(n)$ 取自最后一级基本单元的上输出端。输出包括从上端直通的部分以及分别经过一次延迟、二次延迟，直至 M 次延迟的部分。这种结构没有反馈通路，所以是 FIR 系统。它也有 M 个参数 k_m（$m = 1, 2, \cdots, M$），通常称 k_m 为反射系数。系数按 k_1、k_2、$\cdots$、

k_{M-1}、k_M 从左到右排列。实现格型结构时需要 $2M$ 次乘法，M 次延迟。由图 5.4-2 可得基本单元的输入输出关系为

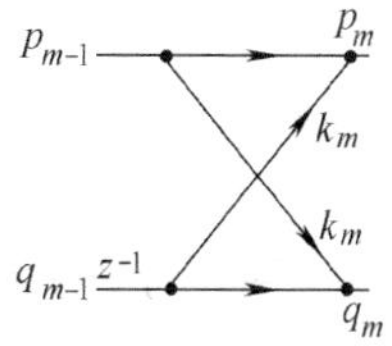

图 5.4-2 右侧为图形

$$p_m(n) = p_{m-1}(n) + q_{m-1}(n-1)k_m \qquad (5.4\text{-}2a)$$

$$q_m(n) = p_{m-1}(n)k_m + q_{m-1}(n-1) \qquad (5.4\text{-}2b)$$

并且

$$p_0(n) = q_0(n) = x(n) \qquad (5.4\text{-}2c)$$

$$y(n) = p_M(n) \qquad (5.4\text{-}2d)$$

图 5.4-2 全零点
格型滤波器
基本单元

式中，$p_{m-1}(n)$、$q_{m-1}(n)$ 分别是第 m 个基本单元的上、下端的输入序列；$p_m(n)$、$q_m(n)$ 分别是第 m 个基本单元的上、下端的输出序列。

定义 $B_m(z)$、$J_m(z)$ 分别为输入 $x(n)$ 至第 m 个基本单元的上、下端输出序列 $p_m(n)$、$q_m(n)$ 的系统函数，则

$$B_m(z) = P_m(z)/P_0(z) = 1 + \sum_{i=1}^{m} b_m^{(i)} z^{-i} \quad m = 1,2,\cdots,M \qquad (5.4\text{-}3a)$$

$$J_m(z) = Q_m(z)/Q_0(z) \qquad m = 1,2,\cdots,M \qquad (5.4\text{-}3b)$$

$B_m(z)$ 是 $B_{m-1}(z)$ 再级联一个基本单元后组合成的更高一级的 FIR 系统，所以格型结构形式很规则。特别地，当 $m = M$ 时，$B_m(z) = B(z)$。

对式 （5.4-2） 两边做 Z 变换，得

$$P_m(z) = P_{m-1}(z) + k_m z^{-1} Q_{m-1}(z) \qquad (5.4\text{-}4a)$$

$$Q_m(z) = P_{m-1}(z)k_m + z^{-1} Q_{m-1}(z) \qquad (5.4\text{-}4b)$$

可以利用直接形式 FIR 滤波器的系统函数 $H(z) = B(z)$ 的系数 b_i，得到格型结构的反射系数 k_m。

先对式 （5.4-4a）、式 （5.4-4b） 分别除以 $P_0(z)$、$Q_0(z)$，并代入式 （5.4-3a）、式 （5.4-3b），得到高阶与低阶之间的递推关系为

$$\begin{bmatrix} B_m(z) \\ J_m(z) \end{bmatrix} = \begin{bmatrix} 1 & k_m z^{-1} \\ k_m & z^{-1} \end{bmatrix} \begin{bmatrix} B_{m-1}(z) \\ J_{m-1}(z) \end{bmatrix} \qquad (5.4\text{-}5)$$

或低阶与高阶之间的递推关系为

$$\begin{bmatrix} B_{m-1}(z) \\ J_{m-1}(z) \end{bmatrix} = \frac{\begin{bmatrix} 1 & -k_m \\ -k_m & z \end{bmatrix} \begin{bmatrix} B_m(z) \\ J_m(z) \end{bmatrix}}{1 - k_m^2} \qquad (5.4\text{-}6)$$

式 （5.4-5）、式 （5.4-6） 的递推关系中均有 $J_m(z)$，实际上已知的只有 $B_m(z)$，还需求出 $J_m(z)$ 与 $B_m(z)$ 之间的关系。

由式 （5.4-3） 及图 5.4-1，有 $B_0(z) = J_0(z) = 1$，因此

$$B_1(z) = B_0(z) + k_1 z^{-1} J_0(z) = 1 + k_1 z^{-1}$$

$$J_1(z) = k_1 B_0(z) + z^{-1} J_0(z) = k_1 + z^{-1}$$

即

$$J_1(z) = z^{-1} B_1(z^{-1})$$

令 $m = 2, 3, \cdots$，可以得到

$$J_m(z) = z^{-m} B_m(z^{-1}) \qquad (5.4\text{-}7)$$

将上式代入式 （5.4-5）、式 （5.4-6），则有

$$B_m(z) = B_{m-1}(z) + k_m z^{-m} B_{m-1}(z^{-1}) \tag{5.4-8a}$$

$$B_{m-1}(z) = \frac{B_m(z) - k_m z^{-m} B_m(z^{-1})}{1 - k_m^2} \tag{5.4-8b}$$

式 (5.4-8a)、(5.4-8b) 的递推公式中只与 $B(z)$ 相关。

将式 (5.4-3a) 代入式 (5.4-8a)、式 (5.4-8b)，利用待定系数法能够得到以下两组递推关系：

$$\left.\begin{array}{l} b_m^{(m)} = k_m \\ b_m^{(i)} = b_{m-1}^{(i)} + k_m b_{m-1}^{(m-i)} \end{array}\right\} \tag{5.4-9}$$

$$\left.\begin{array}{l} k_m = b_m^{(m)} \\ b_{m-1}^{(i)} = \dfrac{b_m^{(i)} - k_m b_m^{(m-i)}}{1 - k_m^2} \end{array}\right\} \tag{5.4-10}$$

上两式中，$i = 1, 2, \cdots, (m-1)$，$m = 1, 2, \cdots, M$，具体推导留作习题。

通常是已知 FIR 系统的 $H(z) = B(z) = B_M(z)$，要求其格型结构。利用上述的递推公式可由 $b_m^{(m)}$ 求出反射系数 k_m，$m = M, M-1, \cdots, 2, 1$。

由 FIR 系统的 $b_m^{(m)}$ 递推格型结构反射系数 k_m 的具体步骤为：

1）$k_M = b_M^{(M)}$。 $\tag{5.4-11}$

2）由式 (5.4-10) 及系数 k_M，$b_M^{(1)}$，$b_M^{(2)}$，$\cdots$，$b_M^{(M)}$ 确定 $B_{M-1}(z)$ 的系数 $b_{M-1}^{(1)}$，$b_{M-1}^{(2)}$，$\cdots$，$b_{M-1}^{(M-1)}$，或由式 (5.4-8b) 直接求出 $B_{M-1}(z)$，则 $k_{M-1} = b_{M-1}^{(M-1)}$。

3）重复第 2）步，求出全部 k_{M-1}，k_{M-1}，$\cdots$，k_1，$B_{M-1}(z)$，$\cdots$，$B_1(z)$。

例 5.4-1 已知某 FIR 滤波器的差分方程为

$$y(n) = x(n) + \frac{13}{24}x(n-1) + \frac{5}{8}x(n-2) + \frac{1}{3}x(n-3)$$

求其格型结构并作图。

解：对上述差分方程两边作 Z 变换，得

$$H(z) = B_3(z) = 1 + \sum_{i=1}^{3} b_3^{(i)} z^{-i} = 1 + \frac{13}{24}z^{-1} + \frac{5}{8}z^{-2} + \frac{1}{3}z^{-3}$$

对应地，$b_3^{(1)} = 13/24$，$b_3^{(2)} = 5/8$，$b_3^{(3)} = 1/3$。

1）$k_3 = b_3^{(3)} = 1/3$。

2）由式 (5.4-10)

$$b_{m-1}^{(i)} = \frac{b_m^{(i)} - k_m b_m^{(m-i)}}{1 - k_m^2}$$

$$b_2^{(1)} = \frac{b_3^{(1)} - k_3 b_3^{(2)}}{1 - k_3^2} = \frac{(13/24) - (5/24)}{8/9} = \frac{3}{8}$$

$$b_2^{(2)} = \frac{b_3^{(2)} - k_3 b_3^{(1)}}{1 - k_3^2} = \frac{(5/8) - (13/72)}{8/9} = \frac{1}{2}$$

$$k_2 = b_2^{(2)} = 1/2$$

3）$b_1^{(1)} = \dfrac{b_2^{(1)} - k_2 b_2^{(1)}}{1 - k_2^2} = \dfrac{(3/8) - (3/16)}{3/4} = \dfrac{1}{4}$

$$k_1 = b_1^{(1)} = 1/4$$

其格型结构如图 5.4-3 所示。

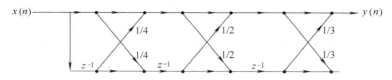

图 5.4-3　例 5.4-1FIR 系统的格型结构

若 FIR 系统的阶数 M 较大，要用大量的计算递推其格型结构反射系数 k_m。而利用 MATLAB 函数 dir2latc，可以由已知的 b_m 求出各 k_m，详见 5.6.3 节。

FIR 系统函数更一般的形式为 $b_0 \neq 1$，即

$$H(z) = B(z) = \sum_{i=0}^{M} b_i z^{-i} = b_0 \left(1 + \sum_{i=1}^{M} \frac{b_M^{(i)}}{b_0} z^{-i} \right)$$
$$= b_0 \left(1 + \sum_{i=1}^{M} a_M^{(i)} z^{-i} \right) \tag{5.4-12}$$

式中，$a_M^{(i)}$ 表示 M 阶 FIR 滤波器的第 i 个系数。

其对应的格型网络结构如图 5.4-4 所示。

图 5.4-4　一般全零点格型滤波器

上图中系数 k_m 的递推关系除了 $k_0 = b_0$ 外，其余的系数与式（5.4-10）相同，仅将 $b_m^{(m)}$ 换为 $a_m^{(m)}$，即为

$$\left. \begin{array}{l} k_m = a_m^{(m)} \\[2mm] a_{m-1}^{(i)} = \dfrac{a_m^{(i)} - k_m a_m^{(m-i)}}{1 - k_m^2} \end{array} \right\} \tag{5.4-13}$$

式中，$i = 1, 2, \cdots, (m-1)$，$m = 1, 2, \cdots, M$，k_m 的递推计算步骤也相同。

式（5.4-10）、式（5.4-13）递推公式中的分母为 $1 - k_m^2$，所以对任意的 $m = 1, 2, \cdots, M$，若有 $|k_m| = 1$，上述算法无效。即式（5.4-10）的 $|b_M|$ 不能为 1，否则 $|k_M| = |b_m| = 1$。又因为线性相位 FIR 滤波器有 $b_0 = |b_M|$，则 $|k_M| = |a_M| = \left| \dfrac{b_M}{b_0} \right| = 1$，所以线性相位 FIR 滤波器不能用格型滤波器实现。

例 5.4-2　已知某 FIR 滤波器的差分方程为

$$y(n) = 2x(n) + \frac{13}{12}x(n-1) + \frac{5}{4}x(n-2) + \frac{2}{3}x(n-3)$$

求其格型结构并作图。

解：差分方程的各系数为 $b_0 = 2$，$b_1 = 13/12$，$b_2 = 5/4$，$b_3 = 2/3$，对上述差分方程两边作 Z 变换，得

$$H(z) = B_3(z) = 2 \left(1 + \sum_{i=1}^{3} a_3^{(i)} z^{-i} \right) = 2 \left(1 + \frac{13}{24} z^{-1} + \frac{5}{8} z^{-2} + \frac{1}{3} z^{-3} \right)$$

对应地，$a_3^{(1)} = 13/24$，$a_3^{(2)} = 5/8$，$a_3^{(3)} = 1/3$，与例 5.4-1 相同，所以除了 $k_0 = b_0 = 2$ 外，k_3 $= a_3^{(3)} = 1/3$，$k_2 = a_2^{(2)} = 1/2$，$k_1 = a_1^{(1)} = 1/4$。

其格型结构如图 5.4-5 所示。

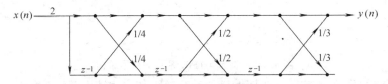

图 5.4-5　例 5.4-2FIR 系统的格型结构

利用 MATLAB 函数 latc2dir，可以由已知的格型结构系数 k_m 求出直接形式系数 b_m，详见 5.6.3 节。

5.4.2　全极点（IIR）的格型滤波器

全极点（IIR）的滤波器的系统函数 $H(z)$ 为

$$H(z) = \frac{1}{A(z)} = \frac{1}{1 + \sum_{i=1}^{M} a_M^{(i)} z^{-i}} \tag{5.4-14}$$

式中，$a_M^{(i)}$ 是 M 阶 IIR 滤波器的第 i 个系数。

与式（5.4-1）比较可见，若 $a_M^{(i)} = b_M^{(i)}$，则式（5.4-14）的 $H(z) = \frac{1}{A(z)}$ 是 FIR 系统的逆系统。

求该逆系统结构图的步骤如下：

1）将输入至输出无延时的直通通路反向，该通路的常数增益为原常数增益的倒数（此处 b_0 为 1）。

2）所有指向新直通通路各节点的增益乘以 -1。

3）交换输入与输出的位置。

4）按照习惯再画出输入在左，输出在右的结构图。

按照求逆系统的方法，由图 5.4-1 得到图 5.4-6 所示的全极点的格型滤波器结构。

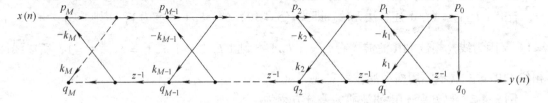

图 5.4-6　全极点格型滤波器

由图可见全极点格型结构是由 M 个如图 5.4-7 所示的格型基本单元级联组成。每个基本单元上支路输入为 p_m，输出为 p_{m-1}。下支路输入为 q_{m-1}，输出为 q_m。由图 5.4-7 可得基本单元的输入输出关系为

$$p_{m-1}(n) = p_m(n) - q_{m-1}(n-1)k_m \tag{5.4-15a}$$

$$q_m(n) = p_{m-1}(n)k_m + q_{m-1}(n-1) \tag{5.4-15b}$$

并且
$$x(n) = p_M(n) \tag{5.4-15c}$$

196

$$p_0(n) = q_0(n) = y(n) \qquad (5.4\text{-}15\text{d})$$

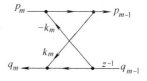

图 5.4-7　全极点格型
基本单元

由于两种结构的最基本的差分方程（式（5.4-2）与式（5.4-15））是相同的，所以系数 k_m 以及 $\alpha_m^{(i)}$（$i=1,2,\cdots,m, m=1,2,\cdots,M$）的求解方法与 FIR 系统相同，仅将 $b_m^{(i)}$ 改为 $\alpha_m^{(i)}$。

由全零点格型滤波器图改画为全极点格型滤波器图时，可将流图最左边连接上、下部增益为 1 的直通支路移至最右边；除了无延时的直通通路外，其余支路反向；指向无延时的直通通路的支路增益乘以 -1；z^{-1} 放置在各基本单元的右下侧；系数按 k_M、k_{M-1}、$\cdots$、k_2、k_1 从左到右排列，特别地，与 k_M 有关的支路（虚线）可以不要。

例 5.4-3 已知某 IIR 的系统函数为 $H(z) = \dfrac{1}{1 + \dfrac{13}{24}z^{-1} + \dfrac{5}{8}z^{-2} + \dfrac{1}{3}z^{-3}}$，求其格型结构系数并作图。

解： $B_M(z) = A_M(z) = 1 + \dfrac{13}{24}z^{-1} + \dfrac{5}{8}z^{-2} + \dfrac{1}{3}z^{-3} = 1 + \sum\limits_{i=1}^{M} b_M^{(i)} z^{-i}$

对应地，$b_3^{(1)} = 13/24$，$b_3^{(2)} = 5/8$；$b_3^{(3)} = 1/3$

由例 5.4-1 已得到 FIR 格型结构的系数为

$$k_1 = b_1^{(1)} = 1/4, \quad k_2 = b_2^{(2)} = 1/2, \quad k_3 = b_3^{(3)} = 1/3$$

其格型结构如图 5.4-8 所示。

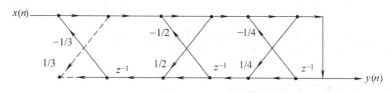

图 5.4-8　例 5.4-3 FIR 系统的格型结构

5.4.3　具有零、极点（IIR）的格型滤波器

具有零、极点的 IIR 系统的系统函数为

$$H(z) = \frac{B(z)}{A(z)} = \frac{\sum\limits_{i=0}^{M} b_M^{(i)} z^{-i}}{1 + \sum\limits_{i=1}^{N} a_N^{(i)} z^{-i}} \qquad (5.4\text{-}16)$$

通常 $M \le N$。$M = N$ 系统的格型梯形结构如图 5.4-9 所示。

图中 c_1、c_2、$\cdots$、c_{M-1}、c_M 为确定系统函数零点的梯形系数。由图可见：

1）若 $c_0 = 1$，而 $c_1 = c_2 = \cdots = c_{M-1} = c_M = 0$，则图 5.4-9 是一个全极点的 IIR 格型结构。

2）若 $k_1 = k_2 = \cdots = k_{M-1} = k_M = 0$，即所有反射支路开路，则图 5.4-9 是一个全零点的 FIR 直接型结构。

3）由上述两点，图 5.4-9 的上半部分格型实现全极点系统 $1/A(z)$；下半部分梯形实现全零点系统 $B(z)$。因下半部分零点系统 $B(z)$ 无反馈，对上半部分无影响，所以 k_1、

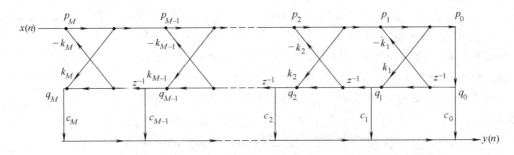

图 5.4-9　$M = N$IIR 系统的格型梯形结构

k_2、$\cdots$、k_{M-1}、k_M 仍按全极点系统的方法得出。由于上半部分对下半部分有影响，因此求 c_1、c_2、$\cdots$、c_{M-1}、c_M 与求全零点系统时的方法有所不同。现在的任务是求出系数 c_i，$i = 0$，1，2，$\cdots$，M。

限于篇幅本书省略推导过程（有兴趣的读者可参看有关教材），直接给出两种递推公式。

1）$c_i = b_i - \sum_{m=i+1}^{M} c_m a_m^{(m-i)}$，$i = 0$，1，2，$\cdots$，$M$　　　　　　　　(5.4-17)

2）$c_M = b_M$　　　　　　　　　　　　　　　　　　　　(5.4-18a)

　　$c_i = b_m^{(m)}$，$i = 0$，1，2，$\cdots$，$M-1$　　　　　　　　　(5.4-18b)

利用 MATLAB 函数 dir2ladr，可以由已知的零、极点形式系数 a_m、b_m，求出格型梯形结构系数 $\{k_m\}$、$\{c_m\}$。有关的具体例题见 5.6 节的例 5.6-11。

5.5　基于 MATLAB 的离散系统的网络结构

5.5.1　直接形式与级联形式的互换

1. 变直接形式为级联形式

变直接形式为级联形式的 dir2cas MATLAB 程序：

```
function [b0,B,A] = dir2cas(b,a);
b0 = b(1); b = b/b0;
a0 = a(1); a = a/a0;
b0 = b0/a0;
M = length(b); N = length(a);
if N > M
    b = [b zeros(1,N-M)];
else if M > N
    a = [a zeros(1,M-N)]; N = M;
else
    NM = 0;
end
K = floor(N/2); B = zeros(K,3); A = zeros(K,3);
if K *2 = = N;
    b = [b 0];
```

```
        a = [a 0];
    end
    broots = cplxpair(roots(b));
    aroots = cplxpair(roots(a));
    for i = 1:2:2 * K
        Brow = broots(i:1:i+1,:);
        Brow = real(poly(Brow));
        B(fix((i+1)/2),:) = Brow;
        Arow = aroots(i:1:i+1,:);
        Arow = real(poly(Arow));
        A(fix((i+1)/2),:) = Arow;
    end
```

例 5.5-1 将例 5.2-3 直接形式的系统函数 $H(z) = \dfrac{8 - 4z^{-1} + 11z^{-2} - 2z^{-3}}{1 - 1.25z^{-1} + 0.75z^{-2} - 0.125z^{-3}}$ 变为级联形式的 MATLAB 程序。

解：本例的 MATLAB 程序如下：

```
b = [8  -4 11  -2];%分子多项式系数
a = [1  -1.25 0.75  -0.125]; %分母多项式系数
[b0,B,A] = dir2cas(b,a) %变直接形式为级联形式
```

答案：

```
b0 = 8
B = 1.0000      -0.3100      1.3161
    1.0000      -0.1900         0
A = 1.0000      -1.0000      0.5000
    1.0000      -0.2500         0
```

例 5.5-2 将例 5.3-1 直接形式变为级联形式的 MATLAB 程序。

解：本例的 MATLAB 程序如下：

```
h = [0.96 2 2.8 1.5];
[b0,B,A] = dir2cas(h,1)
```

答案：

```
b0 = 0.9600
B = 1.0000    1.2500    1.8750
    1.0000    0.8333       0
A = 1    0    0
    1    0    0
```

2. 变级联形式为直接形式

变级联形式为直接形式的 cas2dir MATLAB 程序：

```
function[b,a] = cas2dir(b0,B,A);
[K,L] = size(B);
b = [1];
a = [1];
for i = 1:1:K
```

```
    b = conv(b,B(i,:));
    a = conv(a,A(i,:));
end
b = b * b0;
```

例 5.5-3 将例 5.5-1 级联形式变为直接形式的 MATLAB 程序。

解：本例的 MATLAB 程序如下：

```
b0 = 8
B = [1.0000, -0.3100, 1.3161;1.0000, -0.1900, 0]
A = [1.0000, -1.0000,0.5000;1.0000, -0.2500,0]
[b,a] = cas2dir(b0,B,A)
```

答案：

```
b = 8.0000   -4.0000   11.0000   -2.0005   0
a = 1.0000   -1.2500   0.7500   -0.1250   0
```

5.5.2 直接形式与并联形式互换

1. 变直接形式为并联形式

变直接形式为并联形式 dir2par 函数的 MATLAB 程序：

```
function [C,B,A] = dir2par(b,a);
M = length(b); N = length(a);
[r1,p1,C] = residuez(b,a);
p = cplxpair(p1,10000000 * eps);
I = cplxcomp(p1,p);
r = r1(I);
K = floor(N/2); B = zeros(K,2); A = zeros(K,3);
if K * 2 == N; %N even, order of A(z) odd, one factor is first order
    for i = 1:2:N-2
        Brow = r(i:1:i+1,:);
        Arow = p(i:1:i+1,:);
        [Brow,Arow] = residuez(Brow,Arow,[]);
        B(fix((i+1)/2),:) = real(Brow);
        A(fix((i+1)/2),:) = real(Arow);
    end
    [Brow,Arow] = residuez(r(N-1),p(N-1),[]);
    B(K,:) = [real(Brow) 0]; A(K,:) = [real(Arow) 0];
else
        for i = 1:2:N-1
        Brow = r(i:1:i+1,:);
        Arow = p(i:1:i+1,:);
        [Brow,Arow] = residuez(Brow,Arow,[]);
        B(fix((i+1)/2),:) = real(Brow);
        A(fix((i+1)/2),:) = real(Arow);
    end
```

```
end
```

例 5.5-4 将例 5.2-4 直接形式的系统函数 $H(z) = \dfrac{8 - 4z^{-1} + 11z^{-2} - 2z^{-3}}{1 - 1.25z^{-1} + 0.75z^{-2} - 0.125z^{-3}}$

变为并联形式的 MATLAB 程序。

解：本例的 MATLAB 程序如下：

```
b = [8  -4 11  -2];              %分子多项式系数
a = [1  -1.25 0.75  -0.125];     %分母多项式系数
[C,B,A] = dir2par(b,a)           %变直接形式为并联形式
```

答案

```
C = 16                           %直接项系数
B = -16.0000 20.0000             %分子项系数
   8.0000        0
A = 1.0000   -1.0000   0.5000    %分母项系数
1.0000   -0.2500   0
```

$$H(z) = 16 + \frac{8}{1 - 0.25z^{-1}} + \frac{-16 + 20z^{-1}}{1 - z^{-1} + 0.5z^{-2}}$$

2. 变并联形式为直接形式

变并联形式为直接形式 par2dirr 函数的 MATLAB 程序：

```
function [b,a] = par2dir (C,B,A);
[K,L] = size(A);R = [ ];P = [ ];
for i = 1:1:K
    [r,p,k] = residuez(B(i,:), A(i,:));
    R = [R;r]; P = [P;p];
end
[b,a] = residuez(R,P,C);
b = b(:)'; a = a(:)';
```

例 5.5-5 将例 5.5-4 并联形式的系统函数变为直接形式的 MATLAB 程序：

解：本例的 MATLAB 程序如下：

```
C = [16];
B = [ -16,20; 8,0];
A = [1, -1,0.5; 1, -0.25,0];
[b,a] = par2dir (C,B,A);
```

答案：

```
b = 8   -4   11   -2   0
a = 1.0000   -1.2500   0.7500   -0.1250   0
```

5.5.3 FIR、IIR 与格型结构互换

1. FIR （全零点）形式变为格型形式

FIR 形式变为格型形式 dir2latc 的 MATLAB 程序为：

```
function[K] = dir2latc(b)
M = length(b);
```

```
        K = zeros(1,M);
        b1 = b(1);
        if b1 = =0
            error('b(1) =0')
        end
            K(1) = b1;A = b/b1;
        for m = M: -1:2
            K(m) = A(m);
            J = fliplr(A);
            A = (A - K(m) * J)/(1 - K(m) * K(m));
            A = A(1:m-1);
        end
```

利用 dir2latc 可由已知的零点形式系数 b_m 求出格型梯形结构系数 k_m。

例5.5-6 将例5.4-1由差分方程为 $y(n) = x(n) + \dfrac{13}{24}x(n-1) + \dfrac{5}{8}x(n-2) + \dfrac{1}{3}x(n-3)$

描述的 FIR 滤波器变为格型形式的 MATLAB 程序:

```
        b = [1,13/24,5/8,1/3];
        K = dir2latc(b)
```

答案:

```
   K = 1.0000   0.2500   0.5000   0.3333
```

例5.5-7 将例5.4-2由差分方程为

$$y(n) = 2x(n) + \frac{13}{12}x(n-1) + \frac{5}{4}x(n-2) + \frac{2}{3}x(n-3)$$

描述的 FIR 滤波器变为格型形式的 MATLAB 程序。

解: 本例的 MATLAB 程序如下:

```
        b = [2,13/12,5/4,2/3];
        K = dir2latc(b)
```

答案:

```
   K = 2.0000   0.2500   0.5000   0.3333
```

2. 格型形式变为 FIR（全零点）形式

格型形式变为 FIR 形式 latc2dir 的 MATLAB 程序为:

```
        function[b] = latc2dir (K)
        M = length (K);
        J = 1;A = 1;
        for m = 2:1:M
        A = [A,0] + conv([0,K(m)],J);
        J = fliplr(A);
        end
        b = A * K(1);
```

利用 MATLAB 函数 latc2dir, 可以由已知的格型结构系数 k_m 求出直接形式系数 b_m。

例5.5-8 利用 MATLAB 函数 latc2dir, 检验例5.5-7（例5.4-2）的结果。

解: 本例的 MATLAB 程序如下:

$$K = [2, 1/4, 1/2, 1/3];$$

$$b = latc2dir(K)$$

答案：

$$b = 2.0000 \quad 1.0833 \quad 1.2500 \quad 0.6667$$

3. IIR（全极点）直接形式变为格型形式

IIR（全极点）直接形式是 FIR（全零点）的逆系统，所以其格型形式系数计算与 FIR 形式变为格型形式相同。

例 5.5-9 已知 IIR 系统函数 $H(z) = \dfrac{1}{1 - 1.7z^{-1} + 1.53z^{-2} - 0.648z^{-3}}$，求其格型结构系数，并作图。将其变为格型结构系数的 MATLAB 程序。

解： 本例的 MATLAB 程序如下：

$$b = [1, -1.7, 1.53, -0.648];$$

$$K = dir2latc(b)$$

答案：

$$K = 1.0000 \quad -0.7026 \quad 0.7385 \quad -0.6480$$

结构如图 5.5-1 所示。

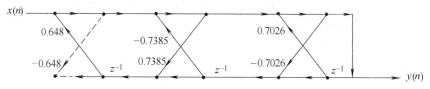

图 5.5-1   例 5.5-9 全极点格型结构

4. 具有零、极点 IIR 直接形式变格型滤波形式

IIR 形式变为格型形式 dir2ladr 的 MATLAB 程序为：

```
function[K,C] = dir2ladr(b,a)
a1 = a(1);a = a/a1;b = b/a1;
M = length(b);N = length(a);
b = [b,zeros(1,N - M)];K = zeros(1,N - 1);
A = zeros(N - 1,N - 1);C = b;
for m = N - 1: - 1:1
    A(m,1:m) = - a(2:m + 1) * C(m + 1);
    K(m) = a(m + 1);
    J = fliplr(a);
    a = (a - K(m) * J)/(1 - K(m) * K(m));
    a = a(1:m);
    C(m) = b(m) + sum(diag(A(m:N - 1,1:N - m)));
End
```

利用 dir2ladr 可由已知的零、极点形式系数 a_m、b_m 求出格型梯形结构系数 k_m、c_m。

例 5.5-10 将 IIR 系统函数 $H(z) = \dfrac{1 + 2z^{-1} + 2z^{-2} + z^{-3}}{1 + \dfrac{13}{24}z^{-1} + \dfrac{5}{8}z^{-2} + \dfrac{1}{3}z^{-3}}$ 变为格型结构的程序。

解： 本例的 MATLAB 程序如下（见图 5.5-2）：

$$b = [1\ 2\ 2\ 1];$$

$a = [1\ 13/24\ 5/8\ 1/3]$;

$[K,C] = dir2ladr(b,a)$

答案：

K = 0.2500 0.5000 0.3333

C = -0.2695 0.8281 1.4583 1.0000

即$k_1 = 1/4$，$k_2 = 1/2$，$k_3 = 1/3$；

$c_0 = -0.2695$，$c_1 = 0.8281$，$c_2 = 1.4583$，$c_3 = 1$。

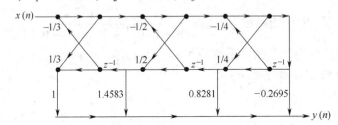

图5.5-2 例5.5-10的格型结构

5. 格型滤波形式变具有零、极点 IIR 直接形式

格型滤波形式变具有零、极点 IIR 直接形式的 ladr2dir MATLAB 程序：

```
function[b,a] = ladr2dir(K,C)
M = length(C);N = length(K);
J = 1;a = 1;A = zeros(N,N);
for m = 1:1:N
a = [a,0] + conv([0,K(m)],J);
    A(m,1:m) = -a(2:m+1);
  J = fliplr(a);
end
b(M) = C(M);
for m = M-1:-1:1
   A(m,1:m) = A(m,1:m) * C(m+1);
   b(m) = C(m) - sum(diag(A(m:N,1:N-m+1)));
end
```

利用 ladr2dir 可由已知的格型梯形结构系数 k_m、c_m 求出零、极点形式系数 a_m、b_m。

例 5.5-11   用 MATLAB 函数 ladr2dir 验算例5.5-10的结果的程序。

解：本例的 MATLAB 程序如下：

K = [1/4 1/2 1/3];

C = [-0.2695,0.8281,1.4583,1];

[b,a] = ladr2dir(K,C)

答案：

b = 1.0000 2.0000 2.0000 1.0000

a = 1.0000 0.5417 0.6250 0.3333

即$b_0 = 1,b_1 = 2,b_2 = 2,b_3 = 1$；

$a_0 = 1,a_1 = 0.5417,a_2 = 0.625,a_3 = 1/3$。

5.6 习题

1. 用直接型及正准型结构实现以下传递函数。

（1）$H(z) = \dfrac{-5 + 2z^{-1} - 0.5z^{-2}}{1 + 3z^{-1} + 3z^{-2} + z^{-3}}$

（2）$H(z) = 0.8\dfrac{3z^3 + 2z^2 + 2z + 5}{z^3 + 4z^2 + 3z + 2}$

（3）$H(z) = \dfrac{-z + 2}{8z^2 - 2z - 3} = \dfrac{-z^{-1} + 2z^{-2}}{8 - 2z^{-1} - 3z^{-2}}$

2. 用级联型结构实现以下传递函数，一共能构成几种级联网络？

$$H(z) = \frac{5(1 - z^{-1})(1 - 1.4142z^{-1} + z^{-2})}{(1 - 0.5z^{-1})(1 - 1.2728z^{-1} + 0.81z^{-2})}$$

3. 用级联型结构及并联型结构实现以下传递函数。

（1）$H(z) = \dfrac{3z^3 - 3.5z^2 + 2.5z}{(z^2 - z + 1)(z - 0.5)}$

（2）$H(z) = \dfrac{4z^3 - 2.8284z^2 + z}{(z^2 - 1.4142z + 1)(z + 0.7071)}$

4. 设滤波器差分方程为 $y(n) = x(n) + \frac{1}{3}x(n-1) + \frac{3}{4}y(n-1) - \frac{1}{8}y(n-2)$，用直接 I 型、II 型以及全部一阶节的级联型、并联型结构实现它。

5. 求图 5.6-1 中各结构的差分方程及传递函数。提示：差分方程可利用中间变量列联立方程。

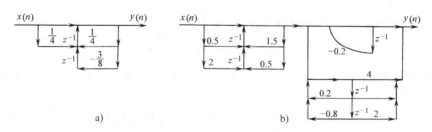

图 5.6-1

6. 求图 5.6-2 中各结构的差分方程及传递函数。

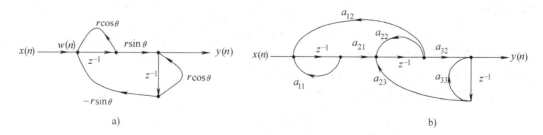

图 5.6-2

7. 试求图 5.6-3 中所示两个网络的系统函数，且证明它们具有相同的极点。

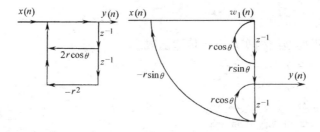

图 5.6-3

8. 已知滤波器单位脉冲响应为 $h(n) = \begin{cases} 0.2^n & 0 \le n \le 5 \\ 0 & \text{其他} \end{cases}$，求横截型结构。

9. 用横截型和级联型结构实现传递函数 $H(z) = (1 - 1.4142z^{-1} + z^{-2})(1 + z^{-1})$。

10. 试问用什么结构可以实现以下单位脉冲响应：

$$h(n) = \delta(n) - 3\delta(n - 3) + 5\delta(n - 7)$$

11. FIR 滤波器的 $h(n)$ 是圆周偶对称的，$N = 6$ 时，$h(0) = h(5) = 1.5$；$h(1) = h(4) = 2$；$h(2) = h(3) = 3$，求滤波器的卷积结构。

12. FIR 滤波器的 $h(n)$ 是圆周奇对称的，$N = 7$ 时，$h(0) = -h(6) = 3$；$h(1) = -h(5) = -2$；$h(2) = -h(4) = 3$；$h(3) = 0$ 求滤波器的卷积结构。

试问：这两题结构能否少用乘法器？

13. 已知 FIR 滤波器的 16 个频率采样值为 $H(0) = 12$；$H(1) = -3 - j\sqrt{3}$；$H(2) = 1 + j$；$H(3)$ 到 $H(13)$ 都为零，$H(14) = 1 - j$；$H(15) = -3 + j\sqrt{3}$，计算滤波器的频率采样结构，设选择修正半径 $r = 1$（即不修正极点位置）。

14. 用频率采样结构实现传递函数 $H(z) = \dfrac{5 - 2z^{-3} - 3z^{-6}}{1 - z^{-1}}$，采样点 $N = 6$，修正半径 $r = 0.9$。

15. FIR 滤波器 $N = 5$，$h(n) = \delta(n) - \delta(n - 1) + \delta(n - 4)$，计算一个 $N = 5$ 的频率采样结构，设修正半径 $r = 0.9$。

16. 令 $h_{\min}(n)$ 是实系统函数为 $H_{\min}(z)$ 的最小相位系统的单位脉冲响应，且 z_k 是 $H_{\min}(z)$ 的一个零点，则 $H_{\min}(z)$ 可以表示为

$$H_{\min}(z) = P(z)(1 - z_k z^{-1}) \qquad |z_k| < 1$$

式中，$P(z)$ 也是最小相位系统。若 $H(z)$ 是有一个零点为 $1/z_k^*$ 的另一个因果稳定系统，且幅频特性满足

$$|H(e^{j\omega})| = |H_{\min}(e^{j\omega})|$$

（1）试用 $P(z)$ 表示 $H(z)$。

（2）试用 $p(n) = \mathscr{Z}^{-1}[P(z)]$ 表示 $h(n)$ 和 $h_{\min}(n)$。

（3）比较两个序列的能量分布，证明

$$\varepsilon = \sum_{n=0}^{m} |h_{\min}(n)|^2 - \sum_{n=0}^{m} |h(n)|^2 = (1 - |z_k|^2)|p(n)|^2$$

（4）利用（3）的结果证明对所有整数 m，有

$$\sum_{n=0}^{m} h_{min}^2(n) \geqslant \sum_{n=0}^{m} h^2(n)$$

17. 已知三个因果稳定系统的系统函数 $H_1(z)$、$H_2(z)$、$H_3(z)$ 分别为

$$H_1(z) = \frac{(1 - 0.5e^{j\pi/3}z^{-1})^2(1 - 0.5e^{-j\pi/3}z^{-1})^2}{1 - 0.81z^{-2}}$$

$$H_2(z) = \frac{(1 - 0.5e^{j\pi/3}z^{-1})(1 - 0.5e^{-j\pi/3}z^{-1})(0.5e^{-j\pi/3} - z^{-1})(0.5e^{j\pi/3} - z^{-1})}{1 - 0.81z^{-2}}$$

$$H_3(z) = \frac{(0.5e^{-j\pi/3} - z^{-1})^2(0.5e^{j\pi/3} - z^{-1})^2}{1 - 0.81z^{-2}}$$

试求：

（1）分别画出其零、极点分布图，是否有最小相位系统。

（2）幅频、相频特性图；单位脉冲响应 $h_1(n)$、$h_2(n)$、$h_3(n)$ 的波形图以及相应的积累能量曲线。

18. 如图 5.6-4 所示系统。求：

（1）系统的差分方程。

（2）系统函数 $H(z) = \dfrac{Y(z)}{X(z)}$。

（3）系统的幅度函数和相位函数，并作幅度函数和相位函数图。

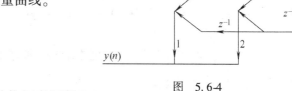

图 5.6-4

19. 如图 5.6-5 所示系统。求：

（1）系统的差分方程。

（2）系统函数 $H(z) = \dfrac{Y(z)}{X(z)}$。

（3）系统的幅度函数和相位函数，并作幅度函数和相位函数图。

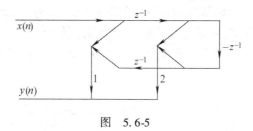

图 5.6-5

20. 如图 5.6-6 所示系统。求：

（1）系统的差分方程。

（2）系统函数 $H(z) = \dfrac{Y(z)}{X(z)}$。

（3）系统的幅度函数和相位函数，并作幅度函数和相位函数图。

21. 如图 5.6-7 所示系统。求：

（1）系统的差分方程。

（2）系统函数 $H(z) = \dfrac{Y(z)}{X(z)}$。

（3）系统的幅度函数和相位函数，并作幅度函数和相位函数图。

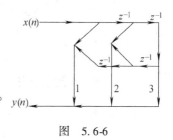

图 5.6-6

22. 要做一个产生正弦序列的数字网络的方法之一是利用单位取样响应为 $e^{j\omega_0 n}u(n)$ 的数字网络。因为这个响应的实部和虚部分别为 $\cos(\omega_0 n)u(n)$ 和 $\sin(\omega_0 n)u(n)$。

在利用复数单位取样响应实现一个系统时，实部和虚部是分开输出的。先写出产生所需响应的复数差分方程，然后令实部和虚部相等，画出实现这个系统的数字网络。画出的数字网络中可以只有实系数。这种网络通常称作耦合型振荡器。

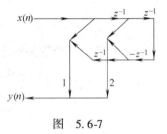

图 5.6-7

23. 传递函数为 $H(z) = (z^{-1} - a)/(1 - az^{-1})$ 的系统是一个全通系统。它的频率响应的幅度是 1。

(1) 以直接形式画出这个系统的网络结构。

(2) 实现 (1) 的网络时，系数要量化。系数量化后 (1) 的网络是否仍是一个全通系统？全通系统的差分方程为

$$y(n) - ay(n-1) = x(n-1) - ax(n) \text{ 或 } y(n) = a[y(n-1) - x(n+1)] + x(n-1)$$
(5.6-1)

(3) 画出实现式 (5.6-1) 的网络结构，要求具有两个延迟支路。其中只能有一个支路需要乘 +1 或 −1 以外的数。

(4) 系数量化后 (3) 的网络是否仍是一个全通系统？(3) 与 (1) 的实现网络结构相比，主要缺点是它需要两个延迟。但在某些场合必须实现几级全通节的级联。对于 N 个级联的全通节来说，有可能每个环节都采用 (3) 求得的结构，但只用 $(N+1)$ 个延迟支路。它是节与节之间共用一段延迟环节来完成这点的。

(5) 研究传递函数为

$$H(z) = \frac{z^{-1} - a}{1 - az^{-1}} \cdot \frac{z^{-1} - b}{1 - bz^{-1}}$$
(5.6-2)

的全通系统。用两个 (3) 网络级联画出这个系统的网络结构，要求只有三个延迟支路。

(6) 系数量化后 (5) 的网络是否仍是一个全通系统？

24. 图 5.6-8 画出了 4 个网络。求每个网络的转置网络，且证明原始网络与转置网络具有相同的传递函数。

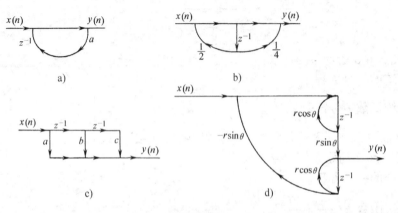

图 5.6-8

25. 图 5.6-9 画出了 6 个数字网络。试确定后 5 个网络中哪个和图 5.6-9a 具有相同的传递函数。

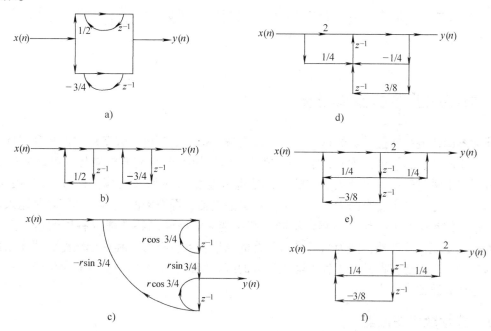

图　5.6-9

26. 试证明式（5.4-9）、式（5.4-10）的递推关系。

$$b_m^{(m)} = k_m$$
$$\left.\begin{array}{l} b_m^{(m)} = k_m \\ b_m^{(i)} = b_{m-1}^{(i)} + k_m b_{m-1}^{(m-i)} \end{array}\right\}$$

$$\left.\begin{array}{l} k_m = b_m^{(m)} \\ b_{m-1}^{(i)} = \dfrac{b_m^{(i)} - k_m b_m^{(m-i)}}{1 - k_m^2} \end{array}\right\}$$

第6章 无限冲激响应（IIR）数字滤波器的设计

6.1 数字滤波器的基本概念

滤波器的任务是通过一定的运算关系，改变输入信号的频谱。数字滤波器是利用计算机程序、专用芯片等软、硬件改变数字信号频谱。如果待处理的是模拟信号，可以通过 A/D 在信号形式上进行转换，再利用数字滤波器处理后经过 D/A 恢复为模拟信号。数字滤波器有不同的分类方法，主要有两大类，一类是经典滤波器，即选频滤波器，其特点是输入信号中有用信号的频率与干扰信号的频带不同，利用选频滤波器的特性提取有用的信号频率分量。另一类是现代滤波器，因为当信号与干扰的频谱相互重叠时，利用选频滤波器无法提取有用的信号。现代滤波器是利用各类随机信号的统计特性，从干扰中提取有用信号。本书重点讨论经典滤波器。

6.1.1 选频数字滤波器

利用选频滤波器的特性可以提取有用的信号频率分量，这类滤波器适用于输入信号中有用信号频带与干扰信号频带不同的情况。例如图 6.1-1 所示的理想数字低通、高通、带通、带阻滤波器就属于这一类滤波器。

选频数字滤波器设计过程一般可以归纳为以下 3 个步骤：

1）按照实际性能要求确定滤波器技术指标。

2）用一个因果稳定的系统函数 IIR、FIR 去逼近这个要求。

3）用一个有限精度的运算（软、硬件）去实现这个传递函数。

6.1.2 数字滤波器的技术要求

与模拟滤波器相似，通常情况下数字滤波器的技术指标是由频域的模频特性给出的，它要求在频率轴上一定的范围内具有所要求的相应幅度值。在规定滤波器技术指标时，考虑实现的可能性，与理想滤波器相比允许有一定的偏差。容许偏差的极限称为容限。滤波器性能指标、技术要求可以用容限图表示。

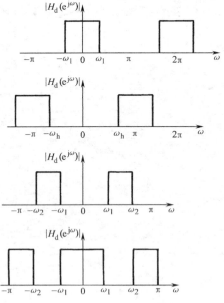

图 6.1-1 各类理想数字选频滤波器

例如图 6.1-2 为一般低通滤波器的容限图。由图可见：通带内，$|H(e^{j\omega})| \approx 1$，误差为 $\pm \delta_1$，即 $|\omega| \leqslant \omega_p$ 时，$1 - \delta_1 \leqslant |H(e^{j\omega})| \leqslant 1 + \delta_1$；阻带内，$|H(e^{j\omega})| \approx 0$，误差为 δ_2，即

$\omega_s \leqslant \omega \leqslant \pi$ 时，$|H(e^{j\omega})| \leqslant \delta_2$。$\omega_p$ 与 ω_s 之间是过渡带，过渡带的振幅应平滑地从通带下降到阻带。当 $h(n)$ 为实数序列时，其傅里叶变换的模频特性 $|H(e^{j\omega})|$ 是 ω 的偶函数，所以一般只用描述 $0 \sim \pi$ 区间的幅频特性，就确定了滤波器频响的幅度要求。

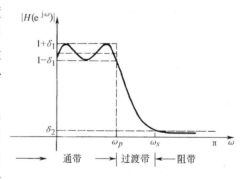

图 6.1-2　一般低通滤波器的容限图

根据所给定的容限图，设计目标是求出符合要求的系统函数 $H(z)$。当然相同的技术指标既可以用 IIR 系统实现，也可以由 FIR 系统实现。因为 IIR 与 FIR 实现方法不同，下面分别予以讨论。本章只讨论如何得到符合要求的 IIR 系统函数 $H(z)$。

6.1.3　IIR 数字滤波器设计方法

IIR 数字滤波器设计有以下几种基本方法：

1. 零、极点累试法

由于系统振幅频响在靠近极点频率处会出现峰值，在靠近零点频率处会出现谷值，并且极、零点越靠近单位圆峰谷越明显。所以设计时通过不断调整系统函数极、零点位置，达到设计指标。对要求不高的简单滤波器（低阶系统），可以用此法设计。

2. 最优化设计

这种设计方法一般是先确定最优准则，找出使最优准则下误差最小的系统函数 $H(z)$。在得到最佳结果之前，因为设计需要大量反复迭代计算，所以一般要利用 CAD 技术。随着数字处理技术的发展，最优化设计方法的应用也越来越多。

3. 用模拟滤波器理论设计数字滤波器

利用模拟滤波器理论先设计模拟滤波器，得到其系统函数 $H_a(s)$。然后经过一定的变换，得到满足要求的数字滤波器系统函数 $H(z)$。这样设计的优点是模拟滤波器设计理论成熟，有许多现成的公式、曲线、表格可以直接应用，并且在许多场合下就是用数字滤波器代替模拟滤波器。为此先介绍模拟滤波器设计的基本方法。

6.2　模拟滤波器设计方法简介

设计模拟滤波器通常是给定幅度函数 $|H(j\Omega)|$ 的技术指标，由此得到物理可实现的系统函数 $H(s)$。模拟滤波器也可用英文缩写 AF 表示，下面讨论基本设计方法。

6.2.1　模拟滤波器的模平方函数

模拟滤波器的系统函数 $H(s)$ 可由系统冲激响应表示为

$$H(s) = \int_{-\infty}^{\infty} h(t) e^{-st} dt$$

其频率响应为

$$H(j\Omega) = \int_{-\infty}^{\infty} h(t) e^{-j\Omega t} dt$$

若 $h(t)$ 是实函数，其频率响应为

$$H(j\Omega) = |H(j\Omega)| e^{j\varphi(\Omega)} = \int_{-\infty}^{\infty} h(t)(\cos\Omega t - j\sin\Omega t)\,dt$$

$$= \int_{-\infty}^{\infty} h(t)\cos\Omega t\,dt - \int_{-\infty}^{\infty} jh(t)\sin\Omega t\,dt = R(j\Omega) - jX(j\Omega) \quad (6.2\text{-}1)$$

并且

$$H(-j\Omega) = \int_{-\infty}^{\infty} h(t)e^{j\Omega t}\,dt = \int_{-\infty}^{\infty} h(t)(\cos\Omega t + j\sin\Omega t)\,dt$$

$$= \int_{-\infty}^{\infty} h(t)\cos\Omega t\,dt + \int_{-\infty}^{\infty} jh(t)\sin\Omega t\,dt = R(j\Omega) + jX(j\Omega)$$

$$= H^{*}(j\Omega) \quad (6.2\text{-}2)$$

由式 (6.2-1)、式 (6.2-2) 可知，当 $h(t)$ 是实函数时，$H(j\Omega)$ 具有共轭对称性，即有

$$H^{*}(j\Omega) = H(-j\Omega) \quad (6.2\text{-}3)$$

当 $h(t)$ 为实函数时，定义系统的模平方函数为

$$|H(j\Omega)|^{2} = H(j\Omega)H(-j\Omega) \quad (6.2\text{-}4)$$

可实现的模拟滤波器一定是因果的，由傅里叶变换与拉普拉斯变换的关系，令 $j\Omega = s$ 得到其模平方函数的拉普拉斯变换为

$$H(j\Omega)H(-j\Omega)\big|_{j\Omega = s} = H(s)H(-s)$$

$$(6.2\text{-}5)$$

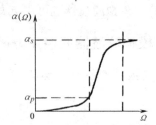

$H(s)$ 的零、极点 $\qquad$ $H(-s)$ 的零、极点

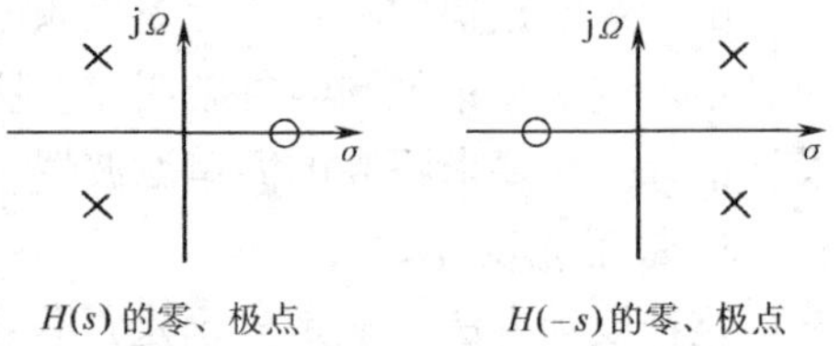

图 6.2-1 $\quad H(s)$ 与 $H(-s)$ 的零、极点

式 (6.2-5) 中 $H(s)$ 与 $H(-s)$ 的零、极点是象限对称分布的，如图 6.2-1 所示。

6.2.2 模拟滤波器的技术要求

无论设计何种模拟（高通、带通、带阻）滤波器，都可以先设计模拟低通滤波器的 $H_L(s)$，再经频率变换，得到所需要的 $H_d(s)$。通常把 $H_L(s)$ 称为模拟原型低通滤波器（或模拟低通原型），因此本书只讨论模拟低通原型滤波器的设计方法。

图 6.1-1 所示的理想滤波器都是物理不可实现的。考虑到系统的可实现性，实际滤波器的技术指标通常是由容限图给出的。图 6.2-2 给出了实际低通（单调下降）滤波器容限图。确定模拟低通的参数有：通带截止频率 Ω_p，阻带下限频率 Ω_s，通带允许误差 δ_1、阻带允许误差 δ_2。通带与阻带之间的频带称作过渡带，过渡带宽为 $\Delta\Omega = \Omega_s - \Omega_p$。

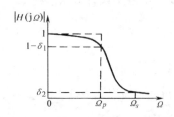

图 6.2-2 模拟低通滤波器容限图

图 6.2-3 低通衰减特性

设计滤波器时，给出的往往是衰减（分贝）指标，而不是允许误差 δ_1、δ_2。衰减函数 $\alpha(\Omega)$ 定义为（单位：dB）

$$\alpha(\Omega) = 10\lg\frac{P_1}{P_2} \tag{6.2-6}$$

式中，P_1 是滤波器的输入功率；P_2 是滤波器的输出功率；$\frac{P_1}{P_2}$ 是滤波器功率传输比。

图 6.2-2 所示的低通滤波器的衰减特性如图 6.2-3 所示，它对理想特性逼近的特点是通带内衰减尽可能小，而阻带衰减要尽量大。

式（6.2-6）的衰减函数还可以用模平方函数 $|H(\mathrm{j}\Omega)|^2$ 及模频函数表示

$$\alpha(\Omega) = 10\lg\frac{P_1}{P_2} = 10\lg\frac{|X(\mathrm{j}\Omega)|^2}{|Y(\mathrm{j}\Omega)|^2} = 10\lg\frac{1}{|H(\mathrm{j}\Omega)|^2} = -20\lg|H(\mathrm{j}\Omega)| \tag{6.2-7}$$

式中，$X(\mathrm{j}\Omega)$、$Y(\mathrm{j}\Omega)$ 分别为输入和输出（通常是电压或电流）的变换。

从式（6.2-7）可见，$\alpha(\Omega)$ 表示的衰减与模频函数表示的衰减相差一个负号。下面举例说明这些参数的实际意义。

例 6.2-1 已知一模拟低通滤波器的技术指标如下：通带截止频率 $\Omega_p = 2\pi \times 10^4\,\mathrm{rad/s}$，通带允许最大衰减 $\alpha_p \leqslant 3\mathrm{dB}$；阻带下限频率 $\Omega_s = 4\pi \times 10^4\,\mathrm{rad/s}$；阻带允许最小衰减 $\alpha_s \geqslant 30\mathrm{dB}$。试求通、阻带误差 δ_1、δ_2。

解： 本例的指标表明，这个滤波器可以顺利通过 10kHz 以下的信号（其衰减不超过 3dB，通带的幅度变化可以是单调的，也可以是波纹的）；而 20kHz 以上的信号衰减不小于 30dB（衰减越大，输出越接近零），所以不能顺利通过。过渡带内（10~20kHz 之间）的信号，衰减范围在大于 3dB，小于 30dB 之间。由衰减的定义可计算出例 6.2-1 的通、阻带误差 δ_1、δ_2。

将 $\alpha_p \leqslant 3\mathrm{dB}$ 代入式（6.2-7），得

$$-20\lg|H(\mathrm{j}\Omega_p)| \leqslant 3\mathrm{dB}$$

$$\lg|H(\mathrm{j}\Omega_p)| \geqslant -3/20$$

解出

$$|H(\mathrm{j}\Omega_p)| = 1 - \delta_1 \geqslant 10^{-3/20} \cong 0.707$$

$$\delta_1 \leqslant 0.293$$

同理，将 $\alpha_s \geqslant 30\mathrm{dB}$ 代入式（6.2-7），得

$$-20\lg|H(\mathrm{j}\Omega_s)| \geqslant 30\mathrm{dB}$$

$$\lg|H(\mathrm{j}\Omega_s)| \leqslant -3/2$$

解得

$$|H(\mathrm{j}\Omega_s)| = \delta_2 \leqslant 10^{-3/2} \cong 0.0316$$

最后，得到通、阻带幅度误差分别为

$$\delta_1 \leqslant 0.293, \quad \delta_2 \leqslant 0.0316$$

6.2.3 滤波器的逼近方法

当给定滤波器的技术指标后，设计的任务就是要找到一个符合要求的 $H(\mathrm{j}\Omega)$ 或 $H(s)$。但是 $\alpha(\Omega) = 10\lg\dfrac{1}{|H(\mathrm{j}\Omega)|^2}$ 不容易用多项式或有理式表示，所以要找到一个能够用多项式

或有理式逼近的函数，这个函数被称为特征函数，用 $K(j\Omega)$ 表示。并将功率比表示为

$$\frac{P_1}{P_2} = 1 + |K(j\Omega)|^2 \tag{6.2-8}$$

由式 (6.2-7)

$$\frac{P_1}{P_2} = \frac{1}{|H(j\Omega)|^2}$$

则

$$|H(j\Omega)|^2 = \frac{1}{1 + |K(j\Omega)|^2} \tag{6.2-9}$$

这样可得到用 $K(j\Omega)$ 表示的衰减函数为

$$\alpha(\Omega) = 10\lg\frac{1}{|H(j\Omega)|^2} = 10\lg[1 + |K(j\Omega)|^2] \tag{6.2-10}$$

如果给定了所希望的衰减函数 $\alpha_d(\Omega)$ 或模频函数 $|H_d(j\Omega)|$，下面的工作就是设法用某种方法逼近 $\alpha_d(\Omega)$ 或 $|H_d(j\Omega)|$。逼近的方法是设 $|K(j\Omega)|^2$ 等于以 Ω^2 为自变量的多项式或有理式。

常用的 $|K(j\Omega)|^2$ 函数有

$$|K(j\Omega)|^2 = K(j\Omega)K(-j\Omega) = \left(\frac{j\Omega}{\Omega_c}\right)^N\left(\frac{-j\Omega}{\Omega_c}\right)^N = \left(\frac{\Omega}{\Omega_c}\right)^{2N} \tag{6.2-11}$$

式 (6.2-11) 是巴特沃思逼近的特征函数。

$$|K(j\Omega)|^2 = K(j\Omega)K(-j\Omega) = \varepsilon^2 V_N^2\left(\frac{\Omega}{\Omega_c}\right) = \varepsilon^2 V_N^2(x) \tag{6.2-12}$$

式中，$\Omega/\Omega_c = x$。

$$V_N(\Omega/\Omega_c) = V_N(x) = \begin{cases} \cos(N\arccos x) & x \leq 1 \\ \cosh(N\text{arccosh}x) & x \geq 1 \end{cases} \tag{6.2-13}$$

式 (6.2-12) 是切比雪夫逼近的特征函数。

以上是应用最多的典型特征函数。下面具体介绍由这两个 $|K(j\Omega)|^2$ 函数构成的巴特沃思滤波器与切比雪夫滤波器。

6.2.4 巴特沃思滤波器

1. 巴特沃思 (Butterworth) 滤波器的数学模型

巴特沃思滤波器也称最平响应特性滤波器，它由式 (6.2-11) 作为特征函数。将式 (6.2-11) 代入模平方函数，得到巴特沃思滤波器的模平方函数为

$$|H(j\Omega)|^2 = \frac{1}{1 + |K(j\Omega)|^2} = \frac{1}{1 + (\Omega/\Omega_c)^{2N}} \tag{6.2-14}$$

巴特沃思滤波器的模平方函数如图 6.2-4 所示。

由式 (6.2-14) 得到的巴特沃思滤波器模频特性为

$$|H(j\Omega)| = \frac{1}{\sqrt{1 + (\Omega/\Omega_c)^{2N}}} \tag{6.2-15}$$

式中，N 是滤波器阶数。

阶数不同的巴特沃思滤波器的模频特性如图 6.2-5 所示，该特性具有以下特点：

1) $\Omega = \Omega_c$ 时，$|H(j\Omega)|^2 = \frac{1}{2}$，$|H(j\Omega)| = \frac{1}{\sqrt{2}}$，所以 Ω_c 是滤波器的半功率点或幅

频特性 $1/\sqrt{2}$ （ $-3\mathrm{dB}$ ）点。随着 N 的增加，通带边缘变化加快，幅频特性更逼近理想特性。但无论 N 取多少，幅频特性都要通过 $1/\sqrt{2}$ （ $-3\mathrm{dB}$ ）点。

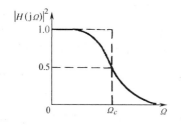

图 6.2-4　巴特沃思滤波器的模平方函数

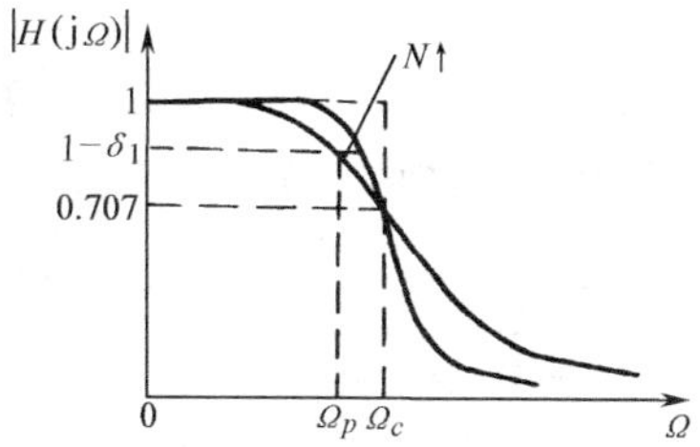

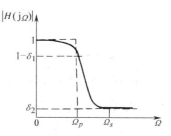

图 6.2-5　巴特沃思滤波器的模频特性

2）$\Omega=0$ 时，$|H(\mathrm{j}\Omega)|=1$，并且在 $\Omega=0$ 附近幅频特性都是平直的，即为"最平响应"滤波器的由来。

3）其模频特性是单调下降的，相位特性较好。

要设计一个符合性能指标要求的巴特沃思滤波器，由式（6.2-14）可知首先要确定的参数有两个：$-3\mathrm{dB}$ 截止频率 Ω_c 及系统阶数 N。

2. 确定 N 及 Ω_c

由给定的性能指标，如图 6.2-6 所示容限图，可以列出两个方程

图 6.2-6　低通滤波器的幅频特性

$$\begin{cases} |H(\mathrm{j}\Omega_p)|^2 = (1-\delta_1)^2 = \dfrac{1}{1+(\Omega_p/\Omega_c)^{2N}} & (6.2\text{-}16\mathrm{a}) \\[3mm] |H(\mathrm{j}\Omega_s)|^2 = \delta_2^2 = \dfrac{1}{1+(\Omega_s/\Omega_c)^{2N}} & (6.2\text{-}16\mathrm{b}) \end{cases}$$

由式（6.2-16）的两个方程，可以解出两个未知数 N、Ω_c。

一般由 Ω_p、Ω_s、α_p、α_s 先确定系统的阶数 N。

由式（6.2-7），巴特沃思滤波器的衰减指标可表示为

$$\alpha_p = 10\lg\frac{1}{|H(\mathrm{j}\Omega_p)|^2} = -10\lg|H(\mathrm{j}\Omega_p)|^2 \qquad (6.2\text{-}17\mathrm{a})$$

$$\alpha_s = 10\lg\frac{1}{|H(\mathrm{j}\Omega_s)|^2} = -10\lg|H(\mathrm{j}\Omega_s)|^2 \qquad (6.2\text{-}17\mathrm{b})$$

由式（6.2-17），得到 $|H(\mathrm{j}\Omega_p)|$、$|H(\mathrm{j}\Omega_s)|$ 与 α_p、α_s 的关系

$$|H(\mathrm{j}\Omega_p)|^2 = 10^{-0.1\alpha_p} \qquad (6.2\text{-}18\mathrm{a})$$

$$|H(\mathrm{j}\Omega_s)|^2 = 10^{-0.1\alpha_s} \qquad (6.2\text{-}18\mathrm{b})$$

将式（6.2-18）代入式（6.2-16），整理得

$$1+(\Omega_p/\Omega_c)^{2N} = 10^{0.1\alpha_p}$$

$$1+(\Omega_s/\Omega_c)^{2N} = 10^{0.1\alpha_s}$$

$$(\Omega_p/\Omega_c)^{2N} = 10^{0.1\alpha_p} - 1 \qquad (6.2\text{-}19\mathrm{a})$$

$$(\Omega_s/\Omega_c)^{2N} = 10^{0.1\alpha_s} - 1 \qquad (6.2\text{-}19\mathrm{b})$$

将式（6.2-19a）与式（6.2-19b）相比，得到

$$(\Omega_p/\Omega_s)^{2N} = (10^{0.1\alpha_p}-1)/(10^{0.1\alpha_s}-1)$$

最后得到

$$N = \frac{\lg\sqrt{\dfrac{10^{0.1\alpha_p}-1}{10^{0.1\alpha_s}-1}}}{\lg(\Omega_p/\Omega_s)} = \frac{\lg\sqrt{\dfrac{1/(1-\delta_1)^2-1}{1/\delta_2^2-1}}}{\lg(\Omega_p/\Omega_s)} \qquad (6.2\text{-}20)$$

因为 N 是系统的阶数，要取大于 N 的最小正整数，代入式 （6.2-19a），得到

$$\Omega_c = \Omega_p (10^{0.1\alpha_p}-1)^{-\frac{1}{2N}} \qquad (6.2\text{-}21a)$$

代入式 （6.2-19b），得到

$$\Omega_c = \Omega_s (10^{0.1\alpha_s}-1)^{-\frac{1}{2N}} \qquad (6.2\text{-}21b)$$

若用式 （6.2-21a） 确定 Ω_c，阻带指标得到改善；若用式 （6.2-21b） 确定 Ω_c，通带指标得到改善，通常取二者之间的值。N、Ω_c 确定后，就可以求出巴特沃思滤波器系统函数 $H(s)$。

3. 确定 $H(s)$

由式 （6.2-5） $H(s)H(-s)$ 与 $|H_a(j\Omega)|^2$ 的关系，将 $j\Omega = s$ 或 $\Omega^2 = j\Omega(-j\Omega)\big|_{j\Omega=s} = -s^2$ 代入式 （6.2-14），得到

$$H(s)H(-s) = \frac{1}{1+(j\Omega/j\Omega_c)^{2N}}\bigg|_{j\Omega=s} = \frac{1}{1+(s/j\Omega_c)^{2N}} = \frac{(j\Omega_c)^{2N}}{s^{2N}+(j\Omega_c)^{2N}}$$

$$= \frac{1}{1+(-1)^N(s/\Omega_s)^{2N}} \qquad (6.2\text{-}22)$$

令式 （6.2-22） 的分母 $s^{2N}+(j\Omega_c)^{2N}=0$，得 $H(s)H(-s)$ 的极点为

$$p_k = j\Omega_c (-1)^{\frac{1}{2N}} = \Omega_c e^{j\left[\frac{\pi}{2N}(2k+1)+\frac{\pi}{2}\right]} \qquad k=1,2,\cdots,2N \qquad (6.2\text{-}23a)$$

当 N 为奇数时，由 $1-(s/\Omega_c)^{2N}=0$，解出 $2N$ 个极点为

$$p_k = \Omega_c e^{j\frac{2\pi}{2N}k} = \Omega_c e^{j\frac{\pi}{N}k} \qquad k=1,2,\cdots,2N \qquad (6.2\text{-}23b)$$

当 N 为偶数时，由 $1+(s/\Omega_c)^{2N}=0$，解出 $2N$ 个极点为

$$p_k = \Omega_c e^{j\frac{2k-1}{2N}\pi} = \Omega_c e^{-j\frac{\pi}{2N}} e^{j\frac{k}{N}\pi} \qquad k=1,2,\cdots,2N \qquad (6.2\text{-}23c)$$

式 （6.2-23a）、式 （6.2-23b）、式 （6.2-23c） 给出了 $H(s)H(-s)$ 的极点分布规律：

$H(s)H(-s)$ 的 $2N$ 个极点，以 $\dfrac{\pi}{N}$ 为间隔，分布在半径为 Ω_c 的圆周上，这个圆也称巴特沃思圆。所有极点对称虚轴，且虚轴上无极点。当 N 为奇数时，实轴上有极点，极点从 Ω_c 开始以 π/N 为间隔分布；当 N 为偶数时，实轴上没有极点，极点从 $\Omega_c e^{-j\frac{\pi}{2N}}$ 开始以 π/N 为间隔分布。

图 6.2-7 给出了 $N=1\sim4$ 时 $H(s)H(-s)$ 的极点分布情况。

由巴特沃思圆上的 $2N$ 个极点，得到 $H(s)H(-s)$ 的表示

$$H(s)H(-s) = \frac{k'_0}{\displaystyle\prod_{k=1}^{2N}(s-p_k)} \qquad (6.2\text{-}24)$$

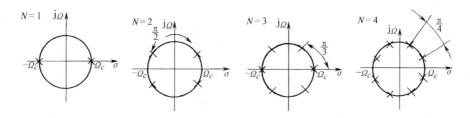

图 6.2-7 $H(s)H(-s)$ 的极点分布情况

根据因果稳定系统的要求,取左半平面的 N 个极点作为 $H(s)$ 的极点,$H(-s)$ 由右半平面 N 个极点组成。这样得到 $H(s)$ 的一般表示

$$H(s) = \frac{k_0}{\prod\limits_{k=1}^{N}(s-p_k)} \tag{6.2-25}$$

式中,k_0 可以由 $H(0)$ 求出。因为 $s=j\Omega=0$ 时,巴特沃思滤波器的幅频特性 $H(0)=1$,即

$$H(s)\mid_{s=0} = \frac{k_0}{\prod\limits_{k=1}^{N}(-p_k)} = 1 \tag{6.2-26}$$

由式 (6.2-26) 解出 $k_0 = \prod\limits_{k=1}^{N}(-p_k) = \Omega_C^N$,代入式 (6.2-25),得

$$H(s) = \frac{\prod\limits_{k=1}^{N}(-p_k)}{\prod\limits_{k=1}^{N}(s-p_k)} = \frac{\Omega_C^N}{\prod\limits_{k=1}^{N}(s-p_k)}$$

$$= \frac{\Omega_C^N}{s^N + a_{N-1}\Omega_C s^{N-1} + a_{N-2}\Omega_C^2 s^{N-2} + \cdots + a_1 \Omega_C^{N-1} s + \Omega_C^N} \tag{6.2-27}$$

各滤波器的幅频特性不同,为使设计统一,可以作归一化处理。如果采用对 $-3\mathrm{dB}$ 截止频率 Ω_c 归一化,归一化后的 $H(s)$ 表示为

$$H(s) = \frac{1}{s^N/\Omega_C^N + a_{N-1}s^{N-1}/\Omega_C^{N-1} + a_{N-2}s^{N-2}/\Omega_C^{N-2} + \cdots + a_1 s/\Omega_C + 1} \tag{6.2-28a}$$

或

$$H(s) = \frac{1}{\prod\limits_{k=1}^{N}\left(\dfrac{s}{\Omega_c} + \dfrac{p_k}{\Omega_c}\right)} \tag{6.2-28b}$$

令 $s' = \dfrac{s}{\Omega_c}$,$p'_k = \dfrac{p_k}{\Omega_c}$,则式 (6.2-28) 变为

$$H(s') = \frac{1}{\prod\limits_{k=1}^{N}(s'-p'_k)} = \frac{1}{(s')^N + a_{N-1}(s')^{N-1} + \cdots + a_1 s' + a_0} \tag{6.2-29}$$

式中,p'_k 是归一化极点,表示为

$$p'_k = e^{j\pi\left(\frac{1}{2} + \frac{2k-1}{2N}\right)} \qquad k=1,2,\cdots,N \tag{6.2-30}$$

归一化后的巴特沃思滤波器一般也称为归一化巴特沃思原型低通滤波器。

将式 (6.2-29) 的分母多项式制成相应的表格,如表 6.2-1 所示,这样的多项式称为巴特沃思多项式。

表 6.2-1　巴特沃思多项式表

N	$D(s') = a_N(s')^N + a_{N-1}(s')^{N-1} + \cdots + a_1 s' + a_0$
1	$s' + 1$
2	$(s')^2 + \sqrt{2}s' + 1$
3	$(s')^3 + 2(s')^2 + 2s' + 1$
4	$(s')^4 + 2.6131(s')^3 + 3.4142(s')^2 + 2.6131s' + 1$
5	$(s')^5 + 3.2631(s')^4 + 5.2361(s')^3 + 5.2361(s')^2 + 3.2361s' + 1$
6	$(s')^6 + 3.8637(s')^5 + 7.4641(s')^4 + 9.1416(s')^3 + 7.4641(s')^2 + 3.8637s' + 1$
7	$(s')^7 + 4.494(s')^6 + 10.0978(s')^5 + 14.5918(s')^4 + 14.5918(s')^3 + 10.0978(s')^2 + 4.494s' + 1$
8	$(s')^8 + 5.1258(s')^7 + 13.1371(s')^6 + 21.8462(s')^5 + 25.6884(s')^4 + 21.8642(s')^3 + 13.1371(s')^2 + 5.1258s' + 1$

4. 低通巴特沃思滤波器的设计步骤

1）由 Ω_p、Ω_s、α_p、α_s，及式（6.2-20）确定滤波器阶数 N。

2）由 N 查表 6.2-1 或由式（6.2-30）确定归一化极点 p'_k，代入式（6.2-29）得归一化系统函数。

3）用式（6.2-21）确定 Ω_c。

4）去归一化，得到实际滤波器的系统函数 $H(s) = H(s')\big|_{s' = s/\Omega_c}$。

例 6.2-2　已知某滤波器的技术指标为：通带截止频率 $f_p = 3\text{kHz}$，通带最大衰减 $\alpha_p = 1\text{dB}$，阻带截止频率 $f_s = 12\text{kHz}$，阻带最小衰减 $\alpha_s = 30\text{dB}$，设计满足条件的巴特沃思低通滤波器。

解：

$$N = \frac{\lg\sqrt{\dfrac{10^{0.1\alpha_p} - 1}{10^{0.1\alpha_s} - 1}}}{\lg(\Omega_p/\Omega_s)} = \frac{\lg\sqrt{\dfrac{10^{0.1} - 1}{10^3 - 1}}}{\lg(3/12)} = \frac{\lg\sqrt{\dfrac{0.2589}{999}}}{-0.602} = \frac{-1.7932}{-0.602} = 2.9788$$

N 取正整数，所以 $N = 3$。查表得滤波器归一化系统函数

$$H(s') = \left[(s')^3 + 2(s')^2 + 2s' + 1\right]^{-1}$$

为改善通带指标 Ω_c 取

$$\Omega_c = \Omega_s(10^{0.1\alpha s} - 1)^{-\frac{1}{2N}} = 12000(10^3 - 1)^{-\frac{1}{6}} \times 2\pi$$
$$= 12000 \times 0.3163 \times 2\pi = 2.3848 \times 10^4$$

去归一化，得到

$$H(s) = H(s')\big|_{s' = s/\Omega_c}$$

去归一化计算较繁，可以借助 MATLAB 完成去归一化的工作。本例去归一化的 MATLAB 程序及结果如下：

```
b = [0 0 0 1];%分子系数;
a = [1 2 2 1];%分母系数;
```

$[\mathrm{bt\ at}] = \mathrm{lp2lp}(\mathrm{b},\mathrm{a},2.3848)\%$ 去归一化分子、母系数；

答案：

    bt = 13.5630   分子系数

    at = 1.0000   4.7696   11.3745   13.5630   分母系数

去归一化后，$H(s) = \dfrac{\Omega_c^3}{s^3 + a_2\Omega_c s^2 + a_1\Omega_c^2 s + \Omega_c^3}$，因为实际频率 $\Omega_c = 2.3848 \times 10^4$ 数值太大，受运算精度的影响，可在 MATLAB 程序中取 $\Omega_c' = 2.3848$。而 $\Omega_c = \Omega_c' \times 10^4$、$\Omega_c^2 = \Omega_c'^2 \times 10^8$、……，因此分子系数要乘以 $10^{4\times3} = 10^{12}$，分母多项式系数结果从第二项式要依次乘以 10^4、10^8、10^{12}。最后结果为

$$H(s) = \frac{1.3563 \times 10^{13}}{s^3 + 4.7696 \times 10^4 s^2 + 1.13745 \times 10^9 s + 1.3563 \times 10^{13}}$$

6.2.5　切比雪夫滤波器

巴特沃思滤波器是常用的一种滤波器，从它的幅频特性可见，它的通带误差低端小、高端大。为了保证滤波器通带高端的性能指标，滤波器的阶数就会较高。

切比雪夫（Chebshev）滤波器采用等波纹逼近理想特性，使通带内误差分布均匀。这样在相同指标情况下，切比雪夫滤波器的阶数比巴特沃思滤波器要低。代价是相位特性比巴特沃思滤波器差，且设计相对复杂。

1. 切比雪夫滤波器的数学模型

切比雪夫滤波器的特征函数是式（6.2-12），将其代入模平方函数，得到切比雪夫滤波器的数学模型

$$|H(\mathrm{j}\Omega)|^2 = \frac{1}{1 + \varepsilon^2 V_N^2(\Omega/\Omega_c)} \tag{6.2-31a}$$

令 $x = \Omega/\Omega_c$，上式成为

$$|H(\mathrm{j}\Omega)|^2 = \frac{1}{1 + \varepsilon^2 V_N^2(x)} \tag{6.2-31b}$$

式中，N 为滤波器阶数；ε 为波纹系数，决定通带内波纹起伏的大小。

$V_N^2(x)$ 是第一类切比雪夫多项式，定义为

$$V_N(\Omega/\Omega_c) = V_N(x) = \begin{cases} \cos(N\cos^{-1}x) & x \leqslant 1 \\ \cosh(N\cosh^{-1}x) & x \geqslant 1 \end{cases}$$

令 $\arccos x = \theta, x = \cos\theta$，递推 $V_N(x)$，得

$$N = 0, V_0(x) = \cos(0 \cdot \arccos x) = \cos(0 \times \theta) = 1$$

$$N = 1, V_1(x) = \cos(\arccos x) = \cos\theta = x$$

$$N = 2, V_2(x) = \cos(2\cos^{-1}x) = \cos2\theta = 2\cos^2\theta - 1 = 2x^2 - 1$$

$$N = 3, V_3(x) = \cos(3\arccos x) = \cos3\theta = 4\cos^3\theta - 3\cos\theta = 4x^3 - 3x$$

$$N = 4, V_4(x) = \cos(4\arccos x) = \cos4\theta = 8x^4 - 8x^2 + 1$$

由上可得 $N \geqslant 2$ 的递推公式

$$V_{N+1}(x) = 2xV_N(x) - V_{N-1}(x) \tag{6.2-32}$$

$V_1(x) \sim V_4(x)$ 的特性曲线如图 6.2-8 所示。

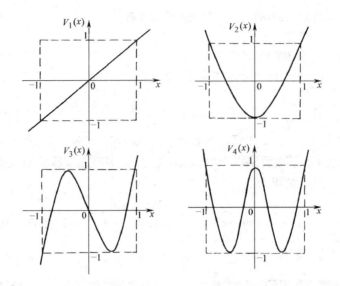

图 6.2-8 $V_1 (x) \sim V_4 (x)$ 的特性曲线

由图 6.2-8 的特性曲线及式（6.2-31），可以得出切比雪夫滤波器 $|H_a(j\Omega)|^2$、$|H_a(j\Omega)|$ 的一般规律：

1）$x=0$（$\Omega=0$）时，$|V_N(x)| = \begin{cases} 1 & N \text{ 为偶数} \\ 0 & N \text{ 为奇数} \end{cases} \rightarrow V_N^2(x) = \begin{cases} 1 & N \text{ 为偶数} \\ 0 & N \text{ 为奇数} \end{cases}$

$$|H(j\Omega)|_{\Omega=0}^2 = \begin{cases} \dfrac{1}{1+\varepsilon^2} & N \text{ 为偶数} \\ 1 & N \text{ 为奇数} \end{cases}$$

$$|H(j0)| = \begin{cases} \dfrac{1}{\sqrt{1+\varepsilon^2}} & N \text{ 为偶数} \\ 1 & N \text{ 为奇数} \end{cases} \tag{6.2-33}$$

2）$x=1$（$\Omega=\Omega_c$）时，$|V_N(x)|=1 \rightarrow V_N^2(x)=1$

$$|H(j\Omega)|^2 \big|_{\Omega=\Omega_c} = \frac{1}{1+\varepsilon^2}$$

$$|H(j\Omega)| \big|_{\Omega=\Omega_c} = \frac{1}{\sqrt{1+\varepsilon^2}} \tag{6.2-34}$$

式（6.2-34）表明，无论 N 为多少，模频特性在 $\Omega=\Omega_c$ 时通过 $\dfrac{1}{\sqrt{1+\varepsilon^2}}$ 点，所以定义 Ω_c 为切比雪夫滤波器的截止频率。

3）$0 \leqslant x \leqslant 1$（$0 \leqslant \Omega \leqslant \Omega_c$）时，$0 \leqslant |V_N(x)| \leqslant 1$

$$\frac{1}{\sqrt{1+\varepsilon^2}} \leqslant |H_a(j\Omega)| \leqslant 1 \tag{6.2-35}$$

4）随着 N 的增加，$|x|<1$ 时 $|V_N(x)|$ 的波动增加，通带波纹增加；$|x|>1$ 时，$|V_N(x)|$ 增加快，阻带衰减亦加快，更逼近理想特性。切比雪夫滤波器模频特性如图 6.2-9 所示。

由以上分析及 $|V_N(x)|$ 的曲线可知，在通带内模频特性的误差是等波纹分布的，是对

理想特性的最佳一致逼近。

要设计一个符合性能指标的切比雪夫滤波器，由式（6.2-31）可知要确定参数有3个：截止频率 Ω_c、波纹系数 ε 及系统阶数 N。

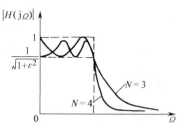

图 6.2-9 切比雪夫滤
波器模频特性

2. 确定参数 Ω_c、ε、N

（1）切比雪夫滤波器定义 Ω_c 为截止频率，所以由待求滤波器的截止频率 Ω_p 确定 Ω_c，即

$$\Omega_c = \Omega_p \qquad (6.2\text{-}36)$$

与巴特沃思滤波器相同，切比雪夫滤波器 $|H(\mathrm{j}\Omega_p)|$、$|H(\mathrm{j}\Omega_s)|$ 与 α_p、α_s 的关系为

$$|H(\mathrm{j}\Omega_p)|^2 = 10^{-0.1\alpha_p} \qquad (6.2\text{-}36a)$$

$$|H(\mathrm{j}\Omega_s)|^2 = 10^{-0.1\alpha_s} \qquad (6.2\text{-}36b)$$

（2）由通带的衰减指标确定波纹系数 ε。因为

$$(1-\delta_1)^2 = |H(\mathrm{j}\Omega_p)|^2 = \frac{1}{1+[\varepsilon V_N(1)]^2} = \frac{1}{1+\varepsilon^2}$$

解得

$$\varepsilon = \sqrt{\frac{1}{|H(\mathrm{j}\Omega_p)|^2}-1} = \sqrt{\frac{1}{(1-\delta_1)^2}-1} = \sqrt{10^{\alpha_p/10}-1} \qquad (6.2\text{-}37)$$

（3）由阻带衰减指标确定系统的阶数 N。因为

$$x = \Omega/\Omega_p \geqslant 1$$

因此

$$V_N(x) = \cosh N(\mathrm{arccosh}\,x)$$

则

$$\delta_2^2 = |H(\mathrm{j}\Omega_s)|^2 \leqslant \frac{1}{1+[\varepsilon V_N(x)]^2} = \frac{1}{1+[\varepsilon\cosh N(\mathrm{arccosh}(\Omega_s/\Omega_p))]^2}$$

整理后得到

$$1+[\varepsilon\cosh N(\mathrm{arccosh}(\Omega_s/\Omega_p))]^2 \geqslant \frac{1}{\delta_2^2} = \frac{1}{|H_a(\mathrm{j}\Omega_s)|^2}$$

$$[\cosh N(\mathrm{arccosh}(\Omega_s/\Omega_p))]^2 \geqslant \frac{1}{\varepsilon^2}\left[\frac{1}{\delta_2^2}-1\right] = \frac{1}{\varepsilon^2}\left[\frac{1}{|H_a(\mathrm{j}\Omega_s)|^2}-1\right]$$

$$N(\mathrm{arccosh}(\Omega_s/\Omega_p)) \geqslant \mathrm{arccosh}\left[\frac{1}{\varepsilon}\sqrt{\frac{1}{\delta_2^2}-1}\right]$$

$$N \geqslant \frac{\mathrm{arccosh}\left[\dfrac{1}{\varepsilon}\sqrt{\dfrac{1}{\delta_2^2}-1}\right]}{\mathrm{arccosh}(\Omega_s/\Omega_p)} = \frac{\mathrm{arccosh}\left[\dfrac{1}{\varepsilon}\sqrt{10^{\alpha_s/10}-1}\right]}{\mathrm{arccosh}(\Omega_s/\Omega_p)} \qquad (6.2\text{-}38)$$

式中，$\mathrm{arccosh}\,x = \ln\left(x+\sqrt{x^2-1}\right)$。

与巴特沃思滤波器相同，一旦 Ω_c、N、ε 确定了，就可以求出切比雪夫滤波器系统函数 $H(s)$。

3. 确定 $H(s)$

由式（6.2-5）$H(s)H(-s)$ 与 $|H(\mathrm{j}\Omega)|^2$ 的关系，将 $\mathrm{j}\Omega = s$ 代入式（6.2-31），得到

$$H(s)H(-s) = |H(j\Omega)|^2 \big|_{j\Omega=s} = \frac{1}{1 + \varepsilon^2 V_N^2 (s/j\Omega_c)} \qquad (6.2\text{-}39)$$

由 $1 + \varepsilon^2 V_N^2 (s/j\Omega_c) = 0$，解出 $H(s)H(-s)$ 的 $2N$ 个极点。

切比雪夫滤波器的 $2N$ 个极点 $p_k = \sigma_k + j\Omega_k$ 是分布在一个椭圆上的，σ_k、Ω_k 满足椭圆方程

$$\left(\frac{\sigma_k}{a\Omega_c}\right)^2 + \left(\frac{\Omega_k}{b\Omega_c}\right)^2 = 1 \qquad (6.2\text{-}40)$$

式中

$$a = \frac{1}{2}(\alpha^{\frac{1}{N}} - \alpha^{-\frac{1}{N}}) \qquad (6.2\text{-}41a)$$

$$b = \frac{1}{2}(\alpha^{\frac{1}{N}} + \alpha^{-\frac{1}{N}}) \qquad (6.2\text{-}41b)$$

$$\alpha = \varepsilon^{-1} + \sqrt{1 + \varepsilon^{-2}} \qquad (6.2\text{-}41c)$$

切比雪夫滤波器的 $2N$ 个极点分布规律：

极点 p_k 在大小圆上按等角间隔分布，对称虚轴，并且虚轴上没有极点。当 N 为偶数时，实轴上无极点；当 N 为奇数时，实轴上有极点。极点 p_k 的横坐标落在小圆的分割点上，纵坐标落在大圆的分割点上。如图 6.2-10 所示是三阶切比雪夫滤波器的极点位置图。

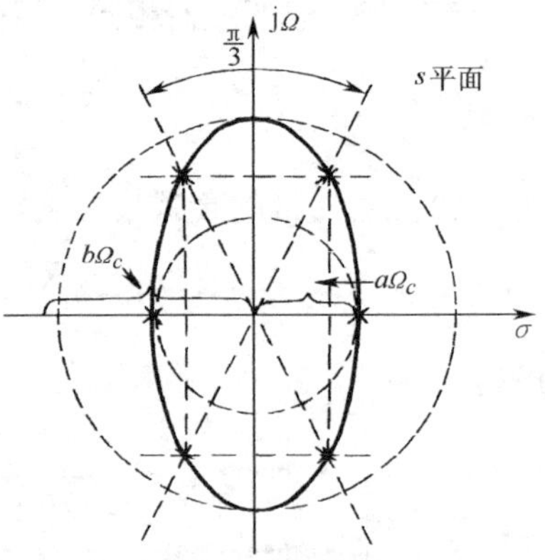

与巴特沃思滤波器相同，取 s 平面左半平面的极点构成 $H_a(s)$。

图 6.2-10　三阶切比雪夫滤波器的极点位置

$$p_k = \sigma_k + j\Omega_k, \ \sigma_k < 0 \qquad (6.2\text{-}42a)$$

$$\begin{cases} \sigma_k = -a\Omega_c \cos\left(\frac{2k-1}{2N}\pi\right) \\ \Omega_k = b\Omega_c \sin\left(\frac{2k-1}{2N}\pi\right) \end{cases} \quad N \text{ 为偶数}$$

$$(6.2\text{-}42b)$$

$$\begin{cases} \sigma_k = -a\Omega_c \cos\left(\frac{k}{N}\pi\right) \\ \Omega_k = b\Omega_c \sin\left(\frac{k}{N}\pi\right) \end{cases} \quad N \text{ 为奇数} \qquad (6.2\text{-}42c)$$

滤波器的系统函数

$$H(s) = \frac{k_0}{\prod\limits_{k=1}^{N}(s - p_k)} \qquad (6.2\text{-}43)$$

由式 (6.2-39)，$H(s) = \dfrac{1}{\sqrt{1 + \varepsilon^2 V_N^2 (s/j\Omega_c)}} = \dfrac{k_0}{\prod\limits_{k=1}^{N}(s - p_k)}$

$V_N(s/j\Omega_c)$ 是 $(s/j\Omega_c)$ 的多项式，最高阶次系数为 2^{N-1}，所以

$$k_0 = \frac{\Omega_c^N}{\varepsilon \cdot 2^{N-1}} \qquad (6.2\text{-}44)$$

切比雪夫滤波器的系统函数

222

$$H(s) = \frac{\Omega_c^N}{\varepsilon \cdot 2^{N-1}} \cdot \frac{1}{\prod\limits_{k=1}^{N}(s - p_k)} \tag{6.2-45}$$

与巴特沃斯滤波器一样，为使设计统一，可将 $H(s)$ 对 $\Omega_a = \Omega_p$ 作归一化处理。归一化后的系统函数表示为

$$H(s') = \frac{1}{\varepsilon \cdot 2^{N-1}\prod\limits_{k=1}^{N}(s' - p'_k)} = \frac{1}{\varepsilon \cdot 2^{N-1}\left[(s')^N + a_{N-1}(s')^{N-1} + \cdots + a_1 s' + a_0\right]}$$

$$\tag{6.2-46}$$

归一化后的切比雪夫滤波器一般也称切比雪夫低通原型滤波器。

对不同的 N、ε，式（6.2-46）的分母多项式制成多种表格，表 6.2-2 列出了通带衰减为 1dB 时，阶数 N 与分母多项式系数的关系。

表 6.2-2　切比雪夫低通原型滤波器分母多项式（通带波纹误差为 1dB，$\varepsilon = 0.508847$）

N	a_0	a_1	a_2	a_3	a_4	a_5	a_6
1	1.9652						
2	1.1025	1.0977					
3	0.4913	1.2384	0.9883				
4	0.2756	0.7426	1.4539	0.9368			
5	0.1228	0.5805	0.9744	1.6888	0.9368		
6	0.0689	0.3071	0.9393	1.2021	1.9308	0.9283	
7	0.0307	0.2137	0.5486	1.3575	1.4288	2.1761	0.9231

4. 设计步骤

归纳切比雪夫低通滤波器设计步骤如下：

1）由待求滤波器的通带截止频率 Ω_p 确定 Ω_c，即 $\Omega_c = \Omega_p$。

2）由通带的衰减指标确定波纹系数 ε，即

$$\varepsilon = \sqrt{\frac{1}{|H_a(j\Omega_p)|^2} - 1} = \sqrt{\frac{1}{(1-\delta_1)^2} - 1} = \sqrt{10^{\alpha_p/10} - 1}$$

3）由波纹系数 ε、截止频率 Ω_p、Ω_s 及阻带衰减指标确定系统的阶数 N，即

$$N \geqslant \frac{\operatorname{arccosh}\left[\frac{1}{\varepsilon}\sqrt{\frac{1}{\delta_2^2} - 1}\right]}{\operatorname{arccosh}(\Omega_s/\Omega_p)} = \frac{\operatorname{arccosh}\left[\frac{1}{\varepsilon}\sqrt{10^{\alpha_s/10} - 1}\right]}{\operatorname{arccosh}(\Omega_s/\Omega_p)}$$

4）由 N 查表 6.2-2（通带衰减为 1dB 时）得归一化系统函数 $H(s')$，即

$$H(s') = \frac{1}{\varepsilon \cdot 2^{N-1}\prod\limits_{k=1}^{N}(s' - p'_k)} = \frac{1}{\varepsilon \cdot 2^{N-1}\left[(s')^N + a_{N-1}(s')^{N-1} + \cdots + a_1 s' + a_0\right]}$$

5）去归一化，得到实际滤波器的系统函数 $H(s) = H(s')\big|_{s'=s/\Omega_c}$。

$$H(s) = \frac{\Omega_c^N}{\varepsilon \cdot 2^{N-1}} \cdot \frac{1}{\prod\limits_{k=1}^{N}(s - p_k)}$$

例 6.2-3 指标同例 6.2-2，通带截止频率 $f_p = 3\text{kHz}$，通带最大衰减 $\alpha_p = 1\text{dB}$，阻带截止频率 $f_s = 12\text{kHz}$，阻带最小衰减 $\alpha_s = 30\text{dB}$，设计满足条件的切比雪夫低通滤波器。

解：
$$\Omega_c = \Omega_p = 2\pi \times 3 \times 10^3 \text{rad/s}$$

$$\varepsilon = \sqrt{\frac{1}{|H_a(j\Omega_p)|^2} - 1} = \sqrt{\frac{1}{(1-\delta_1)^2} - 1} = \sqrt{10^{0.1} - 1} = \sqrt{1.2589 - 1} = 0.508847$$

$$N \geqslant \frac{\operatorname{arccosh}\left[\dfrac{1}{\varepsilon}\sqrt{\dfrac{1}{\delta_2^2} - 1}\right]}{\operatorname{arccosh}(\Omega_s/\Omega_p)} = \frac{\operatorname{arccosh}\left[\dfrac{1}{\varepsilon}\sqrt{10^3 - 1}\right]}{\operatorname{arccosh}(12/3)}$$

$$= \frac{\operatorname{arccosh}\left[\dfrac{31.607}{0.50885}\right]}{\operatorname{arccosh}(4)} \qquad (\operatorname{arccosh}x = \ln(x + \sqrt{x^2 - 1}))$$

$$= \frac{4.822}{2.0634} \approx 2.3369 \qquad N \text{ 取整, } N = 3$$

本例与例 6.2-2 指标相同，但阶数低，不到 24。一般相同指标切比雪夫滤波器的阶数比巴特沃思滤波器低；若取整数后阶数相同，则切比雪夫滤波器的指标比巴特沃思滤波器高。

查表 6.2-2 得到归一化系统函数

$$H(s') = \frac{1}{\varepsilon \cdot 2^{N-1}\left[(s')^3 + 0.9883(s')^2 + 1.2384s' + 0.4913\right]}$$

$$= \frac{1}{0.508847 \cdot 2^2\left[(s')^3 + 0.9883(s')^2 + 1.2384s' + 0.4913\right]}$$

$$= \frac{0.4913}{\left[(s')^3 + 0.9883(s')^2 + 1.2384s' + 0.4913\right]}$$

去归一化，得到
$$H(s) = H(s')\Big|_{s' = s/\Omega_c}$$

式中，$\Omega_p = 3 \times 2\pi \times 10^3 = 1.88495 \times 10^4$。

可以借助 MATLAB 完成去归一化的工作。去归一化的 MATLAB 程序及结果如下：

```
b = [0  0  0  0.4913];
a = [1  0.9883  1.2384  0.4913];
[bt at] = lp2lp(b, a, 1.88495)
```

答案：

```
bt =                          分子系数
 3.2904
at =                          分母系数
 1.0000  1.8629  4.4001  3.2904
```

与巴特沃思的去归一化相同，因为 $H(s) = \dfrac{\Omega_c^3}{s^3 + \Omega_c s^2 + \Omega_c^2 s + \Omega_c^3}$，但考虑 $\Omega_c = 1.88495 \times 10^4$ 数值太大，受运算精度的影响，在 MATLAB 程序中取 $\Omega'_c = 1.88495$。因此 $\Omega_c = \Omega'_c \times$

10^4、$\Omega_c^2 = \Omega_c'^2 \times 10^8$、$\Omega_c^3 = \Omega_c'^3 \times 10^{12}$，所以分子系数要乘以 10^{12}，分母多项式系数从第二项开始要依次乘以 10^4、10^8、10^{12}，最后切比雪夫低通滤波器的系统函数正确结果为

$$H(s) = \frac{3.2904 \times 10^{12}}{s^3 + 1.8629 \times 10^4 s^2 + 4.4001 \times 10^8 s + 3.2904 \times 10^{12}}$$

6.3 脉冲响应不变法设计数字滤波器

由已知的模拟滤波器设计数字滤波器的方法，其实质是从 s 平面到 z 平面的映射变换。对这个变换（映射）的基本要求是：

1）数字滤波器的频响要保持模拟滤波器的频响，所以 s 平面的虚轴 $j\Omega$ 应当映射到 z 平面的单位圆 $e^{j\omega}$ 上。

2）模拟滤波器的因果稳定性经映射后数字滤波器仍应保持，所以 s 平面的左半平面应当映射到 z 平面的单位圆内。

脉冲（响应）不变法也称冲激（响应）不变法，是满足从 s 平面到 z 平面的映射两个基本要求的常用方法之一。实现方法是已知模拟滤波器的冲激响应 $h_a(t)$，让数字滤波器 $h_a(n)$ 的包络为 $h_a(t)$，即 $h_a(n) = h_a(t)\big|_{t=nT}$，故此得名脉冲（冲激）不变法。这种方法的实质是时域采样法。基本设计步骤是先得到模拟滤波器的系统函数 $H_a(s)$；然后对其冲激响应 $h_a(t)$ 采样，得到数字滤波器的单位脉冲响应 $h_a(n)$；最后，$h_a(n)$ 所对应的 Z 变换，正是所要求的数字系统的系统函数 $H_a(z)$，即

$$H_a(s) \leftrightarrow h_a(t) \xrightarrow{\text{理想采样}} h_a(n) \leftrightarrow H_a(z)$$

脉冲不变法又称为标准 Z 变换法。根据 2.5 节所讨论的理想采样序列 Z 变换与拉普拉斯变换的关系式（2.5-2），可以得到

$$H_a(z)\big|_{z=e^{sT}} = \frac{1}{T}\sum_{m=-\infty}^{\infty} H_a(s - j\Omega_s m) = \frac{1}{T}\sum_{m=-\infty}^{\infty} H_a\left(s - j\frac{2\pi}{T}m\right) \tag{6.3-1}$$

其映射关系为 $z = e^{sT}$ 或 $s = \frac{1}{T}\ln z$。

在 2.5 节讨论的 $z = e^{sT}$ 的映射关系表明，s 平面虚轴每段长 $2\pi/T$ 的线段都绕 Z 平面单位圆一次，s 平面上宽度为 $2\pi/T$ 的带状区映射为整个 Z 平面，如图 6.3-1 所示。所以，$z = e^{sT}$ 的变换关系不是 s 平面到 z 平面一一对应的简单代数映射关系。

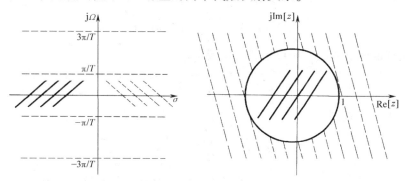

图 6.3-1 脉冲响应不变法的映射关系

225

由式（6.3-1），当 $s = j\Omega$ 时，得到数字滤波器的频响为

$$H_a(z)\Big|_{z=e^{j\Omega T}} = H_a(e^{j\omega})\Big|_{\omega=\Omega T} = \frac{1}{T}\sum_{k=-\infty}^{\infty} H_a\left(j\Omega - j\frac{2\pi}{T}k\right) \tag{6.3-2}$$

由式（6.3-2）可见，数字滤波器的频响不是简单的重现模拟滤波器频率响应，而是模拟滤波器频率响应的周期展开，其中频率映射关系为 $\omega = \Omega T$。

若模拟滤波器是带限的，即 $H_a(j\Omega) = 0$，$|\Omega| \geq \pi/T$，则

$$H_a(e^{j\omega}) = \frac{1}{T}H_a(j\Omega) = \frac{1}{T}H_a\left(\frac{\omega}{T}\right) \qquad |\omega| \leq \pi \tag{6.3-3}$$

这时，数字滤波器可在折叠频率内不失真地重现模拟滤波器频响。但是实际模拟滤波器频响不可能是真正带限的，所以脉冲响应不变法总会有混叠失真，如图 6.3-2 所示。

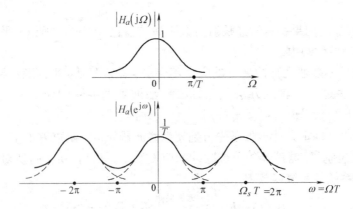

图 6.3-2　脉冲响应不变法的频谱混叠失真

下面以 $H_a(s)$ 均为单极点为例，着重讨论脉冲不变法设计 IIR 滤波器的具体方法。$H_a(s)$ 可展开为部分分式

$$H_a(s) = \sum_{k=1}^{N} \frac{A_k}{s - s_k}$$

式中，s_k 是 $H_a(s)$ 的极点，$s_k = \sigma_k + j\Omega_k$。对应的模拟系统单位冲激响应为

$$h_a(t) = \sum_{k=1}^{N} A_k e^{s_k t} u(t)$$

对 $h_a(t)$ 取样，所有连续时间变量 t 由离散时间变量 nT 代替，则

$$h_a(nT) = \sum_{k=1}^{N} A_k e^{s_k nT} u(nT)$$

式中，T 是采样间隔为常数，所以上式又可写为

$$h_a(n) = \sum_{k=1}^{N} A_k e^{s_k nT} u(n)$$

对 $h_a(n)$ 取 Z 变换得

$$\mathscr{Z}\{h_a(n)\} = H_a(z) = \sum_{k=1}^{N} \frac{A_k}{1 - e^{s_k T}z^{-1}} = \sum_{k=1}^{N} \frac{A_k}{1 - z_k z^{-1}} \tag{6.3-4}$$

式中，$z_k = e^{s_k T} = e^{\sigma_k T}e^{j\Omega_k T} = r_k e^{j\omega_k}$ 是 z 平面的极点，当 $H_a(s)$ 的极点 s_k 在 s 平面的左半平面时，$\text{Re}[s_k] = \sigma_k < 0$，则 z 平面极点的模 $r_k = e^{\sigma_k T} < 1$，即 $H_a(z)$ 的极点在单位圆内。由

此可知，s 平面与 z 平面的极点一一对应，并且稳定的模拟系统变换后仍为稳定的数字系统。

式（6.3-3）中 $H_a(\mathrm{e}^{\mathrm{j}\omega}) = \dfrac{1}{T} H_a(\mathrm{j}\Omega)$，考虑到若取样频率很高时，会使得数字系统的幅频特性的增益很高。为防止溢出，通常在取样时作修正，令 $h(n) = Th_a(n)$，这样实际数字滤波器的系统函数 $H(z)$ 及频响特性 $H(\mathrm{e}^{\mathrm{j}\omega})$ 分别为

$$H(z) = \sum_{k=1}^{N} \frac{TA_k}{1 - \mathrm{e}^{s_kT} z^{-1}} \tag{6.3-5}$$

$$H(\mathrm{e}^{\mathrm{j}\omega}) = \sum_{k=-\infty}^{\infty} H_a\left(\mathrm{j}\frac{\omega}{T} - \mathrm{j}k\Omega_s\right) \approx H_a\left(\frac{\omega}{T}\right) \qquad |\omega| \leqslant \pi \tag{6.3-6}$$

由以上分析可见，按照 $H_a(s) \to h_a(t) \to h_a(n) \to H_a(z) \to H(z)$ 变换过程，从模拟滤波器 $H_a(s)$ 得到数字滤波器 $H(z)$，设计还是相当冗繁的。不过由于 s 平面与 z 平面的极点一一对应，可以简化变换步骤。设 $H_a(s)$ 均为一阶极点，由 $H_a(s) \to H(z)$ 的设计步骤如下：

1）将 $H_a(s)$ 部分分式展开

$$H_a(s) = \sum_{k=1}^{N} \frac{A_k}{s - s_k}$$

2）直接对应 $H(z)$ 的部分分式

$$H(z) = \sum_{k=1}^{N} \frac{TA_k}{1 - \mathrm{e}^{s_kT} z^{-1}}$$

例 6.3-1　已知模拟滤波器的系统函数 $H_a(s)$ 为

$$H_a(s) = \frac{2}{s^2 + 3s + 2} \quad 令\ T = 1\mathrm{s}$$

用脉冲响应不变法设计数字滤波器 $H(z)$。

解：
$$H_a(s) = \frac{2}{s^2 + 3s + 2}$$
$$= \frac{2}{s+1} - \frac{2}{s+2}$$

$H_a(s)$ 极点：$s_1 = -1$，$s_2 = -2$

$H(z)$ 的极点：$z_1 = \mathrm{e}^{s_1T} = \mathrm{e}^{-1} = 0.3679$，$z_2 = \mathrm{e}^{s_2T} = \mathrm{e}^{-2} = 0.1353$

$$H(z) = \sum_{k=1}^{N} \frac{TA_k}{1 - \mathrm{e}^{s_kT} z^{-1}} = \frac{2(1 - \mathrm{e}^{-2} z^{-1}) - 2(1 - \mathrm{e}^{-1} z^{-2})}{(1 - \mathrm{e}^{-1} z^{-1})(1 - \mathrm{e}^{-2} z^{-1})}$$
$$= \frac{0.4651 \cdot z^{-1}}{1 - 0.5032 \cdot z^{-1} + 0.0498 z^{-2}}$$

例 6.3-2　$H_a(s) = \dfrac{s + a}{(s + a)^2 + b^2}$，用冲激响应不变法求数字滤波器的系统函数 $H(z)$。令 $T = 1\mathrm{s}$。

解：
$$H_a(s) = \frac{1}{2}\left[\frac{1}{s + a + \mathrm{j}b} + \frac{1}{s + a - \mathrm{j}b}\right]$$
$$H(z) = \frac{T}{2}\left[\frac{1}{1 - \mathrm{e}^{-aT} \mathrm{e}^{-\mathrm{j}bT} z^{-1}} + \frac{1}{1 - \mathrm{e}^{-aT} \mathrm{e}^{\mathrm{j}bT} z^{-1}}\right] \quad 取\ T = 1$$

$$= \frac{1}{2} \left[\frac{1 - e^{-a}e^{jb}z^{-1} + 1 - e^{-a}e^{-jb}z^{-1}}{(1 - e^{-a}e^{-jb}z^{-1})~(1 - e^{-a}e^{jb}z^{-1})} \right]$$

$$= \frac{1 - e^{-a}\cos b \cdot z^{-1}}{1 - 2e^{-a}\cos b \cdot z^{-1} + e^{-2a}z^{-2}} \qquad 令~e^{-a} = r$$

$$= \frac{1 - r\cos b \cdot z^{-1}}{1 - 2r\cos b \cdot z^{-1} + r^2 z^{-2}}$$

如果 $H_a(s)$ 还有 m 阶的重极点，则给出对应的 Z 变换的有理分式，即

$$\frac{1}{(s - s_k)^m} \longrightarrow \frac{T^{m-1}}{(m-1)!} \frac{(-z)^{m-1}}{dz^{m-1}} \frac{d^{m-1}}{dz^{m-1}} \left(\frac{1}{1 - e^{s_k T}z^{-1}} \right) \tag{6.3-7}$$

除了单极点与重极点外，对 $H_a(s)$ 的共轭极点，也给出对应的 Z 变换的一般有理分式，即

$$\frac{s+a}{(s+a)^2 + b^2} \longrightarrow \frac{1 - e^{-aT}\cos~(bT)~\cdot z^{-1} \cdot T}{1 - 2e^{-aT}\cos~(bT)~\cdot z^{-1} + e^{-2aT}z^{-2}} \tag{6.3-8}$$

$$\frac{b}{(s+a)^2 + b^2} \longrightarrow \frac{e^{-aT}\sin~(bT)~\cdot z^{-1} \cdot T}{1 - 2e^{-aT}\cos~(bT)~\cdot z^{-1} + e^{-2aT}z^{-2}} \tag{6.3-9}$$

这样，当 $H_a(s)$ 部分分式展开式中如果有重极点或共轭极点，在上述设计过程第 2）步做相应的修改即可。

脉冲不变法的频率变换 $\omega = \Omega T$ 是线性关系，所以在幅度及相位上数字滤波器都保留着模拟滤波器的频响特点。但是由于脉冲不变法本身具有频谱周期延拓特性，所以失真大。尤其是衰减特性差的滤波器，其频响会有严重的混叠现象，因此适用范围受到限制。

前面所举的两个例题，都是假定已有设计好的模拟滤波器的前提下，用脉冲不变法设计数字滤波器。下面给出用脉冲不变法设计数字滤波器的一般步骤：

1）确定数字滤波器的性能要求及各数字临界频率 ω_k。

2）由脉冲不变法的变换关系将 ω_k 变换为模拟域临界频率 Ω_k。

3）按 Ω_k 及衰减指标求出模拟滤波器的（归一化）传递函数 $H_a(s)$。这个模拟低通滤波器也称为模拟原型（归一化）滤波器。

4）由脉冲不变法的变换关系将 $H_a(s)$ 转变为数字滤波器的系统函数 $H(z)$。

在设计过程中，除了第一步求数字临界频率 ω_k 时，要用到取样间隔 T 或取样频率 f_s 以外，最后的结果与其后各步骤中 T 或 f_s 的取值无关，设计时只要知道数字频谱的相对关系即可，因此采样频率 10kHz、截止频率 2.5kHz 的数字滤波器，与采样频率 10MHz、截止频率 2.5MHz 的数字滤波器是相同的。即 T 的取值不会影响最后的结果，所以为了简化运算，在实际计算时，除了上述设计步骤的第一步外，为了方便，通常取 $T = 1$ 或 2，下面举例说明。

例 6.3-3 已知一阶巴特沃思模拟低通滤波器的 $H_a(s) = \dfrac{\Omega_p}{s + \Omega_p}$，其通带截止频率 $f_s = 400\text{Hz}$，采样频率 $f_s = 2\text{kHz}$，用冲激不变法设计一阶巴特沃思数字低通滤波器。

解： （1）
$$H_a(s) = \frac{\Omega_p}{s + \Omega_p}$$

利用式（6.3-5），$H(z) = \dfrac{TA_k}{1 - e^{s_k T}z^{-1}}$

$$H(z) = \frac{T\Omega_p}{1 - \mathrm{e}^{-\Omega_p T} z^{-1}} = \frac{\omega_p}{1 - \mathrm{e}^{-\omega_p} z^{-1}} = \frac{0.4\pi}{1 - \mathrm{e}^{-0.4\pi} z^{-1}} = \frac{1.2566}{1 - 0.2846 z^{-1}}$$

（2）1）$\omega_p = \Omega_p T = 0.4\pi$。

2）取 $T = 1$，则 $\Omega'_p = \omega_p / T = 0.4\pi$。

3）模拟滤波器的归一化传递函数 $H_a(s) = \dfrac{\Omega'_p}{s + \Omega'_p}$。

4）$H(z) = \dfrac{T\Omega'_p}{1 - \mathrm{e}^{-\Omega'_p T} z^{-1}}$ 　　　　（$T = 1$）

$$= \frac{0.4\pi}{1 - \mathrm{e}^{-0.4\pi} z^{-1}} = \frac{1.2566}{1 - 0.2846 z^{-1}}$$

（1）、（2）得到相同的结果。

例 6.3-4 用冲激不变法设计一个巴特沃思数字低通滤波器，设计指标为：通带截止频率 $\omega_p = 0.2\pi$，通带最大衰减 $\alpha_p \leqslant 1\mathrm{dB}$；阻带边缘频率 $\omega_s = 0.3\pi$，阻带最小衰减 $\alpha_s \geqslant 15\mathrm{dB}$；

解：用 3 种方法求解此题。

方法一：按照设计的一般步骤，给出的频率条件已经是数字临界频率 ω_k，所以应从第（2）步开始。为了方便，直接取 $T = 1$，则 $\Omega = \dfrac{\omega}{T} = \omega$，得 $\Omega_p = 0.2\pi$，$\Omega_s = 0.3\pi$，模拟滤波器的设计指标为：通带截止频率 $\Omega_p = 0.2\pi$，通带最大衰减 $\alpha_p \leqslant 1\mathrm{dB}$；阻带边缘频率 $\Omega_s = 0.3\pi$，阻带最小衰减 $\alpha_s \geqslant 15\mathrm{dB}$；由通带 $10\lg|H(\mathrm{j}\Omega_p)|^2 \geqslant -1$，$\lg|H(\mathrm{j}\Omega_p)|^2 \geqslant -0.1$，$|H(\mathrm{j}\Omega_p)|^2 \geqslant 10^{-0.1}$；由阻带 $10\lg|H(\mathrm{j}\Omega_s)|^2 \leqslant -15$，$\lg|H(\mathrm{j}\Omega_s)|^2 \leqslant -1.5$，$|H(\mathrm{j}\Omega_s)|^2 \leqslant 10^{-1.5}$。

（1）求 N、Ω_c

由巴特沃思滤波器的数学模型 $|H(\mathrm{j}\Omega)|^2 = \dfrac{1}{1 + (\Omega/\Omega_c)^{2N}}$，可以得到

$$1 + (\Omega_p/\Omega_c)^{2N} = \frac{1}{|H(\mathrm{j}\Omega_p)|^2}$$

及

$$1 + (\Omega_s/\Omega_c)^{2N} = \frac{1}{|H(\mathrm{j}\Omega_s)|^2}$$

将 Ω_p、$|H(\mathrm{j}\Omega_p)|^2$、$\Omega_s$、$|H(\mathrm{j}\Omega_s)|^2$ 分别代入上两式，由此可得

$$\begin{cases} 1 + (0.2\pi/\Omega_c)^{2N} = 10^{0.1} & (6.3\text{-}10\mathrm{a}) \\ 1 + (0.3\pi/\Omega_c)^{2N} = 10^{1.5} & (6.3\text{-}10\mathrm{b}) \end{cases}$$

整理

$$\begin{cases} (0.2\pi/\Omega_c)^{2N} = 10^{0.1} - 1 = 1.2589 - 1 = 0.2589 & (6.3\text{-}10\mathrm{c}) \\ (0.3\pi/\Omega_c)^{2N} = 10^{1.5} - 1 = 31.6228 - 1 = 30.6228 & (6.3\text{-}10\mathrm{d}) \end{cases}$$

由

$$\frac{(6.3\text{-}10\mathrm{c})}{(6.3\text{-}10\mathrm{d})} = \left(\frac{0.2\pi}{0.3\pi}\right)^{2N} = \left(\frac{2}{3}\right)^{2N} = \frac{0.2589}{30.6228} = 8.4547 \times 10^{-3}$$

$$N = \frac{1}{2} \cdot \frac{\lg(8.4547 \times 10^{-3})}{\lg(2/3)} = \frac{-2.0729}{2 \times (-0.1761)} \approx 5.8856$$

将这个 N 代入式（6.3-10c），解出 $\Omega_{c0} = 0.70474$，但 N 必须取整数，所以实际取 $N = 6$，且取 $\Omega_c = 0.7032$，$\Omega_c < \Omega_{c0}$，在保证通带指标的前提下，使阻带指标得到改善，混叠效应减小。

（2）求 $H(s)$

$N = 6$ 且 $H(s)$ 的系数均为实数，$H(s)$ 的复极点都是共轭成对的，实轴上无极点；极点起点 $\dfrac{\pi}{2N} = 15°$，间隔为 $\dfrac{\pi}{N} = \dfrac{\pi}{6} = 30°$，且均在 s 左半平面，如图 6.3-3 所示。所以

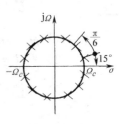

图 6.3-3　6 阶巴氏滤波器极点分布示意图

$$s_{1,6} = -\Omega_c(\cos75° \pm j\sin75°) = -0.1816 \pm j0.6779$$
$$s_{2,5} = -\Omega_c(\cos45° \pm j\sin45°) = -0.4962 \pm j0.4962$$
$$s_{3,4} = -\Omega_c(\cos15° \pm j\sin15°) = -0.6779 \pm j0.1816$$

由此得到

$$H(s) = \frac{\prod\limits_{k=1}^{6}(-s_k)}{\prod\limits_{k=1}^{6}(s-s_k)} = \sum\limits_{k=1}^{6}\frac{A_k}{s-s_k}$$

$$= \frac{0.12093}{s^6 + 2.717s^5 + 3.6909s^4 + 3.1788s^3 + 1.8251s^2 + 0.6644s + 0.12093}$$

也可以查表 6.2-1 得到 $N = 6$ 的归一化 $H(s')$ 为

$$H(s') = \frac{1}{(s')^6 + 3.8637(s')^5 + 7.4641(s')^4 + 9.1416(s')^3 + 7.4641(s')^2 + 3.8637s' + 1}$$

去归一化后

$$H(s) = \frac{0.1209}{s^6 + 2.717s^5 + 3.6909s^4 + 3.1788s^3 + 1.8251s^2 + 0.6644s + 0.1209}$$

$$= \frac{0.1209}{(s^2 + 0.9935s + 0.4943)(s^2 + 1.3595s + 0.4944)(s^2 + 0.364s + 0.4947)}$$

（3）求 $H(z)$

$$H(z) = \sum\limits_{k=1}^{6}\frac{A_k}{1 - e^{s_k T}z^{-1}}$$

$$= \frac{0.006z^{-1} + 0.0101z^{-2} + 0.0161z^{-3} + 2.1067z^{-4} - 0.5707z^{-5}}{1 - 3.3636z^{-1} + 5.0685z^{-2} - 4.276z^{-3} + 2.1067z^{-4} - 0.5707z^{-5} + 0.0661z^{-6}}$$

$$= \frac{1.8506 - 0.6282z^{-1}}{1 - 0.9972z^{-1} + 0.257z^{-2}} + \frac{-2.1374 + 1.1428z^{-1}}{1 - 1.069z^{-1} + 0.37z^{-2}} + \frac{0.2868 - 0.4466z^{-1}}{1 - 1.2973z^{-1} + 0.6949z^{-2}}$$

从以上求解过程可见 第（2）、（3）步的计算量相当大，借助 MATLAB 可以得到所需的结果。

第（2）步去归一化的 MATLAB 程序及结果如下：

```
b = [0 0 0 0 0 0 1];                    %归一化分子多项式系数
a = [1  3.8637  7.4641  9.1416  7.4641  3.8637 1];   %归一化分母多项式系数
[bt at] = lp2lp(b, a, 0.7032)           %去归一化计算
```

答案：

```
bt =
    0.12093
at =
    1.0000  2.7170  3.6909  3.1788  1.8251  0.6644  0.12093
```

第（3）步冲激不变法实现 AF 到 DF 的变换的 MATLAB 程序及结果如下：

```
b = [0  0  0  0  0  0.12093]                      % AF 分子多项式系数
a = [1  2.717  3.6909  3.1788  1.8251  0.6644  0.12093]    % AF 分母多项式系数
[bz, az] = impinvar (b, a);                       % 脉冲不变法实现 AF 到 DF 的变换
[C, B, A] = dir2par (bz, az)                      % 变直接形式为并联形式
[db, mag, pha, grd, w] = freqz_m (bz, az);        % 数字滤波器频响相关信息
plot (w/pi, db); title ('振幅频响/dB');            % 频响振幅显示
xlabel ('相对频率'); ylabel ('分贝');
axis ([0, 0.5, -30, 5]);
set (gca,'xtickmode','manual','xtick', [0, 0.2, 0.3, 0.5]);
set (gca,'ytickmode','manual','ytick', [-30, -15, -1]); grid
```

答案：

C = 0

$$
\begin{array}{ll}
B = 1.8506 \quad -0.6282 & A = 1.0000 \quad -0.9972 \quad 0.2570 \\
\quad -2.1374 \quad 1.1428 & \quad 1.0000 \quad -1.0690 \quad 0.3700 \\
\quad 0.2868 \quad -0.4466 & \quad 1.0000 \quad -1.2973 \quad 0.6949
\end{array}
$$

数字滤波器振幅频响（dB）如图 6.3-4 所示。

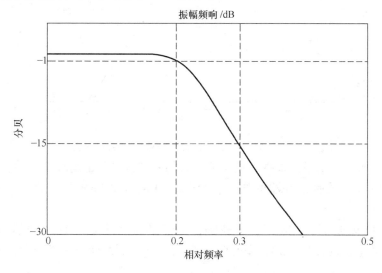

图 6.3-4　例 6.3-4 数字滤波器振幅频响方法一

方法二：在第（1）步求出 N、Ω_c 后，从六阶巴氏模拟原型低通开始用 MATLAB 程序设计及运行结果如下：

```
% butterworth lowpass filter design
%
[b, a] = butter (6, 0.7032,'s');          % ωc = 0.7032 的六阶模拟巴氏低通
[bz, az] = impinvar (b, a);               % 冲激不变法实现 AF 到 DF 的变换
[C, B, A] = dir2par (bz, az)              % 变直接形式为并联形式
```

答案：

C = 0

B = 1.8557 　 -0.6304

$$
\begin{matrix}
-2.1428 & 1.1454 \\
0.2871 & -0.4466 \\
A = 1.0000 & -0.9973 & 0.2571 \\
1.0000 & -1.0691 & 0.3699 \\
1.0000 & -1.2972 & 0.6949
\end{matrix}
$$

相应地，

$H(z) =$

$$
\frac{1.8557 - 0.6304z^{-1}}{1 - 0.9973z^{-1} + 0.2571z^{-2}} + \frac{-2.1428 + 1.1454z^{-1}}{1 - 1.0691z^{-1} + 0.3699z^{-2}} + \frac{0.2871 - 0.4466z^{-1}}{1 - 1.2972z^{-1} + 0.6949z^{-2}}
$$

数字滤波器振幅频率响应（dB）如图 6.3-5 所示。

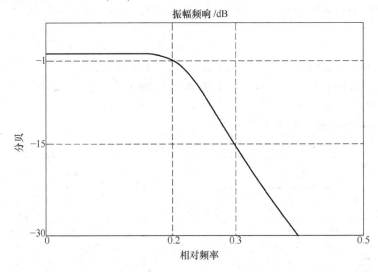

图 6.3-5 例 6.3-4 数字滤波器振幅频率响应方法二

比较方法一与二的结果，基本一致，从二者的差别也可看出运算误差的影响。

方法三：用数字低通滤波器的指标，全部设计由 MATLAB 程序完成，见 6.8.3 节例 6.8-8。

例 6.3-5 已知通带截止频率 $f_p = 3\text{kHz}$，通带最大衰减 $a_p = 1\text{dB}$，阻带截止频率 $f_s = 4.5\text{kHz}$，阻带最小衰减 $\alpha_s = 15\text{dB}$，采样频率 $f_c = 30\text{kHz}$，用冲激不变法设计一个巴特沃思数字低通滤波器。

解：通带数字截止频率为

$$
\omega_p = \Omega_p T = \Omega_p / f_c = 3.2\pi/30 = 0.2\pi
$$

阻带数字边缘频率为

$$
\omega_s = \Omega_s T = \Omega_s / f_c = 4.5 \cdot 2\pi/30 = 0.3\pi
$$

数字低通的技术指标同例 6.3-4，以下过程省略。由巴氏模拟低通的技术指标开始，用 MATLAB 程序设计，见 6.8.3 节例 6.8-9。

例 6.3-6 用冲激不变法设计数字切比雪夫滤波器。设计指标为通带截止频率 $\omega_p = 0.2\pi$，通带最大衰减 $\alpha_p \le 1\text{dB}$；阻带边缘频率 $\omega_s = 0.3\pi$，阻带最小衰减 $\alpha_s \ge 15\text{dB}$。

解：令 $T = 1$，则 $\Omega_p = 0.2\pi$，$\Omega_s = 0.3\pi$。

$$
20\lg |H(\text{j}\Omega_p)| \ge -1; \quad |H(\text{j}\Omega_p)|^2 \ge 10^{-0.1};
$$

$$20\lg|H(j\Omega_s)| \leqslant -15; \quad |H(j\Omega_s)|^2 \leqslant 10^{-1.5};$$

1）确定 Ω_c、ε、N。

$$\Omega_c = \Omega_p = 0.2\pi$$

$$\varepsilon = \sqrt{\frac{1}{|H_a(j\Omega_p)|^2} - 1} = \sqrt{\frac{1}{(1-\delta_1)^2} - 1} = \sqrt{10^{0.1} - 1} = 0.50885$$

$$N \geqslant \frac{\operatorname{arccosh}\left[\frac{1}{\varepsilon}\sqrt{\frac{1}{\delta_2^2} - 1}\right]}{\operatorname{arccosh}(\Omega_s/\Omega_p)} = \frac{\operatorname{arccosh}\left[\frac{1}{\varepsilon}\sqrt{10^{1.5} - 1}\right]}{\operatorname{arccosh}(0.3\pi/0.2\pi)}$$

$$= \frac{\operatorname{arccosh}\left[\frac{5.5338}{0.50885}\right]}{\operatorname{arccosh}(3/2)} = \frac{3.0783}{0.96} \approx 3.2$$

取 $N = 4$，与巴特沃思滤波器相比，指标相同，但阶数减少。

2）确定零、极点。

$$\alpha = \varepsilon^{-1} + \sqrt{1 + \varepsilon^{-2}} = 1.9652 + 2.205 = 4.1702$$

$$a = \frac{1}{2}\left(\alpha^{\frac{1}{N}} - \alpha^{-\frac{1}{N}}\right) = \frac{1}{2}\left(\alpha^{\frac{1}{4}} - \alpha^{-\frac{1}{4}}\right) = \frac{1}{2}(1.429 - 0.7) = 0.3645$$

$$b = \frac{1}{2}\left(\alpha^{\frac{1}{N}} + \alpha^{-\frac{1}{N}}\right) = \frac{1}{2}\left(\alpha^{\frac{1}{4}} + \alpha^{-\frac{1}{4}}\right) = \frac{1}{2}(1.429 + 0.7) = 1.0645$$

$$s_{1,4} = -a\Omega_c\cos\frac{2k-1}{2N}\pi \pm jb\Omega_c\sin\frac{2k-1}{2N}\pi$$

$$= -0.3645 \times 0.2\pi\cos\frac{\pi}{8} \pm j1.0645 \times 0.2\pi\sin\frac{\pi}{8} = -0.2116 \pm j0.25$$

$$s_{2,3} = -0.3645 \times 0.2\pi\cos\frac{3\pi}{8} \pm j1.0645 \times 0.2\pi\sin\frac{3\pi}{8} = -0.08764 \pm j0.6175$$

3）确定模拟低通系统函数 $H_a(s)$。

$$H_a(s) = \frac{\prod\limits_{k=1}^{N}(-s_k)}{\prod\limits_{k=1}^{N}(s-s_k)}(1-\delta_1) = \sum_{k=1}^{4}\frac{A_k}{s-s_k}$$

可以利用表 6.2-2 得到归一化 $H_a(s')$，再去归一化得到 $H_a(s)$。

4）由模拟低通系统函数经冲激不变法确定数字低通系统函数

$$H(z) = \sum_{k=1}^{4}\frac{A_k}{1 - e^{s_kT}z^{-1}}$$

与用冲激不变法设计数字巴特沃思滤波器相比，基本步骤一样，就是模拟低通原型是由切比雪夫滤波器的数学模型得到。利用 MATLAB 设计程序，可以得到

$$H(z) = -\frac{0.0833 + 0.0246z^{-1}}{1 - 1.4934z^{-1} + 0.8392z^{-2}} + \frac{0.0833 + 0.0239z^{-1}}{1 - 1.5658z^{-1} + 0.6549z^{-2}}$$

切比雪夫数字滤波器振幅频响（dB）如图 6.3-6 所示。

由图 6.3-6 与图 6.3-4 巴特沃思滤波器振幅频响相比，阻带指标有所改善。这是因为切比雪夫数字滤波器实际阶数 N 取 4，比计算所需的理论阶数 3.2 有较大的富余量。

切比雪夫数字低通滤波器的指标，用 MATLAB 设计程序，见 6.8.3 节例 6.8-10。

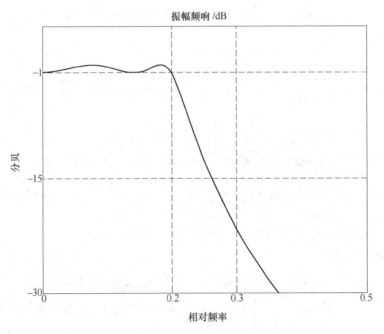

图 6.3-6　例 6.3-6 切比雪夫数字滤波器振幅频响

6.4　双线性变换法

脉冲不变法的频谱混叠效应，限制了其应用范围。由上节的讨论已知，这一不足是由于从 s 平面到 z 平面的标准变换 $z = e^{sT}$ 具有多值性，而双线性变换正是克服这一缺陷的变换。

1. 双线性变换映射关系

一阶微分方程描述的系统一般形式为

$$y'(t) + c_0 y(t) = d_0 x(t) \qquad (6.4\text{-}1)$$

其对应的系统函数为

$$H(s) = \frac{d_0}{s + c_0} \qquad (6.4\text{-}2)$$

图 6.4-1 是对式 (6.4-1) 的时间变量量化示意图，若时间间隔 T 足够小，则有

$$\left.\frac{dy(t)}{dt}\right|_{t=nT} \approx \frac{y(n) - y(n-1)}{T}$$

$$y(t)\big|_{t=nT} \approx \frac{1}{2}\left[y(n) + y(n-1)\right]$$

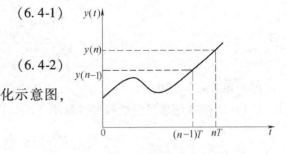

图 6.4-1　对时间变量量化示意图

同理

$$x(t)\big|_{t=nT} \approx \frac{1}{2}\left[x(n) + x(n-1)\right]$$

代入式 (6.4-1)，得

$$\frac{1}{T}\left[y(n) - y(n-1)\right] + \frac{c_0}{2}\left[y(n) + y(n-1)\right] = \frac{d_0}{2}\left[x(n) + x(n-1)\right] \qquad (6.4\text{-}3)$$

234

对式（6.4-3）两边取 Z 变换

$$\frac{1}{T}(1-z^{-1})Y(z) + \frac{c_0}{2}(1+z^{-1})Y(z) = \frac{d_0}{2}(1+z^{-1})X(z)$$

$$H(z) = \frac{Y(z)}{X(z)} = \frac{\dfrac{d_0}{2}(1+z^{-1})}{\dfrac{1}{T}(1-z^{-1}) + \dfrac{c_0}{2}(1+z^{-1})} = \frac{d_0}{\dfrac{2}{T}\dfrac{(1-z^{-1})}{(1+z^{-1})} + c_0} \qquad (6.4\text{-}4)$$

式（6.4-4）与式（6.4-2）比较，可以直接由模拟滤波器的系统函数 $H_a(s)$ 得到数字滤波器的系统函数 $H(z)$

$$H(z) = H(s) \Big|_{s = \frac{2}{T}\frac{(1-z^{-1})}{(1+z^{-1})}} \qquad (6.4\text{-}5)$$

由式（6.4-5）得到映射关系将 s 平面映射到 z 平面的关系为

$$s = \frac{2}{T}\frac{(1-z^{-1})}{(1+z^{-1})} \qquad (6.4\text{-}6)$$

由式（6.4-6）还可以解出

$$z = \frac{1+Ts/2}{1-Ts/2} \qquad (6.4\text{-}7)$$

式（6.4-6）与式（6.4-7）的变换都是单值对应的，其分子和分母均为自变量的线性函数，双线性变换法也因此得名。

将 $z = e^{j\omega}$（单位圆）代入式（6.4-6），并设 $s = \sigma + j\Omega$，有

$$\sigma + j\Omega = \frac{2}{T}\frac{1-e^{-j\omega}}{1+e^{-j\omega}}$$

$$= \frac{2}{T}\frac{\dfrac{j}{j2}(e^{j\omega/2} - e^{-j\omega/2})}{\dfrac{1}{2}(e^{-j\omega/2} + e^{-j\omega/2})} = j\frac{2}{T}\tan\frac{\omega}{2} \qquad (6.4\text{-}8)$$

等式（6.4-8）两边相等，由此得到

$$\left.\begin{array}{l} \sigma = 0 \\ \Omega = \dfrac{2}{T}\tan\dfrac{\omega}{2} \end{array}\right\} \qquad (6.4\text{-}9)$$

由式（6.4-8）看到双线性变换法的映射关系使 s 平面的虚轴映射为 z 平面的单位圆。而式（6.4-9）频率正切变换关系实现了频率压缩，使模拟域 Ω 在 $-\infty \sim \infty$ 变化，压缩为数字域频率 ω 在 $-\pi \sim \pi$ 变化。正因如此，双线性变换法克服了脉冲响应不变法频谱的混叠效应。

将 $s = \sigma + j\Omega$ 代入式（6.4-7），有

$$z = \frac{1+\dfrac{T}{2}s}{1-\dfrac{T}{2}s} = \frac{1+\dfrac{T}{2}\sigma + j\dfrac{T}{2}\Omega}{1-\dfrac{T}{2}\sigma - j\dfrac{T}{2}\Omega}$$

$$|z| = \frac{\sqrt{\left(1+\dfrac{T}{2}\sigma\right)^2 + \left(\dfrac{T}{2}\Omega\right)^2}}{\sqrt{\left(1-\dfrac{T}{2}\sigma\right)^2 + \left(\dfrac{T}{2}\Omega\right)^2}} \qquad (6.4\text{-}10)$$

将 s 平面的虚轴即 $\sigma = 0$ 代入式（6.4-10），得到 $|z| = 1$，是 z 平面单位圆；将 s 的左

半平面 $\sigma<0$ 代入式（6.4-10），可以得到 $|z|<1$，在 z 平面单位圆内；那么将 s 的右半平面 $\sigma>0$ 代入式（6.4-10）使 $|z|>1$，在 z 平面单位圆外。所以稳定的模拟滤波器通过双线性变换后，可以得到稳定的数字系统。

由于双线性变换法映射关系是单值对应的，克服了脉冲响应不变法频谱混叠现象。但是由式（6.4-6）表示的 Ω 与 ω 关系是非线性的，使得模拟滤波器与数字滤波器在响应与频率的对应关系上会产生畸变，如图 6.4-2 所示。一般模拟滤波器具有片段常数的频响特性，经过双线性变换后，数字滤波器仍具有片段常数的频响特性，仅通带截止频率 ω_p、过渡带边缘频率 ω_s、频响的峰、谷点对应频率发生变化。这可由"预畸"的方法加以校正，即将模拟滤波器的各临界频率加以预畸校正，再通过双线性变换得到所需的数字滤波器。以低通为例，原来模拟滤波器的 $\dfrac{\Omega'_s}{\Omega'_p}=k$，由双线性变换后的数字滤波器的 $\dfrac{\omega'_s}{\omega'_p}\neq k$，使临界频率与响应的对应关系不满足设计要求。当采用预畸校正后，模拟滤波器按 $\Omega_s/\Omega_p\neq k$ 设计，使双线性变换后的数字滤波器的 $\omega_s/\omega_p=k$，从而使临界频率与响应的对应关系满足设计要求。

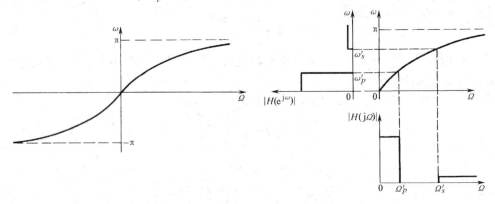

图 6.4-2 双线性变换法频率的对应关系

预畸校正的具体做法就是由 $\Omega=\dfrac{2}{T}\tan\dfrac{\omega}{2}$ 的关系，求出相应的模拟低通滤波器的临界频率 Ω_s、Ω_p，如图 6.4-3 所示。根据这些临界频率设计模拟滤波器，再利用式（6.4-1）$s=\dfrac{2}{T}\dfrac{1-z^{-1}}{1+z^{-1}}$ 的关系求出符合要求的数字滤波器系统函数 $H(z)$。

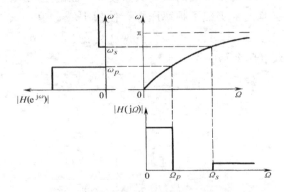

图 6.4-3 双线性变换频率的预畸

例 6.4-1 设计一个一阶数字低通滤波器，已知采样频率 $f_s=2000\mathrm{Hz}$，通带截止频率

$f_p = 400\mathrm{Hz}$,求模拟原型低通滤波器的预畸通带截止频率f'_p。

解： 1）预畸校正：

$$\omega_p = \Omega_p T = \Omega_p / f_s = \frac{2\pi \cdot 400}{2000} = 0.4\pi \cdot \mathrm{rad} = 72°$$

$$\Omega'_p = \frac{2}{T}\tan\ (\omega_p/2)\ = 4000\tan36° = 2906\mathrm{rad/s} = 925\pi$$

$$f'_p = 925\pi/2\pi = 462.5\mathrm{Hz}$$

2）如果不预畸校正，则

$$\Omega_p = 2\pi \cdot 400 = 800\pi = 2513.3\mathrm{rad/s}$$

则实际的数字频率为

$$\omega'_p = 2\arctan\ (\Omega_p T/2)\ = 2\arctan\ (0.2\pi)\ \approx 64.284°$$

$$\approx \frac{64.284°}{180°}\pi = 0.375\pi\mathrm{rad}$$

而对应的实际模拟频率

$$f''_p = \omega'_p/2\pi T = \frac{0.375\pi}{2\pi} \times 2000\mathrm{Hz} \approx 375\mathrm{Hz} \neq 400\mathrm{Hz}$$

所以用双线性变换法，要做的是截止频率为f'_p的模拟低通滤波器，而不是$f_p = 400\mathrm{Hz}$的模拟低通滤波器。否则，所得到的数字滤波器性能不符合要求。

2. 双线性变换法设计数字滤波器的4个步骤

1）确定 DF 性能要求，确定数字滤波器各临界频率ω_k。

2）由双线性变换关系将ω_k变换为模拟域临界频率Ω_k。

3）按Ω_k、衰减指标求出模拟低通滤波器的（归一化）传递函数$H_a(s)$。这个模拟低通滤波器也称为模拟原型（归一化）滤波器。

4）由双线性变换关系将$H_a(s)$转变为数字滤波器的系统函数$H(z)$。

与脉冲不变法一样，设计过程中除了第一步求数字临界频率ω_k时，要用到取样间隔T或取样频率f_s以外，最后的结果与其他各步骤中T或f_s的取值无关。所以为了简化运算，在实际计算时，除了第一步，通常取$T = 1$或$T = 2$。

例6.4-2 数字低通滤波器同例6.4-1，模拟一阶原型低通滤波器的系统函数为$H(s) = \frac{1}{(s/\Omega_p) + 1} = \frac{\Omega_p}{s + \Omega_p}$，用双线性变换关系求数字滤波器的系统函数$H(z)$。

解： 1）预畸后将$T = 1/2000$代入，得

$$\Omega'_p = 2906\mathrm{rad/s}$$

$$H_a(s) = \frac{2906}{s + 2906}$$

$$H(z) = H_a(s)\ \Big|_{s = \frac{2}{T}\frac{1-z^{-1}}{1+z^{-1}}} = \frac{2906}{4000\ \frac{1 - z^{-1}}{1 + z^{-1}} + 2906}$$

$$= \frac{2906\ (1 + z^{-1})}{4000\ (1 - z^{-1})\ + 2906\ (1 + z^{-1})} = \frac{2906\ (1 + z)}{6906z - 1094}$$

一般$H(z)$系数$\leqslant 1$，则

$$H(z) = \frac{0.421\ (1+z)}{z - 0.1584}$$

2）预畸后令 $T=2$，代入，得

$$\Omega''_p = \tan\ (\omega_p/2)\ = 0.7265$$

$$H(s) = \frac{\Omega''_p}{s + \Omega''_p} = \frac{0.7265}{s + 0.7265}$$

$$H(z) = H_a(s)\Big|_{s = \frac{2}{T}\frac{1-z^{-1}}{1+z^{-1}}} = \frac{0.7265}{\dfrac{1-z^{-1}}{1+z^{-1}} + 0.7265}$$

$$= \frac{0.7265\ (1+z^{-1})}{(1-z^{-1})\ + 0.7265\ (1+z^{-1})} = \frac{0.7265\ (1+z)}{1.7265z - 0.2735}$$

同样取 $H(z)$ 系数 ≤ 1，则

$$H(z) = \frac{0.421\ (1+z)}{z - 0.1584}$$

1）与2）的结果相同。

例 6.4-3 用双线性变换法设计一巴特沃思数字低通滤波器，设计指标为：通带截止频率 $\omega_p = 0.2\pi$，通带最大衰减 $\alpha_p \leq 1\mathrm{dB}$；阻带边缘频率 $\omega_s = 0.3\pi$，阻带最小衰减 $\alpha_s \geq 15\mathrm{dB}$。

解： 与上节例 6.2-4 相同，仍用 3 种方法求解此题。

方法一： 按照设计的一般步骤做。

因为给出的频率条件已经是数字临界频率 ω_k，应从第 2）步开始。为方便起见，直接取 $T=1$，则由双线性频率变换 $\Omega = 2\tan\ (\omega/2)$，得到预畸校正频率分别为

$$\Omega_p = 2\tan\ (0.2\pi/2)\ = 0.65,\quad \Omega_s = 2\tan\ (0.3\pi/2)\ = 1.019$$

这样模拟滤波器的设计指标为

通带截止频率 $\Omega_p = 0.65$，通带最大衰减 $\alpha_p \leq 1\mathrm{dB}$。

阻带边缘频率 $\Omega_s = 1.019$，阻带最小衰减 $\alpha_s \geq 15\mathrm{dB}$。

(1) 求 N、Ω_c

$$-\alpha_p = 20\lg|H(\mathrm{j}\Omega_p)| \geq -1, 10\lg|H(\mathrm{j}2\tan 0.1\pi)|^2 \geq -1,$$

$$|H(\mathrm{j}2\tan 0.1\pi)|^2 \geq 10^{-0.1}$$

$$-\alpha_s = 20\lg|H(\mathrm{j}\Omega_s)| \leq -15, 10\lg|H(\mathrm{j}2\tan 0.15\pi)|^2 \leq -15,$$

$$|H(\mathrm{j}2\tan 0.15\pi)|^2 \leq 10^{-1.5}$$

由巴特沃思滤波器的数学模型

$$|H(\mathrm{j}\Omega_s)|^2 = \frac{1}{1 + (\Omega/\Omega_c)^{2N}}$$

得到

$$1 + (\Omega/\Omega_c)^{2N} = \frac{1}{|H(\mathrm{j}\Omega)|^2}$$

将 Ω_p、$|H(\Omega_p)|^2$、及 Ω_s $|H(\Omega_s)|^2$ 分别代入上式，由此可得

$$\begin{cases} 1 + [2\tan(0.1\pi)/\Omega_c]^{2N} = 10^{0.1} & (6.4\text{-}11\mathrm{a}) \\ 1 + [2\tan(0.15\pi)/\Omega_c]^{2N} = 10^{1.5} & (6.4\text{-}11\mathrm{b}) \end{cases}$$

整理

$$\begin{cases} \left[2\tan(0.1\pi)/\Omega_c\right]^{2N} = 10^{0.1} - 1 = 1.2589 - 1 = 0.2589 & (6.4\text{-}11c) \\ \left[2\tan(0.15\pi)/\Omega_c\right]^{2N} = 10^{1.5} - 1 = 31.6228 - 1 = 30.6228 & (6.4\text{-}11d) \end{cases}$$

由

$$\frac{(6.4\text{-}11c)}{(6.4\text{-}11d)} = \left(\frac{2\tan 0.1\pi}{2\tan 0.15\pi}\right)^{2N} = \frac{0.2589}{30.6228} = 8.4547 \times 10^{-3}$$

$$N = \frac{1}{2} \times \frac{\lg(8.4547 \times 10^{-3})}{\lg(0.3249/0.5095)} = \frac{-2.0729}{2 \times (-0.1954)} \cong 5.304$$

将这个 N 代入式（6.4-11c），解出 $\Omega_{c0} = 0.738$。

但 N 必须取整数，所以取 $N = 6$，同时取 $\Omega_c = 0.76622 > \Omega_{c0}$，这与冲激不变法相反，由保证阻带指标，改善通带指标。

（2）求 $H_a(s)$

$N = 6$，为偶数，极点间隔为 $\dfrac{\pi}{N} = \dfrac{\pi}{6} = 30°$，起点 $\dfrac{\pi}{2N} = 15°$，实轴上无极点；$H_a(s)$ 的系数均为实数，$H_a(s)$ 的复极点都是共轭成对的，且均在 s 左半平面。所以

$$s_{1,6} = -\Omega_c(\cos 75° + \sin 75°) = -0.198 \pm j0.742$$
$$s_{2,5} = -\Omega_c(\cos 45° \pm \sin 45°) = -0.5415 \pm j0.5415$$
$$s_{3,4} = -\Omega_c(\cos 15° \pm \sin 15°) = -0.742 \pm j0.198$$

由此得到

$$H_a(s) = \frac{\displaystyle\prod_{k=1}^{6}(-s_k)}{\displaystyle\prod_{k=1}^{6}(s - s_k)}$$

也可以查表 6.2-2 得到 $N = 6$ 的归一化 $H_a(s')$ 为

$$H_a(s') = \frac{1}{(s')^6 + 3.8637(s')^5 + 7.4641(s')^4 + 9.1416(s')^3 + 7.4641(s')^2 + 3.8637s' + 1}$$

去归一化后

$$H_a(s) = \frac{0.2024}{s^6 + 2.9604s^5 + 4.3821s^4 + 4.1123s^3 + 2.5727s^2 + 1.0204s + 0.2024}$$

（3）求 $H(z)$

$$H(z) = H_a(s)\Big|_{s = 2\frac{1-z^{-1}}{1+z^{-1}}}$$

$$= \frac{0.00073794(1 + z^{-1})^6}{(1 - 0.9042z^{-1} + 0.2154z^{-2})(1 - 1.0108z^{-1} + 0.3585z^{-2})(1 - 1.2687z^{-1} + 0.705z^{-2})}$$

与脉冲不变法一样，第 2）、3）步的计算量相当大，借助 MATLAB 可以快速得到所需的结果。

第（2）步去归一化的 MATLAB 程序及结果如下：

```
b = [0 0 0 0 0 0 1];
a = [1  3.8637  7.4641  9.1416  7.4641  3.8637  1];
[bt at] = lp2lp(b, a, 0.76622)
```

答案：

```
bt =
  0.2024
at =
```

1.0000　2.9604　4.3821　4.1123　2.5727　1.0204　0.2024

第（3）步冲激不变法实现 AF 到 DF 的变换的 MATLAB 程序及结果如下：

b = [0　0　0　0　0　0　0.2024]

a = [1　2.9604　4.3821　4.1123　2.5727　1.0204　0.2024]

[bz, az] = bilinear (b, a, 1);　　　　% 双线性变换从 AF 到 DF

[b0, B, A] = dir2cas (bz, az)　　　　% 变直接形式为级联形式

[db, mag, pha, grd, w] = freqz_ m (bz, az);　　　　% 数字滤波器频响相关信息

plot (w/pi, db); title ('Magntide in db');

xlabel ('frequency in pi units'); ylabel ('decibels');

axis ([0, 0.5, -30, 5]);

set (gca,'xtickmode','manual','xtick', [0, wp/pi, ws/pi, 0.5]);

set (gca,'ytickmode','manual','ytick', [-30, -As, -Rp]); grid

答案：

b0 =

7.3794e - 004

B =

1.0000　2.0118　1.0120

1.0000　1.9880　0.9881

1.0000　2.0002　1.0000

A =

1.0000　- 0.9042　0.2154

1.0000　- 1.0108　0.3585

1.0000　- 1.2687　0.7050

其中受运算精度影响，分子 B 的二次因式实际计算结果为 $(1 + 2.0118z^{-1} + 1.012z^{-2})$、$(1 + 1.988z^{-1} + 0.9881z^{-2})$、$(1 + 2.0002z^{-1} + 1z^{-2})$，与理想二次因式 $(1 + 2z^{-1} + z^{-2}) = (1 + z^{-1})^2$ 相比略有误差。

其数字滤波器振幅频响（dB）如图 6.4-4 所示。

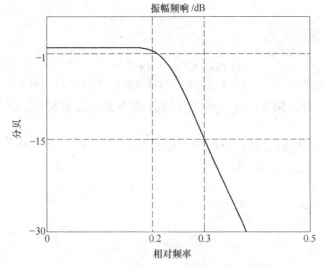

图 6.4-4　例 6.4-3 解（1）数字滤波器振幅频响

方法二：在第（1）步求出 N、Ω_c 后，直接从六阶巴氏模拟原型低通开始，用 MATLAB 程序设计及运行结果如下：

```
% butterworth lowpass filter design
%
[b, a] = butter (6, 0.76622, 's');         % Ωc = 0.76622 六阶巴氏模拟低通
[bz, az] = bilinear (b, a, 1);             % 双线性变换为数字低通
[b0, B, A] = dir2cas (bz, az)              % 变直接形式为级联形式
[db, mag, pha, grd, w] = freqz_m (bz, az); % 数字滤波器频响相关信息
plot (w/pi, db); title ('振幅频响/dB');     % 作数字滤波器振幅频响图
xlabel ('相对频率'); ylabel ('分贝');
axis ([0, 0.5, -30, 5]);
set (gca,'ytickmode','manual','ytick', [-30, -As, -Rp]); grid
```

答案：

```
b0 =
    7.3778e-004
B =
    1.0000    2.0186    1.0190
    1.0000    1.9811    0.9814
    1.0000    2.0003    1.0000
A =
    1.0000   -0.9044    0.2155
    1.0000   -1.0106    0.3583
    1.0000   -1.2687    0.7051
```

同样其中受运算精度影响，分子 B 的实际计算结果为 $(1+2.0186z^{-1}+1.019z^{-2})$、$(1+1.9811z^{-1}+0.9814z^{-2})$、$(1+2.0003z^{-1}+1z^{-2})$ 与理想 $(1+2z^{-1}+z^{-2})=(1+z^{-1})^2$ 相比略有误差。

相应地，

$H(z)$

$$=\frac{0.0007378(1+z^{-1})^6}{(1-0.9044z^{-1}+0.2155z^{-2})(1-1.0106z^{-1}+0.3583z^{-2})(1-1.2687z^{-1}+0.7051z^{-2})}$$

由方法二得到的数字滤波器振幅频响（dB）如图 6.4-5 所示。

方法三：由数字低通滤波器指标，全部设计由 MATLAB 程序完成，见 6.8.4 节例 6.8-12。

例 6.4-4 指标同例 6.4-3，用双线性变换法设计数字切比雪夫滤波器。通带截止频率 $\omega_p=0.2\pi$，通带最大衰减 $\alpha_p\leqslant1\text{dB}$；阻带边缘频率 $\omega_s=0.3\pi$，阻带最小衰减 $\alpha_s\geqslant15\text{dB}$。

解：令 $T=1$，则

$$\Omega_p=2\tan(0.2\pi/2)=2\tan(0.1\pi)=0.65$$

$$\Omega_s=2\tan(0.3\pi/2)=2\tan(0.15\pi)=1.019$$

1）$\Omega_c=\Omega_p=0.65$

2）$\varepsilon=\sqrt{\dfrac{1}{|H_a(\text{j}\Omega_p)|^2}-1}=\sqrt{\dfrac{1}{(1-\delta_1)^2}-1}=\sqrt{10^{0.1}-1}=0.50885$

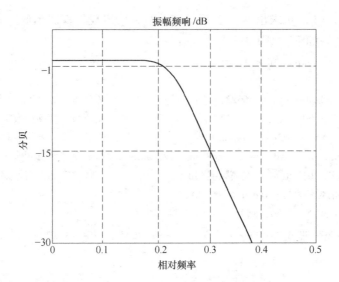

图 6.4-5 例 6.4-3 解（2）数字滤波器振幅频响

3）$N \geqslant \dfrac{\text{arccosh}\left[\dfrac{1}{\varepsilon}\sqrt{\dfrac{1}{\delta_2^{\,2}}-1}\right]}{\text{arccosh}\ (\Omega_s/\Omega_p)} = \dfrac{\text{arccosh}\left[\dfrac{1}{\varepsilon}\sqrt{10^{1.5}-1}\right]}{\text{arccosh}\ (\tan 0.15\pi/\tan 0.1\pi)}$

$$= \frac{\text{arccosh}\left[\dfrac{5.5338}{0.50885}\right]}{\text{arccosh}\ (1.019/0.65)} = \frac{3.0783}{1.0207} \approx 3.016$$

取 $N=4$，与脉冲不变法相同。

$$a = \varepsilon^{-1} + \sqrt{1+\varepsilon^{-2}} = 1.9652 + 2.205 = 4.1702$$

则

$$a = \frac{1}{2}(a^{\frac{1}{N}} - a^{-\frac{1}{N}}) = \frac{1}{2}(a^{\frac{1}{4}} - a^{-\frac{1}{4}}) = \frac{1}{2}\ (1.429 - 0.7)\ = 0.3645$$

$$b = \frac{1}{2}(\alpha^{\frac{1}{N}} + \alpha^{-\frac{1}{N}}) = \frac{1}{2}(\alpha^{\frac{1}{4}} + \alpha^{-\frac{1}{4}}) = \frac{1}{2}\ (1.429 + 0.7)\ = 1.0645$$

$$s_{1,4} = -a\Omega_c \cos\frac{2k-1}{2N}\pi \pm \mathrm{j}b\Omega_c \sin\frac{2k-1}{2N}\pi$$

$$= -0.3645 \times 0.65 \times \cos\frac{\pi}{8} \pm \mathrm{j}1.0645 \times 0.65 \times \sin\frac{\pi}{8} = -0.2189 \pm \mathrm{j}0.2647$$

$$s_{2,3} = -0.3645 \times 0.65 \times \cos\frac{3\pi}{8} \pm \mathrm{j}1.0645 \times 0.65 \times \sin\frac{3\pi}{8} = -0.0907 \pm \mathrm{j}0.639$$

4）确定模拟低通系统函数 $H_a(s)$。

$$H_a(s) = \frac{\displaystyle\prod_{k=1}^{N}(-s_k)}{\displaystyle\prod_{k=1}^{N}(s-s_k)}(1-\delta_1) = \frac{0.04381}{(s^2 + 0.1814s + 0.4166)(s^2 + 0.4378s + 0.118)}$$

可以利用表 6.2-2 得到归一化 $H_a(s')$，再去归一化得到 $H_a(s)$。

5）由模拟低通系统函数经双线性变换法确定数字低通系统函数

$$H(z) = H_a(s)\Big|_{s=2\frac{1-z^{-1}}{1+z^{-1}}}$$

$$= \frac{0.001836\ (1+z^{-1})^4}{(1-1.4996z^{-1}+0.8482z^{-2})\ (1-1.5548z^{-1}+0.6493z^{-2})}$$

与用冲激不变法设计数字切比雪夫滤波器相比，基本步骤一样，只是模拟低通原型 $\Omega_c = \Omega_p = 0.65$。

由切比雪夫滤波器数字低通原型滤波器的指标，完成 MATLAB 设计程序见 6.8.4 节例 6.8-14。

得到系统函数：

$$H(z) = \frac{0.0018\ (1+z^{-1})^4}{(1-1.4994z^{-1}+0.8482z^{-2})\ (1-1.5547z^{-1}+0.6492z^{-2})}$$

切比雪夫数字滤波器振幅频率响应（dB）如图 6.4-6 所示。

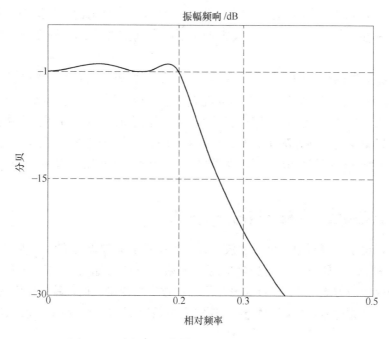

图 6.4-6　例 6.4-4 数字切比雪夫滤波器振幅频响

图 6.4-6 与图 6.4-5 的巴特沃思滤波器振幅频响相比，在保证通带指标的前提下，阻带指标改善很多。这是因为切比雪夫数字滤波器实际阶数 N 取 4，比计算所需的理论阶数 3.016 有较大的富余量。

6.5　原型变换法

前面两节讨论的是由巴特沃思、切比雪夫模拟原型低通滤波器设计数字低通滤波器的方法。而实际待求的数字滤波器有各种不同的低通、高通、带通、带阻滤波器，本节着重讨论由模拟低通原型设计实际数字滤波器的方法。

如图 6.5-1 所示，一般有 3 种方法可以由模拟低通原型设计所需的数字滤波器。

图 6.5-1 中 $H_L(\mathrm{j}\Omega)$ 表示模拟低通原型滤波器，$H_d(\mathrm{e}^{\mathrm{j}\omega})$ 表示所需设计的数字滤波器。由

图可见，由模拟低通原型滤波器出发，设计数字滤波器的第 1 种方法是由模拟低通原型滤波器 $H_L(\mathrm{j}\Omega)$，用冲激不变法或双线性变换法得到数字低通滤波器的 $H_L(\mathrm{e}^{\mathrm{j}\theta})$；再由数字低通得到所需数字滤波器的 $H_d(\mathrm{e}^{\mathrm{j}\omega})$。这种方法的第 1 步，实际就是前面两节讨论的 s 平面与 z 平面的映射变换。关键是第 2 步，第 2 步实质是数字域 z 平面之间的变换，这种变换也称 z 平面变换法。

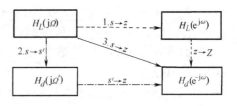

图 6.5-1　原型变换的
3 种设计方法示意图

设计数字滤波器的第 2 种方法是由模拟低通原型滤波器 $H_L(\mathrm{j}\Omega)$，设计所需的模拟低通、高通、带通、带阻滤波器的 $H_d(\mathrm{j}\Omega')$，再由 $H_d(\mathrm{j}\Omega')$ 经冲激不变法或双线性变换法得到所需的数字滤波器的 $H_d(\mathrm{e}^{\mathrm{j}\omega})$。这种方法的第 2 步，是前面两节讨论的 s 平面与 z 平面的映射变换。关键是第一步，第一步的实质是模拟域 s 平面之间的变换，这种变换也称 s 平面变换法。

设计数字滤波器的第 3 种方法是由模拟低通原型滤波器 $H_L(\mathrm{j}\Omega)$，直接设计所需的数字滤波器的 $H_d(\mathrm{e}^{\mathrm{j}\omega})$。由于冲激不变法频谱的混叠效应，应用受到一定限制，所以此法仅适用于双线性变换法。这种直接由模拟原型滤波器变换到数字滤波器的方法，也称原型变换法。

下面分别讨论与这 3 种方法相关的 z 平面变换法、s 平面变换法以及原型变换法。z 平面变换或 s 平面变换的作用都是改变原滤波器的频率特性，其实质是频率变换，所以统称频率变换法。

6.5.1　z 平面变换法——数字域的频率变换

前面两节讨论了由模拟原型低通滤波器设计数字低通滤波器的方法。现在讨论以已知数字低通滤波器 $H_l(z)$ 为原型，通过适当的频率变换，设计其他所需数字滤波器 $H_d(z)$ 的方法。因为这种变换的 $H_l(z)$ 与 $H_d(z)$ 的自变量都是数字域变量，所以称 z 平面变换法。z 平面变换的作用是改变原滤波器的频率特性，其实质是数字域的频率变换，所以属于频率变换法。

为了区分变换前后的两个不同的 z 平面，设变换前为小 z 平面，变换后为大 Z 平面，其映射关系为

$$z^{-1} = G(Z^{-1}) \tag{6.5-1}$$

z 平面变换可以表示为

$$H_d(z) = H_l(z^{-1}) \big|_{z^{-1}=G(Z^{-1})} \tag{6.5-2}$$

对 $G(Z^{-1})$ 映射的第一个要求是变换前后的两个系统函数频响要有一定对应关系，因此小 z 平面单位圆应映射为大 Z 平面单位圆。第二个要求是变换前后系统稳定性不变，所以小 z 平面单位圆内要与大 Z 平面单位圆内对应。

设 $\mathrm{e}^{\mathrm{j}\theta}$ 为小 z 平面的单位圆，$\mathrm{e}^{\mathrm{j}\omega}$ 为大 Z 平面的单位圆，将满足 z 域频率变换的两个条件代入式（6.5-1），有

$$\mathrm{e}^{-\mathrm{j}\theta} = G(\mathrm{e}^{-\mathrm{j}\omega}) = |G(\mathrm{e}^{-\mathrm{j}\omega})| \, \mathrm{e}^{-\mathrm{j}\varphi(\omega)} \tag{6.5-3}$$

式中

$$|G(\mathrm{e}^{-\mathrm{j}\omega})| = 1 \tag{6.5-4}$$

$$\theta = \varphi(\omega) \tag{6.5-5}$$

由式（6.5-4）可见，函数 $G(Z^{-1})$ 在单位圆上恒为1，是一个全通函数。任意一个全通函数可以表示为

$$G(Z^{-1}) = \pm \prod_{i=1}^{N} \frac{Z^{-1} - \alpha_i^*}{1 - \alpha_i Z^{-1}} \tag{6.5-6}$$

由式（6.5-6）我们分析全通函数的特点：第一，只要有一个极点 α_i，就有一个零点 $1/\alpha_i^*$，零、极点成对出现。由于 $G(Z^{-1})$ 要满足映射后稳定性不变，所以这些极点一定在单位圆内（$|\alpha_i| < 1$）。第二，当 ω 由 $0 \sim \pi$ 时，全通函数的相位 $\theta = \varphi(\omega)$ 变化量为 $0 \sim N\pi$，N 是全通函数的阶数。

下面根据全通函数特点，具体讨论数字域的频率变换法。

1. 低通→低通

从低通到低通的变换，$H_l(e^{j\theta})$、$H_d(e^{j\omega})$ 均为低通，但是截止频率各不相同。所以当 $H_d(e^{j\omega})$ 的相位 ω 由0到 π 变化时，$H_l(e^{j\theta})$ 的相位 $\theta = \varphi(\omega)$ 也是由0变到 π。$\varphi(\omega)$ 的最大变化量为 π，$G(Z^{-1})$ 应为一阶全通函数。将 ω 与 θ 等于0及 π 分别代入式（6.5-3），有

$$e^{-j\theta}\big|_{\theta=0} = G(e^{-j\omega}\big|_{\omega=0}) \rightarrow G(1) = 1$$

$$e^{-j\theta}\big|_{\theta=\pi} = G(e^{-j\omega}\big|_{\omega=\pi}) \rightarrow G(-1) = -1$$

这是从低通到低通变换的一阶全通函数应满足的两个条件，满足上述关系的映射函数为

$$z^{-1} = G(Z^{-1}) = \frac{Z^{-1} - \alpha}{1 - \alpha Z^{-1}} \tag{6.5-7}$$

即当 α 为实数，且 $|\alpha| < 1$ 时，可以实现所要求的从低通到低通的变换。

由式（6.5-7）可以推得数字域频率变换关系为

$$e^{-j\theta} = \frac{e^{-j\omega} - \alpha}{1 - \alpha e^{-j\omega}} \tag{6.5-8}$$

再由式（6.5-8）可以解出 ω 与 θ 的关系为

$$\omega = \arctan\left[\frac{(1 - \alpha^2)\,\sin\theta}{2\alpha + (1 + \alpha^2)\,\cos\theta}\right] \tag{6.5-9}$$

$\omega \sim \theta$ 关系曲线如图 6.5-2 所示，由曲线可知，$\alpha > 0$ 时，变换频率压缩，即原截止频率 ω_c 高，变换后的截止频率 ω_c 低；$\alpha < 0$ 时，变换频率扩展，即原截止频率 θ_c 低，变换后的截止频率 ω_c 高。因此只要确定了参数 α，将式（6.5-7）代入式（6.5-2）就完成了从数字低通到数字低通的变换。

参数 α 可由式（6.5-8）确定。若数字低通原型截止频率为 θ_c，变换后截止频率为 ω_c，代入式（6.5-8），为

$$e^{-j\theta_c} = \frac{e^{-j\omega_c} - \alpha}{1 - \alpha e^{-j\omega_c}}$$

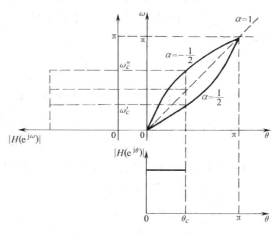

图 6.5-2　数字域低通—低通频率变换关系

整理，并解出

$$\alpha = \frac{e^{-j\omega_c} - e^{-j\theta_c}}{1 - e^{-j(\omega_c + \theta_c)}} = \frac{\sin \dfrac{\theta_c - \omega_c}{2}}{\sin \dfrac{\theta_c + \omega_c}{2}} \tag{6.5-10}$$

例 6.5-1　设计一个数字切比雪夫低通滤波器，数字低通滤波器指标：截止频率 $\omega_p = 0.4\pi$，通带最大衰减 1dB；阻带最小衰减 15dB。

解：例 6.4-4 曾设计了一个截止频率为 0.2π 的数字切比雪夫低通滤波器。现在就用它做数字低通滤波器的原型 $H_l(z)$，经过平面变换法，设计所要求的数字低通滤波器 $H_d(z)$。由已知条件 $\theta_p = 0.2\pi$，$\omega_p = 0.4\pi$，

$$\alpha = \frac{\sin \dfrac{\theta_p - \omega_p}{2}}{\sin \dfrac{\theta_p + \omega_p}{2}} \cong -0.618$$

代入式（6.5-7），得
$$z^{-1} = \frac{Z^{-1} + 0.618}{1 + 0.618 Z^{-1}}$$

数字切比雪夫低通滤波器

$$
\begin{aligned}
H_d(Z) &= H_l(z) \Big|_{z^{-1} = \frac{Z^{-1} + 0.618}{1 + 0.618 Z^{-1}}} \\
&= \frac{0.001836(1 + z^{-1})^4}{(1 - 1.4996 z^{-1} + 0.8482 z^{-2})(1 - 1.5548 z^{-1} + 0.6493 z^{-2})} \Bigg|_{z^{-1} = \frac{Z^{-1} + 0.618}{1 + 0.618 Z^{-1}}} \\
&= \frac{0.918 \times 10^{-2}(0.7162 + 2.135 Z^{-1} + 2.864 Z^{-2} + 2.135 Z^{-3} + 0.7162 Z^{-4})}{(0.7178 - 0.2752 Z^{-1} + 0.1759 Z^{-2})(0.4965 + 0.2651 Z^{-1} + 0.3792 Z^{-2})}
\end{aligned}
$$

由 $H_l(z)$ 变换到 $H_d(Z)$ 的 MATLAB 程序及结果详见 6.8.5 节例 6.8-18。

2. 低通→高通

如果一个数字低通滤波器的频响函数在频率轴上平移 π，或者说在单位圆上旋转 π，那么，将形成数字高通的频响函数。因此只要将低通→低通变换的映射关系中所有 Z 变为 $-Z$，单位圆上的频响旋转了 π，由数字低通就变换为数字高通滤波器，即低通→高通变换的映射关系为

$$G(Z^{-1}) = \frac{-Z^{-1} - \alpha}{1 + \alpha Z^{-1}} = \frac{-(Z^{-1} + \alpha)}{1 + \alpha Z^{-1}} \tag{6.5-11}$$

由式（6.5-11）可以推得其数字域频率变换关系为

$$e^{-j\theta} = -\frac{e^{-j\omega} + \alpha}{1 + \alpha e^{-j\omega}} = \frac{e^{-j(\omega + \pi)} - \alpha}{1 - \alpha e^{-j(\omega + \pi)}} \tag{6.5-12}$$

由式（6.5-12）可见，对应的频率关系是 $\theta \to \omega + \pi$，而不是 ω。这使得频谱在单位圆上旋转了 π，或 $H_l(e^{j\theta})$ 平移了 π 形成 $H_d(e^{j\omega})$，即 $H_l(e^{j\theta})\big|_{\theta=0} \to H_d(e^{j\omega})\big|_{\omega=\pi}$，$H_l(e^{j\theta})\big|_{\theta=\pi} \to H_d(e^{j\omega})\big|_{\omega=2\pi}$，如图 6.5-3 所示。

与低通→低通的变换一样，低通→高通的变换关键是求参数 α。若数字低通原型截止频率为 θ_c，变换后高通的截止频率为 ω_c，代入式（6.5-12），有

$$e^{-j\theta_c} = \frac{e^{-j\omega_c} + \alpha}{1 + \alpha e^{-j\omega_c}}$$

整理，并解出

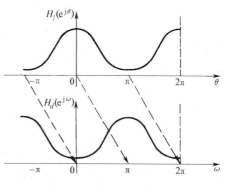

$$\alpha = -\frac{\cos\dfrac{\theta_c - \omega_c}{2}}{\cos\dfrac{\theta_c + \omega_c}{2}} \qquad (6.5\text{-}13a)$$

若计算结果 $|\alpha| > 1$，就取其倒数为

$$\alpha = -\frac{\cos\dfrac{\theta_c + \omega_c}{2}}{\cos\dfrac{\theta_c - \omega_c}{2}} \qquad (6.5\text{-}13b)$$

图 6.5-3　数字域低通—高通
频率变换示意图

例 6.5-2　设计一个数字切比雪夫高通滤波器，数字高通滤波器指标：截止频率 $\omega_p = 0.6\pi$，通带最大衰减 1dB；阻带最小衰减 15dB。

解： 在上节例 6.4-4 曾设计了一个截止频率为 0.2π 的数字切比雪夫低通滤波器。现在就用它做数字高通滤波器的原型 $H_l(z)$，经过平面变换法，设计出如图 6.5-4 所示的数字高通滤波器 $H_d(z)$。

由已知条件 $\theta_p = 0.2\pi$，$\omega_p = 0.6\pi$

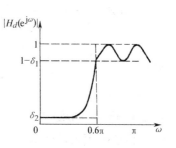

图 6.5-4　例 6.5-2 所需高通

$$\alpha = -\frac{\cos\dfrac{\omega_2 + \omega_1}{2}}{\cos\dfrac{\omega_2 - \omega_1}{2}} \approx -0.38197$$

代入式（6.5-11），得

$$z^{-1} = -\frac{Z^{-1} - 0.38197}{1 - 0.38197Z^{-1}}$$

数字切比雪夫高通滤波器

$$H_d(Z) = H_l(z)\Big|_{z^{-1} = -\frac{Z^{-1} - 0.38197}{1 - 0.38197Z^{-1}}}$$

$$= \frac{0.001836\ (1 + z^{-1})^4}{(1 - 1.4996z^{-1} + 0.8482z^{-2})\ (1 - 1.5548z^{-1} + 0.6493z^{-2})}\Bigg|_{z^{-1} = -\frac{Z^{-1} - 0.38197}{1 - 0.38197Z^{-1}}}$$

$$= \frac{0.02313\ (0.1021 - 0.1751Z^{-1} + 0.1751Z^{-2} - 0.1751Z^{-3} + 0.1021Z^{-4})}{(0.265 + 0.276Z^{-1} + 0.1065Z^{-2})\ (1.312 + 0.7297Z^{-1} + 1.003Z^{-2})}$$

$$= \frac{0.00236 - 0.00405Z^{-1} + 0.00405Z^{-2} - 0.00405Z^{-3} + 0.00236Z^{-4}}{0.34768 + 0.55574Z^{-1} + 0.6069Z^{-2} + 0.3545Z^{-3} + 0.1068Z^{-4}}$$

由 $H_l(z)$ 变换为 $H_d(Z)$ 的 MATLAB 程序及结果详见 6.8.5 节例 6.8-19。

3. 低通→带通

低通→带通的变换就是要将截止频率为 θ_c 的数字低通 $H_l(e^{j\theta})$，变换为以中心频率为 ω_0 的数字带通 $H_d(e^{j\omega})$。数字域低通→带通频率变换示意图如图 6.5-5 所示。由图可见，数字

带通的中心频率 ω_0 对应数字低通原型的中心，即 $\theta = 0$ 点；当带通频率 ω 由 $0 \rightarrow \omega_0$ 时，低通 θ 由 $-\pi \rightarrow 0$；当带通频率 ω 由 $\omega_0 \rightarrow \pi$ 时，低通 θ 由 $0 \rightarrow \pi$。即 ω 从 $0 \rightarrow \pi$ 时，θ 由 $-\pi \rightarrow \pi$ 相应的变化是 2π，相应变换关系的全通函数阶数 $N = 2$。

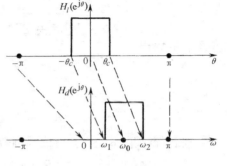

图 6.5-5　数字域低通→带通
频率变换示意图

所以低通→带通变换的映射关系为

$$G(Z^{-1}) = -\frac{Z^{-1} - \alpha^*}{1 - \alpha Z^{-1}} \cdot \frac{Z^{-1} - \alpha}{1 - \alpha^* Z^{-1}} \qquad (6.5\text{-}14)$$

将数字域频率变换的对应关系 $\omega_1 \rightarrow -\theta_c$、$\omega_2 \rightarrow \theta_c$ 代入式 (6.5-14)，可以确定 $G(Z^{-1})$ 为

$$G(Z^{-1}) = -\frac{Z^{-2} - \dfrac{2\alpha k}{k+1} Z^{-1} + \dfrac{k-1}{k+1}}{\dfrac{k-1}{k+1} Z^{-2} - \dfrac{2\alpha k}{k+1} Z^{-1} + 1} \qquad (6.5\text{-}15)$$

式中，

$$\alpha = \frac{\cos[(\omega_1 + \omega_2)/2]}{\cos[(\omega_2 - \omega_1)/2]}$$

$$k = \cot[(\omega_2 - \omega_1)/2] \tan(\theta_c/2)$$

4. 低通→带阻

低通→带阻的变换，也可以利用带通旋转 π 的关系完成。由此可得 $G(Z^{-1})$

$$G(Z^{-1}) = \frac{Z^2 - \dfrac{2\alpha}{k+1} Z^{-1} + \dfrac{1-k}{1+k}}{\dfrac{1-k}{1+k} Z^{-2} - \dfrac{2\alpha}{k+1} Z^{-1} + 1} \qquad (6.5\text{-}16)$$

式中

$$\alpha = \frac{\cos[(\omega_1 - \omega_2)/2]}{\cos[(\omega_2 + \omega_1)/2]}$$

$$k = \tan[(\omega_2 - \omega_1)/2] \tan(\theta_c/2)$$

以上 z 平面变换法的映射关系及参数见表 6.5-1。

表 6.5-1　z 平面变换法的映射关系及参数

变换关系	$G(Z^{-1})$	参　数
低通→低通	$G(Z^{-1}) = \dfrac{Z^{-1} - \alpha}{1 - \alpha Z^{-1}}$	$\alpha = \dfrac{\sin[(\theta_c - \omega_c)/2]}{\sin[(\theta_c + \omega_c)/2]}$
低通→高通	$G(Z^{-1}) = \dfrac{-Z^{-1} - \alpha}{1 + \alpha Z^{-1}} = \dfrac{-(Z^{-1} + \alpha)}{1 + \alpha Z^{-1}}$	$\alpha = -\dfrac{\cos[(\theta_c - \omega_c)/2]}{\cos[(\theta_c + \omega_c)/2]}$
低通→带通	$G(Z^{-1}) = -\dfrac{Z^{-2} - \dfrac{2\alpha k}{k+1} Z^{-1} + \dfrac{k-1}{k+1}}{\dfrac{k-1}{k+1} Z^{-2} - \dfrac{2\alpha k}{k+1} Z^{-1} + 1}$	$\alpha = \dfrac{\cos[(\omega_1 + \omega_2)/2]}{\cos[(\omega_2 - \omega_1)/2]}$ $k = \cot[(\omega_2 - \omega_1)/2] \tan(\theta_c/2)$
低通→带阻	$G(Z^{-1}) = \dfrac{Z^2 - \dfrac{2\alpha}{k+1} Z^{-1} + \dfrac{1-k}{1+k}}{\dfrac{1-k}{1+k} Z^{-2} - \dfrac{2\alpha}{k+1} Z^{-1} + 1}$	$\alpha = \dfrac{\cos[(\omega_1 - \omega_2)/2]}{\cos[(\omega_2 + \omega_1)/2]}$ $k = \tan[(\omega_2 - \omega_1)/2] \tan(\theta_c/2)$

注：表 6.5-1 中的 θ_c 为原型数字低通 $H_l(e^{j\theta})$ 的截止频率，ω_c 为待求数字低（高）通的截止频率；ω_1、ω_2 为待求数字带通（阻）的上、下截止（边界）频率。

6.5.2 s 平面变换法——模拟域的频率变换

s 平面变换法实质是模拟域的频率变换，是由归一化模拟原型低通设计所需数字滤波器的第二种方法的第一步。该方法的第二步是前面已经讨论过的 $s \rightarrow z$ 平面映射，既可以用冲激不变法（有一定限制），也可以用双线性变换法。所以这种方法的关键就是第一步模拟域的频率变换。

归一化的模拟原型低通的设计简便、通用。尤其是利用归一化的模拟原型低通，经适当的频率变换可以求得实际（非归一化）低通、高通、带通、带阻滤波器。与数字域的频率变换法类似，有一组变换关系可以实现所需要的模拟域频率变换。用 s' 表示变换前的自变量，s 表示变换后的自变量，$H_l(s')$ 表示归一化的模拟原型低通的系统函数，归一化的模拟原型低通的截频为 $\Omega_p = 1$，则 s 平面变换法的变换关系有

1. 低通→低通

$$s' = \frac{s}{\Omega_2} \tag{6.5-17}$$

式中，Ω_2 是低通的截止频率。

非归一化的模拟低通的系统函数为

$$H_L(s) = H_l(s') \big|_{s' = s/\Omega_2} \tag{6.5-18}$$

式（6.5-18）实际也是模拟原型低通去归一化公式。

2. 低通→高通

$$s' = \frac{\Omega_2}{s}$$

式中，Ω_2 是高通的截止频率。

非归一化的模拟高通的系统函数为

$$H_H(s) = H_l(s') \big|_{s' = \Omega_2/s} \tag{6.5-19}$$

特别地，当 $\Omega_2 = 1$ 时

$$s' = \frac{1}{s}$$

归一化的模拟高通的系统函数为

$$H_H(s) = H_l(s') \big|_{s' = 1/s}$$

3. 低通→带通

$$s' = \frac{s^2 + \Omega_1 \Omega_2}{s(\Omega_2 - \Omega_1)} = \frac{s^2 + \Omega_0^2}{s(\Omega_2 - \Omega_1)} \tag{6.5-20}$$

式中，Ω_1 是带通的下截止频率；Ω_2 是带通的上截止频率；Ω_0 是带通的中心频率，$\Omega_0^2 = \Omega_1 \Omega_2$。

非归一化的模拟带通的系统函数为

$$H_B(s) = H_l(s') \big|_{s' = \frac{s^2 + \Omega_1 \Omega_2}{s(\Omega_2 - \Omega_1)} = \frac{s^2 + \Omega_0^2}{s(\Omega_2 - \Omega_1)}} \tag{6.5-21}$$

4. 低通→带阻

$$s' = \frac{s(\Omega_2 - \Omega_1)}{s^2 + \Omega_1 \Omega_2} = \frac{s(\Omega_2 - \Omega_1)}{s^2 + \Omega_0^2} \tag{6.5-22}$$

式中，Ω_1 是带阻的下截止频率；Ω_2 是带阻的上截止频率；$\Omega_0 = \sqrt{\Omega_1\Omega_2}$ 是带阻的中心频率。

非归一化的模拟带阻的系统函数为

$$H_S(s) = H_l(s') \Big|_{s' = \frac{s(\Omega_2 - \Omega_1)}{s^2 + \Omega_1\Omega_2} = \frac{s(\Omega_2 - \Omega_1)}{s^2 + \Omega_0^2}} \tag{6.5-23}$$

6.5.3　模拟原型直接变换法的一般设计方法

现在讨论通过归一化模拟低通原型滤波器直接设计各种数字滤波器的方法，这种方法称为模拟原型直接变换法，其特点是不经过数字域或模拟域的频率变换，直接完成 $s \to z$ 的变换。由于冲激不变法的混叠效应，使其应用受到一定限制，所以原型直接变换法只讨论双线性变换。设计的一般过程可以归纳为以下步骤：

1）根据数字滤波器指标，确定数字滤波器各临界频率 ω_k。

2）由双线性变换关系将 ω_k 变换为模拟低通截止频率 Ω_c。

3）由 Ω_c、衰减指标求出模拟原型滤波器传递函数 $H_a(s)$。

4）由双线性变换关系将 $H_a(s)$ 转变为数字滤波器的系统函数 $H(z)$。

1. 模拟低通→数字低通变换

模拟低通到数字低通的变换关系为

$$H_L(z) = H_a(s) \Big|_{s = \frac{1 - z^{-1}}{1 + z^{-1}}} \tag{6.5-24}$$

这正是 6.4 节所讨论的双线性变换，

不过为了方便，这里设 $T = 2$。由 $s = \dfrac{1 - z^{-1}}{1 + z^{-1}}$ 得到频率变换关系为

$$\Omega = \tan\frac{\omega}{2} \tag{6.5-25}$$

直接原型低→低的频率变换关系示意图如图 6.5-6 所示。设计过程归纳为以下步骤：

1）根据给定数字滤波器指标，确定数字临界频率 ω_c。

2）模拟低通截止频率 $\Omega_c = \tan(\omega_c/2)$。

3）将 $\Omega_c = \tan(\omega_c/2)$ 代入得到模拟低通原型传递函数 $H_a(s)$。

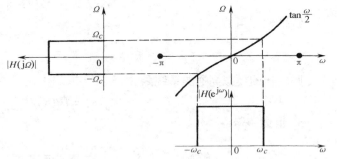

图 6.5-6　直接原型低→低频率变换示意图

4）$H_L(z) = H_a(s) \Big|_{s = \frac{1 - z^{-1}}{1 + z^{-1}}}$

例 6.5-3　系统的采样间隔 $T = 250\mu s$（$f_s = 4\text{kHz}$），要求设计一个三阶巴特沃思低通滤波器，其三分贝截止频率 $f_c = 1\text{kHz}$。

解：1）根据给定数字滤波器指标，确定 DF 临界频率 ω_c。

$$\omega_c = \Omega_c T = 2\pi f_c T = 2\pi \frac{10^3}{4 \cdot 10^3} = \frac{\pi}{2} = 0.5\pi$$

2）由双线性变换关系将 ω_c 变换为模拟域临界频率 $\Omega_c = \tan\dfrac{\omega_c}{2}$，则 $\Omega_c = 1$。

3）按 Ω_c、衰减指标求出 AF 的传递函数 $H_a(s)$。

三阶巴特沃思归一化低通原型

$$H_a(s') = \frac{1}{s'^3 + 2s'^2 + 2s' + 1}$$

$$H_a(s) = H_a(s')\Big|_{s'=s/\Omega_c} = \frac{\Omega_c^3}{s^3 + 2s^2\Omega_c + 2s\Omega_c^2 + \Omega_c^3} = \frac{1}{s^3 + 2s^2 + 2s + 1}$$

4）由双线性变换关系将 $H_a(s)$ 转变为 DF 的系统函数 $H(z)$。

$$H(z) = H_a(s)\Big|_{s=\frac{1-z^{-1}}{1+z^{-1}}} = \frac{1}{\left(\dfrac{1-z^{-1}}{1+z^{-1}}\right)^3 + 2\left(\dfrac{1-z^{-1}}{1+z^{-1}}\right)^2 + 2\left(\dfrac{1-z^{-1}}{1+z^{-1}}\right) + 1}$$

$$= \frac{(1+z^{-1})^3}{(1-z^{-1})^3 + 2(1-z^{-1})^2(1+z^{-1}) + 2(1-z^{-1})(1+z^{-1})^2 + (1+z^{-1})^3}$$

$$= \frac{(1+z^{-1})^3}{6 + 2z^{-2}} = \frac{1 + 3z^{-1} + 3z^{-2} + z^{-3}}{6 + 2z^{-2}} = \frac{0.1667 + 0.5z^{-1} + 0.5z^{-2} + 0.1667z^{-3}}{1 + 0.3333z^{-2}}$$

2. 模拟低通→数字高通变换

模拟滤波器的频率变换中，若 $H_a(s)$ 是模拟低通滤波器的系统函数，则 $H_a(1/s)$ 就是高通滤波器的系统函数。这一关系也适用双线性变换。所以模拟低通到数字高通的变换关系为

$$H_H(z) = H_a(s)\Big|_{s=\frac{1+z^{-1}}{1-z^{-1}}} \tag{6.5-26}$$

由 $s = \dfrac{1+z^{-1}}{1-z^{-1}}$ 得到频率变换关系为

$$\Omega = \cot\frac{\omega}{2} \tag{6.5-27}$$

直接原型低→高的频率变换关系示意图如图 6.5-7 所示。

一般设计步骤：

1）根据数字滤波器指标，确定数字临界频率 ω_c。

2）模拟低通截止频率 $\Omega_c = \cot(\omega_c/2)$。

3）将 $\Omega_c = \cot(\omega_c/2)$ 代入得到模拟低通原型传递函数 $H_a(s)$。

4）$H_h(z) = H_a(s)\Big|_{s=\frac{1+z^{-1}}{1-z^{-1}}}$。

例 6.5-4 用双线性变换设计一个三阶巴特沃思高通滤波器，采样频率 $f_s = 6\mathrm{kHz}$，要求其三分贝截止频率 $f_c = 1.5\mathrm{kHz}$（不计 3kHz 以上的频率分量）。

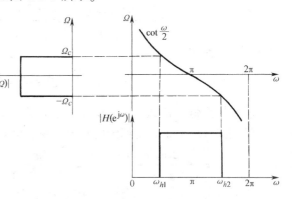

图 6.5-7　直接原型低→高频率变换示意图

解：1）确定 DF 临界频率 ω_c：

$$\omega_c = \Omega_c T = 2\pi f_c/f_s = 2\pi\frac{1.5}{6} = \frac{\pi}{2} = 0.5\pi$$

2）由双线性变换关系将 ω_c 变换为模拟域临界频率 $\Omega_c = \cot\dfrac{\omega_c}{2}$，则 $\Omega_c = 1$。

3）按 Ω_c、衰减指标求出 AF 的归一化传递函数 $H_a(s)$。

三阶巴特沃思归一化低通原型

$$H_a(s') = \frac{1}{s'^3 + 2s'^2 + 2s' + 1}$$

$$H_a(s) = H_a(s')\Big|_{s' = s/\Omega_c} = \frac{\Omega_c^3}{s^3 + 2s^2\Omega_c + 2s\Omega_c^2 + \Omega_c^3} = \frac{1}{s^3 + 2s^2 + 2s + 1}$$

4）由双线性变换关系将 $H_a(s)$ 转变为 DF 的系统函数 $H(z)$。$H_a(s) \rightarrow H(z)$

$$H(z) = H_a(s)\Big|_{s = \frac{1+z^{-1}}{1-z^{-1}}} = \frac{1}{\left(\dfrac{1+z^{-1}}{1-z^{-1}}\right)^3 + 2\left(\dfrac{1+z^{-1}}{1-z^{-1}}\right)^2 + 2\left(\dfrac{1+z^{-1}}{1-z^{-1}}\right) + 1}$$

$$= \frac{(1-z^{-1})^3}{(1+z^{-1})^3 + 2(1+z^{-1})^2(1-z^{-1}) + 2(1+z^{-1})(1-z^{-1})^2 + (1-z^{-1})^3}$$

$$= \frac{(1-z^{-1})^3}{6 + 2z^{-2}} = \frac{1 - 3z^{-1} + 3z^{-2} - z^{-3}}{6 + 2z^{-2}} = \frac{0.1667 - 0.5z^{-1} + 0.5z^{-2} - 0.1667z^{-3}}{1 + 0.3333z^{-2}}$$

3. 模拟低通→数字带通变换

要实现模拟低通→数字带通的变换，就要将模拟低通的 $\Omega = 0$ 映射到数字带通的中心频率 $\pm\omega_0$ 上，而 $\Omega = \pm\infty$ 要映射到数字频率的高低端 $\omega = \pi$ 及 $\omega = 0$ 上。即 s 平面的原点 $s = 0$ 要映射 z 平面的 $z = e^{\pm j\omega_0}$，$s = \pm j\infty$ 要映射 z 平面的 $z = \pm 1$。这样模拟低通到数字带通的变换关系为

$$s = \frac{(z - e^{j\omega_0})(z - e^{-j\omega_0})}{(z - 1)(z + 1)} = \frac{z^2 - 2z\cos\omega_0 + 1}{z^2 - 1} \tag{6.5-28}$$

式中，ω_0 是数字带通中心频率。

将 $z = e^{j\omega}$ 代入上式

$$s = \frac{e^{j2\omega} - 2e^{j\omega}\cos\omega_0 + 1}{e^{j2\omega} - 1} = \frac{(e^{j\omega} + e^{-j\omega}) - 2\cos\omega_0}{(e^{j\omega} - e^{-j\omega})} = j\frac{\cos\omega_0 - \cos\omega}{\sin\omega}$$

得到频率变换关系为

$$\Omega = \frac{\cos\omega_0 - \cos\omega}{\sin\omega} \tag{6.5-29}$$

直接原型低→带通的频率变换关系示意图如图 6.5-8 所示。

证明式（6.5-28）是稳定的映射关系，设 $z = r \geqslant 0$，代入式（6.5-28）

$$s = \frac{z^2 - 2z\cos\omega_0 + 1}{z^2 - 1}\Big|_{z=r} = \frac{r^2 - 2r\cos\omega_0 + 1}{r^2 - 1} = \frac{(r-1)^2 + 2r(1 - \cos\omega_0)}{r^2 - 1} = \sigma$$

上式的分子永远是非负的，所以 σ 的正负取决于分母 $r^2 - 1$ 的正负。可以看到在 z 平面单位圆内 $r < 1$ 时，对应 $\sigma < 0$ 是 s 的左半平面；而在 z 平面上 $r > 1$ 单位圆外时，对应 $\sigma > 0$ 是 s 的右半平面。所以稳定的模拟系统可以映射为稳定的数字系统。

通过模拟低通设计数字带通，除了要知道模拟低通的截止频率 Ω_c，由式（6.5-29）频率变换关系，还要知道数字带通的中心频率 ω_0。一般数字滤波器设计带通，只给出上、下截止频率 ω_1 与 ω_2，利用这两个参数就可以计算 ω_0、Ω_c。

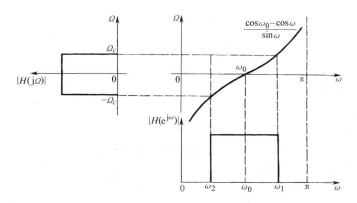

图 6.5-8　直接原型低→带通频率变换示意图

由图 6.5-8 及式（6.5-29），有等式

$$\Omega_c = \frac{\cos\omega_0 - \cos\omega_1}{\sin\omega_1} = -\frac{\cos\omega_0 - \cos\omega_2}{\sin\omega_2} \qquad (6.5\text{-}30)$$

式中，ω_1 是数字带通上截止频率；ω_2 是数字带通下截止频率；Ω_c 是模拟低通截止频率。

再利用上面的等式（6.5-30），解出

$$\cos\omega_0 = \frac{\cos\omega_1\sin\omega_2 + \cos\omega_2\sin\omega_1}{\sin\omega_1 + \sin\omega_2} = \frac{\sin(\omega_2 + \omega_1)}{\sin\omega_1 + \sin\omega_2} \qquad (6.5\text{-}31)$$

$$= \frac{2\sin\dfrac{\omega_2 + \omega_1}{2}\cos\dfrac{\omega_2 + \omega_1}{2}}{2\sin\dfrac{\omega_2 + \omega_1}{2}\cos\dfrac{\omega_1 - \omega_2}{2}} = \frac{\cos\dfrac{\omega_2 + \omega_1}{2}}{\cos\dfrac{\omega_1 - \omega_2}{2}} \qquad (6.5\text{-}32)$$

对式（6.5-32）取反余弦，得到 ω_0 为

$$\omega_0 = \arccos\left[\frac{\cos\dfrac{\omega_2 + \omega_1}{2}}{\cos\dfrac{\omega_1 - \omega_2}{2}}\right] \qquad (6.5\text{-}33)$$

归纳以下设计步骤：

1）根据给定数字滤波器指标，确定数字临界频率 ω_k。

2）确定模拟低通截止频率 $\Omega_c = \dfrac{\cos\omega_0 - \cos\omega_1}{\sin\omega_1}$。

3）将 Ω_c 代入得到低通原型模拟传递函数 $H_a(s)$。

4）$H_B(z) = H_a(s)\big|_{s = \frac{z^2 - 2z\cos\omega_0 + 1}{z^2 - 1}}$。

例 6.5-5　系统的采样间隔 $T = 10\mu s$（$f_s = 10\text{kHz}$），要求设计一个三阶巴特沃思带通滤波器，其三分贝上、下截止频率 $f_1 = 12.5\text{kHz}$，$f_2 = 37.5\text{kHz}$。

解：1）确定 DF 性能要求，确定 DF 临界频率 ω_k。

$$\omega_1 = \Omega_1 T = 2\pi f_1 T = 2\pi\frac{12.5}{100} = \frac{\pi}{4} = 0.25\pi$$

$$\omega_2 = \Omega_2 T = 2\pi f_2 T = 2\pi\frac{37.5}{100} = \frac{3\pi}{4} = 0.75\pi$$

$$\omega_0 = \cos^{-1}\frac{\cos\left(\dfrac{\omega_1+\omega_2}{2}\right)}{\cos\left(\dfrac{\omega_1-\omega_2}{2}\right)} = \cos^{-1}\frac{\cos\left(\dfrac{\pi}{2}\right)}{\cos\left(\dfrac{0.5}{2}\right)} = \frac{\pi}{2}$$

2）确定模拟临界频率 Ω_k。

$$\Omega_c = \frac{\cos\omega_0 - \cos\omega_2}{\sin\omega_2} = \frac{\cos(\pi/2) - \cos(3\pi/4)}{\sin(3\pi/4)} = 1$$

3）将 $\{\Omega_k\}$ 代入模拟低通原型得到传递函数 $H_a(s)$。

三阶巴特沃思归一化低通原型

$$H_a(s') = \frac{1}{s'^3 + 2s'^2 + s' + 1}$$

$$H_a(s) = H_a(s')\Big|_{s' = s/\Omega_c} = \frac{\Omega_c^3}{s^3 + 2s^2\Omega_c + 2s\Omega_c^2 + \Omega_c^3} = \frac{1}{s^3 + 2s^2 + 2s + 1}$$

4）$H(z) = H_a(s)\Big|_{s = \dfrac{z^2 - 2z\cos\omega_0 + 1}{z^2 - 1} = \dfrac{z^2+1}{z^2-1}}$

$$= \frac{1}{\left(\dfrac{z^2+1}{z^2-1}\right)^3 + 2\left(\dfrac{z^2+1}{z^2-1}\right)^2 + 2\left(\dfrac{z^2+1}{z^2-1}\right) + 1} = \frac{1}{2} \cdot \frac{(1-z^{-2})^3}{3 + z^{-4}}$$

4. 模拟低通→数字带阻变换

将带通的关系倒置即为带阻滤波器的关系，所以模拟低通到数字带阻的变换关系为

$$s = \frac{z^2 - 1}{z^2 - 2z\cos\omega_0 + 1} \quad (6.5\text{-}34)$$

式中，ω_0 是数字带阻中心频率。

解出频率变换关系

$$\Omega = \frac{\sin\omega}{\cos\omega_0 - \cos\omega} \quad (6.5\text{-}35)$$

直接原型低→带阻频率变换关系的示意图如图 6.5-9 所示。

与带通变换相似，由图 6.5-9 及式（6.5-35），得到等式

$$\Omega_c = \frac{\sin\omega_1}{\cos\omega_0 - \cos\omega_1} = -\frac{\sin\omega_2}{\cos\omega_0 - \cos\omega_2}$$

$$(6.5\text{-}36)$$

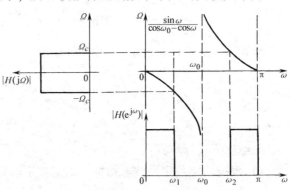

图 6.5-9 直接原型低→带阻频率变换示意图

式中，ω_1 是数字带阻的截止频率；ω_2 是数字带阻的上截止频率；Ω_c 是模拟低通的截止频率。

由等式（6.5-36）求出 $\cos\omega_0$ 和 ω_0，与式（6.5-31）、式（6.5-32）、式（6.5-33）完全相同。

设计归纳为以下步骤：

1）根据给定数字滤波器指标，确定数字临界频率 $\{\omega_k\}$。

2）确定模拟临界频率 $\Omega_c = \dfrac{\sin\omega_1}{\cos\omega_0 - \cos\omega_1} = -\dfrac{\sin\omega_2}{\cos\omega_0 - \cos\omega_2}$。

3）将 Ω_c 代入得到模拟低通原型传递函数 $H_a(s)$。

4）$H_S(z) = H_a(s)\Big|_{s=\frac{z^2-1}{z^2-2z\cos\omega_0+1}}$。

表 6.5-2 列出了原型设计的变换关系。

表 6.5-2 原型设计变换表

	变 换 关 系	频 率 关 系	步 骤
低通	$s = \dfrac{1-z^{-1}}{1+z^{-1}}$	$\Omega = \tan\dfrac{\omega}{2}$	1）$\omega_c = 2\pi f_c T = 2\pi f_c/f_s$ 2）确定 $\Omega_c = \tan\dfrac{\omega_c}{2}$ 3）$H_a(s') = H_a(s)\Big\|_{s'=s/\Omega_c}$ 4）$H(z) = H_a(s)\Big\|_{s=\frac{z-1}{z+1}}$
高通	$s = \dfrac{1+z^{-1}}{1-z^{-1}}$	$\Omega = \cot\dfrac{\omega}{2}$	1）$\omega_c = 2\pi f_c T = 2\pi f_c/f_s$ 2）确定 $\Omega_c = \cot\dfrac{\omega_c}{2}$ 3）$H_a(s') = H_a(s)\Big\|_{s'=s/\Omega_c}$ 4）$H(z) = H_a(s)\Big\|_{s=\frac{z+1}{z-1}}$
带通	$s = \dfrac{z^2-2z\cos\omega_0+1}{z^2-1}$	$\Omega = \dfrac{\cos\omega_0-\cos\omega}{\sin\omega}$ $\Omega_c = \dfrac{\cos\omega_0-\cos\omega_1}{\sin\omega_1}$	1）$\omega_1 = 2\pi f_1 T,\ \omega_2 = 2\pi f_2 T$ 2）$\omega_0 = \cos^{-1}\left[\dfrac{\cos\frac{\omega_2+\omega_1}{2}}{\cos\frac{\omega_1-\omega_2}{2}}\right]$ 3）$H_a(s') = H_a(s)\Big\|_{s'=s/\Omega_c}$ 4）$H(z) = H_a(s)\Big\|_{s=\frac{z^2-2z\cos\omega_0+1}{z^2-1}}$
带阻	$s = \dfrac{z^2-1}{z^2-2z\cos\omega_0+1}$	$\Omega = \dfrac{\sin\omega}{\cos\omega_0-\cos\omega}$ $\Omega_c = \dfrac{\sin\omega_1}{\cos\omega_0-\cos\omega_1}$	1）$\omega_1 = 2\pi f_1 T,\ \omega_2 = 2\pi f_2 T$ 2）$\omega_0 = \arccos\left[\dfrac{\cos\frac{\omega_2+\omega_1}{2}}{\cos\frac{\omega_1-\omega_2}{2}}\right]$ 3）$H_a(s') = H_a(s)\Big\|_{s'=s/\Omega_c}$ 4）$H(z) = H_a(s)\Big\|_{s=\frac{z^2-1}{z^2-2z\cos\omega_0+1}}$

6.6 IIR DF 的频域最优设计

前两节研究的 IIR DF 设计方法，都是通过设计一个模拟滤波器原型系统函数 $H_a(s)$，再经由一定的变换得到数字滤波器的系统函数 $H_d(z)$。如果 DF 的要求复杂，例如希望具有几个通带和阻带，或任意形状的幅频特性，或给定的是输入序列以及希望的输出序列，要求设计符合指标的 IIR DF，这时模拟滤波器就无能为力了。因此只能用直接逼近理想特性的方法设计 IIR DF，而不是通过模拟滤波器转换。

众所周知，可实现的频响 $H(e^{j\omega})$ 与理想频响 $H_d(e^{j\omega})$ 之间会有误差。在具体设计各种滤波器时，要根据实际需要满足不同误差准则。本节所讨论的直接逼近理想特性的方法，是在给定误差准则条件下，求出满足误差指标的可实现数字系统的系统函数 $H(z)$。具体设计时通常要借助计算机求解大量的线性或非线性的联立方程，所以也称 DF 的计算机辅助设计（CAD），利用 CAD 最终得到可以实现的 $H(e^{j\omega})$ 或 $H(z)$。这种满足某种误差准则条件的设计也称该准则下的最优设计，本节讨论的是 IIR DF 的频域最优设计。

既然是频域最优设计，其误差函数以及误差准则必定与频响函数有关。定义某频率观测点上幅度误差函数为

$$e(\omega_i) = |H(e^{j\omega_i})| - |H_d(e^{j\omega_i})| \tag{6.6-1}$$

1. 频域最大误差准则

设所有频率观测点上的最大误差为

$$E_m = \max[e(\omega)] \qquad \omega \in \{\omega_i\} \tag{6.6-2}$$

最优设计是利用 CAD 技术，确定 $H(z)$ 的各个系数，使得最大误差 E_m 最小，即为最大误差最小准则。

2. 频域均方误差准则

误差的能量是误差函数的均方值

$$E_2 = \sum_{i=1}^{M} [e(\omega_i)]^2 \tag{6.6-3}$$

最优设计是利用 CAD 技术，确定 $H(z)$ 的各个系数，使得均方误差最小。即误差能量最小，这是均方误差最小准则。还可有其他的误差准则，不一一介绍。误差函数也称为评价函数，目标函数。

6.6.1 频域最小均方误差

在一组离散的频率 $\{\omega_i\}$（$i = 1, 2, \cdots, M$）上规定理想的频响 $H_d(e^{j\omega})$，通常通带内取 $|H_d(e^{j\omega_i})| = 1$，阻带取 $|H_d(e^{j\omega_i})| = 0$。计算这些频率上的均方误差为

$$E = \sum_{i=1}^{M} [|H(e^{j\omega_i})| - |H_d(e^{j\omega_i})|]^2 \tag{6.6-4}$$

由 k 个二阶节级联表示的系统函数为

$$H(z) = A \prod_{l=1}^{k} \frac{1 + a_l z^{-1} + b_l z^{-2}}{1 + c_l z^{-1} + d_l z^{-2}} = A \prod_{l=1}^{k} G_l(z) = AG(z) \tag{6.6-5}$$

选择二阶节级联形式，是因为此结构对系数变化的敏感度较低，并且在最优化过程中，这种结构计算导数方便。

式（6.6-5）中

$$G_l(z) = \frac{1 + a_l z^{-1} + b_l z^{-2}}{1 + c_l z^{-1} + d_l z^{-2}} \qquad l = 1, 2, \cdots, k \qquad (6.6\text{-}6)$$

式中，a_l、b_l、c_l、d_l 是待定系数，则 $G(z)$ 共有 $4k$ 个系数。

将式 (6.6-5) 代入式 (6.6-4)，得到

$$\begin{aligned}
E &= \sum_{i=1}^{M} \left[\left| H(\mathrm{e}^{\mathrm{j}\omega_i}) \right| - \left| H_d(\mathrm{e}^{\mathrm{j}\omega_i}) \right| \right]^2 \\
&= \sum_{i=1}^{M} \left[|A| \left| G(\mathrm{e}^{\mathrm{j}\omega_i}) \right| - \left| H_d(\mathrm{e}^{\mathrm{j}\omega_i}) \right| \right]^2 \qquad (6.6\text{-}7)
\end{aligned}$$

我们要解决的问题是求出 $G(z)$ 中的 a_l、b_l、c_l、d_l 以及 $H(z)$ 中的 A，使均方误差 E 最小。为此求误差函数 E 对每个参数的导数，并令其为零。

令 $\qquad \dfrac{\partial E}{\partial A} = 0$

则 $\qquad \dfrac{\partial E}{\partial A} = \sum_{i=1}^{M} 2 \left[|A| \left| G(\mathrm{e}^{\mathrm{j}\omega_i}) \right| - \left| H_d(\mathrm{e}^{\mathrm{j}\omega_i}) \right| \right] G(\mathrm{e}^{\mathrm{j}\omega_i}) = 0$

解出关于 A 的一个方程

$$A = \frac{\displaystyle\sum_{i=1}^{M} \left| H_d(\mathrm{e}^{\mathrm{j}\omega_i}) \right| \left| G(\mathrm{e}^{\mathrm{j}\omega_i}) \right|}{\displaystyle\sum_{i=1}^{M} \left| G(\mathrm{e}^{\mathrm{j}\omega_i}) \right|^2} \qquad (6.6\text{-}8)$$

令 $\Phi = \{ a_1, b_1, c_1, d_1, a_2, b_2, c_2, d_2, \cdots\cdots, a_k, b_k, c_k, d_k \}$

求

$$\left.\begin{aligned}
\frac{\partial E(\Phi, A)}{\partial a_l} &= 0 \qquad l = 1, 2, \cdots, k \\[4pt]
\frac{\partial E(\Phi, A)}{\partial b_l} &= 0 \qquad l = 1, 2, \cdots, k \\[4pt]
\frac{\partial E(\Phi, A)}{\partial c_l} &= 0 \qquad l = 1, 2, \cdots, k \\[4pt]
\frac{\partial E(\Phi, A)}{\partial d_l} &= 0 \qquad l = 1, 2, \cdots, k
\end{aligned}\right\} \qquad (6.6\text{-}9)$$

求 E 对每个参数的导数，得到 $4k+1$ 个非线性方程，借助 CAD 解出这些方程，可得 $4k+1$ 个系数。如果指标满足不了实际需求，只有 k 增加，再重新计算。

实际设计时因为事前没有限制零、极点的位置，$G(\mathrm{e}^{\mathrm{j}\omega})$ 的某些极点可能在单位圆外，即有 $|z_p| = \rho_r > 1$，这使得所设计的系统不稳定。处理时可以用 $1/\rho_r$ 代替 ρ_r，而不会影响幅频特性的形状。假设极点 $z_p = \rho_r \mathrm{e}^{\mathrm{j}\theta}$，$\rho_r > 1$，则取 $z'_p = (1/\rho_r) \mathrm{e}^{\mathrm{j}\theta}$ 为极点，因为

$$\begin{aligned}
\left| \frac{1}{1 - \rho_r \mathrm{e}^{\mathrm{j}\theta} z^{-1}} \right|\Bigg|_{z = \mathrm{e}^{\mathrm{j}\omega}} &= \left| \frac{1}{1 - \rho_r \mathrm{e}^{\mathrm{j}\theta} \mathrm{e}^{-\mathrm{j}\omega}} \right| = \left| \frac{1}{1 - \rho_r \cos(\theta - \omega) - \mathrm{j}\rho_r \sin(\theta - \omega)} \right| \\
&= \frac{1}{\sqrt{[1 - \rho_r \cos(\theta - \omega)]^2 + [\rho_r \sin(\theta - \omega)]^2}} = \frac{1}{\sqrt{\rho_r^2 - 2\rho_r \cos(\theta - \omega) + 1}}
\end{aligned}$$

而

$$\left| \frac{1}{1 - (1/\rho_r) \mathrm{e}^{\mathrm{j}\theta} z^{-1}} \right|\Bigg|_{z = \mathrm{e}^{\mathrm{j}\omega}} = \left| \frac{1}{1 - (1/\rho_r) \mathrm{e}^{\mathrm{j}\theta} \mathrm{e}^{-\mathrm{j}\omega}} \right| = \left| \frac{1}{1 - (1/\rho_r)\cos(\theta - \omega) - \mathrm{j}(1/\rho_r)\sin(\theta - \omega)} \right|$$

$$= \frac{1}{\sqrt{[1 - (1/\rho_r) \cos (\theta - \omega)]^2 + [(1/\rho_r) \sin (\theta - \omega)]^2}} = \frac{\rho_r}{\sqrt{\rho_r^2 - 2\rho_r \cos (\theta - \omega) + 1}}$$

上面的推导结果表明两者的幅度只相差一个常数，一般用 z'_p 代替 z_p 后再做最优化的计算时会得到进一步的优化。

另外，相邻的 ω_i 之间的频率不要求相等，可以在幅度变化快的区间频率间隔取得小一些，以保证结果的正确性。而在幅度变化慢的区间频率间隔取得大一些，以减少计算工作量。例如设计一个截止频率为 0.1π 的低通滤波器，前 20 点的 ω_i 间隔可取 0.01π，而后面阻带的间隔可取 0.1π。

6.6.2　频域最小 p 误差准则

6.6.1 节介绍的是 IIR DF 的幅频特性最小均方误差设计。这种方法讨论的只涉及幅度函数误差的平方（能量）。如果把上面公式中的平方改为 p 次方，再乘以加权系数 $W(\omega_i)$，则是另一种误差准则，称为 p 误差准则。不但有幅度的 p 误差准则，还有群迟延的 p 误差准则。p 误差准则设计的目标是使得误差函数 p 次方加权平均最小。

1. 幅度设计的 p 误差准则

幅度设计的 p 误差准则是由幅度误差函数 p 次方的加权和表示，即

$$E_{pa} = \sum_{i=1}^{M} W_a(\omega_i) [|H(e^{j\omega_i})| - |H_d(e^{j\omega_i})|]^p \tag{6.6-10}$$

式中，p 大于 2；E_{pa} 是幅度误差的 p 次方的加权平均数，简称为幅度的 p 误差函数；$W_a(\omega_i)$ 是 E_{pa} 中的加权系数。

设计目标就是使 E_{pa} 最小，即得到 p 误差准则下幅度的最优设计。

2. 群迟延的 p 误差准则

群迟延的定义为

$$\tau(\omega) = -\frac{d}{d\omega}\{\arg[H(e^{j\omega})]\} = -\frac{d}{d\omega}\theta(\omega) \tag{6.6-11}$$

若理想系统的 $\theta_d(\omega)$ 为线性，则理想系统的群迟延 $\tau_d(\omega)$ 为常数。

群迟延的 p 误差准则，由群迟延误差函数 p 次方的加权和表示，即

$$E_{p\tau} = \sum_{i=1}^{M} W_\tau(\omega_i) [\tau(\omega_i) - \tau_d(\omega_i)]^p \tag{6.6-12}$$

式中，$E_{p\tau}$ 是群迟延误差的 p 次方的加权平均数，简称为群迟延的 p 误差函数；$W_\tau(\omega_i)$ 是 $E_{p\tau}$ 中的加权系数。

设计目标就是使 $E_{p\tau}$ 最小，即得到 p 误差准则下群迟延的最优设计。

3. 最优化设计

在讨论 p 误差准则时，$|H(e^{j\omega})|$、$\tau(\omega)$ 用极坐标（矢量）形式表示较为方便。这样频响函数为

$$H(e^{j\omega}) = A \prod_{l=1}^{k} \frac{(e^{j\omega} - r_{0l}e^{j\omega_{0l}})(e^{j\omega} - r_{0l}e^{-j\omega_{0l}})}{(e^{j\omega} - r_{pl}e^{j\omega_{pl}})(e^{j\omega} - r_{pl}e^{-j\omega_{pl}})}$$

$$= |H(e^{j\omega})|e^{j\arg[H(e^{j\omega})]} = |H(e^{j\omega})|e^{j\theta(\omega)} \tag{6.6-13}$$

式中，r_{0l}、ω_{0l} 是第 l 对零点的模、角；r_{pl}、ω_{pl} 为第 l 对极点的模、角。

将上式零、极点分量分别用极坐标表示为

$$e^{j\omega} - r_{0l}e^{j\omega_{0l}} = T_l e^{j\theta_{1l}} \qquad e^{j\omega} - r_{0l}e^{-j\omega_{0l}} = U_l e^{j\theta_{2l}}$$

$$e^{j\omega} - r_{pl}e^{j\omega_{pl}} = V_l e^{j\theta_{3l}} \qquad e^{j\omega} - r_{pl}e^{-j\omega_{pl}} = W_l e^{j\theta_{4l}}$$

于是

$$H(e^{j\omega}) = A\prod_{l=1}^{k} \frac{T_l U_l e^{j(\theta_{1l}+\theta_{2l})}}{V_l W_l e^{j(\theta_{3l}+\theta_{4l})}}$$

$$= |H(e^{j\omega})| e^{j\theta(\omega)} \tag{6.6-14}$$

式中, $|H(e^{j\omega})| = A\prod_{l=1}^{k} \frac{T_l U_l}{V_l W_l}$; $\arg[H(e^{j\omega})] = \theta(\omega) = \sum_{l=1}^{k} [\theta_{1l} + \theta_{2l} - \theta_{3l} - \theta_{4l}]$。

各矢量的模与相位分别为

$$T_l = |e^{j\omega} - r_{0l}e^{j\omega_{0l}}| = [1 - 2r_{0l}\cos(\omega - \omega_{0l}) + r_{0l}^2]^{1/2}$$

$$U_l = |e^{j\omega} - r_{0l}e^{-j\omega_{0l}}| = [1 - 2r_{0l}\cos(\omega + \omega_{0l}) + r_{0l}^2]^{1/2}$$

$$V_l = |e^{j\omega} - r_{pl}e^{j\omega_{pl}}| = [1 - 2r_{pl}\cos(\omega - \omega_{pl}) + r_{pl}^2]^{1/2}$$

$$W_l = |e^{-j\omega} - r_{pl}e^{j\omega_{pl}}| = [1 - 2r_{pl}\cos(\omega + \omega_{pl}) + r_{pl}^2]^{1/2}$$

$$\theta_{1l} = \tan^{-1}\frac{\sin\omega - r_{0l}\sin\omega_{0l}}{\cos\omega - r_{0l}\cos\omega_{0l}}; \quad \theta_{2l} = \tan^{-1}\frac{\sin\omega + r_{0l}\sin\omega_{0l}}{\cos\omega - r_{0l}\cos\omega_{0l}}$$

$$\theta_{3l} = \tan^{-1}\frac{\sin\omega - r_{pl}\sin\omega_{pl}}{\cos\omega - r_{pl}\cos\omega_{pl}}; \quad \theta_{4l} = \tan^{-1}\frac{\sin\omega + r_{pl}\sin\omega_{pl}}{\cos\omega - r_{pl}\cos\omega_{pl}}$$

将各相位分量代入群迟延中, 得到

$$\tau(\omega) = -\frac{d}{d\omega}\theta(\omega) = -\frac{d}{d\omega}\{\sum_{l=1}^{k} [\theta_{1l} + \theta_{2l} - \theta_{3l} - \theta_{4l}]\} \tag{6.6-15}$$

式中,

$$-\frac{d}{d\omega}\theta_{1l}(\omega) = -\frac{1 - r_{0l}\cos(\omega - \omega_{0l})}{1 - 2r_{0l}\cos(\omega - \omega_{0l}) + r_{0l}^2}$$

$$-\frac{d}{d\omega}\theta_{2l}(\omega) = -\frac{1 - r_{0l}\cos(\omega + \omega_{0l})}{1 - 2r_{0l}\cos(\omega - \omega_{0l}) + r_{0l}^2}$$

$$-\frac{d}{d\omega}\theta_{3l}(\omega) = -\frac{1 - r_{pl}\cos(\omega - \omega_{pl})}{1 - 2r_{pl}\cos(\omega - \omega_{pl}) + r_{pl}^2}$$

$$-\frac{d}{d\omega}\theta_{4l}(\omega) = -\frac{1 - r_{pl}\cos(\omega + \omega_{pl})}{1 - 2r_{pl}\cos(\omega - \omega_{pl}) + r_{pl}^2}$$

（1）幅度 p 误差最优设计

将 $|H(e^{j\omega})| = |A||G(e^{j\omega})|$ 代入 E_{pa}, 有 $E_{pa} = \sum_{i=1}^{M} W_a(\omega_i)[|A||G(e^{j\omega_i})| - |H_d(e^{j\omega_i})|]^p$, 为使 E_{pa} 最小（最优化）, 先求 E_{pa} 对 A 的导数, 并令其为零, 即

$$\frac{\partial E_{pa}}{\partial A} = 0$$

得

$$p\sum_{i=1}^{M} W_a(\omega_i)[|A||G(e^{j\omega_i})| - |H_d(e^{j\omega_i})|]^{p-1}|G(e^{j\omega_i})| = 0$$

由此得到与 A 相关的一个方程, 再求 E_{pa} 对剩余各系数的导数并令其为零, 得

$$\frac{\partial E_{pa}}{\partial r_{0l}} = 0 \qquad l = 1, 2, \cdots, k$$

$$\frac{\partial E_{pa}}{\partial \omega_{0l}} = 0 \qquad l = 1, 2, \cdots, k$$

$$\left. \begin{array}{l} \end{array} \right\} 4k \text{ 个方程}$$

$$\frac{\partial E_{pa}}{\partial r_{pl}} = 0 \qquad l = 1, 2, \cdots, k$$

$$\frac{\partial E_{pa}}{\partial \omega_{pl}} = 0 \qquad l = 1, 2, \cdots, k$$

利用 CAD 技术联立解出上述 $4k+1$ 个系数，使 E_{pa} 最小，达到最优幅度设计目的。

（2）群迟延 p 误差最优设计

同幅度 p 误差最优设计相同，求 E_{pa} 对各系数的导数，并令其为零，即

$$\frac{\partial E_{p\tau}}{\partial r_{0l}} = 0 \qquad l = 1, 2, \cdots, k$$

$$\frac{\partial E_{p\tau}}{\partial \omega_{0l}} = 0 \qquad l = 1, 2, \cdots, k$$

$$\frac{\partial E_{p\tau}}{\partial r_{pl}} = 0 \qquad l = 1, 2, \cdots, k$$

$$\frac{\partial E_{p\tau}}{\partial \omega_{pl}} = 0 \qquad l = 1, 2, \cdots, k$$

对上述 $4k$ 个方程，利用 CAD 技术联立解出 $4k$ 个系数，使 $E_{p\tau}$ 最小，达到最优相位设计目的。

6.7 IIR DF 时域最小平方误差（逆）设计

时域最小平方误差设计也称最小平方逆设计或反（逆）滤波。前面几节讨论的设计方法都是已知某个理想系统的频响特性 $H_d(e^{j\omega})$，设计一个可实现系统的 $H(e^{j\omega})$ 去逼近它。本节所讨论的时域最小平方误差设计，是在 $H_d(e^{j\omega})$ 不确定的情况下，设计 $H(e^{j\omega})$、确定系统函数 $H(z)$。这时要求所设计的滤波器输出是按时域平方误差准则逼近希望的输出。问题是从实际应用中引出的。

6.7.1 混响

在许多实际问题中，信号数字处理的目的是抑制干扰，突出有用信号，以提供进一步的分析。为了有效做到这点，"对症下药"很重要。前面讨论的选频滤波器，如低、高、带通、带阻等，仅适用于有用信号与干扰信号在频谱上分离的情况。若干扰与信号频谱重合，例如干扰是由信号的"回声"引起的，这时"回声"的频谱除了振幅与相位与信号频谱有区别外，基本与原信号相同；无线信道的多径效应等现象也与此类似，而由选频滤波器是无法消除这种干扰的。

先从时、频与两个方面考察单个回声的情况。例如信号叠加了回声序列 $\rho x(n-n_0)$，其中 $|\rho| < 1$，这时输出

$$y(n) = x(n) + \rho x(n - n_0) \qquad (6.7\text{-}1)$$

由式（6.7-1）可见，回声干扰相当对原信号做了一次简单的 FIR 滤波。其传递函数为

$$H_d(z) = 1 + \rho z^{-n_0} \qquad (6.7\text{-}2)$$

为了从 $y(n)$ 中恢复 $x(n)$，只要让输出序列经过一个

$$H(z) = \frac{1}{H_d(z)} = \frac{1}{1 + \rho z^{-n_0}} \qquad (6.7\text{-}3)$$

的 IIR 滤波器即可。显然，这时的 $h(n)$ 为

$$h(n) = \delta(n) + (-\rho)\delta(n - n_0) + (-\rho)^2 \delta(n - 2n_0) + (-\rho)^3 \delta(n - 3n_0) + \cdots \qquad (6.7\text{-}4)$$

如果滤波因子取得足够长，也可以用 FIR 滤波器近似消除回声。

不论是 IIR 还是 FIR 滤波器，消除回声都必须知道 ρ 和 n_0。而它们往往是未知的，只能从 $y(n)$ 中估计出来。

上例是回声最简单的情况。如果声音在大厅中，它会在墙壁上来回反射，形成轰鸣声，这就是"混响"现象。如果我们希望从混响干扰中把信号恢复出来，就有解混响问题。

最简单的混响模型，是"回声"又产生了回声项 $\rho^2 x(n - 2n_0)$，如此循环，还有三次项 $\rho^3 x(n - 3n_0)$ 等，若取无穷项（一般只有有限项），信号 $x(n)$ 由于混响成为

$$y(n) = x(n) + \rho x(n - n_0) + \rho^2 x(n - 2n_0) + \rho^3 x(n - 3n_0) + \cdots$$

$$= \sum_{k=0}^{\infty} \rho^k x(n - kn_0) \qquad (6.7\text{-}5)$$

混响信号的 Z 变换为

$$Y(z) = X(z) \left[1 + \rho z^{-n_0} + \rho^2 z^{-2n_0} + \cdots \right]$$

$$= X(z) \frac{1}{1 - \rho z^{-n_0}} = x(z) H_d(z) \qquad (6.7\text{-}6)$$

式中，

$$H_d(z) = \frac{1}{1 - \rho z^{-n_0}} \qquad (6.7\text{-}7)$$

式（6.7-7）说明无穷项的混响干扰相当一个 IIR 系统。此时要提取信号 $x(n)$ 可经过 $H(z) = 1 - \rho z^{-n_0}$ 的 FIR 系统。

当然还有更复杂的混响问题，如地震波、无线电信号等。

6.7.2　一般反滤波问题

上面介绍的信号及系统模型，使我们看到回声对原信号的干扰，本质上不同于随机信号干扰，可以说是特殊的规则干扰。消除这类干扰，就是要利用其中的规则性。因为这个规则干扰对原信号做了我们不希望的滤波，所以可等效为"干扰"滤波器。将"干扰"滤波器的脉冲响应及 Z 变换记为 $h_d(n) \leftrightarrow H_d(z)$，有

$$y(n) = x(n) * h_d(n) \leftrightarrow Y(z) = X(z) H_d(z)$$

反滤波就是要从 $y(n)$ 中提取 $x(n)$，即找到一个单位脉冲响应、传递函数为 $h(n) \leftrightarrow H(z)$ 的滤波器，使得

$$h(n) * y(n) = x(n) \leftrightarrow Y(z) H(z) = X(z)$$

显然此时的最佳逼近滤波器的系统函数为

$$H(z) = 1/H_d(z) \qquad (6.7\text{-}8)$$

因为求 $x(n)$ 所对应的时域运算是对卷积求逆运算，因此逆滤波（反滤波）也称为"反卷积"或"解卷积"。

不过要把理论上的简单解答直接用于各种实际问题会遇到许多困难。首先，我们不可能对"干扰"滤波器的 $H_d(z)$ 掌握很详尽，即使由前面简单问题得到的 $1 + \rho z^{-n_0}$、$(1 - \rho z^{-n_0})^{-1}$，也很难确切掌握 ρ、n_0 的数值。尤其是 ρ，往往只能从 $y(n)$ 本身去估计测定。如果 ρ、n_0 数值不准确，反滤波的效果会很差。另一方面，实际问题往往比这些简单模型复杂得多，所包含的变化参数也很多，而可以充分利用、挖掘的只有 $y(n)$，只能通过它找到实用的算法。

如图 6.7-1 所示为反滤波的框图，干扰滤波器为因果系统、有限时宽 0，1，2，$\cdots$，N（相当于取有限次回声），其系统函数与冲激响应分别为 $H_d(z)$、$h_d(n)$，若将它的输出 $y(n)$ 送入一个系统函数为 $H(z)$ 的 DF，只要 $H(z)$ 逼近 $1/H_d(z)$，DF 的输出 $v(n)$ 将逼近 $x(n)$。

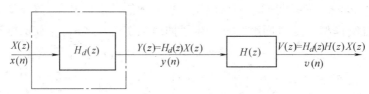

图 6.7-1　反滤波的框图

特别地，若 $x(n) = \delta(n)$ 时，数字滤波器的输出 $v(n)$ 逼近 $\delta(n)$。为了求解反滤波问题，先避开在频域求 $H(z)$，而直接在时域考虑。假设所设计的滤波器脉冲响应为 $h(0)$、$h(1)$、$h(2)$、$\cdots$、$h(N)$，使得 $h_d(n)$ 经过它之后的输出 $v(n)$ 尽可能接近单位脉冲序列 $\delta(n)$。即要求

$$h_d(n) * h(n) = v(n) \approx \delta(n) \tag{6.7-9}$$

这样，用 $h(n)$（仅在 $0 \leqslant n \leqslant N$ 时为非零值）的前 $N + 1$ 项，对输入序列 $y(n) = x(n) * h_d(n)$ 进行滤波，得

$$h(n) * y(n) = h(n) * h_d(n) * x(n) \approx \delta(n) * x(n) = x(n) \tag{6.7-10}$$

达到了反滤波的目的。这里要求 $v(n)$ 尽可能接近 $\delta(n)$，评价函数用的是时域最小平方准则，即

$$E_{\min} = \sum_{n=0}^{\infty} [v(n) - \delta(n)]^2 \tag{6.7-11}$$

为了导出具体算法，先讨论最小平方滤波。

6.7.3　最小平方滤波

一般滤波的模型如图 6.7-2 所示。由图可见实现滤波涉及三个信号：输入 $x(n)$；输出 $y(n)$；希望输出 $d(n)$。

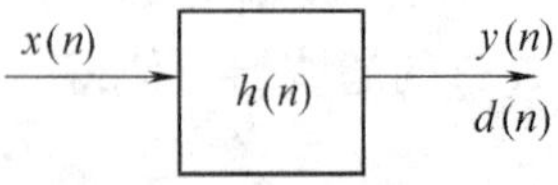

$d(n)$ 与 $y(n)$ 之差的平方和为

$$E = \sum_{n=0}^{\infty} [d(n) - y(n)]^2 \tag{6.7-12}$$

图 6.7-2　一般滤波的模型

262

在因果 FIR 滤波器的情况下，输出为

$$y(n) = \sum_{m=0}^{N} h(m)x(n-m) \tag{6.7-13}$$

所以
$$E = \sum_{n=0}^{\infty} \left[d(n) - y(n) \right]^2 = \sum_{n=0}^{\infty} \left[d(n) - \sum_{m=0}^{N} h(m)x(n-m) \right]^2 \tag{6.7-14}$$

式（6.7-14）中的 $d(n)$、$x(n)$ 是已知的，E 是时域误差的平方和，若有 $h(n)$ 使其最小，则该滤波器就是时域最小平方误差滤波器。要使 E 最小，则求 E 对各系数 $h(i)$（$i=0$，1，2，$\cdots$，N）的导数，并令其为零，即

$$\frac{\partial E}{\partial h(i)} = 0 \qquad i=0,1,2,\cdots,N \tag{6.7-15}$$

而由

$$\frac{\partial E}{\partial h(i)} = 2 \sum_{n=0}^{\infty} \left\{ \left[d(n) - \sum_{m=0}^{N} h(m)x(n-m) \right] x(n-i) \right\} = 0$$

可得到

$$\sum_{n=0}^{\infty} d(n)x(n-i) = \sum_{m=0}^{N} h(m) \sum_{n=0}^{\infty} x(n-m)x(n-i) \tag{6.7-16}$$

等式（6.7-16）右边中的 $\displaystyle\sum_{n=0}^{\infty} x(n-m)x(n-i)$ 是 $x(n)$ 的自相关序列，可记为

$$\sum_{n=0}^{\infty} x(n-m)x(n-i) = \phi_{xx}(i,m) \tag{6.7-17}$$

式（6.7-17）表明自相关序列仅与序列自身的相对位移有关。

等式（6.7-16）左边中的 $\displaystyle\sum_{n=0}^{\infty} d(n)x(n-i)$ 是 $x(n)$、$d(n)$ 的互相关序列，可记为

$$\sum_{n=0}^{\infty} d(n)x(n-i) = \phi_{xd}(i,0) \tag{6.7-18}$$

式（6.7-18）表明互相关序列仅与两序列的位移有关。式（6.7-16）可以表示为

$$\sum_{m=0}^{N} \phi_{xx}(i,m)h(m) = \phi_{xd}(i,0) \qquad i=0,1,2,\cdots,N \tag{6.7-19}$$

式（6.7-19）表示的是线性方程组，将线性方程组表示为矩阵形式，则

$$\begin{bmatrix} \phi_{xx}(0,0) & \phi_{xx}(0,1)\cdots & \phi_{xx}(0,N) \\ \phi_{xx}(1,0) & \phi_{xx}(1,1)\cdots & \phi_{xx}(1,N) \\ \phi_{xx}(2,0) & \phi_{xx}(2,1)\cdots & \phi_{xx}(2,N) \\ \vdots & \vdots & \vdots \\ \phi_{xx}(N,0) & \phi_{xx}(N,1)\cdots & \phi_{xx}(N,N) \end{bmatrix} \begin{bmatrix} h(0) \\ h(1) \\ h(2) \\ \vdots \\ h(N) \end{bmatrix} = \begin{bmatrix} \phi_{xd}(0,0) \\ \phi_{xd}(1,0) \\ \phi_{xd}(2,0) \\ \vdots \\ \phi_{xd}(N,0) \end{bmatrix} \tag{6.7-20}$$

注意到自相关序列具有偶对称性

$$\phi_{xx}(i,m) = \phi_{xx}(m,i)$$

可以记为
$$\phi_{xx}(i,m) = \phi_{xx}(m,i) = r_{xx}(|m-i|)$$

而互相关序列与两个序列的位移有关，可以记为

$$\phi_{xd}(i,0) = r_{xd}(i)$$

代入式（6.7-20），为

$$
\begin{bmatrix} r_{xx}(0) & r_{xx}(1) & \cdots & r_{xx}(N) \\ r_{xx}(1) & r_{xx}(0) & \cdots & r_{xx}(N-1) \\ \vdots & \vdots & \cdots & \vdots \\ r_{xx}(N) & r_{xx}(N-1) & \cdots & r_{xx}(0) \end{bmatrix} \begin{bmatrix} h(0) \\ h(1) \\ \vdots \\ h(N) \end{bmatrix} = \begin{bmatrix} r_{xd}(0) \\ r_{xd}(1) \\ \vdots \\ r_{xd}(N) \end{bmatrix}
$$

或表示为

$$
\boldsymbol{r}_{xx}\boldsymbol{h} = \boldsymbol{r}_{xd} \tag{6.7-21}
$$

式中，$\boldsymbol{r}_{xx}$ 阵是一个 $(N+1) \times (N+1)$ 的对称、正定（所有系数大于等于零）方阵；$\boldsymbol{h}$ 阵是一个 $N+1$ 的列矩阵；$\boldsymbol{r}_{xd}$ 阵是一个 $N+1$ 的列矩阵。

式（6.7-21）的系数矩阵是对称的，并且沿着主对角线平行直线上排列的元素全部相等。因此，$N+1$ 阶方程实际上由 $N+1$ 个值完全确定。这个矩阵是托布里兹（Toeplitz）矩阵，相应的线性方程组为托布里兹（Toeplitz）方程组。它的解可以用一组递推公式快速计算。

6.7.4 最小平方反滤波

现在回到反滤波问题上。根据式（6.7-9）、式（6.7-10）的要求，这时输入序列是 $h_d(n)$，希望输出的序列 $d(n)$ 是 $\delta(n)$，将式（6.7-21）方程组中的 r_{xx} 改写为 r_{hh}；r_{xd} 改写为 r_{hd}，并且有

$$
r_{hd}(m) = \sum_{n=0}^{\infty} h_d(n-m)\delta(n) = h_d(-m) \tag{6.7-22}
$$

当 $m > 0$ 时，$h_d(-m) = 0$，故只有 $r_{hd}(0) = h_d(0)$ 应取非零值。令 $h_d(0) = 1$（否则只要将序列乘以一个常数即可）。这样式（6.7-22）在最小平方反滤波时为

$$
\begin{bmatrix} r_{hh}(0) & r_{hh}(1) & \cdots & r_{hh}(N) \\ r_{hh}(1) & r_{hh}(0) & \cdots & r_{hh}(N-1) \\ \vdots & \vdots & \cdots & \vdots \\ r_{hh}(N) & r_{hh}(N-1) & \cdots & r_{hh}(0) \end{bmatrix} \begin{bmatrix} h(0) \\ h(1) \\ \vdots \\ h(N) \end{bmatrix} = \begin{bmatrix} r_{hd}(0) \\ r_{hd}(1) \\ \vdots \\ r_{hd}(N) \end{bmatrix} = \begin{bmatrix} 1 \\ 0 \\ \vdots \\ 0 \end{bmatrix}
$$

或表示为

$$
\boldsymbol{r}_{hh}\boldsymbol{h} = \boldsymbol{r}_{hd} \tag{6.7-23}
$$

式中，$\boldsymbol{r}_{hh}$ 阵是一个 $(N+1) \times (N+1)$ 的对称方阵；$\boldsymbol{h}$ 阵是一个 $N+1$ 的列矩阵；$\boldsymbol{r}_{hd}$ 阵是一个 $N+1$ 的列矩阵。

这个托布里兹（Toeplitz）方程组的形式更特殊一些，求解计算也比式（6.7-20）更快。粗看，最小平方反滤波的问题解决了，其实不然。从上例可见，为了计算 $r_{hh}(n)$ 就得知道 $h_d(n)$。这实际是一个苛刻的要求。不过在一些实际问题中，可以从对 $y(n)$ 以及 $x(n)$ 的某些特性了解来寻求的 $h_d(n)$ 估计值。假设 $x(n)$ 是不相关、统计独立的序列（这符合许多实际问题的情况），给出计算 $r_{hh}(n)$ 的近似方法。即当信号 $x(n)$ 的自相关函数满足

$$
r_{xx}(m) = \sum_{n=0}^{\infty} x(n-m)x(n) \approx E_x\delta(m)
$$

式中，E_x 是自相关函数，$E_x = r_{xx}(0)$，也是 $x(n)$ 的能量，这时有

$$
r_{yy}(m) \approx E_x r_{hh}(m) \tag{6.7-24}
$$

这意味着，不计常数因子，可以直接用 $r_{yy}(m)$ 代替 $r_{hh}(m)$。这样，不必求 $h_d(n)$ 的具体数值，就可以实现最小平方反滤波。

6.7.5 时域最小平方误差设计方法

在实际应用中，如图 6.6-1 反滤波的框图所示，若给出的已知条件是输入序列 $y(n)$ 与希望的输出序列 $d(n)$，则要求所设计的滤波器输出 $v(n)$ 按照时域平方误差最小准则逼近给定的 $d(n)$。按照设计要求，$h(n)$ 应满足下列关系

$$v(n) = y(n) * h(n) \approx d(n) \tag{6.7-25}$$

且 $v(n)$ 与 $d(n)$ 的近似程度应使它们各样点值之差的平方和最小，即

$$E_{\min} = \sum_{n=0}^{\infty} [v(n) - d(n)]^2 \tag{6.7-26}$$

特别地，若 $v(n) = d(n)$，误差 $E = 0$。这时很容易由已知的 $y(n)$、$d(n)$ 求出系统函数 $H(z)$ 为

$$H(z) = \mathscr{Z}[d(n)] / \mathscr{Z}[y(n)] = D(z)/Y(z) \tag{6.7-27}$$

例 6.7-1 已知某逆滤波器的输入 $y(n) = [3, 1]$，希望的 $d(n) = [1, 0.25, 0.1, 0.01]$，求逆滤波器的系统函数 $H(z)$、系统差分方程。

解： $Y(z) = 3 + z^{-1}, D(z) = 1 + 0.25z^{-1} + 0.1z^{-2} + 0.01z^{-3}$

$$H(z) = D(z)/Y(z) = \frac{1 + 0.25z^{-1} + 0.1z^{-2} + 0.01z^{-3}}{3 + z^{-1}}$$

$H(z)$ 是 IIR DF 的系统函数，对应的系统差分方程为

$$d(n) + \frac{1}{3}d(n-1) = \frac{1}{3}[y(n) + 0.25y(n-1) + 0.1y(n-2) + 0.01y(n-3)]$$

从此例可见，一般情况逆滤波器系统的系统函数 $H(z)$ 是 IIR DF。由 $D(z)/Y(z)$ 实现的逆滤波器应该没有误差。不过，若输入序列 $y(n)$ 有 $M+1$ 个样值，输出序列 $d(n)$ 有 $N+1$ 个样值，则 $H(z)$ 的系数一般是 $M+N+1$ 个（通常取 $d(n)$ 最高项系数1）。当 M、N 较大时，滤波器要求的存储量较大，且计算时间长，这是不希望的。所以要对滤波器的精度和实现的经济性进行折中考虑：既要求所设计 IIR DF 的 $H(z)$ 系数少于 $M+N+1$ 个，又要使输出满足平方误差最小的精度。这就要按照上面提出的思路，利用 FIR 系统脉冲响应 $h_d(n)$ 的 $N+1$ 个系数，设计 $N+1$ 个系数的 IIR DF 的系统函数 $H(z)$。

在具体设计时，可以令 $y(n)$ 与 $d(n)$ 二者中时宽长的样值为 $N+1$ 个，时宽短的样值为 $M+1$ 个。

设计方法主要分为两个步骤：

第一步先求出 FIR DF 的单位脉冲响应 $h(n):h(0)$、$h(1)$、$\cdots h(N)$。

第二步根据 $h(0)$、$h(1)$、$\cdots h(N)$ 求出 IIR DF 的系统函数 $H(z)$，即确定 b_0、b_1、$\cdots$，及 a_1、a_2、$\cdots$。

1）先求出 FIR DF 的单位脉冲响应 $h(n)$。

将 $v(n) = y(n) * h(n)$ 代入式（6.7-26），得

$$E = \sum_{n=0}^{\infty} [d(n) - y(n) * h(n)]^2 = \sum_{n=0}^{\infty} \left[d(n) - \sum_{k=0}^{N} h(k)y(n-k) \right]^2$$

上式与最小平方滤波分析时的误差公式相比只是将 $x(n)$ 换为 $y(n)$。可见是相同的分析方法，可以得到相同的设计结果。

即由 $\dfrac{\partial E}{\partial h(i)} = 0 \qquad i = 0, 1, 2, \cdots, N$

可以得到 $N+1$ 个线性方程，表示为矩阵形式为

$$\begin{bmatrix} r_{yy}(0) & r_{yy}(1) & \cdots & r_{yy}(N) \\ r_{yy}(1) & r_{yy}(0) & \cdots & r_{yy}(N-1) \\ \vdots & \vdots & \cdots & \vdots \\ r_{yy}(N) & r_{yy}(N-1) & \cdots & r_{yy}(0) \end{bmatrix} \begin{bmatrix} h(0) \\ h(1) \\ \vdots \\ h(N) \end{bmatrix} = \begin{bmatrix} r_{yd}(0) \\ r_{yd}(1) \\ \vdots \\ r_{yd}(N) \end{bmatrix}$$

或表示为

$$\boldsymbol{r}_{yy}\,\boldsymbol{h} = \boldsymbol{r}_{yd} \tag{6.7-28}$$

式中，$\boldsymbol{r}_{yy}$ 阵是一个 $(N+1) \times (N+1)$ 的对称、正定（所有系数大于等于零）方阵；$\boldsymbol{h}$ 阵是一个 $N+1$ 的列矩阵；$\boldsymbol{r}_{yd}$ 阵是一个 $N+1$ 的列矩阵。

解此矩阵方程，求出滤波器的 $h(n)$（$n = 0, 1, 2, \cdots, N$）。$h(n)$ 是有限项的，其 Z 变换

$$H(z) = \sum_{n=0}^{N} h(n) z^{-n} \tag{6.7-29}$$

2) 根据求出的 $h(n)$ 再求出 IIR DF 的系统函数 $H(z)$。

为了得到 IIR DF 的系统函数

$$H(z) = \frac{\displaystyle\sum_{k=0}^{M} b_k z^{-k}}{1 + \displaystyle\sum_{k=1}^{N} a_k z^{-k}} \tag{6.7-30}$$

要让式（6.7-29）与式（6.7-30）相等，从而找出由 FIR 系统的 $h(n)$ 求 IIR 系统函数 a_k（$k = 1, 2\cdots, N_1$）、b_k（$k = 0, 1, 2, \cdots, M$）的关系式。

令

$$H(z) = \sum_{n=0}^{N} h(n) z^{-n} = \frac{\displaystyle\sum_{k=0}^{M} b_k z^{-k}}{1 + \displaystyle\sum_{k=1}^{N_1 = N-M} a_k z^{-k}} \tag{6.7-31}$$

式（6.7-31）中，分子系数的个数为 $M+1$ 个；分母系数的个数为 $N_1 = N - M$ 个。

或

$$\sum_{n=0}^{N} h(n) z^{-n} \left(1 + \sum_{k=1}^{N_1 = N-M} a_k z^{-k}\right) = \sum_{k=0}^{M} b_k z^{-k} \tag{6.7-32}$$

上式两边 z^{-i} 项（$0 \leq i \leq M$）的系数应相等，于是有

$$b_i = h(i) + h(i) \sum_{k=1}^{N_1 = N-M} a_k z^{-k} = h(i) + \sum_{k=1}^{N_1 = N-M} a_k h(i-k) \qquad (0 \leq i \leq M)$$

$$\tag{6.7-33}$$

由于 b_k（$k = 0, 1, 2, \cdots, M$）在 $k > M$ 后为零，即 $b_i = 0$（$i > M$），代入式（6.7-32）可得

266

$$\sum_{k=1}^{N_1=N-M} a_k h(i-k) = -h(i) \qquad (M+1 \le i \le N) \tag{6.7-34}$$

由式（6.7-34）可以求出 a_k，然后代入式（6.7-33）中求出 b_k。最终求出 IIR 系统 $H(z)$ 的 $M+1$ 个 b_k 系数，$N-M$ 个 a_k 系数。由此设计的系统函数系数总个数为 $N+1$ 个，比 $E=0$ 时系数个数要少。

一般 M 的值较小，N 的值较大。如果希望设计的系数再少些，可以进一步压缩 a_k 的个数（降低系统阶数）。令 a_k 的个数为 K 个（$K < N-M$），即

$$H(z) = \frac{\displaystyle\sum_{k=0}^{M} b_k z^{-k}}{1 + \displaystyle\sum_{k=1}^{K} a_k z^{-k}} \tag{6.7-35}$$

为使式（6.7-35）逼近式（6.7-29），以及使误差 $E = \displaystyle\sum_{i=M+1}^{N} \left[h(i) + \sum_{k=1}^{K} a_k h(i-k) \right]^2$ 最小，令 $\dfrac{\partial E}{\partial a_l} = 0 (l = 0, 1, 2, \cdots, N)$，得到 $\dfrac{\partial E}{\partial a_l} = \displaystyle\sum_{i=M+1}^{N} 2 \left\{ \left[h(i) + \sum_{k=1}^{K} a_k h(i-k) \right] h(i-l) \right\} = 0$ 即

$$\sum_{i=M+1}^{N} \sum_{k=1}^{K} a_k h(i-k) h(i-l) = -\sum_{i=M+1}^{N} h(i) h(i-l) \tag{6.7-36}$$

由式（6.7-36）可列 K 个方程，解出 K 个 a_k 系数。将 K 个 a_k 系数代入式（6.7-33），再求出 $M+1$ 个 b_k 系数。不过 a_k 系数不能随意减少，否则有可能导致系统不稳定。

例 6.7-2 已知 $h_d(n)$ 的长度为 2，$h_d(0) = 1$，$h_d(1) = 1/2$，用时域最小平方准则设计一个有两项系数的 IIR DF。

解： $h_d(n)$ 相当于有一次回声的干扰滤波器，要求 IIR DF 的系统函数 $H(z)$，必须知道 $h(0)$、$h(1)$。若不经过反滤波，当输入为 $\delta(n)$ 时，输出是 $y(n) = h_d(n) = \delta(n) + 0.5\delta(n-1)$，此时的 $d(n)$ 应为 $\delta(n)$，与 $y(n)$ 相比误差较大。

经过反滤波器的输出为 $v(0)$、$v(1) \cdots$，$v(n)$ 应逼近 $\delta(n)$。又由于 $y(n)$ 有两个样点值，$d(n) = \delta(n)$ 只有一个样点值，即 $M = 0$，$N = 1$。设计要求两个系数，所以只要求出 b_0，a_1 两个系数。

先由 $r_{hh}(m) = r_{yy}(m) = \displaystyle\sum_{n=0}^{\infty} h_d(n-m) h_d(n)$ 计算托布里兹（Toeplitz）矩阵的各元素

$$r_{hh}(0) = \phi_{hh}(i,k) \qquad (i = k)$$

$$= \sum_{n=0}^{1} h_d(n-k) h_d(n-i) = \sum_{n=0}^{1} h_d^2(n)$$

$$= h_d^2(0) + h_d^2(1) = 1 + 1/4 = 5/4$$

$$r_{hh}(1) = \phi_{hh}(i,k) \qquad |i-k| = 1$$

$$= \sum_{n=0}^{1} h_d(n-1) h_d(n) = h_d(-1) h_d(0) + h_d(0) h_d(1) = 1/2$$

$$r_{hd}(0) = \sum_{n=0}^{1} h(n) d(n) = h(0) d(0) + h(1) d(1) = 1$$

$$r_{hd}(1) = \sum_{n=0}^{1} h(n-1)d(n) = h(-1)d(0) + h(0)d(1) = 0$$

相应的托布里兹（Toeplitz）矩阵为

$$\begin{bmatrix} 5/4 & 1/2 \\ 1/2 & 5/4 \end{bmatrix} \begin{bmatrix} h(0) \\ h(1) \end{bmatrix} = \begin{bmatrix} 1 \\ 0 \end{bmatrix}$$

相应的托布里兹（Toeplitz）方程组为

$$\begin{cases} 5/4h(0) + 1/2h(1) = 1 \\ 1/2h(0) + 5/4h(1) = 0 \end{cases} \quad 解出 \Rightarrow \begin{cases} h(0) = 20/21 \\ h(1) = -8/21 \end{cases}$$

由式（6.7-34）

$$a_1 h(1-1) = -h(1) \qquad a_1 h(0) = -h(1)$$
$$a_1 = -h(1)/h(0) = 8/20 = 0.4$$

由式（6.7-33）

$$b_0 = h(0) = 20/21$$

$$H(z) = \frac{20/21}{1 + 0.4z^{-1}} = \frac{0.9524}{1 + 0.4z^{-1}}$$

利用 $v(n) = h(n) * h_d(n)$，求出 $v(n)$ 的前两个样点值。

```
        20/21        -8/21
         1            1/2
───────────────────────────────
        20/21        -8/21
                     10/21        -8/42
───────────────────────────────
        20/21         2/21      （只取两位）
```

$$v(n) = (20/21)\delta(n) + (2/21)\delta(n-1)$$

$v(0) = 20/21$，$v(1) = 2/21$，两者的比例为 10，输出接近单位脉冲序列，$h_d(n)$、$h(n)$、$v(n)$ 如图 6.7-3 所示。

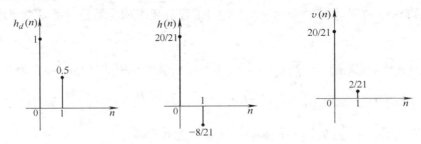

图 6.7-3　例 6.7-2 的 $h_d(n)$、$h(n)$、$v(n)$

在例 6.7-1 中设计的无误差 IIR 滤波器有 5 个系数，下面设计一个既满足要求，系数又只有四个的 IIR 系统。

例 6.7-3　已知受到干扰的信号 $y(n) = [3, 1]$，希望的信号 $d(n) = [1, 0.25, 0.1, 0.01]$；按时域最小平方误差准则设计一个有四项系数的 IIR DF 的系统函数 $H(z)$。

解： 由于 $y(n)$ 有两个样点值，$d(n)$ 有四个样点值，即 $M = 1$，$N = 3$。设计要求有四个系数，所以只要求出 $b_k(k=0,1)$，$a_k(k=1,2)$，$(N_1 = N - M = 2)$。

由式（6.7-28）列出矩阵

$$\begin{bmatrix} r_{yy}(0) & r_{yy}(1) & r_{yy}(2) & r_{yy}(3) \\ r_{yy}(1) & r_{yy}(0) & r_{yy}(1) & r_{yy}(2) \\ r_{yy}(2) & r_{yy}(1) & r_{yy}(0) & r_{yy}(1) \\ r_{yy}(3) & r_{yy}(2) & r_{yy}(1) & r_{yy}(0) \end{bmatrix} \begin{bmatrix} h(0) \\ h(1) \\ h(2) \\ h(3) \end{bmatrix} = \begin{bmatrix} r_{yd}(0) \\ r_{yd}(1) \\ r_{yd}(2) \\ r_{yd}(3) \end{bmatrix}$$

其中

$$r_{yy}(0) = \phi_{yy}(i,k) \Big|_{i=k} = \sum_{n=0}^{3} y(n-k)y(n-i) \Big|_{i=k}$$
$$= y^2(0) + y^2(1) + y^2(2) + y^2(3) = 9 + 1 = 10$$

$$r_{yy}(1) = \phi_{yy}(i,k) \Big|_{|i-k|=1} = \sum_{n=0}^{3} y(n-k)y(n-i) \Big|_{|i-k|=1}$$
$$= y(0)y(1) + y(1)y(2) + y(2)y(3) = 3 + 0 + 0 = 3$$

$$r_{yy}(2) = \phi_{yy}(i,k) \Big|_{|i-k|=2} = \sum_{n=0}^{3} y(n-k)y(n-i) \Big|_{|i-k|=2}$$
$$= y(0)y(2) + y(1)y(3) = 0 + 0 = 0$$

$$r_{yy}(3) = \phi_{yy}(i,k) \Big|_{|i-k|=3} = \sum_{n=0}^{3} y(n-k)y(n-i) \Big|_{|i-k|=3}$$
$$= y(0)y(3) = 0$$

$$r_{yd}(i) = \phi_{yd}(i,0) = \sum_{n=0}^{N-1} d(n)y(n-i)$$
$$= d(0)y(-i) + d(1)y(1-i) + d(2)y(2-i) + d(3)y(3-i)$$

$$r_{yd}(0) = \phi_{yd}(0,0) = d(0)y(0) + d(1)y(1) + d(2)y(2) + d(3)y(3)$$
$$= 3 + 0.25 + 0 + 0 = 3.25$$

$$r_{yd}(1) = \phi_{yd}(1,0) = d(0)y(-1) + d(1)y(0) + d(2)y(1) + d(3)y(2)$$
$$= 0 + 0.75 + 0.1 + 0 = 0.85$$

$$r_{yd}(2) = \phi_{yd}(2,0) = d(0)y(-2) + d(1)y(-1) + d(2)y(0) + d(3)y(1)$$
$$= 0 + 0 + 0.3 + 0.01 = 0.31$$

$$r_{yd}(3) = \phi_{yd}(3,0) = d(0)y(-3) + d(1)y(-2) + d(2)y(-1) + d(3)y(0)$$
$$= 0 + 0 + 0 + 0.03 = 0.03$$

将计算结果代入式（6.7-28）的矩阵

$$\begin{bmatrix} 10 & 3 & 0 & 0 \\ 3 & 10 & 3 & 0 \\ 0 & 3 & 10 & 3 \\ 0 & 0 & 3 & 10 \end{bmatrix} \begin{bmatrix} h(0) \\ h(1) \\ h(2) \\ h(3) \end{bmatrix} = \begin{bmatrix} 3.25 \\ 0.85 \\ 0.31 \\ 0.03 \end{bmatrix}$$

解此矩阵求出 $h(n)$。

$$h(0) = 0.3333;\quad h(1) = -0.0278;\quad h(2) = 0.0422;\quad h(3) = -0.0097$$

由式（6.7-34）

$$a_1 h(2-1) + a_2 h(2-2) = -h(2)$$
$$a_1 h(3-1) + a_2 h(3-2) = -h(3)$$

$$\begin{bmatrix} h(1) & h(0) \\ h(2) & h(1) \end{bmatrix} \begin{bmatrix} a_1 \\ a_2 \end{bmatrix} = \begin{bmatrix} -h(2) \\ -h(3) \end{bmatrix}$$

解出 $\qquad\qquad\qquad a_1 = 0.1555,\quad a_2 = -0.1137$

代入式（6.7-33），求出 $b_0 = h(0) = 0.3333,\ b_1 = h(1) + a_1 h(0) = 0.0242$

最后 $\qquad H(z) = \dfrac{0.3333 + 0.0242z^{-1}}{1 + 0.1555z^{-1} - 0.1137z^{-2}} = \dfrac{0.3333z^2 + 0.0242z}{z^2 + 0.1555z - 0.1137}$

$$= \frac{0.3333z\,(z + 0.0726)}{(z + 0.4238)\,(z - 0.2683)}$$

两个极点都在单位圆内，是稳定系统。

$$v(n) + 0.1555v(n-1) - 0.1137v(n-2) = 0.3333y(n) + 0.0242y(n-1)$$

令 $v(-1) = v(-2) = 0$，将 $y(n) = [3, 1]$ 代入，求出 $v(n)$ 的前 8 个样点值，并与 $d(n)$ 比较

$d(n):$ 1   0.25   0.1   0.01   0   0   0   0

$v(n):$ 0.9999   0.2504   0.0989   0.0131   0.0092   0.0001   0.0010   −0.0002

由以上结果可见，实际输出与设计要求的输出是极其接近的。

本题的 MATLAB 程序与计算结果如下：

（1）求 $h(n)$

    A = [10 3 0 0; 3 10 3 0; 0 3 10 3; 0 0 3 10];

    B = [3.25 0.85 0.31 0.03]';

    h = A \ B

答案：h = [0.3333   −0.0276   0.0422   −0.0097]

（2）求 $a_k(a_1, a_2)$

    h1 = [−0.0276 0.3333; 0.0422 −0.0276];

    h2 = [−0.0422 0.0097]';

    a = h1 \ h2

答案：a =

     0.1555

     −0.1137

代入（6.7-33），求出 $b_0 = h(0) = 0.3333,\ b_1 = h(1) + a_1 h(0) = 0.0242$

（3）计算极点及输出

    b = [0.3333 0.0242 0];

    a = [1 0.1555 −0.1137];

    [C A B] = dir2cas (b, a)

    [r p k] = residuez (b, a)   % 计算极点

    y = [3 1 0 0 0 0 0 0];   % 输入序列

    v = filter (b, a, y)   % 求输出序列

答案：p =

     −0.4238

     0.2683

    v =

     0.9999   0.2504   0.0989   0.0131   0.0092   0.0001   0.0010   −0.0002

如果滤波器设计要求 3 项系数，则根据求出的 $h（n）$，由求出 a_1，将 a_1 代入式（6.7-33）求出 b_0，b_1 最后得到

$$H（z） = \frac{0.3333 + 0.4616z^{-1}}{1 + 1.4662z^{-1}} = \frac{0.3333（z + 1.3862）}{z + 1.4662}$$

极点在单位圆外，是不稳定系统，不可能得到所要求的输出序列。此例说明，分母系数的减少是有限制的，设计中需要考虑。

6.8　基于 MATLAB 的 IIR 数字滤波器设计

6.8.1　基于 MATLAB 的模拟巴特沃思滤波器设计

1. 调用 buttap 设计归一化模拟巴特沃思滤波器

当已知系统阶数 N，可用 buttap 设计归一化巴特沃思滤波器。调用格式为

　　[z0, p0, k0] = buttap(N)

输入巴特沃思滤波器阶数 N，可以得到归一化（$\Omega_c = 1$）巴特沃思滤波器零点数组 z0、极点数组 p0，增益 k0。

例 6.8-1　设计一个 6 阶的巴特沃思滤波器。要求系统归一化（$\Omega_c = 1$）的零、极点及直接形式（归一化）系统函数分子、分母多项式系数。

解：例 6.8-1 的 MATLAB 程序及结果如下：

```
clear
N = 6;
[z0, p0, k0] = buttap(N)
b = k0 * real(poly(z0))
a = real(poly(p0))
```

答案：

　　z0 = [ ]

　　p0 = − 0.2588 + 0.9659i；− 0.2588 − 0.9659i；− 0.7071 + 0.7071i；− 0.7071 − 0.7071i

　　　　− 0.9659 + 0.2588i；− 0.9659 − 0.2588ik0 = 1.0000

　　b = 1.0000

　　a = 1.0000　3.8637　7.4641　9.1416　7.4641　3.8637　1.0000

不断调用 buttap，并将归一化的零、极点转化为多项式的系数，可以得到归一化（$\Omega_c = 1$）巴特沃思滤波器的多项式表。

2. 调用 buttord 计算模拟巴特沃思滤波器阶数 N 与 Ω_c

若已知截止频率 Ω_p、Ω_s，衰减指标 α_p（Rp）、α_s（As）设计巴特沃思滤波器，可用 buttord 计算模拟巴特沃思滤波器阶数 N 与 3dB 截止频率 Ω_c。调用格式为

　　[N, OmegaC] = buttord(OmegaP, OmegaS, Rp, As, 's')

式中，Ω_p（Omega P）、Ω_s（Omega S）的单位为 rad/s；衰减指标 α_p（Rp）、α_s（As）的单位为 dB。

例 6.8-2　调用 buttord 计算例 6.2-2 滤波器的阶数 N 与 Ω_c。技术指标为：通带截止频率 $f_p = 3kHz$，通带最大衰减 $\alpha_p = 1dB$，阻带截止频率 $f_s = 12kHz$，阻带最小衰减 $\alpha_s = 30dB$。

解：例 6.8-2 的 MATLAB 程序及结果如下：

$$[N, OmegaC] = buttord(6 * pi * 10^3, 24 * pi * 10^3, 1, 30, 's')$$

答案：

N = 3

OmegaC = 2.3847e + 004

与例 6.2-2 的手算结果基本相同。

3. 调用 butter 设计模拟巴特沃思滤波器

已知系统阶数 N 与 3dB 截止频率 Ω_C，可用 butter 设计模拟巴特沃思滤波器。调用格式为

$$[b,a] = butter(N, OmegaC, 's');$$

其中输入变元最后的 "s" 表示模拟滤波器。

例 6.8-3 调用 butter 设计例 6.2-2 要求的巴特沃思滤波器。

解：例 6.8-3 的 MATLAB 程序及结果如下：

clear

N = 3；OmegaC = 2.3847；

$$[b,a] = butter(N, OmegaC, 's')$$

答案：

b = 0   0   0   13.5613

a = 1.0000   4.7694   11.3736   13.5613

4. 调用 buttord、butter 设计模拟巴特沃思滤波器

已知截止频率 Ω_p、Ω_s，衰减指标 α_p（Rp）、α_s（As），设计巴特沃思滤波器，可用 buttord、butter 设计巴特沃思滤波器。

例 6.8-4 调用 butter 设计例 6.2-2 巴特沃思滤波器。

例 6.8-4 模拟巴特沃思滤波器的 MATLAB 程序及结果如下（见图 6.8-1）：

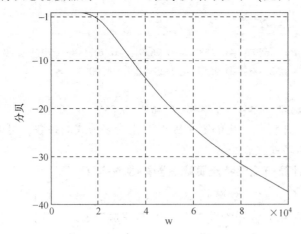

图 6.8-1　例 6.8-4 模拟巴特沃思低通滤波器振幅特性

clear

OmegaP = 6 * pi * 10^3；OmegaS = 24 * pi * 10^3；Rp = 1；As = 30；

$$[N, OmegaC] = buttord(OmegaP, OmegaS, Rp, As, 's')$$

$$[b,a] = butter(N, OmegaC, 's');$$

```
w0 = [ OmegaP, OmegaS];        % 以下 4 句是检验 $\Omega_p$、$\Omega_s$ 对应的衰减指标
[H,w] = freqs ( b,a);
Hx = freqs ( b,a,w0);
dbHx = -20 * log10( abs( Hx)/max( abs(H)));
plot( w,20 * log10( abs(H)));xlabel('w');ylabel('分贝');
set( gca,'xtickmode','manual','xtick',[0, 2 * 10^4 ,4 * 10^4,6 * 10^4,8 * 10^4,]);
set( gca,'ytickmode','manual','ytick',[ -40, -30, -20, -10, -1]); grid;
```

答案:

N = 3

OmegaC = 2.3847e + 004   dbHx = 0.9478   30.0000

由答案可见, 在 Ω_s 处衰减 α_s 正好为 30dB, 而在 Ω_p 处衰减 $\alpha_p = 0.9478 < 1$ (略有改善), 满足设计要求。

6.8.2 基于 MATLAB 的模拟切比雪夫滤波器设计

1. 调用 cheb1ap 设计归一化模拟切比雪夫滤波器

切比雪夫的通带波纹系数 ε 由通带衰减决定, 所以当已知系统阶数、通带衰减, 可用 cheb1ap 设计归一化 ($\Omega_C = 1$) 切比雪夫滤波器。调用格式为

[z0,p0,k0] = cheb1ap (N,Rp)

输入切比雪夫滤波器阶数 N, 通带衰减 α_p (Rp), 可以得到归一化切比雪夫滤波器零点数组 z0、极点数组 p0, 增益 k0。

例 6.8-5   调用 cheb1ap 设计一个 6 阶、通带最大衰减 $\alpha_p = 1$dB 的切比雪夫滤波器。求系统归一化 ($\Omega_C = 1$) 的零、极点及直接形式系统函数分子、分母多项式系数。

解: 例 6.8-5 的 MATLAB 程序及结果如下:

```
N = 6;Rp = 1;
[z0,p0,k0] = cheb1ap (N,Rp)
b = k0 * real( poly( z0))
a = real( poly( p0))
```

答案:

```
z0 = [ ]
p0 = -0.0622 + 0.9934i; -0.1699 + 0.7272i; -0.2321 + 0.2662i; -0.2321 - 0.2662i
     -0.1699 - 0.7272i; -0.0622 - 0.9934i
k0 = 0.0614
b = 0.0614
a = 1.0000   0.9283   1.9308   1.2021   0.9393   0.3071   0.0689
```

不断调用 cheb1ap, 并将归一化的零、极点转化为多项式的系数, 可以得到归一化 ($\Omega_C = 1$) 切比雪夫滤波器的多项式表。

2. 调用 cheb1ord 设计模拟切比雪夫滤波器

已知截止频率 Ω_p、Ω_s, 衰减指标 α_p (Rp)、α_s (As), 设计切比雪夫滤波器, 可用 cheb1ord 计算切比雪夫滤波器的阶数与 Ω_C。调用格式为

[N, OmegaC] = cheb1ord(OmegaP, OmegaS,Rp,As,'s')

式中, Ω_p、Ω_s 的单位为 rad/s; 衰减指标 α_p (Rp)、α_s (As) 的单位为 dB。

例6.8-6 调用 cheb1ord 计算例 6.2-3 滤波器的阶数与 Ω_C。技术指标为：通带截止频率 $f_p = 3\text{kHz}$，通带最大衰减 $\alpha_p = 1\text{dB}$，阻带截止频率 $f_s = 12\text{kHz}$，阻带最小衰减 $\alpha_s = 30\text{dB}$。

解： 例 6.8-5 的 MATLAB 程序及结果如下：

```
OmegaP = 6 * pi * 10^3; OmegaS = 24 * pi * 10^3; Rp = 1; As = 30;
[N, OmegaC] = cheb1ord(OmegaP, OmegaS, Rp, As,'s')
```

答案：

```
N = 3
OmegaC = 1.8850e + 004
```

3. 调用 cheby1 设计模拟切比雪夫滤波器

已知系统阶数 N、Ω_C（Omega C）（Ω_p）与 Rp，可用 cheby1 设计模拟切比雪夫滤波器。调用格式为

```
[b,a] = cheby1 (N, Rp,OmegaC,'s');
```

例6.8-7 调用 cheby1 设计例 6.2-3 要求的切比雪夫滤波器。

解： 例 6.8-7 的 MATLAB 程序及结果如下：

```
clear
N = 3; OmegaC = 1.8850; Rp = 1;
[b,a] = cheby1 (N, Rp,OmegaC,'s')
```

答案：

```
b = 0        0        0        3.2907
a = 1.0000   1.8630   4.4003   3.2907
```

4. 调用 cheb1ord、cheby1 设计模拟切比雪夫滤波器

已知截止频率 Ω_p、Ω_s，衰减指标 α_p（Rp）、α_s（As）设计切比雪夫滤波器，可用 cheb1ord、cheby1 设计切比雪夫滤波器。

例6.8-8 仍以例 6.8-4 为例，调用 cheb1ord、cheby1 设计例 6.2-4 中的切比雪夫滤波器，图示滤波器的振幅特性，并检验 Ω_p、Ω_s 对应的衰减指标。

解 例 6.8-8 模拟切比雪夫滤波器的 MATLAB 程序及结果如下：

```
clear
OmegaP = 6 * pi * 10^3; OmegaS = 24 * pi * 10^3; Rp = 1; As = 30;
[N, OmegaC] = cheb1ord(OmegaP, OmegaS, Rp, As,'s')
[b,a] = cheby1 (N, Rp,OmegaC,'s')
w0 = [OmegaP, OmegaS];                    % 以下 4 句是检验 Ωp、Ωs 对应的衰减指标
[H,w] = freqs (b,a);
Hx = freqs (b,a,w0)
dbHx = -20 * log10(abs(Hx)/max(abs(H)))
plot(w,20 * log10(abs(H)));xlabel('w');ylabel('分贝');
set(gca,'xtickmode','manual','xtick',[0, 2 * 10^4 ,4 * 10^4,6 * 10^4,8 * 10^4,]);
set(gca,'ytickmode','manual','ytick',[-40, -30, -20, -10, -1]); grid;
```

答案：

```
dbHx = 1.0000   41.8798
```

由答案可见，在 Ω_p 处衰减 α_p 正好为 1；在 Ω_s 处衰减 $\alpha_s = 41.87 > 30\text{dB}$（大有改善），满足设计要求（见图 6.8-2）。

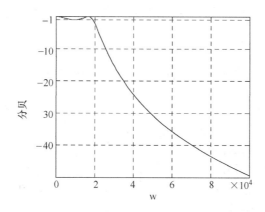

图 6.8-2　例 6.8-8 模拟切比雪夫低通滤波器振幅特性

6.8.3　基于 MATLAB 的脉冲响应不变法设计

已知模拟滤波器，可以利用脉冲不变法转换函数 impinvar 将其变换为数字滤波器。调用格式为

$$[bz, az] = \text{impinvar}(b, a, Fs)$$

式中，b，a 分别为模拟滤波器系统函数分子、分母的多项式系数；Fs 为采样频率；bz，az 分别为数字滤波器系统函数分子、分母的多项式系数。

1. 调用 impinvar 设计数字巴特沃思滤波器

例 6.8-9　例 6.3-4 方法（3）全部设计由 MATLAB 程序完成。

解：由巴氏数字低通的技术指标，用 MATLAB 程序设计及结果如下：

```
Wp = 0.2 * pi; Ws = 0.3 * pi; As = 15; Rp = 1;        % 巴氏模拟原型低通的技术指标
[n, wn] = buttord(Wp, Ws, Rp, As, 's');               % 确定巴氏模拟低通的阶数
[b, a] = butter(n, wn, 's');                          % n 阶巴氏模拟低通
[bz, az] = impinvar(b, a);                            % 冲激不变法实现 AF 到 DF 的变换
[C, B, A] = dir2par(bz, az)                           % 变直接形式为并联形式
```

答案：

```
C =      0
B = 1.8701    -0.6294
   -2.1594    1.1475
    0.2893    -0.4503
A = 1.0000    -0.9918    0.2544
    1.0000    -1.0628    0.3671
    1.0000    -1.2898    0.6929
```

与例 6.3-4 方法（1）、（2）的结果比较，略有运算误差。用方法（1）或（2），可以调整巴氏模拟低通原型滤波器的 3dB 截止频率 Ω_c。Ω_c 不同会对滤波器通、阻带的衰减指标有不同的影响。而方法（3）的 Ω_c 是 MATLAB 给定的，无法改变。

例 6.8-10　例 6.3-5 已知通带截止频率 $f_p = 3\text{kHz}$，通带最大衰减 $\alpha_p = 1\text{dB}$，阻带截止频率 $f_s = 4.5\text{kHz}$，阻带最小衰减 $\alpha_s = 15\text{dB}$，采样频率 $f_c = 30\text{kHz}$，用冲激不变法设计一个巴特沃思数字低通滤波器。并图示滤波器的振幅特性，检验 ω_p、ω_s 对应的衰减指标。

解：例 6.8-10 由巴氏模拟低通的技术指标，设计数字巴特沃思滤波器的 MATLAB 程序及结果如下：

```
clear
OmegaP = 6 * pi * 10^3; OmegaS = 9 * pi * 10^3; Rp = 1; As = 15;    % 巴氏模拟原型低通的技术指标
Fs = 30 * 10^3;                                                      % 采样频率
Wp = OmegaP/Fs; Ws = OmegaS/Fs;                                      % 数字频率
[N, OmegaC] = buttord(OmegaP, OmegaS, Rp, As ,'s');                 % 确定巴氏模拟低通的阶数
[b,a] = butter(N, OmegaC,'s');                                       % N 阶巴氏模拟低通
[bz,az] = impinvar(b,a,Fs)                                           % 冲激不变法实现 AF 到 DF 的变换

[C,B,A] = dir2par(bz,az)                                             % 变直接形式为并联形式
w0 = [Wp,Ws];                                                        % 以下 4 句是检验 ωp、ωs 对应的衰减指标

Hx = freqz (bz,az,w0);
[H,w] = freqz (bz,az);
dbHx = -20 * log10(abs(Hx)/max(abs(H)))
[db,mag,pha,grd,w] = freqz_m(bz,az);                                 % 数字滤波器频率响应相关信息
plot(w/pi,db);                                                       % 频率响应振幅显示
xlabel('相对频率');ylabel('分贝');
axis([0, 0.5, -30,5]);
set(gca,'xtickmode','manual','xtick',[0,0.2,0.3,0.5]);
set(gca,'ytickmode','manual','ytick',[-30, -15, -1]);grid
```

答案：

bz = 0.0000   0.0007   0.0105   0.0167   0.0042   0.0001   0

az = 1.0000   -3.3443   5.0183   -4.2190   2.0725   -0.5600   0.0647

C = 0

B = 1.8701   -0.6294

     -2.1594   1.1475

     0.2893   -0.4503

A = 1.0000   -0.9918   0.2544

    1.0000   -1.0628   0.3671

    1.0000   -1.2898   0.6929

dbHx = 0.9202   15.0003

由答案可见，在 ω_s 处衰减 α_s 正好为 15dB，而在 ω_p 处衰减 $\alpha_p = 0.9202 < 1$（略有改善），满足设计要求（见图 6.8-3）。

$$H(z) = \frac{1.8701 - 0.6294z^{-1}}{1 - 0.9918z^{-1} + 0.2544z^{-2}} + \frac{-2.1594 + 1.1475z^{-1}}{1 - 1.0628z^{-1} + 0.3671z^{-2}} + \frac{0.2893 - 0.4503z^{-1}}{1 - 1.2898z^{-1} + 0.6929z^{-2}}$$

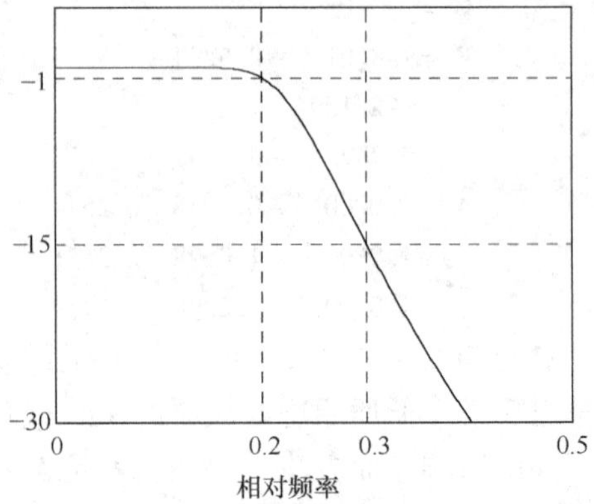

图 6.8-3　例 6.8-10 数字巴特沃思低通滤波器振幅特性

2. 调用 impinvar 设计数字切比雪夫滤波器

例 6.8-11   例 6.3-6 用冲激不变法设计数字切比雪夫滤波器。

解   例 6.8-11 由切比雪夫数字低通的技术指标，设计数字切比雪夫滤波器的 MATLAB 程序及结果如下：

```
Wp = 0.2 * pi; Ws = 0.3 * pi; As = 15; Rp = 1;      % 切比雪夫模拟原型低通的技术指标
[n,wn] = cheb1ord(Wp,Ws, Rp ,As ,'s');              % 确定切比雪夫模拟低通的阶数
[b,a] = cheby1(n, Rp ,wn,'s');                       % n 阶切比雪夫模拟低通
[bz,az] = impinvar(b,a);                             % 冲激不变法实现 AF 到 DF 的变换
[C,B,A] = dir2par(bz,az);                            % 变直接形式为并联形式
[db,mag,pha,grd,w] = freqz_m(bz,az);                 % 数字滤波器频率响应相关信息
plot(w/pi,db);                                       % 频率响应振幅显示
xlabel('相对频率');ylabel('分贝');
axis([0, 0.5, -30,5]);
set(gca,'xtickmode','manual','xtick',[0,0.2,0.3,0.5]);
set(gca,'ytickmode','manual','ytick',[ -30, -15, -1]);grid
```

答案：

```
C = 0
B = -0.0833   -0.0246
     0.0833    0.0239
A = 1.0000   -1.4934   0.8392
    1.0000   -1.5658   0.6549
```

例 6.8-12   要求通带截止频率 $f_p = 3\text{kHz}$，通带最大衰减 $\alpha_p = 1\text{dB}$，阻带截止频率 $f_s = 4.5\text{kHz}$，阻带最小衰减 $\alpha_s = 15\text{dB}$，采样频率 $f_c = 30\text{kHz}$，用冲激不变法设计一个切比雪夫数字低通滤波器。要求图示滤波器的振幅特性，并检验 ω_p、ω_s 对应的衰减指标。

解   例 6.8-12 数字切比雪夫滤波器的 MATLAB 程序及结果如下：

```
clear
OmegaP = 6 * pi * 10^3; OmegaS = 9 * pi * 10^3; Rp = 1; As = 15;   % 切比雪夫模拟原型的技术指标
[N, OmegaC] = cheb1ord(OmegaP, OmegaS,Rp,As,'s');                  % 确定切比雪夫模拟低通的阶数
[b,a] = cheby1 (N, Rp,OmegaC,'s');                                 % N 阶切比雪夫模拟低通
Fs = 30 * 10^3;                                                    % 采样频率
Wp = OmegaP/Fs;Ws = OmegaS/Fs;                                     % 数字频率
[bz,az] = impinvar(b,a,Fs);                                        % 冲激不变法实现 AF 到 DF 的变换

[C,B,A] = dir2par(bz,az)                                           % 变直接形式为并联形式
w0 = [ Wp,Ws];                                                     % 以下 4 句是检验 ωp、ωs 对应的衰减指标

Hx = freqz (bz,az,w0);
[H,w] = freqz (bz,az);
dbHx = -20 * log10(abs(Hx)/max(abs(H)))
[db,mag,pha,grd,w] = freqz_m(bz,az);                              % 数字滤波器频率响应相关信息
plot(w/pi,db);                                                     % 以下为频率响应振幅显示
xlabel('相对频率');ylabel('分贝');
```

axis($[0,0.5,-30,5]$);

set(gca,'xtickmode','manual','xtick',$[0,0.2,0.3,0.5]$);

set(gca,'ytickmode','manual','ytick',$[-30,-15,-1]$);grid

答案：

bz = 0.0000　0.0054　0.0181　0.0040　　　0

az = 1.0000　−3.0591　3.8323　−2.2919　0.5495

C = 0

B = −0.0833　−0.0246

　　0.0833　0.0239

A = 1.0000　−1.4934　0.8392

　　1.0000　−1.5658　0.6549

dbHx = 1.0005　21.5790

由答案可见，在 Ω_p 处衰减 α_p 正好为 1；在 Ω_s 处衰减 $\alpha_s = 21.579 > 15\mathrm{dB}$（大有改善），满足设计要求（见图6.8-4）。

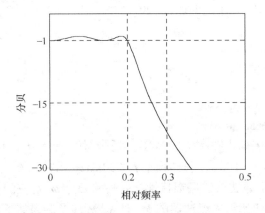

图 6.8-4　例 6.8-12 数字切比雪夫低通滤波器振幅特性

6.8.4　基于 MATLAB 的双线性变换法

已知模拟滤波器，可以利用双线性变换函数 bilinear 将其变换为数字滤波器。调用格式为

[bz, az] = bilinear (b, a,Fs)

式中，b，a 分别为模拟滤波器系统函数分子、分母多项式系数；Fs 为采样频率；bz, az 分别为数字滤波器系统函数的分子、分母多项式系数。设计时要注意模拟原型低通频率预畸，否则衰减指标不能满足设计要求。

1. 调用 bilinear 设计数字巴特沃思滤波器

例 6.8-13　例 6.4-3 方法（3），由巴特沃思数字低通的技术指标，调用 bilinear 设计数字巴特沃思滤波器。

解　调用 bilinear，用 MATLAB 设计巴特沃思滤波器程序及结果如下：

Wp = 0.65;Ws = 1.019;As = 15;Rp = 1;　　　　　%巴氏低通的技术指标

[n,wn] = buttord(Wp,Ws,Rp,As,'s');　　　　　%确定巴氏模拟低通的阶数

[b,a] = butter(n,wn,'s');　　　　　　　　　%n 阶巴氏模拟低通

```
[bz,az] = bilinear(b,a,1)                                    % 双线性变换为数字低通
[b0,B,A] = dir2cas(bz,az)                                    % 变直接形式为级联形式
[db,mag,pha,grd,w] = freqz_m(bz,az);                         % 数字滤波器频率响应相关信息
plot(w/pi,db);title('Magntide in db');                       % 作数字滤波器振幅频响图
xlabel('相对频率');ylabel('分贝');
axis([0,0.5,-30,5]);
set(gca,'xtickmode','manual','xtick',[0,0.2,0.3,0.5]);
set(gca,'ytickmode','manual','ytick',[-30,-As,-Rp]);grid
```

答案:

bz = 0.0007 0.0044 0.0111 0.0148 0.0111 0.0044 0.0007

az = 1.0000 -3.1837 4.6226 -3.7798 1.8138 -0.4801 0.0545

b0 =

   7.3765e-004

B = 1.0000 2.0166 1.0169

    1.0000 1.9831 0.9834

    1.0000 2.0003 1.0000

A = 1.0000 -0.9044 0.2155

    1.0000 -1.0106 0.3583

    1.0000 -1.2687 0.7051

与例 6.4-3 方法一、二的结果比较,受运算精度影响,也略有差别。与例 6.4-3 的方法一、二相比,方法三可以调整巴氏模拟低通原型滤波器的 3dB 截止频率 Ω_c。

例 6.8-14 用双线性变换法设计一个巴特沃思数字低通滤波器。技术指标为通带截止频率 $f_p = 3\text{kHz}$,通带最大衰减 $\alpha_p = 1\text{dB}$,阻带截止频率 $f_s = 4.5\text{kHz}$,阻带最小衰减 $\alpha_s = 15\text{dB}$,采样频率 $f_c = 30\text{kHz}$,要求图示滤波器的振幅特性,并检验 ω_p、ω_s 对应的衰减指标。

解 例 6.8-14 数字巴特沃思滤波器的 MATLAB 程序及结果如下:

```
clear
OmegaP = 6 * pi * 10^3; OmegaS = 9 * pi * 10^3; Rp = 1; As = 15;    % 巴氏模拟原型低通的技术指标
Fs = 30 * 10^3;                                                       % 采样频率
Wp = OmegaP/Fs; Ws = OmegaS/Fs;                                       % 数字频率
OmegaP1 = 2 * Fs * tan(Wp/2); OmegaS1 = 2 * Fs * tan(Ws/2);           % 模拟原型低通频率预畸
[N,OmegaC] = buttord(OmegaP1,OmegaS1,Rp,As,'s');                      % 确定巴特沃思模拟低通的阶数
[b,a] = butter(N,OmegaC,'s');                                        % N 阶巴特沃思模拟低通
[bz,az] = bilinear(b,a,Fs)                                           % 双线性变换法实现 AF 到 DF 的
                                                                      变换

[C,B,A] = dir2par(bz,az)                                             % 变直接形式为并联形式
w0 = [Wp,Ws];                                                        % 以下 4 句是检验 ωp、ωs 对应的
                                                                      衰减指标

Hx = freqz(bz,az,w0);
[H,w] = freqz(bz,az);
dbHx = -20 * log10(abs(Hx)/max(abs(H)))
[db,mag,pha,grd,w] = freqz_m(bz,az);                                 % 数字滤波器频率响应相关信息
plot(w/pi,db);                                                       % 频率响应振幅显示
```

```
xlabel('相对频率');ylabel('分贝');
axis([0, 0.5, -30,5]);
set(gca,'xtickmode','manual','xtick',[0,0.2,0.3,0.5]);
set(gca,'ytickmode','manual','ytick',[-30, -15, -1]);grid
```

答案：

```
C = 0.0136
B = 1.9653    -0.4496
    -2.2856   1.0473
    0.3075   -0.4486
A = 1.0000   -0.9044   0.2155
    1.0000   -1.0106   0.3583
    1.0000   -1.2686   0.7051
dbHx = 0.5632   15.0000
```

由答案可见，在 ω_s 处衰减 α_s 正好为 15dB，而在 ω_p 处衰减 $\alpha_p = 0.5632 < 1$（有改善），满足设计要求。如模拟原型低通频率没有预畸，则通带衰减指标不能满足设计要求（见图 6.8-5）。

$$H(z) = 0.0136 + \frac{1.9653 - 0.4496z^{-1}}{1 - 0.9044z^{-1} + 0.2155z^{-2}} + \frac{-2.2856 + 1.0473z^{-1}}{1 - 1.0106z^{-1} + 0.3583z^{-2}}$$
$$+ \frac{0.3075 - 0.4486z^{-1}}{1 - 1.2686z^{-1} + 0.7051z^{-2}}$$

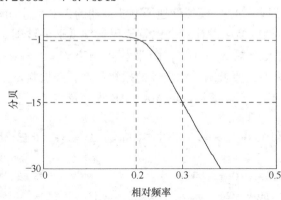

图 6.8-5   例 6.8-14 数字巴特沃思低通滤波器振幅特性

2. 调用 bilinear 设计数字切比雪夫滤波器

例 6.8-15   例 6.4-4 用双线性变换法设计一个切比雪夫数字低通滤波器。技术指标为：通带截止频率 $\omega_p = 0.2\pi$，通带最大衰减 $\alpha_p \leqslant 1$dB；阻带边缘频率 $\omega_s = 0.3\pi$，阻带最小衰减 $\alpha_s \geqslant 15$dB。

解：例 6.8-15MATLAB 程序及运行结果如下：

```
Wp = 0.65; Ws = 1.019; As = 15; Rp = 1;          % 切比雪夫数字原型低通的技术指标
[n,wn] = cheb1ord(Wp,Ws, Rp, As,'s');            % 确定切比雪夫模拟低通的阶数
[b,a] = cheby1(n, Rp, wn,'s');                   % n 阶切比雪夫模拟低通
[bz,az] = bilinear(b,a,1);                       % 双线性变换为数字低通
[b0,B,A] = dir2cas(bz,az)                        % 变直接形式为级联形式
```

```
w0 = [0.2 * pi, 0.3 * pi];                    % 以下 4 句是检验 $\omega_p$、$\omega_s$ 对应的衰减指标
plot(w/pi, db); title('振幅/dB');              % 频率响应振幅显示
xlabel('相对频率'); ylabel('分贝');
axis([0, 0.5, -30, 5]);
set(gca, 'xtickmode', 'manual', 'xtick', [0, 0.2, 0.3, 0.5]);
set(gca, 'ytickmode', 'manual', 'ytick', [-30, -15, -1]); grid
```

答案：

```
b0 = 0.0018
B = 1.0000    2.0000    1.0000
    1.0000    2.0000    1.0000
A = 1.0000   -1.4994    0.8482
    1.0000   -1.5547    0.6492
```

例 6.8-16 用双线性变换法设计一个切比雪夫数字低通滤波器。技术指标为通带截止频率 $f_p = 3\text{kHz}$，通带最大衰减 $\alpha_p = 1\text{dB}$，阻带截止频率 $f_s = 4.5\text{kHz}$，阻带最小衰减 $\alpha_s = 15\text{dB}$，采样频率 $f_c = 30\text{kHz}$，要求图示滤波器的振幅特性，并检验 ω_p、ω_s 对应的衰减指标。

解：例 6.8-16 数字切比雪夫滤波器的 MATLAB 程序及结果如下：

```
clear
OmegaP = 6 * pi * 10^3; OmegaS = 9 * pi * 10^3; Rp = 1; As = 15;   % 切比雪夫模拟原型的技术指标
Fs = 30 * 10^3;                                                      % 采样频率
Wp = OmegaP/Fs; Ws = OmegaS/Fs;                                      % 数字频率
OmegaP1 = 2 * Fs * tan(Wp/2); OmegaS1 = 2 * Fs * tan(Ws/2);          % 模拟原型低通频率预畸
[N, OmegaC] = cheb1ord(OmegaP1, OmegaS1, Rp, As, 's');              % 确定切比雪夫模拟低通的阶数
[b, a] = cheby1(N, Rp, OmegaC, 's');                                % N 阶切比雪夫模拟低通
[bz, az] = bilinear(b, a, Fs);                                      % 双线性变换法实现 AF 到 DF 的变换

[C, B, A] = dir2par(bz, az)                                         % 变直接形式为并联形式
w0 = [Wp, Ws];                                                      % 以下 4 句是检验 $\omega_p$、$\omega_s$ 对应的衰减指标

Hx = freqz(bz, az, w0);
[H, w] = freqz(bz, az);
dbHx = -20 * log10(abs(Hx)/max(abs(H)))
[db, mag, pha, grd, w] = freqz_m(bz, az);                           % 数字滤波器频率响应相关信息
plot(w/pi, db);                                                     % 以下为频率响应振幅显示
xlabel('相对频率'); ylabel('分贝');
axis([0, 0.5, -30, 5]);
set(gca, 'xtickmode', 'manual', 'xtick', [0, 0.2, 0.3, 0.5]);
set(gca, 'ytickmode', 'manual', 'ytick', [-30, -15, -1]); grid
```

答案：

```
C = 0.0033
B = -0.0742   -0.0277
     0.0727    0.0388
A = 1.0000   -1.4996    0.8482
```

$$1.0000 \quad -1.5548 \quad 0.6493$$

dbHx $= 1.0000 \quad 23.6073$

由答案可见，在 Ω_p 处衰减 α_p 正好为 1dB；在 Ω_s 处衰减 $\alpha_s = 23.6 > 15$dB（大有改善），满足设计要求（见图 6.8-6）。

$$H(z) = 0.0033 + \frac{-0.0742 - 0.0277z^{-1}}{1 - 1.4996z^{-1} + 0.8482z^{-2}} + \frac{0.0727 + 0.0388z^{-1}}{1 - 1.5548z^{-1} + 0.6493z^{-2}}$$

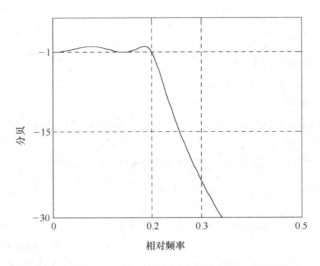

图 6.8-6　例 6.8-16 数字切比雪夫低通滤波器振幅特性

6.8.5　基于 MATLAB 的原型变换法

（1）模拟低通原型到模拟滤波器的变换

模拟低通原型变换的实质是模拟域 s 平面之间的频率变换，这种变换也称 s 平面变换法。只要有归一化的模拟低通原型的分子、分母系数向量 b，a，可以调用低通到低通、高通、带通、带阻的变换函数得到待求滤波器的分子、分母系数向量 bt，at。调用格式为

$$[\text{bt, at}] = \text{lp2lp(b, a, OmegaC)} \qquad \% 低通到低通$$

$$[\text{bt, at}] = \text{lp2hp(b, a, OmegaC)} \qquad \% 低通到高通$$

$$[\text{bt, at}] = \text{lp2bp(b, a, OmegaZ, B)} \qquad \% \ 低通到带通$$

$$[\text{bt, at}] = \text{lp2bs(b, a, OmegaZ, B)} \qquad \% 低通到带阻$$

式中，OmegaC 为待求滤波器的截止频率。低通、高通滤波器一般取通带截止频率，也可取阻带截止频率，或取通、阻带截止频率的平均值；带通、带阻变换的 OmegaZ 为待求带通、带阻滤波器中心频率；B 为带宽。

例 6.8-17　已知三阶归一化巴特沃思滤波器的系统函数为 $H(s) = \dfrac{1}{s^3 + 2s^2 + 2s + 1}$，试求：

（1）通带截止频率为 10Hz 的低通滤波器。

（2）通带下截止频率为 10Hz 的高通滤波器。

（3）中心频率为 10Hz，带宽为 2Hz 的带通滤波器。

（4）中心频率为 10Hz，带宽为 2Hz 的带阻滤波器。

例 6.8-17 的 MATLAB 程序及结果如下（见图 6.8-7）：

```
clear
b = 1;a = [1,2,2,1]
OmegaC = 10 * 2 * pi; B = 2 * 2 * pi;
[bt1,at1] = lp2lp(b,a,OmegaC)          % 模拟低通到模拟低通
[bt2,at2] = lp2hp(b,a,OmegaC)          % 模拟低通到模拟高通
[bt3,at3] = lp2bp(b,a,OmegaC,B)        % 模拟低通到模拟带通
[bt4,at4] = lp2bs(b,a,OmegaC,B)        % 模拟低通到模拟带阻
[H1, Omega1] = freqs(bt1,at1);         % 模拟低通频率响应
[H2, Omega2] = freqs(bt2,at2);         % 模拟高通频率响应
[H3, Omega3] = freqs(bt3,at3);         % 模拟带通频率响应
[H4, Omega4] = freqs(bt4,at4);         % 模拟带阻频率响应
subplot(2,2,1); plot(Omega1, abs(H1));   % 以下是显示各滤波器振幅频率响应程序
ylabel('|H1|'); axis([0,100, 0,1.1]);
title('变换后的模拟低通');set(gca,'xtickmode','manual','xtick',[0,20,40,63,80,]);xlabel('角
频率');
set(gca,'ytickmode','manual','ytick',[0,0.2,0.4,0.6,0.8,1]);grid
subplot(2,2,2); plot(Omega2, abs(H2)); ylabel('|H2|'); axis([0,100, 0,1.1]);
title('变换后的模拟高通');set(gca,'xtickmode','manual','xtick',[0,20,40,63,80,]);xlabel('角
频率');
set(gca,'ytickmode','manual','ytick',[0,0.2,0.4,0.6,0.8,1]);grid
subplot(2,2,3); plot(Omega3, abs(H3)); ylabel('|H3|'); axis([0,100, 0,1.1]);
title('变换后的模拟带通');set(gca,'xtickmode','manual','xtick',[0,20,40,58,68,80,]);xlabel
('角频率');
set(gca,'ytickmode','manual','ytick',[0,0.2,0.4,0.6,0.8,1]);grid
subplot(2,2,4); plot(Omega4, abs(H4)); ylabel('|H4|'); axis([0,100, 0,1.1]);
title('变换后的模拟带阻');set(gca,'xtickmode','manual','xtick',[0,20,40,58,68,80,]);xlabel
('角频率');
set(gca,'ytickmode','manual','ytick',[0,0.2,0.4,0.6,0.8,1]);grid
```

答案：

bt1 = 2.4805e + 005

at1 = 1   125.6637   7.8957e + 003   2.4805e + 005

bt2 = 1   0   0   0

at2 = 1   125.6637   7.8957e + 003   2.4805e + 005

bt3 = 1.9844e + 003   − 6.2899e − 011   − 8.7094e − 009   − 6.1546e − 007

at3 = 1   25.1327   1.2159e + 004   2.0042e + 005   4.8003e + 007   3.9171e + 008   6.1529e + 010

bt4 = 1   0   1.1844e + 004   0   4.6756e + 007   0   6.1529e + 010

at4 = 1   25.1327   1.2159e + 004   2.0042e + 005   4.8003e + 007   3.9171e + 008   6.1529e + 010

（2）模拟滤波器到数字滤波器的变换

以上程序再加上双线性变换函数 bilinear 可将模拟滤波器转变为数字滤波器。

例 6.8-18   将例 6.8-18 的各模拟滤波器转变为数字滤波器（见图 6.8-8）。

例 6.8-18 的 MATLAB 程序及结果如下（见图 6.8-8）：

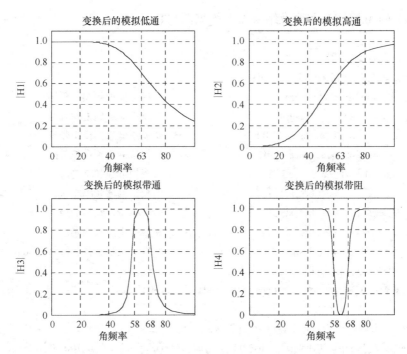

图 6.8-7 例 6.8-17 模拟低通原型变换所需模拟滤波器

```
clear
b = 1;a = [1,2,2,1];
OmegaC = 10 * 2 * pi; B = 2 * 2 * pi;
[bt1,at1] = lp2lp(b,a,OmegaC);                      % 模拟低通到模拟低通
[bt2,at2] = lp2hp(b,a,OmegaC);                      % 模拟低通到模拟高通
[bt3,at3] = lp2bp(b,a,OmegaC,B);                     % 模拟低通到模拟带通
[bt4,at4] = lp2bs(b,a,OmegaC,B);                     % 模拟低通到模拟带阻
Fs = 100;
[bz1,az1] = bilinear(bt1,at1,Fs)                    % 模拟低通到数字低通
[bz2,az2] = bilinear(bt2,at2,Fs);                   % 模拟高通到数字高通
[bz3,az3] = bilinear(bt3,at3,Fs)                    % 模拟带通到数字带通
[bz4,az4] = bilinear(bt4,at4,Fs);                   % 模拟带阻到数字带阻
[Hz1, w1] = freqz(bz1,az1);                         % 数字低通频率响应
[Hz2, w2] = freqz(bz2,az2);                         % 数字高通频率响应
[Hz3, w3] = freqz(bz3,az3);                         % 数字带通频率响应
[Hz4, w4] = freqz(bz4,az4);                         % 数字带阻频率响应
subplot(2,2,1); plot(w1, abs(Hz1));                % 以下是显示各数字滤波器振幅频率响应程序
 ylabel('|Hz1|'); axis([0,2, 0,1.1]);
title('变换后的数字低通');set(gca,'xtickmode','manual','xtick', [ 0,0.5, 1, 1.5,2]);xlabel('相
对频率');
set(gca,'ytickmode','manual','ytick', [0,0.2,0.4,0.6,0.8,1]);grid
subplot(2,2,2); plot(w2, abs(Hz2)); ylabel('|Hz2|'); axis([0,2, 0,1.1]);
title('变换后的数字高通');set(gca,'xtickmode','manual','xtick', [ 0,0.5, 1, 1.5,2]);xlabel('相
对频率');
```

set(gca,'ytickmode','manual','ytick', [0,0.2,0.4,0.6,0.8,1]);grid

subplot(2,2,3);plot(w3,abs(Hz3));xlabel('相对频率');ylabel('|Hz3|');axis([0,2,0,1.1]);

title('变换后的数字带通');set(gca,'xtickmode','manual','xtick', [0,0.5,1,1.5,2,]);

set(gca,'ytickmode','manual','ytick', [0,0.2,0.4,0.6,0.8,1]);grid

subplot(2,2,4);plot(w4,abs(Hz4));xlabel('相对频率');ylabel('|Hz4|');axis([0,2,0,1.1]);

 title('变换后的数字带阻');set(gca,'xtickmode','manual','xtick', [0,0.5,1,1.5,2,]);

set(gca,'ytickmode','manual','ytick', [0,0.2,0.4,0.6,0.8,1]);grid

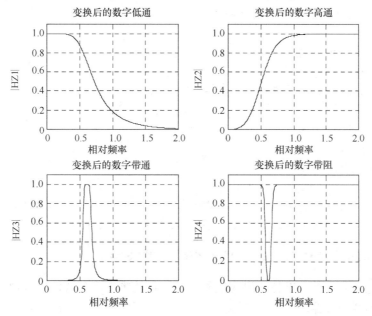

图 6.8-8　例 6.8-18 模拟低通原型变换所需数字滤波器

答案：

bz1 = 0.0167　0.0501　0.0501　0.0167

az1 = 1.0000　−1.7977　1.2211　−0.2898

bz2 = 0.5386　−1.6158　1.6158　−0.5386

az2 = 1.0000　−1.7977　1.2211　−0.2898

bz3 = 1.0e−003 *

　　0.1668　−0.0000　−0.5005　0.0000　0.5005　0.0000　−0.1668

az3 = 1.0000　−4.7347　10.2494　−12.7009　9.4971　−4.0652　0.7956

bz4 = 0.8920　−4.3904　9.8791　−12.7201　9.8791　−4.3904　0.8920

az4 = 1.0000　−4.7347　10.2494　−12.7009　9.4971　−4.0652　0.7956

（3）数字滤波器到数字滤波器的变换

例 6.8-19　将例 6.5-1 的 $H_e(z)$ 变换为 $H_d(z)$ 的 MATLAB 程序。

解：本例 MATLAB 程序及结果如下：

syms ('x','z')

x = (1 + 0.618 * z)/(z + 0.618);

B = 0.001836 * (1 + x^4);

A = ((1 − 1.4996 * x + 0.8482 * x^2) * (1 − 1.5548 * x + 0.6493 * x^2));

H = B/A;

$[Hd, x] = subexpr(H, x);$

$Hd1 = simple(Hd);$

$Hd2 = vpa(Hd1, 4)$

答案 $Hd2 =$

$.9180e5 * (.7162e11 * z^4 + .2135e12 * z^3 + .2864e12 * z^2 + .2135e12 * z + .7162e11)/(.7178e9 * z^2 - .2752e9 * z + .1759e9)/(.4965e9 * z^2 + .2651e9 * z + .3792e9)$

例 6.8-20 将例 6.5-2 的 $H_e(z)$ 变换为 $H_d(z)$ 的 MATLAB 程序。

解：本例的 MATLAB 程序及结果如下：

$syms ('x', 'z')$

$x = (-1 + 0.38197 * z)/(z - 0.38197);$

$B = 0.001836 * (1 + x^4);$

$A = (1 - 1.4996 * x + 0.8482 * x^2) * (1 - 1.5548 * x + 0.6493 * x^2);$

$H = B/A;$

$[Hd, x] = subexpr(H, x)$

$Hd1 = simple(Hd)$

$Hd2 = vpa(Hd1, 4)$

答案：

$Hd2 = \quad 23.13 * (.1021e21 * z^4 - .1751e21 * z^3 + .1751e21 * z^2 - .1751e21 * z + .1021e21)/$

$(.2650e12 * z^2 + .2760e12 * z + .1065e12)/(.1312e13 * z^2 + .7297e12 * z + .1003e13)$

6.8.6 基于 MATLAB 的直接设计各类数字滤波器

可以直接设计各种数字巴特沃思滤波器、数字切比雪夫 I 型滤波器、数字切比雪夫 II 型滤波器、数字椭圆滤波器。

1. 巴特沃思滤波器

将 butter 与 buttord 结合使用不仅可用来设计各类模拟巴特沃思滤波器，还可以设计各种巴特沃思数字滤波器（低通、高通、带通、带阻）。

（1）调用 buttord 计算数字巴特沃思滤波器阶数 N 与 ω_c

若已知截止频率 ω_p、ω_s，衰减指标 $\alpha_p(Rp)$、$\alpha_s(As)$ 设计巴特沃思滤波器，可用 buttord 计算数字巴特沃思滤波器阶数 N 与 3dB 截止频率 ω_C。调用格式为

$[N, wc] = buttord(wP, wS, Rp, As)$

式中，ω_p、ω_s 用相对频率表示；衰减指标 $\alpha_p(Rp)$、$\alpha_s(As)$ 以 dB 为单位。若输入变元最后有 "s"，则是模拟滤波器设计，如 6.8.1 节所述。

参数 ω_p、ω_s 的限制：低通滤波器 $\omega_p < \omega_s$；高通滤波器 $\omega_p > \omega_s$；带通滤波器 $\omega_p = [\omega_{p1}, \omega_{p2}]$、$\omega_s = [\omega_{s1}, \omega_{s2}]$，并且 $\omega_{s1} < \omega_{p1} < \omega_{p2} < \omega_{s2}$；带阻滤波器 $\omega_p = [\omega_{p1}, \omega_{p2}]$、$\omega_s = [\omega_{s1}, \omega_{s2}]$，并且 $\omega_{p1} < \omega_{s1} < \omega_{s2} < \omega_{p2}$。

（2）调用 butter 计算数字巴特沃思滤波器

已知系统阶数 N、ω_c（3dB 截止频率，用相对频率表示），可调用 butter 设计各类数字巴特沃思滤波器，调用格式为

$[b, a] = butter(N, wc)$ %数字低通

$[b, a] = butter(N, wc, 'high')$ %数字高通

$[b, a] = butter(N, wz,)$ %2N 阶的数字带通，其中 $wz = [w1, w2]$

式中，wz = ［w1，w2］，是带通的上、下截止频率，用相对频率表示。

　　　　　［b,a］= butter（N，wz,'stop'）;　　　　　　　　　　%2N 阶的数字带阻,其中 wz = ［w1,w2］

式中，wz = ［w1，w2］，是带阻的上、下截止频率，用相对频率表示。

例 6.8-21　用直接方法重新设计例 6.4-3 的巴特沃思数字低通滤波器。设计指标为

通带截止频率 $\omega_p = 0.2\pi$，通带最大衰减 $\alpha_p \leqslant 1\text{dB}$;

阻带边缘频率 $\omega_s = 0.3\pi$，阻带最小衰减 $\alpha_s \geqslant 15\text{dB}$;

解：例 6.8-21 的 MATLAB 程序与结果如下:

```
clear
Wp = 0.2;Ws = 0.3;As = 15;Rp = 1;              % 巴氏数字低通的技术指标
［N,wc］= buttord（Wp,Ws,Rp,As）                % 确定巴氏数字低通的阶数
［b,a］= butter（N,wc）                          % N 阶巴氏低通
w0 = ［0.2 * pi, 0.3 * pi］;                    % 以下 4 句是检验 ωp、ωs 对应的衰减指标
Hx = freqz（b,a,w0）;
［H,w］= freqz（b,a）;
dbHx = −20 * log10（abs（Hx）/max（abs（H）））
［db,mag,pha,grd,w］= freqz_m（b,a）;            % 数字滤波器频响相关信息
plot（w/pi,db）;title（'Magntide in db'）;        % 作数字滤波器振幅频响图
xlabel（'相对频率'）;ylabel（'分贝'）;
axis（［0,0.5, −30,5］）;
set（gca,'xtickmode','manual','xtick',［0,0.2,0.3,0.5］）;
set（gca,'ytickmode','manual','ytick',［−30, −As, −Rp］）;grid
```

答案:

```
b = 0.0007  0.0044  0.0111  0.0148  0.0111  0.0044  0.0007
a = 1.0000 −3.1836  4.6222 −3.7795  1.8136 −0.4800  0.0544
dbHx = 0.5632  15.0000
```

答案与例 6.8-12 相同。

2. 数字切比雪夫 I 型滤波器

将 cheby1 与 cheb1ord 结合使用不仅可用来设计各类模拟切比雪夫 I 型滤波器，还可以设计各种切比雪夫 I 型数字滤波器（低通、高通、带通、带阻）。

（1）调用 cheb1ord 计算切比雪夫 I 型滤波器阶数与 ω_C

已知通带截止频率 ω_p、阻带截止 ω_s，通带衰减 α_p（Rp）、阻带衰减 α_s（As）设计切比雪夫 I 型滤波器，可用 cheb1ord 计算数字切比雪夫 I 型滤波器的阶数与 ω_C。调用格式为

$$［N, wc］= cheb1ord（wp, ws,Rp,As）$$

式中，ω_p、ω_s 用相对频率表示；衰减 α_p（Rp）、α_s（As）以 dB 为单位。若输入变元最后加 "s"，则是模拟滤波器设计，如 6.8.2 节所述。

　　参数 ω_p、ω_s 的限制：低通滤波器 $\omega_p < \omega_s$；高通滤波器 $\omega_p > \omega_s$；带通滤波器 $\omega_p = ［\omega_{p1},$ $\omega_{p2}］$、$\omega_s = ［\omega_{s1}, \omega_{s2}］$，并且 $\omega_{s1} < \omega_{p1} < \omega_{p2} < \omega_{s2}$；带阻滤波器 $\omega_p = ［\omega_{p1}, \omega_{p2}］$、$\omega_s = ［\omega_{s1}, \omega_{s2}］$，并且 $\omega_{p1} < \omega_{s1} < \omega_{s2} < \omega_{p2}$。

（2）调用 cheby1 设计切比雪夫 I 型滤波器

已知系统阶数 N、通带截止频率 ω_c（以 π 为单位）、通带衰减 Rp（以 dB 为单位），可用 cheby1 设计数字切比雪夫 I 型滤波器。调用格式为

```
[b,a] = cheby1（N, Rp,wc）;                    %数字低通
[b,a] = cheby1（N, Rp,wc,'high'）              %数字高通
[b,a] = cheby1（N, Rp,wz,）;                   % 2N 阶的数字带通
```
式中，wz = ［w1，w2］，是带通的上、下截止频率，用相对频率表示。
```
[b,a] = cheby1（N, As,wz,'stop'）;             % 2N 阶的数字带阻
```
式中，wz = ［w1，w2］，是带阻的上、下截止频率，用相对频率表示。

例 6.8-22 用直接方法设计切比雪夫 I 型数字带通滤波器。设计指标为

通带截止频率 $\omega_{p1} = 0.3\pi$，$\omega_{p2} = 0.4\pi$，通带最大衰减 $\alpha_p \le 1$dB；

阻带边缘频率 $\omega_{s1} = 0.2\pi$，$\omega_{s2} = 0.5\pi$，阻带最小衰减 $\alpha_s \ge 15$dB；

解：例 6.8-22 的 MATLAB 程序与结果如下（见图 6.8-9）：

```
clear
Wp = ［0.3,0.4］;Ws = ［0.2,0.5］;As = 15;Rp = 1;     %切比雪夫 I 型数字带通的技术指标
[N,wc] = cheb1ord（Wp,Ws,Rp,As）                    %确定切比雪夫 I 型数字带通的阶数
[b,a] = cheby1（N,Rp,wc）                           %N 阶切比雪夫 I 型带通
w0 = ［0.2 * pi,0.3 * pi,0.4 * pi,0.5 * pi］;        % 以下 4 句是检验 ωp、ωs 对应的衰减指标
Hx = freqz（b,a,w0）;
[H,w] = freqz（b,a）;
dbHx = - 20 * log10（abs（Hx）/max（abs（H）））
[db,mag,pha,grd,w] = freqz_m（b,a）;                 %数字滤波器频响相关信息
plot（w/pi,db）;xlabel（'相对频率'）;ylabel（'分贝'）;
axis（［0,0.7, - 25,3］）;
set（gca,'xtickmode','manual','xtick',［0.1,0.2,0.3,0.4,0.5,0.6,0.7］）;
set（gca,'ytickmode','manual','ytick',［ - 20, - As, - Rp］）;grid
```

答案：

b = 0.0205   0   - 0.0410   0   0.0205

a = 1.0000   - 1.6633   2.3219   - 1.3972   0.7106

dbHx = 22.8348   0.9998   0.9998   18.1954

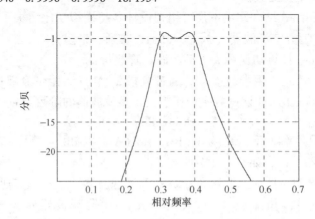

图 6.8-9 例 6.8-22 直接方法设计切比雪夫 I 型数字带通滤波器

3. 数字切比雪夫 II 型滤波器

将 cheby2 与 cheb2ord 结合使用不仅可用来设计各类模拟切比雪夫 II 型滤波器，还可以
设计各种切比雪夫 II 型数字滤波器（低通、高通、带通、带阻）。

（1）调用 cheb2ord 计算切比雪夫 II 型滤波器阶数与 ω_C

已知截止频率 ω_p、ω_s，衰减指标 $\alpha_p(Rp)$、$\alpha_s(As)$ 设计切比雪夫 II 型滤波器，可用 cheb2ord 计算数字切比雪夫 II 型滤波器的阶数与 ω_C。调用格式为

$$[N, wc] = cheb2ord(wp, ws, Rp, As)$$

式中，ω_p、ω_s 用相对频率表示；衰减指标 $\alpha_p(Rp)$、$\alpha_s(As)$ 以 dB 为单位。若输入变元最后加 "s"，则是模拟滤波器设计，如 6.8.2 节所述。

参数 ω_p、ω_s 的限制：低通滤波器 $\omega_p < \omega_s$；高通滤波器 $\omega_p > \omega_s$；带通滤波器 $\omega_p = [\omega_{p1}, \omega_{p2}]$、$\omega_s = [\omega_{s1}, \omega_{s2}]$，并且 $\omega_{s1} < \omega_{p1} < \omega_{p2} < \omega_{s2}$；带阻滤波器 $\omega_p = [\omega_{p1}, \omega_{p2}]$、$\omega_s = [\omega_{s1}, \omega_{s2}]$，并且 $\omega_{p1} < \omega_{s1} < \omega_{s2} < \omega_{p2}$。

（2）调用 cheby2 设计切比雪夫 II 型滤波器

已知系统阶数 N、通带截止频率 ω_c（用相对频率表示）、通带衰减 Rp（以 dB 为单位），可用 cheby2 设计数字切比雪夫滤波器。调用格式为

$$[b, a] = cheby2(N, Rp, wc);\qquad\qquad \text{\%数字低通}$$
$$[b, a] = cheby2(N, Rp, wc, 'high')\qquad\qquad \text{\%数字高通}$$
$$[b, a] = cheby2(N, Rp, wz,);\qquad\qquad \text{\% 2N 阶的数字带通}$$

式 wz = [w1, w2]，是带通的上、下截止频率，用相对频率表示。

$$[b, a] = cheby2(N, As, wz, 'stop');\qquad\qquad \text{\% 2N 阶的数字带阻}$$

式中，wz = [w1, w2]，是带阻的上、下截止频率，用相对频率表示。

例 6.8-23 用直接方法设计切比雪夫 II 型数字带阻滤波器。设计指标为

通带截止频率 $\omega_{p1} = 0.2\pi$，$\omega_{p2} = 0.5\pi$，通带最大衰减 $\alpha_p \leqslant 1dB$；

阻带边缘频率 $\omega_{s1} = 0.3\pi$，$\omega_{s2} = 0.4\pi$，阻带最小衰减 $\alpha_s \geqslant 30dB$。

例 6.8-23 的 MATLAB 程序与结果如下（见图 6.8-10）：

```
clear
Wp = [0.2, 0.5]; Ws = [0.3, 0.4]; As = 30; Rp = 1;        %切比雪夫数字带阻的技术指标
[N, wc] = cheb2ord(Wp, Ws, Rp, As)                       %确定切比雪夫数字带阻的阶数
[b, a] = cheby2(N, As, wc, 'stop')                        %N 阶切比雪夫带阻
w0 = [0.2 * pi, 0.3 * pi, 0.4 * pi, 0.5 * pi];            % 以下 4 句是检验 ωp, ωs 对应的衰减指标
Hx = freqz(b, a, w0);
[H, w] = freqz(b, a);
dbHx = -20 * log10(abs(Hx)/max(abs(H)))
[db, mag, pha, grd, w] = freqz_m(b, a);                   %数字滤波器频响相关信息
plot(w/pi, db); xlabel('相对频率'); ylabel('分贝');
axis([0, 0.7, -40, 3]);
set(gca, 'xtickmode', 'manual', 'xtick', [0.1, 0.2, 0.3, 0.4, 0.5, 0.6, 0.7]);
set(gca, 'ytickmode', 'manual', 'ytick', [-As, -Rp]); grid
```

答案：

b = 0.5256   -1.4275   2.8308   -3.2097   2.8308   -1.4275   0.5256

a = 1.0000   -2.1551   3.2774   -3.0033   2.1596   -0.9064   0.2758

dbHx = 0.2127   45.0699   44.9646   0.9995

4. 数字椭圆滤波器

将 ellip 与 ellipord 结合使用不仅可用来设计各类模拟椭圆滤波器，还可以设计各种椭圆

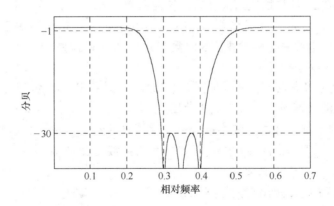

图 6.8-10　例 6.8-23 直接方法设计切比雪夫 II 型数字带阻滤波器

数字滤波器（低通、高通、带通、带阻）。

（1）调用 ellipord 计算椭圆滤波器阶数与 ω_c

已知截止频率 ω_p、ω_s，衰减指标 α_p（Rp）、α_s（As）设计椭圆滤波器，可用 ellipord 计算椭圆滤波器的阶数与 ω_c。调用格式为

$$[N, wc] = ellipord(wp, ws, Rp, As/s')$$

式中，ω_p、ω_s 用相对频率表示；衰减指标 α_p（Rp）、α_s（As）以 dB 为单位。若输入变元最后有 "s"，则是模拟滤波器设计，如 6.8.2 节所述。

参数 ω_p、ω_s 的限制：低通滤波器 $\omega_p < \omega_s$；高通滤波器 $\omega_p > \omega_s$；带通滤波器 $\omega_p = [\omega_{p1}, \omega_{p2}]$、$\omega_s = [\omega_{s1}, \omega_{s2}]$，并且 $\omega_{s1} < \omega_{p1} < \omega_{p2} < \omega_{s2}$；带阻滤波器 $\omega_p = [\omega_{p1}, \omega_{p2}]$、$\omega_s = [\omega_{s1}, \omega_{s2}]$，并且 $\omega_{p1} < \omega_{s1} < \omega_{s2} < \omega_{p2}$。

（2）调用 ellip 设计椭圆滤波器

已知系统阶数 N、通带截止频率 ω_c（用相对频率表示）、通带衰减 Rp（以 dB 为单位），阻带衰减 As（以 dB 为单位），可用 cheby2 设计数字椭圆滤波器。调用格式为

    [b,a] = ellip (N, Rp, As,wc);   % 数字低通
    [b,a] = ellip (N, Rp, As,wc,'high')   % 数字高通
    [b,a] = ellip (N, Rp, As,wz,);   % 2N 阶的数字带通

式中，wz = [w1, w2]，是带通的上、下截止频率，用相对频率表示。

    [b,a] = ellip (N, Rp,As,wz,'stop');   % 2N 阶的数字带阻

式中，wz = [w1, w2]，是带阻的上、下截止频率，用相对频率表示。

例 6.8-24　用直接方法设计椭圆数字带阻滤波器。设计指标为

通带截止频率 $\omega_{p1} = 0.2\pi$，$\omega_{p2} = 0.5\pi$，通带最大衰减 $\alpha_p \leqslant 1dB$；

阻带边缘频率 $\omega_{s1} = 0.3\pi$，$\omega_{s2} = 0.4\pi$，阻带最小衰减 $\alpha_s \geqslant 30dB$。

解： 例 6.8-24 的 MATLAB 程序与结果如下（见图 6.8-11）：

    clear
    Wp = [0.2,0.5];Ws = [0.3,0.4];As = 30;Rp = 1;   % 椭圆数字带阻的技术指标
    [N,wc] = ellipord(Wp,Ws,Rp,As)   % 确定椭圆数字带阻的阶数
    [b,a] = ellip(N, Rp, As,wc,'stop')   % N 阶椭圆带阻
    [db,mag,pha,grd,w] = freqz _m(b,a);   % 数字滤波器频响相关信息
    plot(w/pi,db);title('椭圆数字带阻振幅/dB');   % 作数字滤波器振幅频响图

xlabel('相对频率');ylabel('分贝');

axis([0,0.7,-40,3]);

set(gca,'xtickmode','manual','xtick',[0.1,0.2,0.3,0.4,0.5,0.6,0.7]);

set(gca,'ytickmode','manual','ytick',[-As,-Rp]);grid

答案:

b = 0.4158 -1.1067 2.1591 -2.4392 2.1591 -1.1067 0.4158

a = 1.0000 -1.9467 2.5692 -2.2182 1.5086 -0.4876 0.0719

dbHx = 0.3833 30.1824 30.1846 0.9981

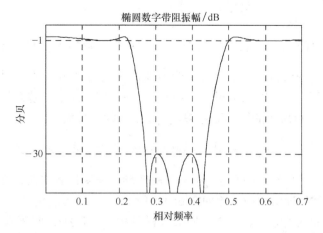

椭圆数字带阻振幅/dB

图 6.8-11   例 6.8-24 直接方法设计椭圆数字带阻滤波器

6.8.7   基于 MATLAB 的时域最小平方误差数字滤波器设计

已知系统单位冲激响应 $h(n)$，及要设计的 IIR 滤波器分子阶数 M1，分母阶数 N1，可调用 prony 得到系统函数分子、分母系数，调用格式为

[b,a] = prony(h,M1,N1)

例 6.8-25   在例 6.7-3 已得到 $h = [1/3, -0.0278, 0.0422, -0.0097]$，调用 prony 验证结果。

解: 例 6.8-25 的 MATLAB 程序与结果如下:

h = [1/3,-0.0278,0.0422,-0.0097];M1 = 1;N1 = 2;

[b,a] = prony(h,M1,N1)

答案:

b = 0.3333 0.0239

a = 1.0000 0.1550 -0.1137

6.9   习题

1. 用脉冲响应不变法及双线性变换法将模拟传递函数 $H_a(s) = \dfrac{3}{(s+1)(s+3)}$ 转变为数字传递函数 $H(z)$，采样周期 $T = 0.5$。

2. 用脉冲响应不变法及双线性变换法将模拟传递函数 $H_a(s) = \dfrac{1}{s^2+s+1}$ 转变为数字传递

函数 $H(z)$，采样周期 $T=2$。

3. 用脉冲响应不变法及双线性变换法将模拟传递函数 $H_a(s) = \dfrac{3s+2}{2s^2+3s+1}$ 转变为数字传递函数 $H(z)$，采样周期 $T=0.1$。

4. 用脉冲响应不变法将以下 $H_a(s)$ 转变为 $H(z)$，采样周期为 T。

(1) $H_a(s) = \dfrac{A}{(s-s_0)^2}$

(2) $H_a(s) = \dfrac{A}{(s-s_0)^m}$，$m$ 为任意正整数。

5. $H_a(s) = \dfrac{1}{s}$ 是理想积分器，其输出信号是输入信号的积分值 $y_a(t) = \displaystyle\int_{-\infty}^{t} x_a(\tau)\,\mathrm{d}\tau$，$y_a(t)$ 是曲线 $x_a(\tau)$ 下的面积，现用脉冲响应不变法将它转换为一数字积分器。写出积分器的传递函数、差分方程，画出其结构图，并证明所得数字系统的功能与原模拟系统的差别就在于以 $x_a(t)$ 采样值向后所作的矩形面积来代替 $x_a(\tau)$ 的连续面积。

6. 以双线性变换 $s = \dfrac{2}{T} \cdot \dfrac{1-z^{-1}}{1+z^{-1}}$ 代替脉冲响应不变法，重复第 5 题，并证明这时数字系统的功能就是将前后两采样点之间连线所围成的梯形面积来代替的连续面积。

7. 一个采样数字处理低通滤波器如图 6.9-1 所示，$H(z)$ 的截止频率为 $\omega_c = 0.2\pi$。整个系统相当于一个模拟低通滤波器 AF_L。如果采样频率 $f_s = 1\mathrm{kHz}$，问等效的模拟低通滤波器 AF_L 截止频率 $f_c = ?$ 若 $f_s = 5\mathrm{kHz}$、$f_s = 200\mathrm{Hz}$，而 $H(z)$ 不变，这时等效的模拟低通滤波器 AF_L 截止频率又为多少？

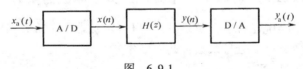

图 6.9-1

8. 设采样频率为 $f_s = 6.28318\mathrm{kHz}$，用脉冲响应不变法设计一个三阶巴特瓦兹数字低通，截止频率 $f_c = 1\mathrm{kHz}$，并画出该低通的并联形结构。

9. 用双线性变换法设计一个三阶巴特瓦兹数字低通，采样频率 $f_s = 1.2\mathrm{kHz}$，截止频率 $f_c = 400\mathrm{Hz}$。

10. 用双线性变换设计一个三阶巴特瓦兹数字高通，其中采样频率 f_s 为 $6\mathrm{kHz}$，截止频率 f_c 为 $1.5\mathrm{kHz}$（不计 $3\mathrm{kHz}$ 以上频率分量）。

11. 用双线性变换设计一个三阶巴特瓦兹数字带通，采样频率 $f_s = 720\mathrm{Hz}$，上、下边带截止频率 $f_1 = 60\mathrm{Hz}$、$f_2 = 300\mathrm{Hz}$。

12. 若 $u_a(t)$ 是模拟网络 $H_a(s)$ 的阶跃响应，即输入 $x_a(t) = u(t)$，则响应 $y_a(t) = s_a(t)$；$s(n)$ 是数字网络 $H(z)$ 的阶跃响应，即输入 $x(n) = u(n)$，则响应 $y(n) = s(n)$。如果已知 $H_a(s)$ 以及 $s_a(t)$，令 $s(n) = s_a(nT)$ 这样来设计 $H(z)$ 就称为阶跃不变法。试用阶跃不变法确定 $H(z)$ 与 $H_a(s)$ 的关系，并与脉冲不变法比较。

13. 用脉冲响应不变法及阶跃不变法将以下 $H_a(s)$ 转变 $H(z)$，采样周期为 T。

$$H_a(s) = \frac{s+a}{(s+a)^2+b^2}$$

14. 证明 $g(z^{-1}) = \pm \prod_{i=1}^{N} \dfrac{z^{-1} - \alpha_i^*}{1 - \alpha_i z^{-1}}$ 满足全通特性,即 $|g(e^{-j\omega})| = 1$。

15. 证明 $u^{-1} = g(z^{-1}) = \pm \prod_{i=1}^{N} \dfrac{z^{-1} - \alpha_i^*}{1 - \alpha_i z^{-1}}$ 满足稳定性要求,即 z 平面的单位圆以内映射到 u 平面的单位圆以内,z 平面的单位圆以外映射到 u 平面的单位圆以外。

16. 证明 $u^{-1} = g(z^{-1}) = \pm \prod_{i=1}^{N} \dfrac{z^{-1} - \alpha_i^*}{1 - \alpha_i z^{-1}}$ 的 $N = 1$,即 $u^{-1} = g(z^{-1}) = \dfrac{z^{-1} - \alpha}{1 - \alpha z^{-1}}$ 时,其相位函数 $\phi(\omega)$ 满足 $\phi(0) - \phi(\pi) = \pi$。其中 α 为实数。

17. 证明 $u^{-1} = g(z^{-1}) = \pm \prod_{i=1}^{N} \dfrac{z^{-1} - \alpha_i^*}{1 - \alpha_i z^{-1}}$ 的 $N = 2$,且 α_1、α_2 为一对共轭复根时,其相位函数 $\phi(\omega)$ 满足 $\phi(0) - \phi(\pi) = 2\pi$。

令 $\alpha_1 = \rho e^{j\theta}$,则 $\alpha_2 = \alpha_1^* = \rho e^{-j\theta}$。

18. 证明 $u^{-1} = g(z^{-1}) = \pm \prod_{i=1}^{N} \dfrac{z^{-1} - \alpha_i^*}{1 - \alpha_i z^{-1}}$ 的相位差一般特性,$\phi(0) - \phi(\pi) = N\pi$。

19. 证明 $u = -z$(旋转变换)是一个低通 $\leftrightarrow$ 高通的稳定转换。

20. 数字滤波器经常以图 6.9-2 描述的方式来处理限带模拟信号。在理想情况下,整个系统等效一个线性非时变模拟系统。

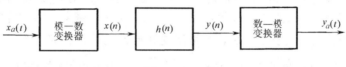

图 6.9-2

(1) 如果系统 $h(n)$ 的截止频率是 $\pi/8\text{rad}$,$1/T = 10\text{kHz}$,等效模拟滤波器的截止频率是多少?

(2) 设 $1/T = 20\text{kHz}$,重复(1)。

21. 研究利用向前差分来逼近微分方程 $\sum_{k=0}^{N} c_k \dfrac{\mathrm{d}^k y_a(t)}{\mathrm{d}t^k} = \sum_{k=0}^{M} d_k \dfrac{\mathrm{d}^k x_a(t)}{\mathrm{d}t^k}$,即用差分方程 $\sum_{k=0}^{N} c_k \Delta^{(k)}[y(n)] = \sum_{k=0}^{M} d_k \Delta^{(k)}[x(n)]$,并假设 $y(n) = y_a(nT)$ 和 $x(n) = x_a(nT)$,及定义一阶向前差分为 $\Delta^{(1)}[y(n)] = \dfrac{y(n+1) - y(n)}{T}$,高阶向前差分为 $\Delta^{(k+1)}[y(n)] = \Delta^{(1)}[\Delta^{(k)}[y(n)]]$ 和 $\Delta^{(0)}[y(n)] = y(n)$。

(1) 如果 $H_a(s) = Y_a(s)/X_a(s)$、$H(z) = Y(z)/X(z)$,试求映射函数 $s = \phi(z)$,使 $H(z) = H_a(\phi(z))$。

(2) 在(1)中求得的映射 ϕ 下,s 平面的 $j\Omega$ 轴在 z 平面的象是什么围线?

(3) s 平面内的稳定系统能否映射成 z 平面内的稳定系统?

22. 设计一个数字滤波器,在频率低于 $\omega = 0.2613\pi$ 的范围内,低通幅度特性为常数,并且不低于 0.75dB,在频率 $\omega = 0.4018\pi$ 和 π 之间,阻带衰减至少为 20dB。试求满足这些条件的最低阶 Butterworth 滤波器的系统函数 $H(z)$。画出它的级联结构图,图中应包括全部必要的常数。采用双线性变换。

23. 令 $H(z)$ 表示一个数字低通滤波器的系统函数。该滤波器是一个线性非时变因果系统，并可以用加法器、放大器和单位延迟器组成的数字网络实现。我们要求根据这个低通滤波器来实现另一个低通滤波器，后者的截止频率可借助于改变某一个参数而变化。有一种方案把网络中的每个单位延迟用如下差分方程表示的网络 R 代替：

$$y(n) = x(n-1) - \alpha[x(n) - y(n-1)] \tag{6.9-1}$$

式中，α 为实数，且 $|\alpha| < 1$，$x(n)$ 和 $y(n)$ 表示 R 的输入和输出。

（1）令 $G(z)$ 表示用式（6.9-1）的网络代替原滤波器的每一单位延迟后得到的滤波器的系统函数。试证明与 $G(z)$ 对应的频率响应同与 $H(z)$ 对应的频率响应之间是频率轴的映射关系，即如果 $G(e^{j\omega})$ 和 $H(e^{j\omega})$ 表示两个频率响应，则 ω 可表示为 θ 的实函数，请画出 ω 和 θ 之间关系曲线的略图。

如果 $H(z)$ 对应的频率响应截止频率为 θ_p，试求 $G(z)$ 对应的频率响应截止频率 ω_p，并将其表示成参数 α 的函数。

（2）不用式（6.9-1）的网络代替个单位延迟，改用如下差分方程表示的网络代替原滤波器的每一单位延迟：

$$y(n) = x(n-2) - \alpha[x(n-1) - y(n-1)] \tag{6.9-2}$$

式（6.9-1）的网络是式（6.9-2）网络和一单位延迟的级联。在这种情况下，$G(z)$ 对应的频率响应与 $H(z)$ 对应的频率响应之间的关系仍是借助于频率轴的映射关系。试求出这个映射函数，并证明在这种情况下若 $H(z)$ 表示低通滤波器，则 $G(z)$ 将不是低通滤波器。

24. 把模拟低通滤波器传递函数中的 s 用 $1/s$ 代替，就得到模拟高通滤波器。即若 $G_a(s)$ 是低通滤波器的传递函数，$H_a(s)$ 是高通滤波器的传递函数，则 $H_a(s) = G_a(1/s)$。另外，数字滤波器还可以借助双线性变换 $s = \dfrac{z-1}{z+1}$ 从模拟滤波器映射得到。（为方便起见，设 $T = 2$）在这种映射下，虽然频率刻度有了畸变，但保留了幅度特性的特征。图 6.9-3 的网络表示一个截止频率为 $\omega_L = \pi/2$ 的低通滤波器。常数 A、B、C、D 都是实数。试问为了得到截止频率为 $\omega_H = \pi/2$ 的高通滤波器，应如何修改这些系数？

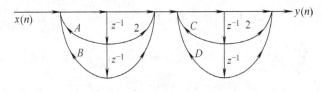

图 6.9-3

25. 假设某时域连续滤波器是一个低通滤波器，又知 $H(z) = H_a((z+1)/(z-1))$，于是数字滤波器的通带中心位于

A. $\omega = 0$（低通） B. $\omega = \pi$（高通） C. 除 0 或 π 以外的某一频率（带通）

26. 试用时域最小平方误差准则（最小平方逆设计）设计一个如图 6.9-4 所示的具有四项系数的 IIR DF 的系统函数，使其在输入 $y(n) = [3, 2, 1]$ 激励下，输出 $v(n)$ 逼近 $d(n) = [2, 0.2, 0.05]$。令 $v(-1) = v(-2) = 0$，求出 $v(n)$ 的前 8 个样值与 $d(n)$ 比较。

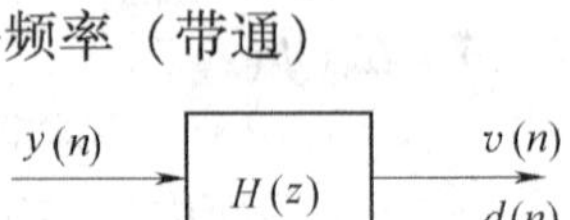

图 6.9-4

27. $y(n) = [3, 1]$，$d(n) = [1, 0.25, 0.1, 0.01]$，按时域最小平方误差准则设计一个有四项系数的 IIR DF 的系统函数 $H(z)$。

第 7 章　有限冲激响应（FIR）数字滤波器设计

IIR 数字滤波器设计利用模拟滤波器的设计成果，可以简便、有效地完成数字滤波器的设计。但是 IIR 系统幅度特性的改善一般是以相位的非线性为代价的。如果对系统有线性相位要求，IIR 系统就需要增加复杂的相位校正网络。而 FIR 系统在满足幅度特性要求下，可以保证严格的线性相位特性。尤其是相对 IIR 系统，FIR 系统只有原点处的极点，又因为任何一个非因果的有限长序列通过一定的延时，可以做成因果序列，所以 FIR 系统不存在因果稳定问题。此外，FIR 系统还可以利用 FFT 处理信号。总之，FIR 系统具有 IIR 系统没有的许多特点，得到了越来越广泛的应用。

FIR 系统的单位脉冲响应 $h(n)$ 是长度为 N 的有限时宽序列，前面所学过的相关知识有：

1. 系统函数

$$H(z) = \sum_{n=0}^{N-1} h(n) z^{-n}$$

有 $N-1$ 个零点，在原点处有 $N-1$ 阶极点。

系统频率响应
$$H(e^{j\omega}) = \sum_{n=0}^{N-1} h(n) e^{-jn\omega}$$

2. 序列的 DFT 与 IDFT

DFT　　$H(k) = \sum_{n=0}^{N-1} h(n) W_N^{kn}$

IDFT　　$h(n) = \frac{1}{N} \sum_{k=0}^{N-1} H(k) W_N^{-kn}$

3. 频域取样与插值

取样　　$H(k) = H(z) \big|_{z=W_N^{-k}} = H(e^{j\omega}) \big|_{\omega = \frac{2\pi}{N}k}$

插值　　$H(z) = \frac{1 - z^{-N}}{N} \sum_{k=0}^{N-1} \frac{H(k)}{1 - W_N^{-k} z^{-1}}$

7.1　线性相位 FIR 数字滤波器的条件和特点

线性相位 FIR 数字滤波器也称线性相位 FIR 系统。线性相位 FIR 系统广泛应用在数据通信、图像信号处理等领域，在实际工程中具有重要意义。但并不是 FIR 系统就具有线性相位，只有满足一定条件的 FIR 系统才具有线性相位。

7.1.1　FIR 系统的线性相位条件与线性相位特性

5.3 节已经给出了满足线性相位 FIR 系统条件：系统的单位脉冲响应 $h(n)$ 是实序列，并且对 $(N-1)/2$ 有对称条件，即

$$h(n) = h(N-1-n)$$

或
$$h(n) = -h(N-1-n)$$

由 $h(n)$ 对 $(N-1)/2$ 的偶或奇对称,可以得到两种类型的线性相位。

1. $h(n)$ 对 $(N-1)/2$ 偶对称

$$h(n) = h(N-1-n) \qquad (7.1\text{-}1)$$

则系统函数为

$$H(z) = \sum_{n=0}^{N-1} h(n) z^{-n} = \sum_{n=0}^{N-1} h(N-1-n) z^{-n}$$

令 $m = N-1-n$,代入上式,得

$$H(z) = \sum_{m=0}^{N-1} h(m) z^{-(N-1-m)} = \sum_{m=0}^{N-1} h(m) z^m z^{-(N-1)} = H(z^{-1}) z^{-(N-1)} \qquad (7.1\text{-}2)$$

利用式 (7.1-2) 将系统函数 $H(z)$ 写成

$$H(z) = \frac{1}{2} \sum_{n=0}^{N-1} h(n) \left[z^{-n} + z^n z^{-(N-1)} \right]$$

$$= \frac{1}{2} \sum_{n=0}^{N-1} z^{-\frac{N-1}{2}} h(n) \left[z^{-\left(n-\frac{N-1}{2}\right)} + z^{\left(n-\frac{N-1}{2}\right)} \right] \qquad (7.1\text{-}3)$$

由式 (7.1-3) 得系统的频响为

$$H(e^{j\omega}) = H(z)\big|_{z=e^{j\omega}} = e^{-j\frac{N-1}{2}\omega} \sum_{n=0}^{N-1} h(n) \cos\left[\omega\left(n - \frac{N-1}{2}\right) \right]$$

$$= H(\omega) e^{j\varphi(\omega)}$$

式中,
$$H(\omega) = \sum_{n=0}^{N-1} h(n) \cos\left[\omega\left(n - \frac{N-1}{2}\right) \right] \qquad (7.1\text{-}4)$$

$$\varphi(\omega) = -\frac{N-1}{2}\omega \qquad (7.1\text{-}5)$$

定义式 (7.1-4) $H(\omega)$ 为幅度函数,与振幅函数一样,$H(\omega)$ 为实函数,但它的取值既可大于零也可小于零。

定义式 (7.1-5) $\varphi(\omega)$ 为相位函数,如图 7.1-1 所示它是严格的直线。可见,当 $h(n)$ 为实序列,且满足 $h(n) = h(N-1-n)$,FIR 滤波器具有严格的线性相位,其群时延为 $\frac{N-1}{2}$ 个采样周期。

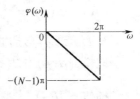

图 7.1-1 FIR 系统线性
相位特性之一

2. $h(n)$ 对 $(N-1)/2$ 奇对称

$$h(n) = -h(N-1-n) \qquad (7.1\text{-}6)$$

用与偶对称相同的分析方法可得到对应的系统函数

$$H(z) = \sum_{n=0}^{N-1} h(n) z^{-n} = \sum_{n=0}^{N-1} \left[-h(N-1-n) \right] z^{-n}$$

将 $m = N-1-n$ 代入上式,得

$$H(z) = -\sum_{m=0}^{N-1} h(m) z^{-(N-1-m)} = -\sum_{m=0}^{N-1} h(m) z^m z^{-(N-1)} = -H(z^{-1}) z^{-(N-1)} \qquad (7.1\text{-}7)$$

利用式 (7.1-7) 将系统函数 $H(z)$ 写成

$$H(z) = \frac{1}{2} \sum_{n=0}^{N-1} h(n) \left[z^{-n} - z^n z^{-(N-1)} \right]$$

$$= \frac{1}{2} \sum_{n=0}^{N-1} z^{-\frac{N-1}{2}} h(n) \left[z^{-\left(n-\frac{N-1}{2}\right)} - z^{n-\frac{N-1}{2}} \right] \tag{7.1-8}$$

系统频响为

$$H(e^{j\omega}) = H(z) \bigg|_{z=e^{j\omega}} = e^{-j\frac{N-1}{2}\omega} \sum_{n=0}^{N-1} h(n) \frac{j}{j2} \left[e^{-j\omega\left(n-\frac{N-1}{2}\right)} - e^{j\omega\left(n-\frac{N-1}{2}\right)} \right]$$

$$= -je^{-j\frac{N-1}{2}\omega} \sum_{n=0}^{N-1} h(n) \sin\left[\omega\left(n - \frac{N-1}{2}\right) \right]$$

$$= e^{-j\left(\frac{N-1}{2}\omega+\frac{\pi}{2}\right)} \sum_{n=0}^{N-1} h(n) \sin\left[\omega\left(n - \frac{N-1}{2}\right) \right]$$

$$= H(\omega) e^{j\varphi(\omega)} \tag{7.1-9}$$

式中,
$$H(\omega) = \sum_{n=0}^{N-1} h(n) \sin\left[\omega\left(n - \frac{N-1}{2}\right) \right] \tag{7.1-10}$$

$$\varphi(\omega) = -\left[\frac{N-1}{2}\omega + \frac{\pi}{2} \right] \tag{7.1-11}$$

同样地,$H(\omega)$ 为幅度函数,是既有正值也有负值的实函数。$\varphi(\omega)$ 为相位函数,如图 7.1-2 所示是一条不过原点的直线,在零频处有 $-\pi/2$ 的截距。说明在这种条件下,FIR 系统不仅有 $\frac{N-1}{2}$ 个采样周期的群时延,而且还有 90° 的相移,使信号产生正交变换。

所以当 $h(n)$ 为实序列,且有 $h(n) = -h(N-1-n)$ 时,FIR 滤波器是一个具有线性相位的正交变换网络。

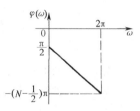

图 7.1-2　FIR 系统线性相位特性之二

7.1.2　幅度特性

若 $h(n)$ 是对 $(N-1)/2$ 偶对称或奇对称的序列,又由 N 为奇数或偶数,可以得到四种幅度类型的线性相位 FIR DF,即前面所说的四类线性相位 FIR 系统。下面讨论这四类线性相位 FIR 系统的幅度特性。

1. 第一类线性相位滤波器

$h(n) = h(N-1-n)$,N 为奇数,如图 7.1-3 所示为 $N=7$ 的情况。

由式 (7.1-4) 第一类线性相位滤波器的幅度函数为

$$H(\omega) = \sum_{n=0}^{N-1} h(n) \cos\left[\omega\left(n - \frac{N-1}{2}\right) \right]$$

在上式中,$h(n)$ 与 $\cos\left[\omega\left(n - \frac{N-1}{2}\right) \right]$ 都对 $(N-1)/2$ 具有偶对称性,即

$$h(n) = h(N-1-n)$$

$$\cos\left[\omega\left(N-1-n - \frac{N-1}{2}\right) \right] = \cos\left[\omega\left(\frac{N-1}{2} - n\right) \right] = \cos\left[\omega\left(n - \frac{N-1}{2}\right) \right]$$

可见除中间项 $h\left(\frac{N-1}{2}\right)$ 外,第 n 项与第 $N-1-n$ 项系数相同,将其两两合并,这样幅度函数可表示为

$$H(\omega) = h\left(\frac{N-1}{2}\right) + \sum_{n=(N+1)/2}^{N-1} 2h(n) \cos\left[\omega\left(n - \frac{N-1}{2}\right) \right]$$

令 $n - \dfrac{N-1}{2} = m$，代入上式，得

$$H(\omega) = h\left(\frac{N-1}{2}\right) + \sum_{m=1}^{(N-1)/2} 2h\left(\frac{N-1}{2} + m\right)\cos m\omega$$

再令 $m = n$，则第一类线性相位滤波器幅度函数为

$$H(\omega) = \sum_{n=0}^{(N-1)/2} a(n)\cos(n\omega) \tag{7.1-12}$$

式中，$a(n) = 2h\left(\dfrac{N-1}{2} + n\right); a(0) = h\left(\dfrac{N-1}{2}\right)$。

如图 7.1-4 所示，$\cos(n\omega)$ 对 $\omega = 0$、π 偶对称，所以 $H(\omega)$ 对 $\omega = 0$、π 也是偶对称，于是有

$$H(\omega) = H(2\pi - \omega) \tag{7.1-13}$$

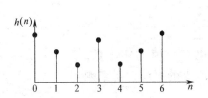

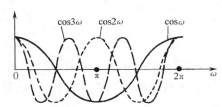

图 7.1-3　FIR 第一类线性相位滤波器的 $h(n)$ 示意图　　　　图 7.1-4　　$\cos(n\omega)$

2. 第二类线性相位滤波器

$h(n) = h(N-1-n)$，N 为偶数，如图 7.1-5 所示为 $N=6$ 的情况。

由式 (7.1-4)，第二类线性相位滤波器的幅度函数为

$$H(\omega) = \sum_{n=0}^{N-1} h(n)\cos\left[\omega\left(n - \frac{N-1}{2}\right)\right]$$

分析同 1，上式中 $h(n)$ 与 $\cos\left[\omega\left(n - \dfrac{N-1}{2}\right)\right]$ 都对 $(N-1)/2$ 具有偶对称性，第 n 项与第 $N-1-n$ 项系数相同，可以两两合并，并且无单独项。其幅度函数可表示为

$$H(\omega) = \sum_{n=N/2}^{N-1} 2h(n)\cos\left[\omega\left(n - \frac{N-1}{2}\right)\right]$$

令 $n - \dfrac{N-1}{2} = m - \dfrac{1}{2}$，代入上式，得

$$H(\omega) = \sum_{m=1}^{N/2} 2h\left(m + \frac{N}{2} - 1\right)\cos\left[\left(m - \frac{1}{2}\right)\omega\right]$$

再令 $m = n$，则

$$H(\omega) = \sum_{n=1}^{N/2} b(n)\cos\left[\left(n - \frac{1}{2}\right)\omega\right] \tag{7.1-14}$$

式中，$b(n) = 2h\left(n + \dfrac{N}{2} - 1\right)$。

如图 7.1-6 所示 $\cos\left[\left(n - \dfrac{1}{2}\right)\omega\right]$ 在 $\omega = \pi$ 时为零，且奇对称，因此 $H(\omega)$ 在 $\omega = \pi$ 时也为零且奇对称。所以有

$$H(\omega) = -H(2\pi - \omega) \tag{7.1-15}$$

由图 7.1-6 可知，这种滤波器在 $\omega = \pi$ 处为零，所以不适合做高通滤波器。

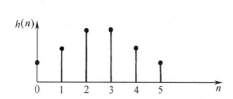

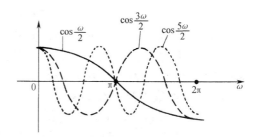

图 7.1-5　FIR 第二类线性相位滤波器的 $h(n)$ 示意图

图 7.1-6　$\cos\left[\left(n-\dfrac{1}{2}\right)\omega\right]$

3. 第三类线性相位滤波器

$h(n) = -h(N-1-n)$，N 为奇数，如图 7.1-7 所示为 $N=7$ 的情况。

由式（7.1-10），第三类线性相位滤波器的幅度函数为

$$H(\omega) = \sum_{n=0}^{N-1} h(n)\sin\left[\omega\left(n-\frac{N-1}{2}\right)\right]$$

在上式中，$h(n)$ 与 $\sin\left[\omega\left(n-\dfrac{N-1}{2}\right)\right]$ 都对 $(N-1)/2$ 具有奇对称性，即

$$h(n) = -h(N-1-n)$$

$$\sin\left[\omega\left(N-1-n-\frac{N-1}{2}\right)\right] = \sin\left[\omega\left(\frac{N-1}{2}-n\right)\right] = -\sin\left[\omega\left(n-\frac{N-1}{2}\right)\right]$$

且中间项 $h\left(\dfrac{N-1}{2}\right)=0$，第 n 项与第 $N-1-n$ 项系数相同（负负得正），将其两两合并，这样幅度函数可表示为

$$H(\omega) = \sum_{n=(N+1)/2}^{N-1} 2h(n)\sin\left[\omega\left(n-\frac{N-1}{2}\right)\right]$$

令 $n-\dfrac{N-1}{2}=m$，代入上式，得

$$H(\omega) = \sum_{m=1}^{(N-1)/2} 2h\left(\frac{N-1}{2}+m\right)\sin(m\omega)$$

再令 $m=n$，则

$$H(\omega) = \sum_{n=1}^{(N-1)/2} c(n)\sin(n\omega) \tag{7.1-16}$$

式中，$c(n) = 2h\left(\dfrac{N-1}{2}+n\right)$。

如图 7.1-8 所示，$\sin(n\omega)$ 在 $\omega=0$，π 处为零，且奇对称；所以 $H(\omega)$ 在 $\omega=0$，π 处也奇对称。所以有

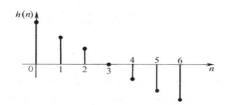

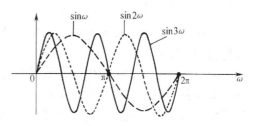

图 7.1-7　FIR 第三类线性相位滤波器的 $h(n)$ 示意图

图 7.1-8　$\sin(n\omega)$

$$H(\omega) = -H(2\pi - \omega) \tag{7.1-17}$$

由于 $H(\omega)$ 奇对称，在 $\omega = 0$、π 时，$H(\omega)$ 为零，即 $H(z)$ 在 $z = \pm 1$ 处有零点。所以第三类线性相位滤波器不适合做低、高通滤波器。考虑到相位因子中有 j，所以可做微分器、希尔伯特变换器一类的数字滤波器。

4. 第四类线性相位滤波器

$h(n) = -h(N-1-n)$ N 为偶数，如图 7.1-9 所示为 $N = 6$ 的情况。

由式 (7.1-10) 第四类线性相位滤波器的幅度函数为

$$H(\omega) = \sum_{n=0}^{N-1} h(n) \sin\left[\omega\left(n - \frac{N-1}{2}\right)\right]$$

分析同 3，$h(n)$ 与 $\sin\left[\omega\left(n - \frac{N-1}{2}\right)\right]$ 都对 $(N-1)/2$ 具有奇对称性，第 n 项与第 $N-1-n$ 项系数相同，可以两两合并，其幅度函数可表示为

$$H(\omega) = \sum_{n=N/2}^{N-1} 2h(n) \sin\left[\omega\left(n - \frac{N-1}{2}\right)\right]$$

令 $n - \dfrac{N-1}{2} = m - \dfrac{1}{2}$，代入上式，得

$$H(\omega) = \sum_{m=1}^{N/2} 2h\left(m + \frac{N}{2} - 1\right) \sin\left[\left(m - \frac{1}{2}\right)\omega\right]$$

再令 $m = n$，则

$$H(\omega) = \sum_{n=1}^{N/2} d(n) \sin\left[\left(n - \frac{1}{2}\right)\omega\right] \tag{7.1-18}$$

式中，$d(n) = 2h\left(n + \dfrac{N}{2} - 1\right)$。

如图 7.1-10 所示，$\sin\left[\left(n - \dfrac{1}{2}\right)\omega\right]$ 在 $\omega = 0$ 时为零，对 $\omega = \pi$ 偶对称；因此 $H(\omega)$ 也在 $\omega = 0$ 时为零，对 $\omega = \pi$ 偶对称，于是有

$$H(\omega) = H(2\pi - \omega) \tag{7.1-19}$$

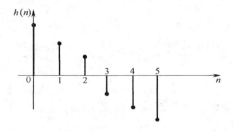

图 7.1-9　FIR 第四类线性相位滤波器 的 $h(n)$ 示意图

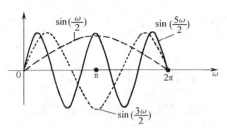

图 7.1-10　$\sin\left[\left(n - \dfrac{1}{2}\right)\omega\right]$

由于 $H(\omega)$ 在 $\omega = 0$ 为零，即 $H(z)$ 在 $z = 1$ 处有零点，所以第四类线性相位滤波器不适合做低通滤波器。

从以上对 FIR 系统幅度特性的分析可知，一旦确定了 $h(n)$ 的对称条件以及时宽 N 的奇、偶条件，那么线性相位 FIR 系统的类型也就随之确定。了解了 4 种类型 FIR 线性相位滤波器的幅度特性，在实际设计使用数字滤波器时，可以根据需要选择合适的滤波器类型，并在设计时遵循它们的条件。

7.1.3 线性相位 FIR 系统的零点特性

除了原点处的极点外，线性相位 FIR 系统只有零点，因此有必要讨论其零点特性。

由于 $h(n)$ 是实序列，所以如果 $H(z)$ 有复零点，必为共轭成对出现，即若 z_i 是 $H(z)$ 的零点，其共轭 z_i^* 也是 $H(z)$ 的零点。又由式(7.1-2)和式(7.1-7)可知，线性相位滤波器的系统函数 $H(z) = z^{-(N-1)}H(z^{-1})$ 或 $H(z) = -z^{-(N-1)}H(z^{-1})$，所以，如果 z_i 是 $H(z)$ 的零点，则其倒数 z_i^{-1} 也是 $H(z)$ 的零点。综上所述，FIR 系统有 3 种情况的零点。

1）单零点 $z_i = 1$ 或 $z_i = -1$，对应一阶节结构 $1 \pm z^{-1}$。

2）在单位圆或在实轴上的双零点，对应的系统为二阶节结构 $1 + az^{-1} + z^{-2}$。

3）4 个一组的复数零点，对应的系统为四阶节结构 $a + bz^{-1} + cz^{-2} + bz^{-3} + az^{-4}$。

例 7.1-1　已知某二阶线性相位 FIR 系统的一个零点 $z_2 = -0.8$，且 $|H(e^{j\pi})| = 0.05$，求该系统的系统函数，并画出系统的零极点图。

解：$z_2 = z_2^* = -0.8$，$1/z_2 = 1/z_2^* = -1.25$

$$H(z) = A(1 + 2.05z^{-1} + z^{-2})$$

$$|H(e^{j\pi})| = |A(1 - 2.05 + 1)| = 0.05$$

解得 $A = 1$，所以

$$H(z) = 1 + 2.05z^{-1} + z^{-2}$$

系统的零极点如图 7.1-11 所示

例 7.1-2　已知某四阶线性相位 FIR 系统的一个零点 $z_3 = 0.5 + j0.5$，且 $|H(e^{j0})| = 1$，求该系统的系统函数，并画出系统的零极点图。

解：$z_3 = 0.5 + j0.5$，$z_3^* = 0.5 - j0.5$，$1/z_3 = 1 - j$，$1/z_3^* = 1 + j$

$$H(z) = A(1 - 3z^{-1} + 4.5z^{-2} - 3z^{-3} + z^{-4})$$

$$|H(e^{j0})| = |A(1 - 3 + 4.5 - 3 + 1)| = 1$$

解得 $A = 2$，所以

$$H(z) = 2(1 - 3z^{-1} + 4.5z^{-2} - 3z^{-3} + z^{-4})$$

系统的零极点如图 7.1-12 所示。

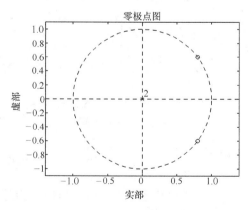

图 7.1-11　例 7.1-1 系统的零极点

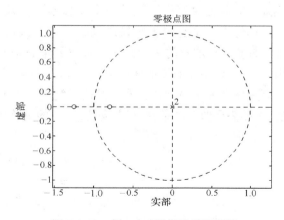

图 7.1-12　例 7.1-2 系统的零极点图

由以上 3 种零点情况做成的基本一阶节、二阶节、四阶节网络级联可以构成 FIR 系统。

由前面对四种类型线性相位 FIR 系统幅度特性的讨论可知，第二种类型 $H(\pi) = 0$，所以 $H(z)$ 在 $z = -1$ 有单零点；第四种类型 $H(0) = 0$，因此 $H(z)$ 在 $z = 1$ 有单零点；第三种类型 $H(\pi) = H(0) = 0$，那么 $H(z)$ 在 $z = \pm 1$ 必有单零点。

7.2　FIR 数字滤波器的窗函数设计

7.2.1　FIR 数字滤波器的窗函数设计基本方法

通常希望得到的是理想滤波器，其频响用 $H_d(\mathrm{e}^{\mathrm{j}\omega})$ 表示，对应的单位脉冲响应为

$$h_d(n) = \frac{1}{2\pi}\int_{-\pi}^{\pi}H_d(\mathrm{e}^{\mathrm{j}\omega})\mathrm{e}^{\mathrm{j}n\omega}\mathrm{d}\omega \qquad n = \{\cdots, -1, 0, 1, \cdots\}$$

如图 6.1-1 所示理想滤波器的 $h_d(n)$ 一般是非因果、无限时宽的 IIR 系统。FIR 数字滤波器的窗函数设计是要用一个因果、有限时宽的 $h(n)$ 去逼近 $h_d(n)$，从而使所设计的系统频响 $H(\mathrm{e}^{\mathrm{j}\omega})$ 逼近 $H_d(\mathrm{e}^{\mathrm{j}\omega})$。

以如图 7.2-1 所示理想低通滤波器为例，它的频率响应特性为

$$H_d(\mathrm{e}^{\mathrm{j}\omega}) = \begin{cases} \mathrm{e}^{-\mathrm{j}\alpha\omega} & |\omega| < \omega_c \\ 0 & \omega_c < \omega < \pi \end{cases}$$

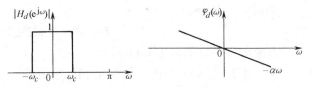

图 7.2-1　理想低通滤波器频响特性

所对应的理想低通滤波器的单位脉冲响应

$$h_d(n) = \frac{1}{2\pi}\int_{-\omega_c}^{\omega_c}\mathrm{e}^{-\mathrm{j}\alpha\omega}\cdot\mathrm{e}^{\mathrm{j}n\omega}\mathrm{d}\omega = \frac{1}{2\pi}\int_{-\omega_c}^{\omega_c}\mathrm{e}^{\mathrm{j}(n-\alpha)\omega}\mathrm{d}\omega = \frac{1}{2\pi}\frac{1}{\mathrm{j}(n-\alpha)}\left[\mathrm{e}^{\mathrm{j}(n-\alpha)\omega_c} - \mathrm{e}^{-\mathrm{j}(n-\alpha)\omega_c}\right]$$

$$= \frac{\sin\left[(n-\alpha)\omega_c\right]}{\pi(n-\alpha)} = \frac{\omega_c}{\pi}\mathrm{Sa}\left[(n-\alpha)\omega_c\right]$$

如图 7.2-2 所示 $h_d(n)$，它是以 α 为中心偶对称、无限长的非因果序列，这是一个物理不可实现的系统。如何用一个有限长因果序列逼近它？最简单的方法是直接截取它的一段做 $h(n)$。为了保证 $h(n)$ 的因果性，我们取 $h_d(n)$ 的 $0 \sim N-1$ 一段，这可以由乘以矩形序列 $R_N(n)$ 实现；为了保证系统的线性相位，$h(n)$ 要满足偶对称条件，α 应该是 $h(n)$ 的对称中心，则取 $\alpha = (N-1)/2$。所以有

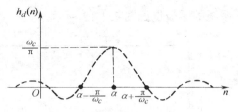

图 7.2-2　理想低通滤波器的脉冲响应 $h_d(n)$ 示意图

$$\left.\begin{array}{l} h(n) = h_d(n)R_N(n) \\ \alpha = (N-1)/2 \end{array}\right\} \tag{7.2-1}$$

式（7.2-1）所表示的 $h(n)$ 与 $h_d(n)$ 的关系，是 $h_d(n)$ 乘以矩形截短函数，可以认为是通过一个矩形"窗"看到的 $h_d(n)$。如果 $h_d(n)$ 乘以不同形式的截短函数，$h(n)$ 就是通过不同形式的"窗"看到的 $h_d(n)$。这种用 $h_d(n)$ 乘以不同截短函数设计 FIR 滤波器的方法即为窗函数设计法。在窗函数设计中 $h(n)$ 与 $h_d(n)$ 的关系可记为

$$h(n) = h_d(n)w(n) \tag{7.2-2}$$

式中，$w(n) = \begin{cases} \neq 0 & 0 \leqslant n \leqslant N-1 \\ 0 & \text{其他} \end{cases}$

在 FIR 数字滤波器窗函数设计中，就是要选择合适的窗函数 $w(n)$，达到所需要的设计要求。

对窗函数 $w(n)$ 也有要求。因为设计的是线性相位 FIR 滤波器，所以 $h_d(n)$ 原本所具有的对称性，经过加窗函数后的 $h(n)$ 仍应保持，所以窗函数要满足

$$w(n) = w(N-1-n) \tag{7.2-3}$$

由频域卷积定理不难得到经过加窗函数后的系统频响为

$$H(\mathrm{e}^{\mathrm{j}\omega}) = \frac{1}{2\pi}\int_{-\pi}^{\pi} H_d(\mathrm{e}^{\mathrm{j}\theta})W(\mathrm{e}^{\mathrm{j}(\omega-\theta)})\,\mathrm{d}\theta \tag{7.2-4}$$

从式（7.2-4）可推知，$H(\mathrm{e}^{\mathrm{j}\omega})$ 逼近 $H_d(\mathrm{e}^{\mathrm{j}\omega})$ 的程度取决于窗函数的频率特性。特别地，若 $W(\mathrm{e}^{\mathrm{j}(\omega-\theta)}) = \delta(\mathrm{e}^{\mathrm{j}(\omega-\theta)})$，则 $H(\mathrm{e}^{\mathrm{j}\omega}) = H_d(\mathrm{e}^{\mathrm{j}\theta})$，即当窗函数频谱为冲激时，无频谱泄漏，此时 $H(\mathrm{e}^{\mathrm{j}\omega})$ 等于 $H_d(\mathrm{e}^{\mathrm{j}\omega})$。但是这就意味着窗函数 $w(n)$ 是无限时宽序列，等于没有加窗。所以只要加了窗函数，总会有频谱泄漏存在，只是 $H(\mathrm{e}^{\mathrm{j}\omega})$ 逼近 $H_d(\mathrm{e}^{\mathrm{j}\omega})$ 的程度好坏不同。实际可以做的是设计频谱能量尽量集中在低频（主瓣）的窗函数。前人在这方面已经做了不少工作，有不同技术指标的窗函数可供选用，只要根据具体的技术指标要求，就可选择不同的窗函数设计。下面先讨论简单的矩形窗函数。

7.2.2 矩形窗

这里仍以低通滤波器为例详细讨论加矩形窗后的 $H(\mathrm{e}^{\mathrm{j}\omega})$ 与理想频响 $H_d(\mathrm{e}^{\mathrm{j}\omega})$ 的差别，基本结论稍作修改对其他窗也适用。

矩形窗函数为

$$w(n) = R_N(n) = \begin{cases} 1 & 0 \leqslant n \leqslant N-1 \\ 0 & \text{其他} \end{cases} \tag{7.2-5}$$

显然，$w(n) = w(N-1-n)$。

加矩形窗函数后系统的单位脉冲响应为

$$h(n) = \begin{cases} h_d(n) & 0 \leqslant n \leqslant N-1 \\ 0 & \text{其他} \end{cases} \tag{7.2-6}$$

1. 矩形窗函数的频率特性 $W(\mathrm{e}^{\mathrm{j}\omega})$

$$W(\mathrm{e}^{\mathrm{j}\omega}) = \sum_{n=0}^{N-1}\mathrm{e}^{-\mathrm{j}n\omega} = \frac{1-\mathrm{e}^{-\mathrm{j}N\omega}}{1-\mathrm{e}^{-\mathrm{j}\omega}} = \frac{\sin(\omega N/2)}{\sin(\omega/2)}\mathrm{e}^{-\mathrm{j}\frac{N-1}{2}\omega} = W_R(\omega)\mathrm{e}^{-\mathrm{j}\omega\alpha} \tag{7.2-7}$$

式中，

$$W_R(\omega) = \frac{\sin(\omega N/2)}{\sin(\omega/2)} \tag{7.2-8a}$$

$$\alpha = (N-1)/2 \tag{7.2-8b}$$

由式（7.2-7）可见，$W_R(\omega)$ 是 $W(\mathrm{e}^{\mathrm{j}\omega})$ 的幅度函数，α 是 $W(\mathrm{e}^{\mathrm{j}\omega})$ 的相位函数。由式（7.2-8）可见矩形窗函数可以调整的参数只有截短长度 N。

由图 7.2-3a 所示 $W(\mathrm{e}^{\mathrm{j}\omega})$ 的振幅函数 $|W_R(\omega)|$ 可见，$|W_R(\omega)|$ 的主瓣宽度 $\Delta\omega = 4\pi/N$。当截短长度 N 增加时，$|W_R(\omega)|$ 的主瓣高度增加，而宽度减小，面积不变；同样，此时旁

瓣也是高度增加，宽度减小，面积不变，反之亦然。即截短长度 N 的变化不会改变窗函数旁瓣的衰减，由图 7.2-3b 可见矩形窗的旁瓣衰减值为 -13dB，即第一旁瓣比峰值（零频）低 13dB。

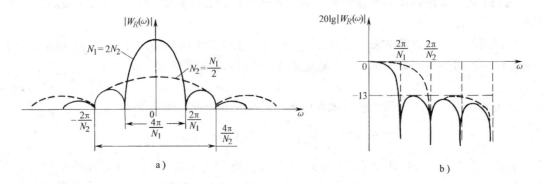

图 7.2-3　矩形窗的振幅函数及频谱衰减特性

a）矩形窗的振幅函数　b）矩形窗的频谱衰减特性

2. 加矩形窗函数后 FIR 系统的频响 $H(\mathrm{e}^{\mathrm{j}\omega})$

已知理想滤波器的频响为 $H_d(\mathrm{e}^{\mathrm{j}\omega}) = \mathrm{e}^{-\mathrm{j}\alpha\omega}$，$|\omega| < \omega_c$，矩形窗函数的频响为 $W(\mathrm{e}^{\mathrm{j}\omega}) = W_R(\omega)\mathrm{e}^{-\mathrm{j}\omega\alpha}$，加矩形窗函数后 FIR 系统的频响 $H(\mathrm{e}^{\mathrm{j}\omega})$ 是二者的卷积，即

$$H(\mathrm{e}^{\mathrm{j}\omega}) = \frac{1}{2\pi}\int_{-\pi}^{\pi} H_d(\mathrm{e}^{\mathrm{j}\theta})W(\mathrm{e}^{\mathrm{j}(\omega-\theta)})\mathrm{d}\theta$$

$$= \frac{1}{2\pi}\int_{-\pi}^{\pi} H_d(\theta)\mathrm{e}^{-\mathrm{j}\alpha\theta}W_R(\omega-\theta)\mathrm{e}^{-\mathrm{j}(\omega-\theta)\alpha}\mathrm{d}\theta$$

$$= \frac{1}{2\pi}\mathrm{e}^{-\mathrm{j}\alpha\omega}\int_{-\omega_c}^{\omega_c} W_R(\omega-\theta)\mathrm{d}\theta$$

$$= H(\omega)\mathrm{e}^{-\mathrm{j}\alpha\omega} \tag{7.2-9}$$

式中，

$$H(\omega) = \frac{1}{2\pi}\int_{-\omega_c}^{\omega_c} W_R(\omega-\theta)\mathrm{d}\theta \tag{7.2-10}$$

式（7.2-10）中的 $H(\omega)$ 是 FIR 系统频响的幅度函数，由式（7.2-9）可知它是理想滤波器与矩形窗函数幅度函数的卷积，下面主要分析由这二者幅度函数卷积形成的系统频响幅度函数 $H(\omega)$ 的起伏变化。

（1）$\omega = 0$，如图 7.2-4b 所示，可得

$$H(0) = \frac{1}{2\pi}\int_{-\omega_c}^{\omega_c} W_R(-\theta)\mathrm{d}\theta$$

若 $\omega_c \gg \dfrac{2\pi}{N}$，$H(0) \approx \dfrac{1}{2\pi}\displaystyle\int_{-\pi}^{\pi} W_R(-\theta)\mathrm{d}\theta$

即当 $\omega_c \gg \dfrac{2\pi}{N}$，$H(0)$ 近似等于 $W_R(\theta)$ 的全部面积。

（2）$\omega = \omega_c$，如图 7.2-4c 所示，卷积值正好是 $H(0)$ 的一半，即

$$\frac{H(\omega_c)}{H(0)} = \frac{1}{2}$$

（3）$\omega = \omega_c - \dfrac{2\pi}{N}$，如图 7.2-4d 所示，卷积的整个主瓣在积分区间内，一个大的旁瓣在积分区间外，此时卷积值最大，响应出现峰值，即

$$\frac{H(\omega_c - (2\pi/N))}{H(0)} = 1.0895$$

（4）$\omega = \omega_c + \dfrac{2\pi}{N}$，如图 7.2-4e 所示，卷积的整个主瓣在积分区间外，一个大的旁瓣在积分区间内，此时卷积值最小，响应出现谷值，即

$$\frac{H(\omega_c + (2\pi/N))}{H(0)} = -0.0895$$

（5）当 ω 在 $\omega = \omega_c \pm \dfrac{2\pi}{N}$ 两边变化，卷积值随着 $W_R(\omega - \theta)$ 的主、旁瓣在积分区间（理想特性通带内）的面积变化而起伏。$\Delta\omega = 4\pi/N$ 过渡带宽与主瓣宽度相同。

$\omega < 0$ 的情况可以对称得到。$H(\omega)/H(0)$ 的示意图如图 7.2-4f 所示。

由以上分析并结合图 7.2-4f，再讨论截短长度 N 对 $H(\omega)$ 特性的影响。首先在 ω_c 的两边 $\omega_c \pm 2\pi/N$，$H(\omega)$ 出现最大肩峰值。在肩峰的两侧形成长长的余振，N 越大、旁瓣越多、余振越长。其次肩峰值之间形成 $H(\omega)$ 的过渡带，其宽度等于 $W_R(\omega)$ 的主瓣宽度 $4\pi/N$；N 不同，过渡带 $\Delta\omega = 4\pi/N$ 随之改变。用矩形窗函数设计的滤波器阻带的最大衰减为 $20\lg 0.089 \approx -21\text{dB}$，它取决于矩形窗频响的肩峰值的大小，而与 N 的大小无关，如图 7.2-5 所示。

为了与其他窗函数比较，将有关矩形窗的主要数据列写如下：

$$w(n) = R_N(n),\ W(\mathrm{e}^{\mathrm{j}\omega}) = W_R(\omega)\mathrm{e}^{-\mathrm{j}\omega\alpha},$$
$$\alpha = (N-1)/2$$
$$W_R(\omega) = \frac{\sin(\omega N/2)}{\sin(\omega/2)}$$

过渡带 $\Delta\omega = 4\pi/N$，旁瓣峰值衰减 -13dB，阻带最小衰减 21dB。

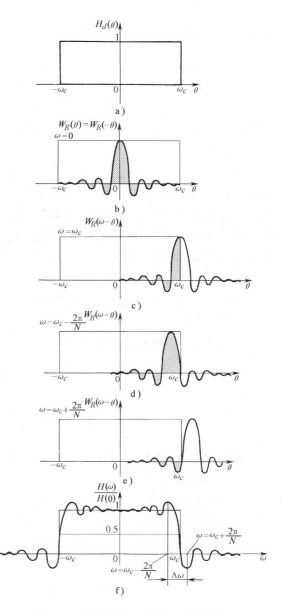

图 7.2-4　理想特性与矩形窗卷积过程

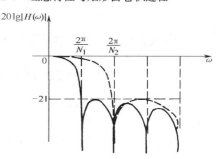

图 7.2-5　用矩形窗函数设计的
滤波器振幅频响特性

7.2.3 其他窗

用矩形窗函数设计的滤波器阻带最大衰减只有21dB，这是由矩形窗与理想特性频响卷积后产生的肩峰值确定的。而21dB的阻带衰减在工程上往往是很不够的，因此要改变滤波器的阻带最小衰减指标，只有改变窗函数的形状，减小窗函数与理想特性频响卷积后产生的肩峰值。另外，因为过渡带宽 $\Delta\omega$ 等于主瓣宽度，为了获得较陡的过渡带，还希望主瓣宽度要尽量的窄。

矩形窗频响有一个大的旁瓣，如图7.2-3a所示。$H(\omega)$ 产生大肩峰的原因，是因为矩形窗 $R_N(n)$ 的取值非1即0，没有过渡的变化。为此可以把矩形窗的顶部缩窄，使窗函数的两端平缓过渡到零，以期减少旁瓣的幅度。这样做的代价是加宽了主瓣宽度（过渡带宽度），而实际应用中是希望在不加宽过渡带宽的情况下，提高阻带衰减。从下面分析可知，阻带衰减与过渡带宽实际是一对矛盾，两个指标一般只能兼顾，不可兼得，设计中往往是用过渡带的加宽换取阻带衰减的增加。

下面介绍另外几种常用的窗函数数据。

1. 三角窗

三角窗也称巴特利特（Bartlett）窗。

$$w(n) = \begin{cases} \dfrac{2n}{N-1} & 0 \leqslant n \leqslant \dfrac{N-1}{2} \\[2mm] 2 - \dfrac{2n}{N-1} & \dfrac{N-1}{2} \leqslant n \leqslant N-1 \end{cases} \tag{7.2-11}$$

三角窗的技术指标为：

1）过渡带 $\Delta\omega = 8\pi/N$。

2）阻带最大衰减 $-25\mathrm{dB}$。

三角窗可以认为是由两个 $(N-1)/2$ 矩形窗卷积形成的窗函数。数据相比之下，三角窗的过渡带比矩形窗宽了一倍，而阻带衰减只比矩形窗提高了4dB。

2. 升余弦窗

升余弦窗也称汉宁（Hanning）窗。

$$w(n) = \frac{1}{2}\left[1 - \cos\frac{2\pi}{N-1}n\right]R_N(n) = \frac{1}{2}R_N(n) - \frac{1}{2}\cos\left(\frac{2\pi}{N-1}n\right)R_N(n) \tag{7.2-12}$$

利用傅里叶变换的调制特性以及矩形窗的频响，升余弦窗函数的幅度函数可以表示为

$$W(\omega) = 0.5W_R(\omega) + 0.25\left[W_R\left(\omega - \frac{2\pi}{N-1}\right) + W_R\left(\omega + \frac{2\pi}{N-1}\right)\right]$$

若 $N \gg 1$，则上式近似为

$$W(\omega) \approx 0.5W_R(\omega) + 0.25\left[W_R\left(\omega - \frac{2\pi}{N}\right) + W_R\left(\omega + \frac{2\pi}{N}\right)\right] \tag{7.2-13}$$

由式（7.2-13）可知，此时幅度函数为三项频谱之和，如图7.2-6所示。由三部分频谱的叠加，旁瓣得到了很大的抵消，使能量有效的集中在主瓣之内。不过主瓣的宽度增加了一

倍。

升余弦窗的技术指标为：

1）过渡带 $\Delta\omega = 8\pi/N$（主瓣宽度）。

2）旁瓣峰值衰减 -31dB。

3）阻带最大衰减 -44dB。

3. 改进升余弦窗

改进升余弦窗也称海明（Hamming）窗。

$$w(n) = \left[0.54 - 0.46\cos\frac{2\pi}{N-1}n\right]R_N(n) \quad (7.2\text{-}14)$$

与升余弦窗函数相比仅系数作了一定的调整。
同样利用傅里叶变换的调制特性以及矩形窗的频响，
改进的升余弦窗的幅度函数可以表示为

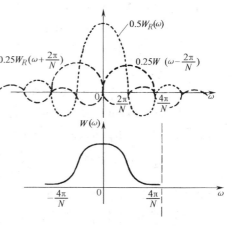

图 7.2-6　升余弦窗幅度频谱

$$W(\omega) = 0.54W_R(\omega) + 0.23\left[W_R\left(\omega - \frac{2\pi}{N-1}\right) + W_R\left(\omega + \frac{2\pi}{N-1}\right)\right]$$

若 $N\gg1$，则上式改写成

$$W(\omega) \approx 0.54W_R(\omega) + 0.23\left[W_R\left(\omega - \frac{2\pi}{N}\right) + W_R\left(\omega + \frac{2\pi}{N}\right)\right] \quad (7.2\text{-}15)$$

改进升余弦窗的技术指标为：

1）过渡带 $\Delta\omega = 8\pi/N$（主瓣宽度）。

2）旁瓣峰值衰减 -44dB。

3）阻带最大衰减 -54dB。

在过渡带相同情况下，与升余弦窗相比获得了更好的旁瓣抑制及阻带衰减。

4. 二阶升余弦窗

二阶升余弦窗也称布莱克曼（Blackman）窗。

当 54dB 的阻带衰减指标仍不能满足系统要求时，我们可以采用二阶升余弦窗，即

$$w(n) = \left[0.42 - 0.5\cos\left(\frac{2\pi}{N-1}n\right) + 0.08\cos\left(\frac{4\pi}{N-1}n\right)\right]R_N(n) \quad (7.2\text{-}16)$$

利用傅里叶变换的调制特性以及矩形窗的频响，二阶的升余弦窗函数的幅度函数可以表示为

$$W(\omega) = 0.42W_R(\omega) + 0.25\left[W_R\left(\omega - \frac{2\pi}{N-1}\right) + W_R\left(\omega + \frac{2\pi}{N-1}\right)\right]$$
$$+ 0.04\left[W_R\left(\omega - \frac{4\pi}{N-1}\right) + W_R\left(\omega + \frac{4\pi}{N-1}\right)\right]$$

若 $N\gg1$，则 $W(\omega)$ 近似为

$$W(\omega) \approx 0.42W_R(\omega) + 0.25\left[W_R\left(\omega - \frac{2\pi}{N}\right) + W_R\left(\omega + \frac{2\pi}{N}\right)\right]$$
$$+ 0.04\left[W_R\left(\omega - \frac{4\pi}{N}\right) + W_R\left(\omega + \frac{4\pi}{N}\right)\right] \quad (7.2\text{-}17)$$

上式表明此时的幅度频响特性由五部分叠加组成。这五部分频谱的叠加，使旁瓣得到大大的抵消，能量更有效的集中在主瓣之内。不过主瓣的宽度又增加了一倍。所以二阶升余弦窗的技术指标为：

1）过渡带 $\Delta\omega = 12\pi/N$（主瓣宽度）。

2）旁瓣峰值衰减 $-57dB$。

3）阻带最大衰减 $-74dB$。

5. 凯泽窗

凯泽窗也称凯塞（Kaiser）窗。

以上几种窗函数都是以一定的主瓣加宽为代价，换取旁瓣抑制。Kaiser 窗是可以调整主瓣宽度与旁瓣抑制之间交换关系的一种窗函数。

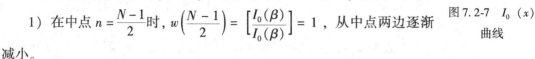

$$w(n) = \left[\frac{I_0\left(\beta\sqrt{1-[1-2n/(N-1)]^2}\right)}{I_0(\beta)}\right]R_N(n) \qquad (7.2-18)$$

式中，$I_0(x)$ 是零阶贝塞尔函数。

零阶贝塞尔函数曲线如图 7.2-7 所示，$I_0(x)$ 开始随着 x 增长得很缓慢，随着 x 的进一步增长 $I_0(x)$ 将迅速增长上去。

4 个不同参数的凯泽（Kaiser）窗曲线如图 7.2-8 所示，由图可见：

1）在中点 $n = \dfrac{N-1}{2}$ 时，$w\left(\dfrac{N-1}{2}\right) = \left[\dfrac{I_0(\beta)}{I_0(\beta)}\right] = 1$，从中点两边逐渐减小。

图 7.2-7 $I_0(x)$ 曲线

2）在两端 $n = 0$ 及 $n = N-1$ 时，$w(0) = w(N-1) = 1/I_0(\beta)$。

3）β 越大，$w(n)$ 变化越快。β 越大频谱的旁瓣越小，但主瓣宽度相应加宽。所以改变 β 值，就可以改变主瓣宽度与旁瓣衰减的关系。例如 $\beta = 5.44$，凯泽窗曲线近似改进升余弦窗；$\beta = 8.5$，凯泽窗曲线近似二阶升余弦窗；$\beta = 0$，凯泽窗就是矩形窗。

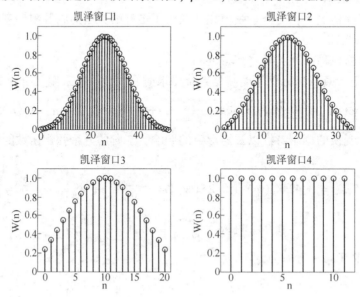

图 7.2-8 不同参数的凯泽（Kaiser）窗曲线

图 7.2-8 中，凯泽窗口近似二阶升余弦窗；凯泽窗口 2 近似改进升余弦窗；凯泽窗口 3 近似升余弦窗；凯泽窗口 4 近似于矩形窗。

由以上分析可知，β 是凯泽窗可以选择的参数，由于贝塞尔函数的复杂性，这种窗函数的计算公式很难导出。凯泽给出了经验公式。当给定指标通带截止频率 ω_p、通带最大波纹

α_p、阻带最低频率 ω_s、最小阻带衰减 α_s，可以计算归一化过渡带宽为

$$\Delta f = \frac{\omega_p - \omega_s}{2\pi} \qquad (7.2\text{-}19)$$

滤波器阶数为

$$N \approx \frac{\alpha_s - 7.95}{14.36 \Delta f} + 1 \qquad (7.2\text{-}20)$$

参数 β 为

$$\beta = \begin{cases} 0.1102\ (\alpha_s - 8.7) & \alpha_s \geqslant 50 \\ 0.5824\ (\alpha_s - 21)^{0.4} + 0.07886\ (\alpha_s - 21) & 21 < \alpha_s < 50 \end{cases} \qquad (7.2\text{-}21)$$

以上是常用的几种窗函数，有关数据如表 7.2-1 所示。

表 7.2-1　常用的几种窗函数

窗函数	旁瓣峰值衰减	过渡带宽	阻带最大衰减
矩形窗	-13	$\Delta \omega = 4\pi/N$	-21
三角窗		$\Delta \omega = 8\pi/N$	-25
升余弦窗	-31	$\Delta \omega = 8\pi/N$	-44
改进升余弦窗	-41	$\Delta \omega = 8\pi/N$	-53
二阶升余弦窗	-57	$\Delta \omega = 12\pi/N$	-74

利用窗函数设计 FIR 线性相位滤波器的优点是设计简单，使用方便。大多数窗函数有封闭公式可用。性能、参数有表格可查，计算程序简单，用途较广。

例 7.2-1　设计一个线性相位低通数字滤波器，要求的频率特性为

$$H_d(e^{j\omega}) = \begin{cases} e^{-j\alpha\omega} & |\omega| < \omega_c \\ 0 & \omega_c < \omega < \pi \end{cases}$$

式中，$\omega_c = \pi/2$，$\delta_2 = 0.1$，$\Delta \omega = \pi/12$。

解： 由阻带指标决定用什么窗，由过渡带宽决定 N 取多少。

阻带衰减 $20 \lg 0.1 = -20 \text{dB}$，所以用矩形窗可以满足设计要求。

矩形窗的过渡带宽 $\Delta \omega = 4\pi/N = \pi/12$，得到 $N = 48$。

$$h_d(n) = \frac{1}{2\pi} \int_{-\omega_c}^{\omega_c} e^{-j\alpha\omega} \cdot e^{jn\omega} d\omega = \frac{1}{2\pi} \int_{-\omega_c}^{\omega_c} e^{j(n-\alpha)\omega} d\omega$$

$$= \frac{1}{2\pi} \frac{1}{j(n-\alpha)} [e^{j(n-\alpha)\omega_c} - e^{j(n-\alpha)\omega_c}]$$

$$= \frac{\sin[(n-\alpha)\omega_c]}{\pi(n-\alpha)} = \frac{\omega_c}{\pi} \text{Sa}[(n-\alpha)\omega_c]$$

$$= \begin{cases} \dfrac{\sin[(n-\alpha)\omega_c]}{\pi(n-\alpha)} & n \neq \alpha \\ \dfrac{\omega_c}{\pi} & n = \alpha \end{cases}$$

线性相位低通的 $h_d(n)$ 如图 7.2-9 所示。

$$h(n) = h_d(n) R_N(n) \leftrightarrow \begin{cases} H(\omega) = H(2\pi - \omega) & N \text{ 为奇} \\ H(\omega) = -H(2\pi - \omega) & N \text{ 为偶} \end{cases} \qquad (h(n) \text{ 对 } \alpha \text{ 偶对称})$$

为方便，实际取 $N = 51$，$\alpha = \dfrac{N-1}{2} = 25$。

$h(n) = h_d(n)R_{51}(n)$，因为 $h(n)$ 对 α 偶对称，计算一半即可，另一半可对称得到。

$$h(25) = \frac{\omega_c}{\pi} = h(\alpha) = \frac{1}{2}$$

$$h(26) = \frac{\sin[(26-25)\omega_c]}{\pi(26-25)} = \frac{\sin(\pi/2)}{\pi} = \frac{1}{\pi} = h(24)$$

$$h(27) = \frac{\sin[(27-25)\omega_c]}{\pi(27-25)} = \frac{\sin\pi}{2\pi} = 0 = h(23)$$

$$h(28) = \frac{\sin(3\pi/2)}{3\pi} = -\frac{1}{3\pi} = h(22)$$

$$h(29) = \frac{\sin(4\pi/2)}{4\pi} = 0 = h(21)$$

$$\vdots$$

$$h(49) = \frac{\sin(4\pi/2)}{4\pi} = 0 = h(1)$$

$$h(50) = \frac{\sin(50\pi/2)}{25\pi} = -\frac{1}{25\pi} = h(0)$$

$h(n)$ 的示意图如图 7.2-10 所示,这个线性相位低通数字滤波器系统函数为

$$H(z) = \sum_{n=0}^{50} h(n)z^{-n} = \sum_{n=0}^{24} h(n)\left[z^{-n} + z^{-(N-1-n)}\right] + h(25)z^{-25}$$

矩形窗一般不是最佳设计，但简单快速。

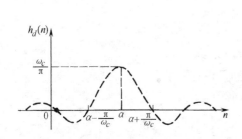

图 7.2-9　例 7.2-1 线性相位低通的 $h_d(n)$

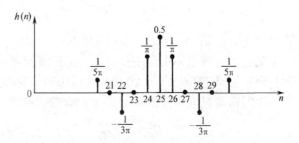

图 7.2-10　例 7.2-1 线性相位低通的 $h(n)$

利用 MATLAB 计算例 7.2-1 的程序及显示结果如下：

```
n = 0: 50;
N = 51;
h = fir1 (50, 0.5, boxcar (N));              % 矩形窗 FIR 单位脉冲响应系数
[db, mag, pha, grd, w] = freqz_m (h, 1);     % 数字滤波器频谱数据
subplot (2, 1, 1); plot (w/pi, db);
title ('Magntideindb');                       % 作数字滤波器振幅频率响应图
xlabel ('相对频率'); ylabel ('分贝');
axis ([0, 0.7, -25, 1]);
set (gca,'xtickmode','manual','xtick', [0, 0.4, 0.5, 0.583, 0.7]);
```

set（gca,'ytickmode','manual','ytick',［-20，-15，-10，-5，0］）；grid

　　subplot（2，1，2）；stem（n，h）；axis（［-1，N+1，-0.2，0.55］）；%作单位脉冲响应图

set（gca,'ytickmode','manual','ytick',［-0.2，-0.1，0，0.1，0.2，0.3，0.4，0.5］）；grid

title（'单位脉冲响应'）；xlabel（'n'）；line（［-1，N+1］，［0，0］）；

　　其振幅与单位脉冲响应如图 7.2-11 所示。

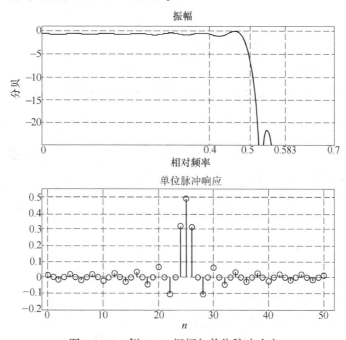

图 7.2-11　例 7.2-1 振幅与单位脉冲响应

7.3　FIR 滤波器的频率取样设计

7.3.1　基本原理

　　一个有限长序列可以用 N 个频率采样值惟一确定。由式（5.3-9），$H(z)$ 的采样表示式为

$$H(z) = \frac{1-z^{-N}}{N} \sum_{k=0}^{N-1} \frac{H(k)}{1-W_N^{-k}z^{-1}} \tag{7.3-1}$$

式中，$H(k) = H(z)\big|_{z=W_N^k} = H(e^{j\omega})\big|_{\omega=\frac{2\pi}{N}k}$，是单位圆上的采样值。

　　式(7.3-1)提供了一种设计 FIR DF 的方法。就是直接从频域出发，对理想频响 $H_d(e^{j\omega})$ 采样，其采样值 $H(k) = H_d(e^{j\omega})\big|_{\omega=\frac{2\pi}{N}k} = H_d(k)$，由此 $H(k)$ 求出对应的 $H(z)$。此时系统的频率响应为

$$H(e^{j\omega}) = H(z)\big|_{z=e^{j\omega}} = \frac{1-z^{-N}}{N} \sum_{k=0}^{N-1} \frac{H_d(k)}{1-W_N^{-k}z^{-1}}\bigg|_{z=e^{j\omega}}$$

$$= \frac{1}{N} \sum_{k=0}^{N-1} H_d(k) \frac{1-e^{-jN\omega}}{1-e^{j\frac{2\pi}{N}k}e^{-j\omega}} = \frac{1}{N} \sum_{k=0}^{N-1} H_d(k) \frac{1-e^{-j(\omega-\frac{2\pi}{N}k)N}}{1-e^{-j(\omega-\frac{2\pi}{N}k)}}$$

$$= \frac{1}{N} e^{-j\frac{N-1}{2}\omega} \sum_{k=0}^{N-1} H_d(k) e^{-j(1-\frac{1}{N})\pi k} \frac{\sin\left[\left(\omega - \frac{2\pi}{N}k\right)\frac{N}{2}\right]}{\sin\left[\left(\omega - \frac{2\pi}{N}k\right)\frac{1}{2}\right]}$$

$$= \sum_{k=0}^{N-1} H_d(k) \Phi(\omega - 2\pi k/N) \qquad (7.3-2)$$

式中，$\Phi(\omega) = \dfrac{\sin(N\omega/2)}{N\sin(\omega/2)} e^{-j\frac{N-1}{2}\omega}$，是内插函数。

由式(7.3-2)可以推得在取样点上 $H(e^{j\omega})\big|_{\omega=\frac{2\pi}{N}k} = H_d(k)$。

频率取样法设计的目标是使 $H(e^{j\omega})$ 在一定的要求下逼近 $H_d(e^{j\omega})$。

7.3.2　设计方法

（1）确定取样点数 N。N 是在 $H_d(z)$ 单位圆上的等间隔取样数。如图 7.3-1 所示，通带最后的取样点与阻带第一个取样点之间形成过渡带，所以由所要求的过渡带可以确定取样点数 N。

即由过渡带 $\Delta\omega = 2\pi/N$，解出

$$N = \frac{2\pi}{\Delta\omega} \qquad (7.3-3)$$

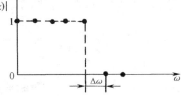

图 7.3-1　频域取样

（2）如果设计的是线性相位滤波器，$H(k)$ 还要满足线性相位滤波器的 4 种类型的幅度及相位条件，下面讨论 4 种类型 FIR 系统的频域采样的幅度和相位。

第一类线性相位滤波器 $h(n) = h(N-1-n)$，N 为奇数。频率响应的幅度函数 $H(\omega) = H(2\pi - \omega)$ 是偶对称的，相位函数为 $\varphi(\omega) = -(N-1)\omega/2$，则频域的幅度采样也应是偶对称的，即幅度及相位的采样分别为

$$H_k = H_{N-k}$$

$$\varphi(k) = -\frac{N-1}{2}\omega\Big|_{\omega=2\pi k/N} = -k\pi(1 - 1/N)$$

第二类线性相位滤波器 $h(n) = h(N-1-n)$，N 为偶数。频率响应的幅度函数 $H(\omega) = -H(2\pi - \omega)$ 是奇对称的，相位函数为 $\varphi(\omega) = -(N-1)\omega/2$，则频域的幅度采样也应是奇对称的，即幅度及相位的采样分别为

$$H_k = -H_{N-k}$$

$$\varphi(k) = -\frac{N-1}{2}\omega\Big|_{\omega=2\pi k/N} = -k\pi(1 - 1/N)$$

第三类线性相位滤波器 $h(n) = -h(N-1-n)$，N 为奇数。频率响应的幅度函数 $H(\omega) = -H(2\pi - \omega)$ 是奇对称的，相位函数为 $\varphi(\omega) = -(N-1)\omega/2 - \pi/2$，则频域采样的幅度也应是奇对称的，即幅度及相位的采样分别为

$$H_k = -H_{N-k}$$

$$\varphi(k) = -(N-1)\omega/2\Big|_{\omega=2\pi k/N} - \pi/2 = -k\pi(1 - 1/N) - \pi/2$$

第四类线性相位滤波器 $h(n) = -h(N-1-n)$，N 为偶数。频率响应的幅度函数 $H(\omega) = H(2\pi - \omega)$ 是偶对称的，相位函数为 $\varphi(\omega) = -(N-1)\omega/2 - \pi/2$，则频域的幅度

采样也应是偶对称的，即幅度及相位的采样分别为

$$H_k = H_{N-k}$$

$$\varphi(k) = -(N-1)\omega/2\big|_{\omega=2\pi k/N} - \pi/2 = -k\pi(1-1/N) - \frac{\pi}{2}$$

以上结果可简单归纳为

$$h(n) = h(N-1-n) \leftrightarrow \begin{cases} H(\omega) = H(2\pi-\omega) \rightarrow H_k = H_{N-k} & N \text{ 为奇数} \\ H(\omega) = -H(2\pi-\omega) \rightarrow H_k = -H_{N-k} & N \text{ 为偶数} \end{cases}$$

$$\varphi(k) = -(N-1)\omega/2\big|_{\omega=2\pi k/N} = -k\pi(1-1/N)$$

$$h(n) = -h(N-1-n) \leftrightarrow \begin{cases} H(\omega) = -H(2\pi-\omega) \rightarrow H_k = -H_{N-k} & N \text{ 为奇数} \\ H(\omega) = H(2\pi-\omega) \rightarrow H_k = H_{N-k} & N \text{ 为偶数} \end{cases}$$

$$\varphi(k) = -(N-1)\omega/2\big|_{\omega=2\pi k/N} - \pi/2 = -k\pi(1-1/N) - \pi/2$$

例 7.3-1 用频率取样法设计一个线性相位 FIR 低通 DF。要求模频特性逼近理想特性，理想特性为

$$|H_d(e^{j\omega})| = \begin{cases} 1 & 0 \leqslant \omega \leqslant 3\pi/4 \\ 0 & 3\pi/4 < \omega \leqslant \pi \end{cases}$$

为方便人工计算，令频率取样间隔 $\Delta\omega = \pi/2$。

解：1）确定 $N = 2\pi/\Delta\omega = 2\pi/(\pi/2) = 4$。
2）确定 $H(k) = H_d(k)$，如图 7.3-2 所示。
由图 7.3-2 的模频特性可得

$$|H(0)| = |H(1)| = |H(3)| = 1$$

$$|H(2)| = 0$$

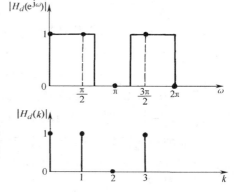

图 7.3-2　例 7.3-1 确定 $H(k)$

由线性相位 FIR DF 的幅度特性可知Ⅲ、Ⅳ型不适合作低通，又因为 N 为偶数，所以是Ⅱ型。Ⅱ型幅度特性有 $H_k = -H_{N-k}$，相位特性为 $\varphi(k) = -k\pi(1-1/N)$，所以

$$H(0) = 1$$

$$H(1) = e^{-j3\pi/4}$$

$$H(2) = 0$$

$$H(3) = -e^{-j9\pi/4} = -e^{-j\pi/4} = e^{j3\pi/4}$$

3）单位脉冲响应 $h(n)$ 为

$$h(n) = \frac{1}{N}\sum_{k=0}^{N-1} H(k) W_N^{-nk} = \frac{1}{4}\sum_{k=0}^{3} H(k) e^{-j\frac{\pi}{2}nk}$$

利用 $h(n) = h(N-1-n)$ 的对称性，实际只用计算 $h(0)$、$h(1)$。

$$h(0) = \frac{1}{4}\sum_{k=0}^{3} H(k) = \frac{1}{4}(1 + e^{-j3\pi/4} + e^{j3\pi/4}) = \frac{1}{4}(1 + 2\cos3\pi/4)$$

$$= \frac{1}{4}(1 - \sqrt{2}) = -0.104 = h(3)$$

$$h(1) = \frac{1}{4}\sum_{k=0}^{3} H(k) e^{j\frac{\pi}{2}k} = \frac{1}{4}(1 + e^{-j\pi/4} + e^{j\pi/4}) = \frac{1}{4}(1 + 2\cos\pi/4)$$

$$= \frac{1}{4}(1 + \sqrt{2}) = 0.604 = h(2)$$

系统的脉冲响应如图7.3-3a所示。

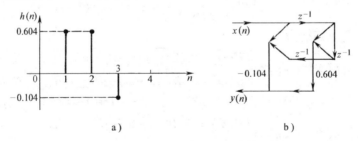

a)   b)

图7.3-3 例7.3-1 系统的脉冲响应与系统结构

4）系统函数 $H(z)$ 及其结构

$$H(z) = \sum_{n=0}^{N-1} h(n)z^{-n} = \sum_{n=0}^{3} h(n)z^{-n}$$
$$= -0.104(1 + z^{-3}) + 0.604(z^{-1} + z^{-2})$$

利用 $h(n) = h(N-1-n)$ 的对称性，系统的横截型结构如图7.3-3b所示。

5）系统频率响应

$$H(e^{j\omega}) = -0.104(1 + e^{-j3\omega}) + 0.604(e^{-j\omega} + e^{-j2\omega})$$
$$= e^{-j3\omega/2}[-0.104(e^{j3\omega/2} + e^{-j3\omega/2}) + 0.604(e^{-j\omega/2} + e^{j\omega/2})]$$
$$= e^{-j3\omega/2}[-0.208\cos(3\omega/2) + 1.208\cos(\omega/2)] = H(\omega)e^{j\varphi(\omega)}$$

将 $\omega = 0$，$\pi/2$，π，$3\pi/2$ 代入上式验证，可得到 $|H(e^{j0})| = |H(e^{j\pi/2})| = |H(e^{j3\pi/2})| = 1$，$|H(e^{j\pi})| = 0$，其余部分由两个三角函数（内插函数）延伸叠加形成。

用 MATLAB 解例7.3-1 的程序与结果如下：

```
% freq. samp ideal lowpass FIR DF
M = 4;
alpha = (M-1) /2;
l = 0: M-1;
wl = (2*pi/M) *l;
k1 = 0: floor ((M-1) /2);
k2 = floor ((M-1) /2) +1: M-1;
angH = [-alpha * (2*pi) /M*k1, alpha * (2*pi) /M* (M-k2)];
H = Hrs. * exp (j*angH);% 系统函数
h = real (ifft (H, M));% 系统的单位脉冲响应
```

答案：
```
h =
  -0.1036   0.6036   0.6036   -0.1036
```

通过此例进一步指出本节讨论的频率取样设计法和5.3节讨论的频率取样结构的联系与区别。二者的理论根据都是3.3节的频率采样理论。不过，在5.3节中讨论的是用此理论建立一种实现 FIR 系统的结构，这种结构既可用于频率取样法设计的系统函数，也可用于窗函数法设计的系统函数，即可用于任何 FIR 系统。而现在所讨论的频率取样设计法，是应

用 3.3 节的频率采样理论设计得到 FIR 系统的系统函数。而由此得到的系统函数，既可以用 5.3 节讨论的频率取样结构实现，也可以用横截型结构实现。

例 7.3-2 用频率取样法设计一个线性相位 FIR 带通 DF。其通带频率为 1000 ~ 1400Hz，采样频率 $f_s = 6600$Hz，$N = 33$。

解：N 为奇数，按第一类 FIR DF 的要求设计。

DF 的幅度特性：频率间隔 $\dfrac{2\pi}{N} = \dfrac{2\pi}{33}$，带通 DF 的通带在 $\dfrac{10\pi}{33} \sim \dfrac{14\pi}{33}$ 之间，是第 5 ~ 7 点，由对称关系 $H_d(k) = H_d(N-k)$，可知第 26 ~ 28 点与第 5 ~ 7 点对应。

相位特性：

$$\varphi(k) = -k\pi\frac{N-1}{N} = -k\pi\frac{32}{33}$$

所以 $H_d(k)$ 为

$$H_d(k) = \begin{cases} \mathrm{e}^{-\mathrm{j}32k\pi/33} & k = 5,\ 6,\ 7,\ 26,\ 27,\ 28 \\ 0 & k = 0 \sim 4,\ 8 \sim 25,\ 29 \sim 32 \end{cases}$$

过渡带宽 $\Delta\omega_1 = 2\pi/33 = 0.1904$。

用 MATLAB 解例 7.3-2 的结果如图 7.3-4 所示。

相关的 MATLAB 程序及结果见 7.8.3 节基于 MATLAB 的频率取样设计"无过渡点的频率取样结构"部分。

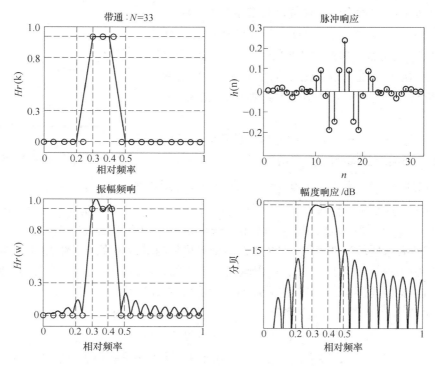

图 7.3-4 例 7.3-2 理想采样、单位脉冲响应、振幅频率响应、幅度响应/dB

通过上例还看到，由频率取样法设计的滤波器，其频响在取样点上与理想特性相同，其余则由各采样的内插函数延伸叠加。所以如果采样点之间的理想特性变化越平缓，则内插值就越接近理想特性，逼近程度就越好。例如图 7.3-5a 所示梯形频率响应的变化平缓，由它做理想特性则取样后的频响逼近程度就好。相反，采样点附近的理想特性变化越剧烈，内插值与理想值的误差就越大。因为在理想特性的每一个不连续点附近都会出现肩峰与起伏。例如，图 7.3-5b 所示的理想特性是一个矩形，它在频率取样的间断点之间出现的肩峰与起伏就比梯形大得多。这时的最小阻带衰减与矩形窗差不多，只有 20dB 左右。图 7.3-4 所示例 7.3-2 的阻带衰减还不到 15dB，这一般不满足设计要求，可以用最优化方法改善设计指标。

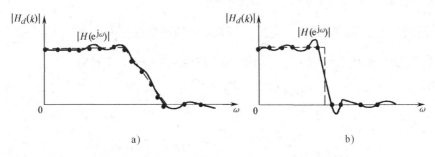

a)   b)

图 7.3-5   内插后梯形与矩形理想特性采样的频响

7.3.3   过渡带采样的计算机辅助设计（CAD）

引起阻带衰减指标不理想的原因是理想采样点之间的突变，引起频率响应发生较大的起伏振荡，使阻带最小衰减指标不高。可以用类似窗函数的方法以加宽过渡带为代价换取阻带衰减指标的增加。下面介绍两种提高阻带指标的方法。

一种方法是 N 保持不变，$\Delta\omega$ 加倍，即在理想特性不连续的边缘加过渡点。如图 7.3-6 所示，加一个 $H_{c1}\neq 1$、0 的过渡点，H_{c1} 可以通过最优化的方法求出。优化过渡点取值，阻带衰减可达 44 ~ 54dB，但过渡带增加为 $\Delta\omega = 4\pi/N$。

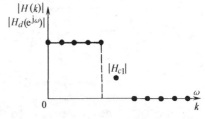

图 7.3-6   加一点过渡点

因为 $H(0),H(1),\cdots,H(N-1)$ 都是已知的，只有 H_{c1} 待求，所以频率响应是 ω 与 H_{c1} 的函数：$|H(e^{j\omega})| = F(\omega, H_{c1})$，可以找到一个 H_{c1} 使 $\max \big\| H(e^{j\omega})| - |H_d(e^{j\omega})| \big\|$ 最小。

例 7.3-3   用频率取样法设计有一个过渡点（$|H_{c1}| = 0.5$ 或 $|H_{c1}| = 0.39$）的线性相位 FIR 带通 DF。其通带频率为 1000 ~ 1400Hz，采样频率 $f_s = 6600$Hz，$N = 33$。

解： 带宽要求同例 7.3-2。由例 7.3-2 的结果可见阻带最小衰减不到 15dB，这往往不能满足需要。因为通带在第 5 ~ 7 点，所以幅度为 0.5 的过渡点加在通带旁的第 4、8、25、29 点，此时相位特性同例 7.3-2，理想采样的幅度特性 $H_d(k)$ 为

$$H_d(k) = \begin{cases} e^{-j32k\pi/33} & k = 5,6,7,26,27,28 \\ 0.5e^{-j32k\pi/33} & k = 4,8,25,29 \\ 0 & k = 0 \sim 3, 9 \sim 24, 30 \sim 32 \end{cases}$$

此时的过渡带宽 $\Delta\omega_2 = 2\Delta\omega_1 = 4\pi/33 = 0.3808$

用 MATLAB 解例 7.3-3 的理想采样、单位脉冲响应、振幅频响、幅度响应（dB）结果如图 7.3-7 所示。观察到加了一个 $|H_{c1}| = 0.5$ 的过渡点后，振幅衰减特性有所改善。

相关的 MATLAB 程序见 7.8.3 节基于 MATLAB 的频率取样设计"有一个过渡点的频率取样结构"部分。

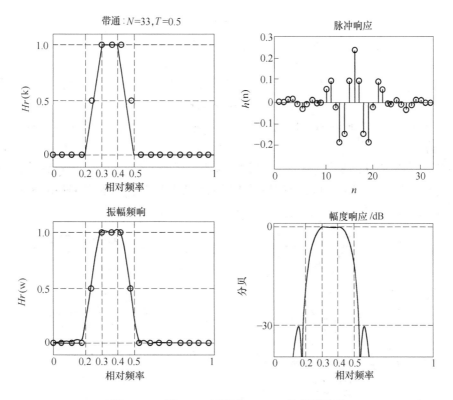

图 7.3-7　例 7.3-3 过渡点 $T = 0.5$ 各相关波形

例 7.3-3 与例 7.3-2 相比，加了一个 $T = 0.5$ 的过渡点，衰减指标提高了 15dB 以上。若将过渡点改为 $T = 0.39$，衰减指标进一步提高到近 40dB，其结果如图 7.3-8 所示。利用 CAD 技术，不断调整 T 的取值，使阻带衰减达到 50dB 左右。

若要进一步提高阻带衰减指标，可以将过渡点加至 2、3 或更多点，如图 7.3-9 所示，代价是过渡带 $\Delta\omega$ 也成倍增加。

提高阻带最小衰减指标的第二种方法是 $\Delta\omega$ 不变，N 加倍（在原来有过渡点的情况下有效）。因为原来过渡区只有一个过渡点，现在因为过渡带保持不变，当 N 加倍时，就会有两个过渡点。这也使得阻带指标得到改善。代价是随着 N 增加计算量增加，对运算速度的要求也增加。

若要保持过渡带宽基本不变，还要进一步改善阻带指标，只有通过 N 加倍，使过渡带内的过渡点增加。

例 7.3-4　N 加倍后再求上例，过渡点取 $|H_{c1}| = 0.5886$，$|H_{c2}| = 0.1065$。

解： $N = 66$，取偶数点为 II 型，有 $H(\omega) = -H(2\pi - \omega)$、$H_k = -H_{N-k}$。

振幅特性：频率间隔 $2\pi/N = 2\pi/66$；带通 DF 的通带在 $10\pi/33 \sim 14\pi/33$ 之间，是第 9 ~ 14 点，幅度为 0.5886 的过渡点取 8、15；幅度为 0.1065 的过渡点取 7、16；由对称关系 $|H_k| = |H_{N-k}|$，可得第 51 ~ 56 点与 9 ~ 14 点振幅相等，第 50、57 点与 8 ~ 15 点振幅相等，第 49、58 点与 7 ~ 16 点振幅相同。过渡点 $n = 7$，8，15，16，49，50，57，58（共 8 点）。采样的振幅特性 $|H(k)|$ 为

$$| H(k) | = \begin{cases} 1 & k = 9 \sim 14, 51 \sim 56 \\ 0.5886 & k = 8, 15, 50, 57 \\ 0.1065 & k = 7, 16, 49, 58 \\ 0 & k = 0 \sim 6, 17 \sim 48, 59 \sim 65 \end{cases}$$

相位特性：$\varphi(k) = -(N-1)\pi k / N = -65\pi k / 66$

这时，阻带衰减增加近 30dB，阻带衰减可达 70dB 左右。过渡带宽 $\Delta\omega_3 = 6\pi / 66 = 0.2856 < \Delta\omega_2$。

N 加倍后，用 MATLAB 解例 7.3-4 的理想采样、单位脉冲响应、振幅频响、幅度响应（dB）波形如图 7.3-10 所示。相关的 MATLAB 程序见 7.8.3 节基于 MATLAB 的频率取样设计"有两个过渡点的频率取样结构"部分。

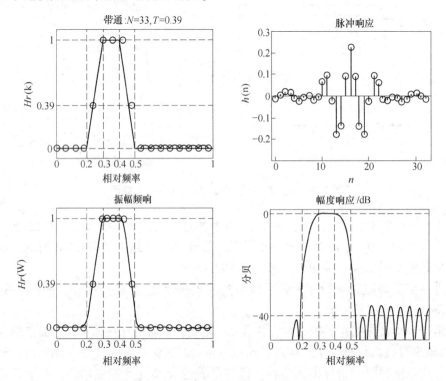

图 7.3-8　例 7.3-3 过渡点 $T = 0.39$ 各相关波形

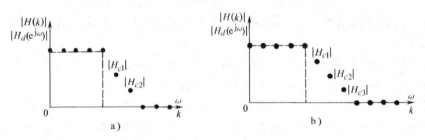

图 7.3-9　再加过渡点

由以上的讨论可以看到，频率取样设计法简单直观、实用，尤其适用于只有少数取样值为非零值的窄带滤波器，在此情况下计算量少，结构简单。但因为所有取样点都在 $2\pi/N$ 的

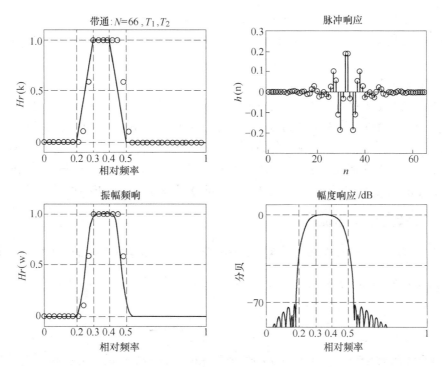

图 7.3-10   例 7.3-4 N 加倍后，过渡点 $T1 = 0.5886$；$T2 = 0.1065$ 各相关波形

整数倍上，通、阻带截止频率不易控制。尽管从理论上讲 N 充分大，就可以接近任何给定频率，但 N 增加会使计算量增加、成本增加是低效的方法。

7.4   FIR 滤波器的等波纹设计

对于给定理想 DF 的 $H_d(e^{j\omega})$，要想设计一个实际的 DF，其 $H(e^{j\omega})$ 与 $H_d(e^{j\omega})$ 完全相同是不可能的。一般只能做到使 $H(e^{j\omega})$ 较好地逼近 $H_d(e^{j\omega})$。较好逼近的一般准则有两个。一个是幅度误差的能量最小，即均方误差最小准则。另一个是幅度误差的最大值最小，即最大误差最小准则。

设 $p(x)$ 为逼近函数，从数值逼近的理论看，一般有 3 种方法，在某个区间 $[a, b]$ 上对某个理想函数 $f(x)$ 逼近。

1. 最小均方误差准则

在所需要区间 $[a, b]$ 内，使 $\int_a^b |p(x) - f(x)|^2 dx$ 最小。前面 FIR DF 设计的矩形窗设计用的就是均方误差最小准则。它可以使总误差能量最小，但不能保证每个频率点的误差都小。尤其在间断点处出现了较大的过冲。加权窗口法虽然可以减少这个过冲，但已不满足均方误差最小逼近。

2. 插值法

函数 $f(x)$ 所在的区间 $[a, b]$ 内，在插值点 x_k 上有 $p(x_k) = f(x_k)$，$k = 0, 1, \cdots, n$；在非插值点上，$p(x)$ 是 $f(x_k)$ 的某种线性型组合。频率取样法属于这类逼近。它所设计的 $H(\omega)$ 在取样点处准确等于 $H_d(\omega)$，而在取样点之间是 $H_d(k)$ 与加权函数 $\sin Nx / \sin x$ 的线

性组合。其结果既不满足均方误差最小，也不满足最大误差最小（没有过渡点时），而且还存在着通、阻带截止频率不易控制的缺点。本节所要介绍的第三种等波纹逼近方法，满足最大误差最小准则。

3. 等波纹逼近

切比雪夫逼近是满足最大误差最小的等波纹逼近，也称最佳一致逼近。设 $p(x)$ 为逼近函数，$f(x)$ 为理想函数，误差函数为 $E(x) = p(x) - f(x)$。要在 $[a,b]$ 区间内，使 $E(x)$ 较均匀一致，就要合理选择 $p(x)$，使得 $E(x)$ 的最大值达到最小。

切比雪夫逼近理论解决了逼近函数的存在性，惟一性以及如何构造等一系列问题。应用这一理论麦克莱伦（McClallan），拉宾纳（Rabiner）等人提出了 FIR DF 的 CAD 设计方法。

7.4.1 等波纹逼近基本原理

对于给定区间 $[a,b]$ 上的连续函数 $f(x)$，在所有 m 次多项式的集合 $\mathscr{P}_m$ 中，寻找一个多项式 $\hat{p}(x)$，使它在 $[a,b]$ 上对 $f(x)$ 的偏差和一切属于 $\mathscr{P}_m$ 的多项式 $p(x)$ 对 $f(x)$ 的偏差相比是最小的，即

$$\max_{a \leq x \leq b} |\hat{p}(x) - f(x)| = \min\{\max_{a \leq x \leq b} |p(x) - f(x)|\}$$

切比雪夫逼近理论指出：这样的 $\hat{p}(x)$ 是存在的，且是惟一的，并指出了构造这种逼近多项式的方法，就是交错定理。

交错定理：设 $f(x)$ 是定义在 $[a, b]$ 上的连续函数，$p(x)$ 为 $\mathscr{P}_m$ 中一个阶次不超过 m 次的多项式，并令 $E_m = \max_{a \leq x \leq b} |p(x) - f(x)|$ 及 $E(x) = p(x) - f(x)$，则 $p(x)$ 是 $f(x)$ 最佳一致逼近多项式的充分必要条件是 $E(x)$ 在 $[a,b]$ 上至少存在 $m + 2$ 个交错点，使得

$$E(x_i) = \pm E_m \qquad\qquad i = 1,2,\cdots,m+2$$

及
$$E(x_i) = -E(x_{i+1}) \qquad\qquad i = 1,2,\cdots,m+1$$

这 $m + 2$ 个点即为"交错点组"，即 $E(x_1), E(x_2), \cdots, E(x_{m+2})$ 正负交替出现，用光滑曲线将其连起来，是等波纹的最佳一致逼近，显然 $x_1, x_2, \cdots, x_{m+2}$ 是 $E(x)$ 的极值点。

7.4.2 应用到 FIR DF 设计中的等波纹逼近

F 为 $[0, \pi]$ 的任意闭子集，为使 $H(e^{j\omega})$ 在 F 上成为 $H_d(e^{j\omega})$ 的惟一最好逼近，其充要条件是误差函数 $E(\omega)$ 在 F 上至少呈现个 $M + 2$ 交错，使

$$E(\omega_i) = -E(\omega_{i+1}) = \pm \max |E(\omega)| \qquad 0 \leq i \leq M+1$$

式中，$\omega_0 < \omega_1 < \cdots < \omega_{M+1}$，并且 $\omega_i \in F$；

$F: 0 \leq \omega \leq \omega_p \cup \omega_s \leq \omega \leq \pi$，即 $B_p \cup B_s$。

仍以低通滤波器设计为例，讨论交错定理的应用。

已知理想低通的频响为

$$H_d(\omega) = \begin{cases} 1 & 0 \leq \omega \leq \omega_p \\ 0 & \omega_s \leq \omega \leq \pi \end{cases}$$

实际低通的幅度频率响应如图 7.4-1 所示，图中 δ_1 是通带允许的最大波纹系数；δ_2 是阻带允许的最大波纹；ω_p 是通带截止频率；ω_s 是阻带最低频率。图中的虚线是理想滤波器

幅度频率响应特性。

理想低通与实际低通幅度频率响应的误差函数示意图如图 7.4-2 所示。

设计任务是要找到一个 $H(e^{j\omega})$，使其在通、阻带内最佳一致逼近 $H_d(e^{j\omega})$。要设计这个低通 $H(e^{j\omega})$，共有 5 个参数 ω_p、ω_s、δ_1、δ_2 以及 $h(n)$ 的长度 N。可以想像，若 $H(e^{j\omega})$ 是 $H_d(e^{j\omega})$ 的最佳一致逼近，则 $H(e^{j\omega})$ 应有等波纹性质。为保证 FIR DF 的 $H(e^{j\omega})$ 具有线性相位，还必须满足它的 4 种形式。为了讨论方便，仍以低通（Ⅰ型）为例，即 $h(n) = h(N-1-n)$，N 为奇数；其频响函数为

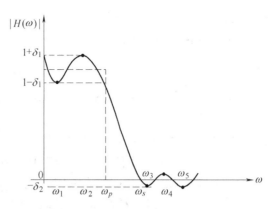

图 7.4-1　实际低通幅度的频响

$$H(e^{j\omega}) = e^{-j\frac{N-1}{2}\omega} H(\omega) = e^{j\varphi(\omega)} \sum_{n=0}^{M} a(n)\cos n\omega \tag{7.4-1}$$

式中，$M = \dfrac{N-1}{2}$。

考虑到通、阻带有不同的逼近精度，令 $k = \delta_1/\delta_2$，并定义加权函数

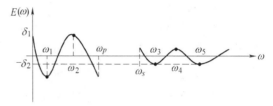

图 7.4-2　理想低通与实际低通
频率响应的幅度误差函数

$$W(\omega) = \begin{cases} 1/k & 0 \leq \omega \leq \omega_p \\ 1 & \omega_s \leq \omega \leq \pi \end{cases} \tag{7.4-2}$$

记误差函数

$$E(\omega) = W(\omega)|H(\omega) - H_d(\omega)|$$
$$= W(\omega)\left| \sum_{n=0}^{M} a(n)\cos n\omega - H_d(\omega) \right| \tag{7.4-3}$$

这样，$H(\omega)$ 一致逼近 $H_d(\omega)$ 的问题可以表述为：寻求系数 $a(n)$，$0 \leq n \leq M$ 使加权误差函数 $E(\omega)$ 在 F 上的最大值最小（使 δ_2 最小）。

由交错定理可知，$H(\omega)$ 在子集 F 上对 $H_d(\omega)$ 的最佳一致逼近的充要条件是误差函数 $E(\omega)$ 在 F 上存在 $M+2$ 个"交错"，使得

$$|E(\omega_i)| = |E(\omega_{i+1})| = E_m$$
$$E_m = \max_{\omega \in F} |E(\omega)| \quad \omega_0 < \omega_1 < \cdots < \omega_{M+1}, \omega_i \in F$$

目前用一致逼近方法设计线性 FIR DF 有不少方法，最早的是解非线性方程组，目前常用是最小波纹迭代（Remez），在 MATLAB 上有专门指令。

7.4.3　解非线性方程组

为保证 $H(\omega)$ 是对 $H_d(\omega)$ 的最佳一致逼近，要讨论误差函数 $E(\omega)$ 的极值特性。从式（7.4-3）可见，$W(\omega)$ 与 $H_d(\omega)$ 均为常数，所以 $E(\omega)$ 的极值与 $H(\omega)$ 的极值相同。可以将式（7.4-1）写成 $\cos\omega$ 的各次幂之和，即表示为

$$H(\omega) = \sum_{n=0}^{M} a_n (\cos\omega)^n \tag{7.4-4}$$

为与式（7.4-1）区别，系数记为 a_n。

为了求得 $H(\omega)$ 的极值频率点，对 ω 求导，并令导数为零，得

$$H'(\omega) = -\sin\omega \sum_{n=0}^{M} a_n \cdot n(\cos\omega)^{n-1} = 0 \qquad (7.4\text{-}5)$$

因为 $H(\omega)$ 在 $\omega = 0$，π 处必为极大（或极小）值，这样在 $[0, \pi]$ 上，$H(\omega)$ 至多有 $M+1$ 个极值。

以 $N=13$ 为例，$M=6$，其"交错"点（极值点）应为 8。一般 ω_p 或 ω_s 往往也是极值点，所以实际最多只能再有 $M+1=7$ 个极值点。因为若极值点同时包括 ω_p、ω_s，最多有会有 $M+3=9$ 个极值点。如图 7.4-3 所示。由图及式（7.4-4）可见，要确定 $H(\omega)$，必须确定的系数有 $a_0 \sim a_6$ 以及极值点频率 $\omega_1 \sim \omega_5$ 共 12 个未知数。由图 7.4-3 以及式（7.4-5），可以得到

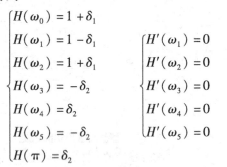

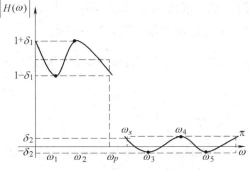

$$\begin{cases} H(\omega_0) = 1 + \delta_1 \\ H(\omega_1) = 1 - \delta_1 \\ H(\omega_2) = 1 + \delta_1 \\ H(\omega_3) = -\delta_2 \\ H(\omega_4) = \delta_2 \\ H(\omega_5) = -\delta_2 \\ H(\pi) = \delta_2 \end{cases} \qquad \begin{cases} H'(\omega_1) = 0 \\ H'(\omega_2) = 0 \\ H'(\omega_3) = 0 \\ H'(\omega_4) = 0 \\ H'(\omega_5) = 0 \end{cases}$$

图 7.4-3　$M=6$ 极值点分布示意图

由这 12 个方程，可以解出 12 个未知数。这 12 个方程均为非线性方程，适用于 M 较小的情况，是早期等波纹设计 FIR DF 的思路。现在一般是用迭代法确定极值频率，代替上述的求解非线性方程。

7.4.4　迭代法

迭代法设计时有五个待定的参数 M（或 N）、ω_p、ω_s、δ_1、δ_2。不可能独立地把这 5 个参数全部给定，只能指定其中的几个，其余的在迭代中产生。

（1）给定 M（或 N）、δ_1、δ_2，而 ω_p、ω_s 可变

缺点：通、阻带的边缘频率不能精确确定。

（2）给定 M（或 N）、ω_p、ω_s，而 δ_1、δ_2 可变

根据通、阻带的定义，$|H(e^{j\omega_p})| = 1 - \delta_1$，$|H(e^{j\omega_s})| = \delta_2$，可知 ω_p、ω_s 往往也是极值频率点。这样对低通 DF 指定 ω_p、ω_s 作为极值频率点后，最多会有 $M+3$ 个极值频率点。因为交错定理指出只需要 $M+2$ 个极值点，所以出现 $M+3$ 个极值频率点的情况称为"超波纹"，用此设计的 DF 也称超波纹滤波器。

（3）Remez（或 Parks-McClallan）算法

由式（7.4-3）$E(\omega) = W(\omega)|H(\omega) - H_d(\omega)| = W(\omega)\left|\sum_{n=0}^{M} a(n)\cos n\omega - H_d(\omega)\right|$

可知 $H(e^{j\omega})$ 对 $H_d(e^{j\omega})$ 的最佳一致逼近的问题可以表述为：寻找系数 $a(n), 0 \le n \le M$，使误差函数 $E(\omega)$ 的最大值最小。

如果已知 F 上的 $M+2$ 个交错频率 ω_0，ω_1，$\cdots$，ω_{M+1} 则由式（7.4-3）可得

$$W(\omega_k)\left[H_d(\omega_k) - \sum_{n=0}^{M} a(n)\cos n\omega_k\right] = -(-1)^k \rho \qquad k = 0, 1, \cdots, M+1 \qquad (7.4\text{-}6)$$

式中，$\rho = E_m = \max_{\omega \in F} |E(\omega)|$。

式 (7.4-6) 可写成矩阵形式，将其中的 $a(n)$ 写成 a_n。

$$\begin{bmatrix} 1 & \cos\omega_0 & \cos 2\omega_0 & \cdots & \cos M\omega_0 & 1/W(\omega_0) \\ 1 & \cos\omega_1 & \cos 2\omega_1 & \cdots & \cos M\omega_1 & -1/W(\omega_1) \\ 1 & \cos\omega_2 & \cos 2\omega_2 & \cdots & \cos M\omega_2 & 1/W(\omega_2) \\ \vdots & \vdots & \vdots & \vdots & \vdots & \vdots \\ 1 & \cos\omega_{M+1} & \cos 2\omega_{M+1} & \cdots & \cos M\omega_{M+1} & \dfrac{(-1)^{M+1}}{W(\omega_{M+1})} \end{bmatrix} \begin{bmatrix} a_0 \\ a_1 \\ \vdots \\ a_M \\ \rho \end{bmatrix} = \begin{bmatrix} H_d(\omega_0) \\ H_d(\omega_1) \\ \vdots \\ H_d(\omega_M) \\ H_d(\omega_{M+1}) \end{bmatrix} \qquad (7.4\text{-}7)$$

式 (7.4-7) 系数公式矩阵是 $(M+2) \times (M+2)$ 的非奇异方阵。解此方阵，可惟一地求得系数 a_0，a_1，$\cdots$，a_M 以及偏差 ρ，可以构成最优化设计滤波器 $H(e^{j\omega})$。

但是在实际实现时存在两个困难，一是交错点组不易确定，即使 M 较小；二是式 (7.4-7) 的方程组求解也不易。为此，麦克莱伦（McClallan）利用数值分析的 Remez 算法，靠一次次迭代，求得一组交错点组，且在每次迭代过程中避免直接求解式 (7.4-7) 的方程。

Remez（Parks-McClallan）算法的步骤：

1) 在 F 上等间隔取 $M+2$ 个频率 ω_0，ω_1，$\cdots$，ω_{M+1}，作为交错点组的初始猜测位置，然后按下式计算 ρ

$$\rho = \frac{\displaystyle\sum_{k=0}^{M+1} \alpha_k H_d(\omega_k)}{\displaystyle\sum_{k=0}^{M+1} (-1)^k \alpha_k / W(\omega_k)} \qquad (7.4\text{-}8)$$

式中，$\alpha_k = (-1)^k \displaystyle\prod_{\substack{i=0 \\ i \neq k}}^{M+1} \frac{1}{(\cos\omega_i - \cos\omega_k)}$。

把 ω_0，ω_1，$\cdots$，ω_{M+1} 代入上式，可以求出 ρ。它是相对第一组交错点所产生的偏差，实际就是 δ_2。求出 ρ 后，利用重心形式的拉格朗日插值公式可以在不求出 a_0，a_1，$\cdots$，a_M 的情况下，得到 $H(\omega)$，为

$$H(\omega) = \frac{\displaystyle\sum_{k=0}^{M} \left[\dfrac{\alpha_k}{\cos\omega - \cos\omega_k}\right] C_k}{\displaystyle\sum_{k=0}^{M} \dfrac{\alpha_k}{\cos\omega - \cos\omega_k}} \qquad (7.4\text{-}9)$$

式中，$C_k = H_d(\omega_k) - (-1)^k \dfrac{\rho}{W(\omega_k)}$，$k = 0$，1，$\cdots$，$M$。

把 $H(\omega)$ 代入式 (7.4-3) 可以求出 $E(\omega)$。如果在 F 上对所有的频率 ω 都有 $|E(\omega)| \leqslant \rho$，这说明 ρ 是波纹的极值，初始猜测的 $\omega_0, \omega_1, \cdots, \omega_{M+1}$ 恰好是交错点组。但一般不会正好如此，在某些频率点上会有 $|E(\omega)| > \rho$。

2) 对上次的 ω_0，ω_1，$\cdots$，ω_{M+1} 中的每一点检查，在其附近是否有 $|E(\omega)| > \rho$ 的频率。若有，在该频率点附近找局部极值点代替原来的频点。$M+2$ 个频点检查完后，得到一组新的交错点：ω_0，ω_1，$\cdots$，ω_{M+1}。再利用式 (7.4-3)、式 (7.4-8)、式 (7.4-9) 计算

$E(\omega)$ 、ρ 、$H(\omega)$ 。

3）重复上述步骤，直到新误差的峰值不会大于 ρ。这时迭代可以结束，由最后的交错点组解式（7.4-9）得到的 $H(\omega)$ ，做反变换求得 $h(n)$ 。

由于我们定义了 $W(\omega)$ ，所以 ρ 是阻带的峰值偏差 δ_2 ，而通带的偏差是 $k\delta_2$ 。这种方法的交错点 ω_0 , ω_1 , ... , ω_{M+1} 是限制在通、阻带内的，因此是在通、阻带内对 $H_d(\omega)$ 的最佳一致逼近。对过渡带的逼近偏差没有提出要求，过渡带的 $H(\omega)$ 曲线是由通、阻带的交错点插值产生的。通、阻带的逼近误差 δ_1 、δ_2 不需要事先指定，由 Chebyshev 最佳一致逼近理论保证了最大误差最小化。

因为 ω_p 、ω_s 在每次迭代中都始终对应极值频率点，所以这种设计方法只需要指定 N 、k 、ω_p 、ω_s 这 4 个参数。因此，通、阻带的边缘频率可以准确确定。其算法流图如图 7.4-4 所示。

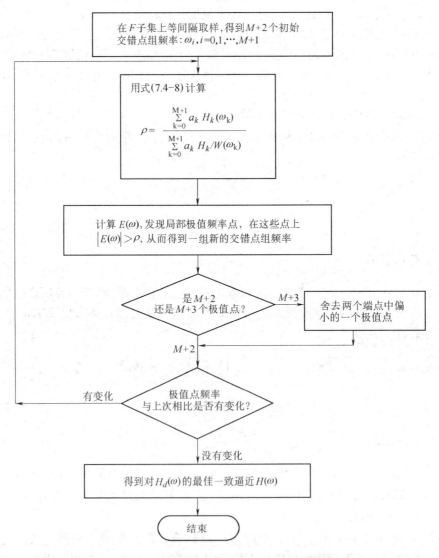

图 7.4-4　Remez（Parks-McClallan）算法流图

7.5 简单整系数线性相位 FIR DF

前面介绍的设计方法实现的线性相位 FIR DF 具有很好的性能，但也有不足：

1）系数不是简单整数，要求较长的字长。

2）系数个数较多，使得乘法次数多，计算时间长，影响实时处理。

在实际处理中，若对 DF 的特性只有一般要求，但对处理速度要求较高，且要求设计方法简单，在这种情况下可以使用简单整系数 FIR DF。这种滤波器系数少，且均为整数（±1，±2，…）。因为左移一位可实现乘 2 运算；左移一位再加移位前的数据可实现乘 3 运算；其他整数乘法以此类推。所以实际只需不多的移位及加法运算，因此运算时间可以大大减少，从而做到实时处理。

7.5.1 简单整系数线性相位 FIR DF 的设计原理

FIR 梳状滤波器的系统函数为

$$H(z) = 1 - z^{-N} = \frac{z^N - 1}{z^N} \tag{7.5-1}$$

式（7.5-1）的 $H(z)$ 有原点处的 N 阶极点（$z_p = 0$），单位圆上的 N 个零点

$$z_k = e^{j\frac{2\pi}{N}k}$$
$$k = 0, 1, 2, \cdots, N-1$$

其对应的差分方程

$$y(n) = x(n) - x(n - N) \tag{7.5-2}$$

频率特性

$$H(e^{j\omega}) = H(z)\big|_{z=e^{j\omega}} = 1 - z^{-N}\big|_{z=e^{j\omega}} = 1 - e^{-jN\omega} = 2\sin(N\omega/2)\, e^{-j(N\omega/2 - \pi/2)}$$
$$= H(\omega)\, e^{j\varphi(\omega)}$$
$$= |H(e^{j\omega})|\, e^{j\varphi(e^{j\omega})}$$

式中，$H(\omega) = 2\sin(N\omega/2)$；
$|H(\omega)| = 2|\sin(N\omega/2)|$；
$\varphi(\omega) = -(N\omega/2) + \pi/2$。

$$\tag{7.5-3}$$

例如，$N=4$、$N=5$ 梳状滤波器的零、极点图与对应的模频特性如图 7.5-1 所示（模频特性以 π 为单位）。

现在只要在梳状滤波器基础上加入一些必要的极点，就可以设计所需要的各种简单整系数线性相位 FIR DF。

1. 低通线性相位 FIR DF（不论 N 为奇、偶，Ⅰ、Ⅱ型）

以 $N=4$ 为例。取消 $\omega=0$，即 z

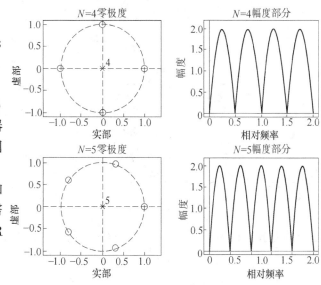

图 7.5-1　$N=4$、$N=5$ 梳状滤波器的
零、极点图及模频特性

325

=1 处的零点，其模频特性的低频部分会增大，从而具有低通特性。即

$$H_L(z) = \frac{1 - z^{-4}}{1 - z^{-1}} = 1 + z^{-1} + z^{-2} + z^{-3}$$

对应的差分方程为　　　　$y(n) - y(n-1) = x(n) - x(n-4)$

或　　　　　　　　　$y(n) = x(n) + x(n-1) + x(n-2) + x(n-3)$

系统函数或差分方程的系数均为 ±1，频率特性 $H_L(e^{j\omega}) = \dfrac{1 - e^{-j4\omega}}{1 - e^{-j\omega}} = |H_L(\omega)|e^{j\varphi(\omega)}$

式中，$|H_L(\omega)| = \left|\dfrac{\sin(2\omega)}{\sin(\omega/2)}\right|, \varphi(\omega) = -3\omega/2$。

　　若 $N=5$，则

$$H_L(z) = \frac{1 - z^{-5}}{1 - z^{-1}} = 1 + z^{-1} + z^{-2} + z^{-3} + z^{-4}$$

对应的差分方程为　　　　$y(n) - y(n-1) = x(n) - x(n-5)$

或　　　　$y(n) = x(n) + x(n-1) + x(n-2) + x(n-3) + x(n-4)$

系统函数或差分方程的系数均为 ±1，频率特性 $H_L(e^{j\omega}) = \dfrac{1 - e^{-j5\omega}}{1 - e^{-j\omega}} = |H_L(\omega)|e^{j\varphi(\omega)}$

式中，$|H_L(\omega)| = \left|\dfrac{\sin(5\omega/2)}{\sin(\omega/2)}\right|, \varphi(\omega) = -2\omega$。

　　$N=4$、$N=5$ 低通滤波器的模频及相频特性如图 7.5-2 所示。

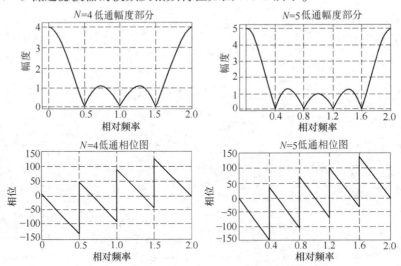

图 7.5-2　$N=4$、$N=5$ 低通滤波器的模频及相频特性

　　由此类推，一般低通设计方法：

$$H_{LP}(z) = \frac{1 - z^{-N}}{1 - z^{-1}} \qquad\qquad (7.5\text{-}4)$$

对应的差分方程为　　　　$y(n) - y(n-1) = x(n) - x(n-N)$ 　　　　$(7.5\text{-}5a)$

或　　　　$y(n) = x(n) + x(n-1) + x(n-2) + \cdots + x(n-N+1)$ 　　$(7.5\text{-}5b)$

频率特性　　$H_{LP}(e^{j\omega}) = \dfrac{1 - e^{-jN\omega}}{1 - e^{-j\omega}} = e^{-j\frac{N-1}{2}\omega}\dfrac{\sin(N\omega/2)}{\sin(\omega/2)} = |H_L(\omega)|e^{j\varphi(\omega)}$ 　$(7.5\text{-}6a)$

其中模频特性

$$|H_{LP}(\omega)| = \left|\frac{\sin(N\omega/2)}{\sin(\omega/2)}\right|,且\,|H_{LP}(0)| = |N| \tag{7.5-6b}$$

相频特性

$$\varphi(\omega) = -\frac{N-1}{2}\omega \tag{7.5-6c}$$

2. 高通线性相位 FIR DF

对于高通可以设置 $z = -1$ 处的极点，使其与该处的零点抵消。

（1）N 为偶数：

$$H_{HP}(z) = \frac{1 - z^{-N}}{1 + z^{-1}} \tag{7.5-7}$$

差分方程

$$y(n) + y(n-1) = x(n) - x(n-N) \tag{7.5-8a}$$

或

$$y(n) = x(n) - x(n-1) + x(n-2) + \cdots - x(n-N+1) \tag{7.5-8b}$$

频率特性

$$H_{HP}(e^{j\omega}) = \frac{1 - e^{-jN\omega}}{1 + e^{-j\omega}} = e^{-j\left(\frac{N-1}{2}\omega - \pi/2\right)}\frac{\sin(N\omega/2)}{\cos(\omega/2)}$$

$$= |H_{HP}(\omega)|e^{j\varphi(\omega)} \tag{7.5-9a}$$

其中模频特性

$$|H_{HP}(\omega)| = \left|\frac{\sin(N\omega/2)}{\cos(\omega/2)}\right|,且\,|H_{HP}(\pi)| = |N| \tag{7.5-9b}$$

相频特性

$$\varphi(\omega) = -\frac{N-1}{2}\omega + \frac{\pi}{2} \tag{7.5-9c}$$

（2）N 为奇数：

因为 $1 - z^{-N}$ 在 π 处无零点，如 $N = 5$ 的模频图。可以将 N 为奇数的低通零点旋转180°，使低通转变为高通。所以用 $-z$ 代替低通系统函数式（7.5-4）中的 z，就可以得到 N 为奇数时的高通滤波器的系统函数

$$H_{HP}(z) = \frac{1 + z^{-N}}{1 + z^{-1}} \tag{7.5-10}$$

差分方程

$$y(n) + y(n-1) = x(n) + x(n-N) \tag{7.5-11a}$$

或

$$y(n) = x(n) - x(n-1) + x(n-2) - \cdots + x(n-N+1) \tag{7.5-11b}$$

如 $N = 5$

$$y(n) = x(n) - x(n-1) + x(n-2) - x(n-3) + x(n-4)$$

频率特性

$$H_{HP}(e^{j\omega}) = \frac{1 + e^{-jN\omega}}{1 + e^{-j\omega}} = e^{-j\left(\frac{N-1}{2}\omega\right)}\frac{\cos(N\omega/2)}{\cos(\omega/2)} = |H_{HP}(\omega)|e^{j\varphi(\omega)} \tag{7.5-12a}$$

模频特性

$$|H_{HP}(\omega)| = \left|\frac{\cos(N\omega/2)}{\cos(\omega/2)}\right|,\,|H_{HP}(\pi)| = |N| \tag{7.5-12b}$$

相频特性

$$\varphi(\omega) = -\frac{N-1}{2}\omega \tag{7.5-12c}$$

$N = 4$、$N = 5$ 高通滤波器的模频及相频特性如图 7.5-3 所示。

3. 带通线性相位 FIR DF

带通线性相位 FIR DF 是抵消梳状滤波器的一对零点而得到的。设抵消的零点为 $e^{\pm j\omega_0}$，则中心频率为 ω_0 的带通系统函数为

（1）N 为偶数：

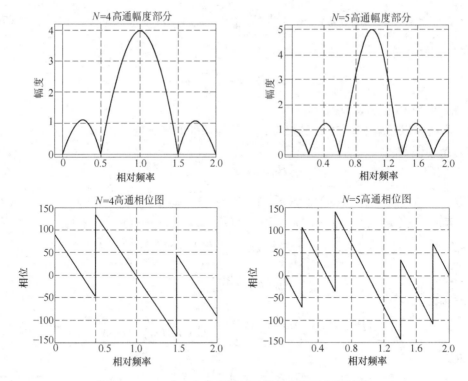

图 7.5-3 $N=4$、$N=5$ 高通滤波器的模频及相频特性

$$H_{BP}(z) = \frac{1-z^{-N}}{(1-\mathrm{e}^{\mathrm{j}\omega_0}z^{-1})(1-\mathrm{e}^{-\mathrm{j}\omega_0}z^{-1})} = \frac{1-z^{-N}}{1-2\cos\omega_0 z^{-1}+z^{-2}} \qquad (7.5\text{-}13)$$

频率特性

$$H_{BP}(\mathrm{e}^{\mathrm{j}\omega}) = \frac{1-\mathrm{e}^{-\mathrm{j}N\omega}}{1-2\mathrm{e}^{-\mathrm{j}\omega}\cos\omega_0+\mathrm{e}^{-\mathrm{j}2\omega}}$$

$$= \mathrm{e}^{-\mathrm{j}\left(\frac{N-1}{2}\omega-\pi/2\right)}\frac{\sin(N\omega/2)}{\cos\omega-\cos\omega_0} = |H_{BP}(\omega)|\mathrm{e}^{\mathrm{j}\varphi_{BP}(\omega)}$$

$$(7.5\text{-}14\mathrm{a})$$

其中模频特性

$$|H_{BP}(\omega)| = \left|\frac{\sin(N\omega/2)}{\cos\omega-\cos\omega_0}\right| \qquad (7.5\text{-}14\mathrm{b})$$

相频特性

$$\varphi_{BP}(\omega) = -\frac{N-1}{2}\omega+\frac{\pi}{2} \qquad (7.5\text{-}14\mathrm{c})$$

因为只有 $2\cos\omega_0$ 取 0、1、-1 时，$H_{BP}(z)$ 为整系数的系统函数，所以 ω_0 只能取 $\pi/3$、$\pi/2$、$2\pi/3$。例如 $\omega_0=\pi/3$ 时，原梳状滤波器在此处必须有零点，才能在这里设置极点与之相抵消。所以原梳状滤波器的零点数必为 $\frac{2\pi}{\pi/3}=6$，或 6 的整数倍 12、18、$\cdots$。因为

$$1-\mathrm{e}^{-\mathrm{j}\frac{\pi}{3}N}=0, \quad \mathrm{e}^{-\mathrm{j}\frac{\pi}{3}N}=1=\mathrm{e}^{-\mathrm{j}2n\pi}$$

解出　　$N=6n, \quad n=1, 2, \cdots$

特别地，当 $\omega_0=\pi/3$，$N=6$ 时

$$H_{BP}(z) = \frac{1-z^{-N}}{(1-\mathrm{e}^{\mathrm{j}\omega_0}z^{-1})(1-\mathrm{e}^{-\mathrm{j}\omega_0}z^{-1})} = \frac{1-z^{-6}}{1-z^{-1}+z^{-2}} = 1+z^{-1}-z^{-3}-z^{-4}$$

差分方程 $y(n) - y(n-1) + y(n-2) = x(n) - x(n-6)$ 系数均为 ± 1

或 $y(n) = x(n) + x(n-1) - x(n-3) - x(n-4)$

（2）N 为奇数：

若要 N 为奇数，只要将原梳状滤波器的零点旋转 $180°$，用 $-z$ 代替 z，即

$$H_{BP}(z) = \frac{1 + z^{-N}}{(1 - e^{j\omega_0}z^{-1})(1 - e^{-j\omega_0}z^{-1})} = \frac{1 + z^{-N}}{1 - 2\cos\omega_0 z^{-1} + z^{-2}} \quad (7.5\text{-}15)$$

频率特性

$$H_{BP}(e^{j\omega}) = \frac{1 + e^{-jN\omega}}{1 - 2e^{-j\omega}\cos\omega_0 + e^{-j2\omega}}$$

$$= e^{-j(\frac{N}{2}-1)\omega} \frac{\cos(N\omega/2)}{\cos\omega - \cos\omega_0} = |H_{BP}(\omega)| e^{j\varphi_{BP}(\omega)}$$

$$(7.5\text{-}16a)$$

其中模频特性

$$|H_{BP}(\omega)| = \left| \frac{\cos(N\omega/2)}{\cos\omega - \cos\omega_0} \right| \quad (7.5\text{-}16b)$$

相频特性

$$\varphi_{BP}(\omega) = -\left(\frac{N}{2} - 1\right)\omega \quad (7.5\text{-}17)$$

因为只有 $2\cos\omega_0$ 取 0、1、时，$H_{BP}(z)$ 为整系数的系统函数，所以 ω_0 只能取 $\pi/3$、$\pi/2$。

若 $\omega_0 = \pi/3$，则 $\pi/3$ 处必为零点，这时

$$1 + e^{-j\frac{\pi}{3}N} = 0, \quad e^{-j\frac{\pi}{3}N} = -1 = e^{j(2n+1)\pi}, \quad n = 1, 2, \cdots$$

解出 $N = 3(2n+1)$ $n = 1, 2, \cdots$

即 N 只能取 9，15，21，$\cdots$。

$N = 6$、$N = 9$ 带通滤波器的模频及相频特性如图 7.5-4 所示。

4. 带阻 FIR DF

一个中心频率为 ω_0，带宽为 B 的带阻 FIR DF，可以用一个全通 FIR DF 与一个中心频率为 ω_0，带宽为 B 的带通 FIR DF 组合而成，即带阻 FIR DF 的系统函数为

$$H_{BS}(z) = H_{AP}(z) - H_{BP}(z) \quad (7.5\text{-}18)$$

其中全通 FIR DF 的系统函数为：

$$H_{AP}(z) = Az^{-(\frac{N}{2}-1)} \quad (7.5\text{-}19a)$$

频响

$$H_{AP}(e^{j\omega}) = Ae^{-j(\frac{N}{2}-1)\omega} \quad (7.5\text{-}19b)$$

（1）N 为奇数：

$$H_{BS}(z) = H_{AP}(z) - H_{BP}(z) = Az^{-(\frac{N}{2}-1)} - \frac{1 + z^{-N}}{1 - 2\cos\omega_0 z^{-1} + z^{-2}} \quad (7.5\text{-}20)$$

频响 $H_{BS}(e^{j\omega}) = H_{AP}(e^{j\omega}) - H_{BP}(e^{j\omega}) = \left[A - \frac{(\cos\omega N/2)}{\cos\omega - \cos\omega_0} \right] e^{-j(N-2)\omega/2}$ $(7.5\text{-}21)$

式中，A 是带通的最大值，即 $H_{BP}(e^{j\omega_0})$；ω_0 是带通的中心频率。

（2）N 为偶数：

$$H_{BS}(z) = H_{AP}(z) - H_{BP}(z) = Az^{-(\frac{N}{2}-1)} - \frac{1 - z^{-N}}{1 - 2\cos\omega_0 z^{-1} + z^{-2}} \quad (7.5\text{-}22)$$

频响 $H_{BS}(e^{j\omega}) = H_{AP}(e^{j\omega}) - H_{BP}(e^{j\omega}) = \left[A - \frac{(\sin\omega N/2)}{\cos\omega - \cos\omega_0} \right] e^{-j(N-2)\omega/2}$ $(7.5\text{-}23)$

式中，A 是带通的最大值，即 $H_{BP}(\mathrm{e}^{\mathrm{j}\omega_0})$；$\omega_0$ 是带通的中心频率。

利用前面两个带通 FIR DF，可以得到与图 7.5-5 所示相应的带阻 FIR DF。

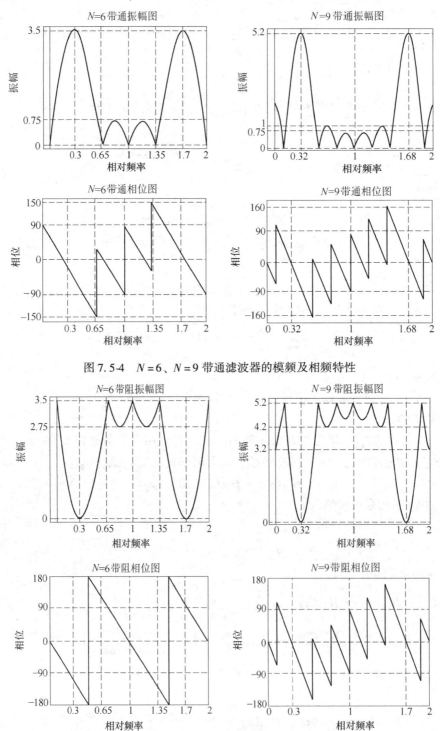

图 7.5-4 $N=6$、$N=9$ 带通滤波器的模频及相频特性

图 7.5-5 $N=6$、$N=9$ 带阻滤波器的模频及相频特性

7.5.2 简单整系数 FIR DF 的设计

一般的 DF 设计指标通常由通带截止频率、阻带截止频率、通带最大衰减、阻带最小衰减给出。这些指标对于简单整系数FIR DF 的设计同样适合。但简单整系数FIR DF 也具有自己的特点。以图 7.5-6 所示低通振幅特性为例，其阻带截止（最低）频率一般定义为模频特性第一旁瓣峰值的频率 $3\pi/N$；通带带宽 B 通常取 3dB 带宽。

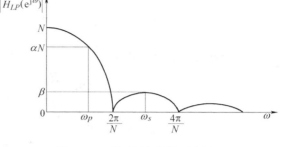

图 7.5-6 低通振幅特性示意图

以低通为例，指标为

$$\alpha_p = 20\lg\left|\frac{H_{LP}(0)}{H_{LP}(\omega_p)}\right| = 20\lg\frac{1}{\alpha} = 3\text{dB}$$

式中，$\alpha = 1/\sqrt{2} = 0.707$。

$$\alpha_s = 20\lg\left|\frac{H_{LP}(0)}{H_{LP}(\omega_s)}\right| = 20\lg\frac{N}{\beta}$$

式中，$\omega_s = 3\pi/N$。

由上式可计算 $N = 12$ 时低通的阻带最小衰减 α_s。

因为 $|H_{LP}(0)| = 12$，$|H_{LP}(\omega_s)| = \left|\dfrac{\sin\left(\dfrac{12}{2}\cdot\dfrac{3\pi}{12}\right)}{\sin\left(\dfrac{1}{2}\cdot\dfrac{3\pi}{12}\right)}\right| = \dfrac{1}{0.383} = \beta$

$$\alpha_s = 20\lg\left|\frac{H_{LP}(0)}{H_{LP}(\omega_s)}\right| = 20\lg\frac{N}{\beta} = 20\lg\ (12\times0.383)\ \text{dB} \approx 13.25\text{dB}$$

此时最小衰减不到 14dB，在实际应用中远远满足不了要求。

为了加大阻带衰减，就要减少旁瓣与主瓣的相对幅度。可以在单位圆上设置二阶以上的高阶零点，而另外加上二阶以上的高阶极点来抵消一个或几个高阶零点。这样做的结果使滤波器的阻带衰减加大，也使滤波器的过渡带更陡峭。例如，在单位圆 $z = 1$ 处安排一个 k 阶零点，且在单位圆 $z = 1$ 处安排一个 k 阶极点，则此滤波器的系统函数为

$$H_{LP}(z) = \left(\frac{1 - z^{-N}}{1 - z^{-1}}\right)^k \qquad(7.5\text{-}24)$$

式中，k 是滤波器的阶数。

由如图 7.5-7 所示低通归一化模频特性可见：在主瓣高度均为 1 的情况下，

$$\beta_k < \beta_1，\ \omega_{pk} < \omega_{p1}$$

由此再一次看到阻带衰减与过渡带的矛盾。

由以上分析可知，简单整系数滤波器

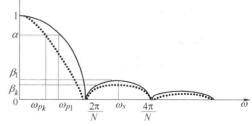

图 7.5-7 低通归一化模频特性

设计就是根据给定的设计指标确定 N 与 k。设计时，由已知通、阻带衰减 α_p、α_s，通带带宽 B_ω 以及截止频率 ω_s 指标可以分别列出与通带及阻带指标相关的方程。以低通为例：

（1）由阻带指标确定 k：

$$\alpha_s = 20\lg\left|\frac{H_{LP}(0)}{H_{LP}(\omega_s)}\right|^k = 20\lg\left|\frac{N}{H_{LP}(3\pi/N)}\right|^k$$

$$= 20\lg\left|\frac{(3\pi/2)}{\sin(3\pi/2)}\right|^k \tag{7.5-25}$$

（2）由通带指标确定 N：

$$\alpha_p = 20\lg\left|\frac{H_{LP}(0)}{H_{LP}(B_\omega)}\right|^k = 20\lg\left|\frac{H_{LP}(0)}{H_{LP}(\omega_p)}\right|^k$$

$$= 20\lg\left|\frac{N\sin(\omega_p/2)}{\sin(N\omega_p/2)}\right|^k \tag{7.5-26}$$

例 7.5-1 设计一个高通，要求截止频率 $f_p = 21\text{kHz}$，通带最大衰减3dB，阻带最小衰减27dB，取样间隔 $T = 20\mu s$，N 取偶数。

解： $\alpha_p = 3$，$\alpha_s = 27$，$f_s = 1/T = 50 \times 10^3\text{Hz}$。

（1）由阻带指标确定 k，按阻带为第一旁瓣峰值处的定义以及 $\omega_s = \pi - 3\pi/N$ 列方程

$$\alpha_s = 20\lg\left|\frac{H_{HP}(\pi)}{H_{HP}(\omega_s)}\right|^k = 20 \cdot k\lg\left|\frac{H_{HP}(\pi)}{H_{HP}(\omega_s)}\right| = 27 \tag{1}$$

式中，$|H_{HP}(\pi)| = N$。 $\tag{2}$

$$|H_{HP}(\omega_s)| = \left|\frac{\sin\left[\frac{N}{2}\left(\pi - \frac{3\pi}{N}\right)\right]}{\cos\left[\frac{1}{2}\left(\pi - \frac{3\pi}{N}\right)\right]}\right| = \left|\frac{\cos(N\pi/2)}{\sin(3\pi/2N)}\right|$$

因为 N 为偶数，分子为1，所以

$$|H_{HP}(\omega_s)| = \left|\frac{1}{\sin(3\pi/2N)}\right| \tag{3}$$

将（1）、（2）代入（3），得

$$20 \cdot k \cdot \lg|N \cdot \sin(3\pi/2N)| = 27 \tag{4}$$

N 较大时，（4）式中的 $\sin(3\pi/2N) \approx (3\pi/2N)$

$$\alpha_s \approx 20 \cdot k \cdot \lg(3\pi/2) = 27$$

$$k = 27/(20\lg(3\pi/2)) = 27 \times 0.07427 = 2.0053$$

取 $k = 2$。

（2）由通带指标确定 N。

频响的通带 $\quad B_\omega = 2\pi\left(\frac{1}{2}f_s - f_p\right)/f_s = \frac{2\pi(25-21)\times10^3}{50\times10^3} = \frac{4\pi}{25}$

按通带衰减列方程

$$\alpha_p = 20\lg\left|\frac{H_{HP}(\pi)}{H_{HP}(\omega_p)}\right|^k \tag{5}$$

式中，$|H_{HP}(\omega_p)| = |H_{HP}(\pi - B_\omega)| = \left|\frac{\sin[N(\pi-B_\omega)/2]}{\cos[(\pi-B_\omega)/2]}\right|$ $\tag{6}$

因为 N 为偶数，$|\sin[N(\pi-B_\omega)/2]| = |\sin(NB_\omega/2)|$，$|\cos[(\pi-B_\omega)/2]| = |\sin(B_\omega/2)|$，所以式（6）可表示为

$$\left| H_{HP}(\pi - B_\omega) \right| = \left| \frac{\sin(NB_\omega/2)}{\sin(B_\omega/2)} \right| \tag{7}$$

将 $H_{HP}(\pi) = N$ 及式（7）代入式（5），得到

$$\alpha_p = 20\lg \left| \frac{N\sin(B_\omega/2)}{\sin(NB_\omega/2)} \right|^k$$

当 B_ω 较小时,$\sin(B_\omega/2) \approx B_\omega/2$,令 $NB_\omega/2 = x$，则

$$\alpha_p \approx 20k\lg \left| \frac{x}{\sin x} \right| = -20k\lg \left| \frac{\sin x}{x} \right|$$

在 B_ω 处$\frac{\sin x}{x}$恒为正，所以有

$$\sin x/x = 10^{-\alpha_p/20k} = 10^{-3/40} = 0.8414$$

将 $\sin x/x$ 展开为泰勒级数

$$\frac{\sin x}{x} = 1 - \frac{x^2}{3!} + \frac{x^4}{5!} - \cdots$$

取前两项近似得

$$1 - \frac{x^2}{3!} \approx 0.8414$$

解出 $x = 0.9755 = NB_\omega = N\frac{4\pi}{50}$，$N = 3.8814$，$N$ 取 4。

由此设计的高通滤波器系统函数为

$$H(z) = \left(\frac{1 - z^{-4}}{1 + z^{-1}} \right)^2 = \frac{1 - 2z^{-4} + z^{-8}}{1 + 2z^{-1} + z^{-2}} = 1 - 2z^{-1} + 3z^{-2} - 4z^{-3} + 3z^{-4} - 2z^{-5} + z^{-6}$$

差分方程 $y(n) + 2y(n-1) + y(n-2) = x(n) - 2x(n-4) + x(n-8)$

或 $y(n) = x(n) - 2x(n-1) + 3x(n-2) -$
$$4x(n-3) + 3x(n-4) - 2x(n-5) + x(n-6)$$

检验衰减频率特性如图 7.5-8 所示。

由图 7.5-8 可见，通带指标满足设计要求，而阻带指标不满足设计要求。

为改善阻带指标，只有加大 k，k 取 3，重新计算。

$$\alpha_p = 20\lg \left| \frac{N\sin(B_\omega/2)}{\sin(NB_\omega/2)} \right|^k$$

当 B_ω 较小时,$\sin(B_\omega/2) \approx B_\omega/2$,令 $NB_\omega/2 = x$,则

$$\alpha_p \approx 20k\lg \left| \frac{x}{\sin x} \right| = -20k\lg \left| \frac{\sin x}{x} \right|$$

在 B_ω 处，$\frac{\sin x}{x}$恒为正，所以有

$$\sin x/x = 10^{-\alpha_p/20k} = 10^{-3/60} = 0.89125$$

将 $\sin x/x$ 展开为泰勒级数

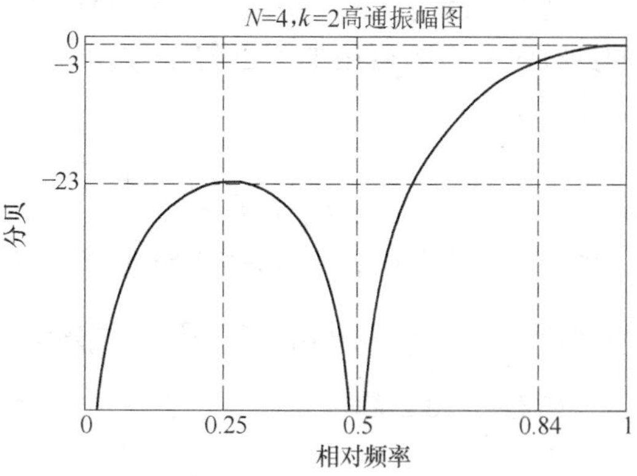

图 7.5-8 $k=2$、$N=4$ 的高通衰减频率特性

$$\frac{\sin x}{x} = 1 - \frac{x^2}{3!} + \frac{x^4}{5!} - \cdots$$

取前两项近似得

$$1 - \frac{x^2}{3!} \approx 0.89125$$

解出 $x = 0.8078 = NB_\omega = N\frac{4\pi}{50}$，$N = 3.2$，$N$ 取 4。

由此设计的高通滤波器系统函数为

$$H(z) = \left(\frac{1 - z^{-4}}{1 + z^{-1}}\right)^3 = 1 - 3z^{-1} + 6z^{-2} - 10z^{-3} + 12z^{-4} - 12z^{-5} + 10z^{-6} - 6z^{-7} + 3z^{-8} - z^{-9}$$

差分方程

$$y(n) = x(n) - 3x(n-1) + 6x(n-2) - 10x(n-3) + 12x(n-4) -$$
$$12x(n-5) + 10x(n-6) - 6x(n-7) + 3x(n-8) - x(n-9)$$

滤波器的频响特性

$$H(e^{j\omega}) = \left(\frac{1 - e^{-j4\omega}}{1 + e^{-j\omega}}\right)^3$$

$$|H(\omega)| = \left|\frac{\sin 2\omega}{\cos \omega/2}\right|^3, \quad \varphi(\omega) = -3\omega + \pi$$

检验衰减频率特性如图 7.5-9 所示。

由图可见，此时阻带指标满足设计要求，而通带带宽指标稍差。从这里可以再次看到阻带指标与通带带宽往往只能兼顾，不能兼得。

通带衰减为 3dB，解式（7.5-26）的方程时，一般可用如下近似公式计算系统阶数：

$$N = \frac{f_s}{2.25 \times B_{fk} \times \sqrt{k}} \quad (7.5\text{-}27)$$

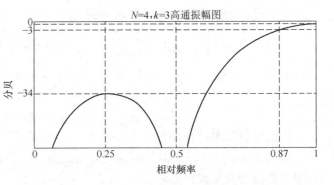

图 7.5-9 $k = 3$、$N = 4$ 的高通衰减频率特性

式中，f_s 是采样频率；B_{fk} 是 k 阶滤波器通带带宽。低通时为通带截止频率 f_p；高通时的带宽为 $B_{fk} = \frac{1}{2}f_s - f_p$。$k$ 由式（7.5-25）计算得到的系统阶数。

如例 7.5-1，$k = 2$ 时，

$$N = \frac{f_s}{2.25 \times B_{fk} \times \sqrt{L}} = \frac{50 \times 10^3}{2.25 \times 4 \times 10^3 \sqrt{2}} \approx 3.93$$

$k = 3$ 时，
$$N = \frac{f_s}{2.25 \times B_{fk} \times \sqrt{L}} = \frac{50 \times 10^3}{2.25 \times 4 \times 10^3 \sqrt{3}} \cong 3.2$$

式中，高通带宽为 $B_{fk} = \frac{1}{2}f_s - f_p = (25 - 21) \times 10^3 = 4 \times 10^3$。

最后 N 取整数为 $N = 4$。

7.6 采样率转换滤波器——多采样率信号处理

在前面的讨论中都认为采样频率 f_s 是不变的，但在实际应用中，会遇到要求数字系统的采样率转换的问题。例如在数字电话系统中传输的既有语音信号也有传真信号；即使对同一信号，也可以针对不同数据段采用不同的采样率，使得待处理信号既符合采样定理又可减少数据量。总之，多采样率的应用是数字信号处理中的重要内容。

7.6.1 采样率降低——信号的抽取（减采样）

图 7.6-1 是降低序列 $x(n)$ 采样率的示意图，由图可见降低其采样率的最简单的方法是将 $x(n)$ 中的每 M 点中抽取一点，形成新的减采样序列 $x_1(n)$。即

$$x_1(n) = \begin{cases} x(n) & n = 0, \pm M, \pm 2M, \pm \cdots \\ 0 & \text{其他} \end{cases}$$

$$= x(n)p(n) = x(n) \sum_{i=-\infty}^{\infty} \delta(n - Mi) \tag{7.6-1}$$

若 $x(n)$ 的采样周期为 T，则经 M 倍抽取后 $x_1(n)$ 的采样周期为 T_1。二者的关系为

$$T_1 = MT \tag{7.6-2}$$

$x_1(n)$ 的采样频率 f_{s1} 为

$$f_{s1} = 1/T_1 = \frac{1}{MT} = \frac{f_s}{M} \tag{7.6-3}$$

$x(n)$ 的傅里叶变换为

$$X(e^{j\omega}) = \frac{1}{T} \sum_{k=-\infty}^{\infty} X\left(j\frac{\omega}{T} - j\frac{2\pi k}{T}\right) \tag{7.6-4}$$

则 $x_1(n)$ 的傅里叶变换为

$$X_1(e^{j\omega}) = \frac{1}{T_1} \sum_{r=-\infty}^{\infty} X\left(j\frac{\omega}{T_1} - j\frac{2\pi r}{T_1}\right)$$

$$= \frac{1}{MT} \sum_{r=-\infty}^{\infty} X\left(j\frac{\omega}{MT} - j\frac{2\pi r}{MT}\right) \tag{7.6-5}$$

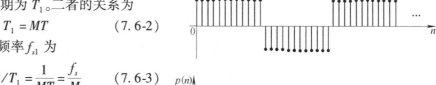

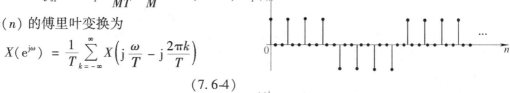

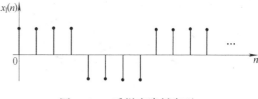

图 7.6-1 采样率降低序列

式中，$r = i + kM$。

由上式可认为，$X_1(e^{j\omega})$ 是 $X(j\Omega)$ 按 $\omega = \Omega T_1$ 作尺度变换，并按 $2\pi/T_1$ 整数倍移位组成的。$x(n)$ 的数字角频率为 ω，则 $x_1(n)$ 的数字角频率为 $\omega_1 = \omega/M$，其频响函数还可表示为

$$X_1(e^{j\omega_1}) = \sum_{n=-\infty}^{\infty} x(n)p(n) e^{-jn\omega_1} = \sum_{n=-\infty}^{\infty} \left[x(n) \frac{1}{M} \sum_{k=0}^{M-1} e^{-j2\pi nk/M} \right] e^{-jn\omega_1}$$

$$= \frac{1}{M} \sum_{k=0}^{M-1} X(e^{j(\omega-2\pi k)/M}) \tag{7.6-6}$$

式中，$p(n) = \sum_{i=-\infty}^{\infty} \delta(n - Mi) = \frac{1}{M} \sum_{k=0}^{M-1} e^{-j2\pi nk/M}$ 是周期为 M 个采样的周期脉冲序列的傅氏级

数表示。

从序列的尺度变换的角度看，$x_1(n)$ 是 $x(n)$ 的压缩(M 倍)，则 $X_1(e^{j\omega})$ 应是 $X(e^{j\omega})$ 的扩展(M 倍)，当然从减采样的应用角度，下面要更详细的讨论两者频域之间的关系。

$x(n)$ 频谱的数字（归一化）角频率为 $\omega = \Omega T = \Omega/f_s$，且 $X(e^{j\omega}) = X(e^{j\Omega T})$ 是以 $\Omega_s = 2\pi f_s$ 为周期的周期函数，对应的数字周期频率为 2π，而 $X_1(e^{j\omega})$ 是以 $2\pi/M$ 的整数倍周期延拓。若 $x(n)$ 频谱 $|X(e^{j\omega})|$ 的非零值区为 π/M，$|X(e^{j\omega})|$ 在 $\pi/M \sim \pi$ 为零，采样率降低 M 倍不会引起混叠；若 $X(e^{j\omega})$ 不满足这一条件，降低采样率就会产生混叠。$|X(e^{j\omega})|$ 的非零值区为 $\pi/2$，$x_1(n)$ 的 $M=2$、$M=3$ 时的情况如图 7.6-2 所示。由图还可看出，若数字（归一化）角频率取 $\omega_1 = \Omega T_1 = \Omega/f_{s1}$，则 $x_1(n)$ 的频谱 $X_1(e^{j\omega_1})$ 是以 $2\pi f_{s1}$ 为周期的周期函数，对应的数字周期频率也是 2π，这时从 ω_1 的角度看，$X_1(e^{j\omega_1})$ 频谱作了 M 倍的扩展。

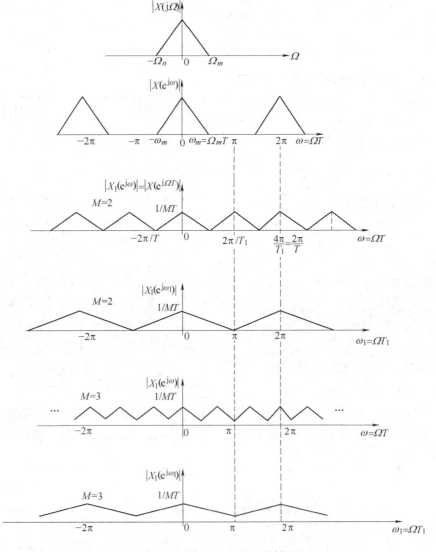

图 7.6-2　$M=2$、$M=3$ 时的减采样情况

为了利用采样率降低后无混叠的频谱部分，可以用理想低通对 $x(n)$ 的频谱 $X(e^{j\omega})$ 先进行抗混叠滤波，提取出带宽为 π/M 的所需信号，再通过只保留滤波器输出第 M 个采样点（降低采样率），形成抽取序列 $y(n)$。上述实现过程如图 7.6-3 所示。

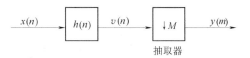

图 7.6-3　减采样实现

图 7.6-3 的 $\boxed{\downarrow M}$ 表示抽样率降低 M 倍的抽取，也称减采样。

其中理想低通 $h(n)$ 的频率特性为

$$H(e^{j\omega}) = \begin{cases} 1 & |\omega| \leq \pi/M \\ 0 & \text{其他} \end{cases} \tag{7.6-7}$$

实现采样率降低 $M=4$ 倍的 $x(n)$、$h(n)$、$v(n)$、$y(n)$ 的频谱示意如图 7.6-4 所示。其中 $x(n)$、$h(n)$、$v(n)$ 频谱的数字频率取为 ω_x，$y(n)$ 频谱的数字频率取为 ω_y，ω_y 是减采样（$M=4$）后的数字频率。这种方法是由高频分量的损失，避免减采样的频谱混叠，在 $Y(e^{j\omega})$ 保留了 $X(e^{j\omega})$ 中的低频部分，可由 $Y(e^{j\omega})$ 恢复 $X(e^{j\omega})$ 的低频部分。

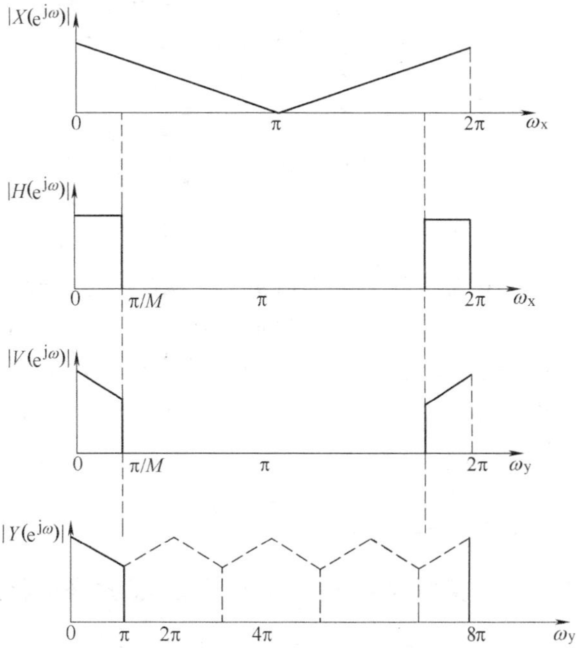

图 7.6-3 滤波器输出的 $v(n)$ 为

$$v(n) = \sum_{m=-\infty}^{\infty} h(m)x(n-m) \tag{7.6-8}$$

对应的 Z 变换为

图 7.6-4　$M=4$ 倍的 $x(n)$、$h(n)$、$v(n)$、$y(n)$ 的频谱示意图

$$V(z) = H(z)X(z) \tag{7.6-9}$$

抽取器的输出 $y(n)$ 为

$$y(n) = v(Mn) = v(n)\sum_{i=-\infty}^{\infty}\delta(n-Mi) = \sum_{m=-\infty}^{\infty}h(m)x(Mn-m) \tag{7.6-10a}$$

或由卷积的第二种形式得到

$$y(n) = \sum_{m=-\infty}^{\infty}x(m)h(Mn-m) \tag{7.6-10b}$$

由 $y(n)$ 的 Z 变换，可以得到 $y(n)$ 与 $x(n)$ 频谱之间的关系，即

$$Y(z) = \sum_{n=-\infty}^{\infty}y(n)z^{-n} = \sum_{n=-\infty}^{\infty}v(Mn)z^{-n} = \sum_{n=-\infty}^{\infty}\left[v(n)\sum_{i=-\infty}^{\infty}\delta(n-Mi)\right]z^{-n/M} \tag{7.6-11}$$

将 $v(n)\sum_{i=-\infty}^{\infty}\delta(n-Mi) = v(n)\left[\dfrac{1}{M}\sum_{i=0}^{M-1}e^{j2\pi in/M}\right]$ 代入式（7.6-11），得

$$Y(z) = \sum_{n=-\infty}^{\infty}v(n)\left[\frac{1}{M}\sum_{i=0}^{M-1}e^{j2\pi in/M}\right]z^{-n/M} = \frac{1}{M}\sum_{i=0}^{M-1}\left[\sum_{n=-\infty}^{\infty}v(n)e^{j2\pi in/M}z^{-n/M}\right]$$

$$= \frac{1}{M} \sum_{i=0}^{M-1} V(\mathrm{e}^{-\mathrm{j}2\pi i/M} \cdot z^{1/M}) \qquad (7.6\text{-}12)$$

令 $W_M = \mathrm{e}^{-\mathrm{j}2\pi/M}$，以及 $V(z) = H(z)X(z)$，则

$$Y(z) = \frac{1}{M} \sum_{i=0}^{M-1} V(W_M^i \cdot z^{1/M}) = \frac{1}{M} \sum_{i=0}^{M-1} X(W_M^i \cdot z^{1/M}) H(W_M^i \cdot z^{1/M}) \qquad (7.6\text{-}13)$$

令相对 $X(\mathrm{e}^{\mathrm{j}\omega})$ 的数字频率取为 ω_x，相对 $Y(\mathrm{e}^{\mathrm{j}\omega})$ 的数字频率取为 ω_y，且

$$\omega_y = \Omega T_y = 2\pi f/f_y = 2\pi f/(f_x/M) = 2\pi M f/f_x = M\omega_x \qquad (7.6\text{-}14)$$

得到 $Y(\mathrm{e}^{\mathrm{j}\omega})$ 与 $X(\mathrm{e}^{\mathrm{j}\omega})$ 的频域关系为

$$Y(\mathrm{e}^{\mathrm{j}\omega_y}) = \frac{1}{M} \sum_{i=0}^{M-1} X(\mathrm{e}^{\mathrm{j}(\omega_y-2\pi i)/M}) H(\mathrm{e}^{\mathrm{j}(\omega_y-2\pi i)/M}) \qquad (7.6\text{-}15)$$

这是 M 个频段信号相加（混叠）的结果，即

$$Y(\mathrm{e}^{\mathrm{j}\omega_y}) = \frac{1}{M} [X(\mathrm{e}^{\mathrm{j}\omega_y/M}) H(\mathrm{e}^{\mathrm{j}\omega_y/M}) + X(\mathrm{e}^{\mathrm{j}(\omega_y-2\pi)/M}) H(\mathrm{e}^{\mathrm{j}(\omega_y-2\pi)/M}) + \cdots] \qquad (7.6\text{-}16)$$

上式表明若实际的 $h(n) \leftrightarrow H(\mathrm{e}^{\mathrm{j}\omega})$ 是非理想的低通，其阻带的衰减不是无限大，总会有一定的混叠失真。若 $h(n) \leftrightarrow H(\mathrm{e}^{\mathrm{j}\omega})$ 作为抗混叠滤波，能够使 $X(\mathrm{e}^{\mathrm{j}\omega})$ 的频谱在 $\omega = \pi/M \sim \pi$ 的范围近似为零，那么上式中除了 $i=0$ 项，其余均为零。即当 $H(\mathrm{e}^{\mathrm{j}\omega})$ 非常逼近理想低通，$X(\mathrm{e}^{\mathrm{j}\omega})$ 的频谱限制在 $\omega_x \leqslant \pi/M$ 之内，上式可表示为

$$Y(\mathrm{e}^{\mathrm{j}\omega_y}) \approx \frac{1}{M} X(\mathrm{e}^{\mathrm{j}\omega_y/M}) = \frac{1}{M} X(\mathrm{e}^{\mathrm{j}\omega_x}) \quad 0 \leqslant \omega_y \leqslant \pi \text{ 或 } 0 \leqslant \omega_x \leqslant \pi/M \qquad (7.6\text{-}17)$$

如图 7.6-4 所示。

7.6.2 采样率提高——信号的整数倍内插

提高序列采样率也称增采样，图 7.6-5a 是 $L=2$ 的增采样波形图，由图可见要使序列 $x(n)$ 采样率提高整数 L 倍，最简单的方法是对 $x(n)$ 每相邻两点之间内插 $L-1$ 个零值点得到如图 7.6-5b 所示的 $w(n)$，即

$$w(n) = \begin{cases} x(n/L) & n = 0, \pm L, \pm 2L, \cdots \\ 0 & \text{其他} \end{cases}$$

$$(7.6\text{-}18)$$

若 $x(n)$ 的采样周期为 $T = 1/f_s$，则采样率提高 L 倍后 $w(n)$ 的周期为 T_2，二者的关系为

$$T_2 = T/L \qquad (7.6\text{-}19)$$

新的采样频率为

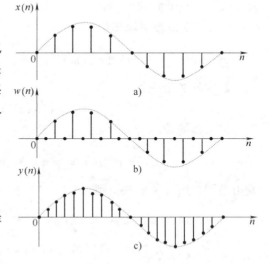

图 7.6-5　$L=2$ 内插波形图

$$f_{s2} = L f_s \qquad (7.6\text{-}20)$$

$w(n)$ 实际是 $x(n)$ 的尺度变换，所以 $w(n)$ 的频谱

$$W(\mathrm{e}^{\mathrm{j}\omega}) = \sum_{n=-\infty}^{\infty} w(n)\mathrm{e}^{-\mathrm{j}n\omega} = \sum_{n=-\infty}^{\infty} x(n/L)\mathrm{e}^{-\mathrm{j}n\omega} = \sum_{n=-\infty}^{\infty} x(n')\mathrm{e}^{-\mathrm{j}Ln'\omega} = X(\mathrm{e}^{\mathrm{j}L\omega}) \qquad (7.6\text{-}21)$$

$x(n)$、$w(n)$($L=2$) 的频谱分别如图 7.6-6a、图 7.6-6b 所示。

与减采样相似，由序列的尺度看，$w(n)$ 是 $x(n)$ 的扩展（L 倍），则 $W(\mathrm{e}^{\mathrm{j}\omega})$ 是 $X(\mathrm{e}^{\mathrm{j}\omega})$

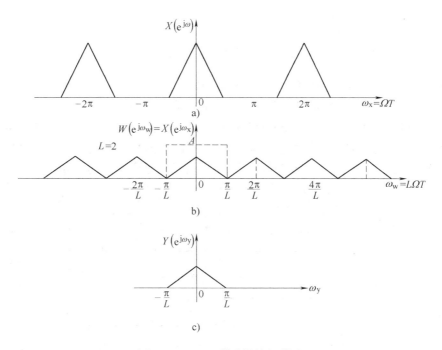

图 7.6-6 $L=2$ 增采样的频谱图

的压缩（L 倍），从增采样应用的角度，则需要更详细讨论两者频域之间的关系。

$x(n)$ 频谱归一化频率记为 ω_x，周期为 2π，则 ω_w 的周期为 $2\pi/L$。所以插值后，$W(e^{j\omega})$ 是以 $2\pi/L$ 周期重复，即在 ω_x 的一个周期内不仅有基带（$-\pi/L \sim \pi/L$）频率，还有以 $\pm 2\pi/L$，$\pm 4\pi/L$，$\cdots$ 为中心的谐波，这些是原采样频谱的镜像，有 $L-1$ 个。为了滤除多余的 $L-1$ 个镜像频谱，只提取基带信息，要让插值序列 $w(n)$ 再经如图 7.6-6b 的虚框所示的理想低通滤波，得到如图 7.6-6c 所示的频谱 $Y(e^{j\omega_y})$（其中 $\omega_w = \omega_y = L\omega_x$），对应的序列 $y(n)$ 如图 7.6-5c 所示。

采样率提高的实现过程如图 7.6-7 所示，$\boxed{\uparrow L}$ 表示采样率提高 L 倍。

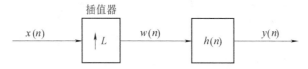

图 7.6-7 增采样实现

为从 $W(e^{j\omega_y})$ 中提取 $Y(e^{j\omega_y})$，图 7.6-7 中的 $h(n)$ 对应的低通，应逼近理想滤波器特性

$$H(e^{j\omega_y}) = \begin{cases} A & |\omega_y| \leqslant \pi/L \\ 0 & 其他 \end{cases} \tag{7.6-22}$$

则

$$Y(e^{j\omega_y}) = H(e^{j\omega_y}), X(e^{j\omega_x}) = AX(e^{jL\omega_y}) \tag{7.6-23}$$

而

$$y(0) = \frac{1}{2\pi}\int_{-\pi}^{\pi} Y(e^{j\omega_y})\,\mathrm{d}\omega_y = A\frac{1}{2\pi}\int_{-\pi/L}^{\pi/L} X(e^{jL\omega_y})\,\mathrm{d}\omega_y$$

$$= \frac{A}{L}\frac{1}{2\pi}\int_{-\pi}^{\pi} X(e^{j\omega_x})\,\mathrm{d}\omega_x = \frac{A}{L}x(0)$$

因此，为了使 $y(0) = x(0)$，图 7.6-7 低通的增益 $A = L$。

以上讨论不论是抽取还是插值，采样率的改变均为整数比。若将二者结合起来，可以使采样率的改变为非整数因子 L/M。

7.6.3 抽取与插值结合——采样率按 L/M 变化

根据上面讨论的方法，对给定的序列 $x(n)$ 作采样率为 L/M 的变换，可以用级联的方法，如图 7.6-8a 所示，先作 M 倍抽取再作 L 倍的插值；或如图 7.6-8b 所示，先作 L 倍的插值再作 M 倍抽取。通常抽取减少 $x(n)$ 的数据点，会产生信息的损失，所以图 7.6-8b 所示的方法更合适。而实际实现时，如图 7.6-8c 所示，可以将两个低通合二为一。此时输出序列的有效采样周期为 $T_1 = TM/L$。合理选择 L 与 M，可以接近所要求的采样周期比。

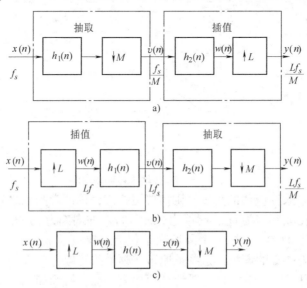

图 7.6-8　插值与抽取的级联实现

若 $M > L$，采样周期增加；若 $M < L$，采样周期减小。图 7.6-8c 内插与抽取共用滤波器的频响特性为

$$H(e^{j\omega}) = \begin{cases} L & |\omega_w| \leqslant \min\left[\dfrac{\pi}{L}, \dfrac{\pi}{M}\right] \\ 0 & \text{其他} \end{cases} \qquad (7.6\text{-}24)$$

式中，$\omega_w = 2\pi f/f_w = 2\pi f/Lf_s = \omega_x/L$ (7.6-25)

低通的增益为 L，截止频率取 π/L 与 π/M 之中的最小者。若 $M > L$，π/M 是主截止频率，采样率减小。若 $x(n)$ 的 f_s 是奈奎斯特频率，$y(n)$ 是原带限信号经低通滤波后的信号。反之若 $M < L$，π/L 是主截止频率，就不需对低于奈奎斯特频率的信号带宽限制。

图 7.6-9 是按 2/3 因子变换采样率的示意图，即 $y(n)$ 是对 $x(n)$ 作 $L = 2$ 的内插及 $M = 3$ 的抽取得到的。图 7.6-9a 是带限信号 $x(t)$ 的频谱；图 7.6-9b 是按奈奎斯特频率 f_s 取样的序列 $x(n)$ 的频谱；图 7.6-9c 是插值 ($L = 2$) 序列 $w(n)$ 的频谱；图 7.6-9d 是插值与抽取共用的滤波器频响，考虑到抽取率 $M = 3(M > L)$，所以其截止频率为 $\pi/3$、增益为 2；此滤波器既可用 IIR 系统实现，也可用 FIR 系统实现；图 7.6-9e 是滤波器的输出 $v(n)$ 频谱；图 7.6-9f 是经抽取 ($M = 3$) 后的输出 $y(n)$ 的频谱，但用的数字频率是 $\omega_y = 2\pi fM/Lf_s = \omega_x M/L$。另外，如果滤波器的截止频率不是 $\pi/3$ 而是 $\pi/2$，则图中的阴影区正是频谱混叠

部分。此处滤波器既可用 IIR 系统实现也可用 FIR 系统实现。

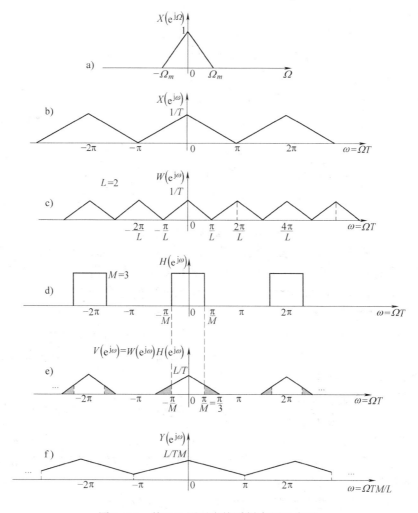

图 7.6-9　按 2/3 因子变换采样率的示意图

7.6.4　采样率转换技术的应用

采样率转换技术也称过采样技术，既可以用于不同速率的信号处理，也可以应用于 A/D、D/A 转换器。目的是将模拟滤波器的部分指标由数字滤波器承担，使 A/D 前的抗混叠滤波器及 D/A 后的平滑滤波器容易实现。

待处理信号通常为模拟信号，如语音、图像等，设其有效频带的最高频率为 f_m，若采样频率 $f_s \geq 2f_m$，应不失真地恢复有效频带的信息。但从理论上说这些信号频谱的频带很宽，远不止 f_m，按 f_s 的频率采样后的频谱一定会产生混叠。为了提取有效频带内的信号，通常在 A/D 转换前加抗混叠滤波器。抗混叠滤波器的理想指标是在小于 f_m 的频率范围内的增益为 1，除此之外为零。而实际滤波器的衰减特性是有一定过渡带的，如图 7.6-10 所示，过渡带在 f_m 与 $f_s/2$ 之间。由图可见，f_m 越靠近 $f_s/2$，过渡带越窄，对实际滤波器的要求越高。所以通常采样频率 f_s 要大于 $2f_m$，且 f_s 越高，滤波器的实现越容易。不过 f_s 越高，单位时间内采样数据越多，对 A/D 的性能要求越高，对后续数字系统的运算速度也要求越高。

为了既降低实际滤波器的要求，又克服频谱混叠效应，可以利用采样率转换技术。

图 7.6-11 为利用过采样技术的 A/D 转换器原理框图。在这个系统中，f_s' 远远大于 f_m，因此降低了对抗混叠滤波器的要求。然后利用 M 倍的抽取器将采样频率降下来，合理设计数字低通滤波器，可以使 f_s 略大于 $2f_m$。

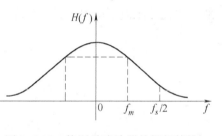

图 7.6-10　抗混叠滤波器的振幅特性

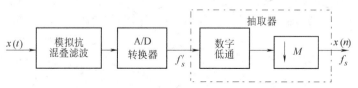

图 7.6-11　过采样 A/D 转换器

D/A 转换器在将采样信号恢复为模拟信号时，经零阶保持器输出的信号具有阶梯形状，这是因为频谱含有镜像频率分量。所以在 D/A 转换器后面的平滑滤波器，实质是一个抗镜像频率的滤波器。其性能指标与图 7.6-10 抗混叠滤波器的振幅特性相似，是以 $f_s/2$ 为阻带截止频率，当信号的最高频率 f_m 与 $f_s/2$ 接近时，实现这样的滤波器成本很高。而采用如图 7.6-12 所示的处理系统，可以达到既满足性能指标，又经济实惠的目的。在这一系统中，通

图 7.6-12　过采样 D/A 转换器

过内插器提高了采样频率，加宽了 f_m 与 $f_s/2$ 之间的过渡带，使平滑滤波器容易实现。

利用采样率转换技术，将模拟滤波器难以实现的任务，改由数字滤波器完成，使得整个数字处理系统的模拟接口简单实用。

采样率转换所需要的滤波器既可是 IIR 系统也可是 FIR 系统。

7.7　IIR 滤波器与 FIR 滤波器比较

这两章讨论了 IIR 滤波器与 FIR 滤波器的设计方法。重点是根据频域指标设计滤波器系统函数。对 IIR 滤波器设计书中详细研究了脉冲响应不变法和双线性变换法；对 FIR 滤波器设计主要讨论了窗函数法和频率取样法。IIR 和 FIR 滤波器这两类频率选择性滤波器在数字信号处理领域中都占有重要地位。在实际应用中选择使用哪类滤波器要根据具体情况，权衡多种因素。因此下面对这两类滤波器作大概的比较。

从性能上看，IIR 滤波器系统函数的极点可以位于单位圆内的任意地方，因此可以用较少阶数获得很高的选择性，所用存储单元少，运算次数少，经济且效率高。但其高效是由相位的非线性为代价的，选择性越好的 IIR 滤波器其相位特性越差。而 FIR 滤波器可以得到严格的线性相位，不过 FIR 滤波器除了原点处的极点没有可控制的极点，所以要获得与 IIR 滤波器相同的设计指标，FIR 滤波器的阶数可能是 IIR 滤波器阶数的 5~10 倍。系统的阶数

高，意味着所用的存储器较多，运算也较长，成本较高，信号延时也较大。不过这些缺点是相对非线性相位的 IIR 滤波器而言的，如果具有相同的选择性和线性相位的要求，IIR 滤波器必须加全通网络进行相位校正，同样要大大增加 IIR 滤波器的阶数和复杂性。所以若相位要求严格，FIR 滤波器不仅在性能且在经济上都优于 IIR 滤波器。

从结构上说，IIR 滤波器采用的是递归型结构，极点必须在单位圆内，否则系统不稳定。这种结构的有限字长影响大，在运算过程中的运算误差有时会引起振荡，存在系统不稳定问题。而 FIR 滤波器采用的是非递归型结构，无论从理论上和在实际的有限精度运算中都不存在稳定性问题，运算误差较小。特别是 FIR 滤波器的 $h(n)$ 为有限长序列，可以利用 FFT 等快速算法，在相同阶数条件下，运算速度快得多。

从设计手段上看，IIR 滤波器可以借助模拟滤波器设计的成果，一般有大量有理函数的设计公式、曲线、图表等可供计算、查找，设计简单工作量较小。不过，受模拟滤波器设计的制约，主要用于具有片段常数特性的低通、高通、带通、带阻滤波器。而 FIR 滤波器一般没有封闭函数的设计公式，只有计算程序可用，对计算工具要求较高，要用 CAD 设计。但设计灵活，尤其频率取样结构更容易适应各种特殊幅度特性、相差特性的要求，可以做出理想的正交变换，理想微分等各种滤波器。

实际应用要从工程实现、经济成本、硬件的复杂程度、计算的速度等多方面考虑。例如在对相位要求不高的话音处理时，可以选用 IIR 滤波器，对图像数据信号等对相位敏感的则就要选用 FIR 滤波器。从以上的分析比较，两类滤波器各有所长，各有所用，没有哪一类滤波器在任何情况下都是最佳的。

7.8　基于 MATLAB 的 FIR 数字滤波器设计

7.8.1　基于 MATLAB 线性相位滤波器的幅度特性

利用 amplres 可以检验线性相位滤波器的幅度特性。调用格式为

　　$[A, w, tao] = amplres(h)$

amplres 程序为

　　function$[A, w, tao] = amplres(h)$

　　$N = length(h); tao = (N-1)/2;$

　　$L = floor((N-1)/2);$

　　$n = 1:L+1; w = [0:500] * 2 * pi/500;$

　　if all(abs(h(n) - h(N-n+1)) < 1e-10)

　　$A = 2 * h(n) * cos(((N-1)/2-n)' * w);$

　　else if all(abs(h(n) + h(N-n+1)) < 1e-10)&(h(L+1) * mod(N,2) == 0)

　　$A = 2 * h(n) * sin(((N+1)/2-n)' * w);$

　　else error('错误:非线性相位滤波器')

　　end

例 7.8-1　调用 amplres 查看 $h_1(n) = [3, -1, 2, -3, 5, -3, 2, -1, 3]$；$h_2(n) = [3, -1, 2, -3, -3, 2, -1, 3]$；$h_3(n) = [3, -1, 2, -3, 0, 3, -2, 1, -3]$；$h_4(n) = [3, -1, 2, -3, 3, -2, 1, -3]$，4 个序列的幅度特性。

解 例 7. 8-1 的程序与结果如下（见图 7. 8-1）：

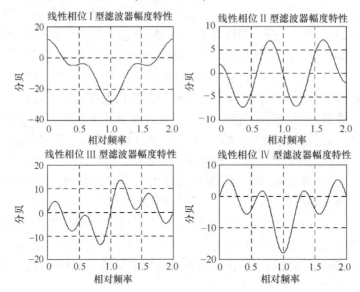

图 7. 8-1 例 7. 8-1 4 个序列的幅度特性

```
clear
h1 = [3, -1,2, -3,5, -3,2, -1,3]; h2 = [3, -1,2, -3, -3,2, -1,3];
h3 = [3, -1,2, -3,0,3, -2, 1, -3]; h4 = [3, -1,2, -3, 3, -2, 1, -3];
[A1,w1,tao1] = amplres(h1);
subplot(2,2,1); plot (w1/pi, A1); grid
title('线性相位Ⅰ型滤波器幅度特性');
xlabel(相对频率');ylable('分贝');
[A2,w2 ,tao2] = amplres(h2); subplot(2,2,2); plot (w2/pi, A2); grid
title('线性相位Ⅱ型滤波器幅度特性');
xlabel(相对频率');ylable('分贝');
[A3,w3 ,tao3] = amplres(h3); subplot(2,2,3); plot (w3/pi, A3); grid
title('线性相位Ⅲ型滤波器幅度特性');
xlabel('相对频率');ylable('分贝');
[A4,w4,tao4] = amplres(h4);subplot(2,2,4); plot (w4/pi, A4); grid
title('线性相位Ⅳ型滤波器幅度特性');
xlabel('相对频率');ylable('分贝');
```

7. 8. 2 基于 MATLAB 的窗函数设计 FIR 滤波器

1. 窗函数

一旦选取了窗函数，其指标（如，过渡带宽、阻带衰减）就是给定的。所以由窗函数设计 FIR 滤波器是由阻带衰减指标确定用什么窗，由过渡带宽估计窗函数的长度 N。MAT-LAB 提供了数种可以调用的窗函数，常用的有：

```
hd = boxcar(N)                              % N 点矩形窗函数
ht = triang(N)                              % N 点三角窗函数
hd = hanning(N)                             % N 点汉宁窗函数
```

```
hd = hamming( N)                                         % N 点海明窗函数
hd = blackman( N)                                        % N 点布莱克曼窗函数
hd = kaiser( N,beta)                                     % 给定 beta 值的 N 点凯泽窗函数
```

除了凯泽窗还需要 β 值，这些函数只要有窗函数的长度 N 即可。这些窗函数的技术指标如表 7-1 所示。

2. 窗函数设计 FIR 滤波器

MATLAB 提供的 fir1 可以用来设计 FIR 滤波器，调用格式为

```
h = fir1( M,wc,'type',window)
```

其中，h 是待求滤波器的单位脉冲响应，长度为 N = M + 1；M 为 FIR 滤波器阶数；wc 是滤波器的截止频率（以 π 为单位），可以是标量或数组；type 是滤波器的类型，缺省时为低通；window 为窗函数，缺省时为海明窗。

例 7.8-2   利用 fir1 及矩形窗、三角窗、汉宁窗、海明窗函数分别设计一个 $N = 51$、截止频率为 $\omega_C = 0.5\pi$ 的低通滤波器，画出振幅频谱。

解   例 7.8-2 的程序与结果如下（见图 7.8-2）：

```
clear
n = 0:50;N = 51;wc = 0.5;
h1 = fir1(50, wc, boxcar (N))                     % 矩形窗 FIR 单位脉冲响应系数；
[db1,mag1,pha1,grd1,w1] = freqz_m(h1,1);          % 数字滤波器频谱数据
subplot(2,2,1);plot (w1/pi,db1);
title('矩形窗振幅特性/dB');                           % 作数字滤波器振幅频率响应图
xlabel('相对频率');ylabel('H1(w)');
axis([0,0.7, -25,1]);
set(gca,'xtickmode','manual','xtick',[0, 0.4,0.5,0.6,0.7]);
set(gca,'ytickmode','manual','ytick',[ -20, -15, -10, -5,0]);grid
h2 = fir1(50, wc, triang (N))                     % 三角窗 FIR 单位脉冲响应系数；
[db2,mag2,pha2,grd2,w2] = freqz_m(h2,1);          % 数字滤波器频谱数据
subplot(2,2,2);plot (w2/pi,db2);
title('三角窗振幅特性/dB');                           % 作数字滤波器振幅频率响应图
xlable('相对频率');ylabel('H2(w)');
axis([0,0.7, -40,1]);
set(gca,'xtickmode','manual','xtick',[0, 0.4,0.5,0.6,0.7]);
set(gca,'ytickmode','manual','ytick',[ -30, -20, -10, -5,0]);grid
h3 = fir1(50, wc, hanning(N))                     % 点汉宁窗 FIR 单位脉冲响应系数；
[db3,mag3,pha3,grd3,w3] = freqz_m(h3,1);          % 数字滤波器频谱数据
subplot(2,2,3);plot (w3/pi,db3);
title('汉宁窗振幅特性/dB');                           % 作数字滤波器振幅频率响应图
xlabel('相对频率');ylabel(' H3(w)');
axis([0,0.7, -50,1]);
set(gca,'xtickmode','manual','xtick',[0, 0.4,0.5,0.6,0.7]);
set(gca,'ytickmode','manual','ytick',[ -40, -30, -20, -10, -5,0]);grid
h4 = fir1(50, wc, hamming(N))                     % N 点海明窗 FIR 单位脉冲响应系数；
[db4,mag4,pha4,grd4,w4] = freqz_m(h4,1);          % 数字滤波器频谱数据
```

```
subplot(2,2,4);plot(w4/pi,db4);
title('海明窗振幅特性/dB');                      % 作数字滤波器振幅频率响应图
xlabel('相对频率');ylabel('H4(w)');axis([0,0.7,-60,1]);
set(gca,'xtickmode','manual','xtick',[0, 0.4,0.5,0.6,0.7]);
set(gca,'ytickmode','manual','ytick',[-50,-40, -30, -20, -10,0]);grid
```

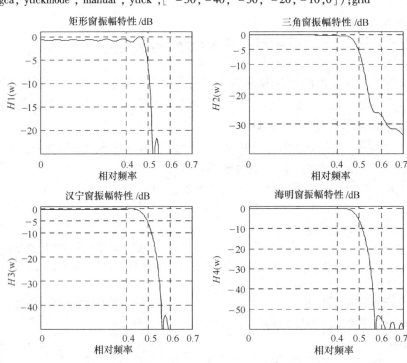

图 7.8-2　例 7.8-2 4 个窗函数设计的振幅特性

例 7.8-3　利用 fir1 及布莱克曼窗、凯泽窗分别设计一个 $N=51$、截止频率为 $\omega_{p1}=0.3\pi$、$\omega_{p2}=0.4\pi$ 的带通滤波器，以及 $\omega_{s1}=0.3\pi$、$\omega_{s2}=0.4\pi$ 的带阻滤波器，画出振幅频谱。

解　例 7.8-3 的程序与结果如下（见图 7.8-3）：

```
clear
M=50;N=51;wc=[0.3,0.4];
h1=fir1(M,wc,blackman(N))                     % 布莱克曼窗 FIR 单位脉冲响应系数;
[db1,mag1,pha1,grd1,w]=freqz_m(h1,1);         % 数字滤波器频谱数据
subplot(2,2,1);plot(w/pi,db1);
title('布莱克曼窗带通振幅特性/dB');              % 作数字滤波器振幅频率响应图
xlabel('相对频率');ylabel('H1(w)');
axis([0,0.7,-80,1]);
set(gca,'xtickmode','manual','xtick',[0.1,0.2,0.3, 0.4,0.5,0.6,0.7]);
set(gca,'ytickmode','manual','ytick',[-70, -50, -30, -10,0]);grid
h2=fir1(M,wc,kaiser(N,7.4))                    % beta=7.4 的凯泽窗 FIR 单位脉冲响应系数;
[db2,mag2,pha2,grd2,w]=freqz_m(h2,1);          % 数字滤波器频谱数据
subplot(2,2,2);plot(w/pi,db2);
title('凯泽窗带通振幅特性/dB');                  % 作数字滤波器振幅频率响应图
xlabel('相对频率');ylabel('H2(w)');
```

axis([0,0.7, -85,1]);

set(gca,'xtickmode','manual','xtick',[0.1,0.2,0.3,0.4,0.5,0.6,0.7]);

set(gca,'ytickmode','manual','ytick',[-70, -50, -30, -10,0]);grid

wc1 = [0.2, 0.5];

h1 = fir1(M,wc1,'stop',blackman (N))   % 布莱克曼窗 FIR 单位脉冲响应系数;

[db1,mag1,pha1,grd1,w] = freqz_m(h1,1);   % 数字滤波器频谱数据

subplot(2,2,3);plot (w/pi,db1);

title('布莱克曼窗带阻振幅特性/dB');   % 作数字滤波器振幅频率响应图

xlabel('相对频率');ylabel('H1(w)');

axis([0,0.7, -80,1]);

set(gca,'xtickmode','manual','xtick',[0.1,0.2,0.3, 0.4,0.5,0.6,0.7]);

set(gca,'ytickmode','manual','ytick',[-70, -50, -30, -10,0]);grid

h2 = fir1(M,wc1, 'stop', kaiser(N,7.4))   % beta = 7.4 的凯泽窗 FIR 单位脉冲响应系数;

[db2,mag2,pha2,grd2,w] = freqz_m(h2,1);   % 数字滤波器频谱数据

subplot(2,2,4);plot (w/pi,db2);

title('凯泽窗带阻振幅特性/dB');   % 作数字滤波器振幅频率响应图

xlabel('相对频率');ylabel(' H2(w)');

axis([0,0.7, -85,1]);

set(gca,'xtickmode','manual','xtick',[0.1,0.2,0.3,0.4,0.5,0.6,0.7]);

set(gca,'ytickmode','manual','ytick',[-70, -50, -30, -10,0]);grid

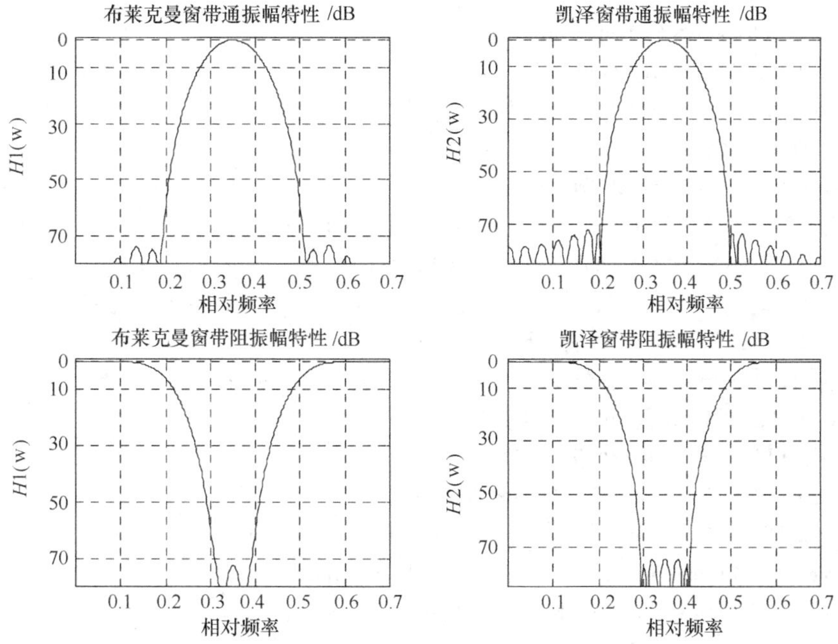

图 7.8-3　例 7.8-3 两种窗函数设计的带通、带阻振幅（dB）特性

7.8.3　基于 MATLAB 的频率取样设计

1. 本节主程序需调用的函数

（1）function [Hr, w, a, L] = Hr_ type1 (h)

```
M = length(h);
L = (M-1)/2;
a = [h(L+1) 2*h(L:-1:1)];
n = [0:L];
w = [0:500]'*pi/500;
Hr = cos(w*n)*a';
```

(2) function [Hr, w, b, L] = Hr_type2(h)

```
M = length(h);L = M/2;b = 2*[h(L:-1:1)];
n = [1:L];n = n-0.5;w = [0:500]'*pi/500;Hr = cos(w*n)*b';
```

2. 无过渡点的频率取样结构

用 MATLAB 解例 7.3-2（无过渡点）的程序与结果如下：

```
N = 33;wsl = 10*pi/33;;wpl = 14*pi/33;
delta = (wpl-wsl);alpha = (N-1)/2;wl = (2*pi/N);
k = 0:N-1;wk = (2*pi/N)*k;
Hrs = [zeros(1,5), ones(1,3), zeros(1,18), ones(1,3), zeros(1,4)];
Hdr = [0,0,1,1,0,0];wdl = [0,0.2,0.3,0.4,0.5,1];
k1 = 0:floor((N-1)/2);k2 = floor((N-1)/2)+1:N-1;
angH = [-alpha*(2*pi)/N*k1,alpha*(2*pi)/N*(N-k2)];
H = Hrs.*exp(j*angH);
h1 = real(ifft(H,N))
[db,mag,pha,grd,w] = freqz_m(h1,1);
[Hr,ww,a,L] = Hr_type1(h1);
subplot(2,2,1);plot(wk(1:17)/pi,Hrs(1:17),'o',wdl,Hdr);
axis([0,1,-0.1,1.1]);title('带通:N = 33');
xlabel('相对频率');ylabel('Hr(k)')
set(gca,'YTickMode','Manual','YTick',[0,0.3,0.80,1]);
set(gca,'XTickMode','Manual','XTick',wdl);grid;
subplot(2,2,2),stem(k,h1);line([0 60],[0 0]);axis([-1,N,-0.3,0.3])
title('脉冲响应');xlabel('n');ylabel('h(n)');
subplot(2,2,3);plot(ww/pi,mag,wk(1:17)/pi,Hrs(1:17),'o');
axis([0,1,-0.1,1.1]);title('振幅频响')
xlabel('相对频率');ylabel('Hr(w)')
set(gca,'XTickMode','manual','XTick',wdl);
set(gca,'YTickMode','manual','YTick',[0,0.3,0.80,1]);grid;
subplot(2,2,4);plot(w/pi,db);axis([0,1,-40,1]);grid;
title('幅度响应/dB');xlabel('相对频率');ylabel('分贝');
set(gca,'XTickMode','Manual','XTick',wdl);
set(gca,'YTickMode','Manual','YTick',[-15,0]);
```

答案：

```
-0.0505   0.0079   0.0452   0.0227  -0.0078  -0.0000   0.0087  -0.0284  -0.0637
-0.0127   0.0933   0.1101  -0.0211  -0.1560  -0.1134   0.0746   0.1818   0.0746
-0.1134  -0.1560  -0.0211   0.1101   0.0933  -0.0127  -0.0637  -0.0284
```

0.0087　0.0000　−0.0078　0.0227　0.0452　0.0079　−0.0505

理想采样、单位脉冲响应、振幅频应、幅度响应（dB）各波形如图 7.3-4 所示。

3. 有一个过渡点的频率取样结构

用 MATLAB 解例 7.3-3（有一个过渡点）的程序与结果如下（$|H_{c1}| = T$）：

```
clear;
N = 33;T = 0.39;wsl = 10 * pi/33;;wpl = 14 * pi/33;
delta = ( wpl − wsl) ;alpha = ( N − 1)/2;wl = ( 2 * pi/N) ;
k = 0:N − 1;wk = ( 2 * pi/N) * k;
Hrs = [ zeros( 1,4) ,T,ones( 1,3) ,T,zeros( 1,16) ,T,ones( 1,3) ,T,zeros( 1,3) ];
Hdr = [ 0,0,1,1,0,0] ;wdl = [ 0,0. 2,0. 3,0. 4,0. 5,1] ;
k1 = 0:floor( ( N − 1)/2) ;k2 = floor( ( N − 1)/2) + 1:N − 1;
angH = [ − alpha * ( 2 * pi)/N * k1,alpha * ( 2 * pi)/N * ( N − k2) ];
H = Hrs. * exp( j * angH) ;h2 = real( ifft( H,N) )
[ db,mag,pha,grd,w] = freqz _ m( h2,1) ;
[ Hr,ww,a,L] = Hr _ type1( h2) ;
figure( 3)
subplot( 2,2,1) ;plot( wk( 1:17)/pi,Hrs( 1:17) ,'o',wdl,Hdr) ;
axis( [ 0,1, − 0. 1,1. 1] ) ;title( 'bandpass:N = 33,Hc1 = 0. 39 ') ;
xlabel( '相对频率') ;ylabel( 'Hr( k) ')
set( gca,'YTickMode','Manual','YTick',[ 0,0.39,1] ) ;
set( gca,'XTickMode','Manual','XTick',wdl) ;grid;
subplot( 2,2,2) ,stem( k,h2) ;line( [ 0 60] ,[ 0 0] ) ;axis( [ − 1,N, − 0. 3,0. 3] )
title( '脉冲响应') ;xlabel( 'n') ;ylabel( 'h( n) ') ;
subplot( 2,2,3) ;plot( ww/pi,mag,wk( 1:17)/pi,Hrs( 1:17) ,'o') ;
axis( [ 0,1, − 0. 1,1. 1] ) ;title( '振幅频响')
xlabel( 'frequency in pi units') ;ylabel( 'Hr( w) ')
set( gca,'XTickMode','manual','XTick',wdl) ;
set( gca,'YTickMode','manual','YTick',[ 0,0.39,1] ) ;grid;
subplot( 2,2,4) ;plot( w/pi,db) ;axis( [ 0,1, − 50,1] ) ;grid;
title( '幅度响应/dB') ;xlabel( '相对频率') ;
ylabel( '分贝') ;
set( gca,'XTickMode','Manual','XTick',wdl) ;
set( gca,'YTickMode','Manual','YTick',[ − 40,0] ) ;
```

答案：

```
 0.0097    − 0. 0058    − 0. 0050   0. 0600   0. 0935    − 0. 0215    − 0. 1801
− 0. 1421   0. 0980   0. 2424   0. 0980    − 0. 1421    − 0. 1801    − 0. 0215
 0. 0935   0. 0600    − 0. 0050    − 0. 0058   0. 0097    − 0. 0111    − 0. 0303
− 0. 0114   0. 0133   0. 0115   0. 0007    − 0. 0005
```

4. 有两个过渡点的频率取样结构

用 MATLAB 解例 7.3-4（$N = 66$，有两个过渡点）的程序与结果如下（$|H_{c1}| = T1$，$|H_{c2}| = T2$）

```
clear;
```

```matlab
N = 66;T1 = 0.5886;T2 = 0.1065;wsl = 10 * pi/66;wpl = 14 * pi/33;
delta = (wpl - wsl);alpha = (N - 1)/2;wl = (2 * pi/N);
k = 0:N - 1;wk = (2 * pi/N) * k;
Hrs = [zeros(1,7),T2,T1,ones(1,6),T1,T2,zeros(1,32),T2,T1,ones(1,6),T1,T2,zeros(1,7)];
Hdr = [0,0,1,1,0,0];wdl = [0,0.2,0.3,0.4,0.5,1];
k1 = 0:floor((N-1)/2);k2 = floor((N-1)/2) + 1:N - 1;
angH = [-alpha * (2 * pi)/N * k1,alpha * (2 * pi)/N * (N - k2)];H = Hrs. * exp(j * angH);
h2 = real(ifft(H,N))
[db,mag,pha,grd,w] = freqz_m(h2,1);
[Hr,ww,a,L] = hr_type2(h2);
figure(3)
subplot(2,2,1);plot(wk(1:33)/pi,Hrs(1:33),'o',wdl,Hdr);
axis([0,1,-0.1,1.1]);title('带通:N = 66, |H_{c1}|,|H_{c2}|,')xlabel('相对频率');ylabel('Hr(k)')
set(gca,'YTickMode','Manual','YTick',[0,0.10650.5886,1]);%hold on;
set(gca,'XTickMode','Manual','XTick',wdl);grid;
subplot(2,2,2),stem(k,h2);line([0 60],[0 0]);axis([-1,N,-0.3,0.3])
title('脉冲响应');xlabel('n');ylabel('h(n)');
subplot(2,2,3);plot(ww/pi,mag,wk(1:17)/pi,Hrs(1:17),'o');
axis([0,1,-0.1,1.1]);title('振幅频响')
xlabel('相对频率');ylabel('Hr(w)')
set(gca,'XTickMode','manual','XTick',wdl);
set(gca,'YTickMode','Manual','YTick',[0,0.10650.5886,1]); grid;
subplot(2,2,4);plot(w/pi,db);axis([0,1,-90,10]);grid;
title('幅度响应/dB');xlabel('相对频率');
ylabel('分贝');set(gca,'XTickMode','Manual','XTick',wdl);
set(gca,'YTickMode','Manual','YTick',[-70,0]);
```

答案:

-0.0000	0.0000	0.0001	0.0001	0.0000	0.0004	0.0004
-0.0012	-0.0029	-0.0006	0.0045	0.0050	-0.0008	-0.0040
-0.0008	-0.0014	-0.0092	-0.0066	0.0148	0.0269	0.0044
-0.0247	-0.0190	0.0014	-0.0095	-0.0233	0.0275	0.0998
0.0556	-0.1086	-0.1851	-0.0302	0.1873	0.1873	-0.0302
-0.1851	-0.1086	0.0556	0.0998	0.0275	-0.0233	-0.0095
0.0014	-0.0190	-0.0247	0.0044	0.0269	0.0148	-0.0066
-0.0092	-0.0014	-0.0008	-0.0040	-0.0008	0.0050	0.0045
-0.0006	-0.0029	-0.0012	0.0004	0.0004	0.0000	0.0001
0.0001	0.0000	-0.0000				

用 MATLAB 解例 7.3-4 （$N = 65$，有两个过渡点）的程序与结果如下（见图 7.8-4）：

```matlab
clear;
N = 65;T1 = 0.5886;T2 = 0.1065;wsl = 10 * pi/65;wpl = 28 * pi/65;
delta = (wpl - wsl);alpha = (N - 1)/2;wl = (2 * pi/N);
```

k = 0:N − 1;wk = (2 * pi/N) * k;

Hrs = [zeros(1,7),T2,T1,ones(1,6),T1,T2,zeros(1,32),T2,T1,ones(1,6),T1,T2,zeros(1,6)];

Hdr = [0,0,1,1,0,0];wdl = [0,0.2,0.3,0.4,0.5,1];

k1 = 0:floor((N − 1)/2);k2 = floor((N − 1)/2) + 1:N − 1;

angH = [− alpha * (2 * pi)/N * k1,alpha * (2 * pi)/N * (N − k2)];H = Hrs. * exp(j * angH);

h2 = real(ifft(H,N))

[db,mag,pha,grd,w] = freqz _ m(h2,1);

[Hr,ww,a,L] = hr _ type1(h2);

figure(3)

subplot(2,2,1);plot(wk(1:33)/pi,Hrs(1:33),'o',wdl,Hdr);

axis([0,1, − 0.1,1.1]);title('带通:N = 65,T1,T2');xlabel('相对频率');ylabel('Hr(k)')

set(gca,'YTickMode','Manual','YTick',[0,0.5,1]);

set(gca,'XTickMode','Manual','XTick',wdl);grid;

subplot(2,2,2),stem(k,h2);line([0 60],[0 0]);axis([− 1,N, − 0.3,0.3])

title('脉冲响应');xlabel('n');ylabel('h(n)');

subplot(2,2,3);plot(ww/pi,mag,wk(1:17)/pi,Hrs(1:17),'o');

axis([0,1, − 0.1,1.1]);title('振幅频响')

xlabel('相对频率');ylabel('Hr(w)')

set(gca,'XTickMode','manual','XTick',wdl);

set(gca,'YTickMode','manual','YTick',[0,0.5,1]);grid;

subplot(2,2,4);plot(w/pi,db);axis([0,1, − 90,10]);grid;

title('幅度响应/dB');xlabel('相对频率');

ylabel('分贝');set(gca,'XTickMode','Manual','XTick',wdl);

set(gca,'YTickMode','Manual','YTick',[− 56,0]);

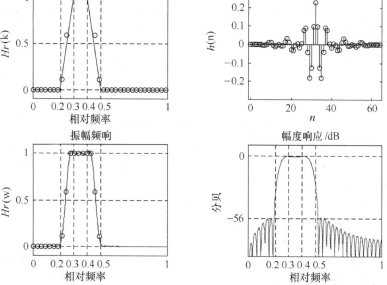

图 7.8-4 例 7.3-4 N(N = 65) 加倍后，过渡点 T1 = 0.5886，T2 = 0.1065 各相关波形

同样是两个过渡点，$N=65$ 点与 $N=66$ 点（见图 7.3-10）相比，其阻带指标相差 15dB 左右。

5. 频率取样法设计函数

MATLAB 提供的 fir2 可以用频率取样法设计来设计 FIR 滤波器，调用格式为

$$h = fir2(M, w, A, 'windon')$$

其中，h 是待求滤波器的单位脉冲响应，M 为 FIR 滤波器阶数，长度为 $N=M+1$；数组 w 是滤波器的频率取样点（用相对频率表示，$0 < w < 1$），数组 A 是各频率取样点上的振幅值（w、A 的长度相等）；window 为窗函数，缺省时为海明窗。由 plot（w, A）可以得到理想（预期）滤波器的振幅特性。

fir2 函数可以按所需频谱，生成系统单位脉冲响应。

例 7.8-4   要求用频率取样法设计一个双通道滤波器，除在 0.3π、0.4π、0.7π、0.8π 处振幅值为 1，其余为零。

解：例 7.8-4 的 MATLAB 程序及结果如下（见图 7.8-5）：

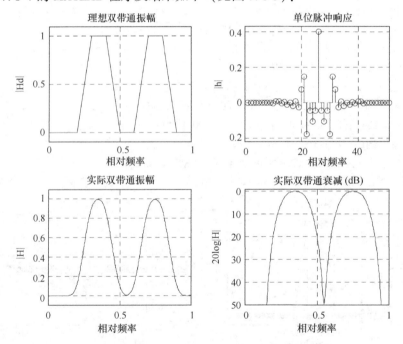

图 7.8-5　例 7.8-4 频率取样设计的双带通振幅特性

w = [0, 0.1, 0.2, 0.3, 0.4, 0.5, 0.6, 0.7, 0.8, 0.9, 1]; A = [0, 0, 0, 1, 1, 0, 0, 1, 1, 0, 0];

subplot(2, 2, 1); plot（w, A）; axis([0, 1, -0.1, 1.1]); title('理想双带通振幅'); xlabel('相对频率'); ylabel('|Hd|'); grid;

N = 51; M = N - 1;

h = fir2(M, w, A)

[db, mag, pha, grd, w] = freqz_m(h, 1);

subplot(2, 2, 2); stem(h); axis([0, 51, -0.22, 0.43]); title('单位脉冲响应'); xlabel('相对频率'); ylabel('h'); grid;

subplot(2, 2, 3); plot (w/pi, mag); axis([0, 1, -0.1, 1.1]); title('实际双带通振幅'); xlabel('相对频率'); ylabel('|H|'); grid;

subplot(2,2,4); plot(w/pi,db); axis([0,1,−50,1]); title('实际双带通衰减/dB');xlabel('相对频率');ylabel('20log|H|'); grid;

7.8.4 基于 MATLAB 的 FIR DF 等波纹最优设计

MATLAB 提供的 remez 可以用等波纹最优法（Parks – McClellan）设计数字 FIR 滤波器，典型调用格式为

h = remez[M,f,A,weights]

其中，h 是待求滤波器的单位脉冲响应，M 为 FIR 滤波器阶数，长度为 N = M + 1；数组 f 是滤波器的各截止频率点（以 π 为单位，0 < f < 1），数组 A 是各频率取样点上的振幅值（w、A 的长度相等，且为偶数）；weights 为权系数，缺省时每个频带的权系数为 1（各频带的容限相等）。

例 7.8-5 用等波纹最优法（Parks-McClallan）设计数字 FIR 带通滤波器，技术指标为
$\omega_{p1} = 0.35\pi$，$\omega_{p2} = 0.65\pi$，$\omega_{s1} = 0.2\pi$，$\omega_{s2} = 0.8\pi$，$A_s = 50\text{dB}$，$R_p = 0.25\text{dB}$

解 例 7.8-5 的 MATLAB 程序及结果如下（见图 7.8-6）：

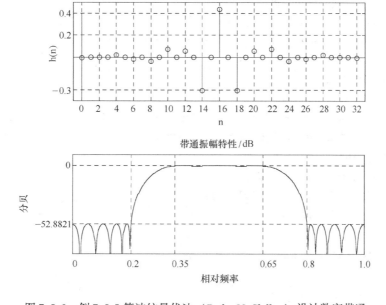

图 7.8-6 例 7.8-5 等波纹最优法（Parks-McClallan）设计数字带通

```
clear
  ws1 = 0.2 * pi; wp1 = 0.35 * pi; wp2 = 0.65 * pi; ws2 = 0.8 * pi; As = 50; Rp = 0.25;
  delta1 = (10^(Rp/20) − 1)/(10^(Rp/20) + 1);              % 阻带波纹
  delta2 = (1 + delta1) * (10^( − As/20));                 % 通带波纹
  weights = [1 delta2/delta1 1];                           % 加权向量
  f = [0 ws1/pi wp1/pi wp2/pi ws2/pi 1];                   % 频率向量
  m = [0 0 1 1 0 0];                                       % 振幅值向量
  deltaf = min((ws2 − wp2)/(2 * pi), (ws1 − wp1)/(2 * pi));% 初估 N 所需的 Δf
  N = abs(ceil(( − 20 * log10(sqrt(delta1 * delta2)) − 13)/
```

```
        (14.6 * deltaf) +1))) -1              % 初估 N 值
        Asr = 45;                             % 初始阻带衰减
        Rpr = 0.3;                            % 初始通带衰减
        while (Asr < 50)&(Rpr > 0.25)         % 不满足阻带衰减与通带衰减则 N = N + 1 循环
          N = N + 1
          h = remez(N - 1,f,m,weights);
          length(h)
          [db,mag,pha,grd,w] = freqz_m(h,[1]);     % using the M = N - 1 - order DF
          delta_w = 2 * pi/1000;
          ws1i = floor(ws1/delta_w) + 1; wp1i = floor(wp1/delta_w) + 1;
          ws2i = floor(ws2/delta_w) + 1; wp2i = floor(wp2/delta_w) + 1;
          Asr = - max(db(1:1:ws1i))           % 检查实际最大阻带衰减
          Rpr = - min(db(210:1:290))          % 检查实际最小通带波纹
        end
        M = N - 1;                            % 过渡带宽
        tr_w = (wp1 - ws1)/pi                 % 以下为画图部分
        f1 = [0 ws1/pi wp1/pi wp2/pi ws2/pi 1];
        subplot(2,1,1); stem([0:1:M],h); title('单位脉冲响应')
        axis([-1 M+1 -0.4 0.5]); xlabel('n'); ylabel('h(n)')
        set(gca,'XTickMode','manual','XTick',[0:2:M]);
        line([-1,M+1],[0 0]);
        line([0,0],[-.4 .4]);
        set(gca,'YTickMode','manual','YTick',[-0.3,0.2,0.4]);grid
        subplot(2,1,2);plot(w/pi,db);title('带通振幅特性/dB');
        axis([0,1,-80,10]);
        xlabel('相对频率'); ylabel('分贝')
        set(gca,'XTickMode','manual','XTick',f1);
        set(gca,'YTickMode','manual','YTick',[-Asr,0]);grid
```

  答案：

    ans = 26,Asr = 44.0928,Rpr = 0.5014

    …

    ans = 33,Asr = 52.8821,Rpr = 0.1755

N 从 26（阻带衰减 44.0928dB，通带衰减 0.5014dB）一直循环加到最后 $N = 33$，阻带衰减 52.8821dB，通带衰减 0.1755dB，满足设计要求。

7.9 习题

1. 用矩形窗设计一个线性相位高通滤波器

$$H_d(e^{j\omega}) = \begin{cases} e^{-j(\omega - \pi)\alpha} & \pi - \omega_c \leqslant \omega \leqslant \pi \\ 0 & 0 \leqslant \omega < \pi - \omega_c \end{cases}$$

（1）求出 $h(n)$ 的表达式，确定 α 与 N 的关系。

（2）问有几种类型，分别是属于哪一种线性相位滤波器。

（3）若改用升选弦窗设计，求出 $h(n)$ 的表达式。

2. 线性相位高通滤波器的特性若为

$$H_d(\mathrm{e}^{\mathrm{j}\omega}) = \begin{cases} -\mathrm{j}\mathrm{e}^{-\mathrm{j}(\omega-\pi)\alpha} & \pi-\omega_c \leq \omega \leq \pi \\ \mathrm{j}\mathrm{e}^{-\mathrm{j}(\omega-\pi)\alpha} & \pi < \omega \leq \pi+\omega_c \\ 0 & 0 \leq \omega < \pi-\omega_c \end{cases}$$

重复上题（1）、（2）、（3）。

3. 用矩形窗设计一个线性相位带通滤波器

$$H_d(\mathrm{e}^{\mathrm{j}\omega}) = \begin{cases} \mathrm{e}^{-\mathrm{j}\omega\alpha} & -\omega_c \leq \omega-\omega_0 \leq \omega_c \\ 0 & 0 \leq \omega < \omega_0-\omega_c, \ \omega_0+\omega_c < \omega \leq \pi \end{cases}$$

（1）设计 N 为奇数时的 $h(n)$。

（2）设计 N 为偶数时的 $h(n)$。

（3）若改用升余弦窗（Hamming 窗）设计，求以上两种形式的 $h(n)$ 表达式。

提示：注意遵循线性相位滤波器幅度与相位的 4 种不同的约束关系。

4. 上题的理想带通特性若为

$$H_d(\mathrm{e}^{\mathrm{j}\omega}) = \begin{cases} -\mathrm{j}\mathrm{e}^{-\mathrm{j}\omega\alpha} & -\omega_c \leq \omega-\omega_0 \leq \omega_c \\ 0 & 0 \leq \omega < \omega_0-\omega_c, \ \omega_0+\omega_c < \omega \leq \pi \end{cases}$$

重复上题（1）、（2）、（3）。

5. 如果一个线性相位带通滤波器的频响为

$$H_B(\mathrm{e}^{\mathrm{j}\omega}) = H_B(\omega)\mathrm{e}^{\mathrm{j}\varphi(\omega)}$$

试证明：

（1）一个线性相位带阻滤波器的构成为

$$H_r(\mathrm{e}^{\mathrm{j}\omega}) = [1-H_B(\omega)]\mathrm{e}^{\mathrm{j}\varphi(\omega)} \quad 0 \leq \omega \leq \pi$$

（2）试用带通滤波器的单位脉冲响应 $h_B(n)$ 来表达带阻滤波器的 $h_r(n)$。

6. 用矩形窗设计一个线性相位正交变换网络

$$H_d(\mathrm{e}^{\mathrm{j}\omega}) = -\mathrm{j}\mathrm{e}^{-\mathrm{j}\omega\alpha} \quad 0 \leq \omega \leq \pi$$

（1）求 $h(n)$ 的表达式。

（2）N 选奇数好还是选偶数好？还是性能一样好？为什么？

（3）若选用凯塞窗设计，求 $h(n)$ 的表达式。

7. 用矩形窗设计一个线性相位数字微分网络

$$H_d(\mathrm{e}^{\mathrm{j}\omega}) = -\mathrm{j}\omega\mathrm{e}^{-\mathrm{j}\omega\alpha} \quad 0 \leq \omega \leq \pi$$

重复上题（1）、（2）、（3）。

8. 用频率取样法设计一个线性相位低通滤波器，$N=15$，幅度采样值为

$$H_k = \begin{cases} 1 & k=0 \\ 0.5 & k=1,\ 14 \\ 0 & k \text{ 为其他} \end{cases}$$

（1）设计采样值的相位 $\theta(k)$ 并求 $h(n)$ 及 $H(\mathrm{e}^{\mathrm{j}\omega})$ 的表达式。

（2）用横截型及采样型两种结构实现这一滤波器，画出结构图。

(3) 比较两种结构所用的乘法与加法的数目。

9. 用频率采样法设计一个线性相位低通滤波器 $N = 33$，$\omega_c = \pi/2$，边沿上设一点过渡带 $|H(k)| = 0.39$，试求各点采样值的幅值 H_k 及相位 $\theta(k)$，即求采样值 $H(k)$。

10. 用频率采样法设计一个线性相位高通滤波器，截止频率 $\omega_p = 3\pi/4$，边沿上设一点过渡点采样值 $|H(k)| = 0.39$。求：

(1) $N = 33$ 时的采样值 $H(k)$。

(2) $N = 34$ 时的采样值 $H(k)$。

11. 用频率采样法设计一个线性相位带通滤波器，其上下截止频率 $\omega_1 = \pi/4$，$\omega_2 = 3\pi/4$，边沿上不设过渡点，试求：

(1) $N = 33$ 情况下的第 1、2、3、4 类线性相位滤波器的 4 种采样值 $H(k)$。

(2) $N = 34$ 情况下的第 1、2、3、4 类线性相位滤波器的 4 种采样值 $H(k)$。

12. 用频率采样法设计正交变换网络 $H_d(e^{j\omega}) = -je^{-j\omega\alpha}$ $0 < \omega < \pi$

(1) N 为偶数，取一点过渡点，已知

$$H_k = \begin{cases} 0 & k = 0 \\ 0.4 & k = 1, \ k = N-1 \\ 1 & k = 2, \ 3, \ \cdots, \ N-2 \end{cases}$$

完成相位 $\theta(k)$ 的设计。

(2) N 若为奇数，则中点 $k = (N-1)/2$ 时的 $H_k = ?$，在此中点两旁是否也要设过渡点？$H(k)$ 应如何设计？

13. 用频率采样法设计线性相位微分器 $H_d(e^{j\omega}) = -j\omega e^{-j\omega\alpha}$， $0 < \omega < \pi$

(1) N 为奇数时有没有突变边沿？N 为偶数时有没有突变边沿？

(2) 求 N 为偶数时采样值 $H(k)$。

14. 有一理想系统的频率响应为 $H_d(e^{j\omega})$，令 $h_d(n)$ 为其单位取样响应。长度为 N 的矩形窗作用于 $h_d(n)$ 后，会得到单位取样响应 $h(n)$，其对应的频率响应为 $H(e^{j\omega})$，使得均方误差 $\varepsilon^2 = \dfrac{1}{2\pi}\displaystyle\int_{-\pi}^{\pi} |H_d(e^{j\omega}) - H(e^{j\omega})|^2 d\omega$ 最小。

(1) 误差函数 $E(e^{j\omega}) = H_d(e^{j\omega}) - H(e^{j\omega})$ 可以表示成幂级数

$$E(e^{j\omega}) = \sum_{n=-\infty}^{\infty} e(n)e^{-jn\omega}$$

试求系数 $e(n)$，并以 $h_d(n)$、$h(n)$ 表示。

(2) 利用系数 $e(n)$ 表示均方误差 ε^2。

(3) 试证明对于长度为 N 的单位取样响应 $h(n)$ 来说，当

$$h(n) = \begin{cases} hd(n) & 0 \leqslant n \leqslant N-1 \\ 0 & \text{其他} \end{cases}$$

时，ε^2 达到最小值。即在 N 值固定的情况下，矩形窗是待求的频率响应的最佳均方逼近。

15. 图 7.9-1 画出了两个长度为 8 的有限时宽序列 $h_1(n)$ 和 $h_2(n)$。两者之间是循环移位的关系。

(1) 它们的 8 点离散傅里叶变换的幅度是否相等？

(2) 要作一个低通 FIR 滤波器，并要求用 $h_1(n)$ 或 $h_2(n)$ 之一作它的单位取样响应。

下列说法哪一个正确？

①低通滤波器 $h_1(n)$ 比 $h_2(n)$ 好。

②低通滤波器 $h_2(n)$ 比 $h_1(n)$ 好。

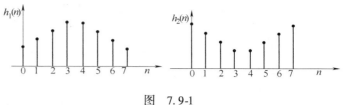

图 7.9-1

③作为低通滤波器两者好坏程度相同。

16. 已知理想滤波器 $\omega = 0 \sim \pi$ 的频率特性如图 7.9-2 所示。

（1）用 8 点频率取样设计方法求出其系统函数，并绘出结构图（$r=1$）。

（2）用 16 点频率取样设计方法求出其系统函数，并绘出结构图（$r=1$）。

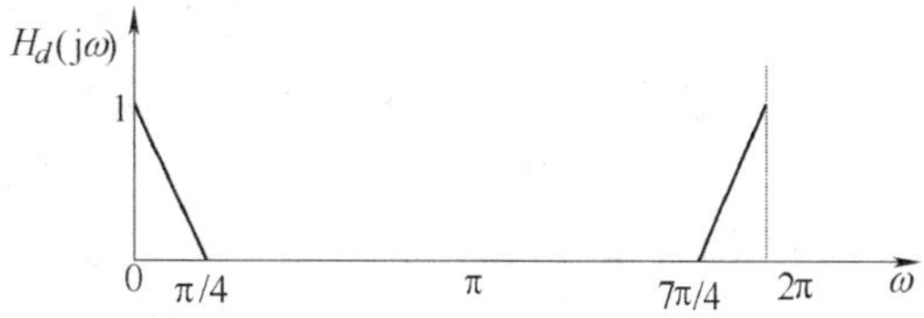

图 7.9-2

17. 已知理想滤波器 $\omega = 0 \sim 2\pi$ 的频率特性如图 7.9-3 所示。

（1）用 8 点频率取样设计方法求出其系统函数，并绘出结构图（$r=1$）。

（2）用 16 点频率取样设计方法求出其系统函数，并绘出结构图（$r=1$）。

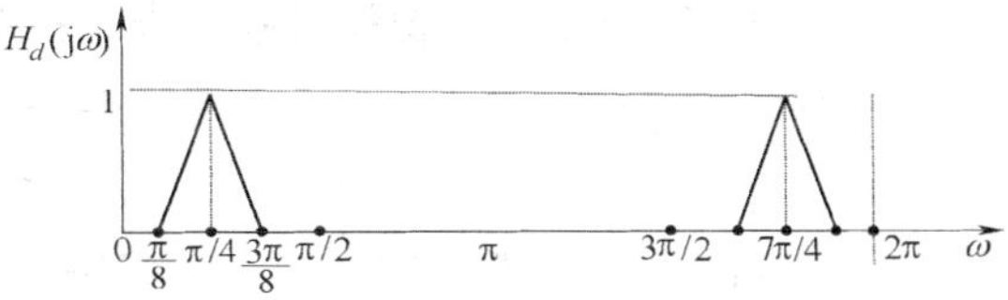

图 7.9-3

18. 已知理想滤波器 $\omega = 0 \sim 2\pi$ 的频率特性如图 7.9-4 所示。

（1）用 8 点频率取样设计方法求出其系统函数，并绘出结构图（$r=1$）。

（2）用 16 点频率取样设计方法求出其系统函数，并绘出结构图（$r=1$）。

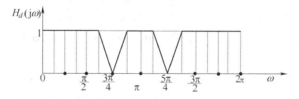

图 7.9-4

19. 已知理想滤波器 $\omega = 0 \sim 2\pi$ 的频率特性如图 7.9-5 所示。

（1）用 8 点频率取样设计方法求出其系统函数，并绘出结构图（$r=1$）。

（2）用 16 点频率取样设计方法求出其系统函数，并绘出结构图（$r=1$）。

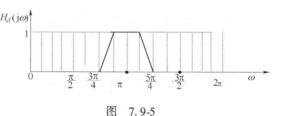

图 7.9-5

20. 设计一低通滤波器，其模拟频率响应的幅度函数为

$$|H_{\mathrm{AL}}(\mathrm{j}\omega)| = \begin{cases} 1 & 0 \le f \le 500\mathrm{Hz} \\ 0 & \text{其他} \end{cases}$$

用窗口法设计数字滤波器，数据长度为 10ms，抽样频率 $f_s = 2\mathrm{kHz}$，阻带衰减分别为 20dB 和 40dB，计算出相应的模拟和数字滤波器的过渡带宽。

21. 设计一个简单整系数低通数字滤波器，要求截止频率 $f_p = 60\text{Hz}$，取样频率 $f_s = 1200\text{Hz}$，通带最大衰减 3dB，阻带最小衰减 40dB，并作频率响应图。

22. 用汉宁（Hanning）窗设计技术设计一个带阻滤波器，设计指标为：
　　　低阻带边缘：0.4π；　　高阻带边缘：0.6π，　　$A_s = 40\text{dB}$；
　　　低通带边缘：0.3π；　　高通带边缘：0.7π，　　$R_p = 0.5\text{dB}$。
　　　画出设计的滤波器的脉冲响应和幅度响应（单位：dB）。

23. 用海明（Hamming）窗设计技术设计一个带通滤波器，设计指标为：
　　　低阻带边缘：0.3π；　　高阻带边缘：0.6π，　　$A_s = 50\text{dB}$；
　　　低通带边缘：0.4π，$R_p = 0.5\text{dB}$；　　高通带边缘：0.5π。
　　　画出设计的滤波器的脉冲响应和幅度响应（单位：dB）。

24. 用凯泽（Kaiser）窗设计技术设计一个高通滤波器，设计指标为：
　　　阻带边缘：0.4π，$A_s = 60\text{dB}$；　　通带边缘：0.6π，$R_p = 0.5\text{dB}$。
　　　画出设计的滤波器的脉冲响应和幅度响应（单位：dB）。

25. 用凯泽（Kaiser）窗设计技术设计一个线性相位 FIR 滤波器，设计指标为：
　　　$0 \leqslant |H(\text{e}^{j\omega})| \leqslant 0.01$　　　$0 \leqslant \omega \leqslant 0.25\pi$
　　　$0.95 \leqslant |H(\text{e}^{j\omega})| \leqslant 1.05$　　　$0.35\pi \leqslant \omega \leqslant 0.65\pi$
　　　$0 \leqslant |H(\text{e}^{j\omega})| \leqslant 0.01$　　　$0.75\pi \leqslant \omega \leqslant \pi$
　　　确定该滤波器脉冲响应的最小长度，画出它的相位和幅度响应（单位：dB）。

26. 用布莱克曼（Blackman）窗设计一个阶梯 FIR 滤波器，设计指标为：
第一段：$0 \leqslant \omega \leqslant 0.3\pi$，理想增益 = 1，容限 $\delta_1 = 0.01$。
第二段：$0.4\pi \leqslant \omega \leqslant 0.7\pi$，理想增益 = 0.5，容限 $\delta_2 = 0.005$。
第三段：$0.8 \leqslant \omega \leqslant \pi$,，理想增益 = 0，容限 $\delta_3 = 0.001$。
确定该滤波器脉冲响应的最小长度，画出它的幅度响应（单位：dB）。

27. 设计一个截止频率 $\omega_c = 0.3\pi$ 的理想低通滤波器，选择用 40 个采样的频率采样结构逼近这个滤波器。
　　（1）选择 ω_c 处的采样值为 0.5，求 $h(n)$，并确定最小阻带衰减。
　　（2）改变 ω_c 处的采样值，确定它的最优值，以得到最大的最小阻带衰减。
　　（3）在一张图中画出两种设计的幅度响应（单位：dB），并对结果进行说明。

28. 用频率采样法设计一个阻带滤波器，设计指标为：
　　　低阻带边缘：0.4π；　　高阻带边缘：0.6π，　　$A_s = 40\text{dB}$；
　　　低通带边缘：0.3π；　　高通带边缘：0.7π，　　$R_p = 0.5\text{dB}$。
　　选择适当的滤波器阶数，使得过渡带中有一个采样点，设计过程中使用该采样点的最优值。

29. 用频率采样法设计一个带通滤波器，设计指标为：
　　　低阻带边缘：0.3π　　高阻带边缘：0.6π，$A_s = 50\text{dB}$
　　　低通带边缘：0.4π，$R_p = 0.5\text{dB}$；　　高通带边缘：0.5π。
　　选择适当的滤波器阶数，使得过渡带中有两个采样点，设计过程中使用这些采样点的最优值。

30. 用频率采样法设计一个高通滤波器，设计指标为：

阻带边缘：0.4π， $A_s = 60\text{dB}$；

通带边缘：0.6π， $R_p = 0.5\text{dB}$。

选择适当的滤波器阶数，使得过渡带中有两个采样点，设计过程中使用这些采样点的最优值。

31. 设计一个窄通带滤波器，通过的中心频率为 $\omega_0 = 0.5\pi$，其带宽不大于 0.1π。

（1）用频率采样法合理选择 M，使得过渡带中有一个采样点，设计过程中使用这个采样点的最优值，并画出频率采样结构。

（2）用凯泽窗设计技术，使阻带衰减与（1）的结果相同，确定脉冲响应 $h(n)$ 并画出线性相位结构。

（3）就上述两种滤波器设计的实现和滤波有效性进行比较。

32. 理想带通滤波器的频率响应为

$$H_d(e^{j\omega}) = \begin{cases} 0 & 0 < |\omega| \leq \pi/3 \\ 1 & \pi/3 < |\omega| \leq 2\pi/3 \\ 0 & 2\pi/3 < |\omega| \leq \pi \end{cases}$$

根据 Parks-McClallan 算法，确定有 25 个抽头的滤波器的系数，它的阻带衰减为 50dB，设计的滤波器尽可能做到具有最小的过渡带宽。

33. 用 Parks-McClallan 算法设计一个滤波器长度为奇数的阻带滤波器，设计指标为：

低阻带边缘：0.4π 高阻带边缘：0.6π，$A_s = 40\text{dB}$；

低通带边缘：0.3π 高通带边缘：0.7π，$R_p = 0.5\text{dB}$；

（1）画出设计的滤波器的脉冲响应和幅度响应（单位：dB），计算在阻带和通带中的极值总数，用理论估计的极值总数验证此结果。

（2）用下面的信号验证所设计的滤波器的功能。

$$x(n) = 5 - 5\cos(n\pi/2) \quad 0 \leq n \leq 300$$

34. 设计一个简单整系数低通 FIR DF，要求截止频率 $f_p = 60\text{Hz}$，采样频率 $f_s = 1200\text{Hz}$，通带最大衰减 3dB，阻带最小衰减 40dB。有条件的作频响图检验设计结果。

35. 用 MATLAB 实现对给定信号采样率 L/M 的转换。

要求：所有必要信息，如 $x(n)$、$w(n)$、$h(n)$、$v(n)$、$y(n)$；$X(e^{j\omega})$、$W(e^{j\omega})$、$H(e^{j\omega})$、$V(e^{j\omega})$、$Y(e^{j\omega})$。任选 $x(n)$、L/M、$h(n)$ 可以是 IIR 或 FIR。

例如 $x(n) = \sin n\omega_0$ 或 $x(n) = \cos n\omega_0$，$\omega_0 = \pi/8$，则 $N = 16$ 点。

（1）作 $L = 3$ 倍的插值，每个周期为 48 点。

（2）作 $M = 4$ 倍的抽取，每个周期为 4 点。

（3）作 $L/M = 3/4$ 倍的抽样率转换，每个周期为 12 点。

第8章 有限字长效应

任何数字系统不论是用专用硬件，还是用通用计算机软件实现的，所用的系数以及每次运算过程中的结果总是存储在有限长的存储单元中，即数字系统的每一个数都是用有限长的二进制数表示的。有限字长的数当然是有限精度的，因此肯定会有误差。模拟信号经采样成为有限字长的数字信号时，也有误差。总之，由于有限字长产生的误差，会引起系统的性能指标的变化。有限字长引起的误差主要有以下 3 个方面：

1）A/D 变化的量化效应（信号量化误差）。

2）系统函数系数的量化效应（a_k、b_k 系数量化效应）。

3）运算过程中的有限字长效应（运算误差不仅与字长有关，还与算法有关）。

前两种是对模拟量量化引起的误差，后一种是在运算过程中对运算结果作尾数处理引起的误差。由尾数处理所产生的误差积累起来会使运算精度下降，在有反馈环节（如 IIR 系统）的情况下，误差的循环影响还可能引起振荡。

上述 3 种因素造成的影响很复杂，它既与运算方式、字长有关，又与系统结构密切相关。要同时将这些因素放在一起分析是很困难的，只能将三种效应分别、单独地加以分析，计算它们的影响。在分析之前先了解二进制的表示方法。

8.1 二进制表示法对量化的影响

通常的数如 $x = 1/3 = 0.3333\cdots$ 用的是十进制数表示，而数字也可以用二进制数（0 或 1）表示，例如

$$[x]_2 = [\alpha_m \alpha_{m-1} \cdots \alpha_1 \alpha_0 \beta_\Delta \beta_1 \cdots \beta_n]_2 \tag{8.1-1}$$

式中，括号外下标表示括号里的是二进制数，其中 β_Δ（或 Δ）表示小数点位，α_k、β_i 取值为 0 或 1，与十进制数的关系为

$$x = \sum_{k=m}^{0} \alpha_k 2^k + \sum_{i=1}^{n} \beta_i 2^{-i} \tag{8.1-2}$$

例如，$x = [101_\Delta 011]_2 = 1 \cdot 2^2 + 0 \cdot 2^1 + 1 \cdot 2^0 + 0 \cdot 2^{-1} + 1 \cdot 2^{-2} + 1 \cdot 2^{-3} = 5.375$

下面分别讨论数字系统中最基本的二进制算法的定点制与浮点制运算及误差。

8.1.1 定点制表示及运算误差

小数点在数码中的位置是固定不变的，称为定点制。通常定点制把数限制在 ±1 之间，即 $-1 < x < 1$。将整数的最后一位作为"符号位"，表示数的正或负，在其后是小数部分，也称"尾数"。尾数（小数）部分的位数是有效字长。一般定点制的字长为 $b+1$ 位，其中 b 是尾数（有效）字长，1 是符号位。这样在 ±1 之间的数可以用定点二进制数表示为

$$x = [\beta_\Delta \beta_{1_2} \cdots \beta_n]_2 \tag{8.1-3}$$

式中，$\beta_\Delta = \begin{cases} 0 & x > 0 \\ 1 & x < 0 \end{cases}$。

定点二进制数与十进制数的关系为

$$x = [0_\Delta \beta_{1_2} \cdots \beta_n]_2 = \sum_{i=1}^n \beta_i 2^{-i} \tag{8.1-4a}$$

或

$$x = [1_\Delta \beta_{1_2} \cdots \beta_n]_2 = -\sum_{i=1}^n \beta_i 2^{-i} \tag{8.1-4b}$$

当二进制数的字长有限时，会有运算误差。

例8.1-1 $x_1 = [0_\Delta 0100]_2 = 0.25$，$x_2 = [0_\Delta 1001]_2 = 0.5625$，$x_3 = [0_\Delta 1100]_2 = 0.75$，求 $x_1 \cdot x_2$，$x_1 + x_2$，$x_1 + x_3$。

解： 作尾数字长为四位的两个二进制数的加法：

$$x_1 + x_2 = [0_\Delta 1101]_2 = 0.8125$$

结果没有误差。

$$x_2 + x_3 = [1_\Delta 0101]_2 = -0.3125 \neq 1.3125$$

结果不正确。

作有效字长为 4 位的两个二进制数的定点乘法：

$$x_1 \cdot x_2 = [0_\Delta 00100100]_2 = 0.140625$$

相乘后字长增加一倍，受有限字长（4 位）限制，去除后 4 位，所以

$$\hat{y}(n) = x_1 \cdot x_2 = [0_\Delta 0010]_2 = 0.125$$

此例说明虽然定点加法一般无误差，但不能溢出。当实际问题中的数较大时要乘比例因子，以保证所有定点运算结果的绝对值不大于 1。二进制数的定点乘法没有溢出问题，但结果的字长要增加一倍。当有效字长一定时，必须对结果的尾数作处理，因此会产生误差。

8.1.2 浮点制表示及运算误差

定点制的不足是动态范围小，有溢出问题。而浮点制克服了这个缺点，它有很大的动态范围。浮点制将一个数表示为

$$x = 2^C \cdot M \tag{8.1-5}$$

式中，M 是尾数，且 $|M| < 1$，其字长决定浮点制的运算精度；C 是阶码，其字长决定浮点制的运算动态范围。C、M 均为二进制数，可以分别有不同的字长。

例如，$C_1 = [100]_2$，$M_1 = [_\Delta 011]_2$，则对应的二进制数与十进制数为

$$x_1 = 2^{C_1} \cdot M_1 = 2^{[100]_2}[_\Delta 011]_2 = 2^4 \times 0.375 = 16 \times 0.375 = 6$$

为了提高运算精度，可采用规格化（归一化）浮点表示法，方法是将尾数的第一位保持为 1，即 $1/2 \leqslant |M| < 1$。如上例在保证数值不变的前提下，将 C_1、M_1 改为 C'_1、M'_1，即

$$x_1 = 2^{C_1} \cdot M_1 = 2^{C'_1} \cdot M'_1$$

式中，$C'_1 = [011]_2$；$M'_1 = [_\Delta 110]_2$。

相乘后因字长增加一倍，当尾数字长保持不变时，误差是显然的，下面仅对加法运算产生误差作说明。浮点加法运算一般有 3 个步骤：

1）对位，使两个数的阶码相同。

2）相加。

3）使结果规格化（归一化），并作尾数处理。

正是在第 3）步作尾数处理时会产生误差。

例 8.1-2 已知阶码字长 3 位，尾数有效字长为 4 位，且 $C_1 = [100]_2$，$M_1 = [_\Delta 1010]_2$，$C_2 = [010]_2$，$M_2 = [_\Delta 1101]_2$，求 $x_3 = x_1 + x_2$。

解： 对位　$C'_2 = [100]_2$（进两位 2→4）；

$$M'_2 = [_\Delta 001101]_2（退两位）；$$

$$x_3 = x_1 + x_2 = 2^{C_1}[M_1 + M'_2]_2 = 2^{[100]_2} \times [_\Delta 110101]_2 = 2^4 \times 0.828125 = 13.35$$

尾数保持 4 位，则

$$\hat{x}_3 = 2^{C_1}[_\Delta 1101]_2 = 2^4 \times 0.8125 = 13$$

$\hat{x}_3$ 与 x_3 不同之处即为运算误差。

浮点运算的优点是动态范围大，但是不论加、乘法均有误差。

8.1.3　负数表示法

定点制或浮点制的尾数都是将整数位作为符号位，字长为 $b+1$ 位二进制数的一般形式为

$$x = [\beta_\Delta \beta_1 \beta_2 \cdots \beta_b]_2 \tag{8.1-6}$$

因为负数表示形式不同，所以负数的二进制码分为原码、反码、补码 3 种。

1. 原码

二进制数的原码表示为

$$x = [\beta_\Delta \beta_1 \beta_2 \cdots \beta_b]_2 \tag{8.1-7}$$

式中，$\beta_\Delta = \begin{cases} 0 & x > 0 \\ 1 & x < 0 \end{cases}$。

与二进制原码表示数对应的十进制数为

$$x = (-1)^{\beta_\Delta} \sum_{i=1}^{b} \beta_i 2^{-i} \tag{8.1-8}$$

例如，$x_1 = [1_\Delta 1100]_2 = -0.75$，$x_2 = [0_\Delta 1100]_2 = 0.75$。

原码的优点是乘法方便，但加法运算要先判断两数符号是否相同，若不相同做减法前，还要判断谁的绝对值大，以便大数减小数。

2. 补码 x_c

补码是用 2 的补数 x_c 表示负数，x_c 的十进制的数值计算公式为

$$x_c = 2 - |x| = 2 + x \tag{8.1-9}$$

则二进制负数的补码一般表示为

$$x_c = [\alpha_\Delta \alpha_1 \alpha_2 \cdots \alpha_b]_2 \tag{8.1-10}$$

式中，$\alpha_\Delta = 1$。

对应的十进制数值为

$$x = -\alpha_\Delta + \sum_{i=1}^{b} \alpha_i 2^{-i} \tag{8.1-11}$$

例如，十进制数 $x = (-0.75)_{10}$，对应的二进制负数的补码为

$$x_c = 2 - 0.75 = 1.25 = [1_\Delta 0100]_2$$

例如，二进制补码数 $x_c = [1_\Delta 1100]_2$，对应的十进制数为

$$x = -1 + 0.75 = -0.25$$

采用补码后，加法运算方便，不论正、负数，符号位均参加运算，并去除符号位的进位（若有的话）。

3. 反码 X_o

二进制负数的反码表示除符号位为 1 外，其余将该数正值二进制数表示取反，即 0 改为 1，1 改为 0。二进制负数的反码表示为

$$x_o = [\gamma_\Delta \gamma_1 \gamma_2 \cdots \gamma_b]_2 \tag{8.1-12}$$

式中，$\gamma_\Delta = 1$。

例如，十进制数 $x = -0.75$，$|x| = 0.75 = [0_\Delta 1100]_2$，则 $x_o = [1_\Delta 0011]_2$。

反码与补码表示有一个简单关系：补码等于反码最低位加 1，即 $x_c = x_o + 2^{-b}$。所以反码对应的十进制数为

$$x = -\gamma_\Delta + \sum_{i=1}^{b-1} \gamma_i 2^{-i} + (\gamma_b + 1)2^{-b} = -\gamma_\Delta + 2^{-b} + \sum_{i=1}^{b} \gamma_i 2^{-i} \tag{8.1-13}$$

8.1.4 截尾与舍入产生的误差

对尾数处理方法不同，产生的误差不同。

1. 定点截尾

（1）$x > 0$，不论原、补、反码表示相同

若实际数据 $x = [\beta_\Delta \beta_1 \beta_2 \cdots \beta_{b_1}]_2 = \sum_{i=1}^{b_1} \beta_i 2^{-i}$，共有 b_1 位，系统有效字长为 b 位（$b < b_1$），截尾后

$$Q[x] = [0_\Delta \beta_1 \beta_2 \cdots \beta_b]_2 = \sum_{i=1}^{b} \beta_i 2^{-i}$$

截尾误差

$$E_T = Q[x] - x = -\sum_{i=b+1}^{b_1} \beta_i 2^{-i}$$

当上式中所有 $\beta_i = 0$（$b+1 \leqslant i \leqslant b_1$），没有误差；而当所有 $\beta_i = 1$（$b+1 \leqslant i \leqslant b_1$），误差（绝对值）最大为

$$\begin{aligned}
E_{Tm} &= -\sum_{i=b+1}^{b_1} \beta_i 2^{-i} \\
&= -[2^{-(b+1)} + 2^{-(b+2)} + \cdots + 2^{-b_1}]_{10} \\
&= -(2^{-b} - 2^{-b_1}) \approx -2^{-b}
\end{aligned}$$

得到定点截尾的误差范围为

$$-(2^{-b} - 2^{-b_1}) \leqslant E_T \leqslant 0 \tag{8.1-14}$$

一般 $2^{-b} \gg 2^{-b_1}$，并记 2^{-b} 为 q，即 $2^{-b} = q$。q 是最小码位所表示的数值，称为"量化间距"或"量化阶"。所以正数截尾的误差范围还可表示为

$$-q < E_T \leqslant 0 \tag{8.1-15}$$

（2）$x < 0$，原码

若实际数据 $x = [1_\Delta \beta_1 \beta_2 \cdots \beta_{b1}]_2 = -\sum_{i=1}^{b_1} \beta_i 2^{-i}$，共有 b_1 位，系统有效字长为 b 位（$b < b_1$），截尾后

$$Q[x] = [1_\Delta \beta_1 \beta_2 \cdots \beta_b]_2 = -\sum_{i=1}^{b} \beta_i 2^{-i}$$

截尾误差

$$E_T = Q[x] - x = \sum_{i=b+1}^{b_1} \beta_i 2^{-i}$$

当上式中所有 $\beta_i = 0$（$b+1 \le i \le b_1$），没有误差；而当所有 $\beta_i = 1$（$b+1 \le i \le b_1$），误差最大，最大误差为

$$E_{Tm} = [2^{-(b+1)} + 2^{-(b+2)} + \cdots + 2^{-b}]_{10} = 2^{-(b+1)} \left[\frac{1 - (2^{-1})^{b_1-b}}{1 - (2^{-1})} \right]$$

$$= (2^{-b} - 2^{-b_1}) \approx 2^{-b}$$

误差范围为 $\qquad 0 \le E_T \le (2^{-b} - 2^{-b_1}) \qquad$ (8.1-16a)

或 $\qquad 0 \le E_T < q \qquad$ (8.1-16b)

（3）$x < 0$，补码

若实际数据 $x = [1_\Delta \alpha_1 \alpha_2 \cdots \alpha_{b1}]_2 = -1 + \sum_{i=1}^{b_1} \alpha_i 2^{-i}$ 共有 b_1 位，系统有效字长为 b 位（$b < b_1$），截尾后

$$Q[x] = [1_\Delta \alpha_1 \alpha_2 \cdots \alpha_b]_2 = -1 + \sum_{i=1}^{b} \alpha_i 2^{-i}$$

截尾误差

$$E_T = Q[x] - x = -\sum_{i=b+1}^{b_1} \alpha_i 2^{-i}$$

当上式中所有 $\alpha_i = 0$（$b+1 \le i \le b_1$），没有误差；而当所有 $\alpha_i = 1$（$b+1 \le i \le b_1$），误差最大（绝对值），最大误差为

$$E_{Tm} = -(2^{-b} - 2^{-b_1}) \approx -2^{-b}$$

误差范围为 $\qquad -(2^{-b} - 2^{-b_1}) \le E_T \le 0 \qquad$ (8.1-17a)

或 $\qquad -q < E_T \le 0 \qquad$ (8.1-17b)

（4）$x < 0$，反码

若实际数据 $x = [1_\Delta \gamma_1 \gamma_2 \cdots \gamma_{b1}]_2 = -1 + 2^{-b_1} + \sum_{i=1}^{b_1} \gamma_i 2^{-i}$ 共有 b_1 位，系统有效字长为 b 位（$b < b_1$），截尾后

$$Q[x] = [1_\Delta \gamma_1 \gamma_2 \cdots \gamma_b]_2 = -1 + 2^{-b} + \sum_{i=1}^{b} \gamma_i 2^{-i}$$

截尾误差

$$E_T = Q[x] - x = 2^{-b} - 2^{-b_1} - \sum_{i=b+1}^{b_1} \gamma_i 2^{-i}$$

当上式中所有 $\gamma_i = 1$（$b+1 \le i \le b_1$），没有误差；而当所有 $\gamma_i = 0$（$b+1 \le i \le b_1$），误差最大（绝对值），最大误差

$$E_T = \begin{cases} (2^{-b} - 2^{-b_1}) - (2^{-b} - 2^{-b_1}) = 0 & \gamma_i = 1 \quad b+1 \le i \le b_1 \\ 2^{-b} - 2^{-b_1} \approx 2^{-b} & \gamma_i = 0 \quad b+1 \le i \le b_1 \end{cases}$$

误差范围为

$$0 \le E_T \le (2^{-b} - 2^{-b_1}) \tag{8.1-18a}$$

或

$$0 \le E_T < q \tag{8.1-18b}$$

定点截尾的量化特性如图8.1-1所示。

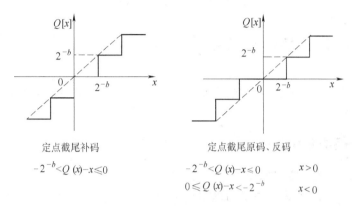

定点截尾补码

$-2^{-b} < Q(x) - x \le 0$

定点截尾原码、反码

$-2^{-b} < Q(x) - x \le 0 \qquad x > 0$

$0 \le Q(x) - x < -2^{-b} \qquad x < 0$

图 8.1-1　定点截尾的量化特性

2. 定点舍入

因为舍入处理是按最接近的数量化，不论正、负，也不论原、补、反码，其误差总是在 $\pm 2^{-b}/2$ 之间，即 $|E_R| \le 2^{-b}/2$，其量化特性如图8.1-2所示。

3. 浮点

在浮点制中截尾与舍入的处理只受尾数字长影响，但所产生的绝对误差 $E = Q[x] - x$ 却与阶码有关。例如 x_1、x_2 是两个位数不同但阶码相同的数：

$$x_1 = 2^{[000]_2} \times [0_\Delta 1001]_2 = 1 \times 0.5625 = 0.5625$$

$$x_2 = 2^{[011]_2} \times [0_\Delta 1001]_2 = 8 \times 0.5625 = 4.5$$

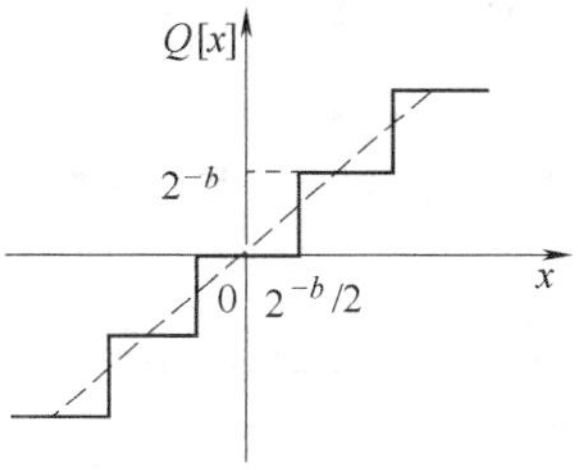

若尾数字长 $b = 2$ 取两位，则

$$Q[x_1] = 2^{[000]_2} \times [0_\Delta 10]_2 = 1 \times 0.5 = 0.5$$

$$E_1 = Q[x_1] - x_1 = -0.0625, \quad |E_1| = 0.0625$$

$$Q[x_2] = 2^{[011]_2} \times [0_\Delta 10]_2 = 8 \times 0.5 = 4$$

$$E_2 = Q[x_2] - x_2 = -0.5, \quad |E_2| = 0.5$$

$Q[x]$

2^{-b}

$0 \quad 2^{-b}/2 \qquad x$

$-2^{-b}/2 < Q(x) - x \le 2^{-b}/2$

图8.1-2　定点舍入的量化特性

可见在相同的尾数舍入情况下，由于 x_2 比 x_1 大8倍，相应的绝对误差 $|E_2|$ 就比 $|E_1|$ 大8倍，即浮点制中绝对误差与数值本身大小有关。所以在浮点制中用相对误差比绝对误差更能反映运算精度和特点。相对误差定义为

$$\varepsilon = \frac{Q[x] - x}{x} \tag{8.1-19}$$

式(8.1-19)表明，相对误差的实质是去掉阶码的影响。

绝对误差与相对误差的关系为

$$E = Q[x] - x = \varepsilon x \tag{8.1-20}$$

这是个乘性误差，而定点制的误差是加性误差。与定点一样，经分析可以得到不同尾数处理的误差范围，下面直接给出其相对误差 ε 的误差范围，将推导留作习题。浮点截尾相对误差范围为：

原码、反码： $\qquad -2 \cdot 2^{-b} < \varepsilon \leqslant 0 \tag{8.1-21}$

补码 $\qquad \begin{cases} -2 \cdot 2^{-b} < \varepsilon \leqslant 0 & x > 0 \\ 0 \leqslant \varepsilon < 2 \cdot 2^{-b} & x < 0 \end{cases} \tag{8.1-22}$

8.2 模拟信号量化的误差分析

在第 1 章就指出将模拟信号数字化处理中一定存在量化误差，本节具体讨论系统 A/D 转换器的量化效应。

8.2.1 模数变换的量化误差

模数（A/D）变换示意图如图8.2-1所示。

假设 $x(n) = x_a(nT)$ 是无限精度的理想定点制 A/D 变换的输出，$\hat{x}(n) = Q[(x(n)]$ 是有限精度的（字长 b 位）实际 A/D 转换器的输出，即量化输出。二者的误差为 $E = Q[x(n)] - x(n)$。当二进制数采用补码，量化是截尾处理，则定点补码截尾的量化误差范围为

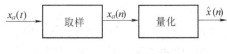

图 8.2-1　A/D 转换器

$$-q < E_T \leqslant 0 \tag{8.2-1}$$

定点舍入原码的量化误差范围为

$$-q/2 < E_R < q/2 \tag{8.2-2}$$

式中，q 是量化间距。定点补码截尾与定点舍入原码的量化特性分别如图8.1-1、图8.1-2所示。

8.2.2 量化误差的统计分析

尽管式(8.2-1)、式(8.2-2) 给出了量化误差范围，但要精确分析误差的大小及其影响既不可能也无必要。实际考虑量化误差影响时，只要了解其平均效应，即可作为设计的依据，例如确定 A/D 所需字长等。所以把量化误差等效为噪声，采用统计分析方法是合适的，A/D 变换的统计模型如图8.2-2所示，量化输出等效为无限精度的理想输出 $x(n)$ 与噪声之和，即 $\hat{x}(n) = x(n) + e(n)$。

为分析方便，在对误差 $e(n)$ 的统计特性分析时作如下假设：

1）$e(n)$ 是一个平稳的随机序列。

2）$e(n)$ 与信号是不相关的（实际是相关的，为分析简化）。

图8.2-2　A/D 变换的统计模型

3）$e(n)$是白色的，即序列本身的任意两个值之间是不相关的。

4）$e(n)$具有均匀等概率分布。

由上述假设，量化误差是一个与信号不相关的白噪声序列，当然这与实际情况不完全相同。尤其输入为规则信号时，量化误差不是线性独立、白色的。但对无规律的随机输入信号，假设基本符合实际。所以作为平均特性分析，这种假设是合理的。因此，将舍入误差及截尾误差等效为白色均匀等概分布的噪声序列 $e(n)$，其概率密度分布分别如图8.2-3a、8.2-3b所示。

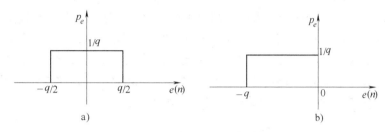

图 8.2-3　量化噪声的概率分布

a）舍入噪声的分布　b）截尾噪声的分布

噪声序列 $e(n)$ 的均值与方差为

$$m_e = E[e(n)] = \int_{-\infty}^{\infty} e p_e \mathrm{d}e \tag{8.2-3}$$

$$\sigma_e^2 = E[(e - m_e)^2] = \int_{-\infty}^{\infty} (e - m_e)^2 p_e \mathrm{d}e \tag{8.2-4}$$

将定点舍入、截尾的概率密度分布带入上式，分别计算其均值与方差。

（1）定点舍入量化噪声的均值与方差

$$\begin{cases} m_e = \dfrac{1}{q} \int_{-q/2}^{q/2} e \mathrm{d}e = 0 \tag{8.2-5a} \\[2mm] \sigma_e^2 = E[(e - m_e)^2] = \dfrac{1}{q} \int_{-q/2}^{q/2} e^2 \mathrm{d}e = \dfrac{q^2}{12} = \dfrac{2^{-2b}}{12} \tag{8.2-5b} \end{cases}$$

由方差 σ_e^2 的计算可见，当均值（直流分量）为零时，噪声的方差等于噪声的平均功率。

（2）定点截尾补码噪声的均值与方差

$$\begin{cases} m_e = \int_{-\infty}^{\infty} e p_e \mathrm{d}e = \dfrac{1}{q} \int_{-q}^{0} e \mathrm{d}e = -\dfrac{2^{-b}}{2} \tag{8.2-6a} \\[2mm] \sigma_e^2 = E[(e - m_e)^2] = \dfrac{q^2}{12} = \dfrac{2^{-2b}}{12} \tag{8.2-6b} \end{cases}$$

由式（8.2-6）知道截尾噪声具有直流分量，会影响信号的频谱结构，因此实际应用得更多的是舍入处理，后续的讨论也是如此。

由计算结果可知，量化噪声的方差与 A/D 的字长相关，字长越长，量化噪声越小。再利用系统统计模型的输入输出关系及其信噪比，可以得到字长与运算精度的关系。A/D 变换的统计模型的输入输出方差比为

$$\frac{\sigma_x^2}{\sigma_e^2} = \frac{\sigma_x^2}{2^{-2b}/12} = 12 \cdot 2^{2b} \cdot \sigma_x^2$$

假设输入及噪声均为零均值，其方差与平均功率相等，则其信噪比（英文缩写为 SNR）为

$$\text{SNR} = 10\lg \frac{\sigma_x^2}{\sigma_e^2} = 10\lg\sigma_x^2 - 10\lg\sigma_e^2 = 10\lg[12 \cdot 2^{2b} \cdot \sigma_x^2]$$

$$= 10.79 + 6.02b + 10\lg\sigma_x^2 \tag{8.2-7}$$

由上式可见，信噪比与两个因素有关：一是 A/D 变换的字长 b 越长，信噪比越高；二是信号方差 σ_x^2 越大，信噪比越高。但是一般由于 A/D 的限幅限制，σ_x^2 不可能再大，并且 $x(n)$ 不同，σ_x^2 是不同的。当 $x(n)$ 的最大值为 1 时，$\sigma_x^2 \leqslant 1$。例如图 8.2-4a 所示的方波的 $\sigma_x^2 = 1$，图 8.2-4b 正弦波的 $\sigma_x^2 = 1/2$，而图 8.2-4c 随机信号的 σ_x^2 要根据具体情况确定。有人对语音信号做过统计，在语音信号最大值不超过 1 时，$\sigma_x^2 = 1/16$。因此，要提高信噪比，只有增加字长 b，字长每增加一位，信噪比增加 6dB。例如字长 $b = 10$，信噪比不会超过 71dB。虽说字长 b 越长信噪比越高，但过长也没有必要。因为输入信号 $x(t)$ 本身的信噪比，使得 A/D 的量化间距 q 比 $x(t)$ 的噪声电平更低没有意义。实际应用中线性 A/D 一般要求 12 位以上满足通信要求，非线性 A/D 一般要求 8 位以上满足通信要求。

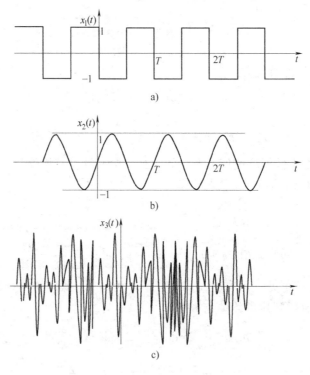

图 8.2-4　几种典型信号的波形

8.2.3　随机信号通过线性系统的均值与方差

实际应用中有意义的信号是随机信号，其量化误差也可认为是随机信号，这样无论信号或噪声都可用相同的方法进行分析。为单独分析系统对随机信号的影响，将系统近似为如图 8.2-5 所示的无限精度的线性系统。

因为线性相加的随机信号，经过线性系统后仍是线性相加的，所以图 8.2-5 所示系统的

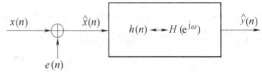

图 8.2-5　随机信号通过线性系统

输出为

$$\hat{y}(n) = y(n) + f(n) \tag{8.2-8}$$

式中，$y(n)$ 是信号输出；$f(n)$ 是噪声输出。

假设 $x(n)$ 为白色平稳随机过程，输入与输出的均值、关系如下：

$$m_y = E[y(n)]$$

将 $y(n) = x(n) * h(n) = \sum\limits_{m=-\infty}^{\infty} x(n-m)h(m) = \sum\limits_{m=-\infty}^{\infty} x(m)h(n-m)$ 代入上式，且平稳随机过程其均值与 n、m 无关，所以

$$m_y = \sum_{m=-\infty}^{\infty} h(m)E[x(n-m)]$$

$$= m_x \sum_{m=-\infty}^{\infty} h(m) = m_x H(e^{j0}) \tag{8.2-9}$$

特别地，若 $m_x = 0$，则 $m_y = 0$。

输入与输出噪声的均值关系可类推，即

$$m_f = m_e \sum_{n=-\infty}^{\infty} h_e(n) = m_e H_e(e^{j0}) \tag{8.2-10}$$

式中，$h_e(n)$ 是噪声 $e(n)$ 到输出节点的单位脉冲响应；$H_e(e^{j0})$ 是噪声频率响应在零频时的数值。

再假设输入是零均值的白色平稳随机过程，则输入信号与输出信号的方差（功率）关系如下：

$$\sigma_y^2 = E[y^2(n)] = E\left[\sum_{m=-\infty}^{\infty} x(n-m)h(m) \sum_{l=-\infty}^{\infty} x(n-l)h(l)\right]$$

$$= \sum_{m=-\infty}^{\infty} \sum_{l=-\infty}^{\infty} h(m)h(l)E[x(n-m)x(n-l)] \tag{8.2-11}$$

因为 $x(n)$ 为白色随机过程，序列各变量之间互不相关，所以上式中

$$E[x(n-m)x(n-l)] = \phi_{xx}(m-l)$$

$$= \begin{cases} E[x(n-m)]E[x(n-l)] = m_x^2 & m \neq l \\ E[x^2(n-m)] & m = l \end{cases}$$

$$= \begin{cases} 0 & m \neq l \\ \sigma_x^2 & m = l \end{cases} = \sigma_x^2 \delta(m-l)$$

将结果代入式(8.2-11)，则

$$\sigma_y^2 = \sum_{m=-\infty}^{\infty} \sum_{l=-\infty}^{\infty} h(m)h(l)\sigma_x^2 \delta(m-l) = \sigma_x^2 \sum_{m=-\infty}^{\infty} h^2(m)$$

由帕斯维尔定理

$$\sigma_y^2 = \sigma_x^2 \frac{1}{2\pi} \int_{-\pi}^{\pi} |H(e^{j\omega})|^2 d\omega = \sigma_x^2 \frac{1}{j2\pi} \oint_C H(z)H(z^{-1}) \frac{1}{z} dz \tag{8.2-12}$$

同理可得，输出噪声方差为（当 $e(n)$ 为定点舍入误差时）

$$\sigma_f^2 = \sigma_e^2 \sum_{m=-\infty}^{\infty} h_e^2(m)$$

$$= \sigma_e^2 \frac{1}{2\pi} \int_{-\pi}^{\pi} |H_e(e^{j\omega})|^2 d\omega = \sigma_e^2 \frac{1}{j2\pi} \oint_C H_e(z) H_e(z^{-1}) \frac{1}{z} dz \qquad (8.2\text{-}13)$$

式中，$h_e(m)$ 是噪声 $e(n)$ 到输出节点的单位脉冲响应；$H_e(e^{j\omega})$ 是噪声的频响；$H_e(z)$ 是 $h_e(m)$ 的 Z 变换。

以上结果适用于任意白色平稳随机信号通过线性系统分析，所以在以后相关各节引用时将不再说明。

8.3 滤波器系数量化效应

在前面的讨论中，都默认系统函数 $H(z)$ 的各个系数是具有无限精度的。实际在实现系统函数时，若用软件完成，系数的精度要受到计算机存储器字长的限制。用硬件完成时，从成本等诸多因素考虑，也要最大限度地减少存取系数的寄存器的长度。总之，不论何种方法实现，都有字长限制，系数都会有量化误差。系数量化产生的影响，称为系数的量化效应。系数量化到底会对滤波器的性能产生多大的影响？实现高阶滤波器时应采用什么样的网络结构，使量化效应尽可能小？这些都是在实际应用中要涉及的问题。下面讨论的重点是 IIR 系统，所得的一些分析结果可以直接用于 FIR 系统。

分析方法同模拟系统的分析类似，可用敏感度表征系数量化的影响。伯德（Bode）给出第 k 条支路系数 x 变化引起系统函数 H 及极点 z_k 变化的敏感度分别为

$$S_x^H = \frac{\partial H}{\partial x/x} = x \frac{\partial H}{\partial x} \qquad (8.3\text{-}1)$$

$$S_x^{z_k} = \frac{\partial z_k}{\partial x/x} = x \frac{\partial z_k}{\partial x} \qquad (8.3\text{-}2)$$

IIR 系统函数的一般形式为

$$H(z) = \frac{\displaystyle\sum_{k=0}^{M} b_k z^{-k}}{1 - \displaystyle\sum_{k=1}^{N} a_k z^{-k}}$$

系统函数 $H(z)$ 的一般形式的系数 a_k、b_k 是无限精度的系数，如果系数被量化，则量化后的系统函数为

$$\hat{H}(z) = \frac{\displaystyle\sum_{k=0}^{M} \hat{b}_k z^{-k}}{1 - \displaystyle\sum_{k=1}^{N} \hat{a}_k z^{-k}} \qquad (8.3\text{-}3)$$

式中，$\hat{b}_k = b_k + \Delta b_k$；$\hat{a}_k = a_k + \Delta a_k$。

由于系数的量化，使系统函数的零、极点会偏离原来的准确位置。如果系数量化使零、极点的移动太大，就会使滤波器的性能指标达不到设计的技术要求。甚至可能使原来在单位圆内的极点移至单位圆或单位圆外，稳定系统成为不稳定系统。本节先介绍基本 IIR 滤波器基本二阶节字长对零、极点位置的限制，再讨论系统一般的情况。

8.3.1 基本二阶节系数量化效应

如图8.3-1所示为最少延迟二阶节系统，由图可得该系统的 $H(z)$ 为

$$H(z) = \frac{1}{1 + a_1 z^{-1} + a_2 z^{-2}}$$

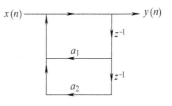

图 8.3-1　延迟二阶节

系统的极点由系数 a_1，a_2 确定，若 $H(z)$ 有一对共轭极点 $z_{1,2} = re^{\pm j\theta}$，则

$$1 + a_1 z^{-1} + a_2 z^{-2} = (1 - re^{j\theta})(1 - re^{-j\theta})$$
$$= 1 - 2r\cos\theta z^{-1} + r^2 z^{-2}$$

比较等式两边，得到

$$\begin{cases} a_1/2 = -r\cos\theta \\ a_2 = r^2 \end{cases}$$

二阶 IIR 系统极点的半径 r 由系数 a_2 确定，而在实轴上的坐标值 $r\cos\theta$ 取决于系数 a_1。当 a_1、a_2 被量化时，显然只能得到有限个极点值。对应具体的量化情况，极点必然位于 z 平面同心圆（对应 r^2 的量化）和垂直线（对应 $r\cos\theta$ 的量化）确定的栅格交点上。例如当 a_1、a_2 用 3 位字长表示时，即 $b = 3$（不考虑符号位），则 r^2、$r\cos\theta$ 都只能取 8 个值，如表 8.3-1 所示。极点分布的位置（只画出第一象限）示意图如图 8.3-2 所示。

例如，$1 + a_1 z^{-1} + a_2 z^{-2} = 1 - 1.5z^{-1} + 0.625z^{-2}$
$$= (1 - 0.791e^{j18.5^\circ}z^{-1})(1 - 0.791e^{-j18.5^\circ}z^{-1})$$
$$r^2 = 0.625,\ r\cos\theta = 0.75,\ r = 0.791$$

表 8.3-1　$b = 3$ 系数 a_1、a_2 的取值

3 位二进制码	$\lvert a_1 \rvert$	极点横坐标 $\lvert r\cos\theta \rvert = \lvert a_1/2 \rvert$	$\lvert a_2 \rvert$	极点半径 $r = \sqrt{a_2}$
0.000	0.00	0	0	0
0.001	0.25	0.125	0.125	0.354
0.010	0.50	0.25	0.25	0.5
0.011	0.75	0.375	0.375	0.612
0.100	1.00	0.50	0.50	0.703
0.101	1.25	0.625	0.625	0.791
0.110	1.50	0.75	0.75	0.866
0.111	1.75	0.875	0.875	0.935

如果系统所需要的极点不在这些网眼的节点上，就只能以最靠近的一个节点来代替这一极点，这就引入了误差。例二阶节的原极点为 $z_{1,2} = 0.73e^{\pm j10^\circ}$，由此得出 $a_2 = r^2 \approx 0.533$，$r\cos\theta = -a_1/2 = 0.73\cos10^\circ = 0.72$，系数 a_1、a_2 在 3 位字长的栅格网上，实际只能取 $r\cos\theta = 0.75 = \widehat{a_1/2}$，$r^2 = 0.5 = \widehat{a_2}$，即在 3 位字长的情况下，实际实现的系统函数为

$$1 - \widehat{a}_1 z^{-1} - \widehat{a}_2 z^{-2} = 1 - 1.5z^{-1} + 0.5z^{-2} = (1 - z^{-1})(1 - 0.5z^{-1})$$

即量化后的极点为 $\widehat{z}_1 = 1$，$\widehat{z}_2 = 0.5$。其中一个极点移至单位圆上，系统不稳定。如图 8.3-3 所示戈尔德—雷达（Gold—Rader）二阶节，这个网络的系统函数为 $H(z) = \dfrac{r\sin\theta z^{-1}}{1 - 2r\cos\theta z^{-1} + r^2 z^{-2}}$（证明留作习题），极点与前面的最少延迟二节阶相同，但在实现系统

时，各乘法器的系数为 $r\cos\theta$ 与 $r\sin\theta$。仍以字长 3 位为例，系数 $r\cos\theta$、$r\sin\theta$ 表示的纵坐标与横坐标都可以取 0、0.125、0.25、…、0.875，极点可能出现的栅格网如图 8.3-4 所示是均匀的方格图。其极点只能取在两个系数的交点上。若所计算出的系数准确值不在这些固定的交点上，则由其附近的一个交点近似，因此会引起误差。

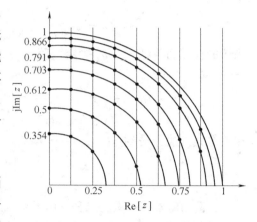

图 8.3-2　$b = 3$ 极点分布位置示意图

同理可分析系数量化对系统零点位置的影响。

从上述的讨论可见，结构不同的系统，有不同的极点位置栅格网。如最少延迟二阶节结构的栅格在原点及实轴附近误差大，而在单位圆附近的误差小。要求总误差小，就要加长字长，使栅格密集，否则误差就有可能引起系统性能的改变。不过上述涉及的仅限于二阶系统，更清楚反映系数量化对零、极点位置的影响，最适合的是即将讨论的零、极点位置敏感度。

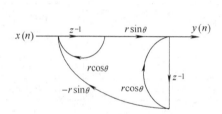

图 8.3-3　戈尔德-雷达二阶节

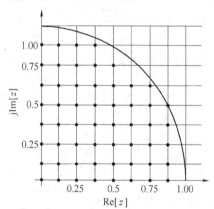

图 8.3-4　戈尔德-雷达二阶节极点栅格网

8.3.2　IIR 系统的极点位置敏感度

因为在 IIR 系统中极点对系统的性能影响较大，所以下面重点讨论极点位置敏感度，即系数量化对极点的一般影响，零点位置敏感度可以类推。

令 $H(z)$ 的分母多项式为

$$P(z) = 1 - \sum_{k=1}^{N} a_k z^{-k} = \prod_{i=1}^{N} (1 - z_i z^{-1}) \tag{8.3-4}$$

式中，z_i 是极点，$i = 1, 2, \cdots, N$。

而系数量化后的极点为 $\hat{z}_k = z_k + \Delta z_k$，$k = 1, 2, \cdots, N$。$\Delta z_k$ 是由系数量化产生的。某个 a_k 的误差 Δa_k 引起任一极点 z_i 的误差为

$$\frac{\partial z_i}{\partial a_k} \Delta a_k \tag{8.3-5}$$

当 Δa_k 很小时，式（8.3-5）仅有一项，否则用泰勒级数展开后，还有高次项。

所有 a_k 变化引起极点 z_i 的误差为

$$\Delta z_i = \sum_{k=1}^{N} \frac{\partial z_i}{\partial a_k} \Delta a_k \qquad i = 1, 2, \cdots, N \tag{8.3-6}$$

式(8.3-6)表明，$\partial z_i / \partial a_k$ 的大小决定着误差 Δa_k 对极点 z_i 的影响程度。$\partial z_i / \partial a_k$ 越大，Δa_k 对 z_i 的影响越大，反之亦然。因此定义 $\partial z_i / \partial a_k$ 为极点 z_i 对 Δa_k 变化的敏感度。利用系统的分母多项式 $P(z)$，可得到这个敏感度的表达式，由于

$$\left[\frac{\partial P(z)}{\partial z_i} \right] \bigg|_{z=z_i} \cdot \frac{\partial z_i}{\partial a_k} = \frac{\partial P(z)}{\partial a_k} \bigg|_{z=z_i}$$

所以

$$\frac{\partial z_i}{\partial a_k} = \frac{\partial P(z) / \partial a_k}{\partial P(z) / \partial z_i} \bigg|_{z=z_i} \tag{8.3-7}$$

式(8.3-7)表明，极点 z_i 对系数 a_k 的敏感度是 $P(z)$ 对系数 a_k 及 $P(z)$ 对极点 z_i 的偏导数之比。

其中

$$\frac{\partial P(z)}{\partial a_k} \bigg|_{z=z_i} = \frac{\partial \left[1 - \sum_{k=1}^{N} a_k z^{-k} \right]}{\partial a_k} \bigg|_{z=z_i} = -z^{-k} \bigg|_{z=z_i} = -z_i^{-k} \tag{8.3-8}$$

$$\frac{\partial P(z)}{\partial z_i} \bigg|_{z=z_i} = \frac{\partial \left[\prod_{l=1}^{N} (1 - z_l z^{-1}) \right]}{\partial z_i} \bigg|_{z=z_i} = \prod_{\substack{l=1 \\ l \neq i}}^{N} (-z^{-1})(1 - z_l z^{-1}) \bigg|_{z=z_i}$$

$$= -z_i^{-N} \prod_{\substack{l=1 \\ l \neq i}}^{N} (z_i - z_l) \tag{8.3-9}$$

即

$$\frac{\partial z_i}{\partial a_k} = \frac{z_i^{-k}}{z_i^{-N} \prod_{\substack{l=1 \\ l \neq i}}^{N} (z_i - z_l)} = \frac{z_i^{N-k}}{\prod_{\substack{l=1 \\ l \neq i}}^{N} (z_i - z_l)} \tag{8.3-10}$$

从而得到系数量化后误差与极点的关系为

$$\Delta z_i = \sum_{k=1}^{N} \frac{\partial z_i}{\partial a_k} \Delta a_k = \sum_{k=1}^{N} \frac{z_i^{N-k}}{\prod_{\substack{l=1 \\ l \neq i}}^{N} (z_i - z_l)} \Delta a_k \tag{8.3-11}$$

以上是 N 个（所有）系数量化对极点 z_i 影响的计算公式，其他极点可由此类推。

因为 $(z_i - z_l)$ 是一个极点指向另一个极点的矢量，所以式(8.3-11)的分母正是所有极点指向该极点的矢量积。可以看出这些矢量越长（两个极点相距越远），极点位置敏感度越低，即 $\partial z_i / \partial a_k$ 与 $|z_i - z_l|$ 成反比。因此，极点之间越靠近，极点之间的距离越小，系数量化效应就越大。系统阶数越高，极点越多，极点的分布越密，距离越小，系数量化效应也就越大。对量化误差要求越高，字长就越长；系统阶数越高，量化误差要求不变，字长也要越长。所以高阶直接形式结构网络的极点对系数量化误差非常敏感。

例8.3-1 已知某系统的系统函数为 $H(z) = \dfrac{1}{1 - 2.9425 z^{-1} + 2.8934 z^{-2} - 0.9508 z^{-3}}$，分析该系统的系数量化影响。提示：为了简化讨论，设 a_1、a_3 无误差。

解：分母多项式的一般形式：$P(z) = 1 - a_1 z^{-1} - a_2 z^{-2} - a_3 z^{-3}$

其中，$a_1 = 2.9425$，$a_2 = -2.8934$，$a_3 = 0.9508$

$$P(z) = (1 - 0.99z^{-1})(1 - 0.98e^{j5°}z^{-1})(1 - 0.98e^{-j5°}z^{-1})$$

$$z_1 = 0.99, z_2 = 0.98e^{j5°}, z_3 = z_2^* = 0.98e^{-j5°}$$

从 Δz_i 公式看，应该是所有系数量化引起的第 i 个极点 z_i 移动的情况。从一般的情况考虑，总的移动是所有 a_k 变化导致 z_i 的变化之和。这样各系数量化引起 z_i 总的移动，必然大于某一个系数量化产生的移动。为了既简化讨论，又说明问题，提示已假设 $\Delta a_1 = \Delta a_3 = 0$。在此条件下，讨论将 z_1 移至单位圆上需要的字长。这可令 $|\Delta z_1| = 0.01$，求出 $|\Delta a_2|$，即 $|\Delta a_2|$有多大时，$|\Delta z_1| = 0.01$，使得 $z_1 \to \overset{\wedge}{z_1} = 1$，导致系统不稳定。

将给定条件代入式(8.3-11)，且 $N = 3$，$k = 2$，有

$$|\Delta z_1| = 0.01 = \left| \frac{z_1^{N-k}}{\prod\limits_{\substack{l=2 \\ l \neq 1}}^{N}(z_1 - z_l)} \Delta a_2 \right| = \left| \frac{0.99}{(0.99 - 0.98e^{j5°})(0.99 - 0.98e^{-j5°})} \Delta a_2 \right|$$

$$|\Delta a_2| = \left| \frac{0.01(0.99 - 0.98e^{j5°})(0.99 - 0.98e^{-j5°})}{0.99} \right|$$

$$= 7.7556 \times 10^{-5}$$

计算结果说明，a_2 的量化误差为 7.7556×10^{-5}，就会使系统的极点 z_1 移到单位圆上。因为 $2^{-14} < 7.7556 \times 10^{-5}$，所以要满足量化误差不至于引起该系统不稳定的要求，从计算的结果可知字长至少要 14 位。一个三阶系统对字长的要求尚且如此，高阶系统对字长的要求就可想而知了。

如果不采用直接形式结构，而是采用基本二阶节（一阶节是二阶节的特例）的级联或并联实现。由基本二阶节分别实现每一对共轭极点，使一个已知极点的误差与它到系统其他基本节极点的距离无关。那么，由于每一个基本节的极点稳定性变化不会影响另一节，因此所需字长可以低很多。所以对高阶网络，一般不用直接形式的结构，而是分解为基本二节阶的级联或并联形式。级联或并联形式的量化误差效应优于直接形式，对零、极点聚在一起的窄带滤波器，这种优点尤为突出。

8.3.3 IIR 系统函数的敏感度

在 8.3.2 节中讨论的是系统系数量化引起系统函数零、极点的变化。但没有得到某个系数变化，引起系统函数变化的一般形式。当系统很复杂时，实际上很难得到零、极点和系统系数的一般关系。这时可用系统的敏感度反映系统的量化效应。系统敏感度定义为 n、m 支路的传递函数 F_{nm} 发生变化时，网络的系统函数 T_{ab} 对 F_{nm} 的变化率。如图 8.3-5 所示任意数字系统，设 a 为输入节点，W_a 为输入节点变量的 Z 变换；b

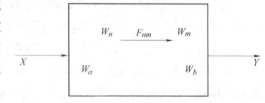

图 8.3-5　任意数字系统

为输出节点，W_b 为输出节点变量的 Z 变换；系统函数 $H(z)$ 为 $T_{ab} = W_b/W_a$，则由伯德敏感度定义，定义数字网络 $H(z)$ 对某一支路传递系数 F_{nm} 的敏感度为

$$S_{F_{nm}}^{T_{ab}} = \frac{\partial T_{ab}}{\partial F_{nm}} = T_{an}T_{mb} \qquad (8.3\text{-}12)$$

式中，T_{an} 是 a 点输入 n 点、输出的传递函数；T_{mb} 是 m 点输入、b 点输出的传递函数；T_{ab} 是 a 点输入、b 输点出的传递函数；F_{nm} 是任一支路 n、m 的传递系数。

与极点位置敏感度类似，系统的敏感度越低，当系数有量化误差时，系统函数的变化越小。同样地，不同结构的系统敏感度是不同的，高阶系统的级联、并联形式就比直接形式的敏感度低。

例 8.3-2 如图 8.3-6 所示二阶数字系统，系统各传递系数及节点序号已在图中标明。求支路 41 传递系数 $-a_1$ 变化时网络的敏感度 $S_{T_{41}}^{T_{12}} = \frac{\partial T_{12}}{\partial T_{41}}$。

解：在本例中，a 点为"1"，b 点为"2"，m 点为"1"，n 点为"4"，代入敏感度的一般公式 $\frac{\partial T_{ab}}{\partial F_{nm}} = T_{an}T_{mb}$，得

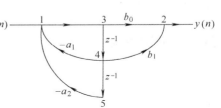

图 8.3-6 例 8.3-2 数字系统

$$S_{T_{41}}^{T_{12}} = \frac{\partial T_{12}}{\partial T_{41}} = T_{14}T_{12}$$

式中，$T_{14} = \dfrac{z^{-1}}{1 + a_1 z^{-1} + a_2 z^{-2}}$；$T_{12} = \dfrac{b_0 + b_1 z^{-1}}{1 + a_1 z^{-1} + a_2 z^{-2}}$

所以

$$S_{T_{41}}^{T_{12}} = \frac{\partial T_{12}}{\partial T_{41}} = T_{14}T_{12} = \frac{(b_0 + b_1 z^{-1})\ z^{-1}}{(1 + a_1 z^{-1} + a_2 z^{-2})^2}$$

此例也可以利用 $S_{T_{41}}^{T_{12}} = \dfrac{\partial T_{12}}{\partial T_{14}}$ 直接得到系统的敏感度，因为 $T_{14} = -a_1$，且 $T_{12} = H(z)$，而

$H(z) = T_{12} = \dfrac{b_0 + b_1 z^{-1}}{1 + a_1 z^{-1} + a_2 z^{-2}}$，所以

$$\begin{aligned}
\frac{\partial H(z)}{\partial (-a_1)} &= \frac{\partial}{\partial (-a_1)}\left[\frac{b_0 + b_1 z^{-1}}{1 + a_1 z^{-1} + a_2 z^{-2}}\right] \\
&= \frac{(b_0 + b_1 z^{-1})z^{-1}}{(1 + a_1 z^{-1} + a_2 z^{-2})^2}
\end{aligned}$$

与前面结果相同。

当 ΔF_{nm} 较大时，引起系统函数 T_{ab} 的变化 ΔT_{ab} 为

$$\Delta T_{ab} = \frac{T_{an}T_{mb}\Delta F_{nm}}{1 - T_{mn}\Delta F_{nm}} \qquad (8.3\text{-}13)$$

ΔT_{ab} 的推导留作习题。

8.3.4 系数量化对 IIR 系统频响的影响

系统的系数量化对零、极点位置的改变，将导致系统频响特性的改变。利用零、极点位置敏感度无法直接得到频响特性的偏差，尤其系统为高阶的情况，系数多且量化误差具有随机性质。所以可以将系数量化误差等效为随机变量，采用统计方法估计高阶系统的性能偏差。另外，在以下讨论中为分析简便，只考虑系数量化误差，不涉及运算误差。因此，无限

精度的理想系统函数的一般形式为

$$H(z) = \frac{\sum\limits_{k=0}^{M} b_k z^{-k}}{1 - \sum\limits_{k=1}^{N} a_k z^{-k}} = \frac{B(z)}{A(z)} \tag{8.3-14}$$

设量化后的系数为 $\hat{b}_k = b_k + \Delta b_k$ $\hat{a}_k = a_k + \Delta a_k$。$\Delta b_k$、$\Delta a_k$ 是系数量化误差，如果系数 $\hat{b}_k$、$\hat{a}_k$ 采用有效字长 b 位、定点舍入量化，Δb_k、Δa_k 的误差范围为

$$- q/2 < \Delta b_k、\Delta a_k \leq q/2 \tag{8.3-15}$$

量化后的实际系统函数为

$$\begin{aligned}
\hat{H}(z) &= \frac{\sum\limits_{k=0}^{M} \hat{b}_k z^{-k}}{1 - \sum\limits_{k=1}^{N} \hat{a}_k z^{-k}} \\
&= \frac{\sum\limits_{k=0}^{M} b_k z^{-k} + \sum\limits_{k=0}^{M} \Delta b_k z^{-k}}{1 - \sum\limits_{k=1}^{N} a_k z^{-k} - \sum\limits_{k=1}^{N} \Delta a_k z^{-k}} \\
&= \frac{B(z) + \Delta B(z)}{A(z) - \Delta A(z)} \tag{8.3-16}
\end{aligned}$$

式中，$\Delta B(z) = \sum\limits_{k=0}^{M} \Delta b_k z^{-k}; \Delta A(z) = \sum\limits_{k=1}^{N} \Delta a_k z^{-k}$

将 $H(z)$ 代入式(8.3-16)整理，得

$$\begin{aligned}
\hat{H}(z) &= \frac{B(z) + \Delta B(z)}{A(z) - \Delta A(z)} = \frac{B(z)}{A(z)} + \frac{\Delta B(z) + \Delta A(z)B(z)/A(z)}{A(z) - \Delta A(z)} \\
&= H(z) + \frac{\Delta B(z) + \Delta A(z)H(z)}{A(z) - \Delta A(z)} \tag{8.3-17}
\end{aligned}$$

由式(8.3-17)得到实际系统与理想系统的偏差

$$H_E(z) = \hat{H}(z) - H(z) = \frac{\Delta B(z) + \Delta A(z)H(z)}{A(z) - \Delta A(z)} \tag{8.3-18}$$

这样式(8.3-17)表示的实际系统，可以由如图 8.3-7所示的理想系统与偏差系统 $H_E(z)$ 的并联组合而成。

系统的频率响应误差为

$$H_E(e^{j\omega}) = \hat{H}(e^{j\omega}) - H(e^{j\omega})$$

频响的均方误差为

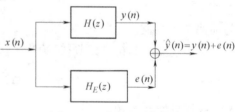

图 8.3-7　实际系统模型

$$\varepsilon^2 = \frac{1}{2\pi} \int_{-\pi}^{\pi} | H_E(e^{j\omega}) |^2 d\omega = \frac{1}{j2\pi} \oint_C H_E(z) H_E(z^{-1}) \frac{dz}{z} \tag{8.3-19}$$

将式(8.3-18)代入，可以计算频响的均方误差。理论上可以用频响的均方误差即误差能量度量频响偏差。但实际上计算时，很难知道 Δb_k、Δa_k 的准确值。为了估计 ε^2 的大小，假设 Δb_k、Δa_k 是独立均匀等概分布的随机变量，在舍入情况下，其均值与方差分别为

$$m_e = E[\Delta b_k] = E[\Delta a_k] = 0 \qquad (8.3\text{-}20)$$

$$\sigma_e^2 = E[\Delta b_k^2] = E[\Delta a_k^2] = q^2/12 \qquad (8.3\text{-}21)$$

求均方误差 ε^2 的均值，得到频率响应误差的方差 σ_ε^2 为

$$\sigma_\varepsilon^2 = E[\varepsilon^2] = E\left[\frac{1}{2\pi}\int_{-\pi}^{\pi} |H_E(e^{j\omega})|^2 d\omega\right]$$

$$= E\left[\frac{1}{j2\pi}\oint_C H_E(z)H_E(z^{-1})\frac{dz}{z}\right]$$

对式(8.3-18)作一阶近似，得

$$H_E(z) = \frac{\Delta B(z) + \Delta A(z)H(z)}{A(z) - \Delta A(z)} \approx \frac{\Delta B(z) + \Delta A(z)H(z)}{A(z)}$$

$$= \frac{\displaystyle\sum_{k=0}^{M}\Delta b_k z^{-k} + H(z)\sum_{k=0}^{M}\Delta a_k z^{-k}}{A(z)}$$

$$\sigma_\varepsilon^2 = E\left[\frac{1}{j2\pi}\oint_C\left\{\frac{\displaystyle\sum_{k=0}^{M}\Delta b_k z^{-k} + H(z)\sum_{k=1}^{N}\Delta a_k z^{-k}}{A(z)} \cdot \frac{\displaystyle\sum_{k=0}^{M}\Delta b_k z^{k} + H(z^{-1})\sum_{k=1}^{N}\Delta a_k z^{k}}{A(z^{-1})}\right\}\frac{dz}{z}\right]$$

考虑 Δb_k、Δa_k 是统计独立的，$E[\Delta b_i \Delta a_j] = E[\Delta a_i \Delta a_j] = E[\Delta b_i \Delta b_j] = 0$，$i \neq j$，所以

$$\sigma_\varepsilon^2 = \sum_{k=0}^{M} E[\Delta b_k^2]\left[\frac{1}{j2\pi}\oint_C\left\{\frac{1}{A(z)A(z^{-1})}\right\}\frac{dz}{z}\right]$$

$$+ \sum_{k=0}^{M} E[\Delta a_k^2]\left[\frac{1}{j2\pi}\oint_C\left\{\frac{H(z)H(z^{-1})}{A(z)A(z^{-1})}\right\}\frac{dz}{z}\right]$$

若 Δb_k 系数共有 M_1 项，Δa_k 系数共有 N_1 项，则

$$\sum_{k=0}^{M_1-1} E[\Delta b_k^2] = M_1 q^2/12$$

$$\sum_{k=0}^{N_1-1} E[\Delta a_k^2] = N_1 q^2/12$$

最后频响误差的方差 σ_ε^2 为

$$\sigma_\varepsilon^2 = \frac{q^2}{12}\left[\frac{M_1}{j2\pi}\oint_C\frac{1}{A(z)A(z^{-1})}\frac{dz}{z} + \frac{N_1}{j2\pi}\oint_C\frac{H(z)H(z^{-1})}{A(z)A(z^{-1})}\frac{dz}{z}\right] \qquad (8.3\text{-}22)$$

系统设计一旦完成，$H(z)$、$A(z)$、M_1、N_1 就是已知的，可以利用式(8.3-22)估计在一定系数字长 b 之下（$q = 2^{-b}$），频响的偏离方差 σ_ε^2，或者按一定的偏差方差 σ_ε^2 确定系数所需的字长。

实际上系数量化误差与运算误差不同，对一个确定的滤波器，其系数的量化误差是确定值，其频响的均方差 ε^2 也是固定不变的。在上述分析中将其假设为随机变量，是为了对 ε^2 的大小作概率估计，即 σ_ε^2 是 ε^2 最有可能出现的估值。系统的阶数越高，这种估计的收敛性越好，式(8.3-22)的计算结果越接近实验结果。

8.3.5 系数量化对 FIR 系统的影响

上面详细讨论了系数量化对 IIR 系统的影响，如果将只有零点，没有极点的 FIR 系统

看作IIR系统的特例，以上所讨论的相关结果可以直接用于 FIR 系统。例如 IIR 系统的极点位置敏感度，可以类推 FIR 系统的零点位置敏感度，在这里不再讨论，因此 FIR 系统讨论要简单得多。

FIR 系统的系统函数为

$$H(z) = \sum_{n=0}^{N} h(n)z^{-n}$$

当上式的各个系数 $h(n)$ 被量化成为 $\hat{h}(n) = h(n) + e(n)$ 时，则

$$\hat{H}(z) = \sum_{n=0}^{N} h(n)z^{-n} + \sum_{n=0}^{N} e(n)z^{-n} \tag{8.3-23}$$

令 $E(z) = \sum_{n=0}^{N} e(n)z^{-n}$ 为系统误差函数，则

$$E(z) = \hat{H}(z) - H(z) \tag{8.3-24}$$

系统误差函数的频响特性为

$$E(\mathrm{e}^{\mathrm{j}\omega}) = E(z)\big|_{z=\mathrm{e}^{\mathrm{j}\omega}} = \sum_{n=0}^{N} e(n)\mathrm{e}^{-\mathrm{j}n\omega} \tag{8.3-25}$$

从而有

$$\left|E(\mathrm{e}^{\mathrm{j}\omega})\right| \leqslant \sum_{n=0}^{N} |e(n)| \cdot |\mathrm{e}^{-\mathrm{j}n\omega}| = \sum_{n=0}^{N} |e(n)| = (N+1)|e(n)| \tag{8.3-26}$$

上式表明对 FIR 系统量化时，产生的误差不会超过 $(N+1)|e(n)|$。舍入处理时，因为 $|e(n)| \leqslant q/2$，所以

$$\left|E(\mathrm{e}^{\mathrm{j}\omega})\right| \leqslant \sum_{n=0}^{N} |e(n)| = \frac{(N+1)}{2}q \tag{8.3-27}$$

利用上式可根据给定的误差指标，确定系数的字长。

8.4　数字系统运算中的有限字长影响

实现数字系统的基本运算是加法、乘法和延时。除了延时没有实质性运算，不会产生有限字长影响外，对加法和乘法运算的尾数处理会造成误差，即有限字长影响。当然运算过程中的有限字长效应与所采用的数制（定点、浮点）、码制（原码、补码、反码）及尾数处理方式（舍入、截尾）等诸因素相关。如在定点运算过程中，两个尾数为 b 位的数，相乘后尾数变为 $2b$ 位，必须对其作舍入或截尾处理；定点加法虽然不改变尾数位数，不必对结果作尾数处理，但其结果有可能溢出，也导致输出有误差。而在浮点运算过程中，加法和乘法都要对尾数作舍入或截尾处理，故都会引起输出误差。

讨论数字系统运算误差，可以得到误差特性与字长或系统函数系数的关系，由此可以选择合适的字长及系统函数系数，以满足数字系统的运算精度（信噪比）、稳定等技术要求。

8.4.1　IIR 系统定点运算的零输入极限环

IIR 系统的所有极点只要在单位圆内，在无限精度运算下系统必定稳定，其单位脉冲响应 $\lim_{n\to\infty} h(n) = 0$。但相同的系统以有限精度运算时，由于舍入误差引入的非线性作用，即使

当有界激励为零以后，原本稳定的系统其输出响应还是会趋于某一固定值或产生一个固定值的振荡（周期为2），即系统的单位脉冲响应 $\lim\limits_{n\to\infty} h(n) \neq 0$。这种现象被称为零输入极限环（振荡）。以一阶 IIR 系统定点舍入处理为例作如下讨论。

无限精度运算一阶 IIR 系统如图8.4-1所示，其系统函数

$$H(z) = \frac{Y(z)}{X(z)} = \frac{1}{1-\alpha z^{-1}}$$

图 8.4-1　无限精度
一阶 IIR 系统

当 $|\alpha| < 1$ 系统稳定，线性差分方程为

$$y(n) = \alpha y(n-1) + x(n)$$

在有限精度运算条件下的一阶 IIR 系统如图8.4-2所示，图中 $Q[\ ]$ 表示对 $[\ ]$ 作尾数处理。因为定点运算时乘法对尾数的舍入处理都会引起误差，所以输出用 $\hat{y}(n)$ 表示，这时的系统是非线性的，差分方程为

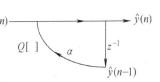

$$\hat{y}(n) = Q[\alpha \hat{y}(n-1)] + x(n)$$

图 8.4-2　有限精度
一阶 IIR 系统

若 $Q[\ ]$ 为定点舍入原码运算，$Q[0]=0$，$\hat{y}(-1)=0$，小数点后字长 $b=3$ 位。设 $\alpha=1/2$，且输入 $x(n)=(7/8)\delta(n)$，用递推法计算非线性差分方程的每步运算结果，并列表8.4-1如下。

表8.4-1　$\alpha = 1/2 = [0_\Delta 100]_2$ 一阶定点舍入运算

n	$x(n)$	$\hat{y}(n-1)$	$a\hat{y}(n-1)$	$\hat{y}(n) = Q[\alpha\hat{y}(n-1)] + x(n)$
0	$[0_\Delta 111]_2$	$[0_\Delta 000]_2$	$[0_\Delta 000000]_2$	$[0_\Delta 111]_2 = 7/8$
1	$[0_\Delta 000]_2$	$[0_\Delta 111]_2$	$[0_\Delta 011100]_2$	$[0_\Delta 100]_2 = 1/2$
2	$[0_\Delta 000]_2$	$[0_\Delta 100]_2$	$[0_\Delta 010000]_2$	$[0_\Delta 010]_2 = 1/4$
3	$[0_\Delta 000]_2$	$[0_\Delta 010]_2$	$[0_\Delta 001000]_2$	$[0_\Delta 001]_2 = 1/8$
4	$[0_\Delta 000]_2$	$[0_\Delta 001]_2$	$[0_\Delta 000100]_2$	$[0_\Delta 001]_2 = 1/8$
⋮	⋮	⋮	⋮	⋮

当 $n \geqslant 3$，输出 $\hat{y}(n)$ 幅度保持在1/8，再也不衰减了。同理当系统极点 $\alpha = -1/2$ 时，输出会在 $\pm 1/8$ 之间，即作幅度为1/8的周期振荡，这就是零输入极限环振荡，$\hat{y}(n)$ 如图8.4-3所示。

由 $\hat{y}(4)$ 的运算过程可见，尽管 $\alpha \hat{y}(n-1) = [0_\Delta 000100]_2$ 使数值衰减，但经过舍入的进位处理后 $Q[\alpha \hat{y}(n-1)] = [0_\Delta 001]_2 = 1/8$ 与 $\hat{y}(n-1)$ 相同，使输出不变。就是说当 $|\alpha| < 1$ 时，$|\alpha \hat{y}(n-1)| < |\hat{y}(n-1)|$，但由于 $Q[\ ]$ 的影响，使得乘 α 的作用失效，相当于系统的极点移至单位圆上，如图8.4-4所示，$\alpha < 0$ 时，极点移至 -1；$\alpha > 0$ 时，极点移至 1。

由此可推出极限环形成条件为

$$Q[\alpha \hat{y}(n-1)] = \hat{y}(n-1) \tag{8.4-1}$$

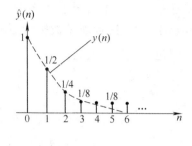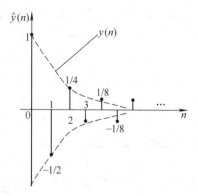

图 8.4-3　一阶系统零输入极限环振荡

式（8.4-1）表明当极限环成形时，系统的极点等效在单位圆上。

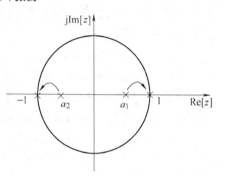

极限环的振荡幅度区间叫"死带"区域，也称"死区"。每当输入为零，节点变量落入死区时，系统进入极限环状态，并且一直保持到再有激励加入，使输出脱离死区为止。

由舍入误差与字长的关系及极限环形成条件，可以得到极限环的死区范围。因为舍入误差的范围在 $\left|\dfrac{1}{2}2^{-b}\right|$ 之间，所以

图 8.4-4　定点舍入时等效极点移动

$$\left|Q[\alpha \hat{y}(n-1)] - \alpha \hat{y}(n-1)\right| < \frac{1}{2}2^{-b}$$

而

$$\left|Q[\alpha \hat{y}(n-1)]\right| - \left|\alpha \hat{y}(n-1)\right| \leqslant Q[\alpha \hat{y}(n-1)] - \alpha \hat{y}(n-1)$$

将式(8.4-1)代入上式，有

$$\left|\hat{y}(n-1)\right| - \left|\alpha \hat{y}(n-1)\right| \leqslant \frac{1}{2}2^{-b}$$

整理得到 $\left|\hat{y}(n-1)\right|$ 的幅度为

$$\left|\hat{y}(n-1)\right| \leqslant \frac{(1/2)2^{-b}}{1-|\alpha|} \tag{8.4-2}$$

这正是一阶系统的"死区"，只要输出落入此范围，系统就进入极限环状态。将上例中 $\alpha = 1/2$，$b = 3$ 代入上式，则

$$\left|\hat{y}(n-1)\right| = \frac{(1/2)2^{-b}}{[1-|\alpha|]} = 2^{-b} = 2^{-3} = 1/8$$

与表 8.4-1 的递推结果一致。

同理可以分析二阶 IIR 系统的极限环现象。为分析方便，假设二阶系统函数为 $H(z) = \dfrac{1}{1-a_1 z^{-1}-a_2 z^{-2}}$，差分方程式 $y(n) = x(n) + a_1 y(n-1) + a_2 y(n-2)$，若 a_1、a_2 为实系数，系统的极点为

$$z_{1,2} = \frac{a_1 \pm \sqrt{a_1^2 + 4a_2}}{2}$$

再假设 $a_1^2 + 4a_2 < 0$，系统有一对共轭极点

$$z_{1,2} = \frac{a_1 \pm j \sqrt{4 \,|\, a_2 \,|\, - a_1^2}}{2}$$

因为极点的模 $|z_{1,2}| < 1$，极点在单位圆内，系统稳定；否则系统不稳定。而

$$|z_{1,2}| = \frac{\sqrt{a_1^2 + 4 \,|\, a_2 \,|\, - a_1^2}}{2} = \sqrt{|\, a_2 \,|}$$

所以在无限精度下 $|\, a_2 \,| < 1$，系统稳定；$|\, a_2 \,| \geqslant 1$，系统不稳定。与一阶情况相同，由于舍入的影响，会出现 $|\, a_2 \,| < 1$ 时，系统出现极限环现象。类似的由有限精度二阶系统的差分方程 $\hat{y}(n) = x(n) + Q[a_1 \hat{y}(n-1)] + Q[a_2 \hat{y}(n-2)]$，推得极限环形成条件

$$Q[a_2 \hat{y}(n-2)] = \hat{y}(n-2) \tag{8.4-3}$$

即在 a_1、a_2 为实系数，且系统有一对共轭极点时，二阶极限环形成只与 a_2 有关。同样由舍入误差与字长的关系及极限环形成条件，可以得到二阶系统极限环的死区范围

$$|\, \hat{y}(n-2) \,| \leqslant \frac{(1/2)2^{-b}}{1 - |\, a_2 \,|} \tag{8.4-4}$$

高阶系统亦也会出现极限环现象，实际情况的极限环特性也更复杂，就不一一分析讨论了。当然事物总是存在两面性，实际应用中恰当利用极限环特性可以构成需要的序列振荡器。

8.4.2 IIR 系统定点运算的溢出振荡

通常系统在作定点加法运算前，应选择合适的比例因子，保证相加结果不溢出。若在 IIR 系统的定点加法运算中有溢出，在一定条件下也会引起振荡，称为溢出振荡。以如图 8.4-5 所示二阶 IIR 系统的定点补码运算为例讨论这一现象。该系统的差分方程为

$$y(n) = x(n) + a_1 y(n-1) + a_2 y(n-2)$$

系统函数为

$$
\begin{aligned}
H(z) &= \frac{1}{1 - a_1 z^{-1} - a_2 z^{-2}} \\
&= \frac{z^2}{z^2 - a_1 z - a_2} = \frac{z^2}{(z - p_1)(z - p_2)} \\
&= \frac{z^2}{z^2 - (p_1 + p_2)z + p_1 p_2}
\end{aligned}
\tag{8.4-5}
$$

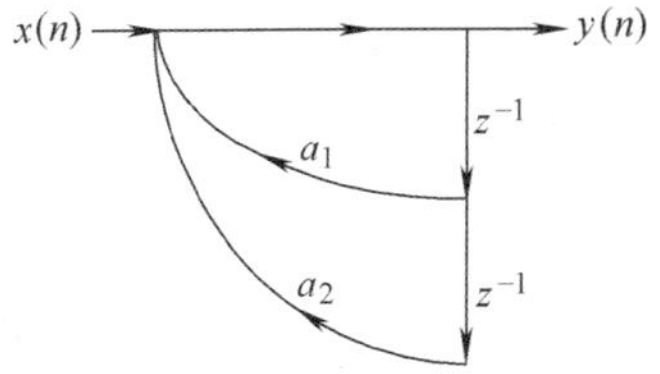

图 8.4-5 二阶 IIR 系统

$$p_{1,2} = \frac{a_1 \pm \sqrt{a_1^2 + 4a_2}}{2} \tag{8.4-6}$$

1. 参数的选取与系统稳定性

系统稳定的条件是 $H(z)$ 的极点在单位圆内，即 $|p_1| < 1$，$|p_2| < 1$，由式(8.4-5)可知 $p_1 + p_2 = a_1$，$p_1 p_2 = -a_2$，因为 $|p_1 p_2| < 1$，所以 $|\, a_2 \,| < 1$。分两种情况讨论参数系统稳定与 a_1、a_2 的选取范围的关系。

(1) p_1、p_2 为实数，则 $(1 - p_1^2)(1 - p_2^2) > 0$，即 $1 + p_1^2 p_2^2 > p_1^2 + p_2^2$,，从而 $(1 + p_1 p_2)^2 > (p_1 + p_2)^2$。

a_1、a_2为实数，将p_1、p_2与a_1、a_2的关系代入，得 $(1-a_2)^2 > a_1^2$，即 $1-a_2 > |a_1|$，从而有

$$|a_1| + a_2 < 1 \tag{8.4-7}$$

p_1、p_2为实极点时，式(8.4-6)中的

$$a_1^2 + 4a_2 \geqslant 0 \tag{8.4-8}$$

$a_2 \geqslant 0$ 时，式(8.4-8)成立；$a_2 < 0$ 时，只有

$$a_2 \geqslant -a_1^2/4 \tag{8.4-9}$$

式(8.4-8)才能成立。同时满足式(8.4-7)、式(8.4-9)，得到p_1、p_2为实极点时，系统稳定的条件为

$$|a_1| + a_2 < 1, \quad a_2 \geqslant -a_1^2/4$$

这是图8.4-6中横线阴影区的内部及 $a_2 \geqslant -a_1^2/4$ 的边界上。

（2）p_1、p_2为共轭极点 $p_{1,2} = re^{\pm j\theta}$，$r < 1$，则

$$|p_1 p_2| = r^2 = -a_2 < 1,\text{即 } a_2 > -1 \tag{8.4-10}$$

p_1、p_2为共轭极点时，式(8.4-6)中的

$$a_1^2 + 4a_2 < 0 \tag{8.4-11}$$

同时满足式(8.4-10)、式(8.4-11)，得到p_1、p_2为共轭极点时，系统稳定的条件为

$$a_2 > -1, \quad a_2 < -a_1^2/4$$

这是图8.4-6中竖线阴影区的内部（不包括边界）。

综合p_1、p_2为实极点和共轭极点两种情况，稳定系统的参数只能在 $|a_1| + a_2 < 1$（即 $a_1 + a_2 < 1$ 直线和 $a_2 - a_1 = 1$ 直线）以及 $a_2 > -1$ 这三条直线方程所围的三角形之内，如图8.4-6所示的横线及竖线阴影区。

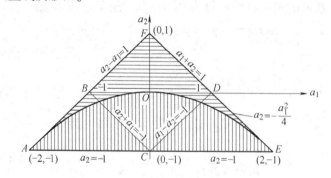

图 8.4-6 二阶 IIR 系统的稳定性三角形

2. 系统不溢出的条件

要讨论的是当输入 $x(n) = 0$ 以后，a_1、a_2 如何取值才能保证不溢出。不考虑舍入误差，仍用补码加法器。因为两个正的定点小数相加，若结果大于1，符号位会由于得到进位而变成1，这个和数就被认为是负数，反之亦然。这时加法器的输入输出关系出现非线性，其非线性特性如图8.4-7所示。图中 v 是加法器输入之和，$f[v]$ 是加法器的输出。

由图可见只有当各输入之和 $|v| < 1$ 时，才是正确的加法运算；当 $1 < |v| < 2$ 时，由于符号的改变，结果出现错误。

理论上当输入 $x(n) = 0$ 时，二阶系统的输出 $y(n)$ 为

$$y(n) = a_1 y(n-1) + a_2 y(n-2)$$

但采用补码加法器后的实际输出满足图8.4-7的非线性特性，即

$$y(n) = f[a_1 y(n-1) + a_2 y(n-2)]$$

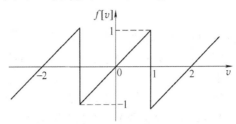

图 8.4-7　补码加法器的输入输出特性

显然，$|a_1 y(n-1) + a_2 y(n-2)| < 1$，不会出现溢出，即对所有的 n，$|y(n)| < 1$，$|y(n-1)| < 1$，$|y(n-2)| < 1$。若 $|y(n-1)| < 1$ 及 $|y(n-2)| < 1$，则

$$|a_1 y(n-1) + a_2 y(n-2)| \leqslant |a_1 y(n-1)| + |a_2 y(n-2)| < |a_1| + |a_2| \leqslant 1$$

得到不产生溢出的条件是

$$|a_1| + |a_2| \leqslant 1 \tag{8.4-12}$$

满足式（8.4-12）的是图8.4-6的 $a_1 + a_2 = 1$，$a_1 + a_2 = -1$，$a_2 - a_1 = 1$，$a_2 - a_1 = -1$ 四条直线所围的正方形。

3. 输出极限环振荡

（1）输入 $x(n) = 0$ 时，输出等幅序列 $y(n) = y_0 > 0$，即

$$y_0 = f[a_1 y_0 + a_2 y_0] = 2k + a_1 y_0 + a_2 y_0 \qquad k = \pm 1, \ \pm 2, \cdots$$

选为 $2k$ 是因为图8.4-6中，当两个输入之和为偶数时，其输入输出的符号相同。所以

$$y_0 = \frac{2k}{1 - (a_1 + a_2)}$$

由于 $f[\ ] < 1$，故要求 $|y_0| < 1$。在没有溢出时，若 $k = 0$，$y_0 = (a_1 + a_2)y_0$，故只要 $a_1 + a_2 = 1$，不过这条直线不在稳定区内。若 $k = \pm 1$，$y_0 = \dfrac{\pm 2}{1 - (a_1 + a_2)}$，要求 $|y_0| = \dfrac{2}{1 - (a_1 + a_2)} < 1$，即必须

$$a_1 + a_2 < -1$$

由此得到输入为零时，输出为等幅振荡序列，这正是图8.4-6的左下角的三角区 $\triangle ABC$ 内部区域。因为 BC 边 $a_1 + a_2 = -1$，故 $y_0 = 1$；顶点 A 上为 $a_1 + a_2 = -3$，故 $y_0 = 1/2$。所以在 $\triangle ABC$ 中 $1/2 < y_0 < 1$。$k \geqslant 2$ 时，a_1、a_2 不可能在稳定区内。

（2）输入 $x(n) = 0$ 时，输出是周期为2的极限环振荡，即输出 $y(n) = (-1)^n y_0$，其中 $0 < y_0 < 1$。由补码加法器的非线性特性

$$(-1)^n y_0 = f[a_1 (-1)^{n-1} y_0 + a_2 (-1)^{n-2} y_0] = f[(-1)^n (a_2 - a_1) y_0]$$

相同地，

$$(-1)^n y_0 = (-1)^n (a_2 - a_1) y_0 + 2k \qquad k = \pm 1, \pm 2, \cdots$$

解出

$$(-1)^n y_0 = \frac{2k}{1-(a_2-a_1)} = \frac{2k}{1+(a_1-a_2)}$$

若 $k=0$，则 $a_2-a_1=1$，不在稳定区内，若 $k=\pm1$，上式为 $(-1)^n y_0 = \frac{\pm2k}{1+(a_1-a_2)}$，要求 $|y_0|<1$，必有

$$a_1-a_2>1$$

图8.4-6中满足这一限制条件的区域是右下角的三角区 $\triangle CDE$ 内部区域。一条边界为 $a_1-a_2=1$，则 $y_0=1$；顶点 E 处，$a_1-a_2=-3$，$y_0=1/2$。所以在 $\triangle CDE$ 内有 $1/2<y_0<1$。$k\geqslant2$ 时，a_1、a_2 不在稳定区内。

由上述讨论可知，采取补码加法器的二阶 IIR 系统，只有分母系数满足 $|a_1|+|a_2|\leqslant1$，即在图8.4-6中的 $FBCD$ 方形内部（不含边界），才能保证既稳定又不产生溢出。

这种溢出效应在输出信号中引起很大误差，甚至会使系统输出在最大幅度之间振荡，而其持续与否与其后输入的序列无关。避免这类溢出振荡的有效方法是采用饱和加法器。饱和加法器的输入输出特性如图8.4-8所示，当加法器的输入之和大于1或小于 -1 时，就分别以1或 -1 表示相加结果，这样就能克服溢出振荡。

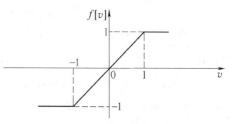

图 8.4-8　补码饱和加法器特性

对一般的不饱和加法器，采用补码运算，在若干输入值相加时，只要保证最后结果的绝对值小于1，则中间相加的结果是否溢出不影响最终结果的正确。

例如，补码加法 $\frac{3}{8}+\frac{4}{3}+\frac{1}{8}-\frac{1}{2}=\frac{3}{4}$，可用二进位制补码表示为

$$\frac{3}{8}=[0.011]_2,\quad \frac{3}{4}=[0.110]_2,\quad \frac{1}{8}=[0.001]_2,\quad -\frac{1}{2}=[1.100]_2$$

第一次相加　$\frac{3}{8}+\frac{3}{4}=[0.011]_2+[0.110]_2=[1.001]_2=-\frac{7}{8}$（溢出，出错）

第二次相加　$-\frac{7}{8}+\frac{1}{8}=[1.001]_2+[0.001]_2=[1.010]_2=-\frac{3}{4}$

第三次相加　$-\frac{3}{4}+\left(-\frac{1}{2}\right)=[1.010]_2+[1.100]_2=[10.110]_2$

将最后结果最高位（进位项）的1舍去，则 $[0.110]_2=3/4$ 是正确答案，因此允许中间结果溢出。

8.4.3　IIR 系统定点舍入运算的误差分析

定点运算中，每一次乘法运算之后，都要作一次尾数处理（舍入或截尾），由此引入误差。研究定点实现乘法运算的流图如图8.4-9所示。图8.4-9a 是无限精度相乘；图8.4-9b 是有限精度相乘，$Q[\ ]$ 表示尾数处理；利用统计分析方法，可以将误差等效为独立的噪声叠加在信号上，如图8.4-9 c所示。

因为一般尾数处理多采用舍入，所以设 $Q[\ ]$ 是舍入处理，则 $e(n)$ 为舍入误差。为分析方便，对 $e(n)$ 再作如下假设：

1）所有误差 $e(n)$ 是平稳的零均值白噪声序列。

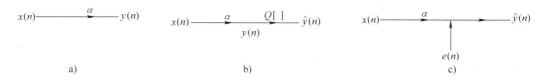

图 8.4-9　定点舍入相乘的统计模型

2）每个误差在量化误差范围内均匀等概分布。

3）两个不同噪声源彼此不相关。

4）误差 $e(n)$ 与输入 $x(n)$ 不相关，且与系统中任何节点变量不相关，从而与输出 $y(n)$ 也不相关。

根据以上假定，及舍入误差范围（ $-2^{-b}/2 \sim 2^{-b}/2$ ），可以得到其均值为零，方差为 $\sigma_e^2 = E[e^2(n)] = 2^{-2b}/12 = q^2/12$ 。

采用统计方法，实际输出可以表示为

$$\hat{y}(n) = y(n) + f(n)$$

式中，$f(n)$ 是由噪声产生的输出，可以利用式(8.2-10)、式(8.2-13)分别求出其均值与方差为

$$m_f = m_e \sum_{m=-\infty}^{\infty} h_e(m) = 0 \tag{8.4-13}$$

$$\sigma_f^2 = \sigma_e^2 \sum_{m=-\infty}^{\infty} h_e^2(m) = \sigma_e^2 \frac{1}{j2\pi} \oint_C H_e(z) H_e(z^{-1}) \, \mathrm{d}z/z \tag{8.4-14}$$

式中，$h_e(m)$ 是噪声 $e(n)$ 到输出节点的的单位脉冲响应，$H_e(z)$ 是 $h_e(m)$ 的 Z 变换。

因为均值为零的信号，其方差与平均功率相同，所以计算零均值噪声的方差就是计算噪声的平均功率。

例8.4-1　二阶 IIR 低通滤波器，传递函数为

$$H(z) = \frac{0.04}{(1 - 0.9z^{-1})(1 - 0.8z^{-1})}$$

采用定点舍入尾数处理，分别计算直接型、一阶节级联、并联三种结构舍入误差的方差。

解：（1）直接型的系统函数

$$H(z) = \frac{0.04}{1 - 1.7z^{-1} + 0.72z^{-2}}$$

直接型定点舍入相乘的统计模型如图 8.4-10a 所示，由图可见有三次乘法运算，产生三个噪声源。图 8.4-10b 是噪声的统计模型，利用线性系统叠加性计算输出噪声的方差。

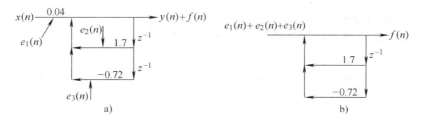

图 8.4-10　直接型的统计模型

a）例8.4-1 定点舍入相乘的统计模型　b）例8.4-1 噪声的统计模型

由图得到噪声的传输函数

$$H_e(z) = \frac{1}{(1-0.9z^{-1})(1-0.8z^{-1})} = \frac{9}{1-0.9z^{-1}} - \frac{8}{1-0.8z^{-1}}$$

对应的单位脉冲响应

$$h_e(n) = [9(0.9)^n - 8(0.8)^n]u(n)$$

则

$$f(n) = [e_1(n) + e_2(n) + e_3(n)] * h_e(n)$$

$$\sigma_f^2 = [\sigma_{e1}^2 + \sigma_{e2}^2 + \sigma_{e3}^2] \sum_{n=0}^{\infty} h_e^2(n) = 3\sigma_{e1}^2 \sum_{n=0}^{\infty} [9(0.9)^n - 8(0.8)^n]^2$$

$$= 3\sigma_e^2 \sum_{n=0}^{\infty} [81(0.9)^{2n} - 2 \times 8 \times 9(0.72)^n + 64(0.8)^{2n}]$$

$$= 269.7 \times \frac{2^{-2b}}{12} = 22.48 \times 2^{-2b}$$

或

$$\sigma_f^2 = [\sigma_{e1}^2 + \sigma_{e2}^2 + \sigma_{e3}^2] \sum_{n=0}^{\infty} h_e^2(n) = 3\sigma_{e1}^2 \left[\frac{1}{2\pi j}\oint_C H_e(z)H_e(z^{-1})\frac{\mathrm{d}z}{z}\right]$$

$$= 3\sigma_e^2 \left[\frac{1}{2\pi j}\oint_C \frac{1}{(1-0.9z^{-1})(1-0.8z^{-1})(1-0.9z)(1-0.8z)}\frac{\mathrm{d}z}{z}\right]$$

$$= 3\sigma_e^2 \left[\frac{1}{2\pi j}\oint_C \frac{z}{(z-0.9)(z-0.8)(1-0.9z)(1-0.8z)}\mathrm{d}z\right]$$

只有 $z_1 = 0.9$、$z_2 = 0.8$ 两个极点在单位圆内，

$$\text{Res1} = \frac{z(z-0.9)}{(z-0.9)(z-0.8)(1-0.9z)(1-0.8z)}\bigg|z = 0.9$$

$$= \frac{0.9}{(0.9-0.8z^{-1})(1-0.81)(1-0.72)} = 169.173$$

$$\text{Res2} = \frac{z(z-0.8)}{(z-0.9)(z-0.8)(1-0.9z)(1-0.8z)}\bigg|z = 0.8$$

$$= \frac{0.8}{(0.8-0.9)(1-0.72)(1-0.64)} = -79.34$$

所以

$$\sigma_f^2 = 3\sigma_e^2 [169.173 - 79.34] = 3\sigma_e^2 \times 89.8 = 22.46 \times 2^{-2b}$$

（2）级联型

$$H(z) = \frac{0.04}{1-0.9z^{-1}} \cdot \frac{1}{1-0.8z^{-1}}$$

级联型定点舍入相乘的统计模型如图
8.4-11 所示，由图可见有 3 次乘法运算，产生
3 个噪声源。可利用线性系统性质分别计算输
出噪声的方差。

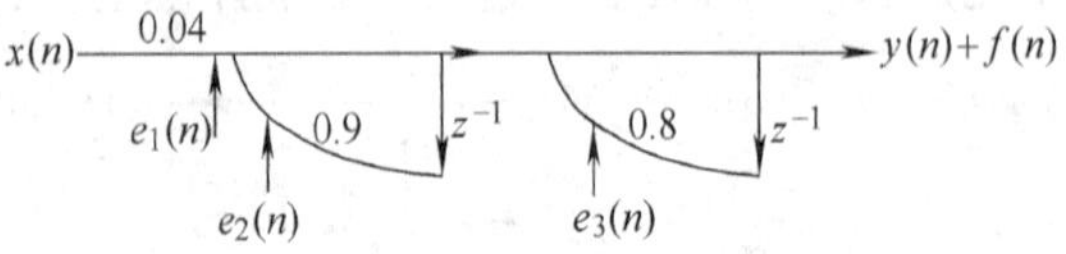

由图可见，$e_1(n)$ 与 $e_2(n)$ 的传递函数相
同，即

图 8.4-11　级联型定点舍入相乘的统计模型

$$H_{e1}(z) = H_{e2}(z) = \frac{1}{(1-0.9z^{-1})(1-0.8z^{-1})} = \frac{9}{1-0.9z^{-1}} - \frac{8}{1-0.8z^{-1}}$$

$e_3(n)$ 的传递函数

$$H_{e3}(z) = \frac{1}{1 - 0.8z^{-1}} \leftrightarrow h_{e3}(n) = 0.8^n u(n)$$

$$f(n) = [e_1(n) + e_2(n)] * h_{e1}(n) + e_3(n) * h_{e3}(n)$$

$$\sigma_f^2 = [\sigma_{e1}^2 + \sigma_{e2}^2] \sum_{n=0}^{\infty} h_{e1}^2(n) + \sigma_{e3}^2 \sum_{n=0}^{\infty} h_{e3}^2(n)$$

$$= 2\sigma_e^2 \times 89.8 + \sigma_e^2 \sum_{n=0}^{\infty} (0.8)^{2n} = \frac{2^{-2b}}{6} \times 89.8 + \frac{2^{-2b}}{12} \cdot \frac{1}{1 - 0.64}$$

$$= 14.967 \times 2^{-2b} + \frac{2^{-2b}}{12} \times 2.778 = 15.2 \times 2^{-2b}$$

（3）并联型

$$H(z) = \frac{0.36}{1 - 0.9z^{-1}} + \frac{-0.32}{1 - 0.8z^{-1}}$$

并联型定点舍入相乘的统计模型如图8.4-12所示，由图可见有四次乘法运算，产生四个噪声源，同样可利用线性系统性质分别计算输出噪声的方差。

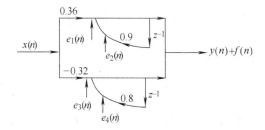

图 8.4-12　并联型定点舍入相乘的统计模型

由图可见，$e_1(n)$ 与 $e_2(n)$ 的传递函数相同，即

$$H_{e_1}(z) = H_{e_2}(z) = \frac{1}{(1 - 0.9z^{-1})} \leftrightarrow (0.9)^n u(n)$$

$e_3(n)$ 与 $e_4(n)$ 的传递函数相同，即

$$H_{e_3}(z) = H_{e_4}(z) = \frac{1}{1 - 0.8z^{-1}} \leftrightarrow 0.8^n u(n)$$

$$f(n) = [e_1(n) + e_2(n)] * h_{e1}(n) + [e_3(n) + e_4(n)] * h_{e3}(n)$$

$$\sigma_f^2 = [\sigma_{e1}^2 + \sigma_{e2}^2] \sum_{n=0}^{\infty} h_{e1}^2(n) + [\sigma_{e3}^2 + \sigma_{e4}^2] \sum_{n=0}^{\infty} h_{e3}^2(n)$$

$$= 2\sigma_e^2 \sum_{n=0}^{\infty} [h_{e1}^2(n) + h_{e3}^2(n)] = \frac{2^{-2b}}{6} \Big[\sum_{n=0}^{\infty} (0.9^{2n} + 0.8^{2n}) \Big]$$

$$= \frac{2^{-2b}}{6} \Big[\frac{1}{1 - 0.81} + \frac{1}{1 - 0.64} \Big] = \frac{2^{-2b}}{6} \Big[\frac{1}{0.19} + \frac{1}{0.36} \Big]$$

$$= \frac{2^{-2b}}{6} [5.26 + 2.778] = 1.34 \times 2^{-2b}$$

比较3种结构误差大小：

$$22.48 \times 2^{-2b} > 15.2 \times 2^{-2b} > 1.34 \times 2^{-2b}$$

结果说明直接型结构的误差最大，其次是级联结构，并联结构误差最小。这是因为直接型结构中所有舍入误差都要经过全部网络的反馈环节，使误差在反馈过程中积累起来，总的

误差就很大。在级联型结构中，每个舍入误差值通过其后面的反馈环节，而与前面的无关，因此误差比直接型小。并联结构中每个环节的舍入误差只通过本身的反馈环节，与其他环节无关，积累作用最小，所以误差最小。这个结论对 IIR 滤波器具有普遍意义。所以从有效字长效应看，不论直接 I 型或直接 II 型都是最差的，高阶系统时要避免使用。级联结构较好，并联结构最好，具有最小的运算误差。

结果还说明无论哪种结构，误差都与字长 b 有关，b 越大，误差越小。

8.4.4　IIR 系统定点运算中的动态范围及输入最大幅度限制

讨论 IIR 系统定点运算中的动态范围，实际也是讨论输入的最大幅度限制。定点加法运算不会改变尾数字长，因此没有舍入误差，但定点加法有可能出现溢出，而溢出会产生很大的误差，8.4.2 节所讨论的正是定点加法运算有溢出情况。8.4.3 节讨论的舍入噪声是在系统无溢出时的结果。为了预防溢出，系统需要加合适的幅度压缩因子 A。只有保证系统中每一个输出节点都不溢出，即每一个输出节点变量的绝对值都小于 1，才能保证系统没有溢出效应。

令第 k 个节点的输出为 $y_k(n)$，若要 $y_k(n)$ 不溢出，则应满足

$$|y_k(n)| < 1 \qquad k = 1,2,\cdots \tag{8.4-15}$$

用 $h_k(n)$ 表示从系统输入到第 k 个节点的单位脉冲响应，则

$$y_k(n) = \sum_{m=-\infty}^{\infty} h_k(n)x(n-m) = h_k(n) * x(n) \tag{8.4-16}$$

上式表明 $y_k(n)$ 的动态范围取决于输入信号 $x(n)$ 类型及 $h_k(n)$，对不同类型输入信号，$y_k(n)$ 的动态范围不同。如 $x(n)$ 是正弦信号，$|y_k(n)| \le \max|H_k(e^{j\omega})|$；$x(n)$ 是有界信号 $|x(n)| \le 1$，$|y_k(n)| \le \sum_{n=0}^{\infty}|h_k(n)|$；$x(n)$ 是能量有限信号 $\sum_{m \le n} x^2(m) \le 1$，$|y_k(n)| \le [\sum_{n=0}^{\infty} h_k^2(n)]^{1/2}$。

由式 (8.4-16) 可推出一般情况下，任一输出节点都不溢出的条件为

$$|y_k(n)| = \sum_{m=-\infty}^{\infty}|h_k(n)x(n-m)| \le x_{\max}\sum_{m=-\infty}^{\infty}|h_k(n)| < 1 \tag{8.4-17}$$

式中，$x_{\max}$ 是输入序列最大绝对值。

由式 (8.4-17) 得到输入 $x(n)$ 的最大幅度限制为

$$x_{\max} < \frac{1}{\sum_{n=-\infty}^{\infty}|h_k(n)|} \tag{8.4-18}$$

实际应用中，通常 $x_{\max}$ 并不能满足这一要求，系统需要乘以合适的幅度压缩因子 A（$A < 1$）衰减输入信号幅度，以保证任意第 k 个输出节点都不溢出，即式 (8.4-17) 变为

$$|y_k(n)| \le Ax_{\max}\sum_{n=-\infty}^{\infty}|h_k(n)| < 1 \tag{8.4-19}$$

同样，式 (8.4-18) 变为

$$A < \frac{1}{x_{\max}\sum_{n=-\infty}^{\infty}|h_k(n)|} \tag{8.4-20}$$

A 的选取很重要，因为 A 大了不起作用，而 A 小了会使信号的输出功率减小，导致信噪比降低。

8.4.5 定点 FIR 系统舍入运算误差分析

1. 输出噪声方差

N 阶的 FIR 系统差分方程为

$$y(n) = \sum_{m=0}^{N-1} h(m)x(n-m)$$

系统的直接（卷积）形式舍入运算误差统计模型如图8.4-13所示。

图 8.4-13　FIR 系统直接形式舍入运算误差统计模型

与 IIR 定点分析相同，每做一次舍入乘法产生一次误差。一共有 N 次乘法，所以在同一时刻 n 会产生 N 个舍入误差，将其等效为 N 个噪声源 $e_0(n)$，$e_1(n)$，…，$e_{N-1}(n)$，当 n 变化时形成随机序列。同样对 $e_i(n)(i=0,1,…,N-1)$ 作如下假设：

（1）所有误差 $e_i(n)$ 是平稳的零均值白噪声序列。

（2）每个误差在量化误差范围内均匀等概分布，方差为 $\sigma_{ie}^2 = \dfrac{2^{-2b}}{12}$，$i=0$，1，2，…，$N-1$。

（3）两个不同噪声源彼此不相关。

（4）误差 $e_i(n)$ 与输入 $x(n)$ 不相关，且与系统中任何节点变量不相关，从而与输出 $y(n)$ 也不相关。

则此时输出为

$$\hat{y}(n) = y(n) + \sum_{i=0}^{N-1} e_i(n) = y(n) + f(n)$$

则输出方差 σ_f^2 为

$$\sigma_f^2 = \sum_{n=0}^{N-1} \sigma_{en}^2 = N \cdot \frac{2^{-2b}}{12}$$

结果表明，FIR 系统定点舍入运算误差直接到达输出端，与系统的系数无关；误差与字长 b 及系统的阶次 N 有关，b 越大或 N 越小，误差越小。

2. 输入 $x(n)$ 的最大幅度限制

因为定点运算要保证各输出节点不溢出，所以与 IIR 系统分析相同，FIR 系统输入 $x(n)$ 也有最大幅度限制要求。由图8.4-13可见，各支路直接至输出端，所以不溢出的条件为

$$|y(n)| = \left| \sum_{m=0}^{N-1} h(m)x(n-m) \right| \leqslant x_{\max} \sum_{m=0}^{N-1} |h(m)| < 1$$

由此得到输入 $x(n)$ 的最大幅度限制

$$x_{\max} = \frac{1}{\sum\limits_{n=0}^{N-1} |h(n)|}$$

若 $x_{\max}(n)$ 不满足条件，为保证不溢出，在输入端乘以 $A(|A|<1)$，A 的取值为

$$A \leqslant \frac{1}{x_{\max} \sum\limits_{n=0}^{N-1} |h(n)|}$$

8.4.6　IIR 系统浮点运算的误差分析

浮点运算中，不论加法或乘法，每次运算之后，都要作一次尾数处理（舍入或截尾），由此引入误差。研究浮点运算的误差与定点相似，用 $Q[\ ]$ 表示尾数处理；利用统计分析方法，可以将误差等效为独立的噪声叠加在信号上。浮点误差通常用相对误差 $\varepsilon(n)$ 表示，设 $Q[\ ]$ 是舍入处理，则 $\varepsilon(n)$ 为舍入相对误差。若 $w(n)$ 是被处理数，那么 $Q[w(n)] = w(n)[1+\varepsilon(n)]$，则绝对误差 $e(n)$ 与相对误差 $\varepsilon(n)$ 的关系是 $e(n) = \varepsilon(n)y(n)$。为分析方便，对 $\varepsilon(n)$ 再作如下假设：

（1）所有相对误差 $\varepsilon(n)$ 是平稳的零均值白噪声序列。

（2）每个误差在量化误差范围内均匀等概分布。

（3）两个不同噪声源彼此不相关。

（4）误差 $\varepsilon(n)$ 与输入 $x(n)$ 不相关，且与系统中任何节点变量不相关，从而与输出 $y(n)$ 也不相关。

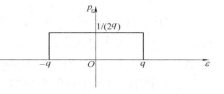

图 8.4-14　浮点舍入相对误差范围

根据以上假定，及浮点舍入相对误差范围如图8.4-14所示，分别求其均值及方差，有

$$m_\varepsilon = E[\varepsilon(n)] = \int_{-q}^{q} \varepsilon(n) p_\varepsilon \mathrm{d}\varepsilon = 0$$

$$\sigma_\varepsilon^2 = E[\varepsilon^2(n)] = \int_{-q}^{q} \varepsilon^2(n) p_\varepsilon \mathrm{d}\varepsilon = \frac{1}{2q} \cdot \left. \frac{\varepsilon^3(n)}{3} \right|_{-q}^{q} = \frac{1}{3} q^2$$

式中，$q = 2^{-b}$。

以一阶 IIR 低通滤波器为例，分析浮点舍入运算的误差。

例8.4-2　一阶 *IIR* 低通滤波器，传递函数为

$$H(z) = \frac{1}{1 - \alpha z^{-1}}$$

采用浮点舍入尾数处理，分别计算舍入误差的方差及信噪比。假设 $x(n)$ 也是零均值平稳随机过程。

解： 浮点舍入运算的统计模型如图8.4-15所示，由图可见有一次加法运算，一次乘法运算，产生两个噪声源，且由对 $\varepsilon(n)$ 上述假设条件可得 $\sigma_{\varepsilon1}^2 = \sigma_{\varepsilon2}^2 = \sigma_\varepsilon^2$。同样可利用线性系统性质分别计算输出噪声的方差。

由图可列两个绝对误差关系为

$$e_1(n) = \varepsilon_1(n)\alpha \hat{y}(n-1) \approx \varepsilon_1(n)\alpha y(n-1)$$

$$e_2(n) = \varepsilon_2(n)g(n) \approx \varepsilon_2(n)y(n)$$

求噪声源 $e_1(n)$、$e_2(n)$ 的方差为

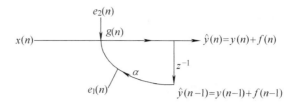

图 8.4-15 浮点舍入运算的统计模型

$$\sigma_{e1}^2 = E\big[(\varepsilon_1(n)\alpha y(n-1))^2\big] = \alpha^2 \sigma_{\varepsilon1}^2 E\big[y(n-1)^2\big] = \alpha^2 \sigma_{\varepsilon1}^2 \sigma_y^2$$

$$\sigma_{e2}^2 = \sigma_{\varepsilon2}^2 \sigma_y^2$$

由图可见，两个噪声源的传递函数与信号的传递函数相等，即 $H(z) = \dfrac{1}{1-\alpha z^{-1}}$，对应的
$h_1(n) = h_2(n) = h(n) = \alpha^n u(n)$，则输出噪声 $f_1(n)$、$f_2(n)$ 的方差为

$$\sigma_{f1}^2 = \sigma_{e1}^2 \sum_{n=0}^{\infty} h_{e1}^2(n) = \sigma_{e1}^2 \sum_{n=0}^{\infty} h^2(n) = \alpha^2 \sigma_{\varepsilon1}^2 \sigma_y^2 \sum_{n=0}^{\infty} h^2(n)$$

$$\sigma_{f2}^2 = \sigma_{e2}^2 \sum_{n=0}^{\infty} h_{e2}^2(n) = \sigma_{e2}^2 \sum_{n=0}^{\infty} h^2(n) = \sigma_{\varepsilon2}^2 \sigma_y^2 \sum_{n=0}^{\infty} h^2(n)$$

总的输出噪声 $f(n)$ 的方差为

$$\sigma_f^2 = \sigma_{f1}^2 + \sigma_{f2}^2 = \big[\sigma_{e1}^2 + \sigma_{e2}^2\big] \sum_{n=0}^{\infty} h^2(n) = \big[\sigma_{e1}^2 + \sigma_{e2}^2\big] \sum_{n=0}^{\infty} \alpha^{2n}$$

$$= (1+\alpha^2)\sigma_\varepsilon^2 \cdot \sigma_y^2 \frac{1}{1-\alpha^2} = \frac{1}{3} 2^{-2b} \cdot \frac{1+\alpha^2}{1-\alpha^2} \cdot \sigma_y^2$$

噪信比

$$\frac{\sigma_f^2}{\sigma_y^2} = \frac{1}{3} 2^{-2b} \cdot \frac{1+\alpha^2}{1-\alpha^2}$$

这个结果反映了浮点运算的重要特点，即浮点运算的噪信比与信号的大小、结构、分布无关。所以在相同尾数字长情况下，浮点制的误差比定点制小，或说浮点制比定点制运算精度高。因为在浮点制中，不论信号大小、结构、分布，滤波器具有相同的噪信比，或者说具有相同的相对运算精度。而定点制中输出噪声是与信号有关的，因此信号不同，其噪信比不同。又由于受到溢出限制，信号必须用比例因子压缩在一定的范围内，因此限制了噪信比的降低。不过浮点制运算精度高的优点是用它的复杂性为代价换取的，因为它除了尾数外，还有阶码。虽然浮点制的误差与信号无关，但与滤波器的结构有关。一般阶数越高，误差越大。所以高阶滤波器应尽量分解为低阶的单元，用级联或并联结构实现。

8.5 DFT 与 FFT 的有限字长影响

DFT 与 FFT 在数字滤波器、频谱分析中应用广泛，了解 DFT 有限字长影响很重要，不过要精确分析是很困难的，但只对选择所需要寄存器长度的简化分析就已足够。分析时为方便要做许多假设，也采用输入、输出方式进行分析，即输入为 $x(n)$，输出为 $X(k)$，分别讨论 DFT 与 FFT 运算及系数量化误差的影响。

8.5.1　DFT 直接定点舍入计算误差分析

DFT 定义为

$$X(k) = \sum_{n=0}^{N-1} x(n) W_N^{kn} \qquad k = 0,1,\cdots,N-1 \tag{8.5-1}$$

若将上式中的 $X(k)$ 当作输出，$x(n)$ 当作输入，而 W_N^{kn} 的作用相当于单位脉冲响应，则无限精度下第 k 个 $X(k)$ 值的运算流图如图8.5-1所示。在这里先不考虑 W_N^{kn} 的量化误差，仅讨论运算引起的误差。因为定点舍入运算 $x(n) W_N^{kn}$ 每次相乘都会产生误差，与前面的分析类似，将每次舍入误差等效为一个噪声源，此时第 k 个 $X(k)$ 值的等效统计模型如图8.5-2所示。

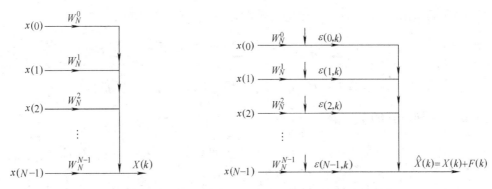

图 8.5-1　$X(k)$ 的运算流图　　　　图 8.5-2　DFT 计算定点舍入统计模型

图 8.5-2 中的 $X(k)$ 是无限精度下第 k 个 $X(k)$ 值的运算结果，$\hat{X}(k)$ 是有限精度下第 k 个 $X(k)$ 值的运算结果，$F(k)$ 是第 k 个 $X(k)$ 值运算结果的误差。由图8.5-2可见，各误差直接加至输出端，因此总的误差输出为

$$F(k) = \sum_{n=0}^{N-1} \varepsilon(n,k) \tag{8.5-2}$$

有限精度运算下的输出为

$$\hat{X}(k) = X(k) + F(k) \tag{8.5-3}$$

通常 $x(n)$、W_N^{kn} 均为复数，计算 $x(n) W_N^{kn}$ 的一次复数乘法是由 4 次实数乘法实现的，因此一次复数乘法会产生四次误差，即

$$Q[x(n) W_N^{kn}] = Q\Big[\big(\operatorname{Re}[x(n)] + \mathrm{j}\operatorname{Im}[x(n)]\big)\Big(\cos\Big(\frac{2\pi}{N}kn\Big) - \mathrm{j}\sin\Big(\frac{2\pi}{N}kn\Big)\Big)\Big]$$

$$= \operatorname{Re}[x(n)]\cos\Big(\frac{2\pi}{N}kn\Big) + \varepsilon_1(n,k) + \operatorname{Im}[x(n)]\sin\Big(\frac{2\pi}{N}kn\Big) + \varepsilon_2(n,k) +$$

$$\mathrm{j}\Big\{\operatorname{Im}[x(n)]\cos\Big(\frac{2\pi}{N}kn\Big) + \varepsilon_3(n,k)\Big\} - \mathrm{j}\operatorname{Re}[x(n)]\sin\Big(\frac{2\pi}{N}kn\Big) + \varepsilon_4(n,k)$$

$$= x(n) W_N^{kn} + [\varepsilon_1(n,k) + \varepsilon_2(n,k)] + \mathrm{j}[\varepsilon_3(n,k) - \varepsilon_4(n,k)]$$

$$= x(n) W_N^{kn} + \varepsilon(n,k) \tag{8.5-4}$$

为了简化计算对输出噪声 $F(k)$ 方差的计算，对 $\varepsilon_i(n,k)(i = 1 \sim 4)$ 的统计特性作如下

假设:

(1) 所有误差 $\varepsilon_i(n,k)$ 是平稳的零均值白噪声序列;在 $-\frac{1}{2}2^{-b} \sim \frac{1}{2}2^{-b}$ 均匀分布,故方差 $\sigma_{\varepsilon_i}^2 = \frac{1}{12}2^{-2b}$。

(2) 各 $\varepsilon_i(n,k)$ 噪声源彼此不相关;且某一次复乘的四个误差源与其他复乘的噪声源互不相关。

(3) 各误差 $\varepsilon_i(n,k)$ 与输入 $x(n)$ 不相关,从而与输出 $X(k)$ 也不相关。

复乘误差的模平方为

$$|\varepsilon(n,k)|^2 = [\varepsilon_1(n,k) + \varepsilon_2(n,k)]^2 + [\varepsilon_3(n,k) - \varepsilon_4(n,k)]^2$$

由于各 $\varepsilon_i(n,k)$ 噪声源彼此不相关,则

$$E[|\varepsilon(n,k)|^2] = \sigma_{\varepsilon_1}^2 + \sigma_{\varepsilon_2}^2 + \sigma_{\varepsilon_3}^2 + \sigma_{\varepsilon_4}^2 = 4\frac{2^{-2b}}{12}$$

$$= \frac{1}{3}2^{-2b} = \sigma_B^2 \tag{8.5-5}$$

由式 (8.5-3)、式 (8.5-5) 得到输出噪声 $F(k)$ 方差(噪声功率)为

$$E[|F(k)|^2] = \sum_{n=0}^{N-1} E[|\varepsilon(n,k)|^2] = \frac{N}{3}2^{-2b} \tag{8.5-6}$$

与 FIR 系统直接型相同,输出噪声的方差正比于 N。

由于定点运算受到动态范围的限制,要防止 $X(k)$ 溢出,要求

$$|X(k)| = \left|\sum_{n=0}^{N-1} x(n)W_N^{kn}\right| \leq \sum_{n=0}^{N-1} |x(n)||W_N^{kn}| = \sum_{n=0}^{N-1} |x(n)| \leq 1 \tag{8.5-7}$$

再由式(8.5-7) 可得出输出不溢出的充分条件为

$$\sum_{n=0}^{N-1} |x(n)| \leq \sum_{n=0}^{N-1} x_{max} = Nx_{max} \leq 1$$

$$x_{max} \leq 1/N \tag{8.5-8}$$

即输入只要乘以 $1/N$ 因子,就可保证 $X(k)$ 不溢出。假设输入 $x(n)$ 是在 $-1/N \sim 1/N$ 之间均匀分布的白色随机信号,输入信号的方差为

$$\sigma_x^2 = \frac{1}{3}x_m^2 = \frac{1}{3N^2} \tag{8.5-9}$$

输出信号的方差为

$$E[|X(k)|^2] = E\left[\left|\sum_{n=0}^{N-1} x(n)W_N^{kn}\right|^2\right] = \sum_{n=0}^{N-1} E[|x(n)|^2]$$

$$= \sum_{n=0}^{N-1} \sigma_x^2 = N\sigma_x^2 = N\frac{1}{3N^2} = \frac{1}{3N} \tag{8.5-10}$$

输出信噪比为

$$\frac{E[|F(k)|^2]}{E[|X(k)|^2]} = \frac{N \cdot 2^{-2b}/3}{1/3N} = N^2 \cdot 2^{-2b} \tag{8.5-11}$$

式 (8.5-11) 表明噪信比与 N^2 成正比,即 N 增加一倍时,为了保持噪信比不变或运算精度不变,字长必须要增加 1 位。

8.5.2 FFT 定点舍入计算误差分析

1. 输出噪信比

对不同的 FFT 算法，相应的有限字长效应会有所不同。下面以基 2、时选法为例，分析定点舍入的运算误差，其他 FFT 算法的误差分析可作相应修改。

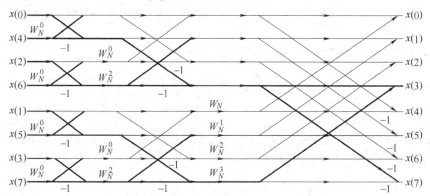

$N = 2^M$ 点的基 2、时选 FFT 分为 M 级，每级有 $N/2$ 各碟形，表示由 m 列到 $m+1$ 列的基本蝶形定点舍入运算的统计模型如图8.5-3 所示。

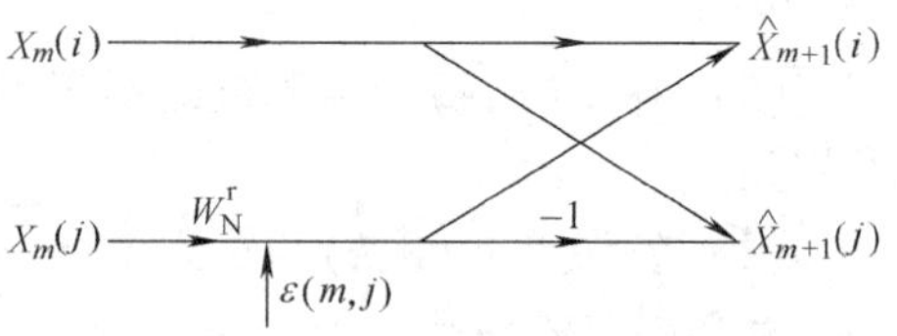

图8.5-3 基本蝶形定点舍入运算的统计模型

图中基本蝶形节点的下标 $m = 0$ 表示输入序列 $x(n)$，$m+1 = M$ 表示输出序列 $X(k)$。由图可见，每个基本蝶形有一次复数乘法，产生一个误差源 $\varepsilon(m,j)$。该误差源与 DFT 分析中的误差源具有相同的统计特性，所以一次复数乘法引入误差的方差为

$$E[\,|\varepsilon(m,j)|^2\,] = \sigma_\varepsilon^2 = \frac{1}{3}2^{-2b} \tag{8.5-12}$$

由于一是定点的加法运算无误差，不影响方差；二是 $E[\,|\varepsilon(m,j)W_N^r|^2\,] = |W_N^r|^2 E[\,|\varepsilon(m,j)|^2\,] = E[\,|\varepsilon(m,j)|^2\,]$，所以乘以系数 W_N^r 对方差也没有影响，因此各误差源 $\varepsilon(m,j)$ 从源头传输到输出端时方差不会变化。所以计算第 k 个$X(k)$值运算结果的总输出误差 $F(k)$，只要计算从输入端到输出端所涉及的蝶形数量即可。图8.5-4 是 $N=8$ 点的 FFT 时选流图，图中的粗线条标明了与 $X(3)$ 计算相关的蝶形。

图 8.5-4 与 $X(3)$ 计算相关的蝶形

由图可见与 $X(3)$ 有关的蝶形：第三级 1 个；第二级 2 个；第一级 4 个。一共是 $1 + 2 + 2^2 = 7$ 个碟形，则输出噪声源 $F(3) = 7\varepsilon(m,j)$，其噪声方差 $E[\,|F(3)|^2\,] = 7q^2/3 = \frac{7}{3}2^{-2b}$。由此可以类推 $N=2^M$ 点时噪声输出的一般情况，共有 M 级蝶形，与第 k 个 $X(k)$ 有关的蝶形：M（末级）级一个；$M-1$（末前级）级 2 个；$M-2$ 级 4 个；……，总共为

$$1 + 2 + 2^2 + \cdots + 2^{M-1} = 2^M - 1 = N - 1 \tag{8.5-13}$$

所以总的输出噪声方差

$$E[\,|F(k)|^2\,] = (N-1)\sigma_\varepsilon^2$$

当 N 很大时

$$E[|F(k)|^2] = (N-1)\sigma_\varepsilon^2 \approx N\sigma_\varepsilon^2 \qquad (8.5-14)$$

由图8.5-3可见蝶形的运算关系为

$$X_{m+1}(i) = X_m(i) + W_N^r X_m(j) \qquad (8.5-15)$$

由式(8.5-15)可以得到

$$|X_{m+1}(i)| \leqslant |X_m(i)| + |W_N^r||X_m(j)|$$
$$= |X_m(i)| + |X_m(j)| \leqslant 2\max[|X_m(i)|, |X_m(j)|] \qquad (8.5-16)$$

这说明蝶形结的输出最大值不超过，但有可能为输入的两倍。一个 N 点 FFT 有 $M = \log_2 N$ 级蝶形，所以 FFT 的最后输出不超过，但有可能为输入的 $N = 2^M$ 倍。即 $\max|X(k)| \leqslant 2^M \max|x(n)| = N\max|x(n)|$。所以若要保证 $|X(k)|$ 不溢出，即 $\max|X(k)| \leqslant 1$，就要求

$$|x(n)| \leqslant 1/N \qquad (0 \leqslant n \leqslant N-1) \qquad (8.5-17)$$

假设信号是在 $-1/N \sim 1/N$ 之间均匀等概分布的白色随机信号，其方差为

$$\sigma_x^2 = \frac{1}{3}x_m^2 = \frac{1}{3N^2} \qquad (8.5-18)$$

FFT 输出的方差为

$$E[|X(k)|^2] = E\left[\left|\sum_{n=0}^{N-1} x(n)W_N^{kn}\right|^2\right] = \sum_{n=0}^{N-1} E[|x(n)|^2] = N\sigma_x^2 = \frac{1}{3N} \qquad (8.5-19)$$

输出噪信比为

$$\frac{E[|F(k)|^2]}{E[|X(k)|^2]} = \frac{N \cdot 2^{-2b}/3}{1/3N} = N^2 \cdot 2^{-2b} \qquad (8.5-20)$$

噪信比与 N^2 成正比。说明 FFT 算法仅提高运算速度，噪信比与直接算法相同。每增加一级（M 加 1），噪信比增加 4 倍。或为了保持噪信比不变或运算精度不变，N 增加一倍时字长要增加 1 位。

2. 改善噪信比的方法

输出信噪比不高的原因在很大程度上是由于输入幅度限制过小所至，这种状况是可以改善的。由前分析可知，一个蝶形结构的输出最大不超过输入的两倍。如果如图 8.5-5 所示，对每个蝶形结都乘以系数 1/2，就可以保证蝶形运算不会溢出。因为共有 $M = \log_2 N$ 级蝶形，所以对全部 FFT 运算相当设置了比例因子 $(1/2)^M = 1/N$。与前面所讨论的 FFT 处理不同，是把 $1/N$ 的比例因子分解到每级运算中。因此在保持输出信号方差不变的情况下，输入幅度增加了 N 倍，即

$$|x(n)| \leqslant 1 \qquad (8.5-21)$$

这种处理输出信号方差不变，但输出噪声却小得多。

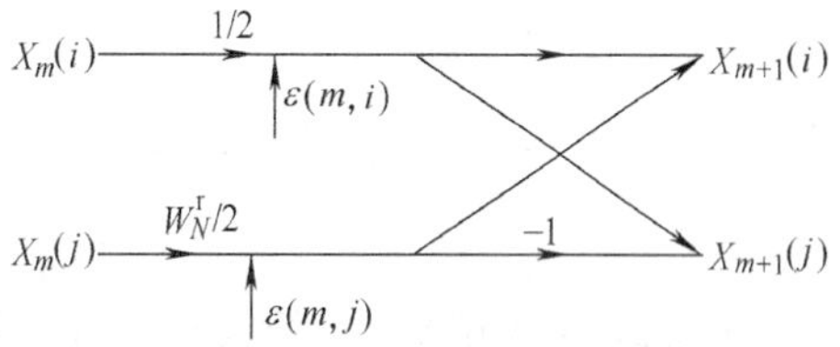

图 8.5-5　乘 1/2 因子的蝶形统计模型

由图8.5-5可见，由于多乘了一个系数，每个蝶形噪声源由一个变为两个，且

$$E[|\varepsilon(m,i)|^2] \approx E[|\varepsilon(m,j)|^2] = \sigma_\varepsilon^2 = \frac{1}{3}2^{-2b}$$

这样每个蝶形噪声方差为

$$E[\,|\,\varepsilon(m,i)\,|^2\,] + E[\,|\,\varepsilon(m,j)\,|^2\,] = 2\sigma_\varepsilon^2 = \frac{2}{3}2^{-2b}$$

这个误差每通过后一级蝶形，受 1/2 比例因子的加权作用，其幅度被衰减到 1/2，而方差被衰减到 1/4。不过，噪声源所处的运算级不同，最后的影响也不同。因此输出噪声的总方差为

$$E[\,|\,F(k)\,|^2\,] = 2\left[\sigma_B^2 + \frac{1}{4}\cdot 2\sigma_B^2 + \frac{1}{4^2}\cdot 2^2\sigma_B^2 + \cdots + \frac{1}{4^{M-1}}\cdot 2^{M-1}\sigma_B^2\right]$$

$$= 2\sigma_B^2\left[1 + \frac{1}{2} + \frac{1}{2^2} + \cdots + \frac{1}{2^{M-1}}\right]$$

$$= 2\sigma_B^2\left[\frac{1-(1/2)^M}{1-1/2}\right] = 4\sigma_B^2[\,1 - (1/2)^M\,]$$

若 $M \gg 1$，则输出方差为

$$E[\,|\,F(k)\,|^2\,] \approx 4\sigma_B^2 = \frac{4}{3}2^{-2b} \tag{8.5-22}$$

上式证明，噪声方差一次次地被 $(1/2)^2$ 衰减，使得输出噪声越来越小的处理方法，比一次性乘以 $1/N$ 比例因子的方法好。

输出噪信比为

$$\frac{E[\,|\,F(k)\,|^2\,]}{E[\,|\,X(k)\,|^2\,]} = \frac{4\sigma_B^2[\,1-(1/2)^M\,]}{1/3N} \approx \frac{4}{3}2^{-2b}\cdot 3N = 4N\cdot 2^{-2b} \tag{8.5-23}$$

这个结果正比 N 而不是 N^2。说明保持噪信比或运算精度不变的情况下，每增加一级蝶形只要增加二进制的半个数位（字长）；或每增加两级蝶形只要增加二进制的一个数位（字长）。因此把 $1/N$ 的衰减分解到每级蝶形，以改善输出噪信比，应该是更好的选择。

8.5.3 FFT 浮点舍入计算误差分析

与定点情况相同，对不同的 FFT 算法，相应的有限字长效应不同。仍以基 2、时选 $N = 2^M$ 为例，从一个蝶形运算产生的误差开始讨论。

单个蝶形浮点运算统计模型如图8.5-6所示，图中符号意义与定点运算统计模型相同。

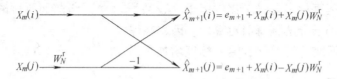

图 8.5-6　浮点运算统计模型

蝶形上端输出为（下端输出的讨论相同）

$$\hat{X}_{m+1}(i) = X_m(i) + X_m(j)W_N^r + e_{m+1} \tag{8.5-24}$$

式中，e_{m+1} 具有实部和虚部，即

$$e_{m+1} = e_r + je_i$$

e_r、e_i 分别由 $X_{m+1}(i)$ 的实部和虚部运算所决定。首先分析实部误差 e_r（虚部误差 e_i 可以类推），因为

$$\mathrm{Re}[X_{m+1}(i)] = \mathrm{Re}[W_N^r]\mathrm{Re}[X_m(j)] - \mathrm{Im}[W_N^r]\,\mathrm{Im}[X_m(j)] + \mathrm{Re}[X_m(i)] \tag{8.5-25}$$

浮点运算不论加法、乘法都产生误差，而在这个运算中有两次乘法、两次加法，均引入舍入误差，均用相对误差表示，即以 ε_1、ε_2 表示乘积引入的相对误差，以 η_1、η_2 表示加法引入的相对误差，则各噪声源与运算的关系如图8.5-7所示。

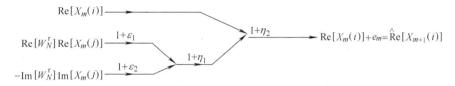

图 8.5-7 X_{m+1} (i) 实部浮点运算统计模型

由图8.5-7得到浮点实部运算的输出为

$$\text{Re}[\hat{X}_{m+1}^r(i)] = \text{Re}[W_N^r]\text{Re}[X_m(j)](1 + \varepsilon_1)(1 + \eta_1)(1 + \eta_2)$$
$$- \text{Im}[W_N^r]\text{Im}[X_m(j)](1 + \varepsilon_2)(1 + \eta_1)(1 + \eta_2) + \text{Re}[X_m(i)](1 + \eta_2)$$
$$= \text{Re}[X_{m+1}(i)] + e_r \tag{8.5-26}$$

式中，$\text{Re}[\hat{X}_{m+1}(i)]$ 是无限精度实部运算结果；e_r 是有限精度实部运算结果的误差。

从表达式中略去 ε、η 的所有高次项，可得

$$e_r \approx (\varepsilon_1 + \eta_1 + \eta_2)\text{Re}[W_N^r]\text{Re}[X_m(j)] - (\varepsilon_2 + \eta_1 + \eta_2)$$
$$\text{Im}[W_N^r]\text{Im}[X_m(j)] + \eta_2\text{Re}[X_m(i)]$$

为分析简便，作如下假设：

（1）所有误差源与信号 $x(n)$ 不相关、独立；都是彼此独立、白色、等概分布，具有相同方差，因此

$$E[|\varepsilon_1(n)|^2] = E[|\varepsilon_2(n)|^2] = E[|\eta_1(n)|^2] = E[|\eta_2(n)|^2] = \sigma_B^2 = \frac{1}{3}2^{-2b}$$

（2）$x(n)$ 是白色；实、虚部方差相同；且同一级各节点方差相同，即

$$E[|\text{Re}[X_m(j)]|^2] = E[|\text{Im}[X_m(j)]|^2] = \frac{1}{2}E[|X_m(j)|^2]$$

$$E[|X_m(i)|^2] = E[|X_m(j)|^2]$$

由此得到实部误差的方差为

$$E[e_r^2] = 3\sigma_B^2[\text{Re}(W_N)]^2 \cdot \frac{1}{2}E[|X_m(j)|^2] +$$
$$3\sigma_B^2[\text{Im}(W_N^r)]^2 \cdot \frac{1}{2}E[|X_m(j)|^2] + \sigma_B^2 \cdot \frac{1}{2}E[|X_m(i)|^2]$$
$$= 2\sigma_B^2 \cdot E[|X_m(j)|^2] \tag{8.5-27}$$

同理可得到虚部误差的方差为

$$E[e_i^2] = 2\sigma_B^2 \cdot E[|X_m(i)|^2] \tag{8.5-28}$$

则输出节点噪声 e_{m+1} 的方差为

$$\sigma_{m+1}^2 = E[e_{m+1}^2] = E[e_r^2] + E[e_i^2] = 4\sigma_B^2 \cdot E[|X_m(i)|^2] \tag{8.5-29}$$

上式表明浮点制的输出节点噪声与其输入节点变量相关。

与定点分析情况相同，因为前一级误差通过后一级蝶形时其方差保持不变，所以浮点FFT总的输出误差与从输入 $x(n)$ 到输出 $X(k)$ 经过的蝶形个数相关，与第 k 个 $F(k)$ 有关的

蝶形：M（末级）级一个；$M-1$（末前级）级两个；$M-2$ 级四个……，即在输出端总的输出误差方差为

$$E[\,|F(k)\,|^2\,] = 4\sigma_B^2\{E[\,|X_{M-1}(j)\,|^2\,] + 2E[\,|X_{M-2}(j)\,|^2\,] + \cdots + 2^{M-1}E[\,|X(j)\,|^2\,]\}$$

(8.5-30)

因为每级蝶形输出信号的方差是输入信号方差的 2 倍，即

$$X_{m+1}(i) = X_m(i) + X_m(j)W_N^r$$ (8.5-31)

求式(8.5-31)的方差，可得

$$E[\,|X_{m+1}(i)\,|^2\,] = E[\,|X_m(i)\,|^2\,] + E[\,|X_m(j)\,|^2\,] = 2E[\,|X_m(i)\,|^2\,] = 2E[\,|X_m(j)\,|^2\,]$$

(8.5-32)

利用这一关系类推，将所有 $X_m(j)$ 的方差用 $X(k)$ 的方差表示为

$$E[\,|X_{M-1}(j)\,|^2\,] = \frac{1}{2}E[\,|X(k)\,|^2\,]$$

$$E[\,|X_{M-2}(j)\,|^2\,] = \left(\frac{1}{2}\right)^2 E[\,|X(k)\,|^2\,]$$

$$\vdots$$

$$E[\,|x(j)\,|^2\,] = \left(\frac{1}{2}\right)^M E[\,|X(k)\,|^2\,]$$

将上面的关系代入式(8.5-30)，得到最后总的输出误差方差为

$$\sigma_F^2 = E[\,|F(k)\,|^2\,]$$

$$= 4\sigma_B^2 \cdot E[\,|X(k)\,|^2\,]\left[\frac{1}{2} + 2\frac{1}{2^2} + \cdots + 2^{M-1}\frac{1}{2^M}\right]$$

$$= 4\sigma_B^2 \cdot E[\,|X(k)\,|^2\,]\frac{M}{2} = 2M\sigma_B^2 \cdot E[\,|X(k)\,|^2\,]$$ (8.5-33)

输出噪信比为

$$\frac{E[\,|F(k)\,|^2\,]}{E[\,|X(k)\,|^2\,]} = 2M\sigma_B^2 = \frac{2}{3}M2^{-2b}$$ (8.5-34)

由式(8.5-34)可见，输出噪信比正比于 M，远远小于定点制的 $N = 2^M$。这一结果表明相同尾数字长情况下，浮点噪信比比定点小（运算精度高）。当然，这是由浮点制数字表达的复杂性换来的；另外浮点噪信比不随信号幅度大小变化，这也是所有浮点制运算的共同特点。

8.5.4 FFT 的系数量化效应

无限精度表示的 DFT 为

$$X(k) = \sum_{n=0}^{N-1} x(n)W_N^{nk}$$

了解 FFT 系数量化效应影响很有必要，但要精确分析也不容易。所以分析时为方便要做许多假设，也采用输入、输出方式分析，即输入为 $x(n)$，输出为 $X(k)$。将系数量化误差等效为随机噪声，用统计的方法分析系数量化效应。

系数量化后，上式可表示为

$$\hat{X}(k) = \sum_{n=0}^{N-1} x(n)\, \hat{W}_N^{nk} = X(k) + F(k) \tag{8.5-35}$$

式中，$F(k)$ 是由系数量化引起的 DFT 计算误差。由某个 $x(n)$ 计算 $X(k)$ 要经过 $M = \log_2 N$ 个蝶形，故 $\hat{W}_N^{nk}$ 中有 M 个因子，均是 W_N 的各次幂系数，其中一些可能是不需相乘的 ± 1。为了分析方便，也为了得到最差情况下误差的影响，假定这 M 个因子都有误差，即 $x(n)$ 通过每级蝶形时，都乘了系数 $W_N^{a_i}$（$i = 1, 2, \cdots, M$），总的乘积为 $\prod\limits_{i=1}^{M} W_N^{a_i} = W_N^{nk}$。系数量化后，每个支路的 $W_N^{a_i}$ 成为 $W_N^{a_i} + e_i$，从而

$$\hat{X}(k) = \sum_{n=0}^{N-1} x(n)\, \hat{W}_N^{nk} = \sum_{n=0}^{N-1} x(n) \Big[\prod_{i=1}^{M} (W_N^{a_i} + e_i) \Big] = X(k) + F(k) \tag{8.5-36}$$

则系数量化后的误差为

$$F(k) = \hat{X}(k) - X(k) = \sum_{n=0}^{N-1} x(n)(\hat{W}_N^{nk} - W_N^{nk}) \tag{8.5-37}$$

因为
$$\hat{W}_N^{nk} = \prod_{i=1}^{M}(W_N^{a_i} + e_i) = \prod_{i=1}^{M} W_N^{a_i} + \sum_{n=0}^{N-1} e_i \prod_{\substack{j=1 \\ j \neq i}}^{M} W_N^{a_j} + \cdots + \prod_{i=1}^{M} e_i$$

一般 e_i 很小，忽略与其有关的高次项，则

$$\hat{W}_N^{nk} = \prod_{i=1}^{M}(W_N^{a_i} + e_i) \approx \prod_{i=1}^{M} W_N^{a_i} + \sum_{n=0}^{N-1} e_i \prod_{\substack{j=1 \\ j \neq i}}^{M} W_N^{a_j} \tag{8.5-38}$$

故
$$\hat{W}_N^{nk} - W_N^{nk} = \sum_{n=0}^{N-1} e_i \prod_{\substack{j=1 \\ j \neq i}}^{M} W_N^{a_j} \tag{8.5-39}$$

与前相同，假定 e_i 是统计独立、白色等概的随机变量，则有

$$E[\hat{W}_N^{nk} - W_N^{nk}] = E\Big[\sum_{n=0}^{N-1} e_i \prod_{\substack{j=1 \\ j \neq i}}^{M} W_N^{a_j} \Big] = \sum_{n=0}^{N-1} E[e_i] \prod_{\substack{j=1 \\ j \neq i}}^{M} W_N^{a_j} = 0$$

所以

$$E[F(k)] = \sum_{n=0}^{N-1} x(n) E[(\hat{W}_N^{nk} - W_N^{nk})] = 0 \tag{8.5-40}$$

e_i 的方差为
$$\sigma_{e_i}^2 = E[|e_i|^2] = E[|\mathrm{Re}(e_i)|^2 + |\mathrm{Im}(e_i)|^2] = 2\sigma_e^2 = q^2/6 = 2^{-2b}/6$$

令 $\prod\limits_{\substack{j=1 \\ j \neq i}}^{M} W_N^{a_j} = b_i$，$(\hat{W}_N^{nk} - W_N^{nk})$ 的方差为

$$E[|\hat{W}_N^{nk} - W_N^{nk}|^2] \approx E\Big[\Big(\sum_{n=0}^{M} e_i b_i \Big) \Big(\sum_{n=0}^{M} e_i b_i \Big)^* \Big] = E\Big[\sum_{n=0}^{M} |e_i b_i|^2 \Big] = E\Big[\sum_{n=0}^{M} |b_i|^2 |e_i|^2 \Big]$$

因为
$$|b_i| = \prod_{\substack{j=1 \\ j \neq i}}^{M} |W_N^{a_j}| = 1$$

所以

$$E[|\hat{W}_N^{nk} - W_N^{nk}|^2] \approx M E[|e_i|^2] = Mq^2/6 \tag{8.5-41}$$

由式 (8.5-37) 的输出误差的方差为

$$\sigma_F^2 = E[\,|F(k)|^2\,] = \sum_{n=0}^{N-1} E[\,|x(n)(\hat{W}_N^{nk} - W_N^{nk})|^2\,]$$

$$= \sum_{n=0}^{N-1} |x(n)|^2 E[\,|\hat{W}_N^{nk} - W_N^{nk})|^2\,] = \sum_{n=0}^{N-1} |x(n)|^2 Mq^2/6$$

$$= \sum_{n=0}^{N-1} |x(n)|^2 \frac{M}{6} 2^{-2b} \tag{8.5-42}$$

实际上系数量化误差与运算误差不同，对一个确定的滤波器，系统的字长 b 一定，每个系数量化后的数值是可知的，其系数的量化误差也是确定值。在分析中将其假设为随机变量，用统计方法分析是为了对误差的大小作概率估计，即 σ_F^2 是最有可能出现的估值。由上式估计的误差比实际误差稍大，可做大致估计之用。

根据帕塞维尔定理

$$\sum_{n=0}^{N-1} |x(n)|^2 = \frac{1}{N} \sum_{k=0}^{N-1} |X(k)|^2 \tag{8.5-43}$$

式 (8.5-43) 是输出序列的平均功率，假定输入 $x(n)$ 是统计独立、白色等概的随机变量，则 $X(k)$ 也是统计独立、白色等概的随机变量，序列的平均功率与序列的方差相等，由此得到信噪比为

$$\frac{\sigma_F^2}{\dfrac{1}{N}\displaystyle\sum_{k=0}^{N-1} |X(k)|^2} = \frac{M}{6} 2^{-2b} \tag{8.5-44}$$

式 (8.5-44) 表明信噪比与 $M = \log_2 N$ 成正比，因而随 N 增加而增加的速度很慢。当 N 加倍时，M 只增加 1，信噪比增加不大。

上述有关误差的所有统计分析与实际情况都有一定的误差，但这种粗略估计，对选择所需要寄存器长度（字长）仍有意义。

8.6 习题

1. 设 x_o 为反码表示的负数，x_c 为补码表示的负数，已知 $x_o = [\gamma_\Delta \gamma_1 \gamma_2 \cdots \gamma_b]$，证明 $x_c = x_o + 2^{-b}$

2. 将下列十进制数分别用 $b=4$ 的原码、补码、反码表示：

$x_1 = 0.4375$, $x_2 = 0.625$, $x_3 = 0.0625$, $x_4 = 0.9375$

$x_5 = -0.4375$, $x_6 = -0.625$, $x_7 = -0.0625$, $x_8 = -0.9375$。

3. 若以下二进制码分别是原码、补码、反码时，请算出其所表达的十进制数。

$x_1 = 0.1001$, $x_2 = 0.1101$, $x_3 = 1.1000$, $x_4 = 1.1011$, $x_5 = 1.1111$, $x_6 = 1.0000$

4. 用二进制补码表示以下四个十进制数，并用补码加法规律计算以下四个加法。

$x_1 = 0.1875$, $-x_1 = -0.1875$, $x_2 = 0.625$, $-x_2 = -0.625$；

$x_1 + x_2$, $x_1 + (-x_2)$, $(-x_1) + x_2$, $(-x_1) + (-x_2)$。

提示：补码加法的规律是不论正负数符号位与尾数均直接参加相加运算，尾数和大于 1 即进位与符号位相加，若符号位发生进位，将进位去掉。

5. 用二进制反码表示以下四个十进制数，并用反码加法规律计算四个加法。

$x_1 = 0.1875$, $-x_1 = -0.1875$, $x_2 = 0.625$, $-x_2 = -0.625$;

$x_1 + x_2$, $x_1 + (-x_2)$, $(-x_1) + x_2$, $(-x_1) + (-x_2)$。

提示：反码加法的规律：不论正负数符号位与尾数均直接参加相加运算，尾数和大于1即进位与符号位相加，若符号位发生进位，则将进位的1加到最后一位上。

6. 试推导浮点不同尾数处理相对误差 ε 的误差范围。

7. 一个一阶网络其差分方程及输入序列分别为

$$y(n) = \frac{1}{4}y(n-1) + x(n), x(n) = 0.5u(n)$$

（1）求无限精度运算下的输出 $y(n)$，以及输出稳态值 $y(\infty)$。

（2）采用 $b = 4$ 位字长的定点截尾运算时，计算 $0 \leqslant n \leqslant 5$ 以内的输出值 $\hat{y}(n)$ 以及输出稳态值 $\hat{y}(\infty)$，设 $y(-1) = 0$。

8. 采用 $b = 4$ 位字长的定点舍入运算时，重复上题的（2）。

9. 现在研究图8.6-1所示的系统，图中 $x(n) = \frac{1}{2}(-1)^n u(n)$。

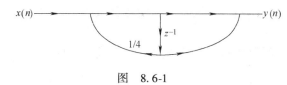

图 8.6-1

（1）求无限精度运算下的输出 $y(n)$，以及输出稳态值 $y(\infty)$。

（2）采用 $b = 4$ 位字长的定点截尾运算时，计算 $0 \leqslant n \leqslant 5$ 以内的输出值 $\hat{y}(n)$ 以及输出稳态值 $\hat{y}(\infty)$，设 $y(-1) = 0$。

10. 正弦随机相位序列 $x(n) = A\cos(\omega_0 n + \theta)$，其中 θ 是随机变量，并且在 $0 \leqslant \theta < 2\pi$ 范围均匀等概分布，即 $P(\theta) = \begin{cases} \dfrac{1}{2\pi} & 0 \leqslant \theta < 2\pi \\ 0 & \theta \geqslant 2\pi \end{cases}$

求其平均值 $m_x = E[x(n)]$ 及方差 $\sigma_x^2 = E[(x(n) - m_x)^2]$。

11. 一阶 IIR 系统，$y(n) = ay(n-1) + x(n)$，用 $b = 3$ 位的定点原码舍入运算。

（1）求在零输入，即 $x(n) = 0$ 时，在以下几种初始条件下的前六点输出值。

$\hat{y}(-1) = 0.875$，$\hat{y}(-1) = 0.25$，$\hat{y}(-1) = 0.125$

（2）以上几种初始条件下零输入极限环的振荡幅度是多少？

（3）该系统零输入极限环振荡的最大幅度是多少？

12. 一阶 IIR 系统 $H(z) = 1/(1 - az^{-1})$，当采用定点舍入处理时，试证明只有当系数 $|a| < \dfrac{1}{2}$ 时才没有零输入极限环振荡。

13. 二阶 IIR 系统，$y(n) = y(n-1) - ay(n-2) + x(n)$，用 $b = 3$ 位的定点原码舍入运算。

（1）求在零输入即 $x(n) = 0$ 时，$a = 0.75$ 及以下初始条件下的前9点 $\hat{y}(n)$，即 $0 \leqslant n \leqslant 8$ $\hat{y}(n)$ 输出值。$\hat{y}(-2) = 0$；$\hat{y}(-1) = 0.5$。

（2）证明当 $Q[a\hat{y}(n-2)] = \hat{y}(n-2)$ 时即发生零输入极限环振荡。

（3）系数 a 在什么范围内会引起零输入极限环发生振荡。

14. 一阶 IIR 系统，$y(n) = ay(n-1) + x(n)$，采用 $b = 3$ 的定点原码截尾运算。证明只要系统稳定，即 $|a| < 1$，就不会发生零输入极限环。

15. 采用定点补码截尾运算，重作上题。

16. 一阶 IIR 系统的传递函数为 $H(z) = \dfrac{0.4 - 0.34z^{-1}}{(1 - 0.9z^{-1})(1 - 0.7z^{-1})}$，今用 6 位字长的定点运算实现，尾数舍入处理。分别计算直接 I 型及直接 II 型结构的输出舍入噪声方差。

17. (1) 试计算上题级联型结构的输出舍入噪声方差值。

(2) 改变级联网络的前后次序，再计算输出舍入噪声方差值。

(3) 改变级联网络中零点与极点的搭配关系，再计算输出舍入噪声方差值。

(4) 试问此传递函数可以有几种串接型结构？不同的结构运算精度是否不同？

18. 用并联结构实现以上传递函数，并计算输出舍入噪声的方差。与以上两题结构比较，哪种结构运算精度最高，哪种最差。

19. 一个二阶网络的系统函数为 $H(z) = \dfrac{1}{(1 - 0.9z^{-1})(1 - 0.8z^{-1})}$

(1) 用如图 8.6-2a 所示结构实现时，为使运算过程中任何地方都不溢出，比例因子 A_1 应选多大？

(2) 用如图 8.6-2b 所示结构实现时，为使运算过程中任何地方都不溢出，比例因子 A_2 应选多大？

(3) 用如图 8.6-2c 所示结构实现时，为使运算过程中任何地方都不溢出，比例因子 A_3、A_4 应选多大？

(4) 以上三种情况下信号的最大输出 y_{max} 各为多少？输出信噪比谁最高？谁最低？

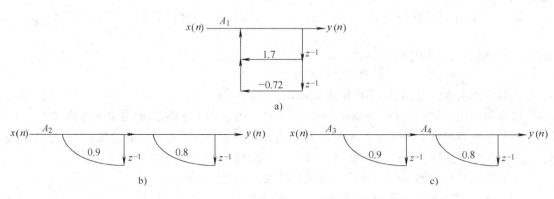

图 8.6-2

20. 两个一阶 IIR 网络 $H_1(z) = \dfrac{1}{1 - 0.9z^{-1}}$，$H_2(z) = \dfrac{1}{1 - 0.1z^{-1}}$，今用浮点舍入处理，要达到输出精度，问各需要几位尾数字长。

21. 欲用浮点算法实现图8.6-3a的一阶数字滤波器，负数用原码表示。系数 a 的尾数是 b 位的（不包括符号位）。假设阶码的位数不受限制。作乘法得到的尾数要截尾成 b 位。为简化分析，假设加法得到的尾数不作截尾。乘积截尾引入的误差用图 8.6-3b 所示的可加噪声源$e(n)$表示，$e(n) = a\varepsilon(n) \cdot y(n-1)$。输出是 $y(n) + f(n)$，$y(n)$ 代表没有量化误差时即 $e(n) = 0$ 时得到的输出。

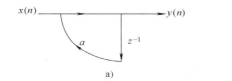
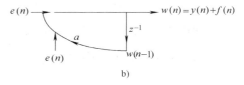

图 8.6-3

对 $\varepsilon(n)$ 作如下假设：$\varepsilon(n)$ 是一个平稳随机过程，它的一阶概率密度是如下的均匀分布：

$$p(\varepsilon) = \begin{cases} \dfrac{1}{2} \times 2^b & 0 < \varepsilon < 2 \times 2^{-b} \\ 0 & \text{其他} \end{cases}$$

$\varepsilon(n)$ 与 $x(n)$ 和 $y(n)$ 统计独立。$m \neq n$ 时，$E[\varepsilon(n)\varepsilon(m)] = E[\varepsilon(n)]E[\varepsilon(m)]$。

输入 $x(n)$ 是一个平稳随机过程，它的相关函数是

$$\phi_{xx}(n) = E[x(r)x(r+n)] = \sigma_x^2 \delta(n)$$

（1）确定 $y(n)$ 的自相关函数 $\phi_{yy}(n)$。

（2）令 σ_y^2 表示输出信号 $y(n)$ 的方差、σ_f^2 表示输出噪声 $f(n)$ 的方差，试确定噪声信号比 σ_f^2/σ_y^2。

22. 要实现一个具有如下传递函数的数字滤波器：

$$H(z) = \frac{1-(1/4)z^{-1}}{\left(1-\dfrac{1}{2}z^{-1}\right)\left(1+\dfrac{1}{2}z^{-1}\right)} = \frac{1/4}{\left(1-\dfrac{1}{2}z^{-1}\right)} + \frac{3/4}{\left(1+\dfrac{1}{2}z^{-1}\right)}$$

$$h(n) = \frac{1}{4}\left[\left(\frac{1}{2}\right)^n + 3\left(-\frac{1}{2}\right)^n\right]u(n)$$

（1）试画出用直接 II 形式实现这个滤波器的数字网络流图。

（2）试画出仅用一阶节级联实现所有可能的数字滤波器流图。

（3）滤波器利用定点舍入原码小数算法实现。数据用 b 位字长（符号位除外）表示。不考虑溢出，试分别确定（1）和（2）中的所有滤波器的舍入噪声的输出方差。

（4）定点算法有一个有限的动态范围，所以输入必须改变比例，使滤波器中没有一个信号的值能溢出。可以利用线性系统输出最大输入值的界限如下：

$$y_{\max} \leqslant x_{\max} \sum_{m=-\infty}^{\infty} |h(m)|$$

式中，$x_{\max}$ 是最大输入值；$y_{\max}$ 是最大输出值。试确定（1）和（2）的每一种滤波器可能出现在网络中某处的最大值。

（5）假设输入是一个白噪声序列，它的幅度在 $-x_{\max}$ 和 $x_{\max}$ 之间均匀分布。对于（1）和（2）中每一种滤波器，可以根据（4）中的答案选择 $x_{\max}$，使得滤波器中最大信号电平值为 1。试确定（1）和（2）的每一种滤波器各自的噪声信号比。哪一种网络输出噪声信号比最低？

23. 研究用定点舍入算法直接计算离散傅里叶变换。假设移位寄存器字长是 b 位再加符号位，乘法引进的舍入噪声与其他任一次乘法引进的舍入噪声独立无关。假设 $x(n)$ 是实序列，试确定每一频谱点 $X(k)$ 的实部和虚部中舍入噪声的方差。

24. 试对频率抽选算法用输入输出法作噪声分析，并求比例因子 $1/N$ 处理放在输入和逐级衰减 $1/2$ 两种情况下的输出噪声方差和噪声信号比。

25. 一个具有共轭极点的二阶网络 $H(z) = \dfrac{1}{(1 - re^{j\theta}z^{-1})(1 - re^{-j\theta}z^{-1})}$，其极点为

$$z_{1,2} = re^{\pm j\theta}$$

（1）证明图8.6-4所示耦合型结构与其极点相同。

其中系数关系为 $a = r\cos\theta$，$b = r\sin\theta$。

（2）求极点灵敏度 $\dfrac{\partial z_i}{\partial a}$，$\dfrac{\partial z_i}{\partial b}$。

（3）证明系数 a、b 用有限二进制码表示时，极点 $z_{1,2}$ 在 z 平面上的量化位置具有均匀的分布结构。

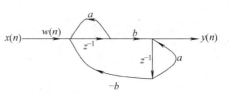

图 8.6-4

26. 一个二阶网络 $H(z) = \dfrac{0.1}{(1 - 0.8z^{-1})(1 - 0.7z^{-1})}$，今用 6 位字长舍入方式对其系数量化，使用统计的方法估算以下 3 种结构下系数量化所引起的频响偏离的方差值。

（1）直接型结构。

（2）级联型结构。

（3）并联型结构。

27. 一个 N 阶 FIR 滤波器，$H(z) = \displaystyle\sum_{n=0}^{N} x(n)z^{-n}$，采用直接型结构，今用 6 位字长舍入方式对其系数量化。

（1）用统计的方法估算由于系数量化所引起的频响偏离的方差 σ_ε^2。

（2）当 $N = 1024$ 时，若要求 $\sigma_\varepsilon^2 \leqslant 10^{-8}$，则系数字长 b 应该取多少位。

28. 利用网络敏感度公式 $\dfrac{\partial T_{ab}}{\partial F_{nm}} = T_{an}T_{mb}$ 及求偏导的方法，求图 8.6-5 所示二阶系统的支路 42 的传递系数变化时系统函数的敏感度。

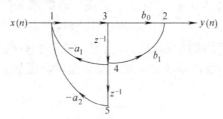

图 8.6-5

29. 试推导支路传输比大范围变化时造成的信号流图传递函数变化的表示式

$$\Delta T_{ab} = \frac{T_{an}T_{mb}\Delta F_{nm}}{1 - T_{mn}\Delta F_{nm}}$$

第9章　数字信号处理的 DSP 实现

近年来，数字信号处理芯片发展非常迅速，并被广泛应用于通信、消费电子和自动控制等领域。这为数字信号处理技术的硬件实现提供了理想的平台。本章针对前几章讲述的数字滤波器和 FFT 算法，以美国德克萨斯仪器（Texas Instruments, TI）公司各系列 DSP 芯片为例，具体介绍 DSP 的实现方法。

9.1　数字信号处理器介绍

9.1.1　DSP 芯片的特点

DSP 芯片，即数字信号处理芯片，也称数字信号处理器，是一种特别适合于进行数字信号处理运算的微处理器，其主要应用是实时快速地实现各种数字信号处理算法。根据数字信号处理的要求，DSP 芯片一般具有如下主要特点：

1）在一个指令周期内可完成一次乘法和一次加法。
2）程序和数据空间分开，可以同时访问指令和数据。
3）片内具有快速 RAM，通常可通过独立的数据总线在两块中同时访问。
4）具有低开销或无开销循环及跳转的硬件支持。
5）快速的中断处理和硬件 I/O 支持。
6）具有在单周期内操作的多个硬件地址产生器。
7）可以并行执行多个操作。
8）支持流水线操作，使取指、译码和执行等操作可以并行执行。

9.1.2　DSP 芯片的发展

世界上第一片单片 DSP 芯片应当是 1978 年 AMI 公司宣布的 S2811，1979 年美国 Intel 公司宣布的 2920 商用可编程器件是 DSP 芯片的一个重要里程碑。这两种芯片内部都没有现代 DSP 芯片所必须的单周期乘法器。1980 年，日本 NEC 公司推出的 μPD7720 是第一片具有乘法器的商用 DSP 芯片。

在这之后，最成功的 DSP 芯片当数 TI 公司的一系列产品。TI 公司在 1982 年成功推出其第一代 DSP 芯片 TMS32010 及其系列产品 TMS32011、TMS320C10/C14/C15/C16/C17 等，之后相继推出了第二代 DSP 芯片 TMS32020、TMS320C25/C26/C28，第三代 DSP 芯片 TMS320C30/C31/C32，第四代 DSP 芯片 TMS320C40/C44，第五代 DSP 芯片 TMS320C5x/C54x，第二代 DSP 芯片的改进型 TMS320C2xx，集多片 DSP 芯片于一体的 TMS320C8x 高性能 DSP 芯片，以及目前速度最快的 TMS320C62x/C67x 第六代 DSP 芯片等。

第一片采用 CMOS 工艺生产浮点 DSP 芯片的是日本的 HITACHI 公司，该公司于 1982 年推出了浮点 DSP 芯片。1983 年，日本 FUJITSU 公司推出的 MB8764，其指令周期为

120ns，且具有双内部总线，从而使处理的吞吐量发生了一个大的飞跃。而第一片高性能的浮点 DSP 芯片应是 AT&T 公司于 1984 年推出的 DSP32。

与其他公司相比，MOTOROLA 公司在推出 DSP 芯片方面相对较晚。1986 年，该公司推出了 MC56001 定点处理器。1990 年，推出了与 IEEE 浮点格式兼容的 MC96002 浮点 DSP 芯片。

美国模拟器件（Analog Devices，AD）公司在 DSP 芯片市场上也占有较大的份额，相继推出了一系列具有自己特点的 DSP 芯片，其定点 DSP 芯片有 ADSP2101/2103/2105、ASDP2111/2115、ADSP2161/2162/2164、ADSP2171/2181 等，浮点 DSP 芯片有 ADSP21000/21020、ADSP21060/21062 等。

自 1980 年以来，DSP 芯片得到了突飞猛进的发展，DSP 芯片的应用越来越广泛。从运算速度来看，MAC（一次乘法和一次加法）时间已从 20 世纪 80 年代初的 400ns（如 TMS32010）降低到 10ns 以下（如 TMS320C54x/C55x、TMS320C62x/67x/C64x 等），处理能力提高了几十倍，甚至上百倍。DSP 芯片片内 RAM 数量增加了一个数量级以上。从制造工艺来看，1980 年采用 4μm 的 N 沟道 MOS（NMOS）工艺，而现在则普遍采用亚微米（Micron）CMOS 工艺。DSP 芯片的引脚数量从 1980 年的最多 64 个增加到现在的 200 个以上，引脚数量的增加，意味着结构灵活性的增加，如外部存储器的扩展和处理器间的通信等。DSP 芯片的封装从开始的 DIP 封装发展到现在的 BGA 封装。此外，DSP 芯片的发展，使 DSP 应用系统的成本、体积、重量和功耗都有很大程度的下降。表 9.1-1 是 TI 公司 DSP 芯片 1982 年、1992 年、1999 年、2002 年的典型值比较表。

表 9.1-1　TI DSP 芯片发展比较表（典型值）

年　份	1982	1992	1999	2002
制造工艺	4μm NMOS	0.8μm CMOS	0.3μm CMOS	<0.18μm CMOS
运算速度/（MI/s）	5	40	100	160
频率/MHz	20	80	100	160
片外 RAM	144 字	1K 字	32K 字	64K 字
片外 ROM	1.5K 字	4K 字	16K 字	32K 字
价格/美元	150.00	15.00	5.00～25.00	5.00～25.00
功耗/［mW/（MI/s）］	250	12.5	0.45	0.05

9.1.3　TI 公司 DSP 芯片简介

目前，TI 公司的一系列 DSP 产品是当今市场上最有影响的 DSP 芯片。TI 公司已经成为世界上最大的 DSP 芯片供应商，其 DSP 产品占全世界市场份额的近 50%。

TI 公司常用的 DSP 芯片，可以归纳为三大系列，即：

- TMS320C2000 系列：包括 TMS320C2xx/C24x/C28x 等。
- TMS320C5000 系列：包括 TMS320C54x/C55x/OMAP 等。
- TMS320C6000 系列：包括 TMS320C62x/C67x/C64x 等。

此外，还有浮点芯片 TMS320C3x，目前主要是 TMS320VC33。

TMS320C2000 系列是定点 DSP 芯片，主要面向自动控制领域，目前主推 TMS320C24x

和 TMS320C28x。TMS320C24x 提供 20~40MI/s 的运算速度，内部集成了如 PWM、Flash 等许多工业控制领域所需的资源，性能价格比较高。TMS320C28x 是近年推出的新一代工业控制芯片，可提供 150MI/s 的运算速度，采用 32 位 CPU，片内的很多资源可以单片实现大部分应用。

TMS320C5000 系列也是定点 DSP 芯片，主要面向通信、信息技术领域，目前主推 TMS320C54x、TMS320C55x 和 OMAP 芯片。TMS320C54x 系列成员众多，可提供各种性能选择，最高速度可达几百兆指令每秒。TMS320C55x 在 TMS320C54x 的基础上采用高性能的电源管理技术，成为目前功耗最低的一类 DSP 芯片，特别适用于需要电池供电的应用场合。OMAP 芯片集 TMS320C55x 与 ARM 处理器于一体，将在很多应用场合真正做到单片实现。

TMS320C6000 系列应该是 TI DSP 芯片的顶级产品，具有最高的性能，且便于高级语言编程。特别适用于需要高性能处理的场合，如图像和视频处理等。该系列既有定点芯片（TMS320C62x/C64x），也有浮点芯片（TMS320C67x）。其中，TMS320C64x 的时钟速度可达 1GHz，TMS320C67x 在提供高的运算精度的同时，运算速度可达 600~1800MFLOPS。

9.2 FIR 滤波器的实现

对 DSP 的实现而言，FIR 滤波器实质上是乘/累加运算，将滤波器系数和存储的数据对应相乘，对乘积结果累加输出。在 DSP 的实现过程中，主要是确定循环乘/累加指令，并合理确定数据存放方式，提高指令运行效率。

9.2.1 FIR 滤波器的 TMS320C2xx/C5x 实现

TMS320C2xx/C5x 定点 DSP 芯片所提供的单周期乘/累加带数据移动指令和较大的片内 RAM 空间，使数字滤波器每个滤波样值的计算可以在一个周期内完成。TMS320C203 内部具有 544 字的 RAM，分为 B0 块、B1 块和 B2 块。其中 B0 块（256 字）可以用软件编程为数据区（CNFD）或程序区（CNFP），执行 CNFP 后，B0 块映射到程序区的 FF00H~FFFFH。采用高效的 MACD 指令，必须用片内 RAM，其中 B0 块必须配置为程序区。

采用 MACD 指令结合 RPTK 指令就可以实现单周期的滤波样值计算，其程序格式如下：

```
RPTK    N-1
MACD    (程序地址),(数据地址)
```

其中，RPTK N-1 指令将立即数 N-1（TMS320C203 要求 ≤255）装入到重复计数器，使下一条指令重复执行 N 次。MACD 指令可实现下列功能：

1）将程序存储器地址装入到程序计数器。

2）将存于数据区（B1 块）的数据乘以程序区（B0 块）的数据。

3）将上次的乘积加到累加器。

4）移动数据，将 B1 块中的数据向高地址移动一个地址。

5）每次累加后，程序计数器加 1，指向下一个单位脉冲响应样值。

为了使用 MACD 指令，输入样值 x(n) 和滤波器系数 h(n) 必须合理地进行存放。图 9.2-1 是输入样值 x(n) 和滤波器系数 h(n) 在 TMS320C2xx 内存中的一种存放方法。例 9.2-1 是高效实现 FIR 滤波方程的 TMS320C2xx 汇编程序。

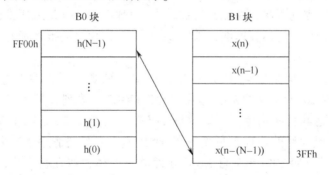

图 9.2-1　TMS320C2xx 的存储器组织方法

例 9.2-1　TMS320C2xx 实现的 FIR 滤波程序。

解：程序如下：

```
            ;N 阶 FIR 滤波的 TMS320C2xx 程序
            ;y(n) = x(n - (N - 1))h(N - 1) + x(n - (N - 2))h(N - 2) + … + x(n)h(n)
            ;
            CNFP                    ; B0 块配置为程序区
    NEXT    IN      XN,PA0          ; 从 PA0 口取一个样值
            LARP    AR1
            LRLK    AR1,3FFH        ; AR1 指向 B1 块的底部
            MPYK    0               ; P 寄存器清零
            ZAC                     ; ACC 清零
            RPTK    N - 1           ; 重复 N - 1 次
            MACD    FF00H,* -       ; 乘/累加
            APAC
            SACH    YN,1
            OUT     YN,PA1          ; 输出滤波器响应 y(n) 至 PA1 口
            B       NEXT            ; 作下一点滤波
```

程序说明：

1）FIR 滤波器系数 h(0),…,h(N - 1) 均小于 1，可用 Q15 表示。

2）输入待滤波样值从 PA0 口得到，直接送到 x(n) 对应的存储单元。

3）滤波后的样值由 SACH YN,1 指令送至 YN 存储单元。由于滤波器系数用 Q15 表示，因此，乘/累加后在 ACC 中的值也是 Q15，左移一位并取高 16 位后得到的数就与输入的样值具有相同的 Q 值了。

4）滤波后的样值在 PA1 口输出。

5）一点滤波结束后，由于 MACD 指令的作用，所有的输入样值均向高地址移动一个位置，即 x(n - (N - 2)) 移动到 x(n - (N - 1)) 的位置，x(n - (N - 3)) 移动到 x(n - (N - 2)) 的位置，…，x(n) 移动到 x(n - 1) 的位置，从而为下一点滤波作好准备。

在例 9.2-1 中，执行 MACD 时用 AR1 间接寻址数据值。采用 RPTK 结合 MACD 实现 FIR 滤波比较适用于滤波器阶数大于 3 的情况。对于阶数小于 3 的 FIR 滤波器，用 LTD/MPY 指令对代替 RPTK/MACD 可以实现更高效率的滤波。

在实际的 DSP 应用中，输入输出的方法不完全相同，上述程序的输入和输出仅是一种实现方法而已。

9.2.2 FIR 滤波器的 TMS320C54x 实现

TMS320C54x 定点 DSP 提供了单周期乘/累加指令 MAC 和循环寻址方式，使 FIR 数字滤波器每个样值的计算可以在一个周期内完成。

FIR 数字滤波器每个样值的计算就是实现两数组对应项乘积的累加和。采用 RPTZ 和 MAC 指令结合循环寻址方式可以方便地实现这一运算，程序格式如下：

    RPTZ　累加器，N-1

    MAC　（双寻址数据），（双寻址数据），累加器

其中，RPTZ 指令将累加器清零初始化，并将立即数 N-1（16 位）装入到重复计数器，使下一条指令重复执行 N 次。
MAC 指令将两存储区数据的乘积累加到累加器，再通过使存储区指针以循环寻址的方式指向下一个存储区。

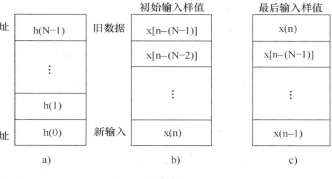

图 9.2-2　TMS320C54x 实现 FIR 滤波器的存储器组织

为了实现对应项相乘，输入样值 x(n) 和滤波器系数 h(n) 必须合理存放，并正确初始化这两个存储块和块指针。
图 9.2-2 是输入样值 x(n) 和滤波器系数 h(n) 在 TMS320C54x 的一种存放方法。例 9.2-2 是高效实现 FIR 滤波器的 TMS320C54x 汇编程序。

例 9.2-2　TMS320C54x 实现 FIR 的程序。

解：程序如下：

```
        ;N 阶 FIR 滤波的 TMS320C2xx 程序
        ;y(n) = x(n-(N-1))h(N-1) + x(n-(N-2))h(N-2) + … + x(n)h(n)
        ;
        STM      #K_FRAME_SIZE-1,BRC      ; repeat for each data
        RPTBD        fir_filter_loop-1
        STM      #K_FIR_BFFR,BK           ; FIR circular bffr value
        LD           *INBUF_P+,A          ; load the input value
fir_filter:
STL        A,*FIR_DATA_P+%              ; replace oldest sample with newest sample
        RPTZ     A,(K_FIR_BFFR-1)
        MAC          *FIR_DATA_P+%,*FIR_COFF_P+%,A ; filtering
        STH      A,*OUTBUF_P+
fir_filter_loop
```

程序说明：

1）数据定标。输入数据和滤波器系数均小于 1，以 Q15 表示。将 FRCT 标志置 1，输

入数据和滤波器系数相乘后结果自动左移一位，和累加器相加并取高16位输出。这样，输出和输入的 Q 值就相同了。

2）数据存放的要求。因为采用了 MAC 指令和循环寻址，所以输入数据和滤波器系数的存放要依照一定的要求。数据块和系数块都要放在双寻址数据存储区。并且，起始地址为 m 位地址边界（$2^m > N$）。

3）循环寻址的使用。为了使用循环寻址，除了对数据的存放有要求外，先还要设置 Bk 为块长 N。由于使用了循环寻址，数据和系数指针在操作后以环的方式增 1。

4）数据的初始化。输入数据块要初始化为全 0。

5）符号说明。常量 K_FRAME_SIZE 和 K_FIR_BFFR 分别为输入数据的个数、FIR 滤波器抽头个数。指针 INBUF_P、FIR_DATA_P、FIR_COFF_P 和 OUTBUF_P 分别为输入数据指针、FIR 抽头输入数据指针、FIR 抽头系数指针、输出数据指针，它们可以用辅助寄存器 ARx 实现。

利用 TMS320C54x 的 FIRS 指令和循环寻址，可以用更简洁的方法实现对称抽头的 FIR 滤波器。这种滤波器具有线性相位的特点，因此得到了广泛的应用。

9.2.3 FIR 滤波器的 TMS320C3x 实现

TMS320C3x 具有并行乘/累加操作和循环寻址的功能，并行乘/累加操作使一次乘法和一次加法在一个指令周期内完成，而循环寻址使长度为 N 的缓冲区足以存储 N 阶滤波所需的输入样值。图 9.2-3 是 TMS320C3x 进行 FIR 滤波时的一种有效的存储器组织，其中，图 9.2-3a 是滤波器系数的存储器组织，图 9.2-3b 是滤波前输入样值的存放顺序，图 9.2-3c 是滤波后输入样值的存放顺序。

为了建立循环寻址，BK 寄存器初始化为滤波器的长度 N，而且输入样值 X 的起始地址必须满足如下条件：起始地址必须是数 M 的整数倍，而 M 是一个大于 N 且是最小的 2 的整数次方的数。例如，若 N = 24，则起始地址必须是 32（2^5）的整数倍，即起始地址的低 5 位必须为 0。例 9.2-2 是采用图 9.2-3 的存储器组织实现 FIR 滤波的 TMS320C3x 汇编子程序。而例 9.2-3 则是一个完整的 FIR 滤波程序，可用模拟器进行调试。

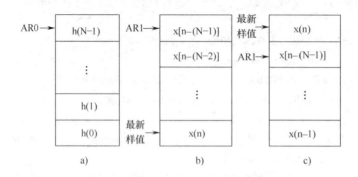

图 9.2-3　TMS320C3x 实现 FIR 滤波器的存储器组织

例 9.2-3　TMS320C3x 实现 FIR 滤波器的汇编子程序。

解：程序如下：

```
. global   FIR
```

```
        FIR LDF 0.0,R0                                    ; R0 初始化
            LDF 0.0,R2                                    ; R2 初始化
            RPTS N-1                                      ; 建立重复
            MPYF3 *AR0++(1),*AR1++(1)%,R0                 ; R0 = h(N-1-i)*x[n-(N-1-i)]
        ‖   ADDF3 R0,R2,R2                                ; 乘/累加
            ADDF3 R0,R2,R0                                ; 加最后一个乘积
            RETS                                          ; 返回
            . end
```

程序说明：

1）滤波器系数和输入样值的存放顺序如图 9.2-3a 和图 9.2-3b 所示。

2）第一次调用上述程序时，首先要初始化 AR0、AR1、BK 三个寄存器。其中，AR0 指向 h(N-1)，AR1 指向 x[n-(N-1)]，BK = N，N 为滤波器的阶数。

3）第二次及以后调用上述程序进行滤波时，AR0 仍需进行赋值，指向 h(N-1)。而 AR1 采用循环寻址，不重新初始化。

4）滤波的结果存放在寄存器 R0 中。

例 9.2-4 TMS320C3x 实现 FIR 滤波器的汇编程序。

解： 程序如下：

```
        STACK_SIZE  . set  40h                           ; 定义系统堆栈的大小
        N                . set   19                      ; 19 点 FIR 滤波
                 . data
        stack       . usect  ". stack", STACK_SIZE
        xn          . usect  "buffer", N
        xin_addr     . word  804000h                     ; 输入口地址
        out_addr     . word  804001h                     ; 输出口地址
        xn_addr      . word  xn + N-1                     ; 输入样值缓冲区最后一个地址
        hn_addr      . word  hn                           ; h(N-1)的地址
        stack_addr  . word  stack                        ; 堆栈地址
        hn . float  0.01218354, -0.009012882, -0.02881839, -0.04743239,
                    -0.04584568
           . float  -0.008692503,0.06446265,0.1544655,0.2289794,0.257883
           . float  0.2289794,0.1544655,0.06446265,-0.008692503,
                    -0.04584568
           . float  -0.04743239, -0.02881839, -0.009012882,0.01218354
           . text
        begin   LDP     stack_addr
                LDI     @stack_addr,SP                   ; 初始化指针及数组
                LDI     19,BK                            ; 设置循环缓冲器
                LDI     @xn_addr,AR1                     ; AR1 指向 最后一个存储单元
                LDI     @xin_addr,AR2                    ; AR2 指向输入口
                LDI     @out_addr,AR3                    ; AR3 指向 输出口
        LOOP    LDF     *AR2,R6                          ; 输入一个新的样值
                STF     R6,*AR1++(1)%                    ; 存储该样值
```

```
        LDI     @ hn _ addr,AR0          ; AR0 指向 h(N − 1)
        CALL    FIR
        STF     R0, * AR3                ;输出滤波样值
        BR      LOOP
        . end
```

程序说明:

1）本程序是一个 19 点 FIR 800Hz 低通滤波器。

2）程序在 804000H 口输入待滤波样值,而在 804001H 口输出滤波后的样值。

3）初始化时 AR1 指向输入样值缓冲区的最后一个存储单元,最新的输入样值 x(n)存放在这个单元,存储完后,AR1 指向第一个存储单元。第一次滤波结束后,AR1 仍指向第一个单元,因此最新样值就存储在第一个单元,存储完毕,AR1 指向第二个单元,如图 9.2-3c所示。

4）每次滤波前,AR0 需重新进行初始化,指向 h(N − 1)。

9.3 IIR 滤波器实现

IIR 滤波器为零、极点滤波器,由于极点的存在,IIR 滤波器的定点实现容易导致滤波器不稳定。为了减小滤波器系数定点化对滤波器的影响,在实现过程中将 IIR 滤波器分解为多个二阶基本单元,对这些基本单元定点实现,通过级联完成 IIR 滤波功能。

9.3.1 IIR 滤波器的定点 DSP 实现

在 IIR 滤波器结构中,直接 Ⅱ 型结构是最常用的滤波器结构,因为这种结构的二阶形式可作为级联型和并联型结构中的基本节。下面以这种结构为例,说明其实现方法。二阶直接 Ⅱ 型结构 IIR 滤波器如图 9.3-1 所示。

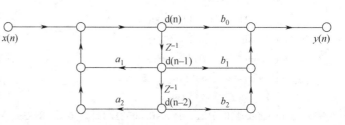

图 9.3-1 二阶直接 Ⅱ 型结构 IIR 滤波器

二阶直接 Ⅱ 型结构滤波器的差分方程为

$$d(n) = x(n) + a_1 d(n-1) + a_2 d(n-2)$$
$$y(n) = b_0 d(n) + b_1 d(n-1) + b_2 d(n-2)$$

式中,$d(n)$、$d(n-1)$、$d(n-2)$ 对应于图中具有不同延迟的中间节点值。例 9.3-1 是实现二阶直接 Ⅱ 型 IIR 滤波器的 TMS320C2x 汇编程序,例 9.3-2 是实现二阶直接 Ⅱ 型 IIR 滤波器的 TMS320C54x 汇编程序。

例 9.3-1 TMS320C2x 实现的 IIR 滤波器汇编程序。

解:程序如下:

```
;本程序实现一个二阶直接 Ⅱ 型 IIR 滤波器
NEXT    IN      XN,PA0      ;从 PA0 口输入一个样值
        LAC     XN,15       ;ACC = x(n)
```

```
LT      DN1          ; T = d(n−1)
MPY     A1           ; P = a1 * d(n−1)
LTA     DN2          ; ACC = x(n) + a1 * d(n−1), T = d(n−2)
MPY     A2           ; P = a2 * d(n−2)
APAC                 ; ACC = x(n) + a1 * d(n−1) + a2 * d(n−2)
SACH    DN,1         ; d(n) = x(n) + a1 * d(n−1) + a2 * d(n−2)
ZAC                  ; ACC = 0
MPY     B2           ; P = b2 * d(n−2)
LTD     DN1          ; T = d(n−1), ACC = b2 * d(n−2), d(n−2) = d(n−1)
MPY     B1           ; P = b1 * d(n−1)
LTD     DN           ; T = d(n), ACC = b2 * d(n−1) + b1 * d(n−1), d(n−1) = d(n)
MPY     B0           ; P = b0 * d(n)
APAC                 ; ACC = b2 * d(n−2) + b1 * d(n−1) + b0 * d(n)
SACH    YN,1         ; y(n) = b0 * d(n) + b1 * d(n−1) + b0 * d(n)
OUT     YN,PA1       ; 输出滤波样值至 PA1 口
B       NEXT
```

程序说明:

1) 在这个例子中, DN、DN1 和 DN2 分别是二阶基本节中 3 个中间延迟节点 d(n)、d(n−1) 和 d(n−2) 的存储器单元, 3 个存储单元占据 3 个连续的存储空间, DN 在低地址, DN2 在高地址, DN1 在中间。这是为了保证连续滤波时, d(n)、d(n−1)、d(n−2) 这 3 个中间结果正确的存储位置。一点滤波结束后, 由于 LTD 指令的作用, d(n) 移动到 d(n−1)、d(n−1) 移动到 d(n−2), 为下一点滤波作好准备。

2) A1、A2 和 B0、B1、B2 分别是滤波器系数 a1、a2 和 b0、b1、b2 对应的存储单元。

3) XN 为新输入样值 x(n) 的存储单元, YN 为滤波后输出样值 y(n) 对应的存储单元。

4) 滤波器的 5 个滤波器系数均小于 1, 用 Q15 表示。

5) 滤波器的输入样值从 PA0 口输入, LAC XN, 15 指令将输入样值 x(n) 左移 15 位后送入累加器 ACC, 这是为了与下面乘积相加时保证小数点对齐。

6) SACH DN, 1 和 SACH YN, 1 指令将 ACC 中的值左移一位, 并将高 16 位存入 d(n) 和 y(n)。假设 x(n) 的 Q 值为 0, 左移 15 位后送入 ACC, 相当于 Q15, 与乘积相加后的值也为 Q15。左移一位相当于得到 Q16 的数, 而将高 16 位直接存入 d(n) 和 y(n) 又相当于将结果右移 16 位。因此 d(n) 和 y(n) 的 Q 值又变为 0, 从而与 x(n) 的 Q 值一致。

例 9.3-2 TMS320C54x 实现的 IIR 滤波器汇编程序。

解: 程序如下:

```
;本程序实现一个二阶直接 Ⅱ 型 IIR 滤波器
STM     #K_FRAME_SIZE−1,BRC          ; perform filtering for each sample
RPTB    iir_filter_loop−1
LD      *INBUF_P+,16,A               ; load the input data
iir_filter:
STM     #d_iir_d+2,IIR_DATA_P
STM     #iir_coff_table,IIR_COFF_P
MAC     *IIR_COFF_P+,*IIR_DATA_P−,A  ; input + d(n−2) * A2
```

```
        MAC    * IIR_COFF_P+,* IIR_DATA_P-,A      ;input + d(n-2) * A2 + d(n-1) * A1
        STH    A,* IIR_DATA_P+                     ;d(n) = input + d(n-2) * A2 + d(n-1) * A1
        MAR    * IIR_DATA_P+
        MPY    * IIR_COFF_P+,* IIR_DATA_P-,A       ; d(n-2) * B2
        MAC    * IIR_COFF_P+,* IIR_DATA_P,A        ; d(n-2) * B2 + d(n-1) * B1
        DELAY  * IIR_DATA_P-                       ; d(n-2) = d(n-1)
        MAC    * IIR_COFF_P+,* IIR_DATA_P,A        ; d(n-2) * B2 + d(n-1) * B1 + d(n) * B0
        DELAY  * IIR_DATA_P-                       ; d(n-1) = d(n)
        STH    A,4,* OUTBUF_P+                     ; output = d(n-2) * B2 + d(n-1) * B1 +
                                                   ;d(n) * B0
```

iir_filter_loop

程序说明:

1) 定标说明。输入数据、滤波器抽头系数和输出数据均以 Q11 表示。

2) 数据存放要求。延迟节点 d(n)、d(n-1) 和 d(n-2) 占据 3 个连续的存储单元，d(n)在低地址，d(n-2)在高地址，以 d_iir_d 作首地址。IIR 滤波器系数按 a2、a1、b2、b1、b0 的顺序以地址增的方式存放，以 iir_coff_table 作首地址。

3) 指令说明。MAR 指令实现以辅助寄存器表示的地址指针修改。DELAY 指令通过将操作数表示存储器数据赋给下一个存储单元来更新延迟节点数据。

4) 常量和参数说明。常量 K_FRAME_SIZE 表示输入数据个数。指针 INBUF_P、IIR_DATA_P、IIR_COFF_P、OUTBUF_P 分别表示输入数据指针、IIR 延迟节点指针、IIR 滤波器系数指针和输出数据指针。

9.3.2　IIR 滤波器的浮点 DSP 实现

本节以 TMS320C3x 为例说明 IIR 滤波器的浮点汇编语言的高效实现。与 FIR 滤波器的实现一样，并行指令和循环寻址方式可以用于实现 IIR 滤波器以提高运算的速度。这里仍以二阶基本节为例说明 IIR 滤波器的 TMS320C3x 的实现方法。下面两个例子中，例 9.3-3 是一个基本节实现的程序，而例 9.3-4 则是实现多个二阶基本节级联的程序。

例 9.3-3　单个二阶基本节的 TMS320C3x 实现。

解：程序如下:

```
        .text
IIR1    MPYF3   * AR0,* AR1,R0              ;a2 * d(n-2) -> R0
        MPYF3   * + +AR0(1),* AR1 - -(1)%,R1   ;b2 * d(n-2) -> R1

        MPYF3   * + +AR0(1),* AR1,R0        ;a1 * d(n-1) -> R1
 ||     ADDF3   R0,R2,R2                    ;a2 * d(n-2) + x(n) -> R2

        MPYF3   * + +AR0(1),* AR1 - -(1)%,R0   ;b1 * d(n-1) -> R0
 ||     ADDF3   R0,R2,R2                    ;a1 * d(n-1) + a2 * d(n-2) + x(n)
                                           -> R2

        MPYF3   * + +AR0(1),R2,R2          ;b0 * d(n) -> R2
```

414

| | STF   R2, * AR1 + +(1)%   ;存储 d(n),指向 d(n-1)

　　　　ADDF   R0,R2   ;b1 * d(n-1) + b0 * d(n) - > R2
　　　　ADDF   R1,R2,R0   ;b2 * d(n-2) + b1 * d(n-1) + b0 *
                                           d(n) - >R0
　　　　RETS   ;返回
　　　　. end

程序说明:

1) 滤波器系数 a1、a2 和 b0、b1、b2 以及 3 个中间延迟节点 d(n)、d(n-1)和 d(n-2)的存放顺序如下所示。为了循环寻址的需要, d(n)的起始地址必须是 4 的整数倍, 即起始地址的后 2 位必须为 0。

```
AR0 - >  a2          d(n)
         b2          d(n-1)
         a1          AR1 - >d(n-2)
         b1
         b0
```

2) 程序开始时, AR0 指向系数表包含 a2 的地址, AR1 指向包含延迟节点值 d(n-2)的地址。R2 寄存器包含输入样值 x(n), BK 寄存器初始化为 3。

3) 程序计算过程为:

第一次乘法操作计算

　　R0 = a2d(n-2)

第二次乘法操作计算

　　R1 = b2d(n-2)

其中, AR0 指向 b2, AR1 指向 d (n-1)。

第 3 条是一条并行指令, 指令执行后

　　R0 = a1d(n-1)

　　R2 = x(n) + a2d(n-2)

其中, AR0 指向 a1, AR1 仍然指向 d (n-1)

第 4 条也是并行指令, 指令执行后

　　R0 = b1d(n-1)

　　R2 = x(n) + a2d(n-2) + a1d(n-1)

其中, AR0 指向 b1, AR1 指向 d (n)

第 5 条也是并行指令, 结束后

　　R2 = b0d(n)

　　d(n) = x(n) + a2d(n-2) + a1d(n-1)

其中, AR1 指向 d (n-1)

第 6 条加法指令执行后

　　R2 = b1d(n-1) + b0d(n)

最后一条指令结束后

　　R0 = b2d(n-2) + b1d(n-1) + b0d(n)

程序在 R0 中返回滤波结果。

4）第一点滤波结束后，AR1 指向了 d(n-1)，相当于下一点的 d(n-2)，为下一点滤波作准备。即

d(n-1)

AR1 –>   d(n-2)

d(n)

例 9.3-4   N 个二阶基本节级联时的 TMS320C3x 汇编程序。

解：程序如下：

; 本程序实现 N 个二阶基本节级联时的 IIR 滤波

; 方程式为:y(0,n) = x(n);

;   for (i=0,i<N,i++)

;   {

;   d(i,n)=a2*d(i,n-2) + a1*d(i,n-1) *y(i-1,n);

;   y(i,n)=b2(i)*d(i,n-2) + b1(i)*d(i,n-1)*b0(i)*d(i,n);

;   }

; y(n) = y(N-1,n);


```
        .text
IIR2    MPYF3   *AR0,*AR1,R0                        ; a2(0)*d(0,n-2) -> R0
        MPYF3   *AR1++(1),*AR1--(1)%,R1             ; b2(0)*d(0,n-2) -> R1
        MPYF3   *++AR0(1),*AR1,R0                   ; a1(0)*d(0,n-1) -> R0
||      ADDF    R0,R2,R2                            ; d(0,n)的第一个和项

        MPYF3   *++AR0(1),*AR1--(1)%,R0             ; b1(0)*d(0,n-1) -> R0
||      ADDF3   R0,R2,R2                            ; d(0,n)的第二个和项
        MPYF3   *++AR0(1),R2,R2                     ; b0(0)*d(0,n) -> R2
||      STF     R2,*AR1--(1)%                       ; 存储d(0,n),指向d(0,n-2)

        RPTB    LOOP                                ; for 1<=i<n 循环
        MPYF3   *++AR0(1),*++AR1(IR0),R0            ; a2(i)*d(i,n-2) -> R0
||      ADDF3   R0,R2,R2                            ; y(i-1,n)的第一个和项
        MPYF3   *++AR0(1),*AR1--(1)%,R1             ; b2(i)*d(i,n-2) -> R1
||      ADDF3   R1,R2,R2                            ; y(i-1,n)的第二个和项

        MPYF3   *++AR0(1),*AR1,R0                   ; a1(i)*d(i,n-1) -> R0
||      ADDF3   R0,R2,R2                            ; d(i,n)的第一个和项

        MPYF3   *++AR0(1),*AR1--(1)%,R0             ; b1(i)*d(i,n-1) -> R0
||      ADDF3   R0,R2,R2                            ; d(i,n)的第二个和项

        STF R2, *AR1--(1)%                          ; 存储d(i,n),指向d(i,n-2)
LOOP
        MPYF3   *++AR0(1),R2,R2                     ; b0(i)*d(i,n) -> R2
```

416

ADDF	R0,R2	; y(n-1,n)的第一个和项
ADDF3	R1,R2,R0	; y(n-1,n)的第二个和项
NOP	* AR1 - -(IR1)	; 返回至第一个二阶基本节
NOP	* AR1 - -(1)%	; 指向d(0,n-1)
RETS		; 返回
. end		

程序说明:

1) N 个二阶基本节的滤波器系数的存储器组织如下:

滤波器系数	滤波前延迟节点值	滤波后延迟节点值
AR0 - > a2(0)	d(0,n)	d(0,n-1)
b2(0)	d(0,n-1)	AR1 - > d(0,n-2)
a1(0)	AR1 - > d(0,n-2)	d(0,n)
b1(0)	空	空
b0(0)	⋮	⋮
⋮	d(N-1,n)	d(N-1,n-1)
a2(N-1)	d(N-1,n-1)	d(N-1,n-2)
b2(N-1)	d(N-1,n-2)	d(N-1,n)
a1(N-1)	⋮	⋮
b1(N-1)		
b0(N-1)		

2) 程序执行前,输入样值在 R2 寄存器中,AR0 指向滤波器系数 a2 (0),AR1 指向延迟节点值 d (0, n-2),BK 寄存器初始化为 3,IR0 寄存器初始化为 4,IR1 = 4N-4,RC = N-2。程序执行结束后,输出结果在 R0 寄存器中。

3) 程序可以分为两个部分,RPTB 循环前的 5 条指令计算第一个二阶基本节的滤波输出;RPTB 循环体计算剩下的 N-1 个二阶基本节。

4) 程序结束前的两条指令用于调整 AR1 指针,由于滤波结束后 AR1 指向了 d(N-1, n-2),因此执行了指令 NOP * AR1 - -(IR1)后,AR1 指向 d(0,n-2),再执行指令 NOP * AR1 - -(1)%后,AR1 指向了当前的 d(0,n-1),相当于下一点的 d(0,n-2)。

9.4 FFT 算法的 DSP 实现

9.4.1 FFT 的定点 DSP 实现

用定点 DSP 芯片实现 FFT 程序时,一个比较重要的问题是需要防止中间结果的溢出。防止中间结果溢出的方法是对中间数值归一化。下面首先讨论溢出是如何产生的。

根据 N 点 DFT 的公式,应用 Parseval 定理可得

$$\sum_{k=0}^{N-1} x^2(n) = \frac{1}{N} \sum_{k=0}^{N-1} |X(k)|^2 \tag{9.4-1}$$

或

$$N\left[\frac{1}{N}\sum_{k=0}^{N-1}x^2(n)\right] = \left[\frac{1}{N}\sum_{k=0}^{N-1}|X(k)|^2\right] \tag{9.4-2}$$

也就是说，$X(k)$ 的均方值是输入 $x(n)$ 均方值的 N 倍。因此，计算 $x(n)$ 的 DFT 时，如果没有合适的归一化，溢出是不可避免的。

接下来进一步讨论在 FFT 计算过程中溢出是如何产生的。考虑 N 点 FFT 第 m 级的基 2 蝶形，输出可以表示为

$$Pm + 1 = Pm + W_N^k Qm$$
$$Qm + 1 = Pm - W_N^k Qm \tag{9.4-3}$$

这里，Pm 和 Qm 是输入，$Pm+1$ 和 $Qm+1$ 是输出。一般地，Pm，Qm，$Pm+1$ 和 $Qm+1$ 与蝶形因子一样是复数。蝶形因子可以表示为

$$W_N^k = e^{-j(2\pi/N)k} = \cos(X) - j\sin(X) \tag{9.4-4}$$

式中，$X = (2\pi/N)k$。这样 Pm 和 Qm 可以用实部和虚部表示为

$$Pm = PR + jPI$$
$$Qm = QR + jQI \tag{9.4-5}$$

将式（9.4-4）和式（9.4-5）代入式（9.4-3），可得

$$Pm + 1 = PR + jPI + (QR\cos(X) + QI\sin(X)) + j(QI\cos(X) - QR\sin(X))$$
$$= (PR + QR\cos(X) + QI\sin(X)) + j(PI + QI\cos(X) - QR\sin(X))$$
$$Qm + 1 = PR + jPI - (QR\cos(X) + QI\sin(X)) - j(QI\cos(X) - QR\sin(X))$$
$$= (PR - QR\cos(X) - QI\sin(X)) + j(PI - QI\cos(X) + QR\sin(X)) \tag{9.4-6}$$

假设每个蝶形的输入用 Q 15 表示，幅度小于 1，则（9.4-6）式输出的最大幅度为

$$1 + 1\sin(45) + 1\cos(45) = 2.414213562$$

为了避免溢出，可在 FFT 的每一级用因子 2.414213562 进行归一化。但是，每一级用这样一个因子归一化势必增加运算量。考虑到大多数情况是实数 FFT，式（9.4-6）的最大幅度不超过 2，因此可在每一级用因子 2 进行归一化。运用 DSP 芯片的移位特性，用 2 归一化不增加任何运算量。这样，如果 FFT 包含 M 级，则输出相当于除以 $2^M = N$，N 为 FFT 的长度。

值得指出的是，为了避免溢出而对每一级都进行归一化会降低运算的精度。最好的方法是只对可能溢出的进行归一化，而不可能溢出的则不进行归一化。

FFT 的运算时间往往被当作衡量 DSP 芯片性能的一个重要指标，因此，提高 FFT 的运算速度也是非常重要的。在用 DSP 芯片实现 FFT 算法时，应充分利用 DSP 芯片所提供的各种软硬件资源。例如对于 TMS320C2xx，可供利用的一些资源包括：

1) 片内 RAM。片内 B0 和 B1 块可以实现 256 点复数 FFT。

2) 比特反转寻址方式。这种寻址方式是专门为 FFT 运算提供的。

例 9.4-1 8 ~256 点基 2 复数 FFT 的 TMS320C2xx 汇编程序。

解： 程序如下：

```
    . global    __main
INPUT：    . equ    200h      ;FFT 运算时输入数据的位置
INDATR：   . equ    2000h     ;输入数据实部存放地址
INDATI：   . equ    2100h     ;输入数据虚部存放地址
SINTAB：   . equ    2200h     ;系数表在内存中的地址
```

```
;
;内部存储器定义：          ;FFT 点数
N：          .equ    118
M：          .equ    119        ;pow(2,M) = N
WKAD：       .equ    120        ;系数的起始地址
NOM：        .equ    121        ;归一化(0),不归一化(1)
IW：         .equ    122        ;系数增量
XT：         .equ    123        ;暂存
YT：         .equ    124        ;暂存
ID：         .equ    125        ;DISTANT BETWEEN 2 COMPUTING DATAS
C1：         .equ    126        ;循环计数器
C2：         .equ    127        ;循环计数器

       .text
_ main：
       LDPK    0
       LACK    256
       SACL    N
       LACK    8
       SACL    M
       LACK    0
       SACL    NOM
       LALK    WK256
       LRLK    AR1,SINTAB
       RPTK    255
       TBLR    * +            ;将系数表调入 SINTAB 开始的 RAM 中
       CALL    FFT            ;作 FFT 运算
HERE   B       HERE


;以下是 FFT 子程序
FFT    LDPK    0
       LAC     M
       SUBK    1
       SACL    M              ;M = M - 1
       LARP    AR1
       LALK    SINTAB
       SACL    WKAD
FFT1   LAR     AR0,N
       LAC     N
       SUBK    1
       SACL    N              ;N = N - 1
       LARP    AR1
;将输入数据调入片内 RAM,存放顺序为:实部、虚部;实部、虚部;……
       LRLK    AR2,INPUT
```

419

```
         LRLK    AR1,INDATR
         LAR     AR3,N
MF1      LAC     * + ,0,AR2
         SACL    * BR0 + ,0,AR3
         BANZ    MF1,* - ,AR1
         LRLK    AR1,INDATI
         LAR     AR3,N
MF2      LAC     * + ,0,AR2
         SACL    * BR0 + ,0,AR3
         BANZ    MF2,* - ,AR1

         SOVM
         SSXM                            ;符号扩展
         SPM     1                       ;结果左移一位
         LACK    1
         SACL    ID                      ;ID = 1
         LAC     N
         ADDK    1
         SACL    IW,1                    ;IW = 2 * N
         LAR     AR2,M
LOOP3    LRLK    AR1,INPUT               ;AR1 = INPUT - - > P. X
         LAC     ID,1
         SACL    ID                      ;ID = 2 * ID = 2
         LAC     IW,15
         SACH    IW                      ;IW = IW /2 = N
         LAC     IW,15
         SACH    C2                      ;C2 = IW/2 = N/2
         LAR     AR0,ID
LOOP2    LAR     AR3,WKAD                ;AR3 指向 WK 的起始地址
         LAC     ID,15
         SACH    C1                      ;C1 = ID/2 = 1
         MAR     *0 + ,AR3               ;AR1 = AR1 + D - - > Q. X
LOOP1 ZAC
         LT      * + ,AR1
         MPY     * + ,AR3
         LT      * ,AR1
         MPYA    * - ,AR3
         SPAC
         SACH    XT                      ;XT = Q. X * COS - Q. Y * SIN
         ZAC
         LT      * - ,AR1
         MPY     * + ,AR3
         LT      * ,AR1
```

420

```
        MPYA      * –
        APAC
        SACH      YT                      ;YT = Q. X * SIN + Q. Y * COS


        LAC       NOM
        BNZ       D2                      ;IF NOM = 1 归一化
* * * * * * * * A _ BEGIN * * * * * * * * * *  ;else 不归一化
        MAR       *0 –                    ;(AR1) = P. X
        LAC       *
        ADD       XT
        SACL      *0 +                    ;P. X = XT + P. X
        SUB       XT,1
        SACL      * +                     ;Q. X = P. X – XT; (AR1) = Q. Y
        MAR       *0 –                    ;(AR1) = P. Y
        LAC       *
        ADD       YT
        SACL      *0 +                    ;P. Y = P. Y + YT
        SUB       YT,1
        SACL      * + ,0,AR3              ;Q. Y = P. Y – YT
        B         D                       ;(AR1) = Q. Y + 1 – – >NEXT Q. X
* * * * * * * * A _ END * * * * * * * * * * *
* * * * * * * * B _ BEGIN * * * * * * * * * *
D2      MAR       *0 –                    ;(AR1) = P. X
        LAC       * ,15
        ADD       XT,15
        SACH      *0 +                    ;P. X = (XT + P. X)/2
        SUBH      XT
        SACH      * +                     ;Q. X = (P. X – XT)/2;(AR1) = Q. Y
        MAR       *0 –                    ;(AR1) = P. Y
        LAC       * ,15
        ADD       YT,15
        SACH      *0 +                    ;P. Y = (P. Y + YT)/2
        SUBH      YT
        SACH      * + ,0,AR3              ;Q. Y = (P. Y – YT)/2
;(AR1) = Q. Y + 1 – – > NEXT Q. X
* * * * * * B _ END * * * * * *
D       LAR       AR0,IW
        MAR       *0 +                    ;(AR3) = (AR3) + IW – – > WK. COS
        LAR       AR0,ID                  ;(AR0) = ID
        LAC       C1
        SUBK      1
        SACL      C1                      ;C1 = C1 – 1
        BGZ       LOOP1
```

```
        LAC     C2
        SUBK    1
        SACL    C2                                      ;C2 = C2 − 1
        BGZ     LOOP2, ∗ ,AR1
        LARP    AR2
        BANZ    LOOP3, ∗ − ,AR1
        RET
```

程序说明：

1）数据页指针 DP = 0。

2）用到的寄存器：AR0，AR1，AR2，AR3。

3）输入参数：N，M，WKAD，NOM。

其中，N = FFT 的点数，M = LOG2（N）；

　　　　WKAD 为系数的存放地址；

　　　　32 点 FFT：N = 32，M = 5，WKAD = WK32；

　　　　64 点 FFT：N = 64，M = 6，WKAD = WK64；

　　　　128 点 FFT：N = 128，M = 7，WKAD = WK128；

　　　　256 点 FFT：N = 256，M = 8，WKAD = WK256；

　　　　NOM：控制 FFT 运算是否进行归一化。

4）调用 FFT 子程序前输入数据已经存放在 INDATR，INDATI，存放顺序为：

实部：在 INDATR，按顺序存放。

虚部：在 INDATI，按顺序存放。

上述程序中，当 NOM 为 1 时，FFT 运算进行归一化，否则不进行归一化。其中，A＿BEGIN 到 A＿END 之间的程序为不需要归一化的程序，而 B＿BEGIN 到 B＿END 之间的程序为需要归一化的程序。FFT 的运算结果在 200h ～（200h + 2 ∗ N − 1）的片内 RAM 中，存放顺序为：实部、虚部，实部、虚部，……。

以下是 8 ～ 256 点 FFT 系数表，存放顺序为 cos，sin；cos，sin；……。

```
                . data
        WK8：    . equ   $
                . word  07fffh,00h,05a82h,0a57eh,00h,08001h,0a57eh,0a57eh
        WK16：   . equ   $
                . word  07fffh,00h,07642h,0cf05h,05a82h,0a57eh,030fch,089bfh
                . word  00h,08001h,0cf04h,089bfh,0a57eh,0a57eh,089beh,0cf05h
        WK32：   . equ   $
                . word  07fffh,00h,07d8ah,0e708h,07642h,0cf05h,06a6eh,0b8e4h
                . word  05a82h,0a57eh,0471dh,09593h,030fch,089bfh,018f9h,08276h
                . word  00h,08001h,0e707h,08276h,0cf04h,089bfh,0b8e3h,09593h
                . word  0a57eh,0a57eh,09592h,0b8e4h,089beh,0cf05h,08276h,0e708h
        WK64：   . equ   $
                . word  07fffh,00h,07f62h,0f375h,07d8ah,0e708h,07a7dh,0dad8h
                . word  07642h,0cf05h,070e3h,0c3aah,06a6eh,0b8e4h,062f2h,0aecdh
                . word  05a82h,0a57eh,05134h,09d0eh,0471dh,09593h,03c57h,08f1eh
```

422

```
           .word    030fch,089bfh,02528h,08583h,018f9h,08276h,0c8ch,0809eh
           .word    00h,08001h,0f374h,0809eh,0e707h,08276h,0dad8h,08583h
           .word    0cf04h,089bfh,0c3a9h,08f1eh,0b8e3h,09593h,0aecch,09d0eh
           .word    0a57eh,0a57eh,09d0eh,0aecdh,09592h,0b8e4h,08f1dh,0c3aah
           .word    089beh,0cf05h,08583h,0dad8h,08276h,0e708h,0809eh,0f375h
WK128：.equ     $
           .word    07fffh,00h,07fd9h,0f9b9h,07f62h,0f375h,07e9dh,0ed38h
           .word    07d8ah,0e708h,07c2ah,0e0e7h,07a7dh,0dad8h,07885h,0d4e1h
           .word    07642h,0cf05h,073b6h,0c946h,070e3h,0c3aah,06dcah,0be32h
           .word    06a6eh,0b8e4h,066d0h,0b3c1h,062f2h,0aecdh,05ed7h,0aa0bh
           .word    05a82h,0a57eh,055f6h,0a129h,05134h,09d0eh,04c40h,09931h
           .word    0471dh,09593h,041ceh,09236h,03c57h,08f1eh,036bah,08c4bh
           .word    030fch,089bfh,02b1fh,0877ch,02528h,08583h,01f1ah,083d7h
           .word    018f9h,08276h,012c8h,08163h,0c8ch,0809eh,0648h,08028h
           .word    00h,08001h,0f9b8h,08028h,0f374h,0809eh,0ed38h,08163h
           .word    0e707h,08276h,0e0e6h,083d7h,0dad8h,08583h,0d4e1h,0877ch
           .word    0cf04h,089bfh,0c946h,08c4bh,0c3a9h,08f1eh,0be32h,09236h
           .word    0b8e3h,09593h,0b3c0h,09931h,0aecch,09d0eh,0aa0ah,0a129h
           .word    0a57eh,0a57eh,0a129h,0aa0bh,09d0eh,0aecdh,09930h,0b3c1h
           .word    09592h,0b8e4h,09236h,0be32h,08f1dh,0c3aah,08c4ah,0c946h
           .word    089beh,0cf05h,0877bh,0d4e1h,08583h,0dad8h,083d6h,0e0e7h
           .word    08276h,0e708h,08163h,0ed38h,0809eh,0f375h,08027h,0f9b9h
WK256：.equ     $
           .word    07fffh,00h,07ff6h,0fcdch,07fd9h,0f9b9h,07fa7h,0f696h
           .word    07f62h,0f375h,07f0ah,0f055h,07e9dh,0ed38h,07e1eh,0ea1eh
           .word    07d8ah,0e708h,07ce4h,0e3f5h,07c2ah,0e0e7h,07b5dh,0ddddh
           .word    07a7dh,0dad8h,0798ah,0d7dah,07885h,0d4e1h,0776ch,0d1efh
           .word    07642h,0cf05h,07505h,0cc22h,073b6h,0c946h,07255h,0c674h
           .word    070e3h,0c3aah,06f5fh,0c0e9h,06dcah,0be32h,06c24h,0bb86h
           .word    06a6eh,0b8e4h,068a7h,0b64ch,066d0h,0b3c1h,064e9h,0b141h
           .word    062f2h,0aecdh,060ech,0ac65h,05ed7h,0aa0bh,05cb4h,0a7beh
           .word    05a82h,0a57eh,05843h,0a34ch,055f6h,0a129h,0539bh,09f14h
           .word    05134h,09d0eh,04ec0h,09b18h,04c40h,09931h,049b4h,0975ah
           .word    0471dh,09593h,0447bh,093dch,041ceh,09236h,03f17h,090a1h
           .word    03c57h,08f1eh,0398dh,08dabh,036bah,08c4bh,033dfh,08afch
           .word    030fch,089bfh,02e11h,08894h,02b1fh,0877ch,02827h,08676h
           .word    02528h,08583h,02224h,084a3h,01f1ah,083d7h,01c0ch,0831dh
           .word    018f9h,08276h,015e2h,081e3h,012c8h,08163h,0fabh,080f7h
           .word    0c8ch,0809eh,096bh,08059h,0648h,08028h,0324h,0800ah
           .word    00h,08001h,0fcdch,0800ah,0f9b8h,08028h,0f695h,08059h
           .word    0f374h,0809eh,0f055h,080f7h,0ed38h,08163h,0ea1eh,081e3h
           .word    0e707h,08276h,0e3f4h,0831dh,0e0e6h,083d7h,0dddch,084a3h
           .word    0dad8h,08583h,0d7d9h,08676h,0d4e1h,0877ch,0d1efh,08894h
```

```
    . word      0cf04h,089bfh,0cc21h,08afch,0c946h,08c4bh,0c673h,08dabh
    . word      0c3a9h,08f1eh,0c0e9h,090a1h,0be32h,09236h,0bb85h,093dch
    . word      0b8e3h,09593h,0b64ch,0975ah,0b3c0h,09931h,0b140h,09b18h
    . word      0aecch,09d0eh,0ac65h,09f14h,0aa0ah,0a129h,0a7bdh,0a34ch
    . word      0a57eh,0a57eh,0a34ch,0a7beh,0a129h,0aa0bh,09f14h,0ac65h
    . word      09d0eh,0aecdh,09b17h,0b141h,09930h,0b3c1h,09759h,0b64ch
    . word      09592h,0b8e4h,093dch,0bb86h,09236h,0be32h,090a1h,0c0e9h
    . word      08f1dh,0c3aah,08dabh,0c674h,08c4ah,0c946h,08afbh,0cc22h
    . word      089beh,0cf05h,08894h,0d1efh,0877bh,0d4e1h,08676h,0d7dah
    . word      08583h,0dad8h,084a3h,0ddddh,083d6h,0e0e7h,0831ch,0e3f5h
    . word      08276h,0e708h,081e2h,0ea1eh,08163h,0ed38h,080f6h,0f055h
    . word      0809eh,0f375h,08059h,0f696h,08027h,0f9b9h,0800ah,0fcdch
```

下面是一个16～1024点基2实数FFT的TMS320C54x汇编程序。2N点实数FFT采用了打包的算法，可以通过4个步骤实现：打包和比特翻转、N点复数FFT、分离奇共轭和偶共轭分量、结果生成。打包就是将相邻的两个实数当作一个复数，完成将2N点的实数变为N点的复数的过程。

例9.4-2　16～1024点基2实数FFT的TMS320C54x汇编程序。

解：程序主体说明：程序由4个子程序组成。

1）rfft_task。主调用子程序，它调用算法的其他子程序，实现统一的接口。

2）bit_rev。实现输入数据的比特翻转。

3）fft。实现N点复数FFT，FFT变换以同址的方式完成。在运算的过程中，为了避免运算结果的溢出，对每个蝶形的运算结果右移一位。因为第一级和第二级蝶形运算不需要乘法，所以fft的实现又可以分为3个功能块。第一级蝶形运算、第二级蝶形运算、第三级至lgN基蝶形运算。

4）unpack。fft运算的结果可以看作将原2N点实数的奇地址数据作N点复数的实部R，偶地址数据作N点复数的虚部I。利用FFT的对称性，可以由N点复数的FFT结果求R和I的FFT结果。再利用原2N点实数的FFT变换和上述结果的关系得到最后的结果。

程序如下：

```
;－－－－－－－－－－－－－－－－－－－－
;rfft_task
;－－－－－－－－－－－－－－－－－－－－
    . def rfft_task
    . asg AR1,FFT_TWID_P
    . sect "rfft_prg"
rfft_task:
    STM     #sine,FFT_TWID_P
    RPT     #K_FFT_SIZE-1                    ; move FIR coeffs from program
    MVPD    #sine_table,* FFT_TWID_P+        ; to data
    STM     #cosine,FFT_TWID_P
    RPT     #K_FFT_SIZE-1                    ; move FIR coeffs from program
    MVPD    #cos_table,* FFT_TWID_P+         ; to data
```

```
        CALL        bit_rev
        CALL        fft
        CALL        unpack
        RET                                             ; return to main program


; - - - - - - - - - - - - - - - - - - - - - - - - - - - - - -
;. def bit_rev
; - - - - - - - - - - - - - - - - - - - - - - - - - - - - - -
    . asg AR2 , REORDERED_DATA
    . asg AR3 , ORIGINAL_INPUT
    . asg AR7 , DATA_PROC_BUF
    . sect "rfft_prg"
bit_rev:
        SSBX        FRCT                                ; fractional mode is on
        MVDK        *(d_input_addr), ORIGINAL_INPUT     ; AR3 -> 1 st original input
        STM         #fft_data, DATA_PROC_BUF            ; AR7 -> data processing buffer
        MVMM        DATA_PROC_BUF, REORDERED_DATA ; AR2 -> 1st bit-reversed data
        STM         #K_FFT_SIZE-1, BRC
        RPTBD       bit_rev_end-1
        STM         #K_FFT_SIZE, AR0                    ; AR0 = 1/2 size of circ buffer
        MVDD        *ORIGINAL_INPUT+, *REORDERED_DATA+
        MVDD        *ORIGINAL_INPUT-, *REORDERED_DATA+
        MAR         *ORIGINAL_INPUT+0B
bit_rev_end:
        RET                                             ; return to Real FFT main module


; - - - - - - - - - - - - - - - - - - - - - - - - - - - - - -
;fft
; - - - - - - - - - - - - - - - - - - - - - - - - - - - - - -
    . asg AR1 , GROUP_COUNTER
    . asg AR2 , PX
    . asg AR3 , QX
    . asg AR4 , WR
    . asg AR5 , WI
    . asg AR6 , BUTTERFLY_COUNTER
    . asg AR7 , DATA_PROC_BUF                           ; for Stages 1 & 2
    . asg AR7 , STAGE_COUNTER                           ; for the remaining stages
    . sect "rfft_prg"
fft:
; Stage 1
        STM         #0, BK                              ; BK = 0 so that *ARn+0% = *ARn
                                                        +0
        LD          #-1, ASM                            ; outputs div by 2 at each stage
```

```
        MVMM        DATA _ PROC _ BUF,PX                ; PX  –  >  PR
        LD          * PX,16,A                           ; A : =  PR
        STM         #fft _ data + K _ DATA _ IDX _ 1,QX  ; QX  – >  QR
        STM         #K _ FFT _ SIZE/2 – 1,BRC
        RPTBD       stage1 end – 1
        STM         #K _ DATA _ IDX _ 1 + 1,AR0
        SUB         * QX,16,A,B                          ; B : =  PR – QR
        ADD         * QX,16,A                            ; A : =  PR + QR
        STH         A,ASM, * PX +                        ; PR': =  (PR + QR)/2
        ST          B, * QX +                            ; QR' : =  (PR – QR)/2
        | | LD      * PX,A                               ; A : =  PI
        SUB         * QX,16,A,B                          ; B : =  PI – QI
        ADD         * QX,16,A                            ; A : =  PI + QI
        STH         A,ASM, * PX + 0                      ; PI': =  (PI + QI)/2
        ST          B, * QX + 0%                         ; QI': = (PI + QI)/2
        | | LD      * PX,A                               ; A : =  next PR
stage1 end:
; Stage 2
        MVMM        DATA _ PROC _ BUF,PX                ; PX  – >  PR
        STM         #fft _ data + K _ DATA _ IDX _ 2,QX  ; QX – >  QR
        STM         #K _ FFT _ SIZE/4 – 1,BRC
        LD          * PX,16,A                            ; A : =  PR
        RPTBD       stage2 end – 1
        STM         #K _ DATA _ IDX _ 2 + 1,AR0
        ; 1st butterfly
        SUB         * QX,16,A,B                          ; B : =  PR – QR
        ADD         * QX,16,A                            ; A : =  PR + QR
        STH         A,ASM, * PX +                        ; PR': =  (PR + QR)/2
        ST          B, * QX +                            ; QR': =  (PR – QR)/2
        | | LD      * PX,A                               ; A : =  PI
        SUB         * QX,16,A,B                          ; B : =  PI – QI
        ADD         * QX,16,A                            ; A : =  PI + QI
        STH         A,ASM, * PX +                        ; PI': =  (PI + QI)/2
        STH         B,ASM, * QX +                        ; QI': =  (PI – QI)/2
        ; 2nd butterfly
        MAR         * QX +
        ADD         * PX, * QX,A                         ; A : =  PR + QI
        SUB         * PX, * QX – ,B                      ; B : =  PR – QI
        STH         A,ASM, * PX +                        ; PR': =  (PR + QI)/2
        SUB         * PX, * QX,A                         ; A : =  PI – QR
        ST          B, * QX                              ; QR': =  (PR – QI)/2
        | | LD      * QX + ,B                            ; B : =  QR
        ST          A, * PX                              ; PI: =  (PI – QR)/2
```

```
        ||ADD      * PX +0% ,A              ; A : = PI + QR
        ST        A , * QX +0%             ; QI': = ( PI + QR )/2
        ||LD       * PX ,A                  ; A : = PR
stage2end:
; Stage 3 thru Stage logN − 1
        STM       #K _ TWID _ TBL _ SIZE,BK      ; BK = twiddle table size always
        ST        #K _ TWID _ IDX _ 3 , * ( d _ twid _ idx )    ; init index of twiddle table
        STM       #K _ TWID _ IDX _ 3 ,AR0       ; AR0 = index of twiddle table
        STM       #cosine,WR                ; init WR pointer
        STM       #sine,WI                  ; init WI pointer
        STM       #K _ LOGN − 2 − 1 ,STAGE _ COUNTER    ; init stage counter
        ST        #K _ FFT _ SIZE/8 − 1 , * ( d _ grps _ cnt )   ; init group counter
        STM       #K _ FLY _ COUNT _ 3 − 1 ,BUTTERFLY _ COUNTER ;init butterfly counter
        ST        #K _ DATA _ IDX _ 3 , * ( d _ data _ idx )   ; init index for input data
stage:
        STM       #fft _ data,PX            ; PX − > PR
        LD        * ( d _ data _ idx ) , A
        ADD       * ( PX ) ,A
        STLM      A ,QX                     ; QX − > QR
        MVDK      * ( d _ grps _ cnt ) ,GROUP _ COUNTER    ; AR1 contains group counter
group:
        MVMD      BUTTERFLY _ COUNTER,BRC   ;# of butterflies in each grp
        RPTBD     butterflyend − 1
        LD        * WR,T                    ; T : = WR
        MPY       * QX + ,A                 ; A : = QR * WR || QX − >QI
        MACR      * WI +0% , * QX − ,A      ; A : = QR * WR + QI * WI
        ; || QX − > QR
        ADD       * PX,16 ,A ,B             ; B : = ( QR * WR + QI * WI ) + PR
        ST        B , * PX                  ; PR': = (( QR * WR + QI * WI ) +
                                            PR )/2
        ||SUB      * PX + ,B                 ;B: = PR − ( QR * WR + QI * WI )
                                            ; || PX − >PI
        ST        B , * QX                  ; QR': = ( PR − ( QR * WR + QI *
                                            WI ) )/2
        ||MPY      * QX + ,A                 ; A : = QR * WI [ T = WI ]
                                            ; || QX − > QI
        MASR      * QX, * WR +0% ,A         ; A : = QR * WI − QI * WR
        ADD       * PX,16 ,A ,B             ; B : = ( QR * WI − QI * WR ) + PI
        ST        B , * QX +                ; QI': = (( QR * WI − QI * WR ) +
                                            PI )/2
                                            ; || QX − > QR
        ||SUB      * PX,B                    ; B : = PI − ( QR * WI − QI * WR )
        LD        * WR,T                    ; T : = WR
```

```
        ST          B, * PX +                       ;  PI′: = ( PI − ( QR * WI − QI *
                                                    WR ) )/2
                                                    ; || PX − >PR
        ||MPY       * QX + ,A                       ; A := QR * WR || QX − >QI
butterflyend:
    ; Update pointers for next group
        PSHM        AR0                             ; preserve AR0
        MVDK        * ( d _ data _ idx) ,AR0
        MAR         * PX +0                         ; increment PX for next group
        MAR         * QX +0                         ; increment QX for next group
        BANZD       group, * GROUP _ COUNTER −
        POPM        AR0                             ; restore AR0
        MAR         * QX −                          ; Update counters and indices for next
                                                    stage

        LD          * ( d _ data _ idx) ,A
        SUB         #1 ,A ,B                        ; B = A − 1
        STLM        B, BUTTERFLY _ COUNTER          ; BUTTERFLY _ COUNTER =  #
                                                    flies − 1

        STL         A,1, * ( d _ data _ idx)        ; double the index of data
        LD          * ( d _ grps _ cnt) ,A
        STL         A, ASM , * ( d _ grps _ cnt)    ; 1/2 the offset to next group
        LD          * ( d _ twid _ idx) ,A
        STL         A, ASM , * ( d _ twid _ idx)    ;1/2 the index of twiddle table
        MVDK        * ( d _ twid _ idx) ,AR0        ; AR0 = index of twiddle table
        BANZ        stage, * STAGE _ COUNTER −
fft _ end:
        RET                                         ; return to Real FFT main module


; − − − − − − − − − − − − − − − − − − − − − − − − − − − − − − − −
;unpack
; − − − − − − − − − − − − − − − − − − − − − − − − − − − − − − − −
    . sect "rfft _ prg"
unpack:
; Compute intermediate values RP, RM, IP, IM
    . asg AR2 ,XP _ k
    . asg AR3 ,XP _ Nminusk
    . asg AR6 ,XM _ k
    . asg AR7 ,XM _ Nminusk
        STM         #fft _ data +2 ,XP _ k                     ; AR2 − > R[ k] (temp RP[ k])
        STM         #fft _ data +2 * K _ FFT _ SIZE − 2 ,XP _ Nminusk
                                                              ;AR − > R[ N − k] (teRP[ N − k])mp
        STM         #fft _ data +2 * K _ FFT _ SIZE +3 ,XM _ Nminusk
                                                              ; AR7 − > temp RM[ N − k]
```

428

```
        STM     #fft_data+4*K_FFT_SIZE-1,XM_k   ; AR6 - > temp RM[k]
        STM     #-2+K_FFT_SIZE/2,BRC
        RPTBD   phase3end-1
        STM     #3,AR0
        ADD     *XP_k,*XP_Nminusk,A             ;A: = R[k]+R[N-k]=2*RP[k]
        SUB     *XP_k,*XP_Nminusk,B             ;B: = R[k]-R[N-k] 2*RM[k]=
        STH     A,ASM,*XP_k+                    ; store RP[k] at AR[k]
        STH     A,ASM,*XP_Nminusk+             ;store RP[N-k] = RP[k] atAR[N-
                                                k]
        STH     B,ASM,*XM_k-                    ; store RM[k] at AI[2N-k]
        NEG     B                              ; B : = R[N-k]-R[k] =2*RM[N
                                                -k]
        STH     B,ASM,*XM_Nminusk-            ; store RM[N-k] at AI[N+k]
        ADD     *XP_k,*XP_Nminusk,A            ; A : = I[k]+I[N-k] =2*IP[k]
        SUB     *XP_k,*XP_Nminusk,B            ; B : = I[k]-I[N-k] 2*IM[k]=
        STH     A,ASM,*XP_k+                    ; store IP[k] at AI[k]
        STH     A,ASM,*XP_Nminusk-0           ; store IP[N-k] = IP[k] atAI[N-k]
        STH     B,ASM,*XM_k-                    ; store IM[k] at AR[2N-k]
        NEG     B                              ; B : = I[N-k]-I[k] =2*IM[N-
                                                k]
        STH     B,ASM,*XM_Nminusk+0          ; store IM[N-k] at AR[N+k]
phase3end:
        ST      #0,*XM_k-                       ; RM[N/2] =0
        ST      #0,*XM_k                        ; IM[N/2] =0
; Compute AR[0],AI[0], AR[N], AI[N]
    .asg AR2,AX_k
    .asg AR4,IP_0
    .asg AR5,AX_N
        STM     #fft_data,AX_k                 ; AR2 - > AR[0] (tempRP[0])
        STM     #fft_data+1,IP_0              ; AR4 - > AI[0] (tempIP[0])
        STM     #fft_data+2*K_FFT_SIZE+1,AX_N ; AR5 - > AI[N]
        ADD     *AX_k,*IP_0,A                 ; A : = RP[0] + IP[0]
        SUB     *AX_k,*IP_0,B                 ; B : = RP[0] - IP[0]
        STH     A,ASM,*AX_k+                   ; AR[0] = (RP[0] + IP[0])/2
        ST      #0,*AX_k                        ; AI[0] = 0
        MVDD    *AX_k+,*AX_N-                 ; AI[N] = 0
        STH     B,ASM,*AX_N                    ; AR[N] = (RP[0] - IP[0])/2
; Compute final output values AR[k], AI[k]
    .asg AR3,AX_2Nminusk
    .asg AR4,COS
    .asg AR5,SIN
        STM     #fft_data+4*K_FFT_SIZE-1,AX_2Nminusk
                                                ;AR3 - > AI[2N-1(temp RM[1])]
```

```
STM        #cosine + K_TWID_TBL_SIZE/K_FFT_SIZE,COS
                                              ; AR4 - > cos(k * pi/N)
STM        #sine + K_TWID_TBL_SIZE/K_FFT_SIZE,SIN
                                              ; AR5 - > sin(k * pi/N)
STM        #K_FFT_SIZE - 2,BRC
RPTBD      phase4end - 1
STM        #K_TWID_TBL_SIZE/K_FFT_SIZE,AR0    ;index of twiddle tables
LD         * AX_k + ,16,A        ; A := RP[k] || AR2 - > IP[k]
MACR       * COS, * AX_k,A       ; A := A + cos(k * pi/N) * IP[k]
MASR       * SIN, * AX_2Nminusk - ,A  ; A := A - sin(k * pi/N * RM[k])
LD         * AX_2Nminusk + ,16,B  ; B := IM[k] || AR3 - > RM[k]
MASR       * SIN + 0%, * AX_k - ,B  ; B := B - sin(k * pi/ * IP[k]N)
MASR       * COS + 0%, * AX_2Nminusk,B  ; B := B - cos(k * pi/N) * RM[k]
STH        A,ASM, * AX_k +       ; AR[k] = A/2
STH        B,ASM, * AX_k +       ; AI[k] = B/2
NEG        B                     ; B := - B
STH        B,ASM, * AX_2Nminusk -  ; AI[2N - k] = - AI[ = B/2k]
STH        A,ASM, * AX_2Nminusk -  ; AR[2N - k] = A[k] = A/2R
phase4end:
RET                              ; returntoRealFFTmain module
. end
```

程序说明：

1）数据存放要求。因为采用了循环寻址，数据区的 128 点正弦/余弦表必须放于 8 位地址边界。因为采用了比特翻转寻址，输入 2N 点实数要放于 m 位地址边界，$2^m > = 2N$。并且，原输入数据区要作为 FFT 结果数据区的下半部分，以实现同址运算。

2）常量说明。K_FFT_SIZE、K_LOGN、K_TWID_TBL_SIZE 分别表示把输入数据当复数时的点数、复数 FFT 的阶数、正余弦表的大小。K_DATA_IDX_1、K_DATA_IDX_2、K_DATA_IDX_3 分别表示第一、二、三阶运算时各组蝶形的地址增量。K_FLY_COUNT_3 表示第三阶运算时每组蝶形的蝶形数。K_TWID_IDX_3 表示第三阶以循环寻址对正余弦表寻址时的增量。

3）地址和变量说明。sine_table、cos_table 为存放于数据区的正余弦表的首地址；sine、cosine 为存放于程序区的正余弦表的首地址；fft_data 为 FFT 运算和结果数据首地址；d_input_addr 用于存放输入数据首地址；d_grps_cnt 用于存放每阶运算时的蝶形组数；d_data_idx 用于存放每组蝶形间的地址增量；d_twid_idx 用于存放循环寻址对正余弦表寻址时的增量。

9.4.2 FFT 的浮点 DSP 实现

与定点 DSP 芯片相比，用浮点 DSP 芯片实现 FFT 算法可以不考虑数据的溢出。下面以 TMS320C3x 为例来考虑 FFT 算法的浮点 DSP 芯片实现。

与定点 DSP 芯片一样，为了提高 FFT 算法的运算速度，实现 FFT 运算时特别需要考虑如下两点：

1）利用片内 RAM。由于片内 RAM 具有双寻址特性，因此，采用片内 RAM 存放数据实现 FFT 算法要比采用外部全速 RAM 快。这是因为，采用外部 RAM 一方面在一个周期内只能作一次寻址，另一方面，还可能产生流水线冲突，造成插入额外的周期。

2）利用比特反转寻址。TMS320C3x 提供了专用于 FFT 运算的比特反转寻址方式。

此外，如果输入数据是以连续形式输入的，那么采用 DMA 功能可以减少数据输入存储的时间。例如，从串行口输入数据时，DMA 的源地址就指向串行口，而 DMA 的目的地址则指向数据的存储空间。

下面给出两个基 2 FFT 运算的 TMS320C3x 汇编程序。其中，例 9.4-3 是基 2 复数 FFT 程序，例 9.4-4 是基 2 实数 FFT 程序，这两个程序都可以被 C 程序所调用。

例 9.4-3　TMS320C3x 复数基 2 DIF FFT 程序（C 程序可调用）。

解：程序如下：

```
*  函数调用时的堆栈结构：
*              + - - - - - - - - - - - - +
*   – FP(4)  |      data      |
*   – FP(3)  |       M        |
*   – FP(2)  |       N        |
*   – FP(1)  |   返回地址     |
*   – FP(0)  |    旧 FP       |
*              + - - - - - - - - - - - - +
     . globl _ fft _ compx
     . globl _ sine
FP   . set   AR3
     . bss    FFTSIZ,1                    ;FFT 点数
     . bss    LOGFFT,1                    ;FFT 级数
     . bss    INPUT,1                     ;数组地址
     . text
SINTAB . word _ sine
_ fft _ compx：
     PUSH    FP                           ;保护寄存器
     LDI     SP,FP
     PUSH    R4
     PUSH    R5
     PUSHF   R6
     PUSHF   R7
     PUSH    AR4
     PUSH    AR5
     PUSH    AR6
     PUSH    AR7
     LDI     * – FP(2),R0
     STI     R0,@ FFTSIZ
     LDI     * – FP(3),R0
     STI     R0,@ LOGFFT
```

```
        LDI     * - FP(4),R0
        STI     R0,@ INPUT
        LDI     @ FFTSIZ,IR1
        LSH     - 2,IR1                 ;IR1 = N/4
        LDI     0,AR6                   ;AR6 内含第几级运算
        LDI     @ FFTSIZ,IR0
        LSH     1,IR0
        LDI     @ FFTSIZ,R7
        LDI     1,AR7
        LDI     1,AR5
;外部循环
LOOP:
        NOP     * + + AR6(1)
        LDI     @ INPUT,AR0             ;AR0 指向 X(I)
        ADDI    R7,AR0,AR2             ;AR2 指向 X(L)
        LDI     AR7,RC
        SUBI    1,RC
;第一个循环
        RPTB    BLK1
        ADDF    * AR0,* AR2,R0         ;R0 = X(I) + X(L)
        SUBF    * AR2 + + ,* AR0 + + ,R1    ;R1 = X(I) - X(L)
        ADDF    * AR2,* AR0,R2         ;R2 = Y(I) + Y(L)
        SUBF    * AR2,* AR0,R3         ;R3 = Y(I) - Y(L)
        STF     R2,* AR0 - -           ;Y(I) = R2
| |     STF     R3,* AR2 - -           ;Y(L) = R3
BLK1:
        STF     R0,* AR0 + + (IR0)     ;X(I) = R0
| |     STF     R1,* AR2 + + (IR0)     ;X(L) = R1
;如果是最后一级,则 FFT 结束
        CMPI    @ LOGFFT,AR6
        BZD     END
;内部主循环
        LDI     2,AR1                  ;内循环的循环计数器
        LDI     @ SINTAB,AR4
INLOP:
        ADDI    AR5,AR4
        LDI     AR1,AR0
        ADDI    2,AR1
        ADDI    @ INPUT,AR0
        ADDI    R7,AR0,AR2
        LDI     AR7,RC
        SUBI    1,RC
        LDF     * AR4,R6               ;R6 = SIN
```

432

;第二个循环
```
        RPTB    BLK2
        SUBF    * AR2, * AR0, R2          ;R2 = X(I) − X(L)
        SUBF    * + AR2, * + AR0, R1      ;R1 = Y(I) − Y(L)
        MPYF    R2, R6, R0                ;R0 = R2 * SIN
||      ADDF    * + AR2, * + AR0, R3      ;R3 = Y(I) + Y(L)
        MPYF    R1, * + AR4(IR1), R3      ;R3 = R1 * COS
||      STF     R3, * + AR0               ;Y(I) = Y(I) + Y(L)
        SUBF    R0, R3, R4                ;R4 = R1 * COS − R2 * SIN
        MPYF    R1, R6, R0                ;R0 = R1 * SIN
||      ADDF    * AR2, * AR0, R3          ;R3 = X(I) + X(L)
        MPYF    R2, * + AR4(IR1), R3      ;R3 = R2 * COS
||      STF     R3, * AR0 + + (IR0)       ;X(I) = X(I) + X(L)
        ADDF    R0, R3, R5                ;R5 = R2 * COS + R1 * SIN
BLK2
        STF     R5, * AR2 + + (IR0)       ;X(L) = R2 * COS + R1 * SIN
||      STF     R4, * + AR2               ;Y(L) = R1 * COS − R2 * SIN
        CMPI    R7, AR1
        BNE     INLOP                     ;跳至内循环
        LSH     1, AR7
        BRD     LOOP                      ;作下一级 FFT 运算
        LSH     1, AR5                    ;IE = 2 * IE
        LDI     R7, IR0                   ;N1 = N2
        LSH     − 1, R7                   ;N2 = N2/2
```
;按变址方式存储结果
```
END：LDI @ FFTSIZ, RC
        SUBI    1, RC                     ;RC = N − 1
        LDI     @ FFTSIZ, IR0             ;IR0 = N
        LDI     2, IR1
        LDI     @ INPUT, AR0
        LDI     @ INPUT, AR1
        RPTB    BITRV
        LDF     * + AR0(1), R0
||      LDF     * AR0 + + (IR0)B, R1
BITRV
        STF     R0, * + AR1(1)
||      STF     R1, * AR1 + + (IR1)
```
;寄存器恢复
```
        POP     AR7
        POP     AR6
        POP     AR5
        POP     AR4
        POPF    R7
```

433

```
            POPF      R6
            POP       R5
            POP       R4
            POP       FP
            RETS
            . end
```

调用上述程序时需要的正弦/余弦表在程序链接时应予提供。这个表格可以在 C 程序中用一全局数组表示如下：

```
        float sine[length] = {       };
```

其中，length = 5 * N/4，数组内的数值为 sin(i * 2 * pi/N)，i 从 0 到 (5 * N/4) −1。用 C 编译器编译可得

```
    _ sine        . float        value1 =  sin(0 * 2 * pi/N)
                  . float        value2 =  sin(1 * 2 * pi/N)
                  ……
                  . float        value(5N/4)  =  sin((5 * N/4 − 1) * 2 * pi/N)
```

调用 fft _ complx FFT 程序的方法比较简单。根据 fft _ complx 的定义，将 FFT 的点数 N、级数 M 及输入数组 data 传递给函数即可。例如要计算 256 点复数 FFT，首先将 256 点复数数据放入数组 data，数据的组织形式为实部和虚部交替存放，然后按如下方式调用即可：

```
    fft _ complx(256,8,data);
```

例 9.4-4 TMS320C3x 实数基 2 FFT 汇编程序（C 程序可调用）。

解： 程序如下：

```
    * 函数调用时的堆栈结构：
    *         + − − − − − − − − − − +
    *   − FP(4)   |      data      |
    *   − FP(3)   |       M        |
    *   − FP(2)   |       N        |
    *   − FP(1)   |    返回地址    |
    *   − FP(0)   |    旧 FP       |
    *         + − − − − − − − − − − +
    FP        . set         AR3
              . global      _ fft _ rl            ;程序入口点
              . global      _ sine                ;正弦表地址
              . bss         FFTSIZ,1              ;FFT 点数
              . bss         LOGFFT,1              ;FFT 级数
              . bss         INPUT,1               ;数组地址
              . text
    SINTAB    . word        _ sine
    _ fft _ rl:  PUSH       FP                     ;寄存器保护
              LDI           SP,FP
              PUSH          R4
              PUSH          R5
```

434

```
        PUSH        AR4
        PUSH        AR5
        LDI         * - FP(2),R0          ;参数传递:
        STI         R0,@ FFTSIZ           ;FFTSIZ = N
        LDI         * - FP(3),R0
        STI         R0,@ LOGFFT           ;LOGFFT = M
        LDI         * - FP(4),R0
        STI         R0,@ INPUT            ;INPUT = 数组 data 地址
;数据变址运算
        LDI         @ FFTSIZ,RC           ;RC = N
        SUBI        1,RC                  ;RC = N - 1
        LDI         @ FFTSIZ,IR0
        LSH         -1,IR0                ; IR0 = N/2
        SUBI        R0,R0                 ; R0 = 0
        LDI         R0,AR0                ; AR0 = 0
        LDI         R0,AR1                ; AR1 = 0
        LDI         @ INPUT,IR1
        RPTB        BITRV
        CMPI        AR1,AR0               ;如果 AR0 < AR1,交换位置
        BGE         CONT
        LDF         * + AR0(IR1),R0
||      LDF         * + AR1(IR1),R1
        STF         R0,* + AR1(IR1)
||      STF         R1,* + AR0(IR1)
CONT    NOP * AR0 + +
BITRV   NOP * AR1 + + (IR0)B

                                          ; 蝶形
        LDI         @ INPUT,AR0           ;AR0 指向 X(I)
        LDI         IR0,RC                ;重复 N/2 次
        SUBI        1,RC                  ;RC = N/2 - 1
        RPTB        BLK1
        ADDF        * + AR0,* AR0 + + ,R0     ;R0 = X(I) + X(I+1)
        SUBF        * AR0,* - AR0,R1          ;R1 = X(I) - X(I+1)
BLK1    STF R0,* - AR0                        ;X(I) = X(I) + X(I+1)
||      STF         R1,* AR0 + +              ;X(I+1) = X(I) - X(I+1)
        LDI         @ INPUT,AR0           ;AR0 指向 X(I)
        LDI         2,IR0                 ;IR0 = 2 = N2
        LDI         @ FFTSIZ,RC
        LSH         -2,RC                 ;重复 N/4 次
        SUBI        1,RC
        RPTB        BLK2
        ADDF        * + AR0(IR0),* AR0 + + (IR0),R0   ;R0 = X(I) + X(I+2)
        SUBF        * AR0,* - AR0(IR0),R1             ;R1 = X(I) - X(I+2)
```

	NEGF	* + AR0,R0	;R0 = - X(I + 3)
||	STF	R0, * - AR0(IR0)	;X(I) = X(I) + X(I + 2)
	BLK2	STF R1, * AR0 + + (IR0)	;X(I + 2) = X(I) - X(I + 2)
||	STF	R0, * + AR0	;X(I + 3) = - X(I + 3)

; 主循环

	LDI	@ FFTSIZ,IR0	
	LSH	- 2,IR0	;IR0 = INDEX FOR E
	LDI	3,R5	;R5 holds the current stage number
	LDI	1,R4	;R4 = N4
	LDI	2,R3	;R3 = N2
LOOP	LSH	- 1,IR0	;E = E/2
	LSH	1,R4	;N4 = 2 * N4
	LSH	1,R3	;N2 = 2 * N2

;内循环

	LDI	@ INPUT,AR5	;AR5 指向 X(I)
	INLOP	LDI IR0,AR0	
	ADDI	@ SINTAB,AR0	;AR0 指向 sin/cos 表
	LDI	R4,IR1	;IR1 = N4
	LDI	AR5,AR1	
	ADDI	1,AR1	;AR1 指向 X(I1) = X(I + J)
	LDI	AR1,AR3	
	ADDI	R3,AR3	;AR3 指向 X(I3) = X(I + J + N2)
	LDI	AR3,AR2	
	SUBI	2,AR2	;AR2 指向 X(I2) = X(I - J + N2)
	ADDI	R3,AR2,AR4	;AR4 指向 X(I4) = X(I - J + N1)
	LDF	* AR5 + + (IR1),R0	;R0 = X(I)
	ADDF	* + AR5(IR1),R0,R1	;R1 = X(I) + X(I + N2)
	SUBF	R0, * + + AR5(IR1),R0	;R0 = - X(I) + X(I + N2)
||	STF	R1, * - AR5(IR1)	;X(I) = X(I) + X(I + N2)
	NEGF	R0	;R0 = X(I) - X(I + N2)
	NEGF	* + + AR5(IR1),R1	;R1 = - X(I + N4 + N2)
||	STF	R0, * AR5	;X(I + N2) = X(I) - X(I + N2)
	STF	R1, * AR5	;X(I + N4 + N2) = - X(I + N4 + N2)

; 最内层的循环

	LDI	@ FFTSIZ,IR1	
	LSH	- 2,IR1	
	LDI	R4,RC	
	SUBI	2,RC	;重复 N4 - 1 次
	RPTB	BLK3	
	MPYF	* AR3, * + AR0(IR1),R0	;R0 = X(I3) * COS
	MPYF	* AR4, * AR0,R1	;R1 = X(I4) * SIN
	MPYF	* AR4, * + AR0(IR1),R1	;R1 = X(I4) * COS
||	ADDF	R0,R1,R2	;R2 = X(I3) * COS + X(I4) * SIN

436

```
        MPYF    *AR3,*AR0++(IR0),R0     ;R0 = X(I3) * SIN
        SUBF    R0,R1,R0                ;R0 = - X(I3) * SIN + X(I4) * COS !!!
        SUBF    *AR2,R0,R1              ;R1 = - X(I2) + R0 !!!
        ADDF    *AR2,R0,R1              ;R1 = X(I2) + R0 !!!
||      STF     R1,*AR3++               ;X(I3) = - X(I2) + R0 !!!
        ADDF    *AR1,R2,R1              ;R1 = X(I1) + R2
||      STF     R1,*AR4--               ;X(I4) = X(I2) + R0 !!!
        SUBF    R2,*AR1,R1              ;R1 = X(I1) - R2
||      STF     R1,*AR1++               ;X(I1) = X(I1) + R2
BLK3    STF     R1,*AR2--               ;X(I2) = X(I1) - R2
        SUBI    @INPUT,AR5
        ADDI    R4,AR5                  ;AR5 = I + N1
        CMPI    @FFTSIZ,AR5
        BLTD    INLOP                   ;循环至最内层
        ADDI    @INPUT,AR5
        NOP
        NOP
        ADDI    1,R5
        CMPI    @LOGFFT,R5
        BLE     LOOP
;寄存器恢复并返回
        POP     AR5
        POP     AR4
        POP     R5
        POP     R4
        POP     FP
        RETS
```

例 9.4-4 是一个 TMS320C3x 基 2 实数 FFT 程序, 可以被 C 程序所调用。这个程序函数定义为 void fft_rl (N, M, data), 其中 N 为 FFT 的点数, M 为 FFT 的级数, $N = 2^M$, 即 M $= \log_2(N)$。data 是输入和输出的数组。作为输入时, data 是长度为 N 的实数数组, 按顺序排列。输出时, data 也包含 N 点数据, 这 N 点数据中包含有 $N/2 + 1$ 个 FFT 输出值。若用 R 和 I 分别表示输出的实部和虚部, 则输出数据的排列为 R (0), R (1), …, R (N/2), I (N/2 - 1), …, I (1)。程序在开始时对输入数据作变址运算, 因此如果输入时 data 已经是比特反转排列, 则这段程序要省去。蝶形因子所需的正弦/余弦表在程序链接时应予提供, 且应有如下格式:

```
        .global     _sine
        .data
_sine   .float      value1      = sin(0 * 2 * pi/N)
        .float      value2      = sin(1 * 2 * pi/N)
        ......
        .float      value(N/2)  = cos((N/4 - 1) * 2 * pi/N)
```

其中, 从 value1 到 value (N/4) 对应于正弦波的第一个 1/4 周期, 从 value (N/4 + 1) 到

value（N/2）对应于余弦波的第一个 1/4 周期。因此，实际上整个表就对应于正弦波的前半周期。与上例相同，正弦/余弦表也可用一 C 数组表示。如果直接采用汇编语言，则可用如下程序产生实数 FFT 所需的正弦函数表 _sine（以 256 点 FFT 为例）：

```
#include  <math. h>
#include  <stdio. h>
#define N 256                                          //256 点 FFT
#define pi 3. 141592654                                //定义 π 值
main( )
{
  FILE  * fp;
  int     i;
  float result;
  fp = fopen("sintab. 256","w +");                     //生成的 sine 表存在 sintab. 256 中
  fprintf(fp, "\n%s", "       . global    _sine");     // 写入符号  . global  _sine
  fprintf(fp, "\n%s", "       . data");                //写入符号  . data
  fprintf(fp "\n%s%7f", "_sine    . float    ", 0. 0000000);  //第一点的正弦函数值
  for (i = 1; n < N/2; n + +)                          //计算 N/2 - 1 点正弦函数值
  {
    result = sin(i * 2 * pi/N);                        //sine 表中的正弦函数值
    fprintf(fp, "\n%s%7f", "    . float    ", result); //写入文件
  }
  fclose(fp);                                          //关闭文件
}
```

调用 fft_rl FFT 程序的方法与上例相同。根据 fft_rl 的定义，将 FFT 的点数 N、级数 M 及输入数组 data 传递给函数即可。例如要计算 256 点实数 FFT，首先将 256 点数据放入数组 data，然后按如下方式调用即可：

```
fft_rl(256,8,data);
```

9.5 习题

1. 利用 TMS320VC54xx 指令集中的 MACD 指令实现 FIR 滤波器。
2. 利用 TMS320VC54xx 指令集中的 FIRS 指令实现中心对称 FIR 滤波器。
3. 采用两个二阶直接 II 型结构 IIR 滤波器级联实现 DSP 滤波。
4. 采用双精度直接 II 型 IIR 滤波器的实现 DSP 滤波。

参 考 文 献

[1]　吴相淇. 信号、系统与信号处理 [M]. 北京：电子工业出版社，1996.

[2]　奥本海姆 A V，威斯基 A S. 信号与系统 [M]. 刘树棠，译，西安：西安交通大学出版社，1998.

[3]　奥本海姆 A V，谢弗 R W. 数字信号处理 [M]. 董士嘉，杨耀增，译，北京：科学出版社，1980.

[4]　奥本海姆 A V，谢弗 R W. 离散时间信号处理 [M]. 刘树棠，黄建国，译，西安：西安交通大学出版社，2001.

[5]　Vinay K Ingle，John G Proakis. 数字信号处理及其 MATLAB 实现 [M]. 陈怀琛，王朝英，高西全，译. 北京：电子工业出版社，1998.

[6]　邹理和. 数字信号处理：上册 [M]. 北京：国防工业出版社，1985.

[7]　顾福年，胡光锐.《数字信号处理》习题解答 [M]. 北京：科学出版社，1983.

[8]　丁玉美，高西全. 数字信号处理 [M]. 西安：西安电子科技大学出版社，2001.

[9]　楼顺天，李博菡. 基于 MATLAB 的系统分析与设计——信号处理 [M]. 西安：西安电子科技大学出版社，1999.

[10]　董绍平，王洋，陈世耕. 数字信号处理基础 [M]. 哈尔滨：哈尔滨工业大学出版社，1989.

[11]　王英瑞. 数字信号处理基础 [M]. 北京：中国铁道出版社，1995.

[12]　宗孔德，胡广书. 数字信号处理 [M]. 北京：清华大学出版社，1988.

[13]　程佩清. 数字信号处理教程 [M]. 2 版. 北京：清华大学出版社，2001.

[14]　胡广书. 数字信号处理——理论、算法与实现 [M]. 北京：清华大学出版社，2003.

[15]　吴镇扬. 数字信号处理的原理与实现 [M]. 南京：东南大学出版社，2001.

[16]　张培强. MATLAB 语言——演算纸式的科学工程计算语言 [M]. 合肥：中国科学技术大学出版社，1995.

[17]　陈怀琛. 数字信号处理教程——MATLAB 释义与实现 [M]. 北京：电子工业出版社，2004.